森林の根系特性と構造
バイオマス算定に向けた基礎解析

苅住 昇

鹿島出版会

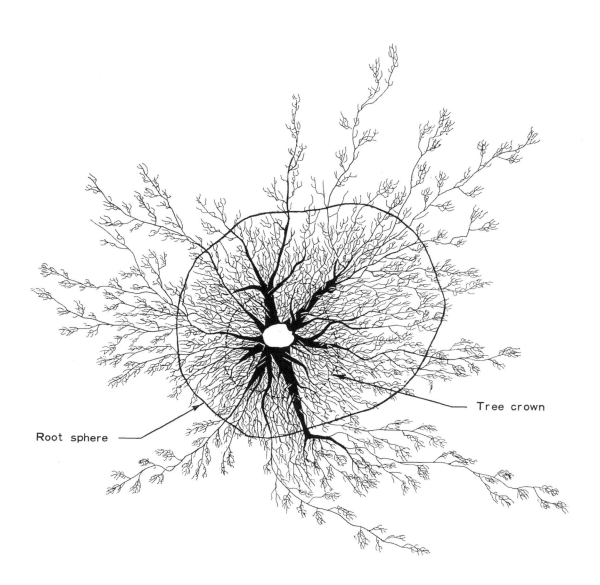

森林の根系特性と構造
バイオマス算定に向けた基礎解析

目　次

はじめに …………………………………………………………………………………………… *1*

第1章　研究の目的 …………………………………………………………………………… *3*

第2章　研究の背景 …………………………………………………………………………… *5*

第3章　研究方法と現存量測定法 …………………………………………………………… *7*
　1　研究の手順 ……………………………………………………………………………… *8*
　2　調査林分 ………………………………………………………………………………… *8*
　　（1）樹種
　　（2）林齢
　　（3）調査林分数と調査木本数
　　（4）調査地域
　　（5）土壌条件
　　（6）地位指数
　　（7）本数密度
　　（8）調査林分の林況
　3　調査地の林分調査 ……………………………………………………………………… *17*
　　（1）毎木調査と標本調査木の決定
　　（2）部分重の推定とその考え方と比推定法の利用
　　　1．考え方と計算方法
　　　2．実際的な適用法
　　（3）環境調査
　　（4）現存量の測定区分
　　　1．地上部
　　　2．地下部
　　（5）現存量の推定と誤差
　　　1．地上部
　　　　a．葉量の推定
　　　　b．枝量の推定
　　　　c．葉量と細枝の区分に必要な資料重
　　　　d．幹重の測定
　　　2．地下部
　　　　a．根系区分
　　　　b．根量調査法
　　　　c．ブロック法における調査区の設定

            d．全量調査法とブロック調査法の根量推定誤差
            e．根系区分と根量測定の手順
            f．根量測定
                ①根株の測定
                ②特大根の測定
                ③大径根の測定
                ④中径根の測定
                ⑤細根量と小径根量の推定
    4　根量率 ··· 41
        （1）土性
        （2）土壌水分
        （3）根系区分
        （4）土壌層
        （5）樹種
    5　乾重率 ··· 44
        （1）葉
        （2）枝
        （3）幹
        （4）特大根
        （5）大径根
        （6）中径根
        （7）小径根
        （8）細根
    6　乾重率推定の資料重と精度 ·· 46
    7　林木の各部分の水分量 ·· 47
        （1）林木の各部分の乾重率
        （2）樹種
        （3）地位指数と乾重率
    8　部分重の測定精度 ·· 52
    9　枝と葉の最近1年間の成長量 ·· 52
    10　吸収構造の表現 ·· 52
        （1）根系表面積の推定
        （2）根の直径
            1.根系区分と直径測定の精度
            2.根系の直径変化に関係する各種の条件
                a．樹種
                b．林木の成長と根の平均直径
                c．各土壌層の平均直径
                d．土壌型と土壌水分
                e．土性
        （3）根の容積密度数
            1.樹種
            2.各根系区分の容積密度数

         3. 林木の成長と容積密度数
         4. 各土壌層における容積密度数
         5. 土壌条件と容積密度数
      (4) 単位根量当たりの根長
         1. 計算値と実測値
         2. 樹種
         3. 胸高断面積
         4. 各土壌層における根長
         5. 土壌条件
      (5) 単位根量当たり根系表面積
         1. 樹種
         2. 根系区分
         3. 胸高断面積
         4. 各土壌層における根系表面積
         5. 土壌条件
         6. 採取時の空気量
         7. pF 価
         8. 根毛と根系表面積
         9. 根毛の測定
         10. 根株の表面積計算
 11 林分内における根量分布 ……………………………………………………………… 75
      (1) 根系区分
      (2) 土壌層による変化
      (3) 傾斜の上と下における根密度
      (4) 傾斜の左右における根密度分布
      (5) 根密度の水平分布
      (6) 根密度からみたブロック測定法
 12 林分内における測定値の分散 ………………………………………………………… 83
 13 各林分における計算式の精度 ………………………………………………………… 86
      (1) 樹種による計算式の精度
      (2) 部分重推定式の選択
      (3) 調査本数の決定
 14 調査木を合算した場合の計算式とその精度 ………………………………………… 93
 15 林分の地下部の構造解析の手順 ……………………………………………………… 95
 16 トレンチ断面における根系分布解析法 ……………………………………………… 95
      (1) 根の直径 0.2cm 以上の太さの根系図の作成
      (2) 細根の分布図の作成

第4章　苗畑試験における幼齢林の地下部の構造と根量分布の表し方 …………… 97

 1 孤立木の根系分布 ………………………………………………………………………… 98
      (1) 水平分布
      (2) 根密度

（3）根密度の減少曲線の表し方
　　　1. 片対数式
　　　2. 根系区分ごとの根密度の変化曲線の表現
　　　3. 樹種による変化曲線の相違
　　　4. 土壌層ごとの根密度の水平変化
　（4）垂直分布
　　　1. 片対数グラフによる表示
　　　　a．樹種
　　　　b．根系区分
　　　　c．各水平区分における根量の垂直分布
2　群落の根量分布 ……………………………………………………………………… *108*
　（1）調査区の設定
　（2）根量の水平変化
　（3）垂直変化
　（4）本数密度と部分重
3　Gram-Charlierの級数展開法による根量分布の表示 ……………………… *115*
　（1）根密度の水平変化（分散型と集中型）
　（2）根密度の垂直分布（深根型と浅根型）

第5章　林分調査における地下部の構造の解析 …………………………… *123*

1　根量分布 ……………………………………………………………………………… *124*
　（1）単木平均値
　（2）ha当たり部分重
　　　1. 地上部
　　　2. 地下部
　（3）最多密度のときのha当たり部分重
　　　1. 地上部
　　　2. 地下部
　（4）部分重比
　　　1. 地上部
　　　2. 地上部と地下部の割合（T/R率）
　　　　a．林木の成長とT/R率
　　　　b．本数密度とT/R率
　　　　c．土壌条件とT/R率
　　　3. 地下部
　（5）根量の土壌層分布比
　（6）各根系区分の土壌層分布比
2　根系体積 …………………………………………………………………………… *162*
　（1）単木当たり根系体積
　（2）ha当たり根系体積
　（3）林木の大きさと各根系区分のha当たり根系体積
　（4）根系区分の体積比

    1. 林木の成長と根系区分の体積比
    2. 土壌条件と根系体積の垂直分布
- **3　根長**･･･ *171*
  - （1）単木平均根長
    1. 樹種
    2. 林木の成長と根長
    3. 土壌型と単木の根長
    4. 根系区分
    5. 林木の成長と根長の根系区分比の変化
    6. 土壌条件と根長の垂直分布比
  - （2）ha 当たり根長
    1. 林木の成長と ha 当たり根長
    2. 本数密度と ha 当たり根長
- **4　根系表面積**･･ *180*
  - （1）単木平均値
    1. 樹種
    2. 各土壌層における単木の根系表面積
    3. 根系表面積の土壌層分布比
    4. 各樹種の根系表面積の垂直分布
    5. 本数密度と吸収構造
    6. 土壌型と全根系表面積比の垂直分布
    7. 根系表面積の垂直分布と土壌条件
    8. 土壌層の理化学性が著しく異なる場合
  - （2）ha 当たり根系表面積
    1. 林木の成長と根系表面積
    2. 根系区分ごとの ha 当たり根系表面積
    3. 本数密度と ha 当たり細根表面積
    4. 土壌条件と ha 当たり細根表面積
       a．土壌型
       b．地位指数
       c．採取時の pF 価と細根表面積
       d．透水速度
       e．C/N 率
  - （3）吸収構造の崩壊
- **5　根系の最大深さ**･･･ *228*

第6章　根密度 ･･ *231*

- **1　根密度の垂直変化** ･･ *232*
- **2　林分の成長と根密度** ･･ *235*
- **3　根密度の分散** ･･ *237*
- **4　各種の条件と根密度** ･･ *237*
  - （1）本数密度

（2）土壌型
　　（3）地位指数
　　（4）採取時の空気量
　　（5）採取時の水分量
　　（6）非毛管孔隙量
　　（7）非毛管水量
　　（8）細孔隙量
　　（9）粗孔隙量
　　（10）最小容気量
　　（11）採取時のpF価
　　（12）透水速度
　　（13）pH（H_2O）
　　（14）置換酸度
　　（15）炭素量
　　（16）窒素量
　　（17）C/N率
　5　林内における根密度の水平変化 ································· *251*
　　（1）各樹種の根密度の水平変化
　　（2）林木の成長と根密度の水平変化
　　（3）本数密度
　　（4）土壌
　　（5）根系区分と根密度
　　（6）各土壌層の根密度の水平変化
　6　根密度と根系の競合 ································· *254*
　7　土壌の諸性質と根密度の垂直変化 ································· *255*
　　（1）採取時の空気量
　　（2）採取時の水分量
　　（3）最小容気量
　　（4）透水速度
　　（5）非毛管孔隙量
　　（6）採取時のpF価
　　（7）pH（H_2O）
　　（8）置換酸度
　　（9）炭素量
　　（10）窒素量
　　（11）C/N率
　8　根株を中心とした傾斜の上下における根密度の相違 ································· *266*
　　（1）樹種による相違
　　（2）根系区分
　　（3）林木の成長と傾斜の上下における根密度
　　（4）土壌層による変化
　　（5）傾斜角度と根密度
　9　根株を中心とした傾斜の左右における根密度 ································· *269*

第 7 章　林木の成長と葉量・根量……271

1 最近 1 年間の各部分の重量成長量……272
2 成長量の配分比……276
3 年平均根長成長量……277
4 白根表面積の年平均成長量……280
5 林木の働き部分に対する年間成長……281
　（1）各樹種の年間成長量比
　（2）林木の成長と成長量比
　（3）土壌条件と成長量比
　　　1. スギ
　　　2. ヒノキ
　　　3. カラマツ
6 葉量と細根量・細根表面積・全根系表面積比……292
　（1）林木の成長と葉量 – 細根量・細根表面積・全根系表面積比
　（2）土壌条件と葉量 – 各根系因子比
　（3）本数密度と葉量 – 各根系因子比
7 平均純同化率と平均呼吸率……295
8 総同化生産量・全呼吸とその割合……297
　（1）単木当たり総同化生産量
　（2）ha 当たり同化量
　（3）単木当たり呼吸量
　（4）ha 当たり呼吸量
　（5）同化量中の呼吸量の割合
　（6）同化率（葉量 – 成長量比）
9 各種の条件と平均純同化率……301
　（1）本数密度
　（2）土壌型
　（3）地位指数
10 根系生産率……303
11 各種の条件と根系生産率……305
　（1）本数密度
　（2）土壌型
　（3）地位指数

第 8 章　根系の水分吸収……309

1 根系の平均水分吸収率……310
2 吸水量……312
　（1）吸水量の単木平均値
　（2）ha 当たり年間吸水量
3 各種の条件と ha 当たり年間吸水量……314

（1）本数密度
　　（2）土壌型
　　（3）地位指数
　4　根系吸水率 ··· 316
　5　各種の条件と細根量吸水率 ·· 317
　　（1）採取時の土壌のpF価
　　（2）地位指数
　　（3）土壌型
　6　白根表面積吸水率 ··· 320
　7　白根と木質化した部分の吸水能率のちがいを加味したときの木質化した部分の表面積と
　　　白根表面積吸水率 ··· 320
　8　各樹種の根系吸水率 ·· 322
　9　立地条件と根系吸水率 ··· 323
　10　林分の成長と根系吸水率 ·· 324
　11　根系の吸収構造からみた各土壌層の年間吸水量 ··· 325
　12　葉の蒸散率 ·· 327
　13　根系断面積の推定 ··· 328
　　（1）根系断面積と根系の偏厚度
　　（2）各種の条件における根系断面積比
　　（3）根株断面積と根系断面積

第9章　林木の各部分の窒素・リン酸・カリウム・カルシウムの現存量 ················ 337
　1　単位乾重当たり無機塩類量 ·· 338
　　（1）窒素（N）
　　（2）リン酸（P_2O_5）
　　（3）カリウム（K_2O）
　　（4）カルシウム（CaO）
　2　窒素 ·· 341
　　（1）単木平均値
　　　　1. 地上部
　　　　2. 地下部
　　（2）ha当たり現存量
　　　　1. 地上部
　　　　2. 地下部
　　　　3. 総量
　　（3）現存量の部分比
　　（4）地上部と地下部の割合
　　（5）地下部の各部分比
　　（6）土壌層別分布
　3　リン酸 ··· 349
　　（1）単木平均値
　　　　1. 地上部

         2. 地下部
    （2）ha 当たり現存量
         1. 地上部
         2. 地下部
         3. 総量
    （3）現存量の部分比
         1. 地上部
         2. 地下部
    （4）土壌層別分布
  4　カリウム ··· 356
    （1）単木平均値
         1. 地上部
         2. 地下部
         3. 総量
    （2）ha 当たり現存量
         1. 地上部
         2. 地下部
         3. 総量
    （3）現存量の部分比
         1. 地上部
         2. 地下部
    （4）土壌層別分布
  5　カルシウム ··· 362
    （1）単木平均値
         1. 地上部
         2. 地下部
         3. 総量
    （2）ha 当たり現存量
         1. 地上部
         2. 地下部
         3. 総量
    （3）現存量の部分比
         1. 地上部
         2. 地下部
    （4）土壌層別分布
  6　各部分の現存量の割合 ··· 368
  7　根量・根系表面積・根長・根系体積・各種無機塩類など諸因子の垂直分布 ············ 369

第 10 章　森林の生産量の循環 ·· 373
  1　各林齢における ha 当たり乾重の総生産量 ································· 374
  2　無機塩類の ha 当たり総生産量 ··· 379
    （1）窒素

（2）リン酸
　　（3）カリウム
　　（4）カルシウム
　　（5）各無機塩類の年平均生産量
　　（6）各無機塩類量の相互関係（窒素量に対する各無機塩類の比数）
　3　物質循環率 ………………………………………………………………………… *383*
　4　根の枯損量（推定）を考えたときの生産量と物質循環率 ……………………… *387*
　5　森林の伐採にともなう地下部の各土壌層への物質の集積 ……………………… *388*
　　（1）根量
　　（2）根系が腐朽したときにできる土壌孔隙量
　　（3）各土壌層への無機塩類の集積量
　　　　1. 窒素
　　　　2. リン酸
　　　　3. カリウム
　　　　4. カルシウム
　6　根系分布と土壌の理化学性 ……………………………………………………… *394*

第11章　根系の形態と分布 ………………………………………………………… *397*
　1　各樹種の根系の形態の特徴 ……………………………………………………… *398*
　2　林木の成長にともなう形態変化 ………………………………………………… *399*
　3　立地条件と根系の形態 …………………………………………………………… *403*
　4　本数密度 …………………………………………………………………………… *405*

第12章　根系の支持作用 …………………………………………………………… *407*
　1　根の構造と支持力 ………………………………………………………………… *409*
　2　樹種と支持力 ……………………………………………………………………… *409*

第13章　根系の物質貯蔵 …………………………………………………………… *415*
　1　根の貯蔵デンプンの観察 ………………………………………………………… *416*
　2　観察の結果と考察 ………………………………………………………………… *417*
　　（1）デンプンの季節変化
　　　　1. 落葉広葉樹
　　　　2. 常緑広葉樹
　　　　3. 針葉樹
　　（2）地上部の障害と根のデンプンの変化

第14章　森林の根量と機能——まとめにかえて ………………………………… *423*
　1　研究の進め方と調査林分 ………………………………………………………… *424*
　2　調査林分における現存量測定法 ………………………………………………… *424*

3	根系分布の解析	426
4	森林の生産と根系の働き	430
5	生産物質の循環	433
6	根系の形態と支持作用	434
7	根系の物質貯蔵作用	435
8	林業と森林保全への寄与	435

文献 ………………………………………………………………………… 438

別表および資料篇について ……………………………………………… 440

あとがき …………………………………………………………………… 443

はじめに

　根は幹・枝などとともに林木の重要な部分の一つで、地中にあって地上部を支持し、水とこれに溶けた養分を吸収して地上部に送り、あるいは養分貯蔵などの働きをする器官で、その働きや成長およびその分布特性は林木の成長を解析してゆくうえできわめて重要な意味を持っている。

　最近、森林土壌や林地肥培に関する研究の発展につれて、土壌に直接結びついて森林の生産を支えている根系の働き・成長・分布特性などの森林の生産に関する基礎的諸問題を明らかにする必要性が大きくなってきた。

　一方、林木の根は直接われわれの利用の対象でなく、地下部にあって観察する機会に乏しく、また研究方法も困難なために、この方面での詳しい研究は少ない。

　先に筆者はこれらの点に注目して、群落学的立場から林木の根系の分布・形態を明らかにしてこの面から林木の生態的特性を類型的に考察するとともに環境条件との対応を明らかにしようと試み、各種樹木の根系の性質の相違を知った。

　その後、これらの研究を基礎にして、森林の物質生産に関する地下部の問題について根量および吸収構造の解析を中心に林分の各部分の現存量・生産量・物質貯蔵などの調査測定をおこない、森林の生産と根系の機構および機能について生態学的な考察を加えた。

　樹木の根系の形態に関する研究は、1951（昭和26）年から始まり、根系の類型と土壌との関係は、『林業試験場研究報告』［苅住 1957a］で発表した。その後、森林のバイオマスに関する研究に関係して多くの林分の根量分布が測定された。それらの資料を総括して、『樹木根系図説』［苅住 1979］をまとめ、上梓した。同書は4版を重ねた後、研究の発展から大幅な改訂を行い、『最新 樹木根系図説』［苅住 2010］として出版された。同書は樹木の根の分布と働きについて総括的に記述されているが、今後の研究にも寄与するものと考えられる多くの測定資料がそれらの背景に残されている。

　本書は、こうした経緯を経て、測定資料など基礎調査資料をとりまとめ、出版したものである。刊行に際しては、独立行政法人 日本学術振興会平成26年度科学研究費助成事業（科学研究費補助金）（研究成果公開促進費）の交付を受けた。

　本書の出版についてご助言をいただいた根研究学会の森田茂紀、阿部淳両先生、出版を示唆された公益財団法人 都市緑化機構の今井一隆さん、膨大な資料の編集に当たられた鹿島出版会の久保田昭子さんに厚くお礼申し上げる。

第 1 章
研究の目的

樹木の根系の成長（バイオマス）や構造をめぐる研究については、林木生産のためだけでなく、目下の社会的課題とされる地球温暖化への対処としての炭素吸収、到来が予想される大地震・大津波に強い海岸林、記録的豪雨に対する斜面林のあり方など、環境・防災の面を中心にますます重要性を増している。また、都市公園や街路樹などにおいて植栽された樹木の樹齢が高くなり、その治療や更新が大きな課題となってきている今般、樹木医学的な観点からも、その重要性は増すものと考えられる。

　このような社会的課題に対し、根系の成長と構造を把握する研究は、研究の作業で地面のていねいな掘削による根系の掘り取りと生理的測定の労力が膨大になることから、必ずしも多くない。

　森林の物質生産の「しくみ」は生産構造として葉の同化生産の構造［Monsi et al. 1953］で表されているが、地上部と同様に地下部においても森林の生産を支えている根の働きを中心とした生産構造が考えられる。すなわち、地上部の同化生産の構造と地下部の養・水分の吸収構造とは森林の物質生産を支える2本の柱である。

　本書における研究では主としてスギ・ヒノキ・アカマツ・カラマツの主要造林樹種の森林について、立地条件・本数密度・林齢など各種の条件における根量分布の解析を中心として地上部・地下部の構造（吸収と支持構造）と森林の物質生産との関係を明らかにすることに焦点をしぼった。本書では、樹木の大きさはバイオマスと関係が深い胸高断面積表示とした。この調査研究は、先の各種樹木の根系の形態と分布に関する研究に次いで1957〜1966年にわたっておこなわれ、取りまとめられたものである。

　引用参考文献は本文中に［　］で示し、438・439頁にその一覧を示した。発表当時のものを挙げていることをお断りしておく。

　なお、本文に収めることのできなかった詳細な測定資料などの**別表**、**資料**はCD-ROMに収録しているので適宜参照されたい。

第 2 章
研究の背景

この研究は林木の成長解析の一環をなすもので、森林の現存量解析を主体として森林の物質生産の動きをとらえようとする基本的な考え方は、植物群落の物質生産を量的に解析しようとする一連の生態学的思想を背景にするものである。
　この面では内外ともに多くの研究［Boysen-Jensen 1932、吉良 1958、Ovington 1955、佐藤 1955、佐藤ほか 1956］があるが、先に述べたように地下部の研究の困難性から森林群落で地下部も含めてこれらの問題を解析した例は少ない。

　先に筆者らは根系に関する内外の文献を整理したが［苅住ほか 1958a］、この段階においても根系を森林の生産の立場から量的に取り扱ったものはほとんどなく、その後の研究においても目立ったものはみられなかった。
　この研究は後年地球暖温化にともなう森林の環境保全効果の解析に役立った。とくに根に関する資料・研究は少なく、森林の根量を定量的に解析、研究したものは少ない。

第 3 章
研究方法と現存量測定法

1 研究の手順

　立地条件・林齢・立木密度などがそれぞれ異なるスギ・ヒノキ・アカマツ・カラマツの主要樹種の林分の現存量解析を中心としておこない、生物学的な法則性の検討や孤立木の根量分布のような直接現存林分の調査から得られない資料については苗畑実験によった。

　一般林地の現存量測定に平行して林分の環境条件（とくに土壌因子）の解析をおこない、また現存量測定から無機塩類の総生産量の推定と代謝に関係して窒素・リン酸・カリウム・カルシウムなどの主要無機塩類の分析や根の働きに関連する根の呼吸量の測定、根系部位による吸水量の相違などの生理実験をおこなった。また根系の吸収表面積を明らかにするために根毛表面積の推定に必要な各因子の測定をおこなった。根系の支持に関連しては根系の形態の観察、物質貯蔵作用については、根系におけるデンプン・糖・脂肪などの季節変化を調べた。

　これらの研究の手順と関連性を図示すると図3-1のようになり、この手順にしたがって研究が進められた。

2 調査林分

　なるべく林齢・地位・本数密度が異なる林分を含むように調査林分を選んだが調査経費の関係でこれらのすべての組合せができるような多くの林分は得られなかった。

　立地と保育条件が均質な調査林分を選び、そのなかに毎木調査木が50本以上含まれるような標準地を選定した。調査林分の基礎的資料として、その位置については別表1に、林分の状況（調査面積、毎木調査本数、平均樹高、平均胸高直径、平均胸高断面積、ha当たりの本数と断面積と材積、地位指数、密度比数、土壌型）については別表2に掲載している。また、各林分での調査本数と調査した個体の各種測定因子（胸高直径、胸高断面積、地上部各部重、地下部各部重、地上部重/地下部重（T/R比）、地下部/全重、最大深さ、1年間の成長量）のその林分での平均値

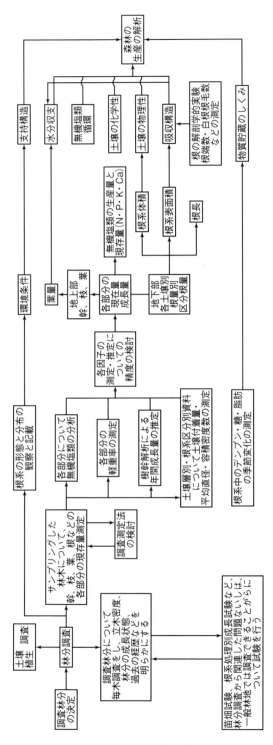

図3-1　研究の手順模式図

第3章　研究方法と現存量測定法

は別表 12 に掲載している。

(1) 樹種

調査樹種としてはスギ・ヒノキ・アカマツ・カラマツなどの主要造林樹種が選ばれた。これら主要樹種と各種の生態学的な性質の相違を比較検討するためにその他の樹種としてクロマツ・テーダマツ・ストローブマツ・サワラ・ユーカリノキ・ケヤキ・モミ・カナダツガ・フサアカシア・ミズナラ・シラカンバ・ヤエガワカンバなどについて調査をおこなった。整理上スギはS・ヒノキH・アカマツA・カラマツK・その他の樹種にMという記号を付け、その次に各々の林分番号を付けた。たとえばS1はスギの林分番号1の林分という意味である。

(2) 林齢

林齢別調査林分数は表 3-1 のようになり、全根量について測定した林分はスギが10～50年に及び、なかでも20～30年生林分が多くて28林分中10林分であった。アカマツは10～20年生の若い林分が多く調査され、カラマツは30年以上の林分に限られ、とくに40～50年生林分が多くて総調査林分29林分のうち17林分を占めていた。

(3) 調査林分数と調査木本数

前述のような目的から苗畑を除く調査林分については土壌・林齢・地位・本数密度・地域などを考慮して林分を選んだが各種の調査事情から最適の条件下で一様に調査林分をとることがむずかしく、樹種によって調査林分数に多少があってスギは52林分、カラマツは29林分がとられたがヒノキは8林分、アカマツは12林分となった。各林分について別表 11 のような調査木が選ばれた。伐採調査された樹種別の各林分の調査木本数は、別表 12 の通りで、スギは180本、ヒノキ41本、アカマツ135本、カラマツ109本、サワラ8本、ユーカリノキ3本、ケヤキ5本、モミ5本、カナダツガ5本、フサアカシア5本、ミズナラ2本、シラカンバ2本、ヤエガワカンバ2本である。

(4) 調査地域

スギでは遺伝性・環境条件・保育技術などがそれぞれ異なる各地域における成長状態の相違についても比較検討するために、図 3-2 のように北は秋田県から南は宮崎県に至る各種の林分が選ばれた。しかし、細かな調査については群馬県小根山・小野子山などの北関東地方のスギ林分が主として用いられた。ヒノキはその分布が多い岐阜県下呂地方の林分が選ばれ、アカマツは茨城地方のアカマツ林が調査の対象となった。またせき悪乾燥地のアカマツ林には岡山地方の林分が取られた。カラマツは栃木県日光地方、長野県野辺山・和田村地方の林分が取り上げられた。

(5) 土壌条件

調査林分を土壌型との関係でみると表 3-2 のようにスギでは B_A～B_E 型の各種の土壌型にわたって調査林分が選ばれ12の土壌型が含まれた。なかでも中庸の Bl_D 型では18林分が調査され、ここでは主として林齢別の林分調査がおこなわれた。ヒノキは中庸に成長した林分の解析に主眼が置かれたため多くが B_D～Bl_D 型で選ばれ、土地条件の対照区として乾性土壌型の B_B 型林分1カ所が取られた。アカマツについても同様で、中庸の成長を示す Bl_D～$Bl_D(d)$ 型の林が主として調査の対象となり、これに対比するために岡山地方で Er 型の林分が選ばれた。カラマツについては土地条件と成長に重点を置いたため各地で多くの不成績造林地と対象区として正常林分が選ばれた。とくに野辺山国有林では過湿条件による不成績造林地が調査林分としてとられた。しかし、全体としては Bl_D 型林分が多く、その成長はほとんど中庸以下であった。

表 3-1　林齢別調査林分数

林齢（年）	スギ	ヒノキ	アカマツ	カラマツ
0～10	2・—	—	1	—
10～20	1・6*	2	7	—
20～30	10・8*	2	—	—
30～40	7・2*	3	4	3
40～50	8・4*	1	—	17
50～60	—・1*	—	—	9
60～70	—・3*	—	—	—
計	28・24*	8	12	29

* 根密度のみの調査林分。

図 3-2　調査林分位置図

表 3-2　土壌型別調査林分数

土壌型	スギ	ヒノキ	アカマツ	カラマツ
Er	−・−	−	2	−
B_A	2・−	−	3	−
B_B	−・2*	1	−	−
B_C	−・1*	−	−	−
B_D	2・2*	3	−	−
$B_D(d)$	−・−	1	−	−
B_E	2・3*	−	−	−
Bl_B	1・−	−	−	1
Bl_C	1・−	−	−	1
Bl_D	10・8*	2	3	15
$Bl_D(d)$	4・3*	1	4	3
Bl_E	6・5*	−	−	5
Bl_F	−	−	−	4
計	28・24*	8	12	29

*　水平区分3について根密度のみ測定、6章232頁参照。
［森林立地調査法編集委員会、1999］

(6)　地位指数

　この関係を地位指数（別表2）と収穫表における等級によって区分すると表3-3のようになり、スギでは地位指数18〜22のⅡ等地が21林分でもっとも多く、Ⅰ等地以上が13林分、Ⅲ等地以下が6林分であった。このようにスギの調査林分が中庸の成長を示す立地に集中したのは、先にも述べたように林齢別の成長解析に努力が払われたためである。なお、表3-3の密度比数については次節に記述している。

　ヒノキは調査林分8林分中4林分が収穫表のⅠ等地以上であった。アカマツは林齢別調査にはⅡ等地以上の林分が用いられたが、益子・岡山などの調査林分ではⅢ等地が多くて12林分のうち6林分がⅢ等地であった。カラマツは調査の目的が不成績造林地の解析におかれたため地位指数12以下のⅣ等地以下の林分が多くて29林分のうち18林分がⅣ等地以下であった。

　各林分の選ばれた収穫表の樹高曲線に対する位置は図3-3のようになった。

　なお、主要樹種の林分収穫表は次のものを使用した。

林野庁・林業試験場：北関東、阿武隈地方すぎ林分収穫表、1955

林野庁・林業試験場：木曽地方ひのき林分収穫表、1954

林野庁・磐城地方あかまつ林分収穫表、1952

林野庁・林業試験場：信州地方からまつ林分収穫表、1956

　地位指数は各収穫表の樹高曲線から45年の樹

表 3-3　地位指数－密度比数調査林分数

スギ	密度比数[*1] 地位指数[*2]	0〜0.3	0.3〜0.6	0.6〜0.9	0.9 以上	計
Ⅰ等地以上	25.6 以上	－	1	－	－	1
Ⅰ等地	22.0〜25.6	1	4	7	－	12
Ⅱ等地	18.4〜22.0	－	10	10	1	21
Ⅲ等地	14.8〜18.4	1	7	4	－	12
Ⅲ等地以下	14.8 以下	－	5	1	－	6
計		2	27	22	1	52

ヒノキ	密度比数 地位指数	0〜0.3	0.3〜0.6	0.6〜0.9	0.9 以上	計
Ⅰ等地以上	16.4 以上	－	4	－	－	4
Ⅰ等地	13.9〜16.4	－	3	－	－	3
Ⅱ等地	11.4〜13.9	－	1	－	－	1
Ⅲ等地	8.9〜11.4	－	－	－	－	－
Ⅲ等地以下	8.9 以下	－	－	－	－	－
計		－	8	－	－	8

アカマツ	密度比数 地位指数	0〜0.3	0.3〜0.6	0.6〜0.9	0.9 以上	計
Ⅰ等地以上	21.6 以上	1	－	－	－	1
Ⅰ等地	18.1〜21.6	－	－	1	－	1
Ⅱ等地	14.5〜18.1	－	－	3	－	3
Ⅲ等地	10.9〜14.5	－	1	4	1	6
Ⅲ等地以下	10.9 以下	－	－	－	1	1
計		1	1	8	2	12

カラマツ	密度比数 地位指数	0〜0.3	0.3〜0.6	0.6〜0.9	0.9 以上	計
Ⅰ等地以上	25.4 以上	－	－	－	－	－
Ⅰ等地	22.2〜25.4	－	1	1	－	2
Ⅱ等地	19.0〜22.2	－	1	3	－	4
Ⅲ等地	15.7〜19.0	－	－	5	－	5
Ⅳ等地	12.4〜15.7	－	5	3	－	8
Ⅲ等地以下	12.4 以下	－	8	－	2	10
計		－	15	12	2	29

[*1]　密度比数：ha 当たり成立本数 / 最多密度計算式から計算した ha 当たり最多本数。
[*2]　地位指数：各林分収穫表の樹高曲線から林齢 45 年の樹高を算出した値。

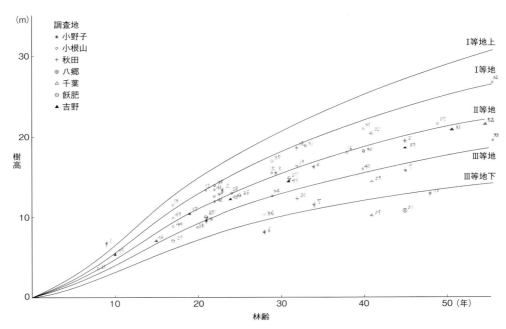

図 3-3(1)　北関東、阿武隈地方すぎ林林分収穫表の樹高成長と調査地の成長

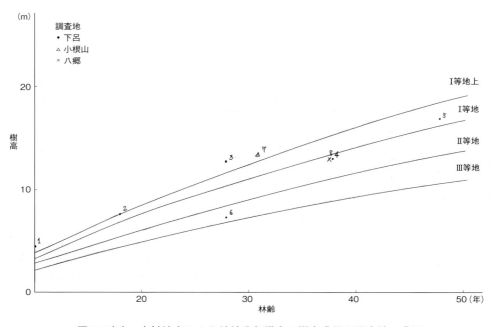

図 3-3(2)　木曽地方ひのき林林分収穫表の樹高成長と調査地の成長

第 3 章　研究方法と現存量測定法

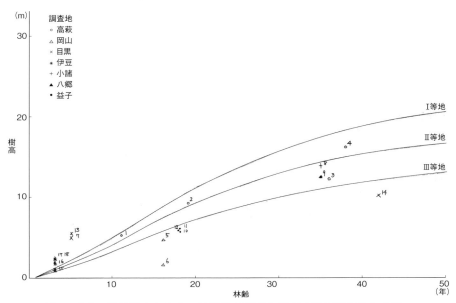

図 3-3(3)　磐城地方あかまつ林林分収穫表の樹高成長と調査地の成長

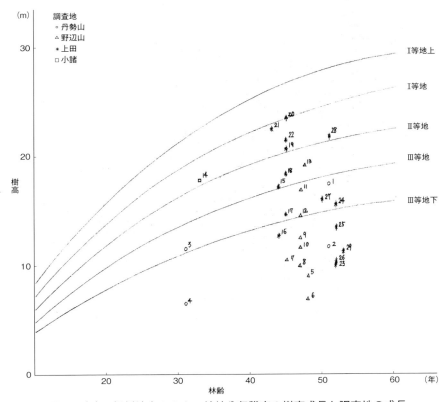

図 3-3(4)　信州地方からまつ林林分収穫表の樹高成長と調査地の成長

高を推定して地位指数とした。

(7) 本数密度

ライネッケの最多密度計算式［坂口、1961・1964］（別表2）から各林分における最多立木密度を計算してこれに対する比数（密度比数）として現実林分の密度を表した。各林分の密度比数は**表 3-3**、収穫表における調査林分の密度は**図 3-4**の通りである。

各林分の分布をみると**表 3-3**のようにスギ林分では密度比数が 0.3〜0.6 の林分がもっとも多くて 27 林分、ついで 0.6〜0.9 が 22 林分で 0.9 以上の密な林分は 1 林分であった。また 0.3 以下の疎な林分は 2 林分で、多くは中庸の密度の林分が選ばれた。ヒノキは全体に調査林分数が少ないがすべて 0.3〜0.6 で比較的疎な林が取られた。アカマツは合計 12 林分のうち 8 林分は 0.6〜0.9 で、ヒノキの場合よりは相対的に密植林分が多くとられた。

カラマツは 29 林分のうち 15 林分が 0.3〜0.6、12 林分が 0.6〜0.9 で、2 林分が 0.9 以上であって、全体にやや密な林分が多くとられた。

(8) 調査林分の林況

調査林分の面積・本数・平均樹高・平均胸高断面積・材積およびこれらから面積比によって計算された ha 当たりの各因子の数値は**別表 2**の通りである。

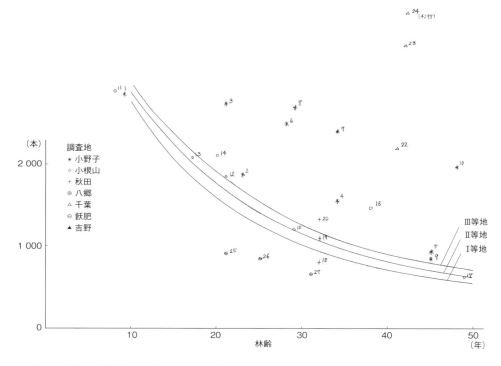

図 3-4（1）　北関東、阿武隈地方すぎ林林分収穫表の ha 当たり本数と調査地の本数

第 3 章　研究方法と現存量測定法

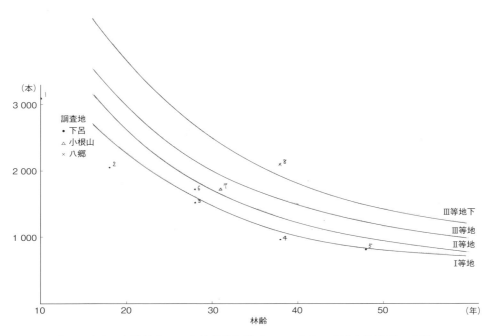

図 3-4(2)　木曽地方ひのき林林分収穫表の ha 当たり本数と調査地の本数

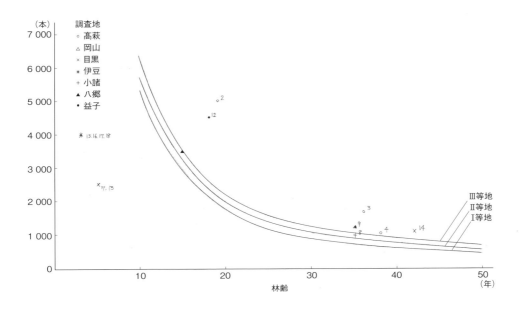

図 3-4(3)　磐城地方あかまつ林林分収穫表の ha 当たり本数と調査地の本数

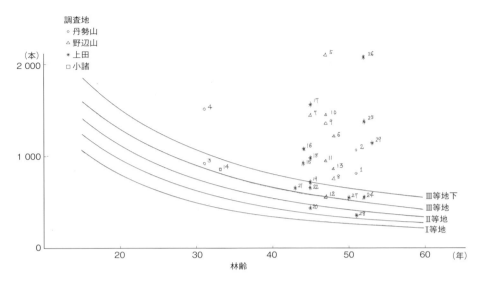

図 3-4(4)　信州地方からまつ林林分収穫表の ha 当たり本数と調査地の本数

スギ、S22 林分、胸高直径 23 cm、樹高 21 m、密度比数 1.2

スギ、S24 林分、胸高直径 11 cm、樹高 10 m、地位指数 11、密度比数 0.7

写真 1(1)　調査林分の林況(1)

カラマツ、K28 林分、胸高直径 29 cm、樹高 22 m、地位指数 20、密度比数 0.5

スギ、S17 林分、胸高直径 36 cm、樹高 22 m、密度比数 1.2、地位指数 21、密度比数 0.7

写真 1(2)　調査林分の林況(2)

3　調査地の林分調査

第 3 章の統計学的説明については、津村ほか [1986]、畑村ほか [1964]、佐藤 [1949]、石川 [1974]、増山 [1962、1964]、西沢 [1962、1965]、中山 [1980] らの文献を引用、参考とした。

(1)　毎木調査と標本調査木の決定

周囲測量による標準地の面積測定と毎木調査をおこなったのち、調査木を胸高断面積によって大径木・中径木・小径木に 3 区分して、この各階層からランダムに数本ずつ精密調査木を選定した。

精密調査木の本数は多いほど現存量推定の精度が高くなるが、調査の工程などから主として 5〜8 本程度が選ばれた。また測定の精度などを検討するために、S13 林分では 15 本、A2 林分は 23 本の多くの調査木を選び、カラマツについては調査林分数を多くするように 1 林分当たりの精密調査木を減らして 3 本程度とした（別表 12）。調査木の本数の決定については後で述べる（92 頁参照）。

精密調査木の選定に当たっては地上部の病虫害・風・雪などによる被害木は除き、根量調査の都合から調査木の近くに枯損木のための大きな透き間や大礫がある場合や、隣接木と近接していて根量調査が困難な場合にはこれを避けて精密調査木を選定した。

(2)　部分重の推定とその考え方と比推定法の利用

次に選定した精密調査木を伐倒して葉・枝・幹・細根〜特大根の根系の各部分重を測定するわけであるが、葉・枝・根の区分には大変な労力を要する。

そこで取り出された葉と枝とまたは根系の総量のなかから、その一定量を資料として取り出して、この量を葉と枝または細根と小径根などの部分に区分してこの割合から総量を推定することを考えた。いまその考え方と計算方法を示すと次のようになる。

1. 考え方と計算方法

測定すべき全量を図3-5のように一定量の塊りに分けたとき、その塊がM個あったとする。

いまそのうちm個をランダムに選んで、$y-rx$が$N(0, \sigma^2)$とすると仮定して、$Q_0 = \sum^m (y-rx)^2$が最小になるようにrを選んだとすると

$$\frac{Q_0}{\sigma^2} = \frac{\Sigma(y-rx)^2}{\sigma^2}$$

は自由度$m-1$のχ^2分布をする。

細根と小径根の区分は図3-5のようになる。ここで、$x = s + f$, $y = f$ である。

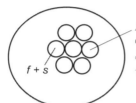
M個に分けられる。いまこの一定量中にはf(細根)とs(小径根)が一定の割合であるとする

図3-5 細根と小径根の資料抽出模式図

選ばれたm個の$y-rx$の平均値はその分散が

$$\frac{M-m}{M-1}\frac{\sigma^2}{m}$$

となるから

$$\sqrt{\frac{M-m}{M-1}m}\,\frac{\overline{y-rx}}{\sigma} = \sqrt{\frac{M-1}{M-m}}\frac{(\Sigma y - r\Sigma x)}{\sigma\sqrt{m}}$$

は$N(0, 1)$とする。そこで

$$F = \frac{\dfrac{M-1}{M-m}\dfrac{(\Sigma y - r\Sigma x)^2}{m\sigma^2}}{\dfrac{\Sigma(y-rx)^2}{(m-1)\sigma^2}}$$

$$= \frac{M-1}{M-m}\frac{(\Sigma y - r\Sigma x)^2}{ms^2}$$

ただし、$S^2 = Q_0/(m-1)$は自由度1、$m-1$のF分布をする。

そこでFの値がわかれば

$$\frac{M-m}{M-1}mFS^2 \geq (\Sigma y - r\Sigma x)^2$$

$$r\sum^M x - M\sqrt{\frac{M-m}{M-1}\frac{F}{m}}S \leq \sum^M y$$
$$\leq r\sum^M x + M\sqrt{\frac{M-m}{M-1}\frac{F}{m}}S \quad \cdots(1)$$

全体をM/m倍すれば

$$r\Sigma x - \sqrt{\frac{M-m}{M-1}mF}\,S \leq r\Sigma x + \sqrt{\frac{M-m}{M-1}mF}\,S$$

という推定ができる。
$\sum^M y \propto M$であるから誤差の変動係数は

$$C = \text{const}\sqrt{\frac{M-m}{M-1}\frac{F}{m}}\,S$$

とみなせるが、この値は

$m = M$のとき $C = 0$(最小)
$m = 1$のとき $S^2 \to \infty$

となる。

2. 実際的な適用法

① Q_0は最小二乗法の残差平和であって、
$Q = \overset{m}{\Sigma}(y-rx)^2$,
$\partial Q/\partial r = -2\Sigma(y-rx)x = 0$
$r = \Sigma xy/\Sigma x^2$

で決定されるrを用いたときのQの値である。したがって、

$$Q_0 = \Sigma\left(y - \frac{\Sigma xy}{\Sigma x^2}x\right)^2$$
$$= \Sigma y^2 - 2\frac{\Sigma xy}{\Sigma x^2}\Sigma xy + \left(\frac{\Sigma xy}{\Sigma x^2}\right)^2 \Sigma x^2$$

$$Q_0 = \overset{m}{\Sigma} y^2 - \frac{(\overset{m}{\Sigma}xy)^2}{\overset{m}{\Sigma}x^2}$$

② ある組合せの$M \cdot m$について

$$M\sqrt{\frac{M-m}{M-1}\frac{F}{m}}$$

はまえもって計算できる。

③ S^2の値を予測する。

(3) 環境調査

土壌調査に重点をおき、国有林野土壌調査方法書[林野庁・林業試験場, 1955]に基づいて林分の平均的な土壌断面についてその観察・記載と分析資料の採取をおこない、同方法書に基いて理化学性の分析をおこなった。pF価の測定には眞下[1960]が先に考案した装置と方法を用いた。林

床植生については主要なものの記載と林床型の記述にとどめた。その他土壌調査にともなって海抜高・地形・現在までの林分の経歴などについて調査をおこなった。

土壌断面の形態は**資料1**、理化学性諸因子の分析値は**別表5**（最上層）および**別表6**（全層）の通りである。分析値は各地の林野土壌調査報告書を参考とした。

(4) 現存量の測定区分

1. 地上部

調査木の伐倒後、図3-6のように枝下高から先端までの着葉部分を3等分して各区分ごとに葉量と枝量を測定した。比推定法によって計算した。

2. 地下部

地下部については、調査ブロックは水平・垂直的に根量分布が解析できるよう設定した。

水平区分：根株を中心とする1本当たり面積を調査範囲とし、根株からの距離によって1・2・3に区分した。1は図のように1本当たりの面積（正方形）に内接する円の直径の1/2の範囲、2は同心円の外側の部分、3は根株からもっとも離れた1本当たり面積の正方形と内接円がつくる残された部分である。

傾斜による区分：傾斜の上側と下側における根量分布を知るために水平区分1を2等分（①、②）し傾斜の上側①と下側②に区分し、2を4等分（①～④）し①④は上側、②③は下側に区分した。また傾斜の左右における根量分布を知るために2を①②と③④に区分した。

垂直区分：根量の垂直分布を知るために調査プロットを表層からⅠ層・Ⅱ層は15cm、Ⅲ層以下の各層は30cmごとに区分した。とくに小根山国有林のS11～S17・H7・M4～M6林分については火山礫層と火山灰層の互層堆積が明瞭であるので、この層の厚さにしたがって垂直区分をおこなった。深部では根量がきわめて少なくなり、少量の根量を測定するために多大の労力を必要とすることになるので、Ⅴ層までとなったが、深根性のアカマツではⅫ層に及ぶものもあった。

この区分ごとに根量を測定したが調査プロット

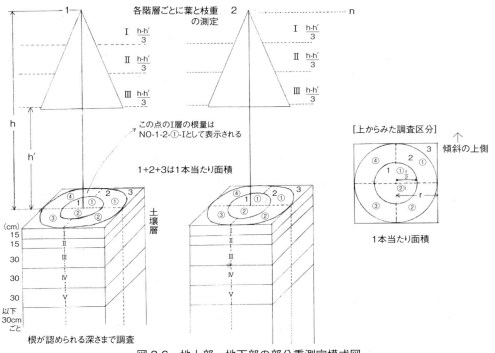

図3-6　地上部・地下部の部分重測定模式図

の面積がきわめて小さいものや、そのときの調査事情などからすべての区分について根量を測定することはできなかった。この場合には調査区分を合わせて測定した。

(5) 現存量の推定と誤差

1. 地上部

a. 葉量の推定

スギ・ヒノキについては緑部分（幹の先端の緑部分を除く）のすべてを葉量とした。

階層ごとに取り出した枝と葉の全資料からその重さの多くを占めていて大きい分散を示す太い枝の部分を取り除いたのち、細枝と葉の総量から一定量の資料を抽出して細枝と葉に区分して、この量から、上述の考え方と計算式にしたがって葉と細枝の全量を求めた（18頁参照）。

この場合、総量のなかに太枝を含めて葉と枝量を区分すると、分散は前者の1.5倍になり、この方法で測定精度を上げるために、資料重を増やすと葉と細枝量が増加して区分に時間がかかることになる。太枝の区分にはあまり手数がかからないので、まず太枝だけを取り出したあとで、細枝と葉に区分したほうが測定の能率を上げることができる。しかし太枝の区分を細くすると、枝の区分に手数をとることになり、太くすると分散が大きくなる。太枝は全量測定をおこなった。細枝と葉の割合は樹冠の位置によって異なるので、なるべく細かく階層を区分したほうが測定の精度は上がるが、手数がかかるので、この調査では樹冠の長さを3等分した。階層区分をせずに総量を合算してこれから資料を抽出して葉と細枝に区分すると階層に分けた場合よりも分散が1.3倍程度大きくなった。しかし、測定回数が減るので葉と細枝の区分総量は少なくてすみ、葉・枝量を階層別に求める必要のない場合には、各階層の細枝と葉量を合算し資料を抽出したほうが調査の功程を上げることができる。

b. 枝量の推定

前述したように、樹冠の各階層ごとに枝と葉を取り出した中から太枝部分を全量取り出して測定し、つぎに上述の方法で求めた細枝量を加えて各階層の枝量を推定した。

枝量の大部分を占める太枝部分が、全量測定されるので枝量推定の精度は葉よりも高くなる。

c. 葉量と細枝の区分に必要な資料重

葉量と細枝の区分に必要な資料重を決定するためにS13林分の各階層ごとに取り出した資料を用いて測定をおこなった。

階層別に取り出した太枝を除いた葉と細枝の総量4kgから区分のための資料として200gずつ取り出して葉と小枝に区分した。この場合総個数 M は20、取り出した資料個数 m は3・5・10・15・20個について、F は $n_1:1$、$n_2:n-1$、危険率0.05で第(1)式（比推定式）にしたがって誤差率を計算すると表3-4のようになり、抽出率・資料重に対する誤差率を図示すると図3-7のようになる[*1]。

表3-4によると、資料個数3個（資料重600g）をとったときの誤差率は18％、5個では8.7％、10個では3.7％で、約1kgの資料をとれば危険率5％・総量の10％以内の誤差内で葉量を推定できることがわかった。この場合測定個数は5個なので抽出率は25％になる。しかし、葉と細枝の総量はつねに一定でなくて調査木の大きさによって変化し、もっとも多いS17林分のⅢ層では12kg以上となった。そこで総量（M）の値が変化したときに抽出誤差がどのように変化するかみるために M の大きさを2kg（総個数10個）・4kg（同20個）・6kg（同30個）・8kg（同40個）と変えてこれから200gの資料を3・5・10・15・20個と抽出した場合の誤差率を計算すると表3-5・図3-8のようになり、総量が2kgでは資料を1kg抽出すると8.5％、4kgで1kgでは10％、6kgで必要である10.8％、最大の8kgでも10.8％で、総量が4kg以上に増加しても資料重をそれほど増やさなくてもよいことがわかった。

総量に対する資料重1kgの抽出率は、総量2kgのときは50％、4kgで25％、6kgで17％、8kgで13％となった。総量4kg以上で資料を2kg取り出した場合には誤差率がほぼ5％であったが、これ以上資料重を3kg、4kgとふやしても測定の精度はそれほど上がらなかった（表3-5・図3-8）。

[*1] 以下、この節では「重さ」は「生重」を指す。

第 3 章　研究方法と現存量測定法

表 3-4　葉と枝の区分に必要な資料の抽出率と誤差率（S13 林分）

m	Σx	Σy	Σx^2	Σy^2	Σxy	Q_0	r
3	600	394	120 000	51 956	78 800	211	0.6567
5	1 000	633	200 000	80 529	126 600	391	0.633
10	2 000	1 279	400 000	164 343	255 800	759	0.6395
15	3 000	1 986	600 000	265 580	397 200	2 634	0.662
20	4 000	2 659	800 000	356 297	331 800	137 614	0.4148

S	$M\sqrt{\dfrac{M-m}{M-1}\dfrac{F}{m}}$	$M\sqrt{\dfrac{M-m}{M-1}\dfrac{F}{m}}S$	$\bar{y}$	C^*	誤差率 C^{**}	抽出率
10.3	47	484	131	0.0786	0.1847	0.15
9.9	22.06	218	125	0.0792	0.0872	0.25
9.2	10.38	95	128	0.0719	0.0371	0.5
13.7	5.68	78	132	0.1038	0.0295	0.75
12.3	0	0	133	0.0924	0	1

x：枝＋葉量 200 g（生重）　M：20 個測定　C^*：$\sigma y/\bar{y}$，y：葉量（g）
F：n_1：1　n_2：$m-1$ の危険率 0.05 の値　C^{**}：$\left(\sqrt{\dfrac{M-m}{M-1}\dfrac{F}{m}}S\right)\Big/\bar{y}$

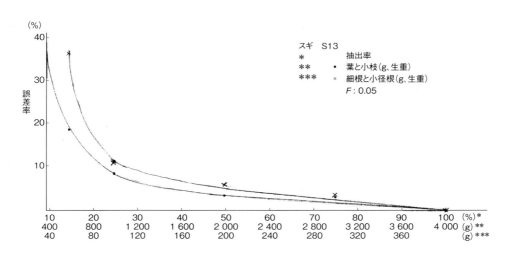

図 3-7　部分重測定のための抽出率と誤差率

つぎに着葉の性質が異なるヒノキ・アカマツ・カラマツ・ケヤキについて表 3-4 と同様な方法で資料重 4 kg について抽出率と誤差率を計算すると抽出率に対する誤差率は図 3-9 のようになり，25％（資料重 1 kg）の抽出率では誤差率がケヤキ 14％，アカマツ 14％，カラマツ 12％，スギ 8％，ヒノキ 7％で，抽出率が変化してもこの樹種の順位は変わらず，葉の着き方が密な樹種ほど誤差率が大きくなった。これは表 3-4 の S の値が着葉が密な樹種ほど小さくなり，逆に疎な樹種ほど大きくなるためである。

いま誤差率 10％のときの各樹種の必要抽出率

表 3-5　葉と枝の総量（M個）が変化したときの誤差率（C^{**}）

総個数 M	試算式・項目	資料個数 m 個				
		3	5	10	15	20
10 (2 kg)	$\dfrac{M-m}{M-1}\dfrac{F}{m}$	4.801	0.8574	—	—	—
	$\sqrt{\dfrac{M-m}{M-1}\dfrac{F}{m}}$	2.19	0.93	—	—	—
	$\sqrt{\dfrac{M-m}{M-1}\dfrac{F}{m}}S$	26	11	—	—	—
	$M\sqrt{\dfrac{M-m}{M-1}\dfrac{F}{m}}S$	260	110	—	—	—
	誤差率 C^{**}	0.2	0.0846	—	—	—
20 (4 kg)	$\dfrac{M-m}{M-1}\dfrac{F}{m}$	5.5214	1.2174	0.2695	0.0808	—
	$\sqrt{\dfrac{M-m}{M-1}\dfrac{F}{m}}$	2.35	1.1	0.52	0.28	—
	$\sqrt{\dfrac{M-m}{M-1}\dfrac{F}{m}}S$	28	13	6	3	—
	$M\sqrt{\dfrac{M-m}{M-1}\dfrac{F}{m}}S$	760	260	120	60	—
	C^{**}	0.2154	0.1	0.0462	0.0231	—
30 (6 kg)	$\dfrac{M-m}{M-1}\dfrac{F}{m}$	5.7452	1.3292	0.3528	0.1587	0.0756
	$\sqrt{\dfrac{M-m}{M-1}\dfrac{F}{m}}$	2.4	1.15	0.59	0.4	0.28
	$\sqrt{\dfrac{M-m}{M-1}\dfrac{F}{m}}S$	29	14	7	5	3
	$M\sqrt{\dfrac{M-m}{M-1}\dfrac{F}{m}}S$	870	420	210	150	90
	C^{**}	0.2231	0.1077	0.0538	0.0385	0.0231
40 (8 kg)	$\dfrac{M-m}{M-1}\dfrac{F}{m}$	5.8563	1.3832	0.1968	0.1123	0.0356
	$\sqrt{\dfrac{M-m}{M-1}\dfrac{F}{m}}$	2.42	1.18	0.44	0.34	0.19
	$\sqrt{\dfrac{M-m}{M-1}\dfrac{F}{m}}S$	29	14	5	4	2
	$M\sqrt{\dfrac{M-m}{M-1}\dfrac{F}{m}}S$	1 160	280	200	160	80
	C^{**}	0.2231	0.1077	0.0385	0.0308	0.0154

枝＋葉＝S：12（表3-4より）、$\bar{y}$：130として計算した。m：1個200 gの個数。

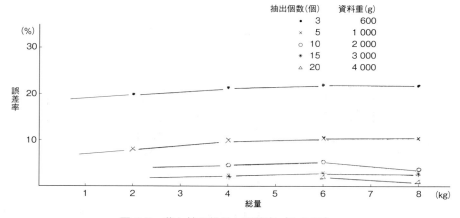

図3-8 葉と枝の総量と誤差率（$F:0.05$）

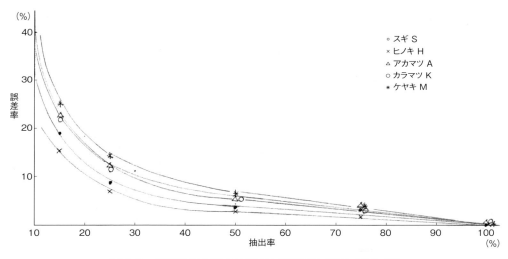

図3-9 樹種別枝と葉の抽出率と誤差率の関係（$F:0.05$）

と資料重を計算すると、ケヤキは36％（1.4 kg）でもっとも大きく、アカマツ30％（1.2 kg）、スギ24％（1.0 kg）、ヒノキ20％（0.8 kg）となり、最大のケヤキと最小のヒノキでは1.8倍の差があった。またスギを1とする比数はケヤキ1.5、アカマツ1.3、カラマツ1.2、ヒノキ0.8となった。

以上の結果からスギについて総量が3 kg以下では1 kg、4 kg以上では1.5 kg程度の資料重をとれば危険率0.05・総量の10％の誤差範囲内で総量を推定するには十分であり、樹種別には上記の比数を乗じた量をとればよいことがわかった。

d. 幹重の測定

樹幹解析のための円板をとるために、基部から0.2 m・1.2 m・3.2 m・以上2 mごとに区分した各部分の丸太を大型のさおばかり（最大100 kg・感量50 g）を用い現地で直接測定した。丸太が重くて1個のはかりで測定できない場合には丸太を切断して1個当たりの重さを小さくし、あるいは数個のさおばかりを用いた。

樹幹解析のために採取した円板から容積密度数を求めて、樹幹解析から求められた各部分の体積に乗じて幹重を算出する方法もあるが、直接生重を現地で測定したほうが手数がかからず測定の精度も高い。

幹重の測定について現在までの成長を解析するために樹幹解析をおこない、最低1年間の成長量

を算出した。また採取した円板は乾重率測定の資料とした（45頁参照）。

2. 地下部

a. 根系区分

幹と根の境は一次木部と一次師部の配列が異なり［原田ほか 2002、苅住 1963e］、幹は両者が相対する位置にある。根では交互に配列するので組織学的にはきわめて明瞭であるが、これを各調査木について確かめることは難しい。そこで2、3の林分についてこの関係を観察した結果、土砂による極端な幹の埋没や土壌流乏による根上がりがない限り、地表面付近に幹と根の境があることがわかった。そこで表層の腐植を除いたA層上部を幹と根の境として調査をおこなった。

根は林木の器管のなかではもっとも未分化の部分で、地上部の枝・葉のように区分することは難しい。そこで機械的に、根端の一次組織を多く含む直径2 mm以下の部分、木質化しているが若い組織が多い同2～5 mmの部分、これらの若い組織からの吸収物質・同化生産物を運ぶ通道作用の働きをしている同5～20 mmの部分、蓄積部分として同20～50 mmの部分、それ以上の部分、および分岐した根系に区分できない根株の6つに区分した。これらは根系の記載上、細いものから細根・小径根・中径根・大径根・特大根・根株とした。細根のなかで1年間に新たに成長した部分を白根として区分した。これらの関係をまとめると表3-6のようになる。この根系区分は細かくて測定に多少の手数を要するが、根長や根系表面積の推定には根系区分が細かいほどその精度が高くなる。いま細かく根系区分した場合と細根～大径根を一括した場合の根量から計算した根系表面積推定誤差は、後者は前者の1.7倍に達した。また根系の生理的な働きと根量との関係を考察するためには、この程度の細かさの根系区分がぜひ必要である。

スギ、根株、S17林分

スギ、大径根～根株、大径根の基部は偏厚成長がみられる

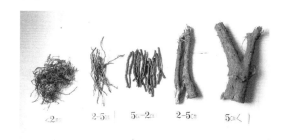

スギ、細根～特大根の根系区分

写真2　根系区分

b. 根量調査法［苅住 1957a、1958c、1974］

根量の測定には単木の根系全体をていねいに掘りだす全量測定法と林分のなかの一定土壌体積中の根量を測って総量を推定するブロック法があ

表3-6　根系区分とその名称

名称 （略称）	小根		太根			根株 (St)
	細根 (f)	小径根 (s)	中径根 (m)	大径根 (l)	特大根 (L)	
直径区分 （単位：mm）	2以下	2～5	5～20	20～50	50以上	分岐した根系に区分できない部分

第3章　研究方法と現存量測定法

スギ、S15 林分、堀上げ作業に先立って、水平区分がおこなわれる

スギ根量調査（ブロック法）　S17 林分、No.17、胸高直径 48 cm、樹高 25 m、地上部重 914 kg、地下部重 253 kg、水平区分1のV層の堀上げ作業

カラマツ、K25 林分、ブロックごとの堀上げ作業、水平区分2の土壌層Ⅰ・Ⅱ層を掘り上げた状態

スギ根量調査（ブロック法）　S2 林分、胸高直径 18 cm、樹高 13 m、水平区分1のⅠ層の②＋③部分の掘取り作業

スギ、S13 林分、ブロック堀上げ、水平区分1・2の土壌層、Ⅰ〜Ⅴを堀り上げた状態

写真3　根量調査法

スギ林　Ⅰ層の根系を切り取る

写真4　根量調査

る。前者は苗木のような小さな個体の根系や単木の根系を中心にして形態的な観察も含めて根量を調査する目的には適しているが、複雑に交錯している根系を全量掘り上げて垂直・水平的な根量の分布を解析することは労力的にも技術的にも困難である。そこでこの調査では1本当たり面積を調査対象面積とするブロック法（図3-6）を用いることにした。コドラートバイセクト法やトレンチ法による根系調査は半定量的に根量分布を解析するには便利であるが、根量推定には適さない。

　c.　ブロック法における調査区の設定

　ブロック法では隣接木の根系がプロット内に入って根量の相殺がおこるのでブロック内の根量はその調査木の真の根量といえないが、この量は後で述べるように中径根以下の少ない量で、ほぼこの根量がその調査木の根量に相当した。そのため林分の根量を推定する場合にはこのようなブロック単位で地下部を抽出してその平均値から林分の総根量を推定することが適当と考えられ、その結果今回の根系解析のデータの収集にはブロック法を用いた。全量調査法とブロック法の根量の差については31頁に記述している。

　d.　全量調査法とブロック調査法の根量推定誤差

　先にも述べたように、1本当たり面積を対象とするブロック調査法ではブロック間の根量の相殺があるので、1本当たりの根系をていねいに掘り上げる全量調査法と比較すると両者の根量の間に差があることが考えられる。

　そこで両者の相違を明らかにするために小根山のS28林分を用いて全量測定法とブロック法による根量の差を比較検討するために調査をおこなった。林分中ほぼ類似した調査木を10本ずつ二組選び、一組は全量調査法（A）で、もう一組はブロック調査法（B）によって根量を測定した。この場合、全量調査法はブロック法の約5倍程度の調査時間を要し、ブロック法ではたやすくおこなうことができる水平・垂直区分別の根量調査がきわめて難しいことがわかった。

　この調査の結果、別表3のように各々10本の調査木について地上部（幹・枝・葉）と地下部（根株・特大根・大径根・中径根・小径根・細根）の部分重が明らかにされた。いまこの両者について横軸に胸高断面積をとり縦軸に部分重をとると、図3-10のように各部分重とも胸高断面積に対してほぼ直線の関係があることがわかった。その回帰係数（直線の傾きを表す）は全量法に比べてブロック法では細根・小径根・中径根などが小さく、樹木間で根の交錯がおこりやすい細い根の部分で両調査法の間に差があることが推察された。

　いま地上部・地下部の各部分について、胸高断面積xと、部分重yとを直線回帰し、xの係数である回帰係数と回帰の誤差率を計算すると、表3-7のようになった。幹・枝・葉・特大根・根株などでは、両調査法の回帰式の間にほとんど差が認められなかったが、細根では全量測定法の回帰係数が2.4であるのに対して、ブロック法は0.14、小径根は前者の3.2に対して、後者が0.35で、両者ともにブロック法が小さく、細根と小径根では全量法はブロック法に比べて胸高断面積の増加による変化率が大きかった。

　両回帰式の相関係数をみると、全量調査法では細根は0.98、小径根は0.99であるのに対して、ブロック法は0.48と0.61で、細・小径根ともブロック測定法によった根量は胸高断面積に対する相関係数が小さいことがわかった。

　次に、この両調査方法の回帰式から、胸高断面積100 cm²と350 cm²における各部分重を計算して両調査法の差と、全量調査法による根量の平均値との比を求め、これについても表3-7に挙げた。

　これによると、幹・枝・葉・大径根・特大根・根株では、両調査法の差は全量調査法で得られた平均部分重の5%以下であったが、中径根19～20%、小径根39～48%、細根44～49%と根系が小さくなるほど、両調査法による根量差が大きくなることがわかった。

　この関係は、横軸に各部分別を並べると図3-11のようになり、とくに中径根以下では両調査法による根量差が増加したことがわかる。

　次に胸高断面積100 cm²と350 cm²における全量調査法による推定法に対する差の割合をみると表3-8のようになり、根系の交錯がもっとも大きい細根は、胸高断面積100 cm²の劣勢木では、全量調査法による推定根量の88%の差があり、優勢木では33%の差があった。また小径根は前者が78%、後者が33%で、胸高断面積100 cm²程度の林木を調査した場合には、ブロック法は実際の根量の約80～90%

第3章　研究方法と現存量測定法

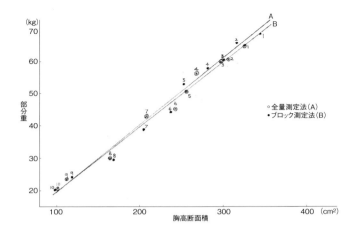

図3-10(1)　全量測定法とブロック測定法の胸高断面積と部分重［幹］

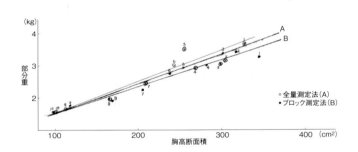

図3-10(2)　全量測定法とブロック測定法の胸高断面積と部分重［枝］

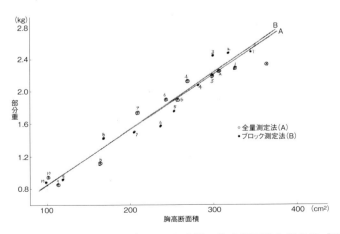

図3-10(3)　全量測定法とブロック測定法の胸高断面積と部分重［葉］

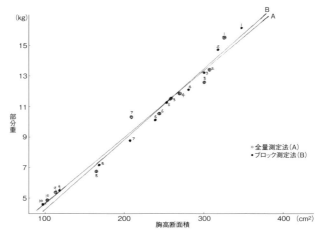

図 3-10(4)　全量測定法とブロック測定法の胸高断面積と部分重 ［根株］

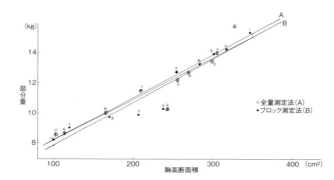

図 3-10(5)　全量測定法とブロック測定法の胸高断面積と部分重 ［特大根］

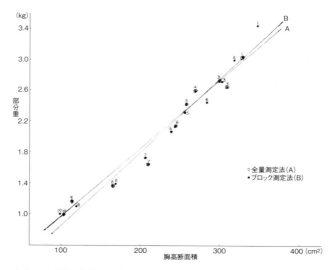

図 3-10(6)　全量測定法とブロック測定法の胸高断面積と部分重 ［大径根］

第3章　研究方法と現存量測定法

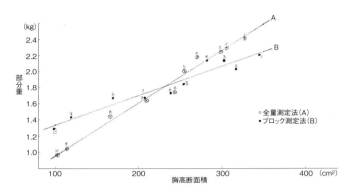

図3-10(7)　全量測定法とブロック測定法の胸高断面積と部分重［中径根］

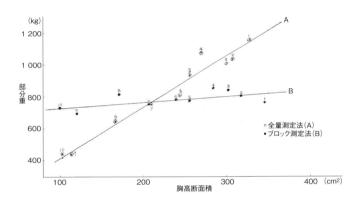

図3-10(8)　全量測定法とブロック測定法の胸高断面積と部分重［小径根］

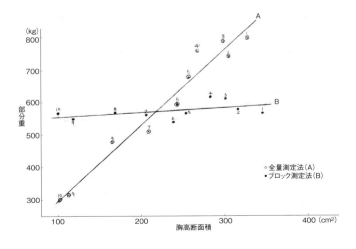

図3-10(9)　全量測定法とブロック測定法の胸高断面積と部分重［細根］

表 3-7 全量測定法とブロック法の回帰式と各部分重

林分	S28	A	n:10	全量測定法		計算値 P		P(A)−P(B)=Q		Q / M(A)	
区分	回帰式	平均値 M（g）	標準偏差	変動係数	相関係数	胸高断面積 100 cm²	胸高断面積 350 cm²	胸高断面積 100 cm²	胸高断面積 350 cm²	胸高断面積 100 cm²	胸高断面積 350 cm²
幹	$y=-426.8+202.7566x$	45 920	1 946	0.0424	0.9936	19 849	70 538	1 160	681	0.0253	0.0148
枝	$y=638.8+9.0532x$	2 708	268	0.99	0.9434	1 544	3 807	13	184	0.0048	0.0679
葉	$y=5363.9+28.2921x$	11 831	564	0.0477	0.9731	8 193	15 266	320	244	0.027	0.0206
地上部重	$y=5575.9+240.1019x$	60 459	2 111	0.0349	0.9946	29 586	89 612	1 493	252	0.0247	0.0042
細根	$y=60.8+2.3537x$	599	40	0.0668	0.9804	296	885	261	293	0.4357	0.4891
小径根	$y=92.1+3.2131x$	827	54	0.0653	0.9805	413	1 217	321	396	0.3881	0.4788
中径根	$y=314.5+6.5152x$	1 804	75	0.0416	0.9909	966	2 595	374	346	0.2073	0.1918
大径根	$y=21.0+9.0332x$	2 086	144	0.069	0.9826	924	3 183	63	57	0.0302	0.0273
特大根	$y=169.1+6.8770x$	1 741	118	0.0678	0.98	857	2 576	43	11	0.0247	0.0063
根株	$y=410.2+43.5020x$	10 354	637	0.0615	0.9852	4 760	15 636	486	94	0.0469	0.0091
地下部重	$y=1067.8+71.4941x$	17 410	669	0.0384	0.9939	8 217	26 091	363	871	0.0209	0.05
全重	$y=6643.6+311.5960x$	77 869	2 636	0.0339	0.995	37 803	115 702	1 131	618	0.0145	0.0079
林分	S28	B	n:10	ブロック測定法							
幹	$y=-2323.3+210.1218x$	46 727	2 321	0.0497	0.9924	18 689	71 219				
枝	$y=693.7+8.3683x$	2 647	159	0.0601	0.978	11 531	3 623				
葉	$y=5013.5+28.5962x$	11 689	718	0.0614	0.9626	7 873	15 022				
地上部重	$y=3384.0+247.0862x$	61 063	2 976	0.0487	0.991	28 093	89 864				
細根	$y=543.0+0.1397x$	576	23	0.0399	0.4758	557	592				
小径根	$y=699.1+0.3486x$	781	40	0.0512	0.6104	734	821				
中径根	$y=976.8+3.6362x$	1 826	87	0.0476	0.9655	1 340	2 240				
大径根	$y=-91.0+9.5160x$	2 130	144	0.0676	0.986	861	3 240				
特大根	$y=104.1+7.0944x$	1 760	140	0.0795	0.9764	814	2 587				
根株	$y=-308.1+45.8245x$	10 389	493	0.0475	0.9928	4 274	15 730				
地下部重	$y=1924.0+66.5594x$	17 461	632	0.0362	0.9944	8 580	25 220				
全重	$y=5307.9+313.6457x$	78 524	3 333	0.0424	0.993	36 672	115 084				

y：部分重（乾重、g）、x：胸高断面積（cm²）。

第3章 研究方法と現存量測定法

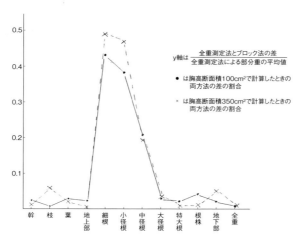

図3-11 全量測定法とブロック測定による推定根量の相違

表3-8 全量調査法とブロック法との根量交錯による誤差（全量調査量に対する較差量の比率）

部分	劣勢木胸高断面積 100cm^2	優勢木胸高断面積 350cm^2
細根	＋0.88	－0.33
小径根	＋0.78	－0.33
中径根	＋0.39	－0.13
大径根	＋0.07	－0.02
特大根	＋0.05	0
根株	＋0.1	－0.01
地下部重	＋0.04	－0.03
全重	＋0.03	－0.01

程度多く測定され、胸高断面積350cm^{2}の林木では、30％程度少なく測定されていることになった。

この値は中径根では各々39％・13％と根系の部分が大きくなると減少した。細根・小径根の交錯が総根量に及ぼす影響は、胸高断面積100cm^{2}では実際の根量より4％多く、350cm^{2}では3％少なくなった。

また全量では、前者が3％、後者が1％で総根量の推定の場合には、細根量・小径根の相殺による影響はきわめて少ない。

実際に根系の交錯がおこっていない根株でも、回帰計算による誤差とみなされる量が10％程度あり、これらを合せて考えると、両調査法の違いによっておこる総根量での最大3～4％の差はあまり問題とならない。また、林木が大きくなると総量に対する細根・小径根の割合が小さくなるので根系の交錯による総量に対する影響は一層小さくなる。

表3-7の両方法の回帰式中有意差が考えられる細根・小径根・中径根について両者の関係を細かくみるために両回帰式の係数・定数間の差の検定をおこなった。

図3-10のように胸高断面積と各部分重の間にほぼ直線の回帰が考えられるところから

$Y = a + bX$
Y：部分重（g） X：胸高断面積（cm^2）

なる式が成り立つものとし、全量調査法とブロック法による部分重の両回帰式の間に差があるかどうかについて検定した。まず両回帰の分散の一様性の検定をBartlettの方法を用いておこない、さらに回帰係数・回帰定数の検定をおこなった［畑村ほか1964、林業試験場・径営部1956］。算出された統計量は表3-10の通りで、計算されたχ^2および係数・定数のFの価を危険率0.05の各々の値と比較すると表3-9のようになる。

Bartlettの分散の均一性の検定において、自由度1・危険率0.05のχ^2の値とχ_0^2を比較して$\chi_0^2 > \chi^2$であれば分散に差がないわけで、この場合のχ_0^2は3.84である。表3-9では細根のχ^2はやや高い値を示したが、いずれの部分も3.84よりも小さく分散に差があるとはいえなかった。これは測定個数が少なくて分散が大きいことによっている。他方、係数・定数の各々の検定では自由度

表 3-9 全量調査法とブロック法による各部分の
回帰係数と定数の検定

区分 部分	Bartlett の 分散の均一性の検定 χ^2	回帰係数 の検定 F'	回帰定数 の検定 F''
幹	0.87	0.22	0.25
細根	2.14	*139.17	3.97
小径根	0.67	*107.18	*6.43
中径根	0.19	*37.64	0.00
大径根	0.00	0.34	0.00
特大根	0.24	0.08	0.07
根株	0.49	0.50	0.51
地下部重	0.02	1.72	0.95

*危険率 0.05 で有意差あり。

$n_1:1$、$n_2:16$、危険率 0.05 の F_0 の値は 4.49 であり、回帰係数（F'）では細根・小径根・中径根で、また定数（F''）では小径根で両調査法の回帰の間に有意差が認められた。

次に、ブロック法での 4 樹種の各調査林分の胸高断面積と根重量の関係を直線回帰したときの回帰係数についても検討をおこなった。比較的調査本数が多い S13・H3・A2・K1 の林分について根系別の回帰係数を算定すると表3-11のようになり、さらに表3-11の調査林分と立地・保育条件が類似した林分を合算した場合の回帰係数を算定すると表3-12のようになる。

表3-11 および表3-12 において、細根・小径根の回帰係数の値は表3-7の対応するブロック法（S29 林分）の値よりやや大きいもののおおむね同水準であり、細い根系ほど回帰係数は小さくなっており、細い根ほど交錯の可能性が高いことを推察させるものであった。

両調査法における根量交錯の程度は樹種によって異なり、いまこの関係を任意に選んだ S9・H5・A4・K12 林分（林齢38～47、調査本数3～5本）の細根の回帰係数についてみると、表3-13のように、ヒノキ＞スギ＞カラマツ＞アカマツの順になり、この回帰係数が直接根量交錯の程度を表してないにしてもスギ・ヒノキは林木間の細根量の差が大きくて根量の交錯が少なく、一方、カラマツ・アカマツは根量の交錯によって調査木間の細根量が均一化される傾向が推察できた。

このように根系の交錯による全量法に対するブ

表 3-10 全量測定法とブロック法による回帰式検定についての要因

	Σdyx^2	Σf	$\Sigma f \log(Syx^2)$	S^2	χ^2	ΣSx^2
地上部重	106 520 377	16	108.7710264	6 657 524	0.871074	120 209.78
細根	16 879	16	47.3834640	1 055	2.142395	120 209.78
小径根	36 692	16	53.4592976	2 293	0.665659	120 209.78
中径根	105 536	16	61.0205136	6 596	0.190657	120 209.78
大径根	329 983	16	69.0299640	20 624	0.0000052	120 209.78
特大根	266 930	16	67.4443800	16 683	0.242717	120 209.78
根株	5 196 596	16	87.9588808	324 787	0.491421	120 209.78
地下部重	6 771 801	16	90.0139720	423 238	0.0247385	120 209.78

	ΣSxy	ΣSy^2	ΣSd^2yx	F'	F''
地上部重	29 306 442.02	7 252 720 013	106 520 387	0.219346	0.252095
細根	142 201.14	331 924	16 879	139.174408	3.965877
小径根	204 163.11	629 210	36 692	107.18229	6.432621
中径根	600 181.45	3 350 382	105 536	37.639478	0.004397
大径根	1 116 564.49	10 708 136	329 983	0.338538	0.000048
特大根	840 498.16	6 145 049	266 930	0.084877	0.065875
根株	5 376 972.42	245 869 612	5 196 597	0.497351	0.509857
地下部重	8 280 580.76	577 904 288	6 771 800	1.723621	0.945872

χ_0: 自由度 1（class の数-1）。危険率 0.05 の χ^2 の値 χ_0 は 3.84 で、上記に計算された χ^2 が $\chi_0^2 > \chi^2$ であれば分散に差はない。
F': $n_1:1$、$n_2:16$ の F の価 F_0 は 4.49。$F_0 > F'$ であれば回帰係数に差がない。$F_0 > F''$ であれば回帰定数に差がない。

表3-11 $Y=a+b(\pi D^2/4)$ 式によって部分重を計算したときの各林分の回帰係数の値

樹種	スギ	ヒノキ	アカマツ	カラマツ
林分	S13	H3	A2	K1
調査木本数	15	6	23	9
幹	204.9	297.8	242.8	431.9
細根	0.7	1.2	0.1	0.6
小径根	1.2	1.8	1.7	1.3
中径根	6.7	7.8	9.1	4.8
大径根	8.2	12.3	17.6	17.5
特大根	10.9	38.5	—	41.4
根株	40.5	50.9	47.4	56.2
地下部重	68.1	112.4	82.4	121.8

Y：部分重（乾重，g）、D：胸高直径（cm）

表3-12 $Y=a+b(\pi D^2/4)$ 式によって部分重を計算したときの回帰係数の値（調査林分を合算したもの）

樹種	スギ	ヒノキ	アカマツ	カラマツ
林分	S1・2・3・4・5・11・12・13・15・17・29	H1・2・3・4・5・7・8	A1・2・4・5・8・9・10・12	K1・3・11・13・15・18・19・20・21・22・23・24・27・28
調査木本数	79	36	63	51
幹	407.6	410.9	367.9	495
細根	1.1	2.3	0.2	0.5
小径根	1.4	6.0	2.3	1.0
中径根	3.3	5.8	8.9	5.0
大径根	7.9	14.6	12.4	13.6
特大根	35.5	54.5	30.4	51.3
根株	86.1	64.6	54.9	59
地下部	135.4	147.8	109.2	130.3
全量	629.9	636.9	546.7	709.2

表3-13 樹種による細根の回帰係数の相違

樹種	スギ	ヒノキ	アカマツ	カラマツ
林分	S9	H5	A4	K12
回帰係数	0.95	1.00	0.15	0.17

ロック法での根量の相違は各種の条件によって変化するが、その範囲は細根・小径根・中径根に限られ、このなかでは細根がもっとも著しい。このため別表11の調査木の細根量のなかには、小径木の場合には大径木からの根系の侵入による増加が、大径木の場合には逆に減少が考えられる。

しかしこの量は総根量に対してきわめて少なく、T/R率ではほとんど変化しない。また両調査法ともに平均値はほぼ等しいことからするといずれの方法を用いても林分の根量の推定にはさしつかえない。

e. 根系区分と根量測定の手順

上述のように水平・垂直に細かく区分した調査

区分（土壌ブロック）ごとに掘り上げた総根量を図3-12の順序でブロックごとに根量を区分・測定した。

図中で1は掘り上げた土壌と根系で、2でこのなかから根系（細根〜特大根）だけを拾い出す。

次に3と4でこの総根量中から特大根と大径根の全量を区分して測定する。

5で残った細根〜中径根から一定量（30頁参照）を取り出して、中径根と細根＋小径根に区分・測定して両者の割合を求める資料をとる。

6で最後に残った細根＋小径根から一定量（38頁参照）を取り出してこの資料を細根と小径根に区分して前者と同様にその割合を求める。

7では以上のように区分した根量を測定する。

なお、現地では土壌が付着したまま重量を測定し、持ち帰って水洗したのち室内で根の測定をおこなう。

この調査では20 kgと10 kg測定用の台ばかりを2個、幹・根株の測定については50 kgと100 kg測定用のさおばかりを用いた。

8では根系に付着する土壌量を知るために測定した細根〜特大根資料から各々の一定量を取り出す。ここで土壌を含む根量に対する根量の割合を根量率という。

$$根量率：\frac{根量}{根量＋付着土壌量}$$

9では含水量を測定するために根系の各部分から一定量の資料を取り出した。

以上は野外での仕事であるが以下は実験室内での作業である。

10では8で取り出した根量率測定用資料を水洗して付着土壌を除き、土壌量を求める。

11では9の資料を乾燥して乾重率を求める。

$$乾重率：\frac{乾重}{生重}$$

いま各部分について測定された生重から乾重計算までの手順を各部分ごとに挙げると次のようになる。

$$L_D = 全量測定 \times \frac{L'}{Si+L'} \times \frac{Ld}{L'}$$

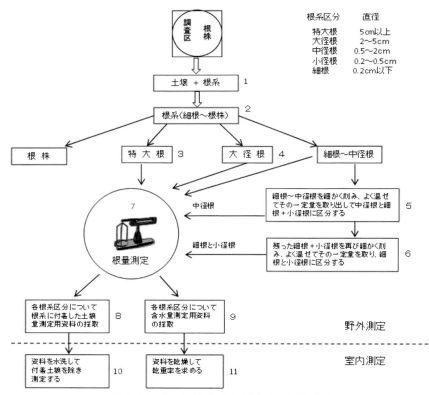

図 3-12　根系区分と根量測定の手順模式図

スギ林、莚の上に堀り上げた土壌中の根を取り出す

スギ林、根系区分前の資料

スギ林、区分した根量の測定

写真5　根量の区分と測定

L_D:特大根乾重
L':特大根水洗重（生重）
Si:付着土壌重

$\dfrac{L'}{Si+L'}$:特大根根量率

$\dfrac{Ld}{L'}$:特大根乾重率

$\ell_D = 全量測定 \times \dfrac{\ell'}{Si+\ell'} \times \dfrac{\ell'd}{\ell'}$

ℓ_D:大径根乾重
ℓ':大径根水洗重（生重）
Si:付着土壌重

$\dfrac{\ell'}{Si+\ell'}$:大径根根量率

$\dfrac{\ell'd}{\ell'}$:大径根乾重率

$m_D = m+s+f の全重$
$\quad \times \dfrac{m_1}{m_1+s_1+f_1} \times \dfrac{m'}{Si+m} \times \dfrac{md}{m'}$

m_D:中径根乾重
Si　:付着土壌重
$m_1 \cdot s_1 \cdot f_1$:区分された根量
m':中径根水洗重（生重）
Si　:付着土壌重

$\dfrac{m'}{Si+m}$:中径根根量率

$\dfrac{md}{m'}$:中径根乾重率

$s_D = s+f \times \dfrac{s_2}{s_2+f_2} \times \dfrac{s'}{s'i+s'} \times \dfrac{s'_d}{s'}$

$s+f$:
$(m+s+f)-(m+s+f) \times \dfrac{m_1}{m_1+s_1+f_1}$

s_D:小径根乾重
$s_2 \cdot f_2$:区分された根量
s':小径根水洗重（生重）
Si:付着土壌重

$\dfrac{s'}{Si+s'}$:小径根根量率

$\dfrac{s'd}{s'}$:小径根乾重率

$f_D = f \times \dfrac{f'}{Si+f'} \times \dfrac{f'd}{f'}$

f_D:細根乾重
$f = (m+s+f)$
$\quad - \left((m+s+f) \times \dfrac{m_1}{m_1+s_1+f_1}\right)$
$\quad + \left((s+f) \times \dfrac{s_2}{s_2+f_2}\right)$

Si:付着土壌重

f'：細根水洗重（生重）

$\dfrac{f'}{Si+f'}$：細根根量率

$\dfrac{f'd}{f'}$：細根乾重率

葉・枝についても測定生重から同様な方法で乾重を計算した。

f. 根量測定

地上部の場合と異なり、根系区分は細根・小径根・中径根・大径根・特大根・根株の6つに区分するのでその区分方法も葉の場合より複雑であるが、考え方および計算手法は葉の場合と同様である。

① 根株の測定

根株は地上部の幹に相当する地下部の蓄積部分で総根量の50〜60％を占める。この重さは幹の場合と同様に全量をさおばかりを用いて現地で測定した。

② 特大根の測定

一般に特大根は、根量のなかでは根株に次いで大きい割合を占めるが、本数が少ないので、これを含む根量の一定量を取り出してこの資料の区分量から特大根量を推定するとその分散はきわめて大きい。

いまスギS13林分で特大根を含む資料1 kgを15個取り出して特大根量を区分したとき、その変動係数は0.8以上であった。つぎに総根量20 kgのなかから1 kgずつ取り出して危険率0.05のときの誤差率を計算し、抽出率（重量）を求めると図3-13のようになり、誤差率を10％以下にするためには総量の90％（18 kg）を測定しなければならないことがわかった。

特大根は根量のなかで占める割合が大きく、また分散が大きいために全量を測定する必要がある。

特大根の分布は樹種によって異なるが、上記の方法でその抽出誤差率を計算したところ、いずれの樹種も大きな誤差があり、樹種間の差は認められなかった。

一方、特大根の根系区分の作業は容易で、根量当たり所要時間は細根・小径根に比べて著しく少なく、根系区分のための抽出資料を少なくしても測定時間短縮の効果は小さい。特大根が総根量中で占める割合からすると、区分資料を抽出した場合、測定時間の短縮によって生ずる総根量推定の誤差はきわめて大きくなることが想定された。

以上のような理由からこの調査では特大根は全量を測定した。

③ 大径根の測定

特大根の場合と同様に大径根について総根量15 kgから資料重1 kgを15個取り出してその抽出率を計算すると図3-14のようになり、誤差率を10％以下にするには総根量の80％（12 kg）の測定が必要で、この部分についても特大根の場合と

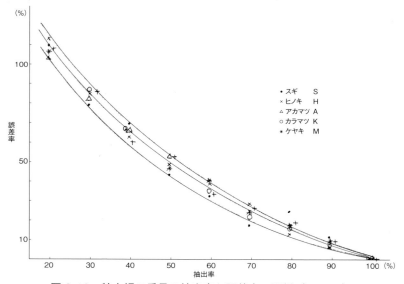

図3-13　特大根の重量の抽出率と誤差率の関係（F: 0.05）

同様に全量測定する必要が認められた。またいずれの樹種も誤差率が大きい。

根系区分工程からみても大径根の区分資料抽出測定は効果が少ない。このためこの調査では大径根についても全量測定をおこなった。

④　中径根の測定

特大根と大径根を区分したあとには細根～中径根量が残る。これらの根量は総根量の20～30％で、総根量中での割合は小さいが、この部分は若い組織が多くて生理的には重要な働きをしているので、正確に根量を区分測定する必要がある。

いまスギの細根～中径根の総量1 kgを50 gずつ20個（M）に区分し（18頁参照）、その中から中径根を取り出して重さを測定し、葉の場合と同様に比推定法で抽出率と誤差率の関係をみると図3-15のようになり、抽出率30％（300 g）でほぼ誤差率が10％以下になることがわかった。各樹種の分散の大きさは、アカマツ＞ケヤキ＞カラマツ＞スギ＞ヒノキの順になり、誤差率10％のときの抽出率はアカマツ32％、ケヤキ30％、カラマツ29％、スギ28％、ヒノキ25％であった。これは、アカマツとカラマツの根系は細・小径根がまばらに中径根に付着して分散が大きく、ヒノキは中径根に密に着いていて中径根と細・小径根

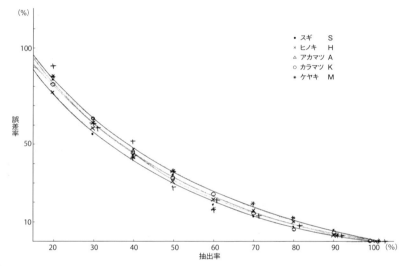

図3-14　大径根の重量の抽出率と誤差率の関係（F:0.05）

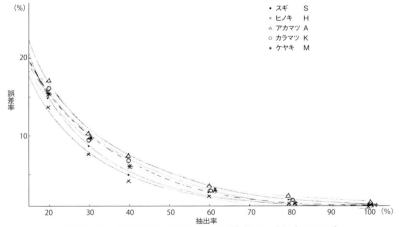

図3-15　中径根量の抽出率と誤差率の関係（F:0.05）

の混じり方が均一なことによっている。

いま各種の樹木について200gずつ20個取り出して中径根量を測定したときの変動係数は、順位の大きいものから、ユーカリノキ 0.180、シラカシ 0.178、ヤマハンノキ 0.170、ミズナラ 0.174、ブナ 0.172、ニセアカシア 0.172、ミズキ 0.170、コナラ 0.168、ケヤキ 0.165、ダケカンバ 0.165、シラカンバ 0.162、モミ 0.161、トウヒ 0.157、アカマツ 0.150、フサアカシア 0.136、カラマツ 0.135、カナダツガ 0.125、スギ 0.100、ヒノキ 0.083、サワラ 0.080となった。ユーカリノキ・シラカシ・ヤマハンノキ・ミズナラなど細根・小径根が疎生して中径根に付着している型の樹種は変動係数が大きく、逆にスギ・ヒノキのように細根・小径根が中径根に密に分布している樹種は小さい。一般に広葉樹は疎生型のものが多く、針葉樹は密生型のものが多い傾向が認められた。

⑤　細根量と小径根量の推定

特大根・大径根・中径根が測定されて、最後に残った細根量と小径根量についてそれぞれの区分に必要な資料重を計算した。

いま両者を合わせた総根量400gを20gずつ20個（M）とり、資料個数（m）を3・5・10・15・20個としたときの誤差率（危険率0.05）を計算すると表3-14のようになる。それぞれの資料個数では、mが3（60g）のときの誤差率は36％、5（100g）で12％、10（200g）で6％、15（300g）で4％となった。誤差率10％のときの必要抽出率は28％（110g）であった。

細根と小径根では葉と枝の場合よりも誤差率が大きくなった。

つぎに総量（M）を10（200g）・20（400g）・30（600g）・40（800g）にして誤差率を計算すると、表3-15・図3-16のようにmが3と5ではMが大きくなると誤差率がやや大きくなる傾向が認められたが、その割合は小さく、mが5の場合総量400gが2倍の800gになっても誤差率は0.96％の増加しか示さなかった。このことから総量が400g以上になっても資料の抽出量100〜150gの範囲で十分なことがわかった。

この関係を樹種別にみると図3-17のように抽出率30％（120g）でアカマツは誤差率15％、カラマツ11％、ケヤキ10％、スギ8％、ヒノキ5％であり、中径根の場合と同様に細根が小径根にま

表3-14　細根と小径根の区分に必要な資料の抽出率と誤差率（S13林分）

m	Σx	Σy	Σx^2	Σy^2	Σxy	Q_0	r
3	60	31	1200	325	620	5	0.5167
5	100	52	2000	546	1040	5	0.5200
10	200	107	4000	1161	2140	16	0.5350
15	300	158	6000	1690	3160	26	0.5267
20	400	212	8000	2276	4240	29	0.5300

S	$M\sqrt{\dfrac{M-m}{M-1}\dfrac{M}{m}}$	$M\sqrt{\dfrac{M-m}{M-1}\dfrac{F}{m}}S$	$\bar{y}$	C^*	C^{**}	抽出率
1.6	47.000	75	10.3	0.1553	0.3641	0.15
1.1	22.060	24	10.4	0.1058	0.1154	0.25
1.3	10.380	13	10.7	0.1215	0.0607	0.50
1.4	5.680	8	10.5	0.1333	0.0381	0.75
1.2	0.000	0	10.6	0.1132	0.0000	1.00

x：細根+小径根（g）、　y：細根（g）、　F：n_1：1、n_2：$m-1$の危険率0.05の値

C^*：$\dfrac{\sigma y}{\bar{y}}$、$C^{**}$：$\left(\sqrt{\dfrac{M-m}{M-1}\dfrac{F}{m}}S\right)\Big/\bar{y}$

表 3-15 細根と小径根の総量（M）が変化したときの誤差率（S13 林分）

総個数	計算式・項目	抽出個数 m 個（細根＋小径根）				
		3	5	10	15	20
$M\,10$	$\dfrac{M-m}{M-1}\dfrac{F}{m}$	—	—	—	—	—
	$\sqrt{\dfrac{M-m}{M-1}\dfrac{F}{m}}$	—	—	—	—	—
	$\sqrt{\dfrac{M-m}{M-1}\dfrac{F}{m}}\,S$	2.8	1.2	—	—	—
	$M\sqrt{\dfrac{M-m}{M-1}\dfrac{F}{m}}\,S$	28	12	—	—	—
	C^{**}	0.2667	0.1143	—	—	—
$M\,20$	$\dfrac{M-m}{M-1}\dfrac{F}{m}$	—	—	—	—	—
	$\sqrt{\dfrac{M-m}{M-1}\dfrac{F}{m}}$	—	—	—	—	—
	$\sqrt{\dfrac{M-m}{M-1}\dfrac{F}{m}}\,S$	3.1	1.4	0.7	0.4	—
	$M\sqrt{\dfrac{M-m}{M-1}\dfrac{F}{m}}\,S$	62	28	14	8	—
	C^{**}	0.2952	0.1333	0.0667	0.0381	—
$M\,30$	$\dfrac{M-m}{M-1}\dfrac{F}{m}$	—	—	—	—	—
	$\sqrt{\dfrac{M-m}{M-1}\dfrac{F}{m}}$	—	—	—	—	—
	$\sqrt{\dfrac{M-m}{M-1}\dfrac{F}{m}}\,S$	3.1	1.5	0.8	0.5	0.4
	$M\sqrt{\dfrac{M-m}{M-1}\dfrac{F}{m}}\,S$	93	45	24	15	12
	C^{**}	0.2952	0.1429	0.0762	0.0476	0.0381
$M\,40$	$\dfrac{M-m}{M-1}\dfrac{F}{m}$	—	—	—	—	—
	$\sqrt{\dfrac{M-m}{M-1}\dfrac{F}{m}}$	—	—	—	—	—
	$\sqrt{\dfrac{M-m}{M-1}\dfrac{F}{m}}\,S$	3.1	1.5	0.6	0.4	0.2
	$M\sqrt{\dfrac{M-m}{M-1}\dfrac{F}{m}}\,S$	124	60	24	16	8
	C^{**}	0.2952	0.1429	0.0571	0.0381	0.0154

細根＋小径根＝S：1.3（表 3-14）。$\bar{y}$：10.5 として計算した。

m：1 個 20 g の個数。

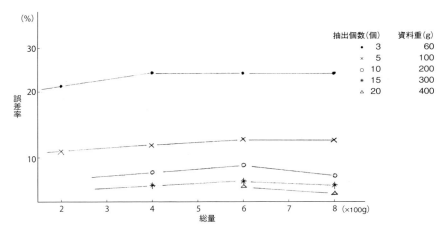

図3-16 細根と小径根の資料の総量（M）と誤差率の関係（F:0.05）

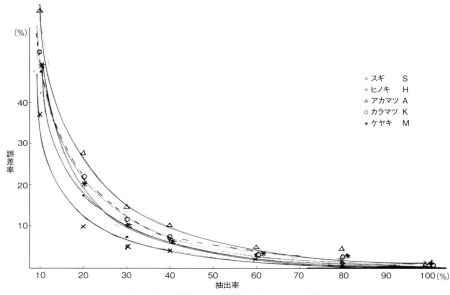

図3-17 細根・小径根の抽出率と誤差率

ばらにつくアカマツ、カラマツは誤差率が大きく、密生型のヒノキは小さい値が得られた。

誤差率10％の推定に必要な資料重はアカマツ160g、カラマツ140g、ケヤキ120g、スギ110g、ヒノキ90gであり、スギを1とした場合の比数はアカマツ1.41、カラマツ1.33、ケヤキ1.09、ヒノキ0.82であった。

これらの関係を知るために中径根の場合と同様に各種樹木について100gずつ20個取り出して細根の変動係数を計算したところ、ユーカリノキ0.060、ミズキ0.054、ニセアカシア0.050、シラカシ0.045、コナラ0.042、ブナ0.041、ヤマハンノキ0.041、ミズナラ0.040、ダケカンバ0.037、シラカンバ0.037、ケヤキ0.035、フサアカシア0.032、モミ0.028、トウヒ0.027、アカマツ0.027、カナダツガ0.024、カラマツ0.023、スギ0.019、ヒノキ0.012、サワラ0.010となり、一般に広葉樹は細根の着き方が疎で少なくて分散が大きく、一方針葉樹は細根の着き方が密で分散が小さい。とくにヒノキは細根の分岐が著しく密生し、分散が小さい。以上の結果はさきに著者らが林業試験場内の各種樹木について観察記載説明した結果と

も一致する［苅住 1957a］。

4　根量率

以上のような手順で測定した根量（細根〜根株）には根に付着する土壌の量が含まれており、この量を除いて根量を推定する必要がある。ここで土壌を含む根量に対する付着土壌量を除いた根量の割合を根量率とよび、根量率を式で示すと次のようになる。

$$RSi = \frac{R}{Si + R}$$

RSi：根量率
Si：根系付着土壌
R：生重根量

この根量率を土壌を含む根量に乗じて根量を求める。

スギ S4 林分のⅠ・Ⅱ層から細根 40〜350 g の資料を 50 個とって水洗し、土壌が付着した根量を独立変数、土を除いた根量を従属変数として両者の関係をみると図 3-18 のようになり、両者の間に直線回帰が認められた。

この回帰の係数、相関係数、誤差を計算すると両者の比数（Z）は 0.85 で土壌を含む根量の 85％が根量で 25％が付着土壌であった。相関係数（r）は 0.99 で両者の間に高い相関関係が認められ、変動係数は 1.3％で誤差はきわめて小さい。

根に付着する土壌の量は調査時の天候・土壌条件などによって左右され、晴天の風がある日は乾燥によって測定時に付着土壌が落ちるため付着土壌量が少なく、雨の直後には土壌が湿っていて付着土壌量が多い。一般に湿った条件で付着土壌量が多くて湿性の立地は乾燥性の立地よりも、湿っている心土は乾燥している表土よりも、付着土壌量が多い。また付着土壌量は土性にも関係し、保水力の大きい粘土質土壌は保水力の小さい砂土よりも付着量が多い。

(1)　土性

いま土性と土壌の湿り方によるスギ根系（細根〜特大根）の根量率を林分調査からみると、表 3-16 のようになり、埴質壌土＞壌土＞砂質壌土＞砂土の順に付着土壌量が多くて、逆に根量率は小さく、S18 林分の B 層の埴質壌土では細

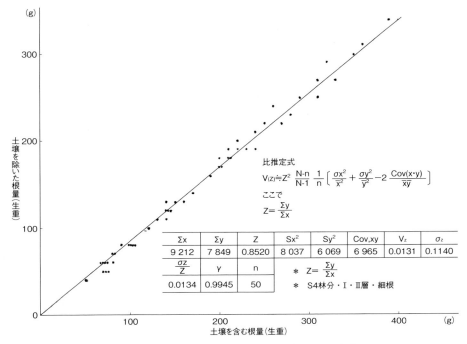

図 3-18　根量率の変化と分散［スギ・細根］

表3-16 土性・土壌の湿り方と根量率（スギ）

土性	調査林分		土壌層	採取時の土壌のpF価	細根	小径根	中径根	大径根	特大根
埴質壌土	S18	秋田 A	B	2.02	0.7007	0.7326	0.7521	0.8765	0.9712
	S19	B	B_1	1.90	0.7211	0.7421	0.7648	0.8970	0.9700
	S20	C	B_1	2.74	0.7325	0.7750	0.7820	0.9245	0.9824
壌土	S1	小野子 A	A_1	1.70	0.7492	0.7892	0.9048	0.9705	0.9980
	S2	B	A_1	2.04	0.7805	0.8142	0.9400	0.9750	0.9999
	S7	G	A_1	3.03	0.8522	0.8487	0.9785	0.9875	0.9991
砂質壌土	S35	小根山 L	I_A	1.85	0.8633	0.8422	0.9546	0.9741	0.9990
	S36	M	II_A	2.12	0.8751	0.888	0.9800	0.9842	0.9997
	S37	N	II_A	2.80	0.9124	0.8954	0.9828	0.9950	0.9999
砂土	S12	小根山 B	I_{B-C1}	1.45	0.9154	0.9432	0.9815	0.9980	—
	S11	A	I_{B-C1}	1.81	0.9211	0.9640	0.9917	0.9985	—
	S14	D	I_{B-C1}	2.31	0.9372	0.9521	0.9982	0.9999	—

根の根量率が70％であったが、壌土では75％、砂土では92％となりほとんど土壌の付着を認めなかった。

この傾向は小径根以上の根系についても同様に認められたが、根系が大きくなると、全体に根量率が大きくなるとともに根量率の差が小さくなり、大径根では埴質壌土が88％であったのに対して砂土は100％でその差は12％となり、細根の21％に比べるとその約半分であった。

(2) 土壌水分

土壌の湿り方をpF価で表すと、pF価と根量率との関係は表3-16のように、同じ埴質土壌の林分（S18・S19・S20）でもpF価の大きいS20林分（pF価2.7）は根量率73％で、pF価が小さい2.02のS18林分の70％に比べて3％大きくなった。これらの関係は他の土性の土壌についても認められ、pF価が大きくなると付着土壌量が減って根量率が大きくなった。

壌土ではpF価1.7で根量率75％、3.03で85％で10％の増加があった。

(3) 根系区分

先に述べたように、根量率は根系の太さによっ て変化し、同一根量であっても分岐が多く、細根が細くて表面積が大きく、根毛・菌根がある樹種は付着土壌量が多くて、根量率は小さくなった。

いまスギS4林分について土壌層・根系区分別根量率を挙げると、表3-17・図3-19のようになり、I層では細根の根量率は79％、小径根は82％、中径根は94％、大径根は100％で、大径根では土壌の付着量をまったく無視してよかった。

この関係は各土壌層においても認められ、V層では付着土壌量の増加にともないI層よりも根量率が小さくなって細根が74％（I層では79％）であったが大径根では99％（I層では100％）で、細根と大径根の差はI層は21％、V層は25％で、V層のほうがI層よりも4％大きい。これは湿った下層土では乾燥した表土よりも細根の

表3-17 土壌層別根量率（S4林分）

土壌層	細根	小径根	中径根	大径根
I	0.7860	0.8240	0.9427	0.9951
II	0.7822	0.8155	0.9410	0.9940
III	0.7785	0.8162	0.9405	0.9960
IV	0.7640	0.8150	0.9380	0.9872
V	0.7425	0.8027	0.9327	0.9862

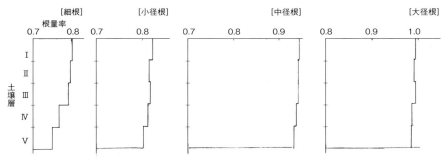

図 3-19　根系区分・土壌層別根量率（S4 林分）

付着土壌量が多くなることによっている。

(4) 土壌層

以上のように土壌層が深くなると根量率が小さくなるが、いま S4 林分の細根について土壌層別根量率とその測定誤差を列挙すると**表 3-18** のよ

うになり、土壌層が深くなると根量率の減少とは逆に変動係数は大きくなって I 層では 9％であったが、V 層では 15％で下層土のほうが表土よりも根系の付着土壌量の偏りが大きいことがわかった。

(5) 樹種

同様な関係を各樹種の I・II 層の細根についてみると**表 3-19・図 3-20** のようにカラマツ・ケヤキ・ミズキ・フサアカシア・ユーカリノキなどが高い根量率を示し、ヒノキ・ミズナラ・シラカンバ・アカマツなどは前者に比べて根量率が小さい。

これは各樹種の根毛・菌根の発達・分岐性の相違によるものである。根量率が小さい後者の樹種は細根の分岐や根毛・菌根が発達するものが多い。このような根系の土壌保持力は細根の吸水性

表 3-18　土壌層別根量率とその測定誤差

土壌層	資料重(g)	測定個数	根量率	変動係数
I	50〜100	20	0.7860	0.085
II	50〜100	20	0.7822	0.091
III	50〜100	20	0.7785	0.112
IV	50〜100	20	0.7640	0.141
V	50〜100	20	0.7425	0.152

表 3-19　樹種別根量率

樹種	調査林分		細根	小径根	中径根	大径根	特大根
スギ	S4	小野子 D	0.7810	0.8195	0.9408	0.9900	0.9994
ヒノキ	H3	下呂 C	0.7595	0.8434	0.9492	0.9829	0.9981
アカマツ	A2	高萩 B	0.7415	0.8557	0.9850	0.9950	0.9999
カラマツ	K14	小諸 A	0.8015	0.9150	0.9607	0.9912	0.9999
カナダツガ	M6	小根山 Z	0.7547	0.8533	0.9519	0.9800	0.9971
モミ	M5	小根山 Y	0.7608	0.8571	0.9534	0.9790	0.9999
ケヤキ	M4	小根山 X	0.7925	0.9139	0.9502	0.9765	0.9995
ミズキ	—	浅川苗畑	0.8512	0.9250	0.9712	0.9950	0.9999
ミズナラ	M8	野辺山 C'	0.7536	0.8077	0.9124	0.9752	0.9980
シラカンバ	M8	野辺山 C'	0.7718	0.9126	0.9243	0.9863	0.9992
フサアカシア	M7	岡山 A	0.8125	0.9015	0.9421	0.9720	0.9980
ユーカリノキ	M3	岡山 C	0.8200	0.9200	0.9200	0.9921	0.9995

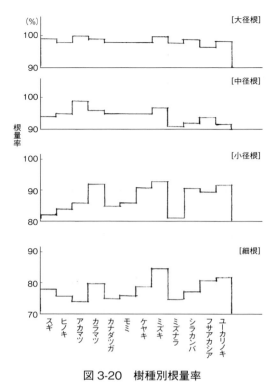

図 3-20 樹種別根量率

とも関連し、根量率が小さい樹種には耐乾性が大きい樹種が多い。

表3-19から各樹種の根量率を図示すると図3-20のようになる。この根量率の相違は細根・小径根でとくに著しくて根系が太くなるほど樹種間の差が小さくなる。

以上のように根量率は各種の条件によって大きく変化するので、できれば調査のたびに資料を抽出し、根量率を測定して付着土壌量を補正したほうがよい。この調査ではできる限り細かく根量率測定資料を取って土壌付着根量を補正した。

また上記の測定誤差からすると根量率測定用資料は細根150ｇ・小径根200ｇ・中径根300ｇ・大径根1kg・特大根3kgをとれば危険率0.05、目標精度は平均値の10％で根量率を推定することができる。

5 乾重率

生重から乾燥重量を計算するために生重を測定した各部分について一定量の資料を採取して乾重率を計算した。ここで乾重率とは生重に対する絶乾重の割合で、次の式で示される。

$$R = \frac{W_\mathrm{D}}{W_\mathrm{w}}$$

R：乾重率
W_D：乾重（ｇ）
W_w：生重（ｇ）

次に各部分の乾重率について述べる。

(1) 葉

この調査では、葉量は樹冠の着葉部分を3等分した各階層ごとに測定したが、この測定単位（階層）ごとに乾重率を測定してその葉量にこの乾重率を乗じて乾重葉量とした。

各階層を合算した葉の総量から資料を採取するほうが手数はかからないが、樹冠の位置によって乾重率が異なるので各階層ごとに乾重率を測定したほうが測定精度は高くなる。

資料重は生重で1.0〜1.5 kgを各階層から採取した。生重は調査地で測定した。

資料は乾燥機で乾燥したのち、絶乾重量を測定した。

(2) 枝

枝も葉と同様に各階層のなかから中庸の大きさのものを選び、これを数本細断して資料とした。

資料としては1〜2 kg（生重）を採取した。調査地で測定した。

(3) 幹

樹幹解析のため採取した円板の生重を円板採取後ただちに測定して生重を求め、これを各樹幹区分重に乗じて幹の乾燥重量を算出した。

幹の乾重率は一般に根株付近がもっとも小さくて先端になるにしたがって減少する性質を示し、幹の部分によって乾重率が異なるので、なるべく細かく区分したほうが乾重推定の精度は高くなる。

いま樹幹解析での幹の各位置における乾重率とその幹の平均乾重率との関係については別表9のようになる。この表からスギについてみると、表3-20のように樹高13 m程度の林木では高さ3〜4 m、樹高19 mでは4〜5 m程度のところに平均乾重率を示す位置があることがわかった（林木

表 3-20 幹の各部位における乾重率と平均乾重率（別表9より）

林分	調査木	樹高(cm)	0.0(m)	0.2	1.2	3.2	5.2	7.2	9.2	11.2	13.2	15.2	17.2	単木平均値
S1	3	622	0.30	0.33	0.32	0.31	0.25	—	—	—	—	—	—	0.30
S2	17	1 335	0.32	0.39	0.39	0.38*	0.37	0.36	0.28	0.27	—	—	—	0.38
S3	11	972	0.34	0.38	0.36*	0.34	0.33	0.30	0.25	—	—	—	—	0.36
S4	21	1 832	0.38	0.42	0.45	0.44*	0.44	0.42	0.37	0.38	0.36	0.35	—	0.44
S5	25	1 932	0.38	0.41	0.47	0.43*	0.41	0.41	0.39	0.38	0.38	0.37	0.31	0.42
S6	32	915	0.33	0.32	0.32*	0.30	0.30	0.29	0.29	—	—	—	—	0.31
S7	22	1 255	0.35	0.35	0.35*	0.35	0.35	0.33	0.30	—	—	—	—	0.35
S8	42	1 444	0.32	0.33	0.32	0.32*	0.32	0.31	0.30	0.29	—	—	—	0.32
S9	12	1 400	0.38	0.39	0.38	0.37*	0.36	0.35	0.34	0.32	0.30	—	—	0.37

*平均乾重率にもっとも近い値。

の各部位における乾重率については別表9参照）。

(4) 特大根

特大根量の分布がもっとも多いⅠ・Ⅱ層の特大根のなかで、中庸の成長をしているものを選び、2〜3 kgを取って乾重率を求めた。2 kgの資料重をとったときの乾重率の変動係数は0.07程度である。

資料は土壌をきれいに除いて調査地で生重を測定した。

(5) 大径根

特大根の場合と同様な方法で大径根についても2〜3 kgを資料として採取し、乾重率を測定した。この場合の変動係数は特大根よりも小さくて0.05程度であった。

(6) 中径根

現地で採取した資料をビニール袋に入れて持ち帰ってていねいに水洗して付着土壌を落としたのち生重を測定した。

中径根は各土壌層にわたって広く分布し、土壌層によって成長とともに乾重率も異なり、全土壌層を合算して乾重率を計算すると誤差が大きくなるので、Ⅰ・Ⅱ層とそれ以下の階層に区分して乾重率を測定した。

Ⅰ・Ⅱ層に区分したとき資料重を500 g採取したときの変動係数は0.05程度である。

(7) 小径根

中径根と同様Ⅰ・Ⅱ層と、それ以下の土壌層から各々200〜300 gの資料をとり、水洗・乾燥したのち乾重率を計算した。その変動係数は0.03〜

0.04 である。

(8) 細根

Ⅰ・Ⅱ層とそれ以下の土壌層から 50〜100 g の資料を取って小径根と同様に水洗・乾燥して乾重率を計算した。変動係数は 0.03〜0.04 である。

細根・小径根の乾重率測定の精度については次に述べる。

6 乾重率推定の資料重と精度

スギ S3 林分の土壌層Ⅰ・Ⅱ層の細根についてその生重と乾重および個々の乾重率を計算した。

いま生重と乾重との関係を示すと、**図 3-21** のように、両者の間に直線の回帰が認められた。この資料について個々の乾重率を計算してその平均値を求めると**表 3-21** のようになり乾重率は 24%、変動係数は 0.08 となった。

次に同一数値を用いて比推定式によって計算するとその統計量は**表 3-22** のようになった。両者を比較すると平均乾重率差は 0.18%、その精度は比推定式が高くてその誤差は個々の乾重率を用いたときの 1/8 であった。

同様にカラマツ K1 林分のⅠ・Ⅱ層の細根・小径根についてその各々が**表 3-23** のように生重で 1 g ごとに 20 個ずつ取って乾重を測定して前者と同様な方法で誤差を計算し、両計算方法を比較するとともに資料重の増加に対する変動係数の変化をみた。その結果は**別表 7** のようになる。いまこの表から細根Ⅰ層の数値を挙げると**表 3-23** の

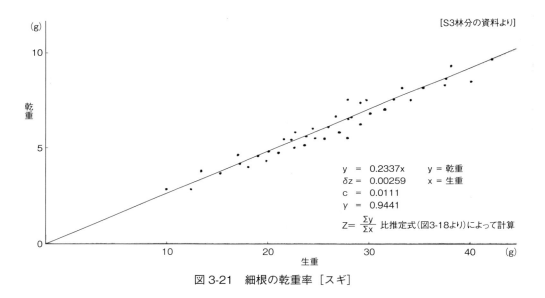

図 3-21 細根の乾重率［スギ］

表 3-21 図 3-19 の資料から個々の乾重率を計算した場合の平均乾重率とその分散（S4 林分、Ⅰ・Ⅱ層、細根）

Σy	$\bar{y}$	Sy^2	σy	$\sigma y/\bar{y}$
9.42	0.2355	2.2336	0.01974	0.0823

表 3-22 比推定式による平均乾重率とその分散（S4 林分、Ⅰ・Ⅱ層、細根）

Σx	Σy	z	Sx^2	Sy^2	$C_{0v}xy$	Vz	σ_z	σ_z/z	r
1042.1	243.9	0.2337	29474.25	1602.95	12.9241	0.0000066934	0.00259	0.0111	0.9441

x：生重 g、y：乾重 g、z：$\Sigma y/\Sigma x$、r：相関係数。

表 3-23　資料重と乾重率・変動係数（K1 林分、細根、Ⅰ・Ⅱ層）

資料重	1〜2 g	2〜3 g	3〜4 g	4〜5 g	5〜6 g	6〜7 g	7〜8 g	8〜9 g	9〜10 g
R_1*	0.2353	0.2289	0.2350	0.2286	0.2306	0.2325	0.2328	0.2343	0.2333
R_2**	0.2352	0.2286	0.2350	0.2285	0.2306	0.2330	0.2337	0.2343	0.2331
C_1	0.0396	0.0419	0.0310	0.0318	0.0262	0.0177	0.0279	0.0460	0.0330
C_2	0.0098	0.0105	0.0077	0.0074	0.0056	0.0039	0.0056	0.0115	0.0069
C_1/C_2	4.04	3.99	4.03	4.30	4.68	4.54	4.98	4.00	4.78

*　R_1：n：20 の乾重率の平均値。
**　R_2：n：20 の乾重率、C_1：R_1 の変動係数、C_2：R_2 の変動係数。

ようになり、両計算方法の乾重率の間にはほとんど差がなかったが、変動係数は比推定式のほうが精度が高くて単純な誤差計算式の約4倍であった。

この差は土壌層が深く、根系が太くなるほど増加する（別表7）。

別表7から資料重の増加と変動係数との関係を図示すると図3-22のようになり、細根・小径根・中径根ともに資料重が増加すると変動係数が急速に減少した。この傾向は根系区分、土壌層によって異なる。図3-22から変動係数0.01における資料重をみると表3-24のようになり、根系区分が大きくなるほど、また土壌層が深くなるほど測定資料重が増加した。これは根系が太くなり、土壌層が深くなるほど測定の分散が大きくなるためである。

7　林木の各部分の水分量

乾重率測定（44頁参照）にともなって林木の各部分の水分量がわかった。この水分量は林木の成長と相関関係がきわめて高い。

いまこの含水率が林木の部分・環境条件によってどのように変化するか、乾重率について考えてみる（各林分の乾重率は別表8の通りである）。

(1) 林木の各部分の乾重率

各林分の調査木から中庸の成長をしているものを選んで、各部位における乾重率をみると別表9および図3-23のようになる。

乾重率はスギ・ヒノキ・アカマツ・カラマツの各樹種を通じて、細根の乾重率がもっとも小さくて20〜30％で、根系が太くなると次第に乾重率が増加して、根株ないしは地上から20cm付近で大きくなり、スギでは40〜45％となった。

この増加の傾向は細根と小径根の間で著しくて、両者の間で4〜5％の増加があった。小径根から根株では、増加率は小さくて1％前後であった。これは細根は、白根を含む組織の若い水分の多い部分が多く、小径根以上の根系は、一様に木質化した組織で構成されていることによっている。このように乾重率が根系の部分によって異なるために各部分ごとに乾重率を測定する必要がある。

この乾重率は幹の乾重率測定のところでも述べたように、上部へいくにしたがって漸次水分量が増加して、乾重率が減少する。とくに先端付近では若い組織が多くなるために、乾重率が急速に減少した。いまヒノキの幹の各部分における乾重率の変化をみると図3-24の通りである。

この傾向は、林木の成長の良否や大きさによって異なり、乾重率の変化傾向はほぼ類似するが、その数値は一様でない。また樹種によっても変化する。

枝は他の部分に比べて成長が遅くて、木質化が進んでいるため、乾重率は林木の部分中最大で、スギでは45〜50％に達した。

葉の乾重率は一般に幹・枝に比べて小さくて小・中径根の乾重率に相当する。

(2) 樹種

樹種によって成長の程度が異なるとともに乾重率も異なる。この関係を浅川苗畑に植栽した4〜5年生の若木と中庸の成長を示す調査林分の乾重率の平均値（別表8）についてみると図3-25

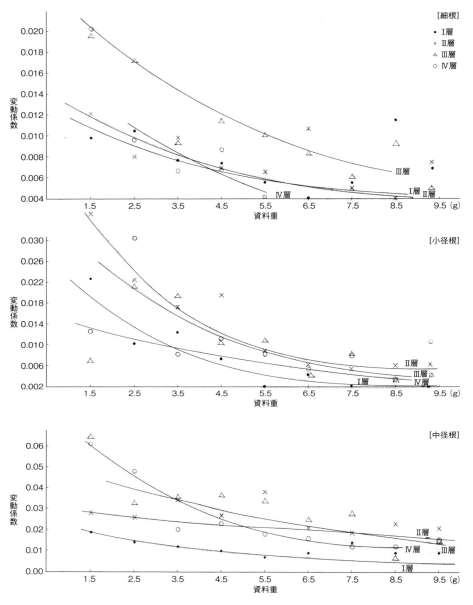

図 3-22 乾重率の変動係数 C_2 [K1 林分]

表 3-24 変動係数 1% で 20 個測定する場合の資料重 g（K1 林分）

根系分布＼土壌層	細根	小径根	中径根
I	2.5	3.5	5.5
II	2.5	5.5	10.0 以上
III	5.5	5.5	10.0 以上
IV	—	5.5	10.0 以上

のようになり、浅川苗畑の資料では葉は乾重率30％程度の樹種が多いが、常緑針葉樹のコノテガシワ・アカマツ・スギなどが大きくて35～40％であった。広葉樹ではエノキ・ムクノキ・コナラ・アキニレ・ケヤキなどのやや堅い葉の樹種が乾重率が大きく、キササゲ・アカメガシワ・センダン・トゲナシニセアカシア・ミズキ・アオギリ

第 3 章　研究方法と現存量測定法

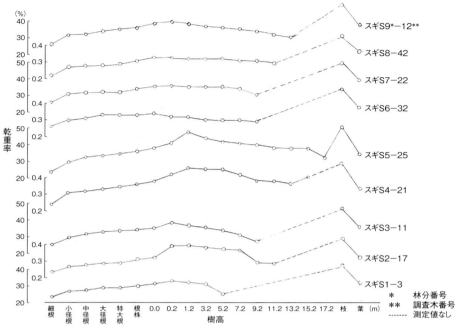

図 3-23(1)　林木の各部分の乾重率

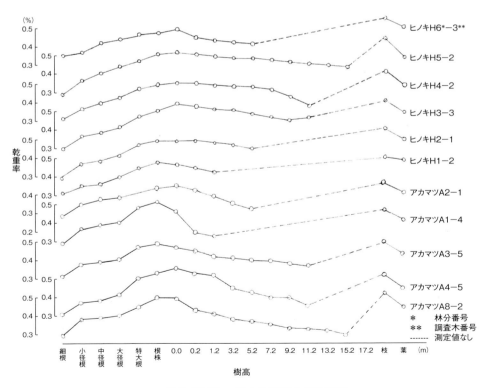

図 3-23(2)　林木の各部分の乾重率

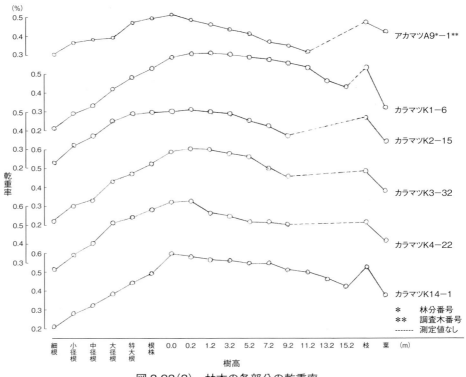

図 3-23(3)　林木の各部分の乾重率

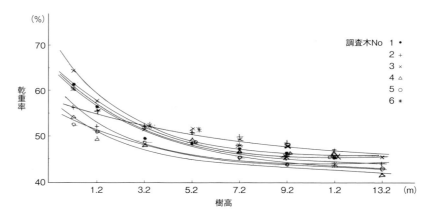

図 3-24　幹の各部分の乾重率 [H3 林分]

などの葉の質が軟らかい樹種は小さい値を示した。

調査林分でも同様な傾向が認められ、ヒノキ・サワラ・モミ・カナダツガなどはとくに大きくて、ヒノキは乾重率52％に達した。主要樹種ではヒノキ＞アカマツ＞スギ＞カラマツの順になった。

葉の乾重率は季節によっても異なる。同種でも個体によって相違がある。

枝・幹の乾重率はとくに成長速度に関係し、成長が早くて若い組織が多い樹種は乾重率が小さく、成長が遅い樹種は大きい傾向が認められる。

第3章　研究方法と現存量測定法

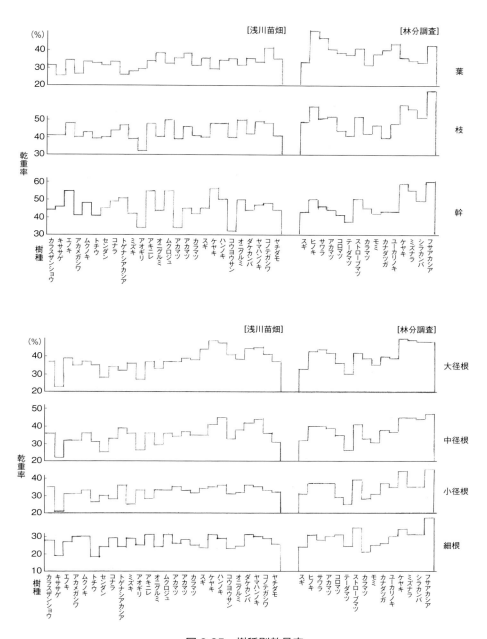

図 3-25　樹種別乾量率

　浅川苗畑の調査では枝・幹ともにエノキ・アキニレ・ムクロジュ・ケヤキ・ハンノキ・ヤマハンノキ・コノテガシワなどが高い値を示し、林分調査樹種ではヒノキ・フサアカシア・ケヤキ・サワラ・ストローブマツ（成長不良）などが高い値を示した。

　根系の乾重率も地上部と同様に、大径根〜根株はその樹種の特性と成長状態によって変化する。浅川苗畑において中・大径根が高い値を示す樹種は、ケヤキ・エノキ・ハンノキ・ヤマハンノキ・コノテガシワ・スギ・ダケカンバなどで、林分調査資料ではフサアカシア・シラカンバ・ミズナ

ラ・ケヤキなどの広葉樹類が高い値を示す。

細根・小径根は白根が太くて量が多い樹種が乾重率が小さくて、浅川苗畑ではキササゲ・トチュウ・コウヨウザン・スギ・オニグルミカラマツなどが低い値を示し、アカメガシワ・ムクノキ・コナラ・アキニレ・ムクロジュ・ケヤキ・ダケカンバ・ヤマハンノキ・コノテガシワなどの樹種は大きい値を示した。

林分調査木ではスギ・カラマツなどが低い値を示し、フサアカシア・シラカンバ・ミズナラ・ケヤキ・アカマツ・クロマツ・ストローブマツ・ヒノキなどは高くて、浅川苗畑とほぼ同様な傾向を示した。

細根の乾重率が大きい樹種は、細根が疎生し、白根（しらね）が細くて木質化した部分が多く含まれ、根系型では乾燥性のシラカシ型に属するものが多くて、耐乾性が大きい樹種が多い。

反対に乾重率が小さい樹種は、スギ型・アオギリ型・クスノキ型の根系型に属する適潤性樹種が多い。根系型については**資料2**を参照のこと。

(3) 地位指数と乾重率

各部分の乾重率は成長状態によって異なり、地位指数と関係があることが考えられる。

いま、各部分の乾重率と地位指数との関係を**別表9**から図示すると**図3-26**のようになる。

各樹種・地上部・地下部の各部分ともに分散は大きいが、地位指数が増加すると、含水量が増加して乾重率は減少する傾向が認められた。

これは地位指数が大きい成長良好な林地では、含水率が高い若い組織が多く、地位指数が小さい成長不良林分では、含水率が小さい古い組織が多いことによっている。

図3-26で地位指数による乾重率の変化は地上部の蓄積部分としての幹や地下部の大径根～根株だけでなくて、葉・細根のような組織が若い部分についても同様に認められたことは、成長状態によってこれらの働き部分の組織が相違し、その働きの能率も変化することが推察される。

地位指数が小さい林地の土壌は乾燥または過湿条件で、このような立地では、細根は新しい白根の割合が少なくて、木質化した部分が多い。このためにこのような立地では細根の乾重率が大きくなる。

過湿地で乾重率が小さくなるのは、各部分の成長が悪いことと、細根では含水率が高い白根が腐朽枯死して、その割合が少なくなることによっている。

8 部分重の測定精度

以上のような手続きののちに、単木の各部分重（**別表11**）が求められるが、最終的に算出した各部分重には、調査区分・根量測定・根系区分・根量率測定・乾重率測定などの各測定の段階で誤差をともなう。

この各測定段階の誤差の検討については、各項目で説明したように、なるべく誤差を小さくするように資料重を決定して測定した（危険率0.05で平均値の10%誤差を目標とした）。

測定の各段階において、誤差率には相当な相違があり、一定の誤差率で測定できなかった。また各部分によって誤差が異なり、一様の精度で部分重を推定することはできなかったが、全重の推定誤差は変動係数で 0.10 ～ 0.20 と考えられる。

9 枝と葉の最近1年間の成長量

枝と葉の1年間の成長量については、着葉期間の相違、落枝・落葉量の推定など困難な問題があり、測定例が少なくて正確な数値はつかみえないが、いままでの研究から総合的に林齢によって枝と葉の年間成長量を枝は幹の最近1年間の成長量に、葉は着葉量に**表3-25**の係数を乗じて各々の1年間の成長量は以上のようにして計算したものである（**別表11参照**）。

10 吸収構造の表現

土壌中の養・水分は根系表面から樹体内に取り入れられる。

この能率は根系の各部分によって異なり、根端の白根でもっとも大きくて、木質化した部分では小さいが、いずれの場合にも根系表面を通じて吸収作用が考えられるので、根系表面積で地下部の吸収構造を表すことを考えた。

第 3 章　研究方法と現存量測定法

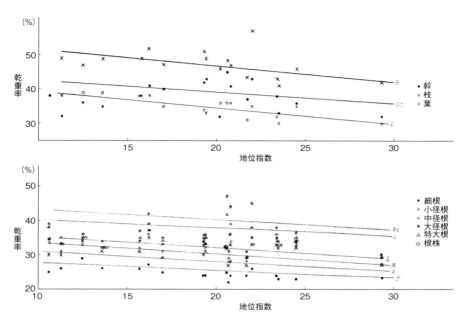

図 3-26(1)　地位指数と各部分の乾重率 ［スギ］

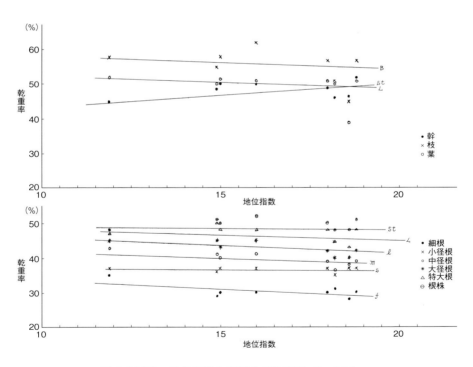

図 3-26(2)　地位指数と各部分の乾重率 ［ヒノキ］

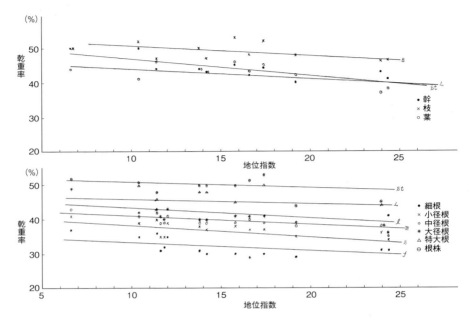

図 3-26(3)　地位指数と各部分の乾重率 ［アカマツ］

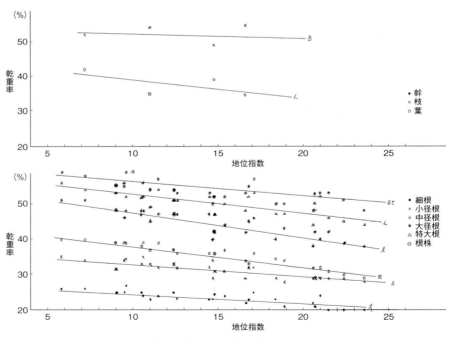

図 3-26(4)　地位指数と各部分の乾重率 ［カラマツ］

表 3-25 枝と葉の1年間の成長量計算のための係数

区分	樹種 林齢(年)	スギ	ヒノキ	アカマツ
葉 (p)	0〜10	0.40	0.40	0.60
	10〜20	0.35	0.30	0.55
	20〜30	0.30	0.30	0.55
	30以上	0.25	0.22	0.50
枝 (q)	0〜10	0.40	0.40	0.60
	10〜20	0.35	0.35	0.50
	20〜30	0.35	0.35	0.40
	30以上	0.30	0.30	0.30

1年間の葉の成長量＝葉の現存量×p
1年間の枝の成長量＝幹の最近1年間の成長量×q
別表 11 参照。

根量ではその大部分を吸収作用に関係が少ない大径根〜根株が占めるが、根系表面積では組織が若い細根・小径根が大きな割合を示す（180頁参照）。

(1) 根系表面積の推定

ここで根系表面積の推定が問題となる。先に各林分の根量（別表 17）から根系表面積を算出することを考えた。根系表面積と根量との間には次の関係が考えられる。

$$A \fallingdotseq \pi D l$$

$$G \fallingdotseq K \frac{\pi}{4} D^2 l$$

$$A \fallingdotseq \frac{4G}{KD}$$

A：根系表面積（cm²）
G：根重（g）
D：根系の直径（cm）
K：根の容積密度数
l：根長（cm）

根重と根の容積密度数と直径がわかっていれば根重から根系表面積を算出することができる。次に根系表面積の算出に必要な根の直径・容積密度数およびこれから計算される根長などについて考えてみる。

(2) 根の直径
1. 根系区分と直径測定の精度

根量を根系の太さの区分なしに測定した場合には、これに対応する根の直径を決定することはきわめて困難であり、これから算出された平均直径はきわめて大きい分散をもつことになる。根系の平均直径の測定精度は根系区分が細かくなるほど大きくなる。しかし根系区分を細かくすると手数がかかることになるので、**表** 3-6 のように細根（0.0〜0.2 cm）・小径根（0.2〜0.5 cm）・中径根（0.5〜2.0 cm）・大径根（2.0〜5.0）・特大根（5.0 cm以上）の5段階に区分した。各林分の区分とこれの根の平均直径は別表 21 参照。

直径の測定は細根についてはマイクロメーターで、小径根以上についてはノギスで測定した。

直径の測定については、資料の分散や測定方法による誤差があり、また樹種によって太さの分布が異なるので平均直径に多少の相違がある。

いま S4 林分の I・II 層における各根系区分の平均直径とその変動係数を挙げると**表** 3-26 のようになり、細根から特大根へ根系が太くなるほど変動係数が大きくなった。

また各土壌層における変動係数は**表** 3-27 のように I 層では 0.08 であったが、V 層では 0.26 で下層になるほど分散が大きくなった。これは表層

表 3-26 I・II層における直径測定誤差（n:20、S4 林分）

区分	細根	小径根	中径根	大径根	特大根
平均直径	0.091	0.37	1.42	3.60	6.71
変動係数	0.08	0.10	0.16	0.25	0.42

表 3-27 細根の各土壌層による直径測定誤差（n:20、S4 林分）

土壌層	I	II	III	IV	V
変動係数	0.08	0.11	0.15	0.20	0.26

では根系の成長条件が均一で成長が平均的におこり、下層では成長条件に偏りがおこりやすいことを示している。

2. 根系の直径変化に関係する各種の条件

根の平均直径は樹種・環境条件によって異なる。

a. 樹種

根系の分岐性は樹種の性質によって異なり、細密な根系分岐性の樹種は平均直径が小さく、疎大根系の樹種は大きくなることが考えられる。

いま林分調査および浅川苗畑での調査から樹種ごとにⅠ・Ⅱ層の根系区分ごとの平均直径を大きい順に並べると表3-28のようになる。スギ・ヒノキ・アカマツ・カラマツについては多くの林分中で中庸の立地のものを選んだ。

細根の平均直径は樹種を通じて 0.060～0.132 cm の範囲にあり、その平均的な値は 0.7～0.8 cm であった。これを樹種ごとの太さでみるとフサアカシア・ヒノキ・サワラ・コウヨウザン・スギ・モミ・カナダツガ・ミズキ・コノテガシワ・アオギリ・トチウなどの樹種は直径が大きくて 0.130～0.90 cm であったが、アカマツ・カラマツ・ユーカリノキ・ケヤキ・ミズナラ・シラカンバ・ヤエガワカンバ・ムクノキ・アキニレ・エノキ・ハンノキ・ヤマハンノキ・コナラ・オニグルミ・アカメガシワ・センダン・ヤチダモなどの樹種は前者に比べて直径が小さい傾向がみられた。これは細根の本数分布の相違によるもので、細根中前者は太いものの本数が多く、後者は細いものが多いことによっている。

これは吸収根の太さとも関係しており、表3-29 のように、吸収根が細い樹種ほど、細根の平均直径は小さくなる傾向がみられたが、吸収根が細い樹種でもその数が少なく、太い部分が多い樹種は細根の平均直径が大きくなり、反対に本数分布が細いものに偏っているものは平均直径が小さくなる傾向があった。

また細根の平均直径はその着き方にも関係して細い根が房状に集まってでるケヤキ・ミズナラ・シラカンバ・ダケカンバなどの樹種は平均直径が小さくなり、細根が疎生する性質の樹種は平均直径が大きくなった（表3-28）。

またさきに調査した根系型との関係をみるとミズキ・アオギリ・スギ型などの適潤型は平均直径が大きく、平均直径が小さい樹種には乾燥型のシラカシ型が多い傾向が認められたが、この関係はそれほど明瞭なものではなかった。根系型・分岐性・細根の着き方・吸収根の太さとの関係は表3-29 の通りである。

このような関係は小径根・中径根でもみられ、細い根系が多数分岐する樹種（ケヤキ・ミズナラ・シラカンバ・ヤエガワカンバ・スギ・ヒノキ）ほど平均直径が小さくなった。しかし、小・中・大径根については測定の直径範囲が決まっているので、細根・特大根のように大きな変化はなかった。細い根が少なくて分布が疎放なアカマツ・カラマツなどは平均直径がやや大きくなった。

大径根・特大根の太さは、調査木の大きさと樹種の性質によって異なり、大径木ほど太いものが多くなるので平均直径は大きくなる。

この関係は樹種の分岐性によって異なり、同程度の太さの林木でも分岐が多くて太い直径の根系が少ないカナダツガ・フサアカシアのような樹種は特大根の平均直径が小さく、カラマツ・ケヤキのように分岐性の小さい樹種は平均直径が大きくなった。

b. 林木の成長と根の平均直径

林木の成長にともなう根系区分ごとの平均直径の変化を別表21 から胸高断面積との関係でみると図3-27 のようになる。

前述のように細根・小径根は樹種の特性に影響されやすいため胸高断面積との相関はほとんど認められないが、大径根・特大根の直径は林木が大きくなると増加し、とくに特大根はこの傾向が著しく、両者の間には上にやや凹型の回帰が認められた。特大根で胸高断面積 100 cm² の平均直径は 6 cm であったが 500 cm² では 8 cm であった。

このように小径木では根系の直径成長が緩やかで、大径木になると急速になる現象は特大根の成長が、幼齢時代には本数増加の形でおこるために平均直径が増加せず、大径木ではほぼ決まった一定本数の根の肥大成長によるためと考えられる。これは資料1 の根系の形態をみても明らかで、小径木・大径木ともに大径根・特大根の本数は増加せず、ほぼ一定の本数の特大根が肥大成長して地上部を支える形をとっている。

第3章　研究方法と現存量測定法

表3-28　各樹種の根の平均直径

細根		小径根		中径根		大径根	
樹種	平均直径(cm)	樹種	平均直径(cm)	樹種	平均直径(cm)	樹種	平均直径(cm)
フサアカシア	0.132	アオギリ	0.42	ヒノキ	1.43～1.72 / 1.58	ユーカリノキ	3.71
キササゲ	0.112	センダン	0.41	カラマツ	1.30～1.69 / 1.50 (1.38)	ヤエガワカンバ	3.62
ヒノキ	0.090～0.130 / 0.110	カラスサンショウ	0.41	コノテガシワ	1.47	フサアカシア	3.62
モミ	0.110	ニセアカシア	0.41	スギ	1.45	ケヤキ	3.52 (2.50)
トチュウ	0.110	ムクロジュ	0.41	センダン	1.35～1.53 / 1.44 (1.38)	シラカンバ	3.51
カナダツガ	0.109	ミズキ	0.41	カラスザンショウ	1.43	サワラ	3.46
カラスザンショウ	0.107	スギ	0.35～0.44 / 0.40 (0.36)	ミズキ	1.42	カナダツガ	3.46
コノテガシワ	0.104	カラマツ	0.35～0.44 / 0.40 (0.40)	アカマツ	1.42	スギ	3.02～3.81 / 3.42 (2.15)
サワラ	0.102	ヤチダモ	0.40	オニグルミ	1.28～1.53 / 1.41	ミズナラ	3.40
コウヨウザン	0.095	オニグルミ	0.40	キササゲ	1.41	ヒノキ	3.09～3.62 / 3.42 (2.15)
ミズキ	0.092	アカマツ	0.35～0.43 / 0.39	トチュウ	1.41	カラマツ	3.05～3.62 / 3.36 (2.21)
ヤチダモ	0.087	トチュウ	0.39	アオギリ	1.41	モミ	3.20
スギ	0.074～0.098 / 0.086 (0.092)	キササゲ	0.39	ニセアカシア	1.40	アカマツ	2.70～3.67 / 3.19
ムクロジュ	0.082	ヒノキ	0.32～0.44 / 0.38	ヤチダモ	1.39	アオギリ	3.00
カラマツ	0.074～0.090 / 0.082 (0.081)	コノテガシワ	0.38	コウヨウザン	1.39	センダン	2.85
ユーカリノキ	0.080	コウヨウザン	0.38	ムクロジュ	1.38	ミズキ	2.84
アカマツ	0.072～0.085 / 0.079	フサアカシア	0.37	コナラ	1.37	ムクノキ	2.75
ハンノキ	0.072	モミ	0.36	ケヤキ	1.35	ニセアカシア	2.75
ダケカンバ	0.072	アカメガシワ	0.35	ハンノキ	1.15 (1.35)	カラスサンショウ	2.75
アキニレ	0.071	ユーカリノキ	0.35	アカメガシワ	1.34	アカメガシワ	2.65
アカメガシワ	0.07	アキニレ	0.35	エノキ	1.33	ダケカンバ	2.65
アオギリ	0.068	ヤマハンノキ	0.34	ダケカンバ	1.32	コウヨウザン	2.57
ケヤキ	0.070 (0.070)	ケヤキ	0.33	アキニレ	1.32	ヤマハンノキ	2.45
エノキ	0.069	エノキ	0.32 (0.33)	ヤマハンノキ	1.31	ムクロジュ	2.42
ムクノキ	0.068	コナラ	0.33	ムクノキ	1.30	アキニレ	2.41
オニグルミ	0.068	カナダツガ	0.33	ヤエガワカンバ	1.30	コノテガシワ	2.41
ヤマハンノキ	0.067	ミズナラ	0.33	ユーカリノキ	1.30	エノキ	2.35
コナラ	0.067	サワラ	0.32	サワラ	1.30	ハンノキ	2.30
ミズナラ	0.065	ムクノキ	0.32	モミ	1.25	トチュウ	2.30
ヤエガワカンバ	0.064	ハンノキ	0.32	シラカンバ	1.25	ヤチダモ	2.25
シラカンバ	0.063	ダケカンバ	0.31	フサアカシア	1.24	コナラ	2.22
ニセアカシア	0.062	シラカンバ	0.31	カナダツガ	1.20	オニグルミ	2.17
センダン	0.060	ヤエガワカンバ	0.30	ミズナラ	1.20	キササゲ	2.15

(　)は浅川苗畑での測定値。

表 3-29 調査樹種の根系の特性

樹種	根系型	小・中径根の分岐性*	細根の着き方**	吸収根の直径（mm）	備考
フサアカシア	ミズキ	5	5	1.0〜1.2	*小・中径根の分岐性
トチュウ	アオギリ	2	4	1.0〜1.2	1　分岐がきわめて疎
ミズキ	ミズキ	3	5	0.8〜1.0	2　疎
サワラ	ミズキ	5	5	0.7〜0.8	3　中
ヒノキ	シラカシ	5	5	0.7〜0.8	4　多い
コノテガシワ	シラカシ	4	5	0.7〜0.8	5　きわめて多い
コウヨウザン	スギ	3	4	0.6〜0.7	
スギ	スギ	3	4	0.6〜0.7	**細根の着き方
モミ	アカマツ	2	2	0.6〜0.7	1　きわめて疎
カナダツガ	シラカシ	5	4	0.6〜0.7	2　疎
カラスザンショウ	クスノキ	1	2	0.6〜0.7	3　中
アカマツ	アカマツ	2	2	0.5〜0.6	4　密
ヤチダモ	アオギリ	3	5	0.5〜0.6	5　きわめて密
カラマツ	シラカシ	3	4	0.5〜0.6	
キササゲ	アオギリ	2	2	0.3〜0.4	根系型：**資料2参照**
アオギリ	アオギリ	2	2	0.3〜0.4	
オニグルミ	カツラ	2	1	0.3〜0.4	
センダン	アオギリ	2	1	0.3〜0.4	
ハンノキ	シラカシ	4	3	0.3〜0.4	
ヤマハンノキ	シラカシ	4	3	0.2〜0.3	
シラカンバ	シラカシ	4	3	0.2〜0.3	
ダケカンバ	シラカシ	4	2	0.2〜0.3	
ヤエガワ	シラカシ	4	2	0.2〜0.3	
ミズナラ	カツラ	4	2	0.2〜0.3	
コナラ	シラカシ	4	2	0.2〜0.3	
トゲナシニセアカシア	アオギリ	2	2	0.2〜0.3	
ムクロジュ	アオギリ	2	2	0.2〜0.3	
アキニレ	シラカシ	3	2	0.1〜0.2	
ケヤキ	シラカシ	4	3	0.1〜0.2	
エノキ	シラカシ	4	3	0.1〜0.2	
ユーカリノキ	ミズキ	2	1	0.1〜0.2	

第 3 章　研究方法と現存量測定法

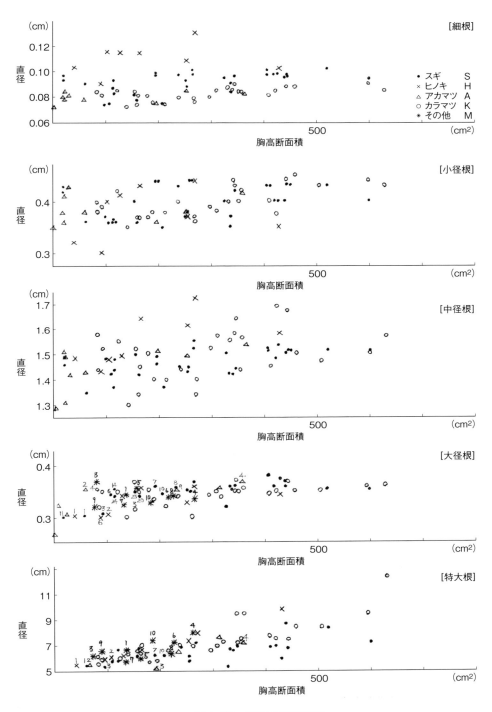

図 3-27　根系の平均直径

特大根でとくに増加率が大きいのは根系区分によある制限がないためである。

c. 各土壌層の平均直径

各土壌層によって根系の分岐や成長状態が異なるのでこれにともなって平均直径が変化する。いまこの関係を別表21からスギ・ヒノキ・アカマツ・カラマツの代表的な林分についてみると表3-30のようになる。

各樹種ともに細根は土壌層が深くなると平均直径が大きくなる。これは心土では通気が悪く、水分が多いために白根の分岐が制限されることと皮層組織の肥厚がおこるためである。

このような白根の直径の変化は水平的にもみられ、湿潤地の白根は乾燥立地の白根よりも直径が大きい。

細根の太さの土壌層変化は樹種によって異なり、スギ・ヒノキでは大きくてケヤキ・ミズナラ・シラカンバなどは小さい。

小・中径根も深部で直径がやや大きくなる傾向があるが、細根のように明瞭ではない。これは心土では根系の分岐数が減少して細い根が少なくなることによっている。

大径根・特大根は細根〜中径根とは逆に深部で直径が小さくなる。これは根株から離れるにしたがって大径根以上の根系の直径が小さくなることや土圧などによる物理的な肥大成長の阻害などに原因する。この土壌層による変化はヒノキ・カラマツなどの浅根性樹種で著しく、深根性のアカマツ・スギでは小さい。これはヒノキ・カラマツは土壌層が深く堅密になると、根系の成長が阻害されやすいことによっている。

d. 土壌型と土壌水分

細根の直径は土壌条件（とくに水分条件）と相関が高く、適潤な土壌では乾燥土壌よりも細根の直径が大きい。いまスギ林分についてこの関係をみると表3-31のようになる。

この表からも明らかなように S6〜S24 の Bl_B 型〜B_A 型の乾燥土壌型の林分では細根の平均直径が 0.075〜0.088 cm であったのに比べて適潤性ないし湿性の S1〜S22（Bl_E〜B_E）林分は 0.090〜0.098 cm で湿性土壌の細根の直径は乾燥性の土壌よりも大きい。

表 3-30 各土壌層における根系の平均直径 (cm)

樹種		スギ	ヒノキ	アカマツ	カラマツ
林分		S5	H5	A4	K1
細根	*Ⅰ・Ⅱ	0.096	0.102	0.081	0.084
	Ⅲ・Ⅳ	0.106	0.117	0.084	0.093
	Ⅴ	0.120	0.135	0.101	0.105
小径根	Ⅰ・Ⅱ	0.400	0.350	0.430	0.420
	Ⅲ・Ⅳ	0.450	0.400	0.450	0.460
	Ⅴ	0.460	0.420	0.460	0.460
中径根	Ⅰ・Ⅱ	1.500	0.580	1.420	1.560
	Ⅲ・Ⅳ	1.660	1.680	1.680	1.600
	Ⅴ	1.640	1.680	1.630	1.490
大径根	Ⅰ・Ⅱ	3.620	3.440	3.620	3.600
	Ⅲ・Ⅳ	3.420	3.510	3.150	3.120
	Ⅴ	3.010	—	—	—
特大根	Ⅰ・Ⅱ	8.520	9.870	7.580	9.510
	Ⅲ・Ⅳ	7.030	7.040	3.610	8.250
	Ⅴ	—	—	—	—

* 土壌層。

表 3-31 土壌型と細根の平均直径（スギ・細根・Ⅰ・Ⅱ層）（別表21より）

	乾燥土壌				湿潤土壌			
林分	S6	S7	S20	S24	S1	S5	S8	S22
土壌型	Bl_B	Bl_C	B_A	B_A	Bl_E	Bl_E	Bl_E	B_E
採取時のpF価	2.00	2.50	3.00	2.80	1.70	2.00	1.90	1.90
採取時の水分量（%）	47	45	35	35	60	53	54	67
細根の平均直径（cm）	0.075	0.078	0.088	0.074	0.090	0.096	0.097	0.098

この関係は採取時の pF 値・採取時の水分量の傾斜とも一致した。

これは土壌と根の直径のところでも述べたように、湿潤土壌では細根の分岐が少ない割合に直径が大きく、乾燥土壌では分岐が多くて細いことによっている。湿潤土壌では白根の皮層細胞の肥大が認められる［苅住 1963c］。

同様な現象はヒノキ・アカマツ・カラマツなどの樹種についても認められるが、水分条件による直径の変化はスギ・ヒノキが大きく、アカマツ・カラマツは小さい傾向がある。

e．土性

一般に埴質土壌では、火山灰土壌のような孔隙が多い軽しような土壌よりも細根の成長が悪く、平均直径は小さくなる。

いま砂岩系母材の埴質土壌の S23 林分と火山灰土壌の S2・S4 林分のⅠ・Ⅱ層の細根の直径を比較すると、前者の 0.082 cm に対して後者は 0.091～0.093 cm で、後者が 0.010 cm 大きい。

土性の相違は土壌中の水分量にも関係するが、S23 林分の透水速度は 60cc/min に対して S2 林分は 125cc/min、S4 林分は 100cc/min で埴質土壌の S23 林分は通気が悪く、この面でも孔隙の多い火山灰土壌に比べて細根の成長が劣ることが考えられた。

(3) 根の容積密度数

根系表面積を計算するに必要なもう一つの因子として容積密度数がある。

容積密度数は次のように表現される。

$$R = \frac{Go}{Vg}$$

R：容積密度数、ここでは計算の便宜上（g/cm³）で表す。
Go：乾燥重量（g）
Vg：生重体積（cm³）

細根・小径根については、メトラー迅速科学天秤およびベックマン空気比較式比重計を、中径根以上については小型キシロメーターで体積を測定した。

細根・小径根については、十分に飽水後水分をていねいに除いたのち、5 g（生重）程度の資料を 10～15 個とって体積を測定してその平均値を用いた。この場合の変動係数は 0.03～0.04 である。中径根以上については 200～300 g の資料を用いた。この場合の変動係数は 0.05～0.08 程度である。いま細根・小径根について測定個数と変動係数との関係を図示すると図 3-28 のようになり、10 個程度の資料をとると、変動係数が変化しなくなり、これ以上精度を上げるためにはかなり測定個数を増さねばならないことがわかったので 10 個程度の測定にとどめた。

別表 22 の各林分の根の容積密度数はこのようにして測定したものである。

1．樹種

浅川苗畑に埴栽した幼齢木および林分調査木について各樹種の容積密度数を比較した。

各樹種の根系区分ごとの容積密度数を大きい順に並べると表 3-32 のようになる。

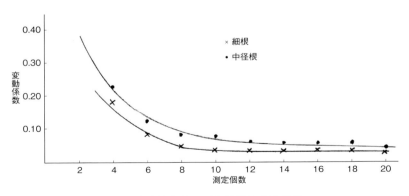

図 3-28　容積密度数の測定個数と変動係数

表 3-32 各樹種の根の容積密度数

細根		小径根		中径根		大径根		特大根	
樹種	容積密度数	樹種	容積密度数	樹種	容積密度数	樹種	容積密度数	樹種	容積密度数
ダケカンバ	0.3432	ハンノキ	0.4320	ハンノキ	0.5663	ハンノキ	0.5670	ケヤキ	0.5617
ハンノキ	0.3421	ケヤキ	0.4256 (0.4246)	ダケカンバ	0.5100	ヤマハンノキ	0.5589	ミズナラ	0.5542
ヤエガワカンバ	0.3400	ヤマハンノキ	0.4246	ヤマハンノキ	0.5060	コノテガシワ	0.5562	ヤエガワカンバ	0.5528
シラカンバ	0.3352	ミズキ	1.4224	シラカンバ	0.4821	フサアカシア	0.5425	カナダツガ	0.5234
アキニレ	0.3349	エノキ	0.4201	ミズキ	0.4680	ケヤキ	0.5208 (0.4700)	シラカンバ	0.4925
コノテガシワ	0.3304	ミズナラ	0.4182	コノテガシワ	0.4677	ミズナラ	0.5124	ヒノキ	0.5305～0.5109 0.4913
ムクロジュ	0.3287	コナラ	0.4160	ムクロジュ	0.4538	コナラ	0.5067	フサアカシア	0.4827
ヤチダモ	0.3270	ダケカンバ	0.4177	アキニレ	0.4538	ヤエガワカンバ	0.5053	サワラ	0.4761
ミズナラ	0.3250	カナダツガ	0.4122	ケヤキ	0.4521	ヒノキ	0.4920～0.5150 0.5026	アカマツ	0.4250～0.4601 0.4601
コナラ	0.3248	アカメガシワ	0.4102	エノキ	0.4520 (0.4256)	オニグルミ	0.4913	モミ	0.4542
アカメガシワ	0.3240	ヤエガワカンバ	0.4051	ミズナラ	0.4513	ムクノキ	0.4884	カラマツ	0.4012～0.5004 0.4508
ヤマハンノキ	0.3234	ムクノキ	0.4035	ムクノキ	0.4500	ダケカンバ	0.4876	スギ	0.3857～0.5100 0.4479
ミズキ	0.3212	ヒノキ	0.3912～0.4150 0.4031	ヒノキ	0.4218～0.4572 0.4395	ミズキ	0.4864	ユーカリノキ	0.4424
コウヨウザン	0.3135	モミ	0.4012	カナダツガ	0.4322	カナダツガ	0.4827		
カナダツガ	0.3012	コノテガシワ	0.3960	ヤエガワカンバ	0.4321	シラカンバ	0.4815		
カラマツ	0.2831～0.3152 0.2992 (0.2937)	カラマツ	0.3622～0.4220 0.3921 (0.3772)	コナラ	0.4290	ムクロジュ	0.481		
ヒノキ	0.2870～0.3044 0.2957	サワラ	0.3905	ヤチダモ	0.4172	アキニレ	0.481		
エノキ	0.2938	シラカンバ	0.3900	モミ	0.4152	アカメガシワ	0.4809		
モミ	0.2901	アキニレ	0.3900	カラマツ	0.3825～0.4417 0.4095 (0.3870)	カラスザンショウ	0.4563		
アカマツ	0.2785～0.2955 0.2870 (0.2712)	スギ	0.3404～0.4351 0.3878 (0.3550)	サワラ	0.4104	サワラ	0.4502		
サワラ	0.2850	フサアカシア	0.3852	アカマツ	0.3772～0.4417 0.4095 (0.3870)	アカマツ	0.3952～0.4970 0.4461 (0.4221)		
スギ	0.2750～0.2905 0.2828 (0.2747)	ムクロジュ	0.3835	スギ	0.3445～0.4678 0.4062 (0.3888)	カラマツ	0.3972～0.4755 0.4364 (0.4088)		
カラスザンショウ	0.2912	カラスザンショウ	0.3815	カラスザンショウ	0.4056	モミ	0.4321		
フサアカシア	0.2802	アカマツ	0.3515～0.4050 0.3778 (0.3529)	フサアカシア	0.3962	スギ	0.3700～0.4755 0.4228 (0.4150)		
ムクノキ	0.2800	ユーカリノキ	0.3704	コウヨウザン	0.3900	コウヨウザン	0.4215		
ユーカリノキ	0.2756	ヤチダモ	0.3692	ユーカリノキ	0.3845	トチュウ	0.4209		
アオギリ	0.2750	コウヨウザン	0.3508	アカメガシワ	0.3840	エノキ	0.4191		
ケヤキ	0.2741 (0.3070)	オニグルミ	0.3416	トチュウ	0.3720	ヤチダモ	0.5150		
オニグルミ	0.2581	トチュウ	0.3136	ニセアカシア	0.3614	ユーカリノキ	0.4132		
センダン	0.2520	ニセアカシア	0.3136	オニグルミ	0.3463	ニセアカシア	0.4080		
ニセアカシア	0.2462	アオギリ	0.2875	アオギリ	0.3042	センダン	0.3304		
キササゲ	0.1997	センダン	0.2786	センダン	0.2864	アオギリ	0.3294		
トチュウ	1.9510	キササゲ	0.2472	キササゲ	0.2684	キササゲ	0.2825		

( )は浅川苗畑での測定値。

細根ではダケカンバ・ハンノキ・ヤエガワカンバ・シラカンバなどの樹種が容積密度数が大きく、センダン・ニセアカシア・キササゲ・トチュウなどの樹種が小さい。主要樹種ではカラマツ・ヒノキ・アカマツはスギよりも大きい。

これを細根の太さや着き方でみると、ひげ状の細根が疎生する樹種は容積密度数が大きく、吸収根が太くて細根が房状に着く樹種は小さい傾向がみられた。ここで容積密度数に関係しているのは細根中の含水量で、含水量が大きいほど容積密度数が小さくなる。

このため、組織が若い吸収根が細根に多く含まれる上記の樹種は容積密度数が小さく、逆に吸収根がまばらに着いて細根の多くが木質化した部分で占められる樹種は大きくなり、細根の容積密度数は吸収根の着き方と量に影響されることがわかった。

これを表 3-29 から根系型との関係でみると乾燥型のシラカシ型に属する樹種は一般に容積密度数が大きく、適潤型のミズキ・アオギリ・スギ型に属する樹種は小さい傾向がみられた。

乾燥性樹種の細根の容積密度数が大きいのは、吸収根など含水量の大きい柔組織の部分が少なくて、木質化が進んでいるためである。この性質が乾燥から根系を保護して耐乾性を大きくしていることも考えられる。

小径根の容積密度数は 0.432～0.247 で細根よりも変化の幅が大きい。この幅は根系が太くなるほど大きくなり、容積密度数の樹種による特性が明瞭になる。これは各樹種ともに根端は組織がほぼ似ているが成長にともなって樹種による組織の発達に相違がおこることを示している。

小径根以上の部分では、成長が遅くて含水量が少なく、材質が緻密なカバノキ類・ナラ類・ケヤキ類は容積密度数が大きい。逆に含水量が多くて材質が軟らかく根系が疎放なカラスザンショウ・ヤチダモ・トチュウ・アオギリ・センダン・キササゲなどの樹種は小さい。

針葉樹のなかではヒノキがもっとも大きく、カラマツ＞スギ＞アカマツの順になった。ヒノキは根系の成長が遅いことと、分岐性が著しいために 1 本当たりの成長量が小さくて細根に木質化した部分が多く含まれ、このため容積密度数が大きくなる。

一般に白根が短くて分岐性の大きいシラカシ型の樹種の容積密度数が大きいのは、このような性質によっている。

大径根・特大根では、樹種の特性のほかに成長の良否も関係して、成長が悪いものは容積密度数が大きくなる。特大根で成長が遅いケヤキ・ミズナラ・ヤエガワカンバなどは容積密度数が大きく、アカマツ・モミ・カラマツ・スギ・ユーカリノキなどは小さい（表 3-32）。

2. 各根系区分の容積密度数

各樹種の代表的な林分の根系区分ごとの容積密度数は表 3-33 のように根系区分が大きくなるほど増加する（別表 21 参照）。

とくに細根と小径根の間では増加率が大きく、各樹種ともに 10％に近い増加があった。

小径根以上では増加率は小さくて、スギでは小径根と中径根の間で 2％、中径根と大径根で 1％、大径根と特大根で 2％であった。

これは各部分の含水量に直接関係しており、含水量が大きい細根では容積密度数が小さくなり、含水量が少ない大径根・特大根では大きくなる。このため、各部における容積密度数の変化傾向は乾重率の変化傾向に類似する。

生重とその体積から求めた根の比重は 1.1～1.3 で容積密度数のように、各部分における大きな差はなかった。

3. 林木の成長と容積密度数

胸高断面積と容積密度数との関係を小径根と特大根についてみると図 3-29 のようになる。

両者ともに林木が大きくなると容積密度数がやや大きくなる傾向があるが、顕著ではない。これは同一根系区分であっても径級が小さい幼齢木のほうが大径木に比べて若い組織が多くて含水率が大きいことによっている。

この図で両者ともにヒノキの容積密度数がもっとも大きくて、アカマツ＞カラマツ＞スギの順となったが、特大根ではこの関係がとくに顕著で、ヒノキとスギでは 10％以上の差があった。これは樹種による成長・組織などの特性の相違によっている。

4. 各土壌層における容積密度数

表 3-34 のように根の容積密度数は土壌層が深

表 3-33　各根系区分の容積密度数（Ⅰ・Ⅱ層）

樹種	林分	根系区分				
		細根	小径根	中径根	大径根	特大根
スギ	S5	0.28	0.38	0.40	0.41	0.43
ヒノキ	H5	0.29	0.40	0.44	0.51	0.53
アカマツ	A4	0.28	0.37	0.39	0.42	0.44
カラマツ	K1	0.28	0.37	0.40	0.41	0.43

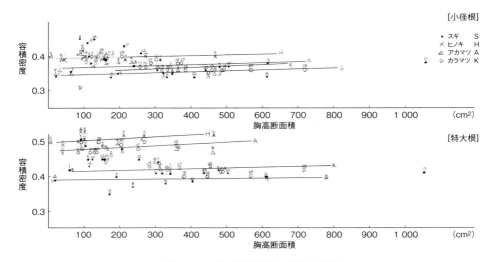

図 3-29　胸高断面積と容積密度数

くなるほど大きくなる。

これは土壌層が深くなるほど根系の成長条件が悪くて木質化の程度が著しくなるためである。

5. 土壌条件と容積密度数

林木の成長は土壌条件によって変化する。いま**別表 21** からスギ林について土壌条件が異なる代表的な林分の容積密度数を取り出すと**表 3-35** のようになる。この表で湿性・適潤性土壌型のS5・S18 林分から乾性土壌型の S6・S24 林分に向かって土壌が乾燥すると各根系区分ともに容積密度数が大きくなった。とくに大径根・特大根ではこの傾向が著しくて、S5 林分と S24 林分の差は細根では 0.01 であったが、大径根は 0.07、特大根は 0.08 であった。

これらのことから土壌条件が根の容積密度数に及ぼす影響は細・小径根などの根系の先端部で小さくて太根で大きいことがわかる。

表 3-34　各土壌層における容積密度数

根系区分	土壌層	樹種／林分			
		スギ S5	ヒノキ H5	アカマツ A4	カラマツ K1
細根	Ⅰ・Ⅱ	0.28	0.29	0.28	0.28
	Ⅲ・Ⅳ	0.29	0.29	0.28	0.29
	Ⅴ	0.29	0.30	0.29	0.29
小径根	Ⅰ・Ⅱ	0.38	0.40	0.37	0.37
	Ⅲ・Ⅳ	0.39	0.41	0.44	0.37
	Ⅴ	0.47	0.52	0.47	0.46
中径根	Ⅰ・Ⅱ	0.40	0.44	0.39	0.40
	Ⅲ・Ⅳ	0.40	0.44	0.40	0.40
	Ⅴ	0.52	0.57	0.51	0.51
大径根	Ⅰ・Ⅱ	0.41	0.51	0.42	0.41
	Ⅲ・Ⅳ	0.42	0.52	0.43	0.43
	Ⅴ	0.43	—	—	—
特大根	Ⅰ・Ⅱ	0.42	0.53	0.44	0.43
	Ⅲ・Ⅳ	0.43	0.53	0.48	0.45
	Ⅴ	—	—	—	—

表 3-35　土壌条件と容積密度数

林分	S5	S18	S4	S13	S6	S24
土壌型	Bl_E	B_E	Bl_D	Bl_D	Bl_B	B_A
採取時のpF価	2.00	2.20	2.20	1.92	2.50	2.80
地位指数	19.3	23.4	19.4	24.5	11.3	11.0
細根	0.28	0.28	0.28	0.28	0.29	0.29
小径根	0.38	0.35	0.36	0.34	0.44	0.45
中径根	0.40	0.38	0.39	0.36	0.45	0.47
大径根	0.41	0.40	0.40	0.38	0.47	0.48
特大根	0.43	0.41	0.41	0.40	0.49	0.51

　容積密度数の変化をpF価でみると表 3-35のようにpF価が2.0以上になると容積密度数が急激に増加した。

　地位指数と容積密度数の関係は表 3-35のように、地位指数が小さくなると容積密度数は逆に大きくなる傾向が明瞭に認められた。地位指数が25のS13林分は特大根の容積密度数が0.40、19～23のS4・S18林分は0.41で小さい値を示したが、地位指数11のS6・S24林分は0.49～0.51で前者に比して著しく高い値を示した。

　以上のように根の容積密度数は樹種・根系区分・土壌層・成長状態・土壌の水分条件などによって変化するので、この研究ではそれぞれの条件における容積密度数を測定した。各林分の根の土壌層別容積密度数は別表21の通りである。

(4) 単位根量当たりの根長

　根系の平均直径と容積密度数が決まると単位根量当たりの根長と根系表面積が計算できる。各調査林分の根系区分別根長は別表21参照。

1. 計算値と実測値

　根系の平均直径と容積密度数から計算した根長と実測値との関係をみるためにスギS4林分のⅠ・Ⅱ層の細根を資料として計算をおこなった。根長は紙に根の長さを写してキルビメーターと物差しで測定した。

　この結果は図3-30のようになり、根重と根長との関係を計算したところでは細根1g当たりの根長は513 cm、その変動係数は0.02となった。

　次に同じ方法で取り上げた資料について直径・容積密度数から根長を計算すると根量と根長との関係は図3-31、別表4のようになり、この場合の細根1g当たり平均根長は503 cm、変動係数は0.02となった。両者の単位根量当たりの根長の差は10 cmで実測値の0.02であった。

　また根長の平均実測値から細根の直径を計算するとその計算値は別表4のようになり、両者の間にほとんど相違がなかった。

2. 樹種

　根の直径と容積密度数（別表21）から計算した浅川苗畑および各調査林分における細根～特大根の単位根量当たりの根長は表3-36のようになり、樹種の直径・分岐性などによって著しく異なる。計算式から根の平均直径が小さく容積密度数が小さい樹種ほど根長は大きくなる。

　細根の根長がもっとも大きいものはセンダン・ニセアカシア・シラカンバ・ヤエガワカンバ・オニグルミ・ミズナラ・ケヤキ・アオギリ・エノキなどで、いずれも1g当たり10 m以上、短い樹種はミズキ・ヤチダモ・キササゲ・コウヨウザン・サワラ・ヒノキ・カラスザンショウ・モミ・コノテガシワ・カナダツガ・フサアカシアで3～5 mであった。主要樹種ではカラマツ671 cm＞スギ622 cm＞アカマツ547 cm＞ヒノキ386 cmの順で、ヒノキは平均直径・容積密度数が大きいために単位当たり根長はもっとも小さくなった。

　これを根系型との関係でみると（表3-29）、一般に広葉樹のシラカシ型に属する樹種は根長が大きく、ミズキ型・クスノキ型・アオギリ型・スギ型などの樹種は細根の直径が大きくて分岐が疎な

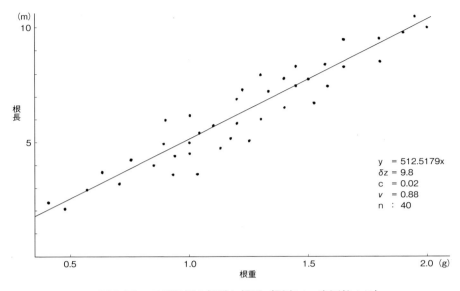

図 3-30　スギ細根の根重と根長（別表 4・実測値より）

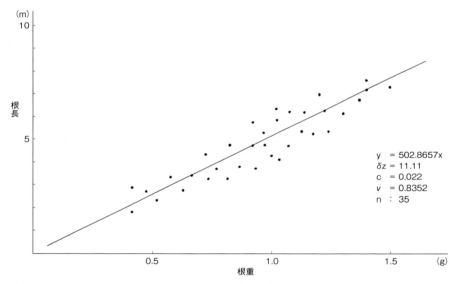

図 3-31　スギ細根の根重と根長（別表 4・計算値より）

ため単位根量当たり根長が小さくなった。

　また根長が大きい樹種には乾燥性樹種が多く、小さい樹種には適潤性ないしは湿性の立地に適する樹種が多い。一般に針葉樹は広葉樹よりも根長が小さい（根系型については**資料 2** 参照）。

　根量のなかでの細根量の割合は小さいが、別表 21 のように根量当たりの根長が大きいので、一般に細根量が少ない広葉樹類でもその総根長は大きいものとなる。

　小径根の 1 g 当たり根長は 18〜35 cm で、その分布幅は細根よりも小さい。ヤエガワカンバ・シラカンバ・キササゲ・ダケカンバなどの樹種が大きく、カラマツ・ムクロジュ・ミズキ・ヤチダモなどは小さい。

第3章 研究方法と現存量測定法

表3-36 樹種別根長（根量1g当たり）

細根		小径根		中径根		大径根		特大根	
樹種	根長(cm)	樹種	根長(cm)	樹種	根長(cm)	樹種	根長(cm)	樹種	根長(cm)
センダン	1 404	ヤエガワカンバ	34.9155	キササゲ	2.3860	キササゲ	0.9750	モミ	0.0779
ニセアカシア	1 327	シラカンバ	33.9616	センダン	2.1740	オニグルミ	0.6574	フサアカシア	0.0779
シラカンバ	1 140	キササゲ	33.8519	アオギリ	2.1354	コナラ	0.5783	ユーカリノキ	0.0732
ヤエガワカンバ	1 110	ダケカンバ	31.7094	ケヤキ	2.1295 (1.6415)	トチュウ	0.5718	スギ	0.0204～0.1049 0.0627
オニグルミ	1 067	ムクノキ	30.8248	フサアカシア	2.0901	エノキ	0.5501	アカマツ	0.0250～0.0942 0.0596
ミズナラ	1 035	ミズナラ	29.7413	シラカンバ	2.0782	ヤチダモ	0.4884	サワラ	0.0594
ケヤキ	1 004 (771)	ケヤキ	29.2242 (28.9073)	カナダツガ	2.0458	センダン	0.4744	カナダツガ	0.0572
アオギリ	945	ハンノキ	28.7912	モミ	1.9626	アキニレ	0.4558	シラカンバ	0.0572
エノキ	910	カナダツガ	28.3743	ユーカリノキ	1.9595	ムクロジュ	0.4520	ヒノキ	0.0250～0.0870 0.0560
ヤマハンノキ	877	アキニレ	28.2390	ミズナラ	1.9592	アオギリ	0.4295	カラマツ	0.0193～0.0898 0.0546
コナラ	873	ユーカリノキ	28.0643	アカメガシワ	1.8744	ニセアカシア	0.4127	ミズナラ	0.0437
ムクノキ	834	エノキ	27.8408	オニグルミ	0.8493	コノテガシワ	0.3941	ヤエガワカンバ	0.0415
アカメガシワ	802	ヤマハンノキ	27.5457	ヤエガワカンバ	1.7436	ハンノキ	0.3857	ケヤキ	0.0350
アキニレ	754	トチュウ	26.6843	スギ	1.2391～2.2121 1.7256 (1.5688)	アカメガシワ	0.3770		
ユーカリノキ	722	コウヨウザン	26.3703	コウヨウザン	1.7143	ダケカンバ	0.3718		
ハンノキ	718	モミ	25.9098	トチュウ	1.6974	カラスザンショウ	0.3690		
ダケカンバ	716	フサアカシア	25.5015	ムクノキ	1.6742	コウヨウザン	0.3661		
カラマツ	550～792 671 (639)	ヒノキ	16.3470～34.3530 25.3500	アキニレ	1.6350	ヤマハンノキ	0.3602		
スギ	441～802 622 (525)	アカマツ	16.3470～34.3530 25.3500 (17.9206)	コナラ	1.6285	ムクノキ	0.3447		
ムクロジュ	576	アカメガシワ	25.3413	エノキ	1.6167	ミズキ	0.3245		
トチュウ	569	アオギリ	25.1138	カラスザンショウ	1.5121	スギ	0.2157～0.3580 0.2869 (0.4732)		
アカマツ	255～838 547 (605)	ニセアカシア	24.3977	カラマツ	1.1741～1.8181 1.4961 (1.3253)	フサアカシア	0.2724		
ミズキ	515	コナラ	23.4966	ムクロジュ	1.4949	アカマツ	0.1890～0.3514 0.2702 (0.5495)		
ヤチダモ	514	オニグルミ	23.0686	ヤマハンノキ	1.4890	カラマツ	0.2106～0.3199 0.2653 (0.556)		
キササゲ	508	スギ	18.0954～27.8901 22.9928 (24.0744)	サワラ	1.4756	シラカンバ	0.2519		
コウヨウザン	450	センダン	22.9794	ダケカンバ	1.4328	サワラ	0.2362		
サワラ	429	サワラ	22.5822	ニセアカシア	1.4282	モミ	0.2338		
ヒノキ	255～516 386	コノテガシワ	22.2685	アカマツ	0.9740～1.7625 1.3683 (1.4568)	ヤエガワカンバ	0.2314		
カラスザンショウ	382	カラマツ	17.3297～26.6729 22.0013 (20.8914)	ミズキ	1.3492	ヒノキ	0.1890～0.2650 0.2270		
モミ	363	ムクロジュ	19.9507	コノテガシワ	1.2598	ユーカリノキ	0.2238		
コノテガシワ	356	カラスザンショウ	19.6642	ハンノキ	1.2521	カナダツガ	0.2203		
カナダツガ	356	ミズキ	18.1134	ヤチダモ	1.2454	ケヤキ	0.2181(0.3082)		
フサアカシア	261	ヤチダモ	17.5995	ヒノキ	0.9740～1.3780 1.1760	ミズナラ	0.2150		

（ ）は浅川苗畑の測定値。

中径根では根長の分布幅が一層小さくなり、1.8〜2.4cmとなった。大径根では0.2〜1.0cm、特大根は0.4〜0.8cmである。

3. 胸高断面積

土壌層Ⅰ・Ⅱ層の細根1g当たりの根長を胸高断面積との関係でみると、図3-32のように各樹種ともに小径木で大きくて胸高直径が大きくなると漸減して胸高断面積300〜400cm²でほぼ一定となる。

スギは胸高断面積100cm²で約600cm、300cm²で500cm、500cm²で480cm、100cm²で480cm、500cm²以上では根長はほとんど変化しなかった。

500cm²における各樹種の根長はアカマツ700cm、カラマツ600cm、スギ480cm、ヒノキ320cm程度でアカマツ・カラマツが大きく、スギ・ヒノキは小さい。

4. 各土壌層における根長

根系の平均直径・容積密度数は土壌層によって変化する（56および64頁参照）のでこれにともなって単位根量当たりの根長も変化する。いま各林分について計算した別表21からS5〜K1林分についてみると表3-37のようになり、細根〜中径根は各樹種ともに土壌層が深くなると根長が小さくなった。この傾向は細根・小径根がとくに著しく、ヒノキ・カラマツはスギ・アカマツよりも減少率が大きい。

大径根・特大根は細根〜中径根とは反対に土壌層が深くなると直径が小さくなるので根長はやや増加した。

5. 土壌条件

土壌条件と根長との関係を別表21から2、3の林分について抜き出すと、表3-38のようになる。

小径根以上の部分については、土壌の性質による根長の変化はみられなかったが、細根ではこの関係が明瞭で、乾燥性のBl_C〜B$_A$型土壌は根量1g当たり570〜800cmであったが、適潤性のBl_D型土壌は530〜560cm、これより湿っているBl_E〜B$_E$型土壌は480〜500cmで乾燥土壌では容積密度数の増加にかかわらず、細根の平均直径が小さいために単位根量当たり根長は大きくなった。

採取時のpF価・地位指数は土壌型とほぼ並行的な関係にあり、表3-38でもその変化は根長と一致し、pF価が小さい立地は大きい立地よりも根長が小さく、地位指数が大きい立地は小さい立地よりも根長が小さくなった。

(5) 単位根量当たり根系表面積

根系表面積は計算式（55頁参照）のように根系の平均直径と根長によって決定される。このため一定の根量では根系の直径が小さくて容積密度数が小さいものほど根長が長く、表面積は大きくなる。

いまS4林分の根長を計算した資料（別表4）について測定資料ごとの根系表面積を計算すると

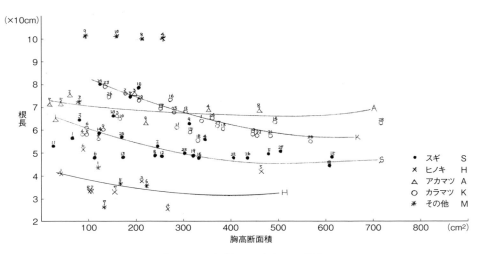

図3-32　細根1g当たりの根長

第3章　研究方法と現存量測定法

表 3-37　各土壌層における1g当たり根長（別表21より）

根系区分	林分	S5	H5	A4	K1
	地位指数	19.3	16.0	14.4	16.6
	土壌型	Bl_E	B$_D$	B$l_{D(d)}$	Bl_E
細根	I・II	496	422	690	639
	III・IV	397	315	638	517
	V	303	234	443	404
小径根	I・II	22	26	19	20
	III・IV	17	16	14	16
	V	13	14	13	13
中径根	I・II	1.4	1.2	1.6	1.3
	III・IV	1.2	1.0	1.1	1.2
	V	0.9	0.8	0.9	1.1
大径根	I・II	0.2	0.2	0.2	0.2
	III・IV	0.3	0.2	0.3	0.3
	V	0.3	—	—	—
特大根	I・II	0.04	0.03	0.05	0.03
	III・IV	0.06	0.05	0.09	0.04
	V	—	—	—	—

図 3-33 のように根量1g当たりの表面積は149 cm²、変動係数は 0.07、相関係数は 0.95 であった。変動係数は根長よりも大きいが、これは容積密度数の分散が大きいことによっている。

1. 樹種

樹種によって平均直径・容積密度数が異なるので根長と同様に根系表面積も各樹種の根系の特性によって変化する。

いま上記のような方法で平均直径と根長から計算した各樹種の表面積をみると表 3-39 のようになる。各林分の根系表面積は別表 21 参照。細根ではセンダン・ニセアカシア・オニグルミ・シラカンバ・ヤエガワカンバ・ミズナラなどの樹種が大きくて根量1g当たり 220～260 cm²、モミ・ヒノキ・カナダツガ・コノテガシワ・フサアカシアなどは 110～130 cm² で、前者の約半分であった。この傾向は主として根の直径の大きさに左右されて前者はほとんど直径が細く、後者は大きくて容積密度数も大きいものが多い。

一般に針葉樹は表面積が小さく、アカマツは 178 cm²、カラマツ 166 cm²、スギ 149 cm²、ヒノキ 125 cm² であった。

小径根は 22～33 cm² でシラカンバ・ヤエガワカンバ・トチュウ・アオギリ・ダケカンバなどが大きく、スギ・ヒノキ・アカマツ・カラマツなどは小さくて 26～27 cm² 程度であった。

中径根では 5～10 cm² 程度となり、キササゲ・センダン・アオギリなどが大きくヒノキ・コノテガシワ・ヤチダモ・ハンノキなどは小さい。

大径根は 2～7 cm²、特大根は 1.5～0.9 cm² で中径根以上では樹種によって一定の変化傾向はみられなかった。

2. 根系区分

先にも述べたように根系表面積は根系区分によって異なる。いまスギ・ヒノキ・アカマツ・カラマツの代表的な林分についてこの関係をみると表 3-40 のように細根では 135～175 cm² で樹種間の差が大きく、アカマツ＞カラマツ＞スギ＞ヒノ

表 3-38　土壌条件と根長

	湿潤土壌			適潤土壌		乾燥土壌		
林分	S5	S8	S22	S4	S2	S7	S24	S20
土壌型	Bl_E	Bl_E	B$_E$	Bl_D	Bl_D	Bl_C	B$_A$	B$_A$
採取時のpF価	2.00	1.90	1.90	2.20	2.00	3.00	2.80	3.00
地位指数	19.3	20.7	21.8	19.4	21.7	13.6	11.0	15.4
細根	496	487	479	556	534	742	802	572
小径根	22	19	24	26	26	25	21	21
中径根	1.4	1.6	1.7	1.6	1.6	1.5	1.2	1.4
大径根	0.2	0.3	0.3	0.2	0.3	0.3	0.3	0.2

スギ、I・II層、別表21より。

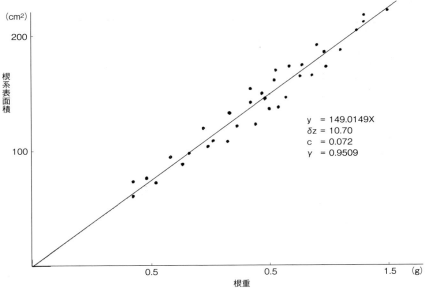

図 3-33　スギ細根の根重とその表面積

キの順となった。小径根は 25～29 cm²でヒノキがやや大きい傾向がみられたが大きな差はなくて中径根以上の根系ではほとんど樹種間の差がみられなかった。

3．胸高断面積

胸高断面積と細根の土壌層Ⅰ・Ⅱ層の根系表面積との関係は、図 3-34 のように各樹種ともに小径木と大径木の間で大きな相違はなかったが、カラマツ・スギ・ヒノキでは幼齢の小径木が大きくなる傾向が見受けられた。これは小径・幼齢木は大径木よりも細根の平均直径が小さくて容積密度数に関係する含水率が大きいことによっている。

この表から胸高断面積 500 cm²における表面積をみるとアカマツ 175 cm²・カラマツ 160 cm²・スギ 150 cm²・ヒノキ 110 cm²であった。

4．各土壌層における根系表面積

土壌層と根系表面積の関係は表 3-41 のようになり、細根～中径根は土壌層が深くなると根系表面積が減少するが、これは根長の場合と同様に主として深部で根系の直径が小さくなることによっている。この減少の傾向はスギ・アカマツよりもヒノキ・カラマツで著しい。大径根・特大根では逆に下層が大きくなるが、これは大径根・特大根の平均直径が下層で小さくなることによっている。各林分の根系区分・土壌層別根系表面積は別表 21 参照。

5．土壌条件

土壌型と根系表面積との関係は表 3-42 のように Bl_E のやや湿性土壌から乾性の土壌へ向かって根系表面積は増加し、Bl_E 型土壌は細根で 148～149 cm²であったが、乾性土壌の $Bl_D(d)$～B_A 型土壌は 170～186 cm²で両者の間に 20～30 cm²の差が認められた。これは根長と同様に乾燥土壌は湿潤土壌よりも根系の平均直径が小さいことに原因している。

この傾向は細根でとくに著しく、小径根・中径根・大径根と根系が大きくなるにしたがって土壌条件の差による表面積差はなくなる。

採取時の pF 価・地位指数は土壌型と密接な関係にあり、pF 価が大きくなり、地位指数が小さくなると根系表面積は増加する傾向がみられた。

6．採取時の空気量

採取時の空気量は土壌の生産性と密接な関係を示すが、いまこの空気量と細根Ⅰ・Ⅱ層の細根表面積との関係をみると図 3-35 のように、各樹種ともに分散が大きいが、全体の傾向としては採取時の空気量が増加すると根系表面積はやや上向きの曲線で増加した。これは乾燥土壌では採取時の

第 3 章　研究方法と現存量測定法

表 3-39　根量 1 g 当たり樹種別根系の表面積

細根		小径根		中径根		大径根		特大根	
樹種	表面積(cm²)	樹種	表面積(cm²)	樹種	表面積(cm²)	樹種	表面積(cm²)	樹種	表面積(cm²)
センダン	264	シラカンバ	33.0582	キササゲ	10.5788	キササゲ	6.5822	モミ	1.4676
ニセアカシア	258	ヤエガワカンバ	32.8904	センダン	9.7276	オニグルミ	4.4794	ユーカリノキ	1.4411
オニグルミ	228	トチュウ	32.8452	アオギリ	9.4006	センダン	4.2454	フサアカシア	1.4236
シラカンバ	225	アオギリ	32.7258	オニグルミ	8.1876	トチュウ	4.1338	アカマツ	1.1659~1.6682 / 1.4171
ヤエガワカンバ	223	ニセアカシア	31.4096	シラカンバ	8.1569	エノキ	4.0506	サワラ	1.2515
ミズナラ	211	ムクノキ	30.9728	フサアカシア	8.1380	アオギリ	4.0459	スギ	0.7717~1.7246 / 1.2482
アオギリ	208	ダケカンバ	30.8659	ユーカリノキ	7.9987	コナラ	4.0221	シラカンバ	1.2070
エノキ	197	ユーカリノキ	30.8427	スギ	5.7583~10.0022 / 7.8926 (6.7733)	ニセアカシア	3.5637	カラマツ	0.7606~1.5880 / 1.1743
トチュウ	196	コウヨウザン	30.7198	アカメガシワ	7.8279	アキニレ	3.4535	カナダツガ	1.1710
ヤマハンノキ	184	アキニレ	30.1480	カナダツガ	7.7086	ヤチダモ	3.4505	ヒノキ	0.7717~1.4916 / 1.1317
コナラ	184	ミズナラ	29.8841	モミ	7.7032	ムクロジ	3.4276	ミズナラ	0.9948
ユーカリノキ	181	センダン	29.5837	トチュウ	7.5417	カラスザンショウ	3.1863	ヤエガワカンバ	0.9708
キササゲ	179	カナダツガ	29.4014	コウヨウザン	7.4284	アカメガシワ	3.1370	ケヤキ	0.8847
アカマツ	167~189 / 178 (162)	ケヤキ	29.3645	ミズナラ	7.3823	ダケカンバ	3.0937		
ムクノキ	178	オニグルミ	28.9742	ヤエガワカンバ	7.1174	コノテガシワ	2.9823		
アカメガシワ	176	ハンノキ	28.9294	コナラ	6.9032	ムクノキ	2.9776		
ケヤキ	169(214)	エノキ	28.8486	ムクノキ	6.8341	コウヨウザン	2.9544		
カラマツ	153~179 / 166 (163)	フサアカシア	28.8269	アカマツ	6.4526~7.1793 / 6.8160 (6.4224)	スギ	2.3976~3.3948 / 2.8962 (3.1946)		
ハンノキ	162	ヤマハンノキ	28.5429	カラスザンショウ	6.7516	ミズキ	2.8938		
ダケカンバ	162	モミ	28.4749	アキニレ	6.7254	アカマツ	2.6110~3.1045 / 2.8578 (3.7494)		
スギ	113~186 / 149 (152)	アカメガシワ	27.8501	サワラ	6.7184	ハンノキ	2.7855		
ミズキ	149	スギ	23.8999~31.5270 / 27.7135 (27.2160)	エノキ	6.7009	フサアカシア	2.7798		
ムクロジ	148	ヒノキ	22.5850~32.3608 / 27.4729	カラマツ	5.7009~7.4215 / 6.5612 (6.2546)	ヤマハンノキ	2.7744		
ヤチダモ	141	アカマツ	25.2496~29.6392 / 27.4444 (23.6337)	ムクロジ	6.4308	カラマツ	2.4078~3.0637 / 2.7358 (3.8660)		
サワラ	138	カラマツ	23.7408~30.1510 / 26.9459 (26.3708)	ニセアカシア	6.2335	ユーカリノキ	2.6071		
コウヨウザン	134	サワラ	26.9451	ヤマハンノキ	6.0781	モミ	2.6062		
カラスザンショウ	128	コノテガシワ	26.5708	ケヤキ	6.0455 (6.9583)	サワラ	2.5662		
モミ	1258	ムクロジ	25.4966	ミズキ	6.0158	シラカンバ	2.5627		
ヒノキ	104~146 / 125	カラスザンショウ	25.4392	ダケカンバ	5.9387	ヤエガワカンバ	2.3978		
カナダツガ	122	コナラ	24.3472	ヒノキ	5.2604~6.4038 / 5.8321	カナダツガ	2.3934		
コノテガシワ	116	ミズキ	23.4329	コノテガシワ	5.8150	ヒノキ	2.1483~2.5878 / 2.3681		
フサアカシア	108	ヤチダモ	22.1050	ヤチダモ	5.4239	ミズナラ	2.2953		
				ハンノキ	5.2683	ケヤキ	2.2942(2.4194)		

(　) は浅川苗畑での測定値。

表 3-40 主要樹種の根系区分ごとの根系表面積（根量1g当たり、根系表面積(cm²)、Ⅰ・Ⅱ層）

樹種＼根系区分	林分	細根	小径根	中径根	大径根	特大根
スギ	S5	149	27	7	3	1
ヒノキ	H5	135	29	6	2	1
アカマツ	H4	175	25	7	3	1
カラマツ	K1	168	26	7	3	1

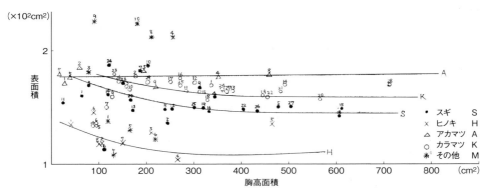

図 3-34 1g当たりの表面積（細根、Ⅰ・Ⅱ層）

表 3-41 各土壌層における根量1g当たり根系表面積 (cm²)

根系区分		樹種	スギ	ヒノキ	アカマツ	カラマツ
		調査林分	S5	H5	A4	K1
		地位指数	19.3	16.0	17.4	16.6
		土壌型	Bl_E	B$_D$	B$l_{D(d)}$	Bl_E
細根	Ⅰ・Ⅱ		149	135	175	169
	Ⅲ・Ⅳ		132	115	168	151
	Ⅴ		114	99	140	133
小径根	Ⅰ・Ⅱ		27	29	25	26
	Ⅲ・Ⅳ		23	24	20	23
	Ⅴ		19	18	19	19
中径根	Ⅰ・Ⅱ		7	6	7	7
	Ⅲ・Ⅳ		6	5	6	6
	Ⅴ		5	4	5	5
大径根	Ⅰ・Ⅱ		2.6	2.3	2.6	2.7
	Ⅲ・Ⅳ		2.7	2.2	3.0	3.0
	Ⅴ		3.0	—	—	—
特大根	Ⅰ・Ⅱ		1.1	0.8	1.2	1.0
	Ⅲ・Ⅳ		1.3	1.1	1.5	1.1
	Ⅴ		—	—	—	—

空気量が大きくて細根の平均直径が小さく、分岐が多くなるために根系表面積が大きくなることによっている。

図 3-35 から採取時の空気量20～30％ではスギは150～160 cm²、ヒノキ140～160 cm²、アカマツ170～180 cm²、カラマツ140～150 cm²になることが推察できた。

7. pF価

pF価と各樹種の調査林分のⅠ・Ⅱ層の細根表面積との関係は図3-36のように、スギ・ヒノキはpF価が2.5以上になると根系表面積が急速に増加した。アカマツはpF価の増加に対してスギ・ヒノキのようには増加せず緩やかな曲線で増加した。

これは土壌の乾燥に対してスギ・ヒノキの細根の太さが急速に細く、分岐が多くなるためである。

pF価3における細根の根系表面積は、スギは180 cm²・アカマツ175 cm²・ヒノキ150 cm²で、ヒノキは細根の直径が大きいために根系表面積は小さくなった。

採取時の空気量よりも分散が小さいのは、空気量よりも水分量の変化が、根系表面積の変化に直

表 3-42 土壌条件と1g当たり根系表面積（cm²）

	湿潤土壌			適潤土壌		乾燥土壌		
林分	S5	S8	S12	S4	S2	S7	S24	S3
土壌型	Bl_E	Bl_E	Bl_E	Bl_D	Bl_D	Bl_C	B$_A$	Bl_D(d)
採取時のpF値	2.00	1.90	1.73	2.20	2.00	3.00	2.80	3.10
地位指数	19.3	20.7	23.4	19.4	21.7	13.6	11.0	17.0
細根	149	148	148	159	156	182	186	169
小径根	27	25	26	30	30	28	24	30
中径根	7	7	7	7	7	7	6	7
大径根	3	3	3	3	3	3	3	3

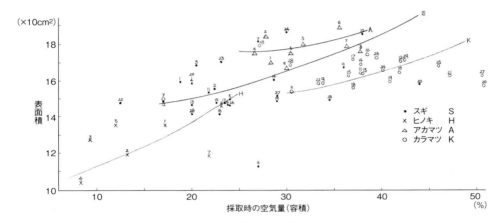

図 3-35 乾重1g当たりの根の表面積（細根、I・II層）

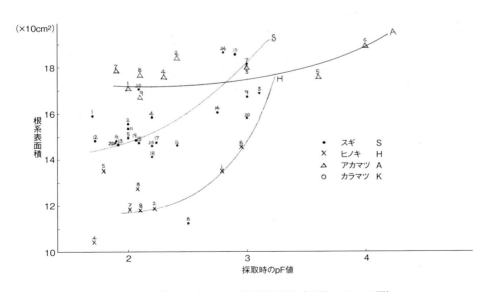

図 3-36 細根1g当たりの根系表面積（細根、I・II層）

接的な関係をもつためである。

8. 根毛と根系表面積

根毛は根端の伸長帯後部に発達し、その存在は根端の表面積に影響する。そこで林業試験場の苗畑の数種類の苗木（1～2年生）についてその根毛の有無と根系表面積を計算した。

9. 根毛の測定

試料：アカマツ・クロマツ・トウヒ
観察時期：1963年7月～8月

目黒苗畑のスギ・ヒノキ・アカマツ・カラマツその他の樹種について1～2年生の苗木の表層部の根系について、根毛の有無を観察して根毛の存在が認められたアカマツ・クロマツ・トウヒについて測定をおこなった。

細根をていねいに採取して、しばらく水中に浸して根毛に付着している土壌をやわらかい筆で根毛が傷つかないようにきれいに落としたのち、水を入れたシャーレに取り出してその中から白根の成長が一様なものを20～30個選んで、150倍の顕微鏡下で根毛の密度・直径・長さなどを測定した。

スギ・ヒノキ・カラマツについては根毛が観察できなかった。

測定結果は表3-43の通りで、アカマツについてみると根毛の間隔は50～63 μm、直径は18～27 μm、長さは158～190 μm、根毛1本当たり表面積は9 000～16 000 μm^2、白根1本当たり根毛数は380～680本、白根1本当たりの根毛表面積は4.6～10.9 mm^2で、根毛が存在する白根部分の表面積の2～4倍の面積があり、根毛を含む全白根表面積は根毛を含まない場合の1.4～1.5倍となった。

根毛は一般の表皮細胞よりも吸収能率がきわめて大きく、その吸収能率を考えた場合にはこの面積比以上の吸収力差があるものと考えられる。

マツ類はスギ・ヒノキに比べて細根量がきわめて少ないが（125頁参照）、根毛の存在は細根の吸収力を著しく高めていることが推察できる。またマツ類が乾燥土壌に耐えて成長する性質は根毛の存在とも関連して考えられる。まだ林木の根毛の働きについては不明のところが多いので今後の

表 3-43 根毛数とその表面

樹種	根毛の間隔 (μm)	根毛の直径 (μm)	根毛の長さ (μm)	白根の直径 (μm)	根端から根毛が生えているところまでの長さ (μm)	生きている根毛が認められる長さ (μm)	根毛1本当たり表面積 (μm^2)
アカマツ	50	18	158	410	1 527	1 328	8 944
σ		7	81	42	366	417	—
n	45	30	30	30	30	30	—
クロマツ	72	23	168	432	2 067	1 450	12 151
σ		9	99	40	400	470	—
n	40	30	30	30	30	30	—
トウヒ	63	27	190	554	1 441	1 538	16 129
σ		6	47	135	550	553	—
n	50	25	30	30	28	30	—

樹種	白根1本当たり表面積 (μm^2)	白根1本当たり根毛表面積 (μm^2)	白根のみの表面積 (μm^2)	根毛表面積 / 根毛がある部分の白根表面積	根毛を含む全白根表面積 / 根毛を含まない全白根表面積
アカマツ	684	6 117 696	1 709 667	3.58	1.420
	—	—	—	—	—
	—	—	—	—	—
クロマツ	379	4 605 229	1 966 896	2.34	1.356
	—	—	—	—	—
	—	—	—	—	—
トウヒ	674	10 870 946	2 675 443	4.06	1.524
	—	—	—	—	—
	—	—	—	—	—

研究を待つところが大きい。

10. 根株の表面積計算

根株の形態は複雑で、その表面積を正確に測定することはきわめてむずかしい。いま各林分の調査木について図3-37のように根株の上下（a）・左右（b）の長さを測定してこれを平均したものを根株の直径とする球の表面積から根株上部の断面積を差引いたものを根株の表面積と考えた。

いま根株平均直径と根株断面の直径との関係を根株が塊状になるスギ・ヒノキ・カラマツ・その他の樹種の根株についてみると図3-38のようにスギ・ヒノキ・カラマツの各樹種ともに、根株の平均直径は根株断面の直径の1.5倍程度で、上の式から根株の表面積は根株断面積のほぼ8倍に相当することがわかった。

一方根株が塊状になるケヤキ・フサアカシアは両直径の比が1.9～2.0であった。

主根が杭状に発達する杭根性のアカマツは、根株の形態が図3-39のような円錐形となるので、

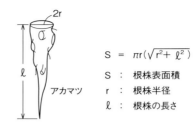

図3-39 アカマツの杭根の模式図と表面積計算式

図3-39の円錐の表面積計算式から根株の表面積を算出した。

アカマツの根株の長さは個体によって異なるが、直径2cm程度までを根株とすると最大深さの1/3がほぼ根株の長さに相当した。いまこの式で計算した根株断面積と根株表面積の関係を図示すると図3-40のようになる。

11　林分内における根量分布

林分内における根量分布を水平・垂直別調査ブロック（図3-6参照）ごとに考えてみる。本章26ページ〈全量調査法とブロック調査法の根量推定誤差〉の項で述べたように、ブロック調査法において根量の相殺がおこるのは細根～中径根が主で、根量の大部分を占める大径根・特大根・根株は地上部重に比例して変化する。

いま根量を胸高断面積に対する関数として表し

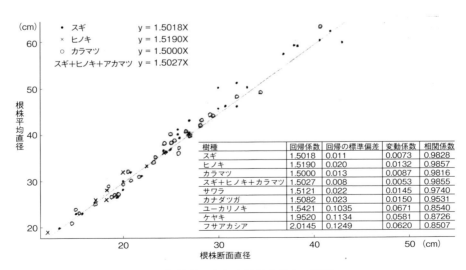

図3-38 根株断面直径と根株直径との関係

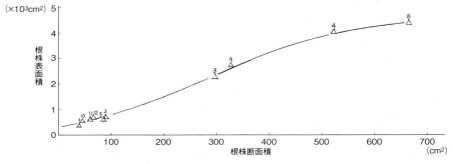

図 3-40 アカマツの根株断面積と根株表面積

て、この関係が根系区分・調査区分（水平・垂直区分）によってどのように変化するかを調べた。

ここではとくに細かく調査した調査本数の多い S13 林分について述べるが、その他の林分についても同様の傾向がみられた。

(1) 根系区分

胸高断面積に対する根系区分の関係を図示すると図 3-41 のようになり、細根～根株の各部分重は胸高断面積とほぼ一次の関係が成り立ち、両者の間に極めて高い相関関係を認めた。また根系の直径が大きくなるほどグラフの傾きが大きくなる傾向がみえた。

胸高直径と根系区分量との関係は、

$$Y = a + b\left(\frac{\pi D^2}{4}\right)$$

Y：根系区分量（g）
D：胸高直径（cm）

で表される。

いま実測の Y と D を式に当てはめて係数・定数・誤差などを計算し、各根系区分ごとの数値を抜き出すと、**表 3-44** のようになり回帰係数は根系が大きくなるほど増加した。

これはブロック調査法と全量調査法の比較のところでも述べたように、細根～中径根の一部は根系分布の相殺にもよるが、一部は小径木では根系の成長が大径木よりも小さくて、大根に比べて小根の割合が多いことにもよっている。すなわち、小径木と大径木では細根・小径根の根量差が小さく、大根の根量差が大きいことを示している。

回帰の変動係数は細根がもっとも小さくて根系が大きくなると増加し、大径根は 0.18 であった。

一方、総根量の変動係数は 0.08 で大径根～根株よりも小さくなるが、これは総根量では根系区分ごとの根量変化によって、誤差が相殺されるためである。

ここで細根～中径根の分散が小さいのは、これらの根系の分布が地表に沿って均等に分布する性質によっており、この点でも細根～中径根と大径根以上の根系とは分布様式がまったく異なり、その働きも異なることが推察できる。

各部分の根量と胸高断面積の相関係数は 0.93～0.99 で、大径根は 0.93、根株・総根量は 0.99 で両者の間に密接な相関関係が認められた。

(2) 土壌層による変化

以上のような根量と胸高断面積との関係は同一根系区分内においても土壌層ごとにみられる。いま細根と大径根についてこの関係をみると図 3-42 のようになり、表層ほど林木の大きさによる根量差が小さくて回帰直線の傾きは小さく、深部では大きくなった。

またこの関係は根系が太くなるほど明瞭になる。図 3-42 でみられるように、胸高断面積と根量の関係は I 層では大径根量のほうが細根よりも回帰直線の傾きが大きく、土壌層が深くなるほどこの傾きは大きくなった。

いまこれらの関係を水平区分 1 の細根の根密度について計算すると表 3-45 のようになる。表 3-45 では、土壌層が下層になると回帰係数が大きくなり、また分散も増加した（この表で II 層の変動係数が小さくなったのは S13 林分の II 層は火山礫層で土性が極端に均一になることによっている）。

第3章　研究方法と現存量測定法

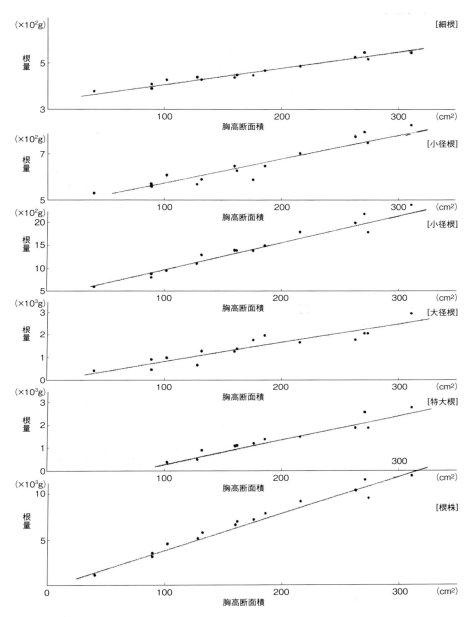

図 3-41　胸高断面積と各部分の根量（S13 林分）

　以上のことから土壌層が深くなるほど林木の大きさによって根量分布が変化し、大径木は小径木に比べて下層で根量分布の割合が大きくて土壌層深部に十分に根系を張っており、小径木は表層に分布が偏っていることが推察できた。また分散の変化から、表層では根量分布が均一であるが、下層では分散が大きくて、分布が偏っていることが明らかになった。

(3)　傾斜の上と下における根密度

　傾斜の上側（19頁図3-6の調査区分①・④参照）と下側（同②・③）の根量分布をⅠ層の根量についてみると**表3-46**のようになり、根系が大きくなるほど傾斜の上側に比べて下側の根量が増

表 3-44 根系の各部分の回帰式の要因

区分 部分重	回帰係数	回帰の変動係数	相関係数
細根	0.7	0.03	0.98
小径根	1.2	0.05	0.95
中径根	6.7	0.07	0.98
大径根	8.2	0.18	0.93
特大根	10.9	0.14	0.97
根株	40.5	0.16	0.99
地下部重	68.1	0.08	0.99

加した[*2]。

　上側を1としたときの下側の比数は、**表 3-46**のように細根1.1・小径根1.2・中径根1.1・大径根2.5・特大根3.0で根系が傾斜上部よりも傾斜下部に多く分布して地上部重を支え、細根・小径根は地表層にほぼ均一に分布することがわかった。

　いまもっとも分散が小さくて均一に分布している細根について傾斜の上下における根量分布をみると図3-43のようになる。

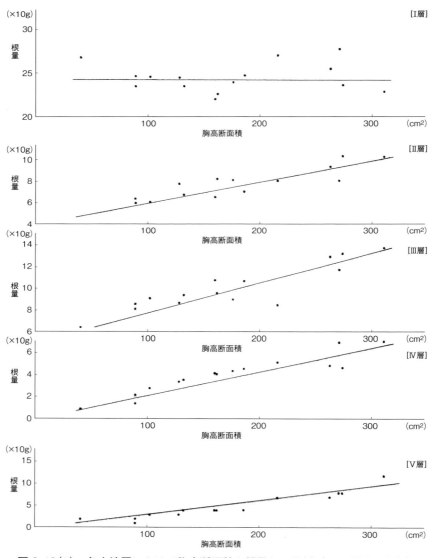

図 3-42(1)　各土壌層における胸高断面積と根量との関係（S13 林分・細根）

[*2]　各林分における比数は別表 20 参照。

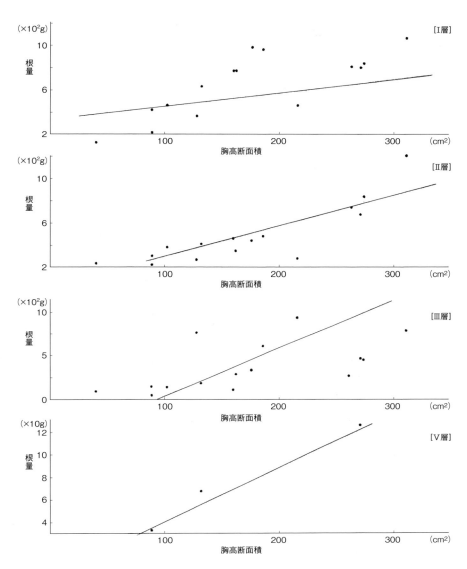

図 3-42(2)　各土壌層における胸高断面積と根量との関係（S13 林分・大径根）

表 3-45　土壌層における細根の回帰係数
　　　　（S13 林分、水平区分Ⅰ）

根系区分 土壌層	回帰係数	変動係数	根密度 (g/m³)
Ⅰ	−0.04	0.15	216
Ⅱ	0.04	0.08	36
Ⅲ	0.09	1.18	34
Ⅳ	0.17	0.34	32

表 3-46　傾斜の上側と下側における根密度

区分 根系区分	上側 ①+④(g/m³)	下側 ②+③(g/m³)	上側を1としたときの下側の比数
細根	32	36	1.1
小径根	45	53	1.2
中径根	109	124	1.1
大径根	57	141	2.5
特大根	22	60	3.0

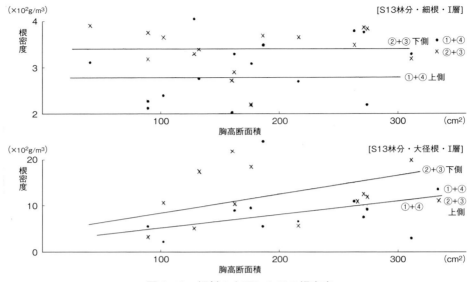

図3-43 傾斜の上下における根密度

　いまこの関係を細根と大径根の根密度について計算すると表3-47のようになり、傾斜の上側と下側で根量分布に差があることがわかった。なおこの差は土壌層が深くなり、根系区分が大きくなるほど増加する傾向がある。

(4) 傾斜の左右における根密度分布

　傾斜の左右における根密度を傾斜の上側①と④、下側②と③についてみると図3-44のようになった。これを根密度の平均値（g/m³）でみると上側では右側が203、左側が300、下側では右側が286、左側が395でいずれも左側が大きかったが、回帰計算の結果は表3-48のようになり、いずれも分散が大きくて両者の間に差があるとはいえなかった。

(5) 根密度の水平分布

　水平区分1・2・3の根量分布を胸高断面積との関係でみると図3-45・表3-49のようになる。
　水平区分1から3へ根株から離れるにしたがって回帰係数は大きくなり、根株近くでは林木の大きさによって根密度が変化しないが、根株から離れるにしたがって根密度差が大きくなった。また根密度の水平変化を細根のⅠ・Ⅲ層についてみると表3-50のようになる。

(6) 根密度からみたブロック測定法

　水平区分2の細根・Ⅰ層①〜④の各調査ブロックで根密度をみると表3-51のように傾斜上側の①ブロックは280 g/m³、④は316 g/m³、下側の②は323 g/m³、③は361 g/m³で水平区分2全体

表3-47　傾斜の上・下における根密度の分布（S13林分）

根系区分	土壌層	傾斜の上側			傾斜の下側		
		回帰係数	定数	変動係数	回帰係数	定数	変動係数
細根	Ⅰ層	0.27	252	0.22	0.01	340	0.15
	Ⅲ層	0.15	22	0.27	0.16	37	0.14
大径根	Ⅰ層	1.13	466	0.43	2.42	878	0.50
	Ⅲ層	11.3	−1 204	0.40	0.40	302	0.44

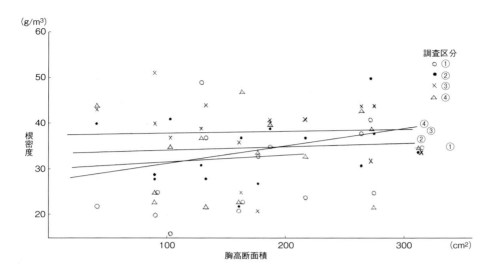

図 3-44　調査区分別根密度（S13 林分・細根・Ⅰ層）

表 3-48　傾斜の左右における根密度（S13 林分、細根、Ⅰ層）

区分	傾斜の上側		傾斜の下側	
	傾斜の右側 ①	傾斜の左側 ④	傾斜の右側 ②	傾斜の左側 ③
回帰係数	0.44	0.95	0.21	0.20
定数	203	300	286	395
回帰の分散 S^2yx	7150	7058	4573	5529
根密度 (g/m³)	280	316	323	361
変動係数	0.30	0.26	0.21	0.21
相関係数	0.40	0.09	0.25	0.21

の平均値 320 g/m³に対して 3～41 g/m³の差があった。この差を平均値に対する割合でみると 1～13％である。

①～④のブロック中、④・②ブロックは平均値に近い値をとり、その差は 3～4 g/m³で平均値に対する割合は 1％であったが、いずれの林分においてもこの④・②ブロックが常に平均値に近い値を取るという裏づけはない。

また、これらのブロックの分散の大きさもこれらの数値が大きく変化することを示している。

次にこれを傾斜の上と下側についてみると、表3-52 のように上・下側ともに根密度が平均値に対して 22 g/m³少なく、下側は多くてその割合は7％であった。

この根密度が上側で小さくて、下側で大きいのは一般的な現象で、いずれの調査木・林分においても上側が根量分布が少なくて下側が多いことが予想できる。このため上側半分を調査して総根量を求めるとその値は常に小さくなり、下側を調査した場合には逆に多くなる。このような結果は根量測定上望ましくない。

一方、傾斜の左右における根密度をみると表3-53 のように傾斜の左右の根密度と平均値との差は 19 g/m³で、その割合は 6％であった。この値は上下に区分した場合より 1％減少しただけであるが、上下に区分した場合が常に上側が下側より小さい傾向があるのに比べて、傾斜の左右の場合にはいずれが多くなるか一定の傾向がなく、測定誤差が相殺される可能性がある。

Ⅰ層の細根はいずれの土壌層・根系区分よりも均一に分布する性質があるが、このような場合にも以上のような根量分布差が認められ、下層土の細根以上の大きい根系では、この差が大きくなる傾向が認められた。

根系のこのような分布特性からブロック法による根量調査に当たっては傾斜に沿って左右に区分した 1/2 ブロック法の適用が考えられる（**写真 6 参照**）。

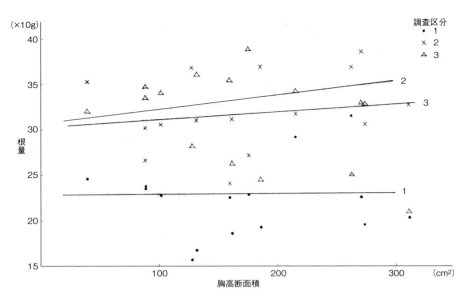

図 3-45 水平区分別根密度（S13 林分、細根、I 層）

表 3-49 根密度の水平変化（S13 林分、細根、I 層）

水平区分	1	2	3
係数	－0.04	0.14	0.27
定数	223	296	361
変動係数	0.15	0.13	0.15
相関係数	0.10	0.26	0.44
根密度（g/m^3）	216	320	313

表 3-50 根密度の水平変化（S13 林分、細根）

水平区分	1				2				3			
土壌層	根密度（g/m^3）	係数	定数	変動係数	根密度（g/m^3）	係数	定数	変動係数	根密度（g/m^3）	係数	定数	変動係数
I 層	216	0.04	223	0.15	320	0.14	296	0.13	313	0.27	361	0.15
III 層	34	0.09	19	1.18	57	0.16	29	0.14	23	0.12	25	0.22

表 3-51 調査区分の根密度（S13 林分、細根、I 層）

調査区分	傾斜の上側		傾斜の下側		平均
	①	④	②	③	②
根密度（g/m^3）	280	316	323	361	320
平均値との差	40	4	3	41	
平均値に対する差の割合	0.13	0.01	0.01	0.13	

表3-52 傾斜の上側と下側の根密度（S13 林分、細根、Ⅰ層）

調査区分	傾斜の上側 ①+④	傾斜の下側 ②+③	平均 2
根密度（g/m³）	298	342	320
平均値との差	22	22	—
平均値に対する差の割合	0.07	0.07	—

表3-53 傾斜の左右に区分したときの根密度（S13 林分、細根、Ⅰ層）

調査区分	傾斜の右側 ①+②	傾斜の左側 ③+④	平均 2
根密度（g/m³）	301	339	320
平均値との差	19	19	—
平均値に対する差の割合	0.06	0.06	—

写真6　1/2 ブロック法と根株（スギ）

12　林分内における測定値の分散

ブロック調査法で得られた調査木の部分重は別表11のようになる。

この表から面積当たり部分重を算出する場合、推定方法のちがいによってその分散が著しく変化するが、総量の推定にはなるべく誤差が小さくて、利用しやすい式を用いたい。そこで別表11について表3-54の変数と数式（①～⑦式）を用いた場合の測定精度を検討した。

従来は両対数の⑤式が相対成長式[*3]として一般に用いられてきたが、この式には相対成長係数 b が1でないとこの式を各部分について加えた場合、全重はこの式で表現できない矛盾を含んでおり、この点では部分重のたし上げができる他の片対数式ないしは一次式の適用が望ましい。先に山本ほか［1925］は根株材積[*4]を根株直径との関係で表現している。

⑦式は9個の独立変数をもつ多項式で、これを次に述べる Efroymson［1960］の方法で、各部分重に関係する項を選択して計算をおこなった。

その結果各林分について各式をあてはめたときの定数・係数・相関係数・変動係数などが算出された（別表11）。いまこの表から調査本数が多いS13林分について各式を適用したときの変動係数を上げると表3-55のようになる。

y_1：幹は①・②・③式の変動係数が大きくて0.19であったが、⑥式は0.06でもっとも誤差が小さい。

y_2：枝は変動係数が0.21～0.28で全体に変動係数が大きかったが、なかでは④式と⑦式がもっとも小さい。

y_3：葉は0.18～0.23で枝と同様全体に分散が大きいがなかでは⑦式が小さくて0.18であった。

y_4：地上部は幹よりも各式の変動係数が小さくて0.06～0.16であった。もっとも小さいのは⑥式で0.06である。地上部重の分散が全体に小さくなるのは幹・枝・葉などの各部分の誤差の相殺によるものである。

y_5：細根は0.02～0.05で林木の各部分中もっとも変動係数が小さい。もっとも精度が高い式は⑦式である。

y_6：小径根は変動係数は0.04～0.08で⑦式が4％である。

y_7：中径根は0.06～0.13で⑥・⑦式が最小であった。

y_8：大径根は0.15～0.23で、大径根は他の根系に比べて各式ともに変動係数が大きい。最小の変動係数は0.15で⑥式である。

y_9：特大根は0.09～0.17で⑥式が最小。

y_{10}：根株は0.08～0.17で⑦式が最小。

y_{11}：地下部重合計は0.07～0.15で⑤・⑥・⑦式が小さい。

[*3]　相対成長式：$y = ax^b$　y：部分重　x：全重ないしは D^2H　b：相対成長係数。
[*4]　根株材積式：$v = aD^b$　v：根株材積（尺³）　D：根株直径（尺）　$a = 2.314$　$b = 2.45$　［山本ほか1925］。

表 3-54　林木の部分重推定のための変数と計算式

A　変数の定義

従属変数		独立変数	
y_1	幹重（g）（以下重さはg）	D	胸高直径(cm)
y_2	枝重	H	樹高(cm)
y_3	葉重	V	材積(cm³)
y_4	地上部重合計		
y_5	細根重		
y_6	小径根重		
y_7	中径根重		
y_8	大径根重		
y_9	特大根重		
y_{10}	根株重		
y_{11}	地下部重合計		
y_{12}	全重（地上部重＋地下部重）		
y_{13}	1年間の幹の成長量		
y_{14}	py_3（1年間の葉の成長量）		
y_{15}	qy_{13}（1年間の枝の成長量）		
y_{16}	y_1+y_2　［地上部非同化部分重（幹重＋枝重）］		
y_{17}	y_5+y_6　［地下部のはたらき部分重（細根重＋小径根重）］		
y_{18}	$y_7+y_8+y_9+y_{10}$　［地下部蓄積部分重（中径根重＋大径根重＋特大根重＋根株重）］		
y_{19}	$y_1+y_2+y_{11}$　［地上部地下部非同化部分重（幹重＋枝重＋地下部重）］		
y_{20}	$y_{13}+y_{14}+y_{15}+[y_{13}\times(y_{11}/y_1)]$　［1年間の成長量合計（幹・枝・葉・根の1年間成長量合計）］		
y_{21}	根系の最大深さ(cm)		

B　計算に用いた回帰式①～⑦

① $y=a+b\log D+c\log H$
② $y=a+b\log D$
③ $y=a+b\log(D^2H)$
④ $y=a+b(\pi D^2/4)$
⑤ $\log y=\log a+b\log(D^2H)$
⑥ $y=a+bV$
⑦ $y=a_0+a_1D+a_2H+a_3D^2+a_4DH+a_5H^2+a_6D^3+a_7D^2H+a_8DH^2+a_9H^3$

＊　y：y_1～y_{21} まで計算

C　林分の総量推定に関する計算

下の計算はA表について行う。
⑦式の直交多項式における変数選択法

$y_j = a_0+a_1D+a_2H+a_3D^2+a_4DH+a_5H^2+a_6D^3+a_7D^2H+a_8DH^2+a_9H^3$
$\quad = a_0+a_1X_1+a_2X_2+a_3X_3+a_4X_4+a_5X_5+a_6X_6+a_7X_7+a_8X_8+a_9X_9 \qquad j=1\sim21$

※　⑦式は①～⑥式とは性質が異なるが、ここでは記述上変数選択法によるものを⑦式とした。

表 3-55 部分重の推定計算式とその変動係数(別表14より・S13林分・n:15)

y	①	②	③	④	⑤	⑥	⑦
1	0.19	0.19	0.19	0.10	0.11	0.06	0.07
2	0.28	0.27	0.27	0.21	0.23	0.22	0.21
3	0.20	0.19	0.19	0.23	0.22	0.22	0.18
4	0.16	0.16	0.16	0.10	0.09	0.06	0.08
5	0.05	0.05	0.05	0.03	0.05	0.04	0.02
6	0.08	0.08	0.08	0.05	0.08	0.06	0.04
7	0.13	0.13	0.13	0.07	0.09	0.06	0.06
8	0.23	0.23	0.22	0.18	0.22	0.15	0.16
9	0.15	0.17	0.15	0.14	—	0.09	0.13
10	0.14	0.17	0.16	0.16	0.11	0.14	0.08
11	0.15	0.14	0.15	0.08	0.07	0.07	0.07
12	0.15	0.15	0.15	0.09	0.08	0.06	0.08
13	0.20	0.20	0.19	0.14	0.16	0.07	0.10
14	0.20	0.19	0.19	0.23	0.22	0.22	0.18
15	0.20	0.20	0.19	0.14	0.16	0.07	0.10
16	0.19	0.19	0.18	0.10	0.11	0.06	0.08
17	0.07	0.06	0.07	0.04	0.06	0.05	0.02
18	0.16	0.15	0.16	0.08	0.07	0.07	0.08
19	0.18	0.18	0.17	0.09	0.08	0.07	0.07
20	0.14	0.15	0.14	0.13	0.13	0.09	0.10
21	0.03	0.03	0.03	0.04	0.03	0.04	0.02

y_{12}:全重の変動係数は0.06～0.15で幹・枝・葉・大径根などに比べて小さくもっとも精度の高い式は⑥式であった。

y_{13}:1年間の成長量は0.07～0.20で比較的大きな値を示した。もっとも誤差の少ない式は⑥式である。

y_{14}:葉の1年間の成長量は計算基礎が葉量に一定の割合を乗じた(52頁参照)もので、その変動係数はy_3の葉量と同じで⑦式がもっとも小さい。

y_{15}:1年間の枝の成長量は幹の1年間の成長量に一定の割合を乗じたもので、y_{13}の変動係数と同じである。

y_{16}:地上部の非同化部分重は0.06～0.19で⑥式が最小。

y_{17}:細根と小径根を加えた地下部の働き部分重は0.02～0.07で他の部分に比べて変動係数が小さい。とくに②式が小さい。

y_{18}:中径根～根株重の地下部蓄積部分重は0.07～0.16で⑤・⑥式が誤差が最小である。

y_{19}:地上部・地下部の非同化部分重は0.06～0.18で⑥式が誤差が最小。

y_{20}:1年間の成長量合計は0.09～0.15で⑥式が誤差が最小。

y_{21}:根系の最大深さは0.02～0.04で⑦式が誤差が最小であった。

いま S13林分の各部分重をもっとも誤差の小さい式を用いて計算したとすると表 3-56のように、変動係数は0.02～0.21で、いずれの式を用いても変動係数が10%以上の大きい部分は枝(0.21)・葉(0.18)・大径根(0.15)・葉の1年間の成長量(0.18)で、0.05以下の小さい変動係数を示す部分は細根(0.02)・小径根(0.04)、細根+小径根(0.02)であった。部分重ではないが根

表 3-56 ①～⑦式中もっとも誤差の少ない式とその変動係数

y	1	2	3	4	5	6	7	8	9	10	11
式	⑥	④⑥	⑦	⑥	⑦	⑦	⑥⑦	⑥	⑥	⑦	⑤⑥⑦
変動係数	0.06	0.21	0.18	0.06	0.02	0.04	0.06	0.15	0.09	0.08	0.07

y	12	13	14	15	16	17	18	19	20	21
式	⑥	⑥	⑦	⑥	⑥	⑦	⑤⑥	⑥	⑥	⑦
変動係数	0.06	0.07	0.18	0.07	0.06	0.02	0.07	0.06	0.09	0.02

系の最大深さも変動係数は0.02で小さい。

この①〜⑦の式中、最小の変動係数をとる式は**表3-56**のように④・⑤・⑥・⑦式で①・②・③式はこれに比べてあまり精度が高くなかった。また最小の変動係数をとる式のなかでは、⑥式によって高い精度で測定される部分が多くて、14の部分におよび幹・枝・地上部重・中径根・大径根・特大根・地下部重・全重・1年間の幹の成長量・1年間の枝の成長量・地上部非同化部分重・地下部蓄積部分重・地上部・地下部非同化部分重・1年間の成長量合計などの主として蓄積部分重は⑥式がもっとも適合度が高くて材積と高い相関関係が認められた。

⑥式に次いで精度の高い式は⑦式の多項式によって選ばれた式で、葉・細根・小径根などの部分は⑦式中の選択された式が精度が高かった。（直交多項式⑦式中の各式についてはあとで述べる（92頁参照））。

その他、枝・地下部重合計・地下部蓄積部分重などについては④・⑤式が高い精度で用いられた。

このように各部分重推定式を当てはめたときの誤差は樹木の部分によって異なり、各部分に一定の式を適用するよりも、各部分に最適の式を用いたほうが精度が高くなることがわかる。しかし、全体に⑥式は各部分を通じて精度が高くて各部分重が材積と高い相関関係にあることがわかった。

13　各林分における計算式の精度

以上はS13林分についての結果であるが、スギ林分について、x軸に計算式、y軸に変動係数を取って図示すると**図3-46**のようになる。

この図からスギの幹についてみると全体に精度が高いのは⑥式で変動係数は0.02〜0.07であった。この図で①式はS9林分では変動係数0.02程度の高い精度を示したが、S13林分では0.20に近い変動係数があり変動係数の分散が大きい。

このような見方でスギ林分の**図3-46**から各部分についてもっとも精度が高い式を選択すると、**表3-57**のようにほとんどの部分重が材積ないしは胸高断面積の関数として表現できることがわかった。

また**図3-46**から枝・葉・大径根・特大根・根株などの部分は林分間での変動係数の差が大きく、細根・小径根・地上部重・地下部重・全重などは各式ともに林分間の変動係数の差が小さかった。これは葉・枝などの部分の分布が偏りが大きく細根・小径根などは分布が均一なことによっている。このため細根・小径根などの分散の小さい、また林分間での誤差が小さい部分についてはいずれの式を用いても、またいずれの林分でも高い精度で根量を推定できる。

表3-56のS13林分のもっとも精度が高い式と**表3-57**の各種の林分から総合的に選んだ最大精度の計算式の間には多少のずれがあったが、両者の変動係数の差は小さい。S13林分の**表3-56**でみられたように④・⑤・⑥・⑦式が各種でも比較的高い精度で用いられることがわかった。

(1)　樹種による計算式の精度

スギと同様にヒノキ・アカマツ・カラマツについて誤差が最小の式を総合的に選択すると**表3-57**のようになり、スギは⑥式・ヒノキ④式・アカマツ⑥式・カラマツ④式が当てはまりがよい傾向が見受けられたが、全体に④・⑤・⑥式の精度が高く、これらの式の間での差はきわめて小さくて樹種間に計算式の差があるとは考えられなかった。

(2)　部分重推定式の選択

部分重の推定式については、樹種や各部分によって最適計算式が異なり、各部分ごとにその式を適用するほうが推定値の精度は高くなるが、計算は複雑になる。

⑥式：⑥式は全体に精度が高いが⑥式の適用に当たっては正確な林分材積の推定が困難なことと、材積そのものが誤差をもつのでこの式の実際の適用は困難である。直接胸高直径・樹高（この場合にも林分の樹高測定の誤差が大きい）などを独立変数とする式の利用が望ましい。

⑦式：次に高い精度を示す式は、⑦式の多項式から選ばれた式の利用である。

この方法で一定精度内で、部分重を推定するような数式をつくってこれによって部分重を推定することがきわめて望ましいが、調査本数が多くな

第3章　研究方法と現存量測定法

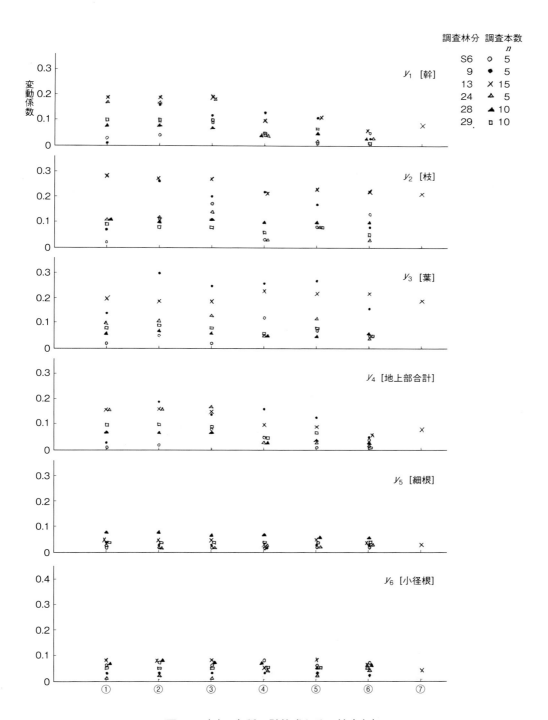

図 3-46(1)　各種の計算式とその精度(1)

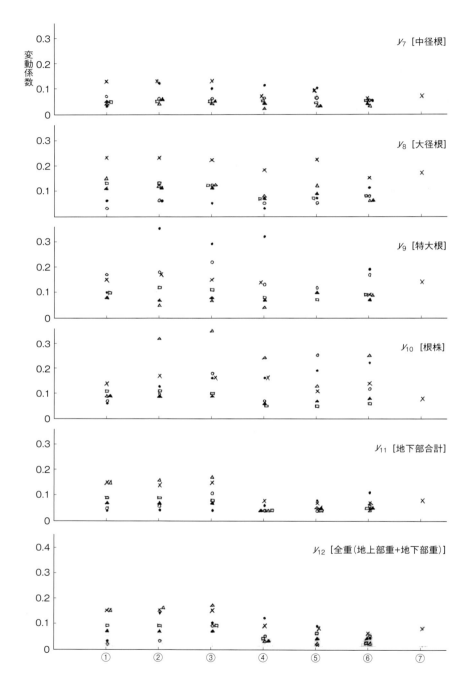

図 3-46(2)　各種の計算式とその精度(2)

第3章 研究方法と現存量測定法

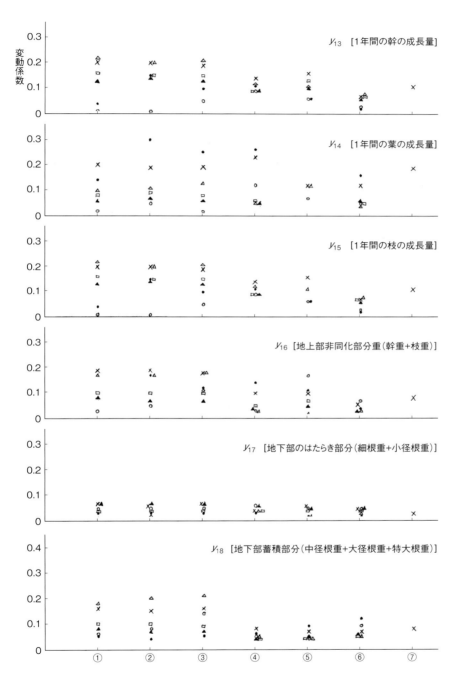

図 3-46(3) 各種の計算式とその精度(3)

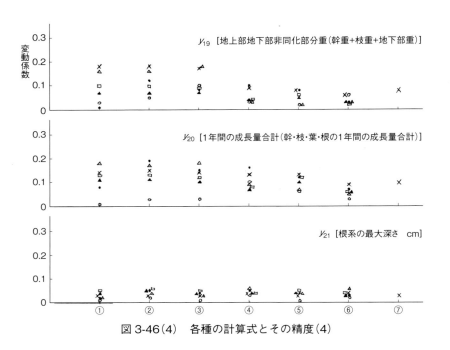

図 3-46(4)　各種の計算式とその精度(4)

表 3-57　もっとも小さい変動係数の各樹種の部分量推定式

樹種 y	スギ	ヒノキ	アカマツ	カラマツ
1	6	4	6	6
2	4	1	6	6
3	6	6	6	3
4	6	4	6	5
5	6	4	6	5
6	6	1	1	4
7	6	4	6	4
8	4	4	6	4
9	6	4	5	4
10	1	6	6	4
11	4	5	6	4
12	6	4	6	5
13	6	4	6	4
14	6	4	6	4
15	6	5	6	4
16	6	4	6	5
17	6	1	6	4
18	4	3	6	4
19	6	5	6	5
20	6	3	6	4
21	6	6	6	4

いと正確な数式を決定できないことと、数式を決定するための計算に手数がかかるのでこの方法の利用には制限がある。

いま S13 林分のほかに A2・ST・HT・AT・KT（ST〜KT は調査林分を合算したもので 93 頁参照）などの資料について各樹種の部分重の推定に用いた項とその変動係数を挙げると表 3-58 のようになる。

この表からもわかるように、林分内・林分間を通じて各部分重の推定に取り上げられた項の種類はいろいろで、一定の部分重の推定には一定の決まった項ないしは定数・係数が取り上げられるといった傾向は認められなかった。

y_{12} の調査木の全重についてみると S13 林分では DH と D^2H が取り上げられたが、ST の場合には H^2 と D^2H、A2 林分は $H^2 \cdot D^2H \cdot DH^2$、AT は DH^2 といったように同一部分であっても林分によって取り上げる項が変化した。しかし大きな傾向としては D^2、D^2H などの項が大きく取り上げられた。これは各部分重が胸高断面積または材積と高い相関関係を示すことを表している。

以上のような方法によって、各部分重推定の精度の高い計算式を決定することができるが、林分を通じて一定精度で計算できる計算式の決定には

第 3 章　研究方法と現存量測定法

表 3-58　林分内における調査木の部分重の推定のための多項式の当てはめ

S13 ●　　ST ◉　　HT ○　　A2 ×　　AT ＊　　KT △

部分重	項									変動係数					
	D	H	D^2	DH	H^2	D^3	D^2H	DH^2	H^3	S13	A2	ST	HT	AT	KT
1	—	—	—	×	—	△	●○	＊	◉	0.08	0.14	0.05	0.05	0.04	0.09
2	—	—	●	—	—	○	×＊◉△	—	—	0.21	0.26	0.24	0.12	0.19	0.39
3	—	—	◉	—	—	●	×＊○	—	△	0.19	0.31	0.24	0.08	0.18	0.33
4	—	—	—	●	△	—	×○◉	＊	—	0.08	0.15	0.06	0.02	0.05	0.10
5	—	○	—	○	—	●＊	×◉	—	—	0.03		0.05	0.04	0.04	0.15
6	—	—	×＊	—	—	●	—	△	◉○	0.04	0.28	0.08	0.03	0.05	0.13
7	—	—	●◉	○	—	—	×△	＊	—	0.07	0.13	0.11	0.04	0.06	0.12
8	—	—	○	—	—	—	●◉×＊	—	△	0.17	0.26	0.13	0.06	0.05	0.16
9	—	—	○	—	—	△	●＊×	◉	—	0.14	0.40	0.17	0.13	0.03	0.15
10	—	—	—	—	—	—	×○◉＊	—	△	0.08	0.15	0.07	0.04	0.05	0.09
11	—	—	●	—	—	—	●◉＊○	—	×△	0.08	0.13	0.08	0.04	0.04	0.11
12	—	—	—	—	—	△	●◉	×＊	○	0.08	0.12	0.06	0.03	0.05	0.10
13	—	—	◉	—	—	○	●△×	＊	—	0.11	0.23	0.28	0.24	0.05	0.25
14	—	—	—	◉	—	●	×	＊	○△	0.19	0.31	0.24	0.08	0.44	0.33
15	—	—	◉	—	—	○	●△×	＊	—	0.11	0.22	0.28	0.26	0.13	0.03
16	—	—	—	—	—	△	●◉	＊	○	0.08	0.14	0.06	0.02	0.05	0.10
17	—	—	—	○	—	●	×＊	△	◉	0.03	0.08	0.06	0.05	0.05	0.12
18	—	—	●	—	—	—	◉＊	○	×△	0.08	0.13	0.08	0.05	0.04	0.10
19	—	—	—	—	—	△	●◉	＊	×	0.08	0.12	0.06	0.02	0.05	0.10
20	—	—	—	●◉	—	○	×	＊○	—	0.10	0.22	0.27	0.18	0.16	0.25
21	—	—	○	●＊	◉	△	—	—	—	0.03	0.14	0.07	0.03	0.07	0.18

より多くの吟味された資料が必要である。

⑤式：先に述べたように両対数式はいままでもっとも当てはまりのよい式として、また相対成長式として利用されてきた式であるが、係数が異なる各部分重についてこの式が適用されるという考え方には理論的な矛盾が考えられる。精度の点でも⑤式は決して精度のよい式とはいえない。

この関係はS13林分の結果についても同様で表3-55で幹重についてみると①・②・③式の変動係数は0.19・④式は0.10・⑤式は0.11・⑥式は0.06・⑦式は0.07で、⑤式は④・⑥・⑦式よりも誤差が大きかった。

数式の精度は各部分によってまた林分によって異なるのでここで⑤式について示したような関係がすべてではないが、部分重の推定式の精度の検討結果から総合的に判断するとあまり精度の高い式とはいえなかった。また計算に対数変換・誤差計算などに手数がかかる不便がある。

④式：④式は①〜⑦式中各部分について比較的高い精度を示す式で、部分重の推定式の精度の検討結果からも理解できるように⑤式の両対数式よりも高い精度を示す。また計算方法も対数式や多項式に比べてきわめて簡単で利用しやすい式である。

このように部分重を推定するための回帰式はいろいろ考えられるが複雑な式を用いてもそれほど精度が高くならないことからすると④式のような簡単で比較的精度の高い式の利用が考えられる。

以上のように各種の計算式の利用によって部分重推定の精度を上げることができるが、この研究では多少精度は悪くなるが計算の手数を省くために④式に類似した胸高断面積比推定法を用いた。

いま④式と胸高断面積比推定法の誤差をS13林分の資料（別表11）について計算すると表3-59のようになる。

(3) 調査本数の決定

再三述べてきたように各部分重の推定精度は計算式によって異なり、また部分のもつ分散の特性によっても影響されて、部分によっていろいろである。このために葉・枝・大径根のように誤差が大きい部分に合わせて調査木の本数を決めると必要調査木本数はきわめて多くなって、調査経費が

表3-59 比推定式を用いたときの精度

y	区分	Z	$\sqrt{V_z}$	$\dfrac{\sqrt{V_z}}{Z}$
1	幹	187.12	20.33	0.1086
2	枝	11.12	2.23	0.2005
3	葉	51.75	15.01	0.2900
4	地上部重	249.99	25.98	0.1039
5	細根	2.68	0.9*3	0.3470
6	小径根	3.78	1.23	0.3254
7	中径根	8.47	0.87	0.1027
8	大径根	8.69	1.59	0.1830
9	特大根	7.30	1.68	0.2301
10	根株	40.74	3.21	0.0788
11	地下部重	70.41	5.63	0.0800
12	調査木の部分重	320.40	31.23	0.0975

$y_9: n=13$、ほかは $n=15$

比推定式 $V_z \approx Z^2 \dfrac{N-n}{N-1} \dfrac{1}{n}\left[\dfrac{\sigma x^2}{x^{-2}}+\dfrac{\sigma y^2}{y^{-2}}-Z\dfrac{\mathrm{cov}(x\cdot y)}{\overline{xy}}\right]$ による分散を計算。

ここで、$Z=\Sigma y/\Sigma x$

多くかかることになる。また分散がきわめて小さい細根では一定の精度を目標にすると調査本数はきわめて少なくてすむが、一方葉・枝などの誤差はきわめて大きくなる。

そこでいずれかの目的とする部分重の推定に焦点をしぼって、調査木本数を決めるわけであるが、一般には調査木の全重の推定誤差を一定にするように、本数を決定することが考えられる。

変動係数・許容誤差・危険率などが与えられた場合標本数は次の式で決まる。

$$n_0 = \left(\dfrac{tc}{p}\right)^2$$

n_0：調査木本数
p：目標精度
c：変動係数

いま図3-46から④式で計算したときの各樹種の全重の変動係数は表3-60のように0.06〜0.10であった。いまこの変動係数中でもっとも大きい0.10を目標にして次のような条件を与える。変動係数：0.10、$t:2$、目標精度を平均値の10%とすると必要調査木本数は5本となる。

スギの葉の変動係数は0.20程度であるのでこれを上記の式で計算すると16本となる。

すなわち全重を危険率10%・目標精度0.10で

表 3-60　④式で計算したときの全量の変動係数の平均値

樹種	スギ	ヒノキ	アカマツ	カラマツ
変動係数	0.07	0.08	0.10	0.06

④式を用いて推定するためには 5 本程度の調査木本数をとればよいが、枝をこの精度で推定するためには 16 本の調査木を必要とする。

一方実際に各種の林分について調査木本数を変えて測定したときの変動係数は図 3-46 のように測定本数が少ない林分のほうが多い林分よりも誤差が小さい場合もあって、一定しなかったが、スギでは調査木 5 本をとった S6・S9 林分はいずれも変動係数は 0.10 以下であった。

14　調査木を合算した場合の計算式とその精度

以上は林分内での調査木間の関係であるが、いまこれらの調査林分中正常な生育をしている表 3-61 のような林分を選び、この林分の調査木本数を合算して①〜⑦式の回帰式にあてはめて計算すると、その定数・係数・相関係数・変動係数は表 3-62 のようになる（ここで、スギの調査林分を合算したものを符号 ST、ヒノキを HT、アカマツ AT、カラマツを KT とする）。表 3-62 での相関係数・変動係数は、異なる林分を合算した場合は同一林分での分散よりも一般にきわめて大きくなることを示している。

いま両表から S13 林分と ST の幹について比較すると表 3-63 のようになり、適合度の低い①・②・③式では両者の変動係数の間に 6 倍以上の差があり、④・⑤式では 3 倍程度、⑥式では 1.5 倍程度の差、⑦式は逆に ST が S13 よりも小さくなった。

①・②・③式は同一林分内での調査木においても誤差が大きいが、調査木を合算した ST の場合には一層誤差が大きくなった。

調査木を合算した場合のもっとも誤差が小さい式は⑦の直交多項式によって選ばれた式でスギでは 0.05〜0.28 であった。これに次いで④・⑤・⑥式も比較的小さい値を示した。④式の各部分の変動係数は 0.15〜0.45 で、全重では 0.24 であった。

表 3-61　調査木を合算して計算をおこなった調査林分と本数

樹種	スギ		ヒノキ		アカマツ		カラマツ	
林分数	林分番号	本数	林分番号	本数	林分番号	本数	林分番号	本数
1	1	5	1	5	1	8	1	9
2	2	5	2	5	2	23	3	5
3	3	5	3	6	4	5	11	3
4	44	5	4	5	5	5	13	3
5	5	5	5	5	8	5	15	3
6	11	8	7	5	9	2	18	3
7	12	8	8	5	10	5	19	3
8	13	15	—	—	12	10	20	3
9	15	5	—	—	—	—	21	3
10	17	8	—	—	—	—	22	3
11	29	10	—	—	—	—	23	4
12	—	—	—	—	—	—	27	3
13	—	—	—	—	—	—	28	3
14	—	—	—	—	—	—	24	3
計	11	79	7	36	8	63	14	51

表 3-62 調査木を合算した場合の各推定式の精度

樹種	ST n:79 スギ							HT n:36 ヒノキ						
計算式 部分重(y)	①	②	③	④	⑤	⑥	⑦	①	②	③	④	⑤	⑥	⑦
1	0.99	1.02	1.04	0.25	0.14	0.07	0.05	0.52	0.52	0.57	0.17	0.09	0.28	0.05
2	1.20	1.24	1.27	0.42	0.59	0.30	0.24	0.37	0.42	0.49	0.15	0.41	0.31	0.12
3	0.80	0.86	0.88	0.29	0.34	0.27	0.24	0.30	0.33	0.37	0.17	0.32	0.24	0.08
4	0.97	1.01	1.03	0.24	0.18	0.09	0.06	0.47	0.48	0.53	0.15	0.16	0.27	0.02
5	0.31	0.31	0.33	0.23	0.18	0.26	0.05	0.24	0.24	0.25	0.19	0.20	0.26	0.04
6	0.25	0.25	0.25	0.23	0.17	0.26	0.08	0.31	0.31	0.31	0.29	0.30	0.35	0.03
7	0.25	0.26	0.27	0.24	0.14	0.30	0.11	0.13	0.14	0.19	0.13	0.13	0.23	0.04
8	0.60	0.62	0.65	0.15	0.21	0.18	0.13	0.36	0.37	0.43	0.10	0.16	0.22	0.06
9	1.33	1.37	1.40	0.45	6.49	0.26	0.17	0.73	0.75	0.81	0.30	27.58	0.35	0.13
10	1.01	1.05	1.08	0.26	0.18	0.16	0.07	0.48	0.51	0.57	0.17	0.19	0.29	0.04
11	0.96	0.99	1.02	0.24	0.18	0.12	0.08	0.48	0.49	0.54	0.15	0.18	0.26	0.04
12	0.97	1.00	1.03	0.24	0.18	0.09	0.06	0.47	0.48	0.54	0.15	0.16	0.27	0.03
13	0.49	0.53	0.55	0.32	0.54	0.35	0.28	0.29	0.35	0.42	0.20	0.40	0.30	0.24
14	0.65	0.71	0.74	0.28	82.53	0.30	0.24	0.25	0.33	0.37	0.22	0.46	0.26	0.08
15	0.44	0.49	0.51	0.34	110.92	0.39	0.28	0.27	0.36	0.42	0.24	0.48	0.32	0.26
16	1.00	1.03	1.06	0.25	0.16	0.08	0.06	0.50	0.50	0.56	0.16	0.12	0.28	0.02
17	0.27	0.27	0.27	0.22	0.16	0.25	0.06	0.28	0.28	0.28	0.25	0.25	0.31	0.05
18	0.99	1.03	1.06	0.25	0.18	0.13	0.08	0.51	0.52	0.58	0.16	0.19	0.27	0.05
19	0.99	1.02	1.05	0.25	0.16	0.09	0.06	0.49	0.50	0.55	0.15	0.13	0.27	0.02
20	0.49	0.54	0.57	0.25	0.42	0.29	0.27	0.26	0.34	0.40	0.19	0.44	0.28	0.18
21	0.21	0.21	0.22	0.19	0.15	0.21	0.07	0.09	0.12	0.10	0.15	0.11	0.16	0.03

樹種	AT n:63 アカマツ							KT n:51 カラマツ						
計算式 部分重(y)	①	②	③	④	⑤	⑥	⑦	①	②	③	④	⑤	⑥	⑦
1	—	0.65	0.64	0.22	0.21	—	—	0.39	0.39	0.40	0.22	0.42	0.17	0.09
2	—	0.69	0.71	0.39	0.74	—	—	0.59	0.68	0.74	0.49	0.79	0.52	0.39
3	—	0.51	0.53	0.27	0.66	—	—	0.40	0.44	0.48	0.34	0.74	0.35	0.33
4	—	0.63	0.63	0.21	0.24	—	—	0.39	0.39	0.42	0.20	0.30	0.17	0.10
5	—	0.37	0.38	0.29	0.82	—	—	0.18	0.17	0.18	0.17	0.19	0.18	0.15
6	—	0.35	0.35	0.19	0.29	—	—	0.20	0.20	0.21	0.20	0.23	0.21	0.13
7	—	0.51	0.50	0.27	0.38	—	—	0.17	0.16	0.17	0.18	0.24	0.19	0.12
8	—	0.57	0.57	0.22	64.41	—	—	0.24	0.26	0.30	0.21	0.28	0.25	0.16
9	—	1.09	1.09	0.56	145.59	—	—	0.47	0.47	0.50	0.24	0.27	0.20	0.15
10	—	0.54	0.54	0.17	0.27	—	—	0.35	0.36	0.39	0.16	0.23	0.16	0.09
11	—	0.64	0.64	0.21	0.28	—	—	0.32	0.33	0.36	0.14	0.18	0.14	0.11
12	—	0.63	0.63	0.21	0.25	—	—	0.37	0.38	0.40	0.18	0.23	0.15	0.10
13	—	0.14	0.15	0.14	0.41	—	—	0.70	0.70	0.70	0.58	0.65	0.54	0.25
14	—	1.05	1.09	0.62	0.65	—	—	0.40	0.44	0.48	0.34	0.74	0.34	0.33
15	—	0.27	0.27	0.32	0.63	—	—	0.70	0.70	0.70	0.58	0.65	0.54	0.03
16	—	0.64	0.64	0.22	0.24	—	—	0.39	0.39	0.42	0.20	0.31	0.17	0.10
17	—	0.34	0.34	0.17	0.33	—	—	0.18	0.18	0.19	0.18	0.20	0.19	0.12
18	—	0.65	0.65	0.22	0.29	—	—	0.33	0.34	0.37	0.15	0.19	0.15	0.10
19	—	0.64	0.64	0.22	0.24	—	—	0.38	0.38	0.40	0.18	0.23	0.15	0.10
20	—	0.32	0.34	0.30	0.40	—	—	0.54	0.54	0.55	0.40	0.54	0.38	0.25
21	—	0.18	0.18	0.13	0.22	—	—	0.18	0.18	0.18	0.19	0.23	0.20	0.18

数字は回帰の変動係数(Syx/y)、n:調査本数

表 3-63　林分内と林分を合算した場合の幹重の変動係数

林分番号	測定本数	計算式						
		①	②	③	④	⑤	⑥	⑦
S13	15	0.15	0.15	0.15	0.09	0.08	0.06	0.08
ST	79	0.97	0.100	0.103	0.24	0.18	0.09	0.06

この関係はヒノキ（HT）・アカマツ（AT）・カラマツ（KT）の計算においても同様に認められた。

以上のような結果からすると調査木を合算した場合には、一般に分散が大きくなるが、このような場合には多項式の適用が望ましい。しかし、この場合にも簡単には胸高断面積を独立変数とする一次式でも、他の計算式より比較的高い精度で部分重を推定することができる。

これらの関係は同一林分内の調査木についての推定の場合ともほぼ一致する。

以上のような部分重推定式の決定にはまだ多くの林分測定値が必要であり、今後の調査に期待するところが大きい。

15　林分の地下部の構造解析の手順

林分の地下部の構造を表す根量・根長・根系表面積・根系体積などの各因子は図 3-47 の手順によって求めた。

まず 1 の段階で根系の平均直径・容積密度数を測定し、これによって単位根量当たりの根長～根系体積を算出し、これを調査木の平均根量に乗じて単木の平均根長～根系体積を計算して、これから調査林木と調査林分の胸高断面積との関係で ha 当たり根系因子量を算出した。

16　トレンチ断面における根系分布解析法

トレンチ断面の根系分布は次の方法で表現・解析することができる。

根系分布調査は土壌断面を 10cm×10cm に区分し、各マス目に表れた根の太さの区分により次のような調査を実施した。直径 0.2cm 以上の根は直径を実測し本数を記録し、直径 0.2cm 未満の細根は、その多さにより 5 段階の指数で表した。

（1）根の直径 0.2cm 以上の太さの根系図の作成

根系図は横軸に横方向の根の広がり、縦軸に深さ方向の根の広がり、根の太さを表現するため、汎用表計算ソフトであるエクセルのグラフ作成機

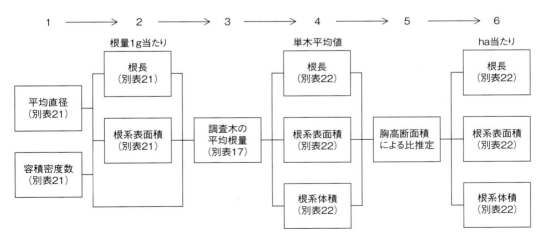

図 3-47　林分の地下部の構造を表す各因子の算出の手順

能を利用し、根系分布図を作成した。作成手順は次の通りである。

① 各マス目の根の太さデータの入力。
② グラフ化のためのデータの並べ替え（マクロを利用するとよい）。
③ 根の位置はマス目情報しかないので、RAND関数により各マス目内の位置を決定。
④ 根の座標、太さを表現可能な三次元グラフであるバブルグラフで土壌断面の根系分布図を作成。なお、太さは4段階程度に分類し表現した。

作成した根系分布図の例は図3-48に示す通りである。

(2) 細根の分布図の作成

細根の土壌断面での分布状況を表現するため、エクセルのセル内を塗り分け表現した。作成方法は次の通りである。

① 各マス目の根の指数を入力。
② セルを正方形に調節したワークシートを作成。
③ そのワークシートのセルを土壌断面のマス目として、各段階ごとに塗り分ける（セルのColorIndexを利用したマクロを作成）。

作成した細根分布図を図3-49に示す。

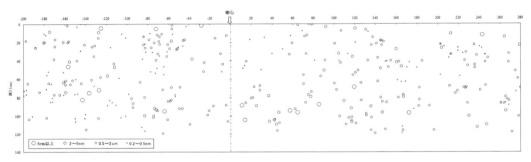

図3-48 根系分布図（イチョウ 樹高22m、胸高直径59cm、東京・明治神宮外苑）

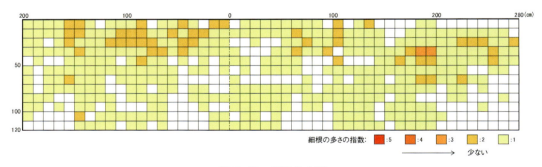

図3-49 細根分布図

第4章
苗畑試験における幼齢林の地下部の構造と
根量分布の表し方

地下部の構造を解析するための各因子の測定方法・精度などについて述べてきた。以下の各章については以上の調査法・測定因子によって森林の地下部の構造を解析して森林の成長との関係を述べるが、一般林地では各林分ごとに立地条件・本数密度などの保育条件や、これにともなう生育環境が異なり、一定の条件下での地下部の構造を理解しにくい。たとえば樹種によって根量の水平分布は異なるが、一般林地では隣接木との根系の交錯があるために、孤立木としての単木の各樹種の根系の分布特性を知ることは困難である。また一般林地では立地条件が異なり、これによって成長状態が相違するために、根系分布に及ぼす密度効果を的確に把握することが困難である。

そこで現実林分の地下部の構造調査に先立って、土壌条件が均一な苗畑でスギ・ヒノキ・アカマツ・カラマツの主要樹種について、孤立状態から高密度までのモデル林分（スギについては、ha当たり156本〜20400本、ヒノキ・アカマツ・カラマツについては156本）を設定して、孤立状態における根系の水平・垂直分布および過密林分における根量分布を調査した。

この調査は、第5章以下に述べる現存林分の根量調査研究の裏づけをなすもので、この植栽試験から、幼齢林分ではあるが、各樹種の根量の分布特性を知ることができた（この章の資料は**別表10**参照）。

1　孤立木の根系分布

試験林分：6年生のスギ・ヒノキ・アカマツ・カラマツ林

試験林分設定地：浅川苗畑（**別表1**参照）

土壌条件：適潤な関東ローム土壌（**別表6**のA参照）

調査木本数：各樹種5本

調査木の成長状態：中庸の成長でその樹高、地上部・地下部の各部分重およびT/R率・根系の最大深さなどは**別表10**参照

本数密度：各樹種ともにha当たり156本で調査木の間隔は8m、ほとんど隣接木との根系の交錯が認められない

調査法：**図4-1**のように水平区分は根株から半径50cmごとに4mまでの同心円を描いて1〜

8までに区分し、垂直的にはⅠ・Ⅱ層は15cm、Ⅲ層以下の各層は30cmごとに区分して水平・垂直の各調査区分ごとに根量を測定

調査区の設定は一般林地での調査よりも細かくしたが、その他の調査測定法は一般林地の場合と同様におこなった。

(1) 水平分布

各調査区分の根量の平均値は**別表10**のようになる。根株に近い水平区分1では根密度は大きいが、調査面積が小さいので根量は少なく、8では調査面積は大きいが根量は少なく、各樹種ともに根量分布は水平区分2が最大となった。これを**別表10**から各樹種の細根についてみると**表4-1**のようになる。

この傾向はⅠ・Ⅱ層の土壌表層部が明瞭で、深部になると根株に近い水平区分1の根量が多くなる。また大径根以上の根系では表層でも深部と同様に水平区分1に根量が分布した。

この関係を総量を1とする比数で示すと**表4-2**のようになり、水平区分1にスギは総根量の

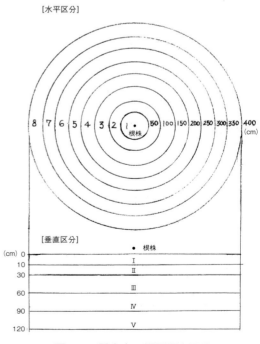

図4-1　孤立木の根量調査区分

第4章　苗畑試験における幼齢林の地下部の構造と根量分布の表し方

表4-1　各水平区分における根量（細根、g）

樹種＼水平区分	1	2	3	4	5	6	7	8	計
スギ	26	32	28	14	10	8	7	5	130
ヒノキ	40	51	36	21	20	11	16	23	218
アカマツ	1.3	2.0	1.0	1.0	1.2	0.9	1.2	1.8	10.4
カラマツ	7	9	6	4	2	3	4	5	40

別表10参照。

表4-2　総細根量を1としたときの各水平区分の根量の比数（％）

樹種＼水平区分	1	2	3	4	5	6	7	8
スギ	20	24	22	11	8	6	5	4
ヒノキ	18	23	17	10	9	5	7	11
アカマツ	13	18	10	10	12	9	12	16
カラマツ	17	22	15	10	5	8	10	13

別表10参照。

20％・ヒノキは18％・アカマツ13％・カラマツは17％が分布し、スギは他の樹種よりも根株の周辺に根量が多く、アカマツは少ないことがわかった（別表10参照）。

先に述べたように根量分布の割合は水平区分2（図3-6参照、表4-2）にもっとも多くて、スギ24％・ヒノキ23％・カラマツ22％・アカマツ18％が分布した。逆に根株からもっとも離れた水平区分8ではスギ4％・ヒノキ11％・アカマツ16％・カラマツ13％でアカマツ・カラマツが高い値を示した。

この関係は水平区分5～6を境にしておこり、アカマツは1～4までは、スギ・ヒノキよりも分布比が小さかったが、5以上では4～5％大きくなった。カラマツは水平区分6で両者の関係が逆になった。いま各樹種の分布比がほぼ等しくなる水平区分1～4の割合は、スギ77％、ヒノキ68％、カラマツ64％、アカマツ51％で、アカマツは水平的な広がりがもっとも大きい。

土壌層別分布比をスギ細根についてみると表4-3のようになる。

土壌層が深くなるにしたがって、根株から離れた水平区分の順に根量分布がなくなり、Ⅱ層では水平区分6、Ⅲ層では3、Ⅳ・Ⅴ層は2までしか分布が認められない。Ⅱ層とⅢ層の間では水平区分が著しく変化する。これは深さ40～50cmの間で土壌の性質が変化して根系分布が急激に変化するためである。Ⅰ～Ⅲ層では土壌層が深くなると、50～100cmの水平区分2に根量が集中し、Ⅰ層では20％であったが、Ⅲ層では4以上の水平区分での根量分布がなくなって56％で、36％の増加を示した。

Ⅳ層以下では水平区分1で根量が増加して50％になった。

次にこの関係をスギについて根系区分ごとにみると表4-4のようになり、根系が大きくなるにしたがって、水平区分の遠いところから順次分布がなくなり、中径根では6、大径根では1までしか分布がみられなかった。表4-4のように細根

表4-3　各土壌層のスギ・細根総量を1としたときの水平区分の根量の比数（％）

土壌層＼水平区分	1	2	3	4	5	6	7	8
Ⅰ	17	20	23	12	9	5	8	6
Ⅱ	23	25	19	13	7	13	—	—
Ⅲ	22	56	22	—	—	—	—	—
Ⅳ	50	50	—	—	—	—	—	—
Ⅴ	50	50	—	—	—	—	—	—
計	20	24	22	11	8	6	5	4

別表10参照。

表 4-4 スギⅠ～Ⅴ層の根系区分ごとの水平区分比(%)

根系区分＼水平区分	1	2	3	4	5	6	7	8
細根	20	24	22	11	8	6	5	4
小径根	24	28	18	12	6	4	4	4
中径根	31	37	15	10	4	3	—	—
大径根	100	—	—	—	—	—	—	—

別表 10 参照。

と小径根は根系分布が類似したが中径根と大径根の間で著しく分布の性質を異にした。

(2) 根密度

次に各区分の根量とその土壌体積（別表 10）から根密度（土壌 1m³当たり根量(g)）を計算すると別表 10 のようになる。

スギの細根のⅠ層の水平区分1では根密度は 127 g/m³でもっとも大きく、2 は 48 g/m³、3 は 34 g/m³と根株からの水平距離が遠くなるにしたがって根密度が急速に減少した。

細根のⅡ層でも同様な傾向がみられるが、Ⅲ・Ⅳ・Ⅴ層と土壌層が深くなるにしたがって、水平的な根密度の減少傾向は大きくなる。いま、スギ・ヒノキ・アカマツ・カラマツの細根について、土壌層ごとの根密度の変化と、水平区分1の根密度を 100 g/m³としたときの各区の比数を、根密度の変化率として図示すると図 4-2 のようになる。別表 10・図 4-2 からもわかるように、各樹種ともに根株にもっとも近い水平区分1で根密度が大きく、根株からの距離に反比例して緩曲線で根密度が減少した。この緩曲線は土壌層が深くなるにしたがって傾斜が大きくなり、根密度が直線的に減少する。

この水平的な減少傾向は樹種によって異なり、スギでは水平区分2は水平区分1の38%、3は27%と減少したのに比べて、ヒノキは47%と24%、カラマツは56%と28%に変化し、スギ＞ヒノキ＞カラマツ＞アカマツの順に根株付近の根密度が高くなった。

また 100 cm以上の距離の根密度の変化を図 4-2 から比較してもスギ＞ヒノキ＞カラマツ＞アカマツの順に緩曲線の傾斜が急角度になり、アカマツ・カラマツは、スギ・ヒノキに比べて細根の分布が根株から離れたところにも多い性質が認められた。

この傾向は根密度の大きさに関係なく、スギの細根のⅠ層の最大根密度は 127 g/m³・ヒノキは 212 g/m³・アカマツ 4.1 g/m³・カラマツ 2.5 g/m³で根密度のもっとも大きいヒノキとアカマツの間には 50 倍に近い差があったが、根密度変化曲線は、むしろ根密度が小さいアカマツの方が緩やかで、根株から離れたところでも、根密度が高い傾向がみられた。

根系の水平分布は根量の多少にかかわらず樹種の特性を示すものと考えられる。

これらの関係を総括すると、スギ・ヒノキは根密度が高くて、比較的根株の近くに細根が多いいわゆる集中根系型に属する樹種であり、アカマツ・カラマツは細根が少なくて広がりが大きい分散根系型といえる。

同様な考え方で小径根・中径根・大径根などの各部分の根密度の変化をみると、小径根はほぼ細根に似た分布を示し、樹種間の相違が明瞭であったが、中径根・大径根になるにしたがって、根量分布が根株周辺に偏り、樹種間の相違が不明瞭になった（別表 10、図 4-2）。

これらの点から、根系の根量分布特性は大径根よりも細根・小径根で発現しやすいといえる。

(3) 根密度の減少曲線の表し方

根密度の図 4-2 のような変化曲線を1つの式で表現できれば、根量分布を解析する場合に都合がよいわけで、2、3 の方法でこの曲線の数式化を試みた。

1. 片対数式

各樹種のⅠ層の細根の根密度の水平変化を両対数・片対数などのグラフに図示して見たが、両対数グラフでは当てはめがきわめて悪く、図 4-3 のように、x軸に根株からの距離を普通目盛で、y軸に根密度を対数目盛でとったときに両者の関係はほぼ直線になり、その回帰係数が変化の傾向を表わすことが予想できた。しかし、図 4-3・図 4-4 からもわかるように、根密度曲線が大きく変化する水平距離 50～200 cmの間では、片対数式はよく当てはまるが、それ以上の緩やかな変化部分では当てはまりが悪くて、この式を用いて水平距離が 200 cm以上のなだらかな部分まで表現するこ

2. 根系区分ごとの根密度の変化曲線の表現

いまスギの細根・小径根・中径根の根密度分布曲線を片対数グラフで描くと、**図 4-3** のように細根・小径根・中径根と根が太くなるほど、回帰直線の傾きが大きくなる傾向が見える。

この減少は先に述べた根の太い部分の根量が細根よりも根株に近い部分に多くて、根株からの距離の増加につれて急速に減少する傾向が大きいことを表している。

いまこの関係を

$$\log y = a + bx$$

y：根密度（g/m³）
x：根株からの距離（cm）

で表して定数・回帰係数と誤差を計算すると**表 4-5** のようになり、細根と小径根の係数の差はきわめて小さかったが、中径根では大きくなった。

この式の相関係数はいずれも 0.90 以上で高い値を示したが、測定個数が少ないため誤差率は大きくて 10〜20% であった。

3. 樹種による変化曲線の相違

同様な手法を用いて細根のⅠ層の根密度（別

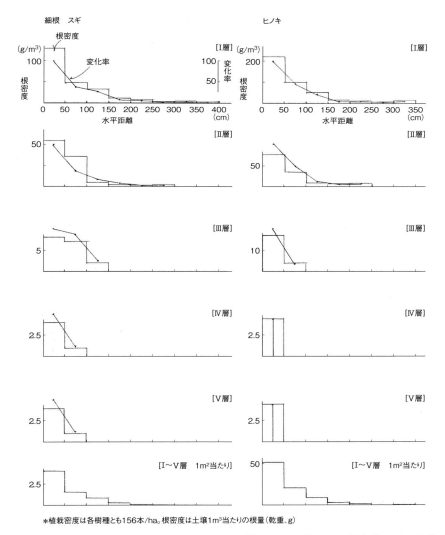

*植栽密度は各樹種とも 156 本/ha。根密度は土壌 1m³ 当たりの根量（乾重、g）

図 4-2(1) スギ・ヒノキ・アカマツ・カラマツの根株からの距離による根密度とその変化率(1)

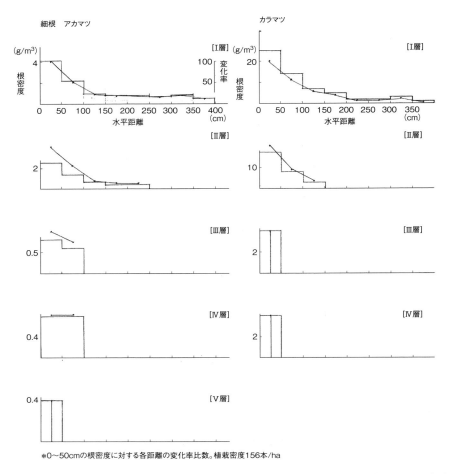

図 4-2(2)　スギ・ヒノキ・アカマツ・カラマツの根株からの距離による根密度とその変化率(2)

表 10)を樹種ごとに計算すると**表 4-5** のようになる。先に述べたようにスギ・ヒノキ・カラマツ・アカマツの順に回帰直線の傾きが小さくなり、回帰係数はスギ−0.0055、ヒノキ−0.0044・カラマツ−0.0036、アカマツ−0.0022 でこの順序に減少した。変動係数は 0.14〜0.26、相関係数は 0.77〜0.95 である。

4. 土壌層ごとの根密度の水平変化

各土壌層の根密度の水平変化曲線は表層のⅠ層で緩やかで、深部になるほど根株に近いところで大きくなる。これをスギの細根について片対数グラフでみると**図 4-5** のようになる。

この係数は**表 4-5** のようにⅠ層は−0.0055、Ⅱ層−0.0057、Ⅲ層−0.0061、Ⅳ層−0.0120 で、土壌層が深くなるほど回帰係数が小さくなって回帰直線の傾きが大きくなり、土壌層が深くなるほど水平区分Ⅰの根密度が大きくなる。Ⅰ・Ⅱ層の回帰係数の間ではほとんど差が認められないが、Ⅲ層以下では急激に増加して、深さ 40〜50 cm を境にして、根系の水平分布様式が大きく変化することがわかった。この回帰式の変動係数はⅠ層 0.16、Ⅱ層 0.20、Ⅲ層 0.26 で、深部になるほど増加し、ここでもⅡ・Ⅲ層の間に大きな変化が認められた。

片対数グラフでは、緩曲線部分で回帰直線が屈折して急傾斜部分と緩斜部分の 2 つの直線に分かれる。

細根Ⅰ層の水平変化ではこの屈折点は**図 4-4**のようにスギ・ヒノキは根株からほぼ 250 cm 離れた部分にあり、カラマツは 200 cm、アカマツは 150 cm で、カラマツ・アカマツは根株から 100 cmのところまで、傾斜の大きい片対数直線にのる減

第4章　苗畑試験における幼齢林の地下部の構造と根量分布の表し方

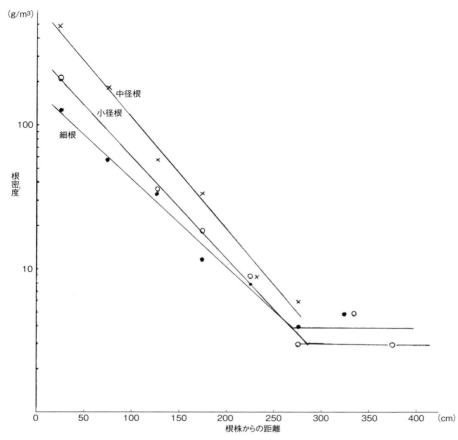

図 4-3　根の太さの区分による根密度の水平変化［スギ・Ⅰ層］

表 4-5　片対数式による根密度の水平変化の表示

	区分	Sx^2	Sy^2	Sxy	a	B	標準偏差	変動係数	相関係数	
根系区分	細根	105 000	3.316435	−574.4287	2.153561	−0.005471	0.170166	0.1606	0.9476	スギ・Ⅰ層
	小径根	105 000	3.805988	−606.5189	2.316487	−0.005776	0.224621	0.1929	0.9205	
	中径根	25 000	1.790811	−210.4392	0.790546	−0.008417	0.043790	0.0438	0.9892	
樹種別	スギ	105 000	3.316435	−574.4287	2.153561	−0.005471	0.170166	0.1606	0.9476	細根・Ⅰ層
	ヒノキ	105 000	2.246006	−461.0698	2.254131	−0.004391	0.192094	0.1396	0.9014	
	アカマツ	105 000	0.642650	−228.8649	1.085140	−0.002180	0.158200	5.5509	0.7762	
	カラマツ	105 000	1.541833	−379.0190	1.367915	−0.003610	0.170000	0.26319	0.8874	
土壌層別	Ⅰ層	105 000	3.316435	−574.4287	2.153561	−0.005471	0.170166	0.1606	0.9476	スギ・細根
	Ⅱ層	43 750	1.552252	−248.7945	1.788000	−0.005687	0.35400	0.1981	0.9115	
	Ⅲ層	5 000	2.220617	−30.6914	1.134573	−0.006020	1.42800	2.0906	0.0816	
	Ⅳ層	1 250	0.181238	−15.0515	0.903030	−0.012041	—	—	—	

少を示すが、それ以上の距離では緩やかである。
　屈折点が根株から遠くにあるほど、根量分布が根株付近で大きく、近いほど遠くでの根量分布が大きい。この点では片対数直線の屈折点の位置から根系分布の特徴を知ることができる。
　スギの土壌層別根密度の水平変化についてみると（図 4-5）、Ⅰ・Ⅱ層では屈折点があるが、Ⅲ層以下では屈折点がなく、Ⅰ・Ⅱ層では水平的な

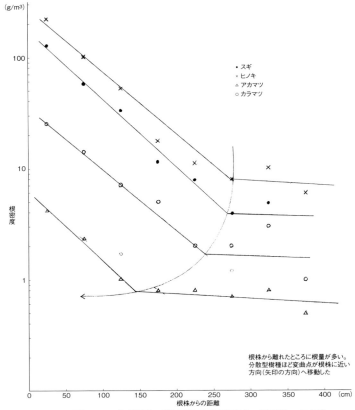

図 4-4 各樹種の根密度の水平変化［細根・Ⅰ層］

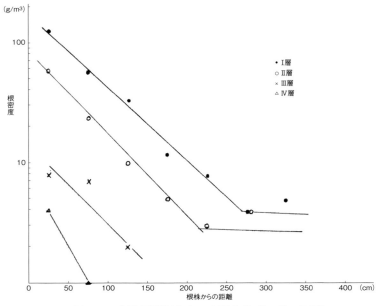

図 4-5 土壌層別根密度の水平変化［スギ・細根］

根密度の減少に緩曲線部分があるが、III層以下では緩曲線部分がなくて、根株から離れると急速に根密度が減少することがわかった。

また、スギI層の根系の太さによる区分ごとの屈折点の移動を見ても、これらの関係は明らかで、細根・小径根は緩曲線部分があるが、中径根ではこの部分がなくて、細根・小径根と中径根の根密度の分布特性の相違が表現された。

以上の根量・根密度の水平分布の解析からアカマツ・カラマツは根株から離れたところで根量分布が大きく、スギ・ヒノキは根株に近いところで大きくて、両者の間には水平分布の性質に明らかな差が認められた。アカマツはとくに水平的な広がりが大きくて、遠い場所からも養・水分を吸収する特性があることが推察できた。

根系の水平的な広がりは、土壌層が深くなるにつれて減少するが、特に深さが30 cm以上になると、急速に減少した。また、根系区分が大きくなって大径根以上になると、根量分布がほとんど根株近くに集中することが明らかになった。

(4) 垂直分布

上記の孤立木の各樹種・各部分の根量の垂直分布は別表10のようになる。いまこの表から各樹種の細根の土壌層ごとの分布量とその割合をみると表4-6のようになる。

この表からアカマツ・スギは深部に根量分布が多い深根型で、ヒノキ・カラマツは表層部に根量分布が偏る浅根型であることが理解できた。

1. 片対数グラフによる表示

a. 樹種

表4-6を図示すると、図4-6のようになり、いずれも深部になると、根量が一定の深さまで急速に減少して、それ以上では緩やかな変化を示すが、このような減少曲線を統一的に理解することはきわめてむずかしい。そこでこの変化曲線を水平分布の場合と同様に片対数グラフで表現すると、図4-7のように各樹種ともに、一定の深さまでは直線で表現することができ、深部の緩曲線部分は別の傾斜をもつことがわかった。

この関係を各樹種の細根量についてみると、図4-7のようになり、いずれの樹種も深さ60～80 cm付近に分布の変曲点があり、ヒノキ＞カラマツ＞アカマツ＞スギの深さに対する根量の減少率が大きい樹種の順に、回帰係数が小さくなった。この関係は、根密度についても同様な傾向が認められた（図4-7）。

小径根では、図4-8のように回帰の傾きは一層大きくなり、その傾向は浅根型のカラマツ・ヒノキが著しく、深根型のスギ・アカマツは緩やかで、その傾向は細根と同じであった。

中径根・大径根になると、この傾向は一定せず、大径根では、細根とは逆に深さ15～30 cmのII層で、下側に折れ曲がるような変化を示す（図4-9・図4-10）。

表4-6 根量の垂直分布（細根、g）

土壌層＼樹種	スギ	ヒノキ	アカマツ	カラマツ
I	86 (0.65)	167 (0.76)	7.4 (0.71)	30 (0.74)
II	31 (0.24)	42 (0.19)	1.9 (0.18)	7 (0.18)
III	9 (0.07)	7 (0.03)	0.6 (0.06)	2 (0.05)
IV	2 (0.02)	1 (0.01)	0.4 (0.04)	1 (0.03)
V	2 (0.02)	1 (0.01)	0.1 (0.01)	—
計	130 (1.00)	218 (1.00)	10.4 (1.00)	40 (1.00)

（　）は総量に対する比数。

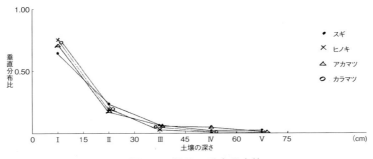

図4-6 根量の垂直分布比

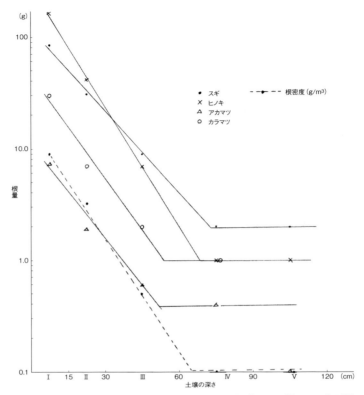

図 4-7　樹種別の根量と根密度の垂直分布［細根（各層の合計）］

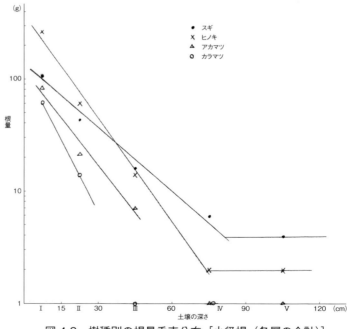

図 4-8　樹種別の根量垂直分布［小径根（各層の合計）］

第 4 章　苗畑試験における幼齢林の地下部の構造と根量分布の表し方

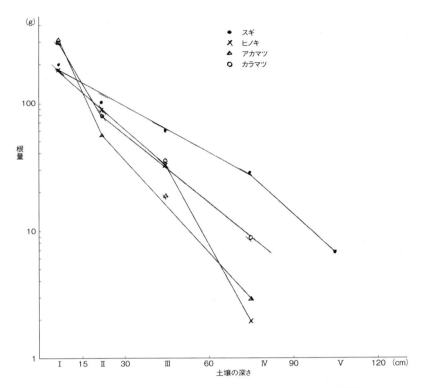

図 4-9　樹種別の根量垂直分布 ［中径根（各層の合計）］

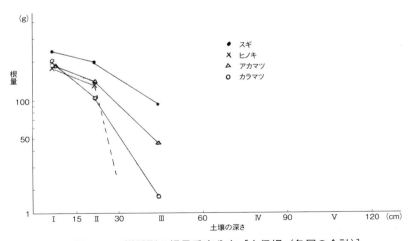

図 4-10　樹種別の根量垂直分布 ［大径根（各層の合計）］

b. 根系区分

各根系区分の深さ別根量分布をみると、図4-11のように、細根・小径根・中径根と根の直径が大きくなると、片対数グラフの傾きは小さくなり、細根・小径根では深さ60～80 cm付近で、上向きの屈折点がみられたが、中径根では逆に下向きに屈折するような変化が認められた。

また、大径根では20 cm付近に中径根と同様の下向きの屈折点がみられ、根系の部分によって分布様式が異なることがわかった。

c. 各水平区分における根量の垂直分布

水平分布のところでも述べたように、各土壌層によって水平分布の傾向が異なる。これを垂直的にみると、各水平区分によって根量の垂直分布が異なることとなる。

いま、各水平区分における根の垂直変化を小径根について、片対数グラフで図示すると図4-12のようになり、根株に近い水平区分1・2ではグラフの傾斜が緩やかで、根量が漸変する傾向があったが、水平区分3・4と根株を離れるにしたがって、傾斜が大きくなり、土壌層が深くなると根量が急速に減少することがわかった。

根量分布が深くにまでみられる水平区分1・2では深さ40～50 cmに回帰直線の屈折点があり、この深さで、根量分布が変化することがわかった。以上の関係は根密度についても片対数グラフで表示された（図4-13）。

2 群落の根量分布

以上は孤立状態における単木の根量分布であるが、群落になって、隣接木の根系との交錯がおこると水平・垂直的に各位置における根量分布の状態は変化する。

孤立木の場合には、根密度は根株から離れるにしたがって急速に減少したが、密度の高い群落では他の個体の根系との交錯のため、林床の各部分における根密度が平均化される傾向があり、垂直的には、根系の交錯が表層部で強く起こるために、孤立木よりも根密度の減少率が大きくなることが考えられた。

これらの関係を本数密度による根量変化として

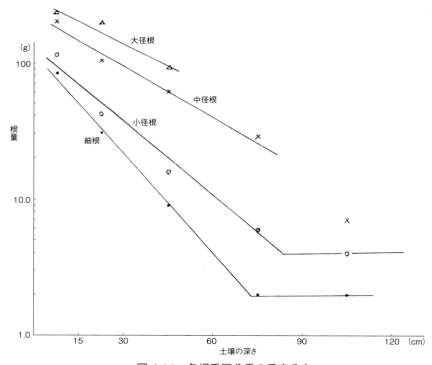

図4-11 各根系区分重の垂直分布

第4章 苗畑試験における幼齢林の地下部の構造と根量分布の表し方

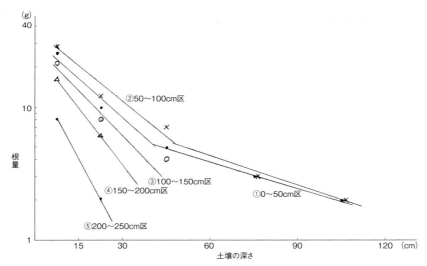

図4-12 水平区分ごとの根量の垂直分布［スギ・小径根］

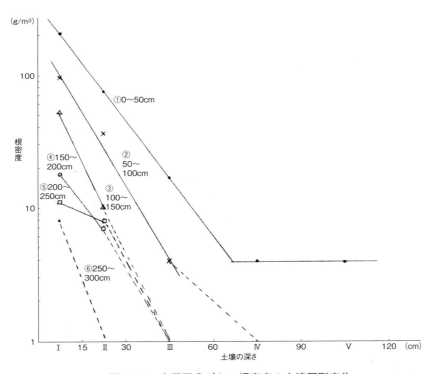

図4-13 水平区分ごとの根密度の土壌層別変化

実験をおこなった。
その結果は**別表10**の通りである。

(1) 調査区の設定
　上記の浅川苗畑での孤立木の根系調査に平行してスギについてha当たり156本・625本・2 500本・10 000本・20 000本区の5区を設定した6年生の

109

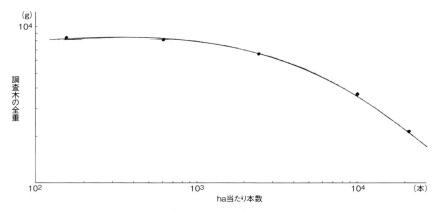

図 4-14 本数密度と調査木の総量

表 4-7 調査区の設定

本数密度 (本/ha)	156	625	2 500	10 000		20 408	
水平区分	1～8	1～4	1～4	1	2	1	2
区分の幅	50	50	25	25	5	20	15

幼齢林について根量の分布調査をおこなった。調査木の各測定因子は別表10の通りである。密度と全量の間には図4-14のような競争密度効果が認められた。

調査区は孤立木の場合と同様に、水平区分は幅50cmを原則としたが、高密度林分では表4-7のように水平区分の間隔を小さくした。垂直方向には、15cmごとに区分して土壌層Ⅰ～Ⅴとした。

(2) 根量の水平変化

各本数密度における細根の根密度の水平・垂直分布を図示すると図4-15のようになり、孤立状態では、水平区分1から8へ根株から離れるにしたがって緩曲線で根密度が減少する。本数密度が大きくなると、根系の交錯が大きくなって、全体の根密度が増加して平均化される傾向が見受けられた。

以上の傾向は各土壌層について認められ、本数密度が増加すると、根株周辺と隣接木の中間部との根密度差は小さくなったが、土壌層が深くなると、この差は次第に大きくなる傾向がみられた。また本数密度が10 000本以上の区では、個体が小さくなって根系が表層に偏るために、Ⅳ・Ⅴ層

での分布がみられなかった。

Ⅰ層の細根の水平分布を片対数グラフでみると、図4-16のように最高密度の20 000本区を除いて、高密度になるほど回帰直線の角度が大きくなった。

この関係は小径根・中径根についても同様に認められ、根系が太くなり、密度が大きくなるほど、回帰直線の傾斜は大きくなる（図4-17）。

この関係を片対数式で計算すると表4-8のように細根・小径根・中径根ともに本数密度が大きくなると、回帰係数が大きくなった。低密度林分では相関係数が小さくなり、変動係数が大きくなったのは、この密度では緩曲線部分が計算に含まれることによっている。

(3) 垂直変化

細根について本数密度ごとの根量の垂直分布をみると表4-9、図4-18のように本数密度が増加すると、Ⅰ・Ⅱ層の根量の分布割合が増加する傾向が認められて、156本区では表層から30cmまでに総細根量の89％があったが、最大密度区では94％で、5％の増加がみられた。

これは主として個体の大きさの差によるもので、疎植区では個体が大きくなるために、根系分布が深部におよび、密植区では個体が小さくなるために、表層での根量分布割合が大きくなることによっている。

他の試験によると、本数密度が大きくなると表層での根系競争によって、表層での成長が制限さ

第4章　苗畑試験における幼齢林の地下部の構造と根量分布の表し方

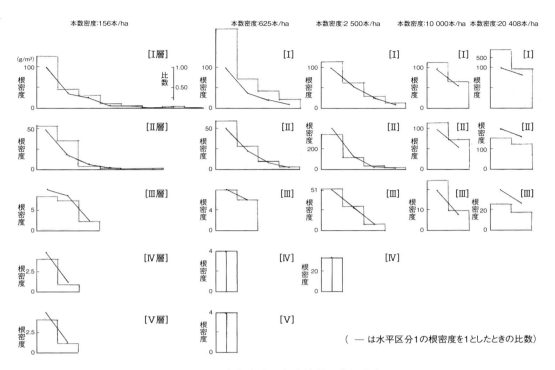

図4-15　本数密度と各土壌層の水平分布

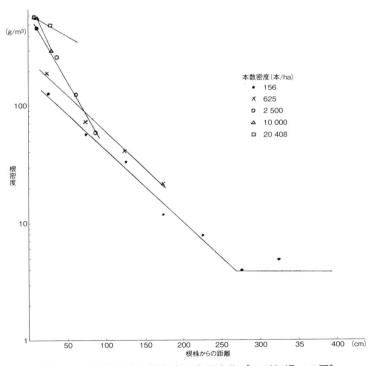

図4-16　本数密度と根密度の水平変化［スギ細根・Ⅰ層］

表 4-8　本数密度による根量の水平分布の変化

本数密度（本/ha）		156	625	2 500	10 000	20 408
細根	a	2.153561	2.398697	2.843895	2.997707	2.805302
	b	−0.005471	−0.006200	−0.012097	−0.018983	−0.004018
	Sxy/y	0.1606	0.034	0.0096	—	—
	r	0.9476	0.9851	0.998	—	—
小径根	a	2.319487	2.479192	3.071995	3.082655	3.092127
	b	−0.005776	−0.005502	−0.014024	−0.020055	−0.011292
	Sxy/y	0.1929	0.0333	0.0118	—	—
	r	0.9892	0.9786	0.9975	—	—
中径根	a	0.790546	2.743974	3.20111	3.662861	3.505384
	b	−0.008417	−0.005733	−0.016644	−0.032014	−0.023655
	Sxy/y	0.0438	0.0163	0.0147	—	—
	R	0.9892	0.9939	0.9967	—	—

別表 10 より計算。

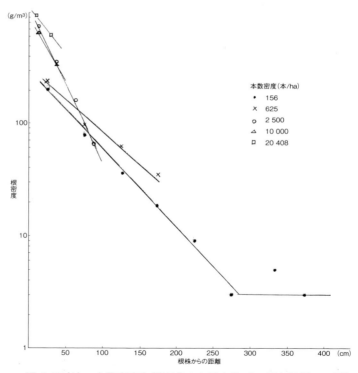

図 4-17(1)　本数密度と根密度の水平変化［スギ小径根・I 層］

第4章 苗畑試験における幼齢林の地下部の構造と根量分布の表し方

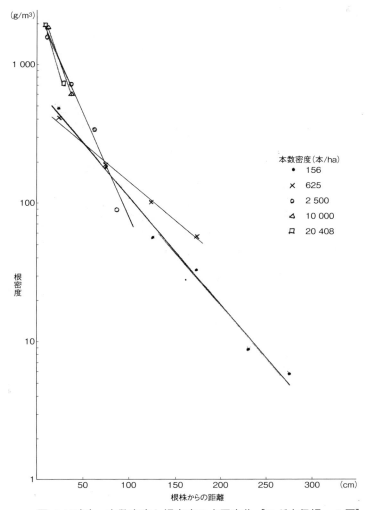

図 4-17(2) 本数密度と根密度の水平変化 [スギ中径根・I層]

表 4-9 本数密度と細根の垂直分布

土壌層	本数密度 (本/ha)	156	625	2 500	10 000	20 408
I		86 (0.65)	91 (0.72)	75 (0.63)	53 (0.75)	38 (0.74)
II		31 (0.24)	26 (0.21)	30 (0.26)	13 (0.19)	10 (0.20)
III		9 (0.07)	6 (0.05)	10 (0.09)	4 (0.06)	3 (0.06)
IV		2 (0.02)	1 (0.01)	2 (0.02)	—	—
V		2 (0.02)	1 (0.01)	—	—	—
計		130 (1.00)	125 (1.00)	117 (1.00)	70 (1.00)	51 (1.00)

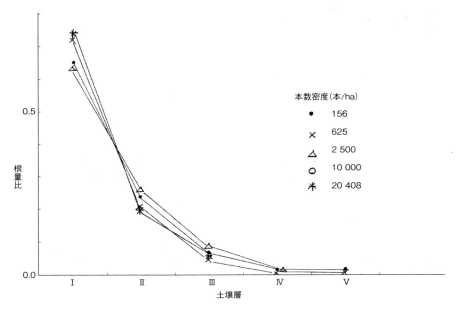

図 4-18　本数密度と各土壌層の根量分布比

れて深部での根量が増加する傾向がみられたが[苅住、1963e]、この関係は土壌条件によっても異なり、黒色火山灰土壌の浅川苗畑では、密度が高くなると、表層の土壌水分が増加して細根が地表層に密生する現象がみられた。

本数密度と根量の垂直分布の関係を片対数グラフでみると図 4-19 のように、本数密度が大きくなるとグラフの緩曲線部分がなくなり、回帰直線の傾きはしだいに大きくなった。

(4) 本数密度と部分重[*1]

本数密度と林木の部分重の関係は図 4-20 のように、地上部・地下部の各部分重はともに本数密度が増加して 2 000～2 500 本程度になると部分重が急速に減少し、本数密度効果が認められた。この現象は地上部よりも地下部で著しくて、本数密度と T/R 率の関係は図 4-20 のように、密度効果によって部分重が減少するようになると T/R 率は、やや上側に凹形の曲線で増加した。最低密度区では 3.5 程度であったが、3 000 本区では 3.8、20 000 本区では 4.4 となった。

これは、地上部よりも地下部で本数密度による影響が大きく、密度の増加によって、地上部重よりも地下部重の減少が大きいことによっている。密度によって地下部重が影響されやすい原因は明らかではないが、地上部に加わる外力の影響が根系の成長に影響して支持力を高めていることなども考えられる。

樹木の成長に対する本数密度効果は、地上部では幹よりも葉で明瞭で、幹では 156 本区と 20 000 本区の重量比は、密植区は疎植区の 34％であったが、葉では 22％になった。

この関係を地下部についてみると細根は 40％であったが、根株は 28％で本数密度の増加によって細根よりも、根株の成長が制限された。この傾向は各根系区分の間においても同様に認められ、根系区分が大きいほど本数密度による部分重の影響が大きくなった。

これは根系では競争密度効果によって個体が小さくなると細根・小径根の割合が大きくなり、大径根・根株の割合が小さくなることによっている。

このように、密植林分では地上部を支持する大径根以上の根系の発達が貧弱なために支持力は小さくなる。

[*1] 本数密度と根系の成長については[苅住 1963b]でくわしく説明した。

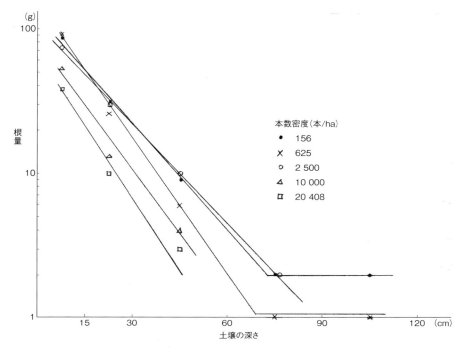

図 4-19 本数密度と根量の垂直分布（スギ・細根）

本数密度にあまり影響されない因子は根系の最大深さで、最大密度林分は疎植林分の60％程度となった。

3 Gram-Charlier の級数展開法による根量分布の表示

先に指摘したように以上の片対数式では緩曲線部分の変化を正確に表示することが難しくて、この式を用いて緩曲線部分の根量を推定することは難しい。そこで、なるべく根密度の変化を正確に表現するために Gram-Charlier の級数展開法によって曲線の表示を検討した［佐藤1949］。

その計算式は次の通りである。

$$f(x) = \sum Cm\varphi m(x)$$
$$= C_0\varphi_0(x) + C_1\varphi_1(x) + C_2\varphi_2(x)\cdots\cdots$$
$$\varphi m(x) = Pm(x)\varphi_0(x)$$
$$\varphi_0(x) = \frac{a^x}{x!}e^{-a}$$

$$f(x) = \left[1 + C_2\left(\frac{x(x-1)}{a^2} - 2\frac{x}{a} + 1\right)\right.$$
$$+ C_3\left(\frac{x(x-1)(x-2)}{a^3} - \frac{3x(x-1)}{a^2} + \frac{3x}{a} - 1\right)$$
$$+ C_4\left(\frac{x(x-1)(x-2)(x-3)}{a^4} - \frac{4x(x-1)(x-2)}{a^3}\right.$$
$$\left.\left. + \frac{6x(x-1)}{a^2} - \frac{4x}{a} + 1\right)\right]\varphi_0(x)$$

$$\left.\begin{array}{l}\mu_1' = \sum_{x=0}^{\infty} xf(x)\\ \mu_2' = \sum x^2 f(x)\\ \mu_3' = \sum x^3 f(x)\\ \mu_4' = \sum x^4 f(x)\end{array}\right\} \rightarrow$$

$$\left\{\begin{array}{l}\lambda_1 = \mu_1' = M\\ \lambda_2 = \mu_2' - \mu_1'^2 = \sigma\\ \lambda_3 = \mu_3' - 3\mu_2'\mu_1' + 2\mu_1'^3\\ \lambda_4 = \mu_4' - 4\mu_3'\mu_1' + 3\mu_2'^2 + 12\mu_2'\mu_1'^2 - 6\mu_1'^4\end{array}\right\} \rightarrow$$

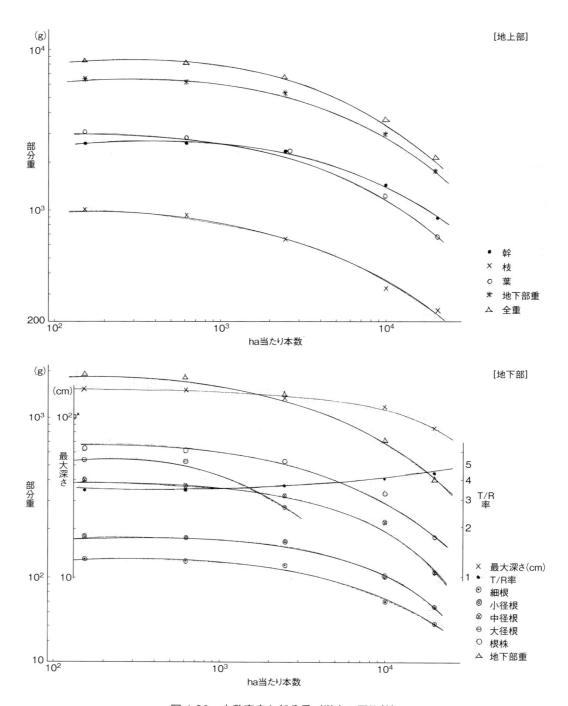

図 4-20　本数密度と部分重（単木の平均値）

第4章　苗畑試験における幼齢林の地下部の構造と根量分布の表し方

$$\begin{cases} C_0 = 1 \\ C_1 = 0 \\ C_2 = \dfrac{\lambda_2 - \lambda_1}{2} \\ C_3 = \dfrac{2\lambda_1 - 3\lambda_2 + \lambda_3}{2} \\ C_4 = \dfrac{-6\lambda_1 + 11\lambda_2 - 6\lambda_3 + \lambda_4 + 3(\lambda_2 - \lambda_1)^2}{24} \end{cases}$$

(1) 根密度の水平変化（分散型と集中型）

スギ・ヒノキ・アカマツ・カラマツの細根のⅠ層の各水平区分の根密度について、計算をおこなった。各樹種間の比較を容易にするために、水平区分別の根密度の比数を計算し（表4-10）、この比数を従属変数、根株からの距離区分を独立変数（0～50 cm を 0、50～100 cm は 1、100～150 cm を 2、…）として上記の式によって計算をおこなった。

その結果表4-11のような値が計算され、各樹種ごとに各水平区分の根密度の比数を表す数式が決定された。

この式から計算した深さごとの根密度比数は表4-10、図4-21のようになり、各樹種ともに多少の誤差はあるが片対数でうまく計算できなかった緩曲線部分を表現することができた。

この式で、根系分布の広がりが大きくて緩曲線部分が多いアカマツ・カラマツは $x^4 \cdot x^3 \cdot x^2$ の項の係数が小さく、根株付近に根量が大きいスギ・ヒノキは大きくて樹種の特性による相違が認められた。

前記の $x^2 \sim x^4$ の項の係数が大きいものを分散型、後の小さいものを集中型ということができる。

簡単に変化の傾向の相違だけを比較したい場合には、上記の式の μ_1'、μ_2'、μ_3'、μ_4' を比較すればよく、上記の資料から各樹種のこれらの数値の相互関係を図示すると図4-22のようになり、根株から離れた部分で比較的の根密度が高く、根系の広がりの大きいアカマツ＞カラマツ＞ヒノキ＞スギの順に μ' の値が大きく、特に μ_3' の割合が大きくて、これらの樹種の間に明らかな図形の相違がみられた。

ここで前者と同様に μ' の値が大きい樹種は分散型、小さい樹種は集中型といえる。

(2) 根密度の垂直分布（深根型と浅根型）

根密度の水平変化と同様に垂直変化もこの Gram-Charlier の級数展開法で表現できる。

いま目黒苗畑の2年生のスギ・カラマツの根密度の垂直変化を上記の式で計算すると、表4-12、図4-23のようになり、式の精度はきわめて高くて両樹種ともに計算値と実測値はほとんど合致した。

根密度の水平変化と同様に垂直変化においても、深い土壌層で急速に根密度が減少する浅根型のカラマツは $x^2 \sim x^4$ の項の係数が大きくて深根型のスギは小さい。

これを μ' で表現すると図4-24のようになり、表層部に根量分布が偏る浅根性のカラマツは μ' が小さく、根量分布が深部に多い深根性のスギは μ' が大きくて両者の図形に著しい相違が認められた。

表4-10　Gram-Charlier の級数式を用いたときの実測値と計算値

水平区分	スギ 実測値	スギ 計算値	スギ 計算値/実測値	ヒノキ 実測値	ヒノキ 計算値	ヒノキ 計算値/実測値	アカマツ 実測値	アカマツ 計算値	アカマツ 計算値/実測値	カラマツ 実測値	カラマツ 計算値	カラマツ 計算値/実測値
0～50 cm	0.533 *	0.525	0.98	0.511	0.502	0.98	0.372	0.348	0.94	0.423	0.405	0.96
50～100	0.202	0.229	1.13	0.239	0.321	1.34	0.209	0.283	1.35	0.237	0.311	1.31
100～150	0.142	0.114	0.80	0.123	0.077	0.63	0.091	0.043	0.47	0.119	0.074	0.62
150～200	0.05	0.053	1.06	0.043	0.025	0.58	0.073	0.030	0.41	0.085	0.048	0.56
200～250	0.034	0.038	1.12	0.027	0.053	1.96	0.073	0.101	1.38	0.034	0.074	2.18
250～300	0.013	0.025	1.92	0.019	0.045	2.37	0.064	0.103	1.61	0.034	0.059	1.74
300～350	0.021	0.011	0.52	0.024	0.021	0.88	0.073	0.060	0.82	0.051	0.030	0.59
350～400	0.004	0.004	1.00	0.014	0.007	0.50	0.045	0.024	0.53	0.017	0.011	0.65
	1.000			1.000			1.000			1.000		

* 根密度の比数。

以上のように、根系分布は水平的にも垂直的にも緩曲線にしたがって変化し、特に細根ではこの傾向が著しい。これらの曲線は片対数式や両対数式ではうまく表現できず、Gram-Charlierの級数展開法によると、緩曲線部分も含めて高い精度で計算できることがわかった。

表 4-11　計算に用いた独立変数と従属変数、実測値と計算値

樹種		計算に用いた独立変数と従属変数							
		スギ		ヒノキ		アカマツ		カラマツ	
水平区分	x	根密度*	比数(y_1)	根密度	比数(y_2)	根密度	比数(y_3)	根密度	比数(y_4)
0〜50 cm	0	127	0.533	212	0.511	4.1	0.372	25	0.423
50〜100	1	48	0.202	99	0.239	2.3	0.209	14	0.237
100〜150	2	34	0.142	51	0.123	1	0.091	7	0.119
150〜200	3	12	0.05	18	0.043	0.8	0.073	5	0.085
200〜250	4	8	0.034	11	0.027	0.8	0.073	2	0.034
250〜300	5	3	0.013	8	0.019	0.7	0.064	2	0.034
300〜350	6	5	0.021	10	0.024	0.8	0.073	3	0.051
350〜400	7	1	0.004	6	0.014	0.5	0.045	1	0.017
計		238	1.000	415	1.000	11.0	1.000	59	1.000

*　根密度(g/m^3)。

樹種	計算された統計量												
	μ_1'	μ_2'	μ_3'	μ_4'	λ_1	λ_2	λ_3	λ_4	C_0	C_1	C_2	C_3	C_4
スギ	0.993	3.045	12.405	60.189	0.993	2.059	5.2922	13.2954	1	0	0.5330	0.1835	0.0684
ヒノキ	1.017	3.495	16.473	89.195	1.017	2.4607	7.9135	22.4973	1	0	0.7219	0.4276	0.0931
アカマツ	1.975	8.831	46.783	268.919	1.975	4.9300	9.8668	−12.5762	1	0	1.4775	−0.1622	−0.1334
カラマツ	1.461	5.541	26.757	145.893	1.461	3.4065	8.7079	12.0086	1	0	0.9725	0.2353	−0.0079

樹種	根密度の変化を表す計算式
スギ	(集中型)　$f(x)=(0.070401x^4-0.514561x^3+1.449537x^2-1.800161x+1.4179)\Phi_0(a:x)$
ヒノキ	(集中型)　$f(x)=(0.087025x^4-0.459503x^3+0.797208x^2-0.939280x+1.3874)\Phi_0(a:x)$
アカマツ	(分散型)　$f(x)=(-0.008764x^4+0.100778x^3+0.057366x^2-1.621842x+2.5063)\Phi_0(a:x)$
カラマツ	(分散型)　$f(x)=(-0.001735x^4+0.095988x^3-0.173161x^2-0.747571x+1.7451)\Phi_0(a:x)$

第4章 苗畑試験における幼齢林の地下部の構造と根量分布の表し方

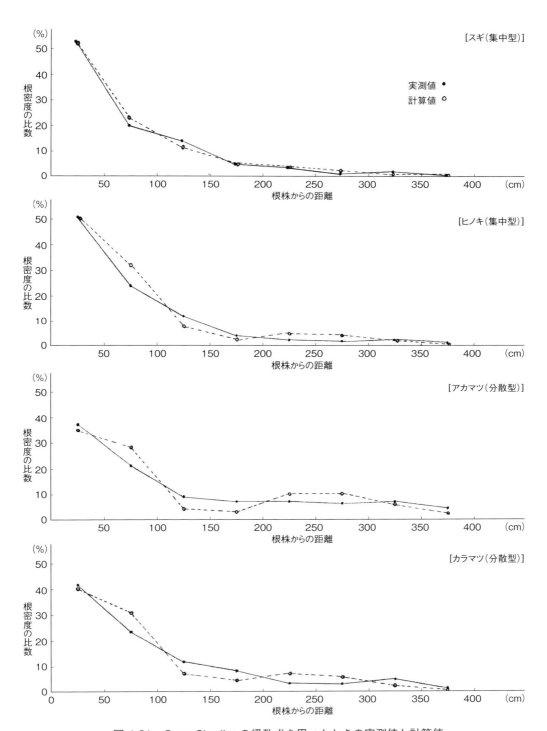

図4-21 Gram-Charlierの級数式を用いたときの実測値と計算値

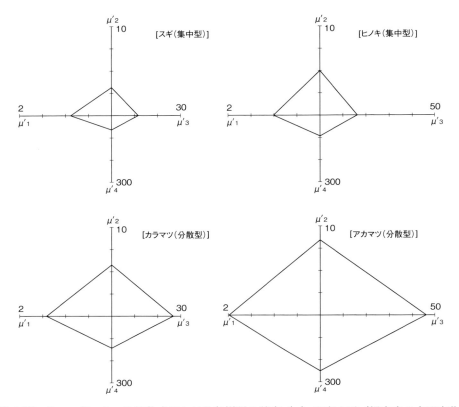

図 4-22　Gram-Charlier の級数式における各樹種の積率（μ'）の表す形（根密度の水平変化）

第4章　苗畑試験における幼齢林の地下部の構造と根量分布の表し方

表4-12　計算に用いた独立変数と従属変数、実測値と計算値

根系分布		カラマツ（浅根型）		スギ（深根型）		カラマツ（浅根型）			スギ（深根型）		
土壌層の深さ(cm)	X	根密度	比数 (Y_1)	根密度	比数 (Y_2)	実測値	計算値	実測値/計算値	実測値	計算値	実測値/計算値
0〜10	0	233	51.3	118	27.0	0.513	0.502	0.98	0.270	0.271	1.00
10〜20	1	72	15.8	87	20.0	0.158	0.193	1.22	0.200	0.199	1.00
20〜30	2	47	10.3	66	15.0	0.103	0.077	0.75	0.150	0.141	0.93
30〜40	3	28	6.2	52	12.0	0.062	0.052	0.84	0.120	0.139	1.16
40〜50	4	22	4.8	44	10.0	0.048	0.055	1.15	0.100	0.098	0.98
50〜60	5	21	4.6	31	7.0	0.046	0.055	1.20	0.070	0.056	0.80
60〜70	6	16	3.5	17	4.0	0.035	0.038	1.09	0.040	0.037	0.93
70〜80	7	12	2.6	9	2.0	0.026	0.019	0.73	0.020	0.027	1.35
80〜90	8	3	0.7	4	1.0	0.007	0.007	1.00	0.010	0.016	1.60
90〜100	9	1	0.2	4	1.0	0.002	0.002	1.00	0.010	0.009	0.90
100〜110	10	0	0.0	0	0.0	―	―	―	―	―	―
計		445	100.0	432	100.0	―	―	―	―	―	―

計算された統計量

根系分布	μ'_1	μ'_2	μ'_3	μ'_4	λ_1	λ_2	λ_3	λ_4	C_0	C_1	C_2	C_3	C_4
カラマツ（浅根型）	1.438	6.190	32.998	197.446	1.438	4.1222	12.2414	20.6367	1	0	1.3420	0.4586	0.2297
スギ（深根型）	2.260	10.100	57.700	388.100	2.260	4.9924	12.3084	22.9776	1	0	1.3660	0.3087	0.5363

根密度の変化を表す計算式

根系分布	計算式
カラマツ（浅根型）	$f(x)=(0.053718x^4-0.477049x^3+1.705218x^2-2.830565x+2.1131)\Phi_0(a:x)$
スギ（深根型）	$f(x)=(0.020550x^4-0.282387x^3+1.419382x^2-2.905820x+2.5936)\Phi_0(a:x)$

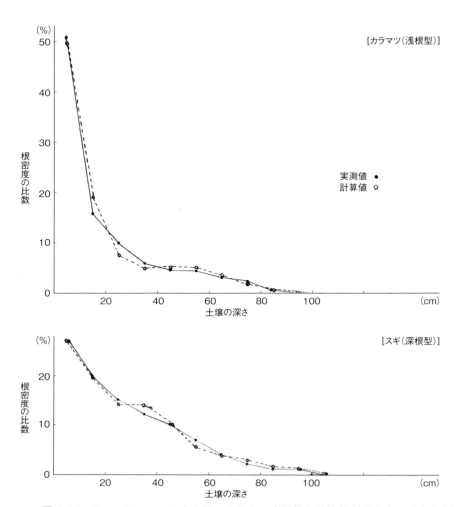

図 4-23 Gram-Charlier の式を用いたときの実測値と計算値（根密度の垂直変化）

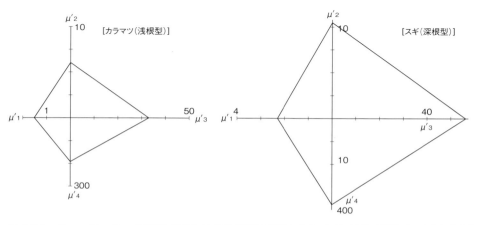

図 4-24 Gram-Charlier の級数式における各樹種の積率（μ'）の表す形（根密度の垂直変化）

第 5 章
林分調査における地下部の構造の解析

1 根量分布

　第3章のような調査法に基づいて測定した調査木の各部分重から、各調査林分の調査木の単木平均値とその部分重比を計算し、これから断面積比推定によってha当たり部分重を算出した。また最多密度における総生産量を知るための目安とするために密度比数から最多密度における部分重を求めた。

　また各土壌層別・水平区分別の根量および各々の根量比を明らかにした。

以下この部分重とその比数を中心にして、地上部・地下部の林分構造を説明する。

(1)　単木平均値

　各林分の調査木の単木平均値を**別表11**から林分ごとに整理すると**別表12**のようになる。

　いま各林分の単木平均値を胸高断面積との関係でみると**図5-1**のようになり、幹・枝・葉・根などの各部分によって各々特徴のある回帰曲線がえられた。

　部分重のなかで幹・枝・大径根・特大根・根株などの蓄積部分は上側にやや凹形の曲線を、葉・

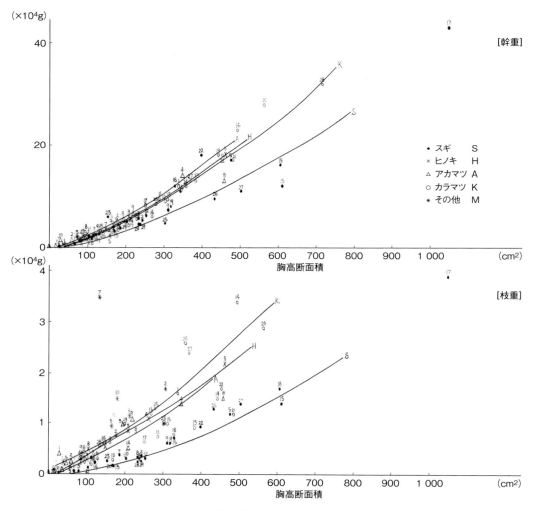

図 5-1(1)　胸高断面積と単木（調査木）の平均値(1)

第 5 章　林分調査における地下部の構造の解析

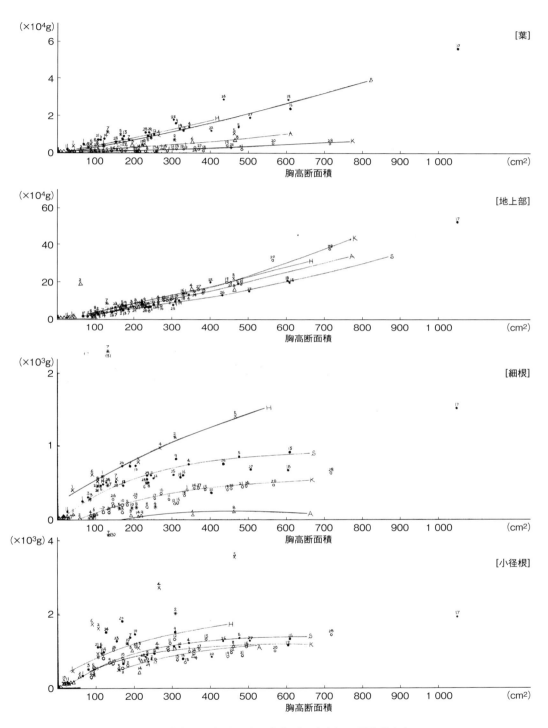

図 5-1(2)　胸高断面積と単木（調査木）の平均値(2)

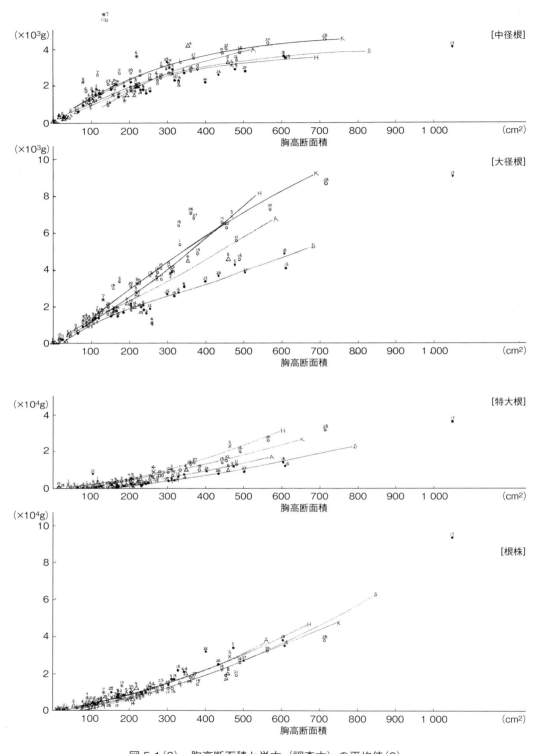

図 5-1(3)　胸高断面積と単木（調査木）の平均値(3)

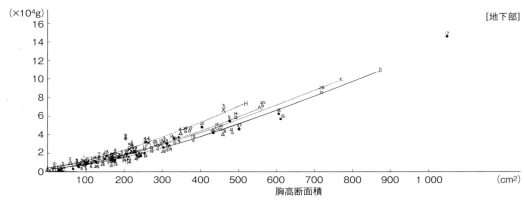

図 5-1(4)　胸高断面積と単木（調査木）の平均値(4)

　細根・小径根・中径根などの働き部分は、直線ないしは放物線状の増加曲線を示した。地上部・地下部ともに働き部分がほぼ類似した変化をすることは両者の働きの間に高い相関があることを示すものできわめて興味が深い。また葉と細根～中径根量の増加曲線から幼齢時には葉量よりも根量の増加が著しい。林木の連年成長量最大の時期は比較的幼齢時代にあるが、この傾向は細根～中径根の変化と一致し、両者の間に高度の相関関係が認められた。これらのことから、葉量よりも細根～中径根量の増加とこれにともなう養・水分吸収量の増加が林木の成長に関係していることが推察された（207 頁参照）。

　地上部・地下部の総量および全重は非働き部分が大半を占めるのでその変化はこれらの曲線に類似して上側にやや凹形となる。物質吸収や光同化作用に関係する。細根や葉は働き部分、その他を非働き部分とした。

　図 5-1 と以上で説明したように、各部分・樹種によって増加の曲線が異なるのでこれらの関係を１つの式で表現することはきわめて困難である。いま、先に述べた①～⑦式を用いて、調査林分中の正常な林分の測定個体を合算したもの（93 頁参照）で計算する。このなかから成長の目安として⑤式（84 頁参照）で計算したときの回帰係数を上げると表 5-1 のようになり、幹・地上部重・地下部重などの蓄積部分については係数が 0.8～1.0 で高い値を示したが、葉・枝・細根・小径根などの働き部分では 0.2～0.4 で前者に比べて著しく小さい値をとり、各部分の特徴を示した。この係数は樹種によっても異なり、細根では増加率が小さいアカマツは 0.24 で、細根が多くて増加率が大きいスギの 0.44 の約 1/2 であった。

　次に図 5-1 から胸高断面積 500 cm² における各樹種の根量を推定したところでは表 5-2 のようになり、各部分によって樹種の特徴が明らかであった。幹・枝ではスギは他の樹種より著しく低い値を示したが、これはこれらの部分重が小さいこと、成長がよいために若い組織が多くて含水率が大きいことなどのためである。細根ではヒノキ

表 5-1　⑤式による各部分の係数

樹種＼部分 y	*1	2	3	4	5	6	7	8	9	10	11	12	13	14	15	16	17	18	19	20	21
スギ	0.95	0.80	0.57	0.84	0.44	0.42	0.50	0.69	—	0.94	0.82	0.84	0.58	0.63	0.67	0.93	0.43	0.87	0.90	0.52	0.23
ヒノキ	0.95	0.60	0.41	0.79	0.37	0.51	0.43	0.69	0.38	0.80	0.77	0.79	0.49	0.27	0.42	0.87	0.46	0.83	0.85	0.38	0.19
アカマツ	0.91	0.75	0.64	0.85	0.24	0.45	0.61	—	—	0.88	0.82	0.85	0.58	0.61	0.45	0.88	0.41	0.87	0.86	0.54	0.20
カラマツ	0.88	1.05	0.77	0.90	0.38	0.26	0.50	0.63	1.16	0.79	0.80	0.88	1.07	0.77	1.07	0.90	0.30	0.82	0.88	0.95	0.33

注）⑤式：$\log y = \log a + b \log(D^2 H)$
　＊　1～21 は 84 頁参照。

表 5-2 胸高断面積 500 cm² における各樹種の推定部分重（kg）（図 5-1 より）

区分＼樹種	スギ	ヒノキ	アカマツ	カラマツ
幹	130	200	210	195
枝	12	22	22	28
葉	22	23	8	4
地上部計	164	245	240	227
細根	0.8	1.3	0.1	0.5
小径根	1.3	1.7	1.0	1.1
中径根	3.4	3.2	3.8	4.0
大径根	3.8	7.4	5.7	7.0
特大根	11	24	13	17
根株	27	32	32	27
地下部計	47.3	69.6	55.6	56.6

1.3 kg、スギ 0.8 kg、アカマツ 0.1 kg、カラマツ 1.1 kg でスギ・ヒノキはアカマツ・カラマツに比べて著しく高い根量を示した。

(2) ha 当たり部分重

上記の各林分の単木平均値（別表 12）から ha 当たり部分重を計算すると別表 13 のようになり、これを胸高断面積との関係で見ると図 5-2 のようになる。この曲線は胸高断面積の増加にともなって、部分重が放物線状に増加する部分と、胸高断面積 150～200 cm² の幼齢林分で一時的に増加したのち、林分が大きくなると減少する 2 つの型に分けられた。

前者の型は幹・枝・大径根・特大根・根株などの蓄積部分と、これらの部分重が大部分を占める地上部重・地下部重・全重などで、後者の型には葉・細根・小径根・中径根などの働き部分と、これに関連した部分が挙げられる。

これは単木平均値の曲線の形と直接関連しており単木平均値の曲線からも予想されるところである。

ha 当たり部分重は林分によって本数の相違があるので、一般にその計算値の変動は単木平均値の場合よりも著しく大きい。

1. 地上部

幹は胸高断面積 500 cm² ではスギ・ヒノキ・アカマツ・カラマツともに 100～120 t で、密度比数が大きい S22 林分では、400 t に達した。図 5-2 中比較的高い値を示す S23・S16 林分などは

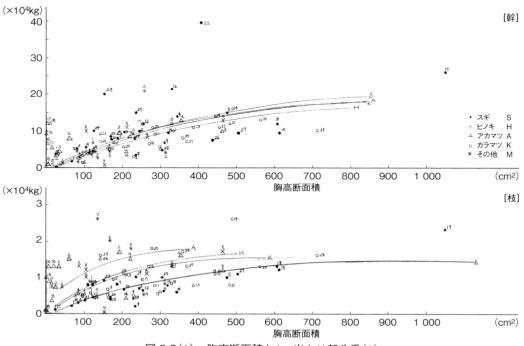

図 5-2(1) 胸高断面積と ha 当たり部分重(1)

第 5 章　林分調査における地下部の構造の解析

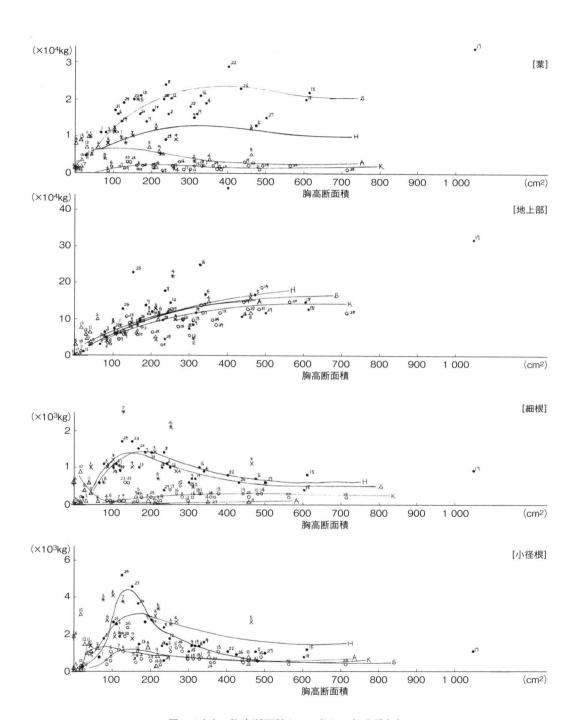

図 5-2(2)　胸高断面積と ha 当たり部分重(2)

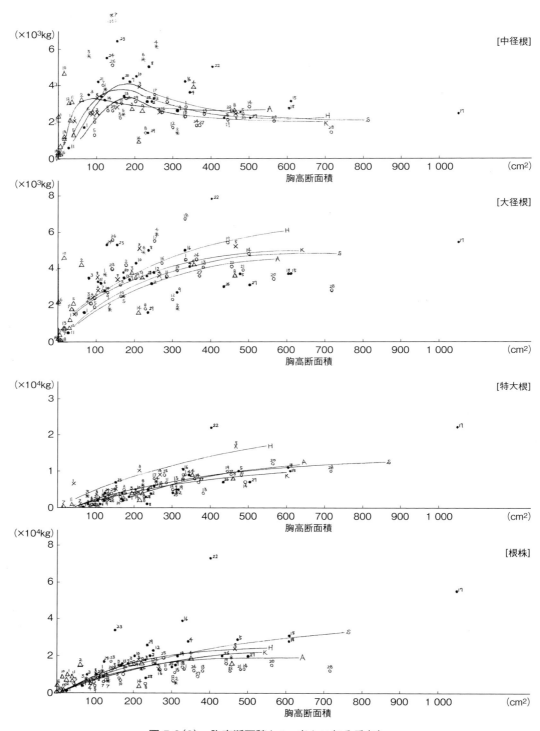

図 5-2(3)　胸高断面積と ha 当たり部分重(3)

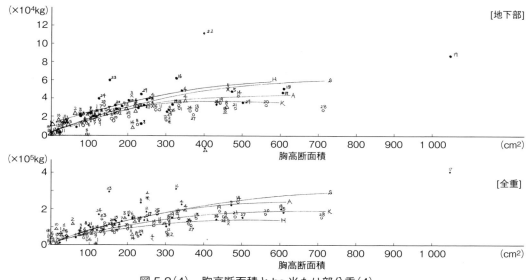

図 5-2(4)　胸高断面積と ha 当たり部分重(4)

いずれも密度比数が高い林分である。

　枝は単木平均値の場合よりも樹種間の差は小さくなったが、アカマツ・カラマツ・ヒノキはスギよりも大きい傾向がみられ、胸高断面積 500 cm² 程度の林分でアカマツ・カラマツ・ヒノキは 15 t、スギは 10 t 程度の現存量があった。

　胸高断面積―枝量曲線は幹と異なり、胸高断面積 200～300 cm² 間で急速に増加したのち緩やかになるような増加傾向がみられ、大径木の林分では ha 当たり枝量の増加率はきわめて小さい。これは枝は蓄積部分ではあるが枯死脱落して成長にともなって更新するためである。

　ha 当たり葉量は先にも述べたように各樹種ともに幼齢・小径木で増加の山を示したのちやや減少して一定になったが、この傾向はアカマツが顕著でカラマツは不明瞭である。

　カラマツの ha 当たり葉量の変化が他の樹種と性質を異にすることについては、今後の調査によるところが大きいが、耐陰性が小さいことや落葉性であることなどが考えられる。

　アカマツは密度が十分であると胸高断面積 50 cm² 程度で最大葉量に達する。以上の傾向は、幼齢時の一時的な本数密度の増加によることも考えられるが、同程度の密度の葉量についても幼齢林のほうが葉量が多いことから考えると、林分の成長過程の 1 つの現象で、これに対応した細根・小径根な

ど地下部の働き部分の増加とともに、幼齢時の旺盛な成長の原因となっていることが考えられる。

　スギの葉量は 4 樹種中もっとも大きくて、胸高断面積 150～200 cm² の幼齢最大時には 22～25 t に達したのち胸高断面積 600 cm² ではやや減少して 20 t 程度となった。高密度林分（密度比数 1.2）の S22 林分は 29 t、密植大径木の成長良好な S17 林分では 34 t の葉量があった。

　ヒノキは調査林分の本数密度が小さいため、ha 当たり現存量は、スギよりも小さくて胸高断面積 500 cm² で 12 t 程度で、スギの約 60 % であった。幼齢林の葉量は多くて、10 年生の H1 林分では 10 t に達した。この林分の密度比数は 0.3 程度でかなり疎放な林分であるが、下枝の枯れ上がりが少なくて、葉の着き方が樹幹の下部から上部にまで円錐状に着くために、密植の場合に近い葉量を示した。

　アカマツは幼齢時代一時的に増加して 10 t に達したが、これは主として本数密度が高いことによっており、林分が大きくなると本数が減少して A8 林分（35 年生・胸高断面積 361 cm²）では 5.8 t 程度となった。

　カラマツは他の 3 樹種のように幼齢時における葉量増加の山が明瞭でなく、胸高断面積 150 cm² でやや大きくて 3.5 t（K23・K26 林分）に達したが、変動はきわめて小さくてほとんどの林分が

2〜3t程度で、調査林分中もっとも大きいK28林分は1.9tであった。

いま各樹種の葉量を**別表13**から胸高断面積200 cm²程度の林分についてみると**表5-3**のようになり、これらの量は密度比数にもよるがモミ＞スギ＞ヒノキ＞フサアカシヤ＞アカマツ＞カナダツガ＞ユーカリノキ＞ケヤキ・カラマツの順となり、常緑針葉樹は高い値を示し、ケヤキ・カラマツなどの落葉樹は広葉樹・針葉樹ともに低い値を示した。

地上部重は**図5-2**のように、各樹種ともにその大部分を占める乾重の変化に影響されて、胸高断面積400〜500 cm²で地上部重がほぼ一定になるような放物線状の増加を示した。胸高断面積500 cm²では各樹種を含めて100〜200tになり、ヒノキ＞スギ＞アカマツ＞カラマツの順になった。

2. 地下部

細根：スギ・ヒノキの細根は胸高断面積150〜200 cm²で最大（1〜1.5t）となったのち漸減してヒノキは1t、スギは0.7t程度となった。アカマツはこの傾向がスギ・ヒノキと異なり、葉と同様に、胸高断面積50 cm²程度の小径木で増加の山をもちA6・A10・A11林分では0.7〜1tに達したが、急速に減少して100 cm²では100 kg程度となった。胸高断面積が361 cm²のA8林分は89 kgであった。

カラマツは明瞭な増加の山がなくて、胸高断面積の増加にともなって漸増する傾向を示し、図5-2のように小径木・大径木を通じて200〜300 kgであった。K23・K25・K26林分は他の林分の4〜5倍の細根量があったが、これらの林地はいずれも高密度・乾燥立地であった（K23林分は密度比数1.03・土壌型 Bl_{D-m}、K25林分は密度比数0.90・$Bl_D(d)$型、K26林分は密度比数1.27・土壌型 Bl_C）。同様な傾向はスギ・ヒノキ・アカマツについてもみられ、各樹種の平均値よりも著しく高い根量を示した。S23・S24・A6・A10・A11林分は、いずれも密植ないしは乾燥地であった。

以上の胸高断面積に対する細根量の変化傾向の相違は各樹種の根系の着き方や量の特性に関係するもので、スギ・ヒノキは類似の傾向を示し、アカマツ・カラマツとそれぞれ変わった型を示した。

この変化の型は葉の変化型と対比されるもので、葉量が胸高断面積150〜200 cm²に増加の山をもつスギ・ヒノキは細根でも同様で、アカマツは葉・細根ともに50 cm²付近で増加し、カラマツは両者ともに緩やかな放物線で増加する傾向を示した（図5-2）。

このように地上部の働き部分である葉と、地下部の働き部分である細根量が、類似した変化傾向を示すことは林木の成長を解析する上できわめて重要で、両者の幼齢時における増加傾向はこの時代の成長が盛んにおこることを裏付けるもので、林木の成長速度が、この時代に最大になることと一致する点において注目すべき現象である。

図5-2の葉量の変化と図5-2の細根量の変化を比較すると葉量変化よりも細根量変化のほうが明瞭で、地上部の成長とも高い相関を示した。

いま葉と同様に各樹種の ha 当たり細根量をみると、表5-4のようにケヤキ・スギ・ヒノキ・フサアカシアなどは高い価を示した。

小径根：小径根でも幼齢時山型の増加傾向が認められ、最大時と変化が安定した胸高断面積500 cm²における根量をみると表5-5のようになり、幼齢時はヒノキ＞スギ＞アカマツ・カラマツの順に根量が多かったが、成木安定林分[*1]ではスギ・

表5-3　各樹種のha当たり葉量（別表13より）

樹種	スギ	ヒノキ	アカマツ	カラマツ	サワラ	ユーカリノキ	ケヤキ	モミ	カナダツガ	フサアカシア
林分	S10	H3	A3	K29	M2	M3	M4	M5	M6	M7
胸高断面積(cm²)	208	254	198	200	238	177	188	156	211	135
密度比数	0.59	0.57	0.75	0.57	0.22	*	*	*	*	*
葉量(t)	17.0	13.0	7.0	1.7	3.4	4.0	1.7	2.1	5.7	8.4

* ha当たり本数は**別表2**参照。

[*1] 成林した林分で本数の変動が小さく、葉量・細根量など働き部分の現存量がほぼ一定になった林分を成木安定林分と表した。

第5章 林分調査における地下部の構造の解析

表 5-4 各樹種の ha 当たり細根量

樹種	スギ	ヒノキ	アカマツ	カラマツ	サワラ	ユーカリノキ	ケヤキ	モミ	カナダツガ	フサアカシア
林分	S10	H3	A3	K29	M2	M3	M4	M5	M6	M7
胸高断面積(㎡)	208	254	198	200	238	177	188	156	211	135
密度比数	0.59	0.57	0.75	0.57	0.22	*	*	*	*	*
細根量(kg)	1 438	1 453	104	350	562	671	2 158	337	706	2 564

* ha 当たり本数は**別表 2** 参照。

表 5-5 小径根の ha 当たり根量（t）

区分＼樹種	スギ	ヒノキ	アカマツ	カラマツ
幼齢最大値	3.0	3.7	1.4	1.2
胸高断面積 500 ㎠ における根量	1.0	2.0	0.7	0.7

アカマツ・カラマツの差はきわめて小さく、ヒノキは小径木・大径木を通じて小径根量が大きい。

中径根：図 5-2 のように、幼齢時最多の山は細根・小径根よりも低くなるとともに各樹種間の差は一層小さくなった。胸高断面積 500 ㎠ では各樹種ともに 2〜3 t であった。

根系が大きくなると樹種間の差が小さくなるのは樹種による細根量と着き方・分岐特性が根系が小さい部分で明瞭で大きい部分で不明瞭なことによっている。

細根・小径根量は主として土壌条件によって影響され、密度比数が大きい S22・S23 林分でもそれほど大きい根量がみられなかったが、中径根以上では土壌条件よりも本数密度に影響されやすく、高密度林分と低密度林分の根量差は著しく大きくなった。密度比数 0.45 の S26 林分の中径根量が 2 t であったのに対して密度比数 1.2 の S22 林分は 5 t であった。これらのことから葉量の場合と同様に地上部・地下部ともに面積当たり働き部分重は立木密度にかかわらず、一定になる傾向がある。細根・小径根は土壌条件に影響されやすく、枝・幹・大径根以上の各根量は立木密度に影響されやすいといえる。

大径根・特大根・根株：これらの部分重は胸高断面積の増加に対して、放物線状に増加して大径木ではほぼ一定になる傾向がみられたが、その曲線は根系が太くなるほど緩やかになり、根株量ではほとんど直線的に増加した（図 5-2）。

このように根系が太くなるにしたがって、増加曲線が変化するのは各部分の成長速度の相違によるもので、大径木になるほど細い根系の成長が衰えて太い根の成長速度が大きくなることによっている。

胸高断面積 500 ㎠ における大径根〜特大根の根量は**表 5-6** のようになり大径根はヒノキ＞スギ・カラマツ＞アカマツ、特大根はヒノキ＞アカマツ＞スギ＞カラマツ、根株はスギ＞ヒノキ＞アカマツ＞カラマツの順となり、樹種による根系の発達の部位の相違が明瞭であった。

表 5-6 胸高断面積 500 ㎠ における ha 当たり根量（t）

樹種	スギ	ヒノキ	アカマツ	カラマツ
大径根	5.0	5.7	4.5	5.0
特大根	10	16	11	9
根株	25	22	20	18

地下部重：地下部重の大部分は大径根以上の蓄積部分重で占められるために、その変化曲線もこれらの部分の変化に類似した性質を示し、緩やかな放物線ないしはほとんど直線となる（図 5-2）。4 樹種中ヒノキがやや大きくて、スギ＞アカマツ＞カラマツの順となった。

全重：地上部重・地下部重の場合と同様に幹・太根などの蓄積部分重の変化傾向にしたがって放物線状に変化し、大径木では増加曲線が著しく緩やかになった。これは単木の成長率が減少することと、本数密度の減少によっている。

図 5-2 から推定された胸高断面積 500 ㎠ における ha 当たりの林分の蓄積量は

$$\frac{200}{150〜250} \text{(t)}$$

であった。

(3) 最多密度のときのha当たり部分重

現存林分のha当たり現在量は立木本数の多少によって相違するので、林分の成長を考える場合に不都合なことが多い。そこで最多密度における蓄積量を密度比数から計算した(別表14)。これを胸高断面積との関係でみると図5-3のようになる。

密度によって単木の成長状態が異なるので、現実林分の蓄積量をそのまま最多密度のときの本数に計算してもそれが実際の最多密度の蓄積量には結びつかないが、密度による部分重の相違を検討し、あるいは最多密度の蓄積量の概算を知る上においては都合がよい。

いま図5-3とha当たり部分重の図5-2を比較すると計算上の最多密度における蓄積量の分散はha当たり現存量の分散よりも小さくなる。

これは密度による形態上の相違によっておきる分散よりも現実林分の密度差によっておきる分散が大きいことによっている。

1. 地上部

幹：計算上の最多密度におけるha当たり蓄積は図5-3のように放物線状に増加し、各樹種の分散は著しく小さくなった。いま胸高断面積500 cm²における蓄積量をみると、ヒノキは330 t、スギ250 t、アカマツ・カラマツ200 tとなり、陽性のアカマツ・カラマツは耐陰性が大きいヒノキ・スギよりも80〜130 t小さい。

計算上では以上のようになるが、現実林分ではこの量はもっと大きくなる。いま最多密度以上のS22林分と、これにほぼ近い胸高断面積で密度比数が0.4のS26林分についてみると、S22林分の現存量は400 t、S26林分は75 tで、その差は325 tであったが、最多密度の計算値ではS22林分が360 t、S26林分が170 tでその差は190 tとなり、前者の約1/2となった。

計算した最多密度におけるこの190 tの幹重の差はS22林分とS26林分のの密度の相違による樹幹の形態の差によるもので、同一胸高断面積でも密植林分の樹幹の形は円柱形となり、後者は円錐形になることによっている。

S22林分と同一胸高断面積における計算した最多密度の平均幹重は220 tで、S22林分との差は140 tとなり、その増加率は平均値の64％であった。

枝：疎植林分が枝の着き方が多いので計算値が最多密度の現実林分よりも大きくなった。この関係を前述のS22林分とS26林分についてみると現実林分ではS22林分は22 t、S26林分は16 tで両者の差は6 tであったが、計算値ではS22林分は18 t、S26林分は24 tとなり、疎植のS26林分の枝量が密植のS22林分よりも4 t大きくなった。この4 tは幹の場合と同様に密植による枝の着き方の相違によるものである。

いま胸高断面積500 cm²における計算した最多密度の枝量をみると表5-7のようになった。

葉：最多密度(計算値)における葉量は図5-3のように小径木でやや増加する傾向があるがほぼ一定の葉量を示した。カラマツは小径木・大径木を通じて葉量が変化しなかった。以上の平均葉量をみると表5-8のようになる。

現実林分のha当たりおよび最多密度のときの葉量が幼齢時にやや増加の山を示すことはこの時代の葉量の増加が本数密度によるものでなくて葉の着き方によることを示している。

枝の場合と同様に葉においても最多密度の計算値は、最多密度に近い現実林分の葉量よりも大きくて、これをS22林分についてみると計算葉量の平均値との間に2〜3 tの差があった。枝の場合と同様に、この差は密度による葉の着き方の相違によるものと思われるが、枝の場合よりもきわめて小さい。

しかし、現実林分がきわめて疎植であると、この差は大きくなり、密度比数0.4のS26林分と最多密度林分(密度比数1.2)のS22林分との差は27 tに及んだ。

地上部重：最多密度の計算値は図5-3のようになり、各樹種ともに放物線状に増加したが、その多さはヒノキ＞スギ＞アカマツ＞カラマツの順になった。地上部重では幹・枝・葉の間に計算値と現実最多密度林分の間の差の相殺がおこるが、幹の割合が大きいために、地上部重の最多密度の計算値は、現実の最多密度林分よりもかなり小さくなった。この関係はS22林分と平均値線をみれば明らかである。

2. 地下部

細根〜中径根：地上部と同様な現象は地下部に

第5章 林分調査における地下部の構造の解析

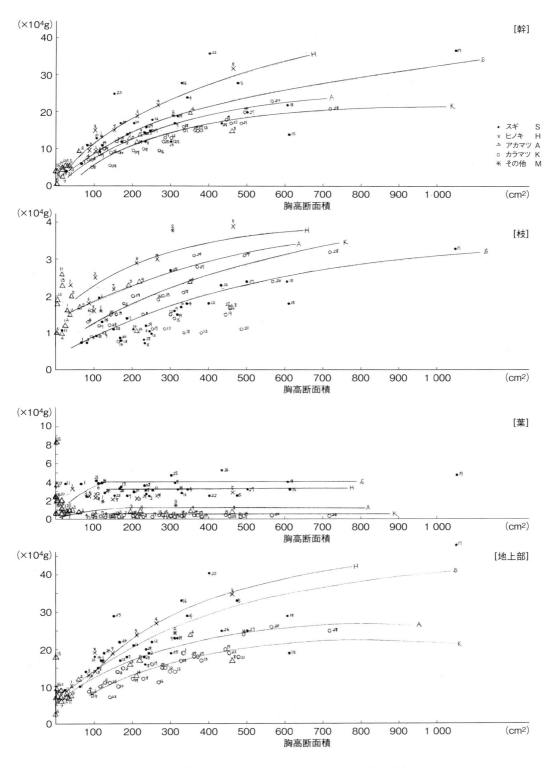

図 5-3(1) 最多密度のときの ha 当たり部分重(1)

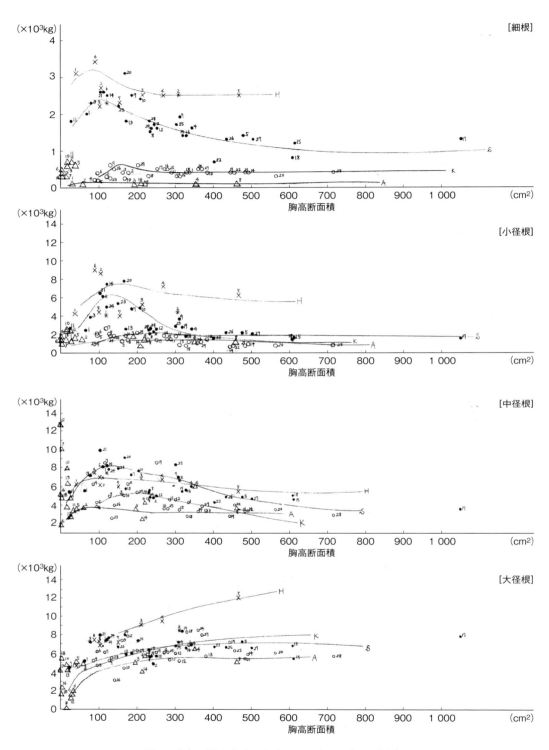

図 5-3(2) 最多密度のときの ha 当たり部分重(2)

第 5 章 林分調査における地下部の構造の解析

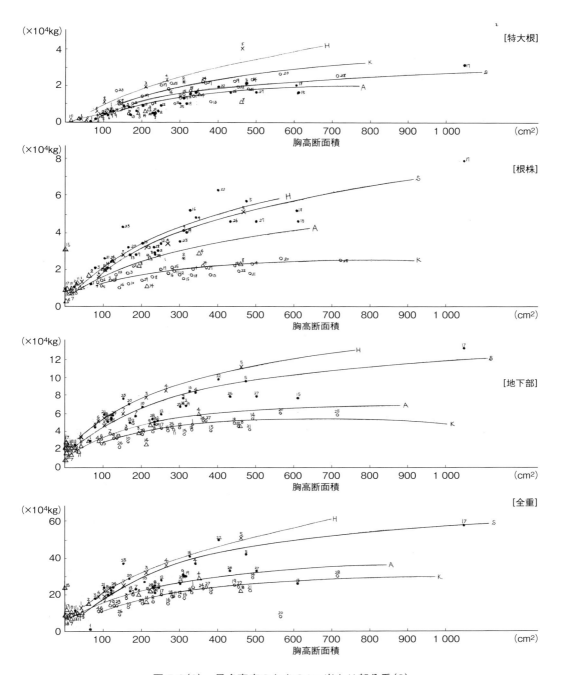

図 5-3(3) 最多密度のときの ha 当たり部分重(3)

表5-7　最多本数密度における枝量（t）

樹種	スギ	ヒノキ	アカマツ	カラマツ
枝量	21	40	31	26

表5-8　最多本数密度における葉量（t）（図5-3より）

胸高断面積 \ 樹種	スギ	ヒノキ	アカマツ	カラマツ
100 cm²	35	25	10	5
500 cm²	30	20	7	5

おいてもみられ、図5-3のように葉の場合と同様に、細根～中径根では幼齢時やや増加の山が現れ、胸高断面積の増加にともなって減少する。

最多密度における各樹種の成木安定林分における根量を図5-3からみると、表5-9のように各根系区分ともにヒノキが大きく、細根は2.5 t・小径根6.0 t・中径根5.5 tであった。しかし、図5-3のS22林分の位置からもわかるように、表5-9の値は現実の、最多密度林分より大きくなる。この差は細根で大きくて小・中径根で小さいが、これは小・中径根は細根よりも密度による影響を受けにくいことによっている。

表5-9　最多本数密度における根量（t）（図5-3より）

区分 \ 樹種	スギ	ヒノキ	アカマツ	カラマツ
細根	1.4	2.5	0.1	0.4
小径根	2.0	6.0	1.0	1.0
中径根	5.0	5.5	3.0	3.0
大径根	6.0	12.0	5.0	7.0
特大根	20.0	40.0	3.6	23.0
根株	51.0	52.0	36.0	21.0
地下部計	85.4	118.0	48.7	55.4

胸高断面積：500 cm²。

大径根～特大根：根系が大きくなると、幼齢時の増加の山は次第に小さくなって、大径根では逆に胸高断面積の増加にともなって放物線状に増加する形となり、特大根・根株と根の部分が大きくなるにしたがって、この傾向は一層明瞭となる。これらの傾向はha当たり根量に類似するが、本数密度による変動が、ならされるために分散はこれよりも小さくなる。

図5-3から胸高断面積500 cm²における最多密度の大径根～地下部重をみると表5-9のようになった。

最多密度の計算値と最多密度に近い現実林分との差を、S22林分についてみると図5-3のように大径根・特大根は両者の根量にほとんど差がなくて、計算値は最多密度の現実林分の根量に一致し、これらの部分重が密度効果によって大きく影響されないことがわかった。

根株ではS22林分は63 t、これに対応する平均値は45 tで、両者の間に18 tの差があった。これは、幹の場合と同様に同一胸高断面積では、密植林分が疎植林分よりも、根株重が大きいことによっている。

地下部重：細根～特大根の総合としての地下部重は図5-3のように、比較的分散が小さい放物線状の増加を示し、表5-9のようにヒノキはきわめて多くて118 t、スギ85 t・アカマツ49 t・カラマツ55 tで、ヒノキ・スギのような密植可能な樹種は、アカマツ・カラマツよりも2倍以上の値を示した。

密植林分のS22林分と、スギ平均値との比較ではS22林分がやや高い値を示したが、これは根株における根量差が大きいことによっている。

全重：林木の全重は幹・大径根から根株などがその大部分を占めるために、これらの傾向に影響されて最多密度における林木の全重量の計算値の増加曲線は図5-3のような放物線状の変化を示す。

いま図5-3から胸高断面積500 cm²における全量を推定すると、表5-10のように最多密度ではヒノキ＞スギ＞アカマツ＞カラマツの順で、ヒノキの蓄積量が最大、カラマツが最少となって、両者の間に2倍に近い差があった。この割合は本数密度を最大にしたときの各樹種の総蓄積量の比を示している。

この最多密度におけるha当たり全重は現実の

表5-10　最多本数密度における林木の全重（t）

区分 \ 樹種	スギ	ヒノキ	アカマツ	カラマツ
全重	410	520	350	270

胸高断面積：500 cm²。

最多密度林分よりもつねに小さくて、S22林分との比較ではS22林分が500tであったのに比べてこれと同一胸高断面積の全重は380tで、両者の間に120tの差があった。これは500tの24％に相当する量で、この割合は密度による地上部・地下部の成長の相違を示すものである。

ここでスギ平均値線の密度比数は0.6～0.7、S22林分は1.2の林分から密度比数を1に換算したもので、通常の林分では上記のように現実の最多密度林分と計算値との間には実際の最多密度林分よりも24％程度少ないと考えることができる。

これは林木の全重のなかで大部分を占める蓄積部分としての幹・大径根～根株量の計算値が現実の最多密度林分の現存量よりも小さいことによっている。

(4) 部分重比

全重を1としたときの、各部分の割合を計算すると別表15のようになり、これを胸高断面積との関係で図示すると図5-4のようになる。

1. 地上部

幹：幹の割合は成林したのちは全重のなかでもっとも大きな割合（65～75％）を占めるが、その割合は林木の大きさによって異なり図5-4のように各樹種ともに小径木では20～30％で、林木が大きくなるにしたがって、放物線状に胸高断面積150～200㎠まで急速に増加して300㎠ではほぼ一定となり、それ以上の径級ではほとんど増加がみられなかった。

この幼齢時における幹の割合の増加傾向は、この時代における幹の成長量の増加速度と関連するもので、この時代には林木全体の成長が盛んで、材積の連年成長量が増大するとともにその割合も著しく増加することを示す。またこの傾向は蓄積部分の特徴を示すもので、毎年の成長量が蓄積するためにこの割合は次第に増加する傾向を示すが幼齢・小径木ではその量の増加が著しくて大径木ではこの蓄積量がほぼ一定割合になることによっている。

幹の割合は林分の大きさによって変化するが、その変化の傾向と割合の大きさは樹種によって相違した。いま部分比の変化が安定した胸高断面積500㎠程度の主要林木の各部分の割合についてみると表5-11のようになり、カラマツ73％・アカマツ68％・スギ67％・ヒノキ64％の順となった。

カラマツの幹の割合がスギ・ヒノキよりも大きいのは、主として葉の割合が少ないことによっている。

次にその他の樹種も含めたものについて胸高断面積200㎠程度の各樹種の部分重比をみると表5-12のようにケヤキ・ユーカリノキ・サワラなどは高い値を示し、フサアカシア・ミズナラなどは低くなった。これは前者の樹種は主幹が明瞭（ケヤキは密植林分）で後者は不明瞭な枝の割合が大きい樹種で、幹と枝の形状の相違によっている。

幹の割合は本数密度によって変化しやすく高密度林分では幹の割合が増加する。この関係を、林木の太さがほぼ等しいS23林分とS13林分、S22林分とS26林分、アカマツA10林分とA11林分、カラマツK18林分とK24林分についてみると、表5-13のようになり、密植林分は各樹種ともに幹の割合が大きくてS23林分とS13林分では11％、S22林分とS26林分では19％、アカマツは5％、カラマツは11％の差があった。これは密植によって幹の形状が変化することと、密植林分では競合によって枝・葉の割合が減少し、また地下部の割合もやや減少する（145頁参照）ことによっている。

以上のことから面積当たり生産量が一定であれば、密植林分は疎植林分よりも幹への生産物質の配分が増加して、相対的に幹の割合が大きくなることがわかる。このような意味で、密植は疎植よりも幹の生産を高める効果があるといえる。

枝：枝の割合は幹とは反対に、胸高断面積が大きくなると次第に減少する傾向がある。この比数の変化は、幹の割合の増加率がほぼ一定になる胸高断面積150～200㎠まで減少したのち、ほぼ一定になる（図5-4参照）。

これは幼齢・小径木時代には枝の成長が旺盛なこと、落枝量が少ないために蓄積量が多いが、林木が大きくなると次第に下枝が枯れ落ちること、毎年一定の枯損量があって蓄積量があまり増加しないことによっている。

この意味では枝は幹のような蓄積部分とはまったく異なる部分で、量的変化は働き部分として

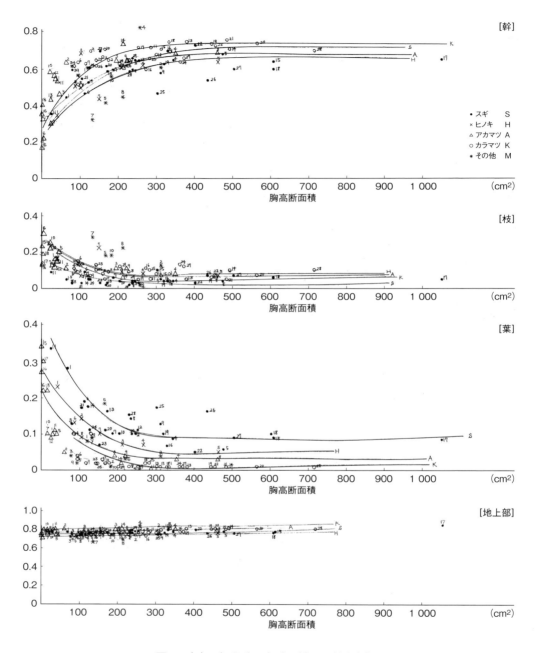

図 5-4(1) 部分重の全重に対する割合(1)

第 5 章 林分調査における地下部の構造の解析

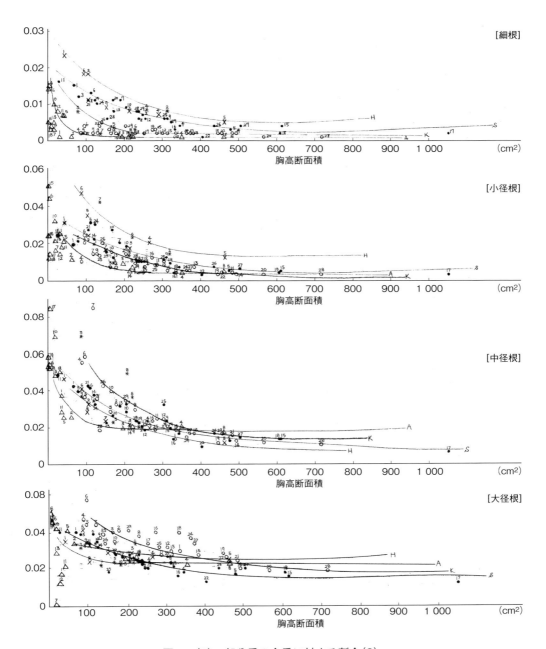

図 5-4(2) 部分重の全重に対する割合(2)

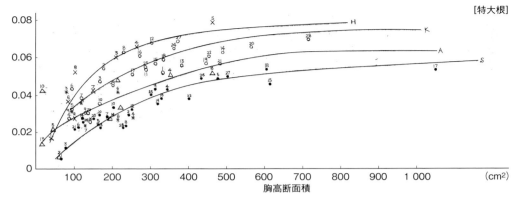

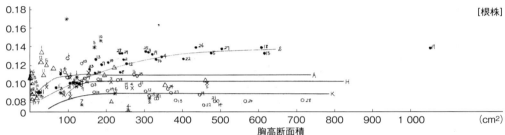

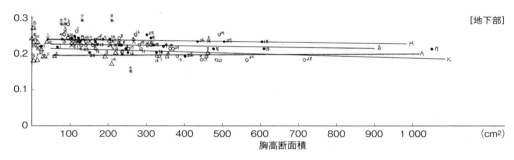

図 5-4(3)　部分重の全重に対する割合(3)

の性質を示す。

　枝の割合は樹種によって異なり、主要樹種の成木安定林分の枝の割合を表 5-11 でみるとアカマツ 7.9％・ヒノキ 7.7％・カラマツ 6.1％・スギ 4.7％でスギは他の樹種に比べて枝の割合が小さい。カラマツは枝の量は多いが、割合はヒノキよりも小さい。これは、カラマツでは幹の割合が大きいことによっている。

　密度比数と枝の割合との関係は表 5-13 のように各樹種ともに密植林分が小さくて、S23 林分とS13 林分の間では 0.3％、S22 林分と S26 林分の間では 3.4％の差があった。この差はカラマツで

は大きくて 8.6％であった。これは陽性のカラマツは枝の成長が密植によって著しく阻害されることを示している。

　葉量：葉の割合は図 5-11 のように林木の成長にともなって漸減して、幹とはきわめて対照的な変化傾向を示した。この傾向は枝でも述べたように毎年更新するために幹のような著しい蓄積がおこらないことと、林木が大きくなると、葉の成長速度が減少する（125 頁参照）ことによっている。林木の成長にともなう葉量比の減少と蓄積部分の増加は生産割合の減少と消費部分の増加を示しており、これらの総合として大径木では成長率の減

表 5-11　成木安定林分における部分重比（％）

樹種	スギ	ヒノキ	アカマツ	カラマツ
林分	S5	H5	A8	K19
幹	67.3	63.5	68.2	73.4
枝	4.7	7.7	7.9	6.1
葉	5.9	5.6	3.7	1.6
地上部 計	78.1	76.8	79.8	81.1
細根	0.3	0.5	0.1	0.2
小径根	0.5	1.2	0.5	0.3
中径根	1.2	1.1	1.1	1.1
大径根	1.7	2.4	2.3	2.8
特大根	4.9	7.9	5.2	5.7
根株	13.3	10.1	10.4	8.8
地下部 計	21.9	23.2	20.2	18.9

胸高断面積：500 cm²。

少がおこる。

　この傾向は樹種によって異なり、胸高断面積500 cm²ではスギが7％・ヒノキ5％・アカマツ2.5％・カラマツ1％程度となり、陽性のアカマツ・カラマツはスギ・ヒノキに比べて葉量比が小さい。S5〜K19林分の葉量比については**表 5-11**参照。

　その他の樹種も含めた割合は、ほぼ**表 5-12**のようになり、モミが19％で最大でスギ・フサアカシア・ヒノキ・サワラの順となって常緑樹は大きい値を示し、カラマツ・ケヤキ・シラカンバ・ヤエガワカンバ・ミズナラなどの落葉樹はこれに比べて著しく小さい値を示した。

　本数密度と葉量比との関係は**表 5-13**のように

密植林分は疎植林分よりも葉量比が各樹種ともつねに小さく、枝とともに葉では競争密度効果によって、葉量割合が減少する傾向が認められた。スギのS23とS13、S22とS26林分の差はいずれも9％、アカマツ・カラマツは2％であった。

2.　地上部と地下部の割合（T/R率）

　幹・枝・葉を加えた地上部の総量に対する割合を胸高断面積との関係でみると図5-4のようになる。この割合はまた地上部と地下部の相対的な関係も表している。

　幹・枝・葉などの各部分については林分によって相違があり、その割合の分散は大きいが、これらを加え合わせた地上部の総量ではこれらの差が相殺されてその分散は著しく小さくなり、地上部重と地下部重の間にはきわめて高い相関関係があることがわかった。

　図5-4で地上部の割合は小径木・大径木を通じて75〜80％でほぼ一定の割合を示した。地下部は20〜25％で図5-4のように地上部とは反対の傾向がみられる。

　S5〜K19林分の成木安定林分の地上部の割合は**表5-11**のようにスギは78％・ヒノキ77％・アカマツ80％・カラマツ81％でカラマツ＞アカマツ＞スギ＞ヒノキの順になった。その他の樹種も含めたものでは、**表5-12**のようにケヤキが85％でもっとも大きくて、フサアカシア・ミズナラなどは70〜71％で小さい値を示したがほとんどの樹種は75〜80％であった。ここでもアカマツ・カラマツはスギ・ヒノキよりもやや大きい傾向がみられたが、その差は小さい。

表 5-12　各樹種の部分重比（％）

樹種	スギ	ヒノキ	アカマツ	カラマツ	サワラ	ユーカリノキ	ケヤキ	モミ	カナダツガ	フサアカシア	ミズナラ	シラカンバ	ヤエガワカンバ
林分	S10	H3	A3	K29	M2	M3	M4	M5	M6	M7	M8	M9	M10
幹	61.2	60.4	64.9	62.2	60.6	61.7	82.0	41.7	61.7	32.0	44.9	56.4	55.2
枝	4.3	9.0	11.5	12.9	12.1	4.6	2.1	1.8	11.8	28.9	22.6	13.0	18.6
葉	10.7	7.0	4.6	1.9	4.9	4.9	0.6	18.6	3.7	9.2	3.1	2.0	1.5
地上部 計	76.2	76.4	81.0	77.0	77.6	71.2	84.7	78.3	77.2	70.1	70.6	71.4	75.3
細根	0.9	0.8	0.1	0.4	0.8	0.8	0.8	0.3	0.5	2.8	0.2	0.2	0.2
小径根	1.8	1.7	0.9	1.4	1.4	4.8	1.0	0.8	2.3	4.2	1.3	1.1	1.4
中径根	2.8	2.1	1.8	34.0	2.1	6.9	2.3	2.2	3.6	10.9	4.9	3.6	3.6
大径根	2.7	2.8	2.5	4.0	2.7	3.0	2.2	2.3	3.3	2.6	2.3	3.3	2.2
特大根	3.3	6.0	2.7	4.5	7.0	4.1	2.7	2.0	4.1	2.3	2.9	3.1	2.6
根株	12.3	10.2	11.0	9.3	8.4	9.2	6.3	14.1	9.0	7.7	17.8	17.3	14.7
地下部 計	23.8	23.6	19.0	23.0	22.4	28.8	15.3	21.7	22.8	29.9	29.4	28.6	24.7

表 5-13　本数密度と部分重比（％）

樹種	スギ				アカマツ		カラマツ	
林分	S23	S13	S22	S26	A10	A11	K18	K24
胸高断面積(cm²)	152	196	419	425	18	32	346	410
密度比数	0.798*	0.598**	1.158*	0.449**	1.243*	0.884**	0.811*	0.538**
幹	69.4	58.2	72.2	53.4	58.3	53.1	74.3	63.2
枝	3.2	3.5	3.8	7.2	13.5	15.9	4.8	13.4
葉	7.0	16.1	5.0	16.0	10.1	11.7	1.5	1.7
地上部計	79.6	77.8	80.9	76.6	81.9	80.7	80.6	78.3
細根	0.6	0.8	0.1	0.4	1.0	0.7	0.2	0.2
小径根	1.5	1.2	0.3	0.7	3.2	1.8	0.4	0.5
中径根	2.2	2.6	0.9	1.5	4.8	3.7	1.3	1.4
大径根	1.8	2.7	1.3	2.0	0.1	2.1	3.9	3.6
特大根	2.7	2.2	3.8	4.9	—	—	5.2	6.5
根株	11.6	12.7	12.7	13.9	9.0	11.0	8.4	9.5
地下部計	20.4	22.2	19.1	23.4	18.1	19.3	19.4	21.7

*　密植林分。
**　疎植林分。

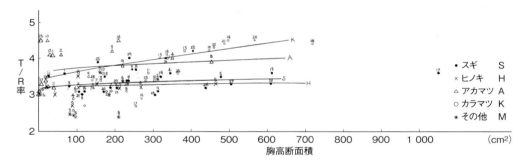

図 5-5　胸高断面積とT/R率（T：地上部重、R：地下部重）

いまT/R率を計算して地上部・地下部重の相対的な細かな動きをみると次のようになる。

T/R率と胸高断面積の関係は図5-5のように各樹種ともに分散が大きくて、その他の樹種も含めた分布巾は2.5～4.5であった。この分散は本数密度・立地条件によるものと考えられる。

この図から大まかな傾向であるが、林木が大きくなると、やや T/R 率が大きくなり、カラマツがスギ・ヒノキ・アカマツに比べてやや大きい傾向がみられた。

a.　林木の成長とT/R率

胸高断面積とT/R率の関係はほとんど直線ないしはきわめて緩やかな放物線状に増加するものと思われる。スギ・ヒノキ・アカマツではほぼ直線の相関がみられたが、カラマツでは小径木でT/R率の増加が著しくて大径木で緩やかな変化がみられた。

いまこのような変化曲線に基づいて各樹種のT/R率の平均的な変化をみると表5-14のようになり、胸高断面積100 cm²から1 000 cm²の増加によってスギはT/R率が0.5・ヒノキ0.3・アカマツ0.4・カラマツ1.3が増加した。カラマツの増加率は他の樹種に比べてやや大きい。このため小径木ではT/R率の順位はアカマツ＞カラマツ＞

表5-14 胸高断面積とT/R率（図5-5より）

胸高断面積 (cm²) 樹種	100	200	300	500	800	1 000
スギ	3.1	3.1	3.2	3.3	3.5	3.6
ヒノキ	3.1	3.1	3.1	3.2	3.3	3.4
アカマツ	3.6	3.6	3.7	3.8	3.9	4.0
カラマツ	3.3	3.5	3.8	4.3	4.5	4.6

表5-15 本数密度比数とT/R率

密度比数 樹種	0.5	1.0
スギ	3.2	4.3
ヒノキ	3.2	3.6
アカマツ	3.7	4.4
カラマツ	3.5	4.8

スギ・ヒノキとなったが、大径木ではカラマツ＞アカマツ＞スギ・ヒノキの順となった。

b. 本数密度とT/R率

別表15における密植林分と疎植林分の地上部重比はスギ・アカマツ・カラマツともに、密植林分が大きくてS23林分とS13林分では1.8％、S22林分とS26林分は4.5％、アカマツは1.2％、カラマツは2.3％の差があった。

この関係を全調査林分についてT/R率でみると図5-6のようになり、スギ・ヒノキ・アカマツ・カラマツともに密度比数が増加するとT/R率が大きくなる傾向が明瞭に認められた。いま図5-6から各密度比数の相違によるT/R率の変化をみると表5-15のようになり、密度比数による増加率はカラマツ＞スギ＞アカマツ＞ヒノキの順で耐陰性が大きいヒノキは、密度による影響が小さくて密度比数が0.5と1.0の差は0.4であった。

c. 土壌条件とT/R率

根系の成長は土壌条件に影響されるために、T/R率も土壌条件によって変化することが考えられる。

土壌型：土壌型とT/R率との関係は図5-7のように、$Er \cdot B_A \cdot Bl_C \cdot Bl_D(d)$などの乾燥土壌型ではT/R率が小さく、$Bl_F \cdot Bl_E \cdot B_E$などの土壌型では、大きくなる傾向がみられた。

しかし$Bl_E \cdot Bl_F \cdot Bl_G$などの過湿土壌型では吸収・生産構造の崩壊がおこりやすく、地上部の葉量・枝量の著しい減少がおこるためにT/R率は小さくなる傾向がある。図5-7でカラマツのK4・K5・K6・K7などの林分は以上のような理由でT/R率が小さくなった。この現象は地上部・地下部の生産構造の崩壊を意味しており、林木の自然枯死に結びつく。

この傾向は樹種によって異なり、耐湿性の強いスギ・ヒノキなどはこのような現象がおこりにく

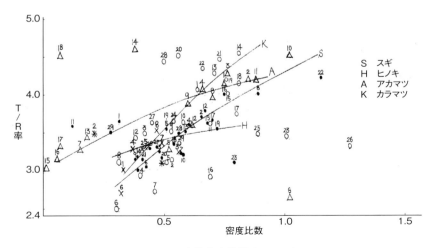

図5-6 本数密度比数とT/R率

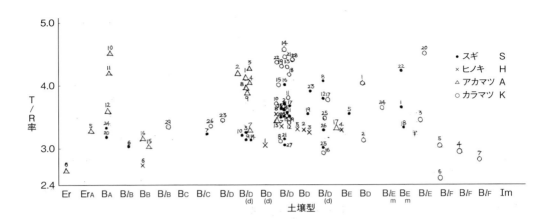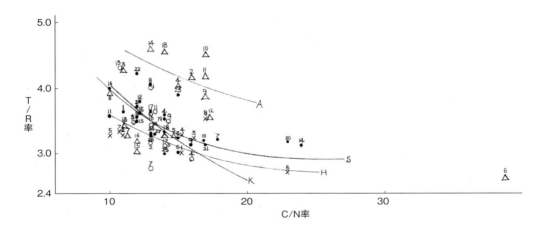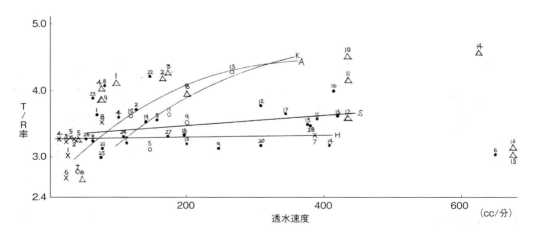

図 5-7(1)　各種の土壌条件と T/R 率(1)

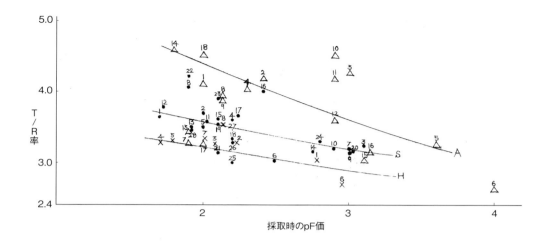

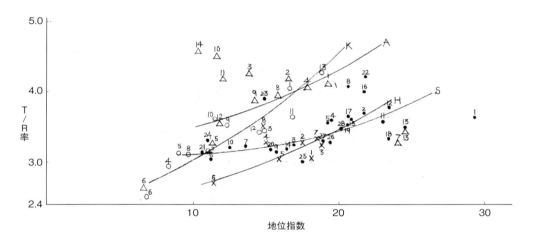

図5-7(2) 各種の土壌条件とT/R率(2)

く、カラマツのような耐湿性の弱い樹種はおこりやすい。

　一般にT/R率が小さくなるB_A型乾燥土壌でアカマツA10・A11林分のT/R率が高い値を示した。これは両林分の密度比数が大きいことに原因している。

　図5-7から代表的な土壌型とT/R率の関係をみると表5-16のように乾燥土壌型は適潤土壌型より小さくて、その差はカラマツ1.2・ヒノキ0.9・アカマツ0.8・スギ0.5で乾燥によってカラマツがもっとも影響され、ヒノキ・アカマツの順となった。

　一方湿潤土壌型との差はカラマツ・アカマツ0.5、スギ・ヒノキ0で、カラマツ・アカマツは水分が多くなるとT/R率がやや減少したがスギ・ヒノキはほとんど変化しなかった。過湿条件ではカラマツは2.7となり適潤条件との間に1.8の差があった。この差は先に述べた枝・葉の枯死にと

表5-16 代表的な土壌型とT/R率（図5-7より）

樹種	乾燥土壌型	適潤土壌型	湿潤土壌型	過湿土壌型
スギ	3.0	3.5	3.5	—
ヒノキ	2.5	3.4	3.4	—
アカマツ	3.2	4.0	3.5	—
カラマツ	3.3	4.5	4.0	2.7

もなう地上部重の減少によっている。

各種の土壌因子は土壌型ときわめて相関が高いので土壌型との関係をみるとこれらの諸因子との関係はほぼ予想されるが、2、3の土壌因子とT/R率との関係をみると次のようになる。

C/N率：C/N率は土壌の化学性を総合的に指標する因子であるがC/N率とT/R率との関係は図5-7のように各樹種ともにC/N率が大きい土壌ではT/R率が減少する。これはC/N率が大きい貧栄養の立地では一般に乾燥土壌が多いことによっている。

図5-7からC/N率とT/R率との関係をみると表5-17のようにC/N率が10～15で急速に減少して15以上ではほぼ一定になるような相関を示した。

表5-17　C/N率とT/R率

樹種＼C/N率	10	15	20	25
スギ	4.0	3.4	3.0	2.9
ヒノキ	3.4	3.3	2.8	2.7
アカマツ	4.5	4.3	3.8	3.6
カラマツ	4.0	3.3	3.0	2.9

C/N率に対するT/R率の変化の程度はスギ・カラマツが大きくアカマツ・ヒノキの順となり、アカマツ・ヒノキはスギ・カラマツよりも土壌の化学性による影響が小さかった。これはアカマツ・ヒノキが貧栄養の立地にも耐える性質と関連して考えることができる。

透水速度：透水速度とT/R率との関係は図5-7のように各樹種ともに透水速度が大きくなるとT/R率が増加する傾向がみられた。透水速度によるT/R率の変化率は樹種によって異なり、カラマツ＞アカマツ＞スギ＞ヒノキの順になってアカマツ・カラマツはスギ・ヒノキよりも透水速度によってT/R率が容易に変化する傾向がみられた。

透水速度が大きい立地は適潤で団粒状構造が発達した土壌が多く、小さい立地は過湿のカベ状構造ないしは乾燥土壌の立地が多い。後者の場合、過湿地では透水速度は小さくなるがT/R率は一般に大きくなる傾向があり（生産構造の崩壊を考えない場合）、図5-7の傾向とは逆になる。一方、前述のように乾燥土壌ではT/R率が小さくなるので図5-7の傾向は、主として乾燥土壌における調査地が選ばれたためと考えられる。

以上のように透水速度が小さい場合にも土壌条件が極端に異なる場合があるので透水速度が小さいときには必ずT/R率が小さくなるとはいえず、透水速度の減少をおこさせている条件によってT/R率は異なる。

採取時のpF価：水分条件がT/R率にもっとも大きく影響していることは上述の説明からも推察できるが、土壌の水分条件を直接指標する採取時のpF価とT/R率との関係をみると図5-7のようになり、各樹種ともに土壌が乾燥してpF価が大きくなるとT/R率は小さくなる傾向がみられた。この関係は他の土壌因子よりも相関が極めて高く、両者の間に密接な相互関係があることがわかった。

いま図5-7からpF価とT/R率の関係をみると表5-18のように適潤条件のpF価2.0ではアカマツ4.4、スギ3.6、ヒノキ3.2でアカマツのT/R率が大きくヒノキは小さいが、pF価3.5の乾燥土壌ではアカマツ3.2、スギ3.1、ヒノキ2.7となり、樹種間の差は小さくなった。

表5-18　採取時のpF価とT/R率（図5-7より）

樹種＼採取時のpF価	2.0	2.5	3.0	3.5
スギ	3.6	3.4	3.2	3.1
ヒノキ	3.2	3.0	2.9	2.7
アカマツ	4.4	4.0	3.6	3.2

pF価の増加にともなうT/R率はアカマツが大きく、pF価2.0と3.5の間におけるT/R率の減少はスギ・ヒノキ0.5に対してアカマツは1.2で2倍以上の減少率を示した。

これはアカマツがスギ・ヒノキよりも、乾燥条件に対して地上部・地下部の量的均衡が変化しやすい性質を示すもので、アカマツが乾燥条件に適する適応力が大きいことに関連して考えられる。

地位指数：以上の土壌条件との関係を総括して、地位指数とT/R率の関係を示すと図5-7のようになり、各樹種ともに地位指数が大きくなる

と、T/R 率は上側にやや凹形の曲線で増加した。

この関係は明瞭で、分散も小さく両者の間には高い相関関係が認められた。

これは主として土壌の水分条件に関連するもので、地位指数が小さい林分は乾燥林分が多く、大きい林分は適潤土壌が多いことによっており、C/N 率のところでも説明したように、過湿のために地位指数が小さい立地では T/R 率が大きくなることが考えられる。このような調査林分が多いと両者の関係は図 5-7 のように、地位指数に対して T/R 率が明瞭には変化しない。

以上の T/R 率の変化に及ぼす各種の条件は、互に相互関係をもつもので、単一の条件で説明することはむずかしく、図 5-6・図 5-7 のように、各種の条件が異なる全調査林分を含めて図示すると、各調査林分によって T/R 率に影響している条件が異なるので分散は大きくなる。

このなかから総括的に T/R 率に大きく影響している因子を上げると本数密度と水分条件で、図 5-8 に示す模式図のように、本数密度が大きくなるほどまた土壌が湿性になるほど T/R 率は大きくなり、逆に疎植・乾燥条件で小さくなる傾向がみられた。

以上のような変化は T/R 率が一定の範囲内での現象で、いかに密植・湿潤土壌であっても T/R 率が 5 以上になることは考えられないし、逆に疎植・乾燥林分であっても 2 以下になることは考えられない。スギ密植林分で B_E 型土壌・大径木の S22 林分の T/R 率は 4.2 であり、アカマツの E_r 型の乾燥土壌で小径木の A6 林分は 2.6 であった。

この点では各因子の T/R 率に及ぼす影響は相乗的なものではなく各因子の両端では因子の相互作用による現れ方が小さくなることが理解できた。

また各因子の T/R 率の関係を直接的な回帰によって理解することは困難である。

以上のように細かくみると T/R 率は本数密度・立地条件によって多少変化したが、密度・土壌条件が中庸の一般林地では T/R 率は 3〜3.5 と見做しても大きな誤差はない。1〜2 年生の苗木の場合にも T/R 率はこれとほぼ同程度の値をとる。林木の成長に関係なく、T/R 率が一定の値を示すことは各成長段階を通じて地上部・地下部の物質配分割合が一定であることに関連して考えられる。きわめて興味が深い。

3. 地下部

細根：全重に対する細根量の割合は図 5-4 のように各樹種ともに小径木で大きくて、林木が大きくなると次第に減少して胸高断面積 400 cm² 程度でほぼ一定となった。

地下部では細根〜大径根でこの傾向がみられ、地上部の葉・枝の割合の変化に対応してこれと同じ傾向で変化した。これは放物線状に増加する地上部の蓄積部分の幹・地下部の特大根〜根株と比較対応されるもので、両者の働きと蓄積がそれぞれ関連することを示しており、林木の成長を解析する上にきわめて興味深い現象である。

地上部でも説明したようにこの細根〜大径根の減少傾向と特大根・根株の放物線状の増加傾向の相違は、各部分の成長特性の相違によっておこるもので、大径根以下の各部分では根量の成長と蓄積が小さいことによっている。

この減少曲線は樹種によって異なり、胸高断面積 100 cm² と 500 cm² の比数をみると表 5-19 のよ

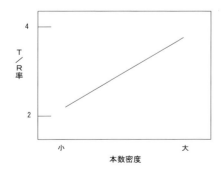
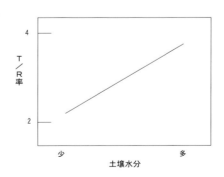

図 5-8 本数密度・土壌水分と T/R 率の関係を示す模式図

表 5-19　胸高断面積と細根量／全重比（％）（図 5-4 より）

胸高断面積(㎠) \ 樹種	スギ	ヒノキ	アカマツ	カラマツ
100	1.3	1.8	0.2	0.3
500	0.3	0.4	0.1	0.2

うに両者の間にヒノキは1.4％、スギ1.0％、アカマツ・カラマツ0.1％の差があり、ヒノキはもっとも変化率が大きい。小径木では樹種間の差が大きくて、1.6％であったが大径木ではその差が小さくなって0.3％であった。

　これは小径木では細根の割合が大きいことと、これに樹種の特性が加味されることによっている。図5-4でスギ・ヒノキは小径木・大径木ともに高い値を示したが、アカマツ・カラマツは小さかった。

　次に各樹種の細根の割合を表5-12でみると、フサアカシアが最大で2.8％、スギは0.9％ヒノキ・サワラ・ユーカリノキ・ケヤキなどは0.8％、アカマツ・カラマツ・モミ・ミズナラ・シラカンバ・ヤエガワカンバなどは小さくて0.1〜0.4％であった。

　密度比数と細根量比との関係を表5-13でみると密植林分のS23・22林分は、いずれも対象林分よりも細根量比が0.2〜0.3％小さいが、これは密度効果によって幹の割合が大きくなることによる相対的な現象である。この関係はアカマツ・カラマツでは明瞭でなかった。とくにアカマツは密植林分の細根割合が大きくなったが、これはA10林分がA11林分よりも林が小さいことによっている。この関係は小径根・中径根についても認められる。

　土壌条件と細根量比との関係をほぼ胸高断面積と密度比数が等しいスギ林分で比較すると表5-20のようになり、各林分ともにB_E〜B_D型の適潤土壌では細根〜中径根の割合が小さく、B_A〜$Bl_D(d)$型の乾燥土壌は逆に大きくなり、大径根から根株の割合が減少した。

　小径根：図5-4からみた主要樹種の小径根比は表5-21の通りで、ヒノキは小径木・大径木ともにスギ・アカマツ・カラマツよりも高い値を示した。胸高断面積500㎠における小径根の割合は、ヒノキ1.2％、スギ0.5％、アカマツ・カラマツ0.4％であった。これはヒノキの小径根の分岐性が大きいことによっている。その他の樹種も含めた場合にはユーカリノキが4.8％、フサアカシア4.2％で大きく、モミ・アカマツ・ケヤキ・シラカンバ・ミズナラ・ヤエガワカンバなどは0.8〜1.4％で他の部分に比べて小径根の発達は悪い。

　図5-4でS6・S24・S20・H6・A6・A10などの林分はいずれも各樹種の平均値よりも高い値を示したが、これらの林分はいずれも疎植・乾燥林分で、細根の場合と同様に、このような条件の林分では小径根の割合が大きくなった。土壌条件との関係は表5-20の通りである。

　中径根：細根・小径根ではヒノキの根量比が他樹種に比べて大きくて、中径根では表5-22のように樹種間の差が小さくなるとともに、その順位も変化し、小径木ではカラマツ＞スギ＞ヒノキ＞アカマツの順であったが、大径木ではアカマツ＞カラマツ＞スギ＞ヒノキの順となった。

　これは中径根では、樹種間の特性が近似することによっている。その他の樹種を含めると、フサアカシアはとくに中径根の割合が大きくて、11％であった。その他ユーカリノキ・ミズナラなどは比較的高い値を示した。アカマツ・ヒノキ・サワラ・ケヤキ・モミなどは小さくて、1.8〜2.3％であった。本数密度と立地条件が中径根比に及ぼす影響は、表5-13のように疎植・乾燥林分では中径根比が大きくなる傾向がみられた。

　大径根：大径根比では図5-4のように細根〜中径根と異なり、減少曲線が緩やかになった。これを細根〜中径根と同様に小径木と大径木についてみると表5-23のようになり、小径木ではカラマツがスギ・ヒノキ・アカマツよりもやや大きい傾向を示したが、その割合は小さく、大径木ではスギが小さい値を示した。この点では中径根と同様に、大径根も樹種間の差が小さい部分である。

　大径根の場合には樹種の特性だけでなくて、林木の大きさによる影響が加わるので、その差をすべて樹種の特性と考えることはできないが、表5-12の通りカラマツ4.0％、シラカンバ・カナダツガ3.3％などが大きく、ほとんどの樹種が2〜3％であった。

表 5-20　土壌条件と根量比

林分	S20	S12	S7	S13	S10	S23	S15	S18
胸高断面積(cm²)	265	267	160	196	208	152	451	554
密度比数	0.482	0.672	0.575	0.598	0.585	0.798	0.682	0.545
土壌型	B_A	Bl_E	Bl_C	Bl_D	$Bl_D(d)$	B_D	Bl_D	B_E
細根	*0.011	**0.006	*0.011	**0.008	*0.009	**0.006	*0.004	**0.002
小径根	0.027	0.010	0.020	0.012	0.018	0.015	0.005	0.004
中径根	0.032	0.018	0.031	0.026	0.028	0.022	0.013	0.013
大径根	0.028	0.020	0.026	0.027	0.027	0.018	0.016	0.018
特大根	0.029	0.032	0.028	0.022	0.033	0.027	0.046	0.054
根株	0.112	0.122	0.121	0.127	0.123	0.116	0.133	0.139

*　乾燥土壌、**　適潤～湿性土壌
根量比は林木の総量に対する各根量の比数。

表 5-21　各樹種の小径根比（％）（図 5-4 より）

胸高断面積(cm²) ＼ 樹種	スギ	ヒノキ	アカマツ	カラマツ
100	2.5	4.0	1.2	1.7
500	0.5	1.2	0.4	0.4

表 5-22　各樹種の中径根比（％）（図 5-4 より）

胸高断面積(cm²) ＼ 樹種	スギ	ヒノキ	アカマツ	カラマツ
100	3.8	3.5	2.3	4.6
500	1.3	1.2	1.9	1.7

表 5-23　各樹種の大径根比（％）（図 5-4 より）

胸高断面積(cm²) ＼ 樹種	スギ	ヒノキ	アカマツ	カラマツ
100	3.2	3.2	3.5	4.2
500	1.8	2.5	2.5	2.5

　大径根比は本数密度によって変化し、図 5-4 で本数密度の大きい S23・S22・S16・S17 林分などはいずれも平均値より低い値を示した。
　一方土壌条件では、表 5-20 のように S20・S7・S10 林分のように乾燥林分ではやや高い傾向がみられた。
　特大根：図 5-4 では細根～大径根と異なり、特大根比は胸高断面積の増加に対して放物線状に増加し、胸高断面積 400～500 cm² 程度でほぼ一定になる傾向が認められ、地下部の蓄積部分としての特徴を示した。
　胸高断面積 200 cm² と 500 cm² における特大根の割合を図 5-4 でみると、表 5-24 のように、比数は小径木ではヒノキ＞アカマツ＞カラマツ＞スギ、大径木では、ヒノキ＞カラマツ＞アカマツ＞スギの順となった。
　ヒノキは小径木・大径木ともに部分重比が大きく、スギは反対に小さい傾向がみられた。
　これは各樹種の根系成長の特性によっており、特大根の割合の多さは、両者の形態の観察からも明らかである（資料 1 参照）。林木の太さがほぼ等しい各樹種の特大根の割合は表 5-12 のようにミズナラ・シラカンバ・ヤエガワカンバなどのナラ・カバノキ類は大きくて 15～18％、カラマツ・サワラ・ユーカリノキ・ケヤキ・カナダツガなどは 6～10％であった。
　本数密度と特大根比との関係を胸高断面積・地位指数がほぼ等しい S26 林分と S22 林分で比較すると表 5-25 のようになり、疎植林分が大きく

表 5-24　各樹種の特大根比（％）（図 5-4 より）

胸高断面積(cm²) ＼ 樹種	スギ	ヒノキ	アカマツ	カラマツ
200	3.0	5.5	4.2	4.0
500	5.0	8.0	5.4	6.5

表 5-25 密度比数と特大根比

区分＼林分	S22	S26
胸高断面積(cm²)	419	42.5
地位指数(%)	21.8	19.4
密度比数(%)	1.2	0.4
特大根比(%)	3.8	4.9

て両者の間に1.1％の差があった。これらのことから密植林分では特大根の割合がやや小さくなることが推察できる。

土壌条件との関係では表5-20のように、特大根の割合は土壌型と関係なく変化して土壌条件によって明らかな相違はみられなかった。

根株：根株の割合は図5-4のように放物線状に増加するが、その増加部分ではアカマツ・ヒノキ・カラマツは胸高断面積150～200cm²の幼齢時に一定になり、スギは300cm²程度で一定になるような変化を示した。

カラマツはむしろやや減少する傾向がみられたが、これは根系の分岐性が著しくて、スギのように根系が塊状にならない性質によっているように思われる。根株比を小径根・大径根についてみると表5-26のように幼齢木ではアカマツ＞スギ＞ヒノキ＞カラマツの順で、杭根が発達するアカマツが最大であったが、大径木ではスギ＞アカマツ＞ヒノキ＞カラマツの順となり、スギが最大で14％であった。これはスギの根株が塊状になることによっている。

先にも述べたように、カラマツは根株付近が明瞭に特大根に分岐する特性をもつのでこれらの根を分岐点で切断すると、残った塊状の部分が小さくなることによっている。

表5-12で根株の割合が大きい樹種はミズナラ・シラカンバ・ヤエガワカンバなどで、これら

表5-26 各樹種の根株比（％）

胸高断面積(cm²)＼樹種	スギ	ヒノキ	アカマツ	カラマツ
100	10.0	9.5	11.0	8.5
500	14.0	10.5	11.5	9.0

の樹種はいずれも根株が15～18％を占めていた。また、この樹種はいずれも根株が肥大して塊状になるもので、先に述べたカラマツの性質と対象的な形態を示した。

根株の割合が小さい樹種はケヤキ・フサアカシア・サワラ・カナダツガ・カラマツなどで、6～9％であった。ケヤキは密度効果による影響が大きい。

本数密度効果によってT/R率がやや大きくなる現象は先に説明した。この効果は細根～根株の全ての部分に表れるが、大径根以上の部分は総量に対する割合が大きいのでこの部分での変化は根量に大きく影響する。このためT/R率に及ぼす本数密度効果は、大根以上の部分の変化で考慮することができる。本数密度が小さくなると根株の比数は大きくなる。

本数密度効果とは反対に立地条件がT/R率に及ぼす影響は、細根～中径根で大きくて大径根以上の部分では小さい。

地上部と地下部の割合がほぼ一定の関係にあることは先に述べたが、地上部の働き部分である葉と地下部の働き部分である細根・小根、蓄積部分としての幹と大径根～根株の部分重比が類似の傾向で変化することは、両者の生産と蓄積がきわめて密接な関係にあることを示している。

(5) 根量の土壌層分布比

細根～根株の全根量の土壌層別分布比（全根量に対する割合）は別表17・18のようになる。またこれを胸高断面積との関係でみると図5-9のようになる。この図からもわかるように、林木の大きさによって根量の分布比が異なるので、これを各土壌層についてみる。

Ⅰ層：Ⅰ層の根量比は図5-9のように小径木で大きくて、林木が大きくなると漸減してさらに大径木になるとやや増加する傾向が認められた。この関係を主要樹種についてみると、表5-27のように小径木では40～60％で、ヒノキ＞スギ・カラマツ＞アカマツの順となった。スギ・ヒノキ・カラマツの間には大きな差はみられなかったが、アカマツはこれに比べてかなり低い値を示した。

胸高断面積500cm²では37～50％で各樹種とも

第 5 章 林分調査における地下部の構造の解析

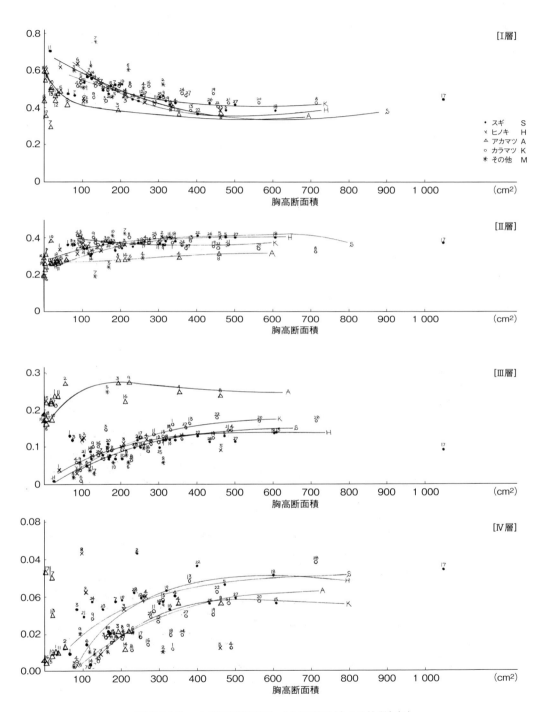

図 5-9(1)　土壌層別根量比（全根重に対する比数）(1)

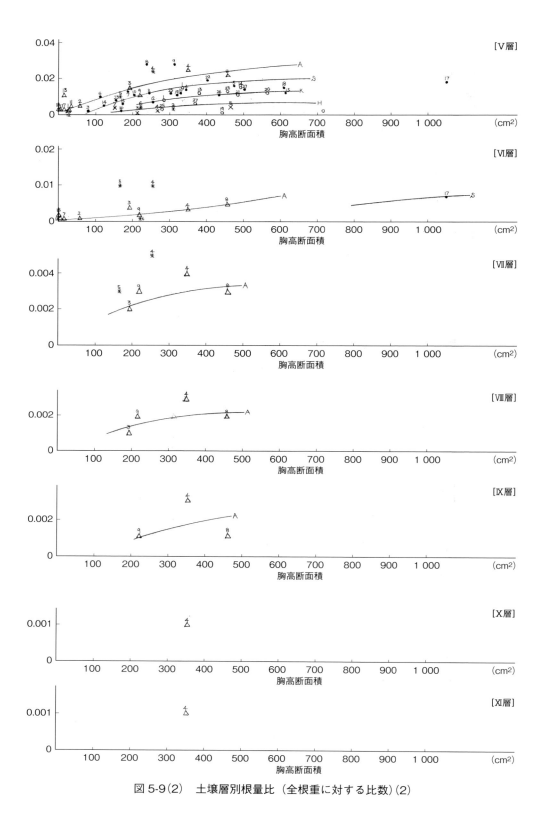

図 5-9(2) 土壌層別根量比（全根重に対する比数）(2)

表 5-27　I層の根量比（％）（図 5-8 より）

胸高断面積(cm²) \ 樹種	スギ	ヒノキ	アカマツ	カラマツ
100	58	60	40	58
500	40	42	37	50
1 000	45	—	—	—

に小径根よりも小さい値を示した。樹種による相違はカラマツ＞ヒノキ＞スギ＞アカマツの順となり、浅根性といわれているカラマツ・ヒノキがスギ・アカマツよりも大きいが、中でもヒノキとスギの間には大きな差がなくてカラマツはこれらの樹種に比べて著しく大きい値を示した。アカマツは37％で最小であったが、これは根量の大部分を占める大径根以上の根株が杭根性で、他の樹種よりも深部に、多く分布することによっている。林木の成長にともなうこれらの比率の減少を胸高断面積 100 cm² と 500 cm² の差でみるとスギ・ヒノキ 18％、カラマツ 8％、アカマツ 3％でスギ・ヒノキは林木の成長にともなって、I層の根量割合が大きく変化したが、アカマツ・カラマツは変化が小さかった。根量の土壌層分布比をその他の樹種も含めてみると、表 5-28 のようになり、フサアカシア・ユーカリノキ・スギ・カラマツ・ケヤキなどは、52〜77％で大きく、アカマツ・モミ・ミズナラなどは小さい値を示した。

本数密度と土壌層別根量比との関係は図 5-9 のスギでみると、高密度林分の S22 林分は比数が小さく、疎植林分は大きい値を示した。

この関係を胸高断面積と土壌条件がほぼ等しい23 の林分について対比すると、表 5-29 のように

なり、疎植林分は密植林分よりも I 層における割合が 3〜6％大きい。これらのことから密植林分では疎植林分よりも根量分布が下層で大きくなることがわかったが、これが根系競争の結果であるかどうかは明らかでない。

また土壌条件との関係では表 5-30 のように B_A 型・Bl_C 型などの乾燥土壌型はいずれもその対象林分よりも I 層での根量比が大きくなった。B_A 土壌型の S20 林分と、Bl_E 型の S12 林分とでは 1.7％の差があった。他の樹種についても同様の相違が認められた。

図 5-9・表 5-27 でスギは胸高断面積 500 cm² では 40％であったが、1 000 cm² では 45％で 5％の増加がみられた。この現象はきわめて興味あるもので根系が土壌中に十分発達したのちにおこる土壌層の選択成長によるものと思われる（186 頁参照）。

II層：胸高断面積と深さ 15〜30 cm の II 層の根量比との関係は図 5-9 のようにカラマツはきわめて緩やかな減少曲線を示したが、スギ・ヒノキ・アカマツは放物線状に増加した。しかしその増加傾向は表 5-31 のようにきわめて緩やかで、胸高断面積 100 cm² と 500 cm² の間の差は 3〜4％で著しく小さい。

この層での比数の大きさはスギ・ヒノキ＞カラマツ＞アカマツの順となり、I層よりもスギの割合が大きくなり、カラマツは減少した。これはスギが好湿性で表層よりも II 層付近で分布が多く、カラマツが好気性で、表層に多い性質のためである。アカマツは杭根性のため、深部に多くてこの層においても分布は少ない。

その他の樹種も含めたこの層の根量分布割合は

表 5-28　各樹種の根量の土壌層分布比（％）

樹種		スギ	ヒノキ	アカマツ	カラマツ	サワラ	ユーカリノキ	ケヤキ	モミ	カナダツガ	フサアカシア	ミズナラ	シラカンバ	ヤエカワガンバ
林分		S10	H3	A3	K29	M2	M3	M4	M5	M6	M7	M8	M9	M10
胸高断面積(cm²)		208	254	198	200	238	177	188	156	211	135	167	118	157
土壌型		$Bl_D(d)$	B_D	$Bl_D(d)$	Bl_B	Bl_D	I_m	Bl_D	Bl_D	Bl_D	E_r	Bl_D	Bl_D	Bl_D
土壌層	I	53.2	50.9	39.3	53.0	53.4	60.8	51.8	46.2	61.7	76.5	46.2	53.5	52.0
	II	34.0	39.0	28.6	36.0	39.2	36.3	29.4	24.7	28.6	19.2	40.8	38.6	41.2
	III	7.9	9.1	28.0	9.8	6.2	2.7	10.1	25.0	6.9	3.4	8.9	7.2	6.3
	IV	3.8	0.9	2.1	1.7	1.0	0.2	0.7	1.5	2.8	0.9	2.1	0.7	0.5
	V	1.1	0.1	1.3	—	0.2	—	2.4	1.2	—	—	—	—	—
	VI	—	—	0.7	—	—	—	1.5	1.4	—	—	—	—	—
	I + II	87.2	89.9	67.9	89.0	92.6	97.1	81.2	70.9	89.7	95.7	89.0	90.1	91.2

表 5-29　本数密度と根量の土壌層別分布比（％）

樹種		スギ				アカマツ		カラマツ	
林分		S23	S13	S22	S26	A10	A11	K18	K24
胸高断面積(cm²)		152	196	419	425	18	32	346	410
密度比数		*0.798	**0.598	*1.158	**0.449	*1.243	**0.884	*0.811	**0.538
土壌層	I	50.6	52.4	37.8	43.1	50.6	48.4	42.6	48.9
	II	36.8	37.4	41.6	40.7	26.9	26.0	40.6	36.8
	III	8.5	7.6	13.1	11.5	22.1	24.0	14.9	12.4
	IV	3.3	2.0	5.6	3.6	0.4	1.1	1.9	1.9
	V	0.8	0.6	1.9	1.1	—	0.5	—	—
	I＋II	87.4	89.8	79.4	83.8	77.5	74.4	83.2	85.7

*　密植林分

**　疎植林分

表 5-30　土壌条件と根量の土壌層別分布比（％）

林分		S20	S12	S7	S13	S10	S23	S15	S18
胸高断面積(cm²)		265	267	160	196	208	152	451	554
密度比数		0.482	0.672	0.575	0.598	0.585	0.798	0.682	0.545
土壌型		B_A	Bl_E	Bl_C	Bl_D	$Bl_D(d)$	B_D	Bl_D	B_E
土壌層	I	48.9	47.2	53.5	52.4	53.2	50.6	39.8	39.1
	II	37.8	37.6	33.7	37.4	34.0	36.8	41.4	40.4
	III	11.0	10.6	7.8	7.6	7.9	8.5	14.0	13.9
	IV	2.1	3.9	3.7	2.0	3.8	3.3	3.6	5.1
	V	0.2	0.7	1.3	0.6	1.1	0.8	1.2	1.5
	I＋II	86.7	84.8	87.2	89.6	87.2	87.4	81.2	79.5

表 5-31　II層の根量比（％）

胸高断面積(cm²) \ 樹種	スギ	ヒノキ	アカマツ	カラマツ
100	35.0	36.0	27.0	39.0
500	40.0	40.0	30.0	35.0

表5-28のように19〜41％で、ミズナラ・ヤエガワカンバ・シラカンバ・ヒノキ・サワラなどが大きくて39〜43％であったが、フサアカシア・モミ・カナダツガなどは19〜29％で小さい値を示した。

II層では本数密度・立地条件による差は小さくて（表5-29・表5-30）I層とIII層の漸移的な性質を示した。

I・II層：表層から深さ30cmのI・II層に含まれる根量は表5-32のように胸高断面積100 cm²では67〜97％、500 cm²では67〜85％の分布がみられた。

この割合はきわめて大きいが、これは大径根〜根株の分布が表層に集まることによっている。その他の樹種も含めたものでは表5-28のようにユーカリノキ・フサアカシア・シラカンバ・ヤエガワカンバ・ヒノキ・サワラなどは90％以上の分布を示し、とくにユーカリノキは大きくて

表 5-32　I・II層の根量比（％）

胸高断面積(cm²) \ 樹種	スギ	ヒノキ	アカマツ	カラマツ
100	93.0	96.0	47.0	97.0
500	80.0	82.0	67.0	85.0

97％であった。この分布割合は土壌条件にも関係するが、以上の樹種が浅根性の特徴を示したことは、根系の形態や風倒などの現象とも合わせ考えて興味が深い。カラマツは89％でヒノキに次いで浅根性の特徴を示した。

Ⅰ・Ⅱ層で小さい割合を示す樹種はアカマツ・モミなどで68〜71％であった。これらの樹種はいずれも杭根性樹種で根量がⅢ層以下に多いためである。

本数密度とⅠ・Ⅱ層の根量比の関係は表5-29のように疎植林分が密植林分よりも3〜4％多く、密植林分は下層に根量の分布割合が大きい傾向が認められた。

同様に土壌条件では胸高断面積・密度比数が類似した林分でも表5-30のように乾燥土壌が適潤性の崩積土よりも表層部で分布割合が多い傾向がみられた（S13・S10林分では土壌層の理化学性の変化のためにこのような結果は明瞭でなかった）。

Ⅲ層以下：Ⅲ層以下の根量比は図5-9のように各樹種ともに胸高断面積に対して放物線状に増加してⅠ層とはまったく反対の傾向を示した。

樹種・立地条件を通じて深さ30 cmを境にして、根系分布がまったく異なるわけで、この深さは林木の根の働きを考える上においてきわめて重要な意味をもっている。

これは深部では大径木ほど根量の分布割合が大きいことを示しているが、大径木になるとその増加率が減少してほぼ一定になるのは、深部では一定の直径までは根系が急速に成長するが、それ以上になると成長率が減少することを示している。このような性質のためにⅢ・Ⅳ・Ⅴ層と深部になるほど胸高断面積─根量曲線は緩やかな増加を示すこととなった。また深部になるほど浅根性のヒノキ・カラマツの根量分布がなくなり、曲線の立ち上り部分は大径木の方向へ移動した。Ⅳ層では小径木のH1林分・S11林分などの分布がなくなり、Ⅴ層では胸高断面積150 cm²以下のヒノキ・カラマツの根量はみられない。一方、主根が深部に発達するアカマツの根量分布は、胸高断面積50 cm²以下の小径木でもⅤ層以下に及び、350 cm²では深さ3 m以上のⅪ層に及んだ。

いまⅢ層以下の根量比をみると表5-33のよう

表5-33　Ⅲ層以下の根量比（％）

胸高断面積(cm²) \ 樹種	スギ	ヒノキ	アカマツ	カラマツ
100	7.0	4.0	33.0	3.0
500	20.0	18.0	33.0	15.0

に、胸高断面積100 cm²ではアカマツが他樹種に比べて著しく大きくて、総根量の33％＞スギ7％ヒノキ4％＞カラマツ3％となり、ヒノキ・カラマツはほとんど大部分の根系が表層から30 cmに分布した。500 cm²では根系の発達によって各樹種間の根量分布差が小さくなり、アカマツ33％＞スギ20％＞ヒノキ18％＞カラマツ15％となってスギ・ヒノキ・カラマツは深部での根量分布比が増加した。この関係はⅠ・Ⅱ層と反対になる。

胸高断面積100 cm²と500 cm²の根量比の増加率はスギ13％・ヒノキ14％・アカマツ0％・カラマツ12％で、スギ・ヒノキ・カラマツは、ほぼ類似した増加率を示したが、アカマツはほとんど増加しなかった。これは図5-9のように、Ⅲ層の曲線が小径木で比較的高い値をとるためで、Ⅳ層以下では他の樹種と同様に、ほぼ類似した放物線を描いた。

Ⅲ層ではアカマツの根量割合が最大で胸高断面積500 cm²で25％であったが、カラマツ・スギ・ヒノキは10〜15％で大きな差はなかった（図5-9）。

Ⅳ層ではスギ＞ヒノキ＞アカマツ＞カラマツとなったが各樹種の間に大きな差はなくて、胸高断面積500 cm²で4〜5％であった（図5-9）。

Ⅴ層ではヒノキ・カラマツなどの浅根性樹種の根量比は小さくなり、深根性のアカマツが最大で2.5％＞スギ1.9％＞カラマツ1.1％＞ヒノキ0.5％となった（図5-9）。

Ⅵ層以下では深根性のアカマツと大径木のスギS17林分の根量分布しかみられず、Ⅶ層以上では杭根性のアカマツのみになった（図5-9）。

本数密度がⅢ層以下の根量比に及ぼす影響は、表5-29のようにⅢ層以下の各層および、各層ともに、密植林分が疎植林分よりも深部での分布割合が大きかった。代表的な密植林分のS22林分と、疎植のS26林分では、Ⅲ層で1.6％、Ⅳ層

で2.0%、V層で0.8%の差があった。この差を疎植のS26林分の比数に対して考えると上層よりも下層のほうが割合として大きいことになる。

土壌条件と根量比では表5-30のように、崩積型の適潤性土壌の立地が乾燥性の残積土よりも下層で比数が大きくて、ほぼ胸高断面積が等しいB_A型土壌のS20林分とBl_E型のS12林分を比較すると、Ⅲ層で0.4%、Ⅳ層で1.9%、V層で0.5%の差があり、Ⅲ～V層の各層でS12林分が高い値を示した。

(6) 各根系区分の土壌層分布比

以上は根系の全量の土壌層分布比であるが、このような関係は各根系区分についても考えられる。

細根：細根について胸高断面積と土壌層分布比との関係を図示すると図5-10のようになり、両者の間に全量でみられたと同様に、Ⅰ層では凹形、Ⅱ層では直線ないしは緩やかな放物線形、Ⅲ層以下では放物線状の変化曲線がえられた。この傾向は全量の場合よりも分散が小さくて明瞭であった。

Ⅰ層について図5-10から胸高断面積100 cm²と500 cm²における根量比をみると表5-34のようになる。胸高断面積100 cm²ではカラマツ78%＞ヒノキ・スギ65%＞アカマツ55%、500 cm²・1000 cm²ではカラマツ＞ヒノキ＞アカマツ＞スギの順となった。小径木ではスギ・ヒノキがほぼ等しくて65%であったが、成木ではその順位が一定して、Ⅰ層ではカラマツ・ヒノキがスギ・アカマツよりも大きく、スギ・アカマツは下層で大きい傾向を示し、全量の分布の傾向と一致した。

全量のⅠ層での割合は胸高断面積100 cm²で40～60%、500 cm²で37～50%であるので小径木・大径木ともに、細根のⅠ層の分布割合が大きい。

これは、細根はその働きから表層に近い有機質に富んだ好気的な条件で成長が良好なことによるためで、他の部分よりも表層に集まる性質が大きいことによっている。

林木の大きさによるⅠ層の分布割合の変化をスギについてみると、表5-34のように胸高断面積100 cm²で65%、500 cm²で38%、1000 cm²で60%で、これを全根量の場合の表5-27の58%・40%・45%に比較すると、細根では減少・増加割合が大きい傾向がみられた。これは細根の成長が大径根よりも各種の条件によって変化しやすいことによっている（図5-10）。

また全根量のところでも説明したように、Ⅰ層における大径木の根量比の増加は根系の土壌層の選択成長を意味するものであるが、この性質は働き部分の細根でもっとも著しい。

Ⅱ層では図5-10のように直線の減少、ないしはきわめて緩やかな放物線状の増加を示す。小径木・大径木ともにその割合はほとんど変らず15～20%であった（図5-10）。

Ⅲ層以下の各層では、全重の場合と同様に放物線状の増加曲線を示す。その分散は小さくて両者の相関関係は全重の場合よりも大きい（図5-10）。

Ⅲ層では各樹種ともに小径木の根量比が著しく減少して、胸高断面積100 cm²程度の林木では10%程度となり、この割合は放物線状に増加して500 cm²では15～20%となった。この割合はスギ＞ヒノキ＞カラマツ＞アカマツの順で深根性樹種・浅根性樹種の分布比の相違は、明らかでなかった（図5-10）。

Ⅳ層では胸高断面積500 cm²でスギ12%・ヒノキ10%・アカマツ8%・カラマツ2%となり、スギ・ヒノキは類似した分布割合を示したが浅根性のカラマツはこの層では他の樹種よりも分布割合が著しく小さくなる。これは4樹種中カラマツの細根がもっとも嫌気的な条件で成長が阻害される性質が大きいことによっている（図5-10）。

V層ではスギ6%・アカマツ4.5%・ヒノキ3%・カラマツ1%となり、この層ではヒノキの分布割合が減少した。深さ90～120 cmのⅣ層では深根性樹種のアカマツ・スギと浅根性のヒノキ・カラマツとの差が明瞭であった（図5-10）。

またこの土壌層では浅根性樹種のカラマツ・ヒノキの小径木の根量分布がなくなった。

以上のような意味では、この土壌層が根系分布および林木の成長に及ぼす生理・生態的役割は大きいといえる。

Ⅵ層以下の各層では、深根性のアカマツの根量分布しか分布せず、その分布はⅪ層に及んだ（図5-10）。

第 5 章　林分調査における地下部の構造の解析

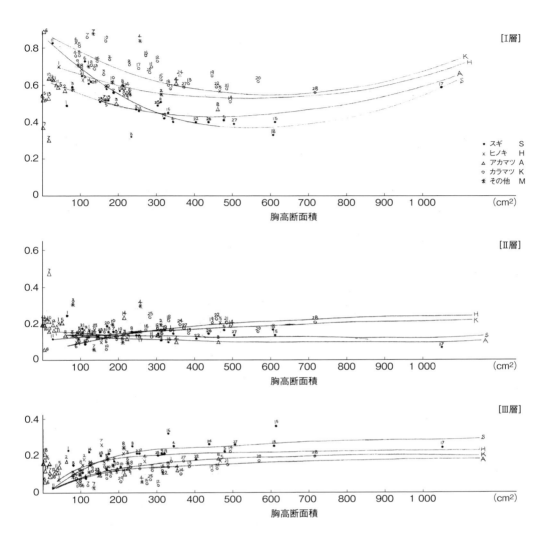

図 5-10(1)　細根の土壌層別根量比(1)

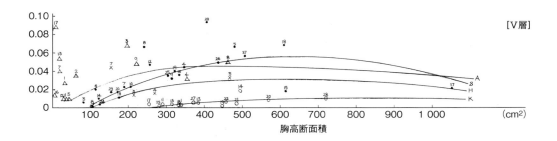

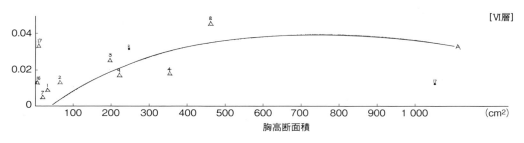

図 5-10(2)　細根の土壌層別根量比(2)

表 5-34　細根の各胸高断面積における I 層の根量比（％）

胸高断面積(cm²) \ 樹種	スギ	ヒノキ	アカマツ	カラマツ
100	65	65	55	78
500	38	52	45	55
1 000	60	65	58	70

　以上のような細根の土壌層別変化は働き部分・成長部分として、直接土壌条件に対応するものであり、各樹種の特徴を直接的に示すもので、根系の成長特性を考える上において、きわめて重要な意味をもっている。（本数密度・土壌条件との対応については根密度のところで述べる）。

　小径根～根株：先に説明したように（図 5-4）、胸高断面積―根量比曲線は根系区分が大きくなるにしたがって、減少曲線から増加曲線へ移行した。このような関係は各土壌層においても考えられるが、いまこの関係を細根の変化曲線がもっとも顕著である I 層の小径根以上の根系区分についてみると図 5-11 のようになり、小径根～特大根の各部分ともに、小径木で根量比が大きくて大径木になるほど減少する傾向が認められた。この減少の傾斜は調査木の直径が大きくなるほど大きくなる。

　いま図 5-11 から平均的な値を示す林分についてみると、表 5-35 のように胸高断面積の増加にともなって、根量比が減少した。小径木の S11 林分と S18 林分の差は細根 49 %・小径根 59 %・中径根 67 % 大径根 89 % で、根系が太くなるほど差が大きくなった。

　これは、小径木では大径根ほど根量分布が表層に偏り、大径木では減少することによっている。

　小径木の S11 林分は、大径木の根量の 99 % が I 層にあって特大根は存在せず、S1 林分では特大根が 100 % になり、S24 林分では 98 % となった。根系の太さが大きくなるにしたがって、I 層の根量の分布割合が大きくなるとともに、その最大値が大径木の方向に移動した。この関係は大径根・特大根で明瞭である。

　このような現象は、根系区分・土壌層分布の両者の組合せとして考えられ、土壌層が深くなると胸高断面積に対して根量比が I 層とは反対に放物線状に増加する。その比数の 0 点は胸高断面積の大きい方向に移動した。

第 5 章　林分調査における地下部の構造の解析

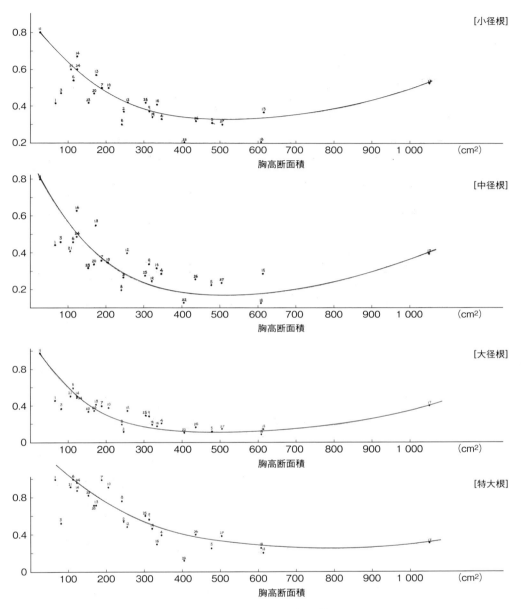

図 5-11　スギ I 層の根量比

　以上のように I 層の根量比は、各根系区分によって異なり、表 5-35 の S11 林分では細根が 83％、小径根・中径根 80％、大径根 99％で細根と大径根では比数が大きく、小・中径根で小さい傾向がみられた。この関係は各林分においてみられたが、林分が大きくなると表 5-35 のように最低値が大径根の方向に移動した。S1 林分では小径根が最低で 42％であったが、S24 林分は中径根で 43％、S4・S18 林分は大径根で 21％と 10％となった。

　これは林木の成長にともなって、深部での大根の根量分布が増加することを示すもので、先に説明した各根系区分の割合が胸高断面積の増加にともなって減少することと合わせて考えると、林分

が大きくなるほど、また根系区分が大きくなるほどⅠ層での比数が減少することがわかった。しかし、細根の分布は、通気や肥沃度などの土壌の性質に影響されるため、各林分ともにⅠ層で小・中径根よりも一般に高い値をとる。次にこの関係をⅢ層についてみると表5-36のようにⅢ層ではⅠ層とは逆に、各根系区分ともに林木が大きくなると放物線状に比数が増加し、また比数の最大値を示す位地が次第に大径根の方向へ移動した。以上の表5-35と表5-36から根量分布は土壌層・林木の大きさ・根系区分によって異なり、小径木の根系は表層に分布が集中するが、林木が大きくなると次第に大径根の割合が下層部で増加することがわかった。

2 根系体積

根量（別表17）と容積密度数（別表21）から各土壌層・根系区分の根系体積が計算できる（別表22・別表23）。

(1) 単木当たり根系体積

樹種によって容積密度数が異なるので、各樹種の根系体積の相対的な関係は、根量とは多少の相違がある。各樹種の林分の単木平均体積は表5-37のようになり、主林木の胸高断面積360～440 cm²では0.09～0.14 m³であった。その他の樹種では0.02～0.09 m³であった。この多さは林木の大きさと容積密度数によって異なり、容積密度数が小さいカラマツ・フサアカシア・ミズナラ・ヤエガワカンバなどは胸高断面積に比べてやや大きい値をとる傾向があったが、容積密度数にはそれほど大きな差がないので、ほぼ根量に比例して変化した。

(2) ha当たり根系体積

ha当たり根系体積もha当たり根量にほぼ比例して変化したが、表5-37に挙げた主要樹種の代表的な林分とその他の樹種のha当たり根系の体積は表5-38のように、林分の平均胸高断面積361～439 cm²のスギ・ヒノキ・アカマツ・カラマツ林分では70～116 m³の根系体積が推定された。

表5-35 林木の大きさとⅠ層における根量の土壌層分布比（%）

胸高断面積（cm²）	林分	細根	小径根	中径根	大径根	特大根
19	S11	83	80	80	99	—
61	S1	50	42	45	47	100
99	S24	63	61	43	50	98
335	S4	41	34	29	21	40
554	S18	34	21	13	10	27
1 042	S17	60	53	41	41	33

表5-36 林木の大きさとⅢ層における根量の土壌層分布比（%）

胸高断面積（cm²）	林分	細根	小径根	中径根	大径根	特大根
19	S11	4	6	5	—	—
61	S1	24	27	22	28	—
99	S24	15	15	29	10	—
335	S4	25	30	30	36	28
554	S18	25	24	34	48	31
1 042	S17	25	26	32	24	25

(3) 林木の大きさと各根系区分のha当たり根系体積

林木の成長にともなう各根系区分の根系体積の変化は図5-12のようになり、細根・小径根・中径根では根量の場合と同様に胸高断面積150〜200cm²で増加の山をもち、その後林木の成長にしたがって減少するような変化曲線を示す、大径根以上では放物線状に増加する。

以上の関係は根量変化とほぼ平行するので、林木の大きさによって根系の平均容積密度数があまり変わらないことを示している。

(4) 根系区分の体積比

表5-37・表5-38で取り上げた林分の根系体積の根系区分比をみると表5-39のようになる。

成長の相違によっても異なるが、主要樹種では細根は0.40〜3.7%でアカマツがもっとも小さく、ヒノキは大きい。小径根は2.2〜6.5%、中径根は5〜9%で、根系が大きくなるにしたがって樹種間の差は小さくなり根株では42〜60%であった。

その他の樹種ではフサアカシア・ケヤキ・サワラなどの樹種は細根・小径根の割合が大きくて細根は6〜14%、小径根は7〜15%であったが、モミ・ミズナラ・シラカンバ・ヤエガワカンバなどは細根・小径根の割合が小さくて根株の割合が大きく、全根系体積の55〜63%を占める。

1. 林木の成長と根系区分の体積比

胸高断面積と根系体積比との関係は図5-13のようになり、細根・小径根・中径根・大径根は林木の成長にともなって根系体積比が漸減したが、特大根・根株では放射状に増加した。

このような根系体積比の変化は根系全体と各部分における成長過程の相違によるもので、林齢が高くなると蓄積部分が根系体積のなかで占める割合が増加するためである。

以上の関係は各土壌層においても同様に認められ、全根系体積中でⅠ層に分布する割合は図5-14のように、林木の成長にともなって漸減する傾向があったが、Ⅱ層以下の土壌層では逆に放物状に漸増する傾向が認められた。

これは小径木では根系の大部分が表層に集まり、下層では小径木の根系分布が減少して大径木の根系分布しか認められなくなることによっている。

いま2、3の林分について、根系体積の土壌層別分布比をみると表5-40のように主要樹種ではヒノキが表層で大きくてⅠ層で47%、カラマツ44%、スギ40%、アカマツ38%で4樹種中アカマツは表層で根系体積比が小さく、下層で多い傾向が明瞭であった。以上の現象は、根系体積の大部分を占める大径根以上の根系がヒノキは表層に多く、アカマツは杭根性で、下層に多いことによっている。表層から深さ30cmのⅠ・Ⅱ層にはスギ81%、ヒノキ88%、アカマツ69%、カラマツ78%が分布した。

ケヤキ・フサアカシア・ユーカリノキなどは径級が小さいことにもよるが、表層での根系体積分布比が大きくて、Ⅰ層での分布比は54〜80%におよび、フサアカシアは80%でその根系体積のほとんど大部分が表層に集中した。

2. 土壌条件と根系体積の垂直分布

土壌条件と根系体積との関係を土壌型でみると

表5-37 各樹種の単木平均体積

樹種	スギ	ヒノキ	アカマツ	カラマツ	サワラ	ユーカリノキ	ケヤキ	モミ	カナダツガ	フサアカシア	ミズナラ	シラカンバ	ヤエガワカンバ
林分	S5	H5	A8	K14	M2	M3	M4	M5	M6	M7	M8	M9	M10
胸高断面積(cm²)	439	427	361	422	238	177	188	156	211	135	167	118	157
根系体積(m³)	0.13	0.13	0.09	0.14	0.07	0.02	0.06	0.03	0.05	0.09	0.06	0.02	0.04

表5-38 各樹種のha当たり根系体積

樹種	スギ	ヒノキ	アカマツ	カラマツ	サワラ	ユーカリノキ	ケヤキ	モミ	カナダツガ	フサアカシア	ミズナラ	シラカンバ	ヤエガワカンバ
林分	S5	H5	A8	K14	M2	M3	M4	M5	M6	M7	M8	M9	M10
胸高断面積(cm²)	439	427	361	422	238	177	188	156	211	135	167	118	157
ha当たりの根系体積(m³)	116.2	91.3	69.7	105.0	34.3	58.4	80.1	55.3	72.1	65.1	10.5	36.3	40.4

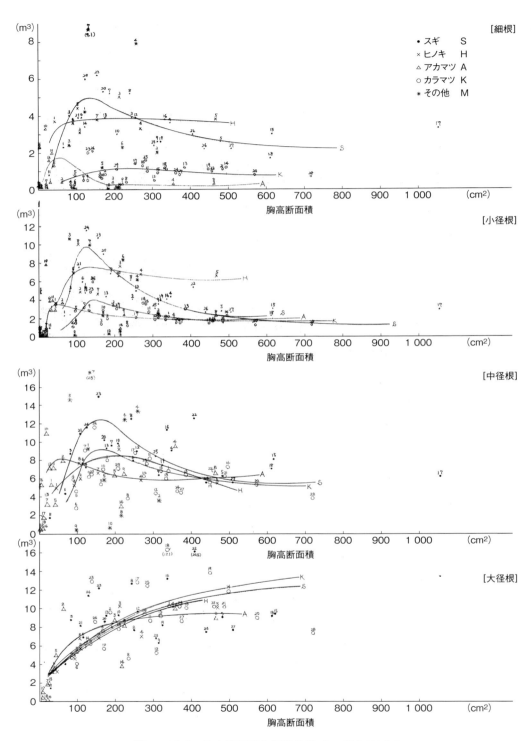

図 5-12(1)　胸高断面積と根系体積（ha 当たり）(1)

第5章　林分調査における地下部の構造の解析

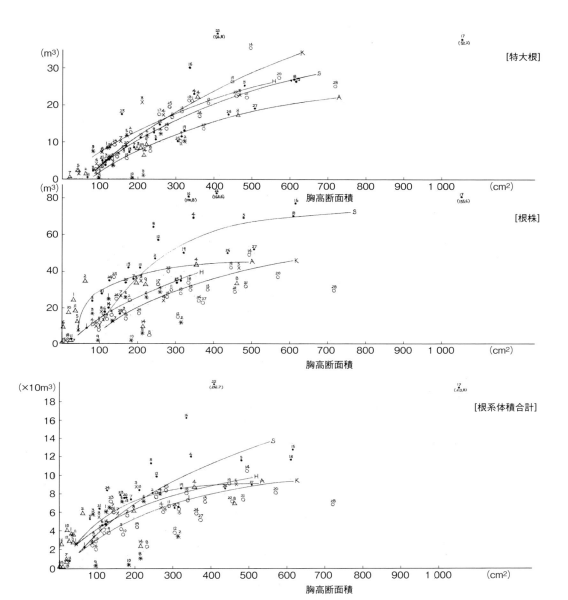

図5-12(2)　胸高断面積と根系体積（ha当たり）(2)

表5-41のようにスギ・カラマツともに適潤土壌では深部で根系体積比が大きく、乾燥・湿潤土壌では表層での根系体積比が大きくて、I層でみるとほぼ同じ大きさの適潤土壌型のS3林分と乾燥土壌型のS24林分とでは、前者が48％、後者が56％で両者の間に8％の差があった。

またカラマツでは、湿潤土壌型（Bl_F型）のK6林分は56％、適潤土壌型（Bl_F型）のK4林分は、径級はK6林分よりも小さかったが53％、乾燥土壌型（Bl_C型）のK26林分は55％で表層の根体積比が湿潤土壌・乾燥土壌でスギよりも著しく大きくなった。

以上のように根系の体積の分布は根量に類似するが、細根・小径根は大径根〜根株に比べて含水率が大きいために容積密度数が著しく小さく、このために細根・小径根が占める体積の割合は根量

表 5-39 各根系区分の体積比

樹種	林分	細根	小径根	中径根	大径根	特大根	根株
スギ	S5	0.023	0.024	0.054	0.078	0.220	0.601
ヒノキ	H5	0.037	0.065	0.054	0.100	0.326	0.418
アカマツ	A8	0.004	0.033	0.093	0.127	0.247	0.494
カラマツ	K14	0.012	0.022	0.069	0.114	0.342	0.441
サワラ	M2	0.058	0.073	0.104	0.121	0.295	0.349
ユーカリノキ	M3	0.042	0.183	0.252	0.101	0.131	0.291
ケヤキ	M4	0.093	0.078	0.167	0.140	0.155	0.362
モミ	M5	0.022	0.042	0.107	0.106	0.089	0.634
カナダツガ	M6	0.033	0.116	0.173	0.143	0.164	0.371
フサアカシア	M7	0.140	0.153	0.384	0.064	0.060	0.199
ミズナラ	M8	0.010	0.055	0.193	0.078	0.093	0.571
シラカンバ	M9	0.010	0.046	0.132	0.110	0.105	0.597
ヤエガワカンバ	M10	0.011	0.074	0.173	0.091	0.100	0.551

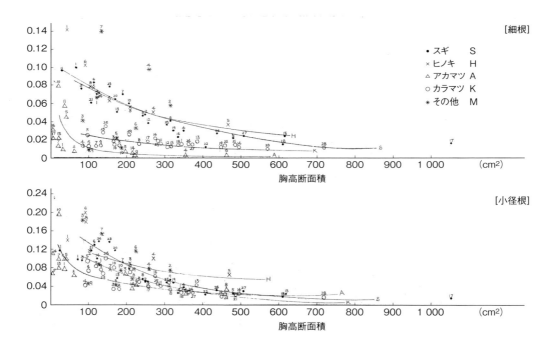

図 5-13(1) 胸高断面積と根系体積比(1)

よりも大きくなった。

また土壌層別の垂直分布では細根・小径根の割合が多い表層部の体積割合は根量の場合よりも大きくなった。

この根系体積は森林を伐採したのち土壌中に残り、腐朽したのちは孔隙となって土壌の理学性に影響するもので、表層では多くの細孔隙ができることとなる（389頁参照）。

第5章　林分調査における地下部の構造の解析

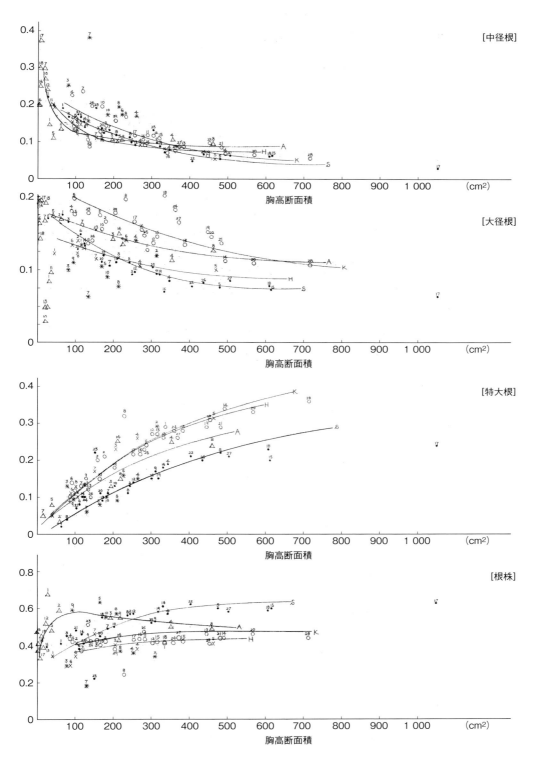

図5-13(2)　胸高断面積と根系体積比(2)

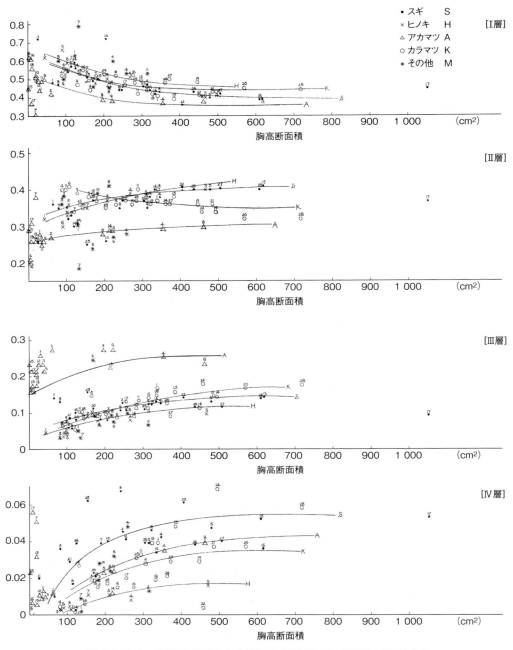

図 5-14(1) 胸高断面積と各土壌層の根系体積比（細根〜根株）(1)

第 5 章　林分調査における地下部の構造の解析

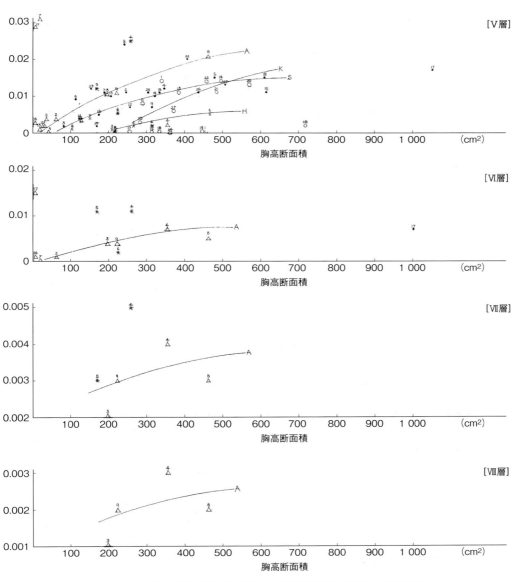

図 5-14(2)　胸高断面積と各土壌層の根系体積比（細根〜根株）(2)

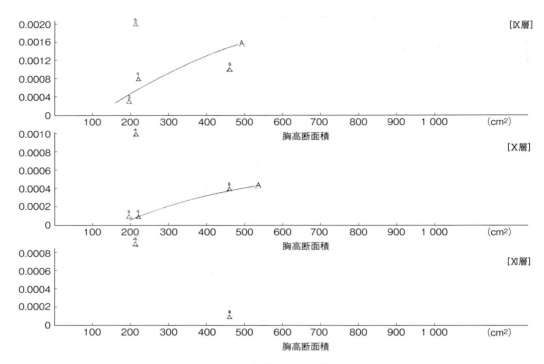

図5-14(3) 胸高断面積と各土壌層の根系体積比（細根～根株）(3)

表5-40 根系体積の土壌層別分布比

樹種		スギ	ヒノキ	アカマツ	カラマツ	ケヤキ	フサアカシア	ユーカリノキ
林分		S5	H5	A8	K14	M4	M7	M3
胸高断面積(cm²)		439	427	361	422	188	135	177
土壌型		Bl_E	B_D	Bl_D	Bl_D	Bl_D	E_r	I_m
土壌層	I	0.400	0.469	0.383	0.435	0.538	0.796	0.606
	II	0.407	0.411	0.308	0.340	0.273	0.162	0.361
	III	0.131	0.099	0.238	0.143	0.100	0.033	0.030
	IV	0.047	0.016	0.039	0.068	0.048	0.009	0.003
	V	0.015	0.005	0.021	0.014	0.025	—	—
	VI	—	—	0.003	—	0.011	—	—
	VII	—	—	0.002	—	0.005	—	—
	VIII	—	—	0.001	—	—	—	—

表 5-41 各土壌型における根系体積の垂直分布比

樹種	スギ						
土壌	適潤土壌			乾燥土壌			
林分	S3	S13	S23	S24	S6	S7	S20
胸高断面積(cm²)	109	196	152	99	105	160	265
土壌型	Bl_D(d)	Bl_D	B$_D$	B$_A$	Bl_A	Bl_C	B$_A$
地位指数	17.0	24.5	15.0	11.0	11.3	13.6	15.4
I	0.478	0.527	0.511	0.563	0.577	0.537	0.490
II	0.353	0.367	0.258	0.310	0.338	0.331	0.372
III	0.131	0.080	0.157	0.084	0.059	0.082	0.113
IV	0.036	0.021	0.062	0.039	0.017	0.039	0.023
V	0.002	0.005	0.012	0.004	0.009	0.011	0.002

樹種	カラマツ								
土壌	湿潤土壌			適潤土壌			乾燥土壌		
林分	K3	K6	K7	K18	K11	K4	K23	K29	K26
胸高断面積(cm²)	183	92	128	346	310	86	141	200	164
土壌型	Bl_E	Bl_E	Bl_F	Bl_D	Bl_D	Bl_F	Bl_D(d)	Bl_B	Bl_D
地位指数	14.8	6.8	11.0	18.4	16.8	8.2	9.5	10.5	9.6
I	0.448	0.568	0.598	0.429	0.423	0.525	0.530	0.534	0.554
II	0.384	0.414	0.346	0.406	0.403	0.408	0.366	0.351	0.355
III	0.149	0.018	0.054	0.146	0.133	0.062	0.104	0.098	0.085
IV	0.019	—	0.002	0.019	0.033	0.005	—	0.017	0.006
V	—	—	—	—	0.008	—	—	—	—

3 根長

単位重量当たり根長(別表 21)に林分の単木平均根重(別表 17)を乗じて林分の単木平均根長(別表 22)を計算し、これから断面積比推定によって、ha 当たり根長(別表 22)を計算した。

(1) 単木平均根長

1. 樹種

根系の部分重比・分岐性・各根系区分の平均直径・容積密度数などの諸性質は樹種によって異なり、したがって根長も樹種によって異なる。いま別表 22 から、ほぼ胸高断面積が類似した主要林木とその他の樹種(胸高断面積不同)の単木平均根長を抜き出して比較すると表 5-42 のように、主要樹種では細根量が多いヒノキが最大で 6.4 km、スギは 4.1 km、カラマツ 3.1 km、アカマツ 1.2 km でアカマツの根長は他の樹種に比べてきわめて小さい。これはアカマツの細根量が他の樹種に比べて少ないことによっている。

その他の樹種ではケヤキの根長が最大で、17.3 km・フサアカシアが 10.5 km で、これよりも胸高断面積が大きいスギ・ヒノキの 2~3 倍の根長を示した。

ケヤキは細根の直径が小さくて、単位重量当たり根長が著しく長く、フサアカシアでは単位根長は短いが細根量が多いために根長が大きくなった。サワラは細根量が多くて、根長はほぼヒノキに類似した。シラカンバ・ヤエガワカンバなどのカバノキ類やミズナラ・カナダツガ・モミなどの根長が前者に比べて著しく小さい。これらの樹種

表5-42 各樹種の単木平均根長

樹種	スギ	ヒノキ	アカマツ	カラマツ	サワラ	ユーカリノキ	ケヤキ	モミ	カナダツガ	フサアカシア	ミズナラ	シラカンバ	ヤエガワカンバ
林分	S5	H5	A8	K14	M2	M3	M4	M5	M6	M7	M8	M9	M10
胸高断面積(cm²)	439	427	361	422	238	177	188	156	211	135	167	118	157
根長(km)	4.1	6.4	1.2	3.1	5.4	2.4	17.3	0.7	2.4	10.5	2.3	0.8	2.0

は細根が疎生型で、根量が少ないことによっている。

一般に根長が大きい樹種ほど根系の広がりが大きくて、広い面積から養・水分を吸収することができるので、耐乾性が大きいと考えられる。ヒノキ・ケヤキ・フサアカシアなどはこの例として上げられるが、アカマツ・カナダツガ・ミズナラ・カバノキ類は耐乾性が大きい割合に根長は短く、これらの樹種については、根長と耐乾性の相関関係を十分に説明できない。

2. 林木の成長と根長

林木の成長にともなって根長が増加するが、これを主要樹種について胸高断面積との関係でみると、表5-43のようになり、スギ・ヒノキ・アカマツ・カラマツともに、胸高断面積の増加にともなって根長が漸増したが、胸高断面積200 cm²（樹種によって異なるが、ほぼ林齢20〜25年）以上では増加率が小さくなって放物線状の増加が認められた。

表5-43 林木の成長と林分の調査木の平均根長

区分	スギ					
林分	S1	S3	S2	S4	S15	S17
胸高断面積(cm²)	61	109	249	335	451	1 042
根長(km)	1.4	2.0	3.1	4.1	4.4	7.4
区分	ヒノキ					
林分	H1	H2	H3	H4	H5	
胸高断面積(cm²)	42	104	254	274	427	
根長(km)	1.6	1.6	3.1	2.8	6.4	
区分	アカマツ					
林分	A1	A2	A3	A4	A8	—
胸高断面積(cm²)	24	63	198	311	361	—
根長(km)	0.1	0.2	0.6	0.8	1.2	—
区分	カラマツ					
林分	K5	K23	K25	K27	K22	K20
胸高断面積(cm²)	90	141	273	363	459	599
根長(km)	0.8	2.0	2.8	2.8	2.6	2.8

これは、小径木では細・小径根の成長が著しいためで、幼齢時における根長成長の急速な増加はこれらの根系の増加に関係している。同様に大径木になると根長成長率が減少するのはこの時代には大径根での成長が大きくなり、細・小径根の成長率が小さくなることによっている。

3. 土壌型と単木の根長

土壌型と林分の単木平均根長との関係は表5-44のようになる。

各樹種ともに乾燥型土壌の林分は湿潤・適潤型土壌に比べて単木当たり根長が大きく、スギでみると胸高断面積がほぼ等しい湿潤性のBl_E型のS12林分と乾燥性のB_A型のS20林分について、前者は2.6 km、後者は4.3 kmで両者の間には著しい差が認められた。またBl_E型のS8林分とBl_B型のS6林分は根長が同じ2.5 kmであったが、胸高断面積は前者が238 cm²、後者が105 cm²であって、同じ大きさの林木として計算すると乾燥土壌のS6林分はS8林分に比べて根長がきわめて大きいこととなる。

ヒノキについても同様で、$B_{D(d)}$型のH6林分は3.6 kmであったがこれよりも直径が大きいB_D型のH2林分は1.6 km、2倍以上の胸高断面積のB_E型のH4林分は2.7 kmでいずれも乾燥土壌のH6林分よりも小さくなった。

アカマツ・カラマツについても同様な傾向が認められ、湿性のBl_E型の胸高断面積410 cm²のK24林分の平均根長は2.9 km、$Bl_{D(d)}$型のやや乾燥土壌のK16林分も2.9 kmで両者の根長は等しかったが、K16林分の胸高断面積は272 cm²であった。

この土壌の乾湿による根長成長の相違はカラマツ・アカマツが大きく、スギは小さい傾向がみられた。

以上の結果から、乾燥土壌では根長が長くなって、広い範囲から養・水分を吸収し、湿った土壌では乾燥土壌に比べて根長成長が短くなって、狭い範囲からの物質吸収が考えられる。乾燥地では

水分不足による吸収能率の低下とともに、養・水分の移動距離の増加にともなうエネルギーの消耗が考えられた。このため、根長が長くなるような条件では吸収能率の低下・吸収物質の移動によるエネルギーの消耗などを加味して考えると適潤土壌よりも根系の生産の効率は悪くなる。

4. 根系区分

以上の全根長を構成する根系区分ごとの根長の割合を表5-42の主要樹種についてみると表5-45のようになる。

全樹種を通じて全根長のなかで、細根長が占める割合はもっとも大きくて、アカマツの59％からケヤキの96％に及んだが、大部分の樹種は80～90％であった。

根量では細根が占める割合は1～5％（**別表19**）に過ぎなかったが、細根は平均直径が細くて容積密度数が小さいために、根長は著しく大きくなり、反対に特大根は小さくなって根系区分の根長の順位は根量の場合とは逆になった。

細根長の割合がとくに多い90％以上の樹種はスギ・カラマツ・サワラ・ケヤキなどで、ケヤキはとくに多くて96％であった。主要樹種ではス

表5-44 土壌型と単木の根長

樹種	スギ							ヒノキ		
土壌	湿潤土壌			乾燥土壌				適潤土壌		乾燥土壌
林分	S5	S8	S12	S24	S6	S7	S20	H4	H2	H6
胸高断面積(cm²)	439	238	267	99	105	160	265	274	104	91
土壌型	Bl_E	Bl_E	Bl_E	B_A	Bl_B	Bl_C	B_A	Bl_E	B_D	$B_D(d)$
地位指数	19.3	20.7	23.4	11.0	11.3	13.6	15.4	15.0	17.6	11.4
単木平均根長(km)	4.1	2.5	2.6	4.1	2.5	5.2	4.3	2.7	1.6	3.6

樹種	アカマツ						カラマツ						
土壌	湿潤土壌			乾燥土壌			湿潤土壌			乾燥土壌			
林分	A3	A7	A9	A6	A12	A11	K3	K11	K12	K24	K26	K16	K17	K23
胸高断面積(cm²)	198	18	228	17	49	32	183	310	297	410	164	271	238	141
土壌型	$Bl_D(d)$	Bl_D	Bl_D	E_r-B	B_A	B_A	Bl_E	Bl_D	Bl_D	Bl_E	Bl_C	$Bl_D(d)$	$Bl_D(d)$	$Bl_D(d)$
地位指数	13.8	24	14.2	6.6	11.8	12	14.8	16.8	14.5	14.8	9.6	12.7	14.7	9.5
単木平均根長(km)	0.6	0.2	0.5	0.2	0.4	0.4	1.4	1.9	1.9	2.9	2.2	2.9	2.1	1.9

表5-45 各樹種の根系区分別根長比（全根長に対する比数）

樹種	林分	細根	小径根	中径根	大径根	特大根
スギ	S5	0.926	0.060	0.009	0.003	0.001
ヒノキ	H5	0.879	0.113	0.005	0.002	0.001
アカマツ	A8	0.586	0.362	0.037	0.010	0.005
カラマツ	K14	0.907	0.071	0.013	0.005	0.004
サワラ	M2	0.908	0.081	0.008	0.002	0.001
ユーカリノキ	M3	0.796	0.185	0.018	0.001	0.000
ケヤキ	M4	0.960	0.034	0.005	0.001	0.000
モミ	M5	0.802	0.161	0.032	0.004	0.001
カナダツガ	M6	0.696	0.269	0.031	0.003	0.001
フサアカシア	M7	0.848	0.125	0.026	0.001	0.000
ミズナラ	M8	0.790	0.165	0.042	0.002	0.001
シラカンバ	M9	0.815	0.150	0.031	0.003	0.001
ヤエガワカンバ	M10	0.769	0.203	0.026	0.002	0.000

ギ93％＞カラマツ91％＞ヒノキ88％＞アカマツ59％となった。

細根長の割合が小さいものはアカマツ・カナダツガなどで60％程度であった。

小径根は6～36％で、アカマツは細根に比べて小径根長の割合が大きく、他の樹種も含めて最大であった。ケヤキはアカマツとは逆に小径根の割合が小さくて3％である。主要樹種ではアカマツ＞ヒノキ＞カラマツ＞スギの順であるが、スギ～ヒノキは6～11％で、アカマツの36％に比べると明らかな差があった。

中径根は1～4％で、全根長のなかで占める割合はきわめて小さい。そのなかでもアカマツ・モミ・ミズナラなどが高い値を示し、ヒノキ・ケヤキ・スギなどは小さい。

大径根長は0.1～1.0％、特大根長は＋～0.5％で大径根以上の根長が全長のなかで占める割合はきわめて小さい。

生態的には細根長の割合が大きいほうが、養・水分吸収の効率が良好で乾燥に耐えることが考えられ、ヒノキ・カラマツ・ケヤキなどについては一応このような考え方でその耐乾性を理解できるが、アカマツ・ミズナラ・ヤエガワカンバなどについては、細根長の割合の大小だけでは十分な説明ができない。

アカマツは細根長は小さいが、根毛の存在や小径根・中径根の発達が吸収構造の広がりを大きくする上に効果をもっているなど、根系だけについてみても樹種によって養・水分の吸収機構に各種の特徴があるので、上述のように細根長の割合だけで林木の水分生理的な相違を説明することはできない。

5. 林木の成長と根長の根系区分比の変化

林木の成長にともなう、各根系区分の全長に対する割合の変化を、スギでみると表5-46の通りで、幼齢・小径木のS11林分は全長の94％が細根であったが、胸高断面積が大きくなると、その割合は減少してS4林分（胸高断面積335 cm²）では92％となり、大径木になると再び増加してS17林分では94％となった。これは大径木では、細根が成長条件が良好な表層部に集中分布して、細根の成長量が増加することによっている。

小径根ではS11林分で6％、S5林分6％、S17林分5％で大径木になると、その割合はやや減少した。

この傾向は大径根になると反対になって、林木の成長にともなって増加する傾向を示した。

以上のような根系区分の相違による林木の成長と根長割合との関係は、根系の成長特性によるもので、幼齢木では大径根の成長に比べて細・小径根の根長成長がさかんで、個体の大きな割合には広い面積から吸収がおこなわれるが、大径木では大径根に比べて細・小径根の成長割合が小さくて、個体重の成長に比べて根系の広がりが小さい。このような根系の成長特性は養・水分の吸収を通じて樹木の成長に大きく影響する。

6. 土壌条件と根長の垂直分布比

土壌条件と全根長に対する土壌層別分布比の関係は表5-47のようになる。

スギ適潤土壌ではⅠ層に総根長の55～63％が分布し、地位指数が24.5でもっとも大きいS13林分は56％、17.0のB$l_{D(d)}$型のS3林分は63％であったが、乾燥土壌では60～72％におよび、林木の大きさによる分布差などを考慮すると、乾燥土壌が適潤土壌よりも4～5％多くて、乾燥土壌

表5-46　林木の成長と根長の根系区分比

林分	S11	S3	S12	S4	S5	S17
胸高断面積（cm²）	19	109	267	335	451	1 042
細根	0.935	0.928	0.928	0.924	0.926	0.942
小径根	0.055	0.063	0.060	0.064	0.060	0.047
中径根	0.008	0.008	0.009	0.009	0.009	0.007
大径根	0.002	0.001	0.002	0.002	0.003	0.003
特大根	−	＋	0.001	0.001	0.001	0.001

では根長分布が表層に偏る傾向が認められた。
　カラマツについても同様で、適潤土壌よりも、乾燥土壌が根長の分布割合が大きく、Bl_D型土壌のK11林分のI層は69％であったが、乾燥土壌型（Bl_B）のK29林分は82％で両者の間に13％の差があった。この傾向はカラマツがスギよりも大きくて、カラマツのほうが乾燥条件に対して根長分布が表層に偏る性質があることが認められた。
　一方、カラマツは湿潤条件において、根長分布が表層に偏ることは明瞭で、先に述べたBl_D型のK11林分のI層の69％に対して過湿土壌のBl_F型のK7林分は84％で両者の間に15％の差があり、根長分布は乾燥・湿潤条件ともに表層に偏った。またこのような条件では両者ともに地位指数が小さく、適潤性のK11林分は17であったが、Bl_F型のK7林分・Bl_B型のK29林分はともに11となった。

　これは両者ともに、根長の大部を占める細根の成長が、下層で制限されることによっている。根長には細根の直径が関係するため、直径が細くなる乾燥林地では根長は大きくなり、とくにこの傾向が著しい表層では根長比が大きくなる。

(2) ha当たり根長

　ha当たり根長は本数密度に影響されるために、単木の場合とは著しく異なる。いま単木の場合に取り上げた**表5-42**の各林分について、ha当たり根長を計算すると**表5-48**のようになる（総調査林分の根長については**別表22**参照）。
　この表でヒノキはもっとも根長が大きく、H5林分はha当たり4 848 km、スギS5林分は3 596 km、カラマツは2 263 km、アカマツは922 kmでヒ

表5-47　各土壌型における根長の垂直分布比

樹種	スギ						
土壌	適潤土壌			乾燥土壌			
林分	S3	S13	S23	S24	S6	S7	S20
胸高断面積(cm²)	109	196	152	99	105	160	265
土壌型	$Bl_D(d)$	Bl_D	B_D	B_A	Bl_B	Bl_C	B_A
地位指数	17.0	24.5	15.0	11.0	11.3	13.6	15.4
I	0.634	0.556	0.563	0.675	0.720	0.611	0.601
II	0.162	0.167	0.182	0.167	0.111	0.180	0.204
III	0.127	0.197	0.165	0.108	0.091	0.135	0.124
IV	0.073	0.073	0.080	0.047	0.062	0.061	0.061
V	0.004	0.007	0.010	0.003	0.016	0.013	0.010

樹種	カラマツ								
土壌	湿潤土壌			適潤土壌			乾燥土壌		
林分	K3	K6	K7	K18	K11	K4	K23	K29	K26
胸高断面積(cm²)	183	92	128	346	310	86	141	200	164
土壌型	Bl_E	Bl_E	Bl_F	Bl_D	Bl_D	Bl_F	$Bl_D(d)$	Bl_D	Bl_D
地位指数	14.8	6.8	11.0	18.4	16.8	8.2	9.5	10.5	9.6
I	0.666	0.799	0.839	0.614	0.685	0.754	0.713	0.824	0.749
II	0.188	0.175	0.132	0.233	0.158	0.155	0.191	0.112	0.151
III	0.132	0.026	0.029	0.137	0.114	0.079	0.096	0.058	0.088
IV	0.014	—	—	0.012	0.040	0.012	—	0.006	0.012
V	—	—	—	0.004	0.003	—	—	—	—

表 5-48 各樹種の ha 当たり根長

樹種	スギ	ヒノキ	アカマツ	カラマツ	サワラ	ユーカリノキ	ケヤキ	モミ	カナダツガ	フサアカシア	ミズナラ	シラカンバ	ヤエガワカンバ
林分	S5	H5	A8	K14	M2	M3	M4	M5	M6	M7	M8	M9	M10
胸高断面積 (cm²)	439	427	361	422	238	177	188	156	211	135	167	118	157
ha 当たり根長 (km)	3 596	4 848	922	2 263	2 574	6 031	22 684	1 458	3 491	7 843	421	138	195

ノキの 1/5 程度であった。この理由は、アカマツでは陽性で本数密度が小さいことにもよるが、その主な原因はアカマツの細根分岐が疎で、細根量が他の樹種に比べて著しく小さいことによっている。

その他の樹種では細根量が多く、単位根量当たり根長が大きいケヤキは胸高断面積がスギ・ヒノキよりも小さいにかかわらず、根長は著しく大きくて 22 684 km、フサアカシアの単位当たり根長は小さい割合に細根量が多くて 7 843 km であった。

一方、ミズナラ・シラカンバ・ヤエガワカンバなどの広葉樹は前者に比べて根長が著しく小さく、138～421 km であった。針葉樹のなかでもカナダツガの根長が比較的大きいのは細根・小径根の分岐が多いためである。

1. 林木の成長と ha 当たり根長

林木の成長にともなって単木の根長は増加するが、大径木は幼齢木に比べて増加率が小さくなって放物線状の増加を示す。一方、大径木の林分では本数密度が減少するので、ha 当たり根長は林分の成長の割合には増加しない。

これを胸高断面積との関係でみると、図 5-15 のようになり、全根長では各樹種ともに胸高断面積 150～200 cm² で一時的に増加を示し、それ以上の胸高断面積では漸減して 300～400 cm² ではほぼ一定となった。これは根量の変化に原因している。

いま図 5-15 から各胸高断面積における ha 当たり根長をみると、表 5-49 のようになった。この調査資料では幼齢のスギ林が最大で 10 000 km、ヒノキは 6 000 km に達した。幼齢林分では樹種間の差が大きくてスギとカラマツの差は 8 000 km に及んだが、これは樹種の根系の特性と本数密度の相違によるものである。成木林ではスギ・ヒノキが 3 500 km、アカマツ 1 000 km でその差は 2 500 km となり、幼齢時代よりも小さくなったが、これは主としてこれらの樹種の細根の分岐特性と細根量の相違によるものである。

胸高断面積と各根系区分別の ha 当たり根長との関係は図 5-15 のように細根・小径根は胸高断面積 100～200 cm² の幼齢時代に、根長の一時的な増加傾向がみられたが、中径根から特大根へ、根系が太くなるにしたがってこの増加の山は小さくなり、大径根では放物線状となり、大径木で根長が減少する傾向はみられなかった。

これは幼齢木では細根・小径根の分岐と成長が旺盛で、壮齢木以上では太根の肥大成長が大きくなることによっている。

このような減少は根量・根長・根系体積・根系表面積の各因子についても認められるが、これはこれらの因子の計算の基礎になっている細根量が幼齢木で大きいことに主な原因がある。

表 5-48・図 5-15 のようなきわめて大きい根長は我々の想像以上のものであるが、白河営林署管内の 25 年生のスギ林分の表土をガソリンポンプを用いて洗い流して根系を露出させた状態は、**写真 8** の通りで、ほとんどマット状に根系が林床に分布しており、根系の長さが大きいことが観察された。

2. 本数密度と ha 当たり根長

本数密度の増加にともなって ha 当たり根長は増加する。いま各樹種の高密度林分における根長を**別表 22** で見ると、**表 5-50** のようにスギは湿潤土壌で 4 000～7 000 km、ヒノキは密度比数 0.57 で 6 000 km、アカマツは乾燥土壌で 5 000～8 000 km、カラマツは乾燥土壌で 5 000～6 000 km であった。

次に同令の密度が異なるアカマツ A10～A12 林分の ha 当たり根長は**表 5-51** のように高密度の A10 林分（密度比数 1.24）は全根長 7 631 km であったが、疎植林分の A12 林分（密度比数 0.62）は 3 764 km で密度比数・根長ともに A10 林分の 1/2 であった。

第 5 章 林分調査における地下部の構造の解析

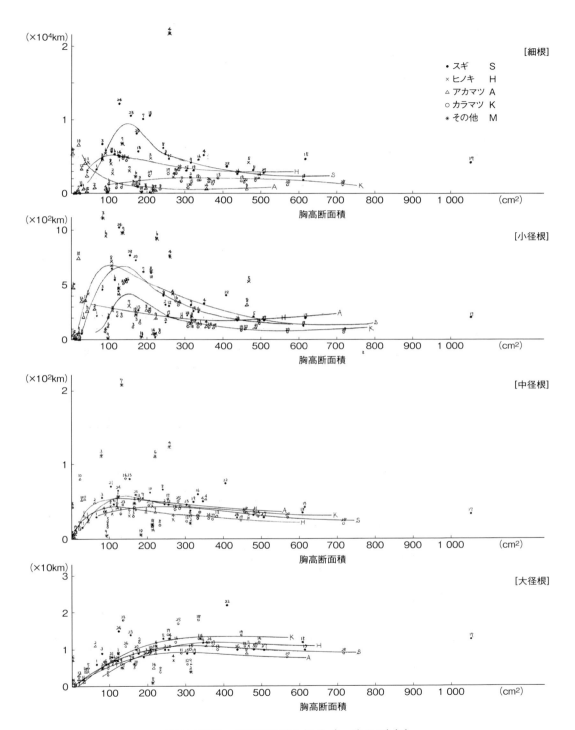

図 5-15(1) 胸高断面積と根長（ha 当たり）(1)

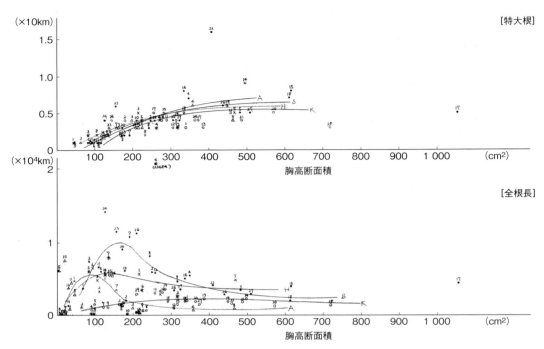

図 5-15(2) 胸高断面積と根長 (ha 当たり)(2)

表 5-49 幼齢林分の最大根長と壮齢安定林分における全根長 (km)

胸高断面積(cm²) \ 樹種	スギ	ヒノキ	アカマツ	カラマツ
100〜200	10 000	6 000	5 000	2 000
400〜500	3 500	3 500	1 000	1 500

表 5-50 高密度林分における ha 当たり全根長

樹種	スギ		ヒノキ	アカマツ			カラマツ	
林分	S8	S22	H5	A6	A10	A11	K23	K26
密度比数	0.90	1.16	0.57	1.27	1.24	0.88	1.03	1.27
土壌型	Bl_E	B_E	B_D	E_r	B_A	B_A	$Bl_D(d)$	Bl_C
全根長(km)	6 859	4 120	4 848	6 114	7 631	4 542	5 510	5 342

　密植の A10 林分の胸高断面積は 18 cm²、A11 林分は 32 cm²、疎植の A12 林分は 49 cm² で、植栽密度によって林木の大きさは著しく相違し、その ha 当たり根量は A10 林分が 18 t、A11 林分 17 t、A12 林分 12 t で、A10 林分は A12 林分の 2/3 であったが、A12 林分は根量の割合に根長は短くて密植・小径木の A10 林分の 1/2 となった。

　スギ密植の S22 林分は 4 120 km で、他の林分に比べて高密度の割合に小さかったが、これは土壌が湿潤で、単位当たり根長が短いことと林木の径級が大きいことによっている。

第5章　林分調査における地下部の構造の解析

スギ林（樹齢25年、胸高直径15 cm、樹高11 m）

スギ林（林床をマット状に覆う根系）

スギの側根の長さ10 m（調査木：林齢25年、胸高直径14 cm、樹高10 m）

フサアカシアの側根（長さ18 m、地表層を横走する。調査木：M7林分　N 0,1　胸高直径16 cm、樹高6 m）

写真8　水洗法による根系調査

表 5-51 本数密度と ha 当たり根長

林分	A10	A11	A12
密度比数	1.24	0.88	0.62
全根長(km)	7 631	4 542	3 764

4　根系表面積

細根～大径根など根系の各部分によって同一表面積でも吸収能率が異なる（321頁参照）ので根系表面積が直接吸収構造そのものを表すとはいえないが、先にも述べた（55頁参照）ように根系の表面積は養・水分吸収構造を表示する一応の指標として用いられる。

このような点で林分の根系表面積分布は重要な意味をもっている。

(1) 単木平均値

根系表面積の単木平均値は表 5-51（96頁）のように根重当たり根系表面積に単木平均根量を乗じて求めたものである。

いま林木の大きさに対する根系表面積の変化を各根系区分ごとに胸高断面積を横軸に、根系表面積を縦軸にとって図示すると図 5-16のようになる。

この図からもわかるように、胸高断面積の増加にともなう根系表面積の変化は根系の部分によって異なり、細根・小径根は胸高断面積 200～300 cm²（林齢20～25年）で、かなり早い時期に根系表面積は一定になるような変化をしたが、大径根から根株へ根系が大きくなるにしたがって増加曲線はS字型となり、胸高断面積が小さいところでの根系表面積の増加の立ち上がり位置が胸高断面積の大きい方向へ移動し、細根から特大根に向かって成長にともなう増加曲線の変曲点の移動に一定の傾向が認められた。

細根～根株の全根系表面積はその大部分を占める細根・小径根の変化曲線に影響されるため、増加曲線は細根・小径根に類似して胸高断面積 200～300 cm² でほぼ一定になり、それ以上胸高断面積が増加しても根系表面積は大きくならなかった。樹種・成長状態などによって異なるが、スギ林分Ⅱ等地では胸高断面積 200～300 cm² は林齢が約 20～25 年に相当し、この時代には単木の連年成長

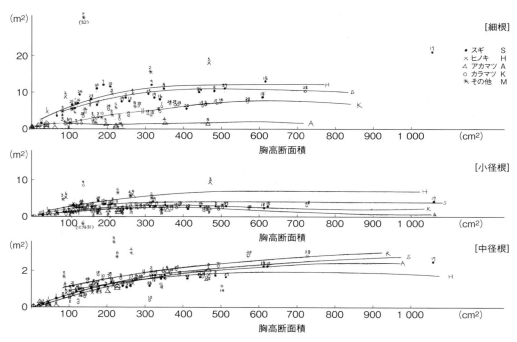

図 5-16(1)　胸高断面積と根系表面積（調査木の平均値）(1)

第 5 章　林分調査における地下部の構造の解析

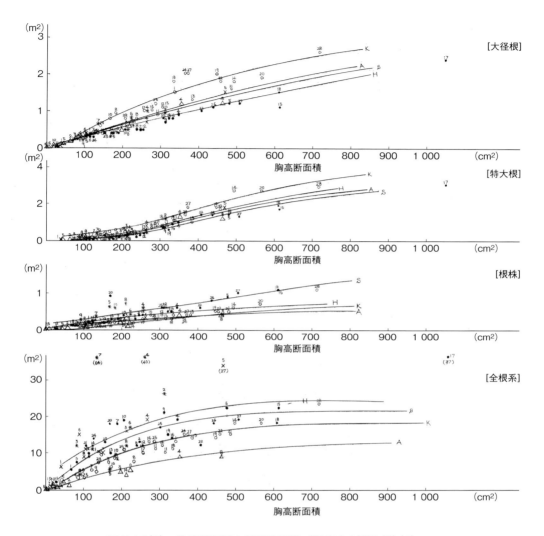

図 5-16（2）　胸高断面積と根系表面積（調査木の平均値）（2）

量が最大になるが、この傾向は根系表面積の増加傾向ともほぼ一致し、とくに細根・小径根の根系表面積の増加傾向と一致した。

　細根～中径根は根端の吸収作用が旺盛な若い組織を多く含み、林木の成長と相関が高く、各部分の吸収能率を一定と考えると、ある胸高断面積までは根系表面積量の増加によって養・水分の吸収量が増加して成長が急速におこることが考えられる。その後、細根表面積は胸高断面積の増加の割合には増加せず、したがって吸収量もその割合にはふえない。一方では林木の非同化部分の増加にしたがって、樹体維持のための同化生産物質の消費がおこるために成長率が減少することが考えられる。

　このような点では吸収に関係する根系表面積（とくに細根表面積）の変化は同化生産量の主体である葉量の変化とともに林木の成長を支配する重要な因子と考えられる。

　高林齢の大径木になると細根～中径根の表面積成長率が減少して、大径根～根株の表面積成長率が大きくなるが、これは主として高林齢になると地上部の支持作用に対する根系の肥大成長が大きくなり、地下部に転流した同化生産物の大部分が大径根～根株の成長に用いられ、幼齢の小径木で

181

は逆に細根・小径根の分岐と成長に利用されることによっている。

また大径木では小径木に比べて根長が著しく大きいために養・水分の移動によるエネルギーの消耗が大きくて根端の分岐・伸長成長が制限されることも考えられる。

調査時の観察においても小径木では比較的多くの細根が認められたが大径木では細根・小径根の着き方がきわめて疎なことが一般に認められた。

根系表面積は同一胸高直径であっても樹種や立地によって異なる。

1. 樹種

胸高断面積に対する各樹種の根系表面積の平均的な変化は図5-16の通りである。これらの調査林分のなかから2、3の代表的な林分について挙げると、表5-52のように細根はヒノキが18.9㎡でもっとも大きく、スギ＞カラマツ＞アカマツの順となる。アカマツは4樹種中もっとも小さくて1.2㎡であった。この関係は小径根についても同様であるが、中径根ではカラマツ＞アカマツ＞スギ・ヒノキ、大径根はカラマツ＞ヒノキ＞アカマツ＞スギ、特大根はヒノキ＞スギ・カラマツ＞アカマツの順となり、各樹種の分岐・成長特性によって大きさの順位が変わった。

各樹種の根系表面積の差は細根が最大で、樹種の特性が明瞭であったが、根系が太くなるほどその差は小さくなった。

根系表面積は単位重量当たりの表面積を根量に乗じたもので、両者ともに大きい場合には単木当たり根系表面積が大きくなるが、一般には単位重量当たり表面積よりも後者の根量差が大きいので、主として根量差によって根系表面積の大きさの順位が決定される。ヒノキの単位当たり根系表面積は他の樹種よりも小さいが、細根量が多いために、根量に影響されて単木の根系表面積は大きくなる。

全根系表面積はヒノキ34㎡＞スギ21㎡＞カラマツ15㎡＞アカマツ9㎡でヒノキが最大で、アカマツが最少であったが、この傾向は根系表面積の大半を占める細根・小径根の多さによっている。（149頁参照）。

次にその他の樹種も含めて胸高断面積がほぼ等しい林分の全根系表面積は表5-53のようにフサアカシアは胸高断面積が135㎠でスギ・ヒノキよりも小さかったが単木当たり全根系表面積は64㎡で、調査木中最大であった。またケヤキは47㎡でフサアカシアに次いで高い値を示した。これらの樹種はいずれも根系表面積の大部分を占める細根・小径根量が多いことによっている。とくにケヤキは細根が細くて単位根量当たり表面積が大きいため細根量はそれほど大きくなかったが（**別表12参照**）根系表面積は大きくなった。

アカマツ・モミ・シラカンバは4～5㎡でスギ・ヒノキの1/3～1/4、ケヤキ・フサアカシアの1/10以下であった。カラマツ・ユーカリノキ・ミズナラ・ヤエガワカンバは10～13㎡である。

以上のように各樹種の根系表面積には大きな差がみられたが、地上部の成長量がそれほど大きな差がないことから考えると、根系表面積当たりの物質生産効率はアカマツ・モミ・シラカンバなどの樹種が高いことが推察できる。

2. 各土壌層における単木の根系表面積

単木の細根～根株までの全根系表面積の土壌層別分布量を胸高断面積との関係でみると**別表22**、**図5-17**のようになる。

Ⅰ～Ⅺ層の各層ともに胸高断面積の増加にともなって根系表面積が増加するが、その傾向は土壌層によって異なり、Ⅰ層では胸高断面積200㎠～300㎠で根系表面積がほぼ一定になる傾向があるが、土壌層が深くなるにしたがって変曲点が大径木の方向へ移動した。

Ⅲ層では放物線（スギ・ヒノキ）ないしは上側に凹形の増加曲線（カラマツ）を示した。

Ⅳ層ではこの傾向は一層著しく、ヒノキ・カラマツなどの浅根性樹種は、深部での根系成長が制限されるために、小径木での根系表面積分布が急速に減少して上側に凹形のS字型曲線を示す。

Ⅴ層では浅根性のヒノキ・カラマツの小径木の根系表面積分布がまったくなくなって、S字型曲線は一層明瞭となる。

Ⅴ層以下になると深根性樹種のアカマツのみが認められる。

以上のような現象は大径木ほど土壌層深部に根系分布が多く、土壌層が深くなると土壌条件の悪化によって深部での根系表面積が急速に減少することを示すもので、これにともなって養・水分の

第5章　林分調査における地下部の構造の解析

表5-52　根系区分別根系表面積（㎡・調査木の平均値）

樹種	林分	胸高断面積(㎠)	細根	小径根	中径根	大径根	特大根	根株	全根系表面積
スギ	S5	439	12.0	3.3	1.8	1.2	1.5	0.9	20.7
ヒノキ	H5	427	18.9	9.6	1.8	1.6	1.8	0.5	34.1
アカマツ	A8	361	1.2	2.8	2.2	1.3	1.2	0.4	9.2
カラマツ	K21	506	7.0	2.2	2.3	1.7	1.5	0.5	15.2

表5-53　各樹種の全根系表面積

樹種	スギ	ヒノキ	アカマツ	カラマツ	サワラ	ユーカリノキ	ケヤキ	モミ	カナダツガ	フサアカシア	ミズナラ	シラカンバ	ヤエガワカンバ
林分	S10	H3	A3	K29	M2	M3	M4	M5	M6	M7	M8	M9	M10
胸高断面積(㎠)	208	254	198	200	238	177	188	156	211	135	214	96	185
土壌型	Bl_D(d)	B_D	Bl_D(d)	Bl_B	Bl_D	I_m	Bl_D	Bl_D	Bl_D	E_r	Bl_D	Bl_D	Bl_D
全根系表面積(㎡)	19.3	16.7	5.1	11.5	26.0	12.0	46.5	5.2	17.0	63.9	12.6	4.2	9.9

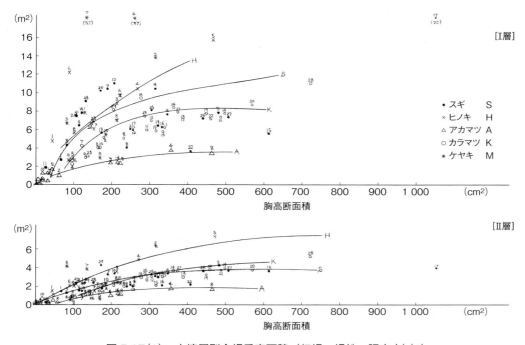

図5-17(1)　土壌層別全根系表面積（細根〜根株・調査木）(1)

吸収量も、小径木と大径木とでは表層部ではあまり差がないが、下層部では著しく相違が認められた。

また以上のような現象から通気・養分ともに良好な表層では、根系表面積差が小さいが通気不良で化学性に乏しい根系の成長に不適当な下層土では、小径木と大径木との間の表面積成長差が大きくなることがわかった。

表層では、根系表面積が比較的早い時代に一定になり、成長にともなってしだいに深部に及ぶ。

根量はⅠ・Ⅱ層で胸高断面積に対してやや上側に凹形の増加曲線を示したが、根系表面積は図5-17のように放物線状の増加傾向を示し、根量とは著しく相違した。これは、根量は太根量に

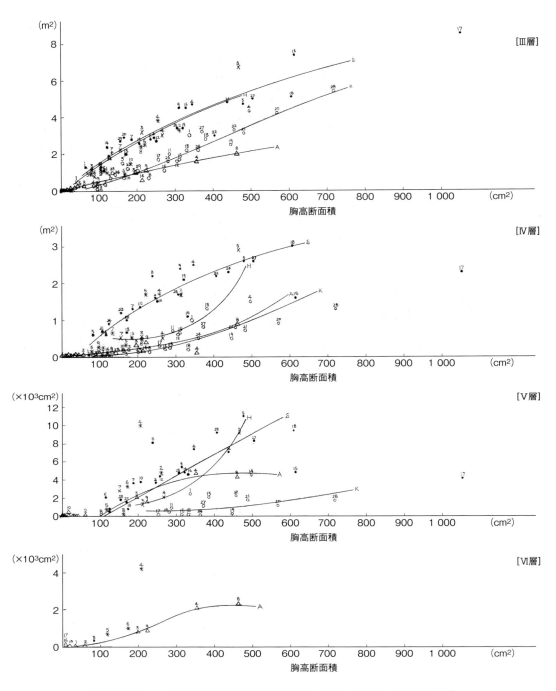

図 5-17(2) 土壌層別全根系表面積（細根～根株・調査木の平均値）(2)

第 5 章　林分調査における地下部の構造の解析

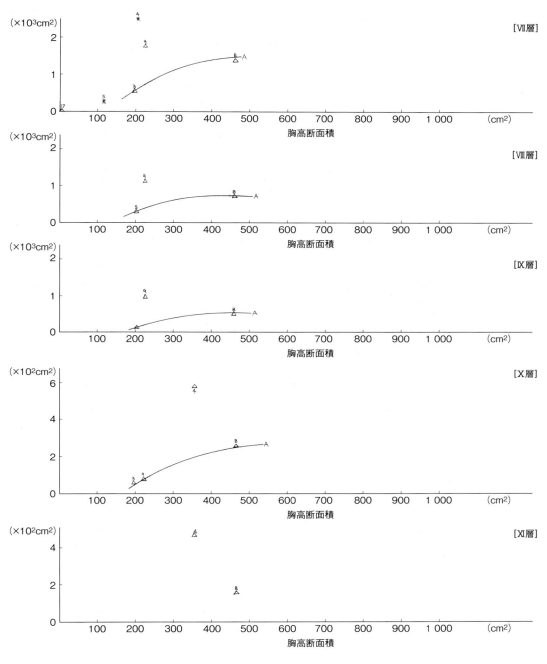

図 5-17(3)　土壌層別全根系表面積（細根〜根株・調査木の平均値）(3)

影響され、根系表面積は細根量に関係することによっている。各層の樹種別分布は胸高断面積500cm²では、ヒノキは14m²・スギ13m²・カラマツ8m²・アカマツ3m²で、アカマツはヒノキの1/5程度の表面積であった。

Ⅱ層ではヒノキ7m²・カラマツ4.5m²・スギ4m²・アカマツ2m²で、Ⅲ層ではスギ5.5m²・ヒノキ5.0m²が大きくカラマツ3.5m²・アカマツ2.0m²の順に小さくなるが、Ⅳ・Ⅴ層と土壌層が深くなるにしたがってカラマツ・ヒノキの根系表面積の減少がおこり、浅根性樹種と深根性樹種の差が明瞭に認められた。

Ⅴ層では深根性のスギは1m²であったが浅根性のカラマツは0.1〜0.2m²で両者の間に著しい相違がみられ、この差は土壌層が深くなるほど大きくなった。

Ⅰ層では早い時期に根系表面積が一定になり（図5-17）、深部で増加率が大きいのは、径級の大小に関わらずⅠ層では根系分布が集中し、下層は大径木の根量が多いことによっている。

3. 根系表面積の土壌層分布比

全根系表面積の総量に対する各土壌層の分布割合は別表26・図5-18のようになる。各樹種ともにⅠ層では小径根の根系表面積分布割合が大きくて、林木が大きくなるにしたがって減少し、大径木になると、わずかではあるが再び増加する傾向がみられた。

この関係を各樹種についてみると表5-54のように、各樹種ともに胸高断面積の増加にしたがって500cm²程度まで分布比が減少したのち、900cm²では再び増加した。この現象はスギで著しくてアカマツでは明らかでなかった。

表5-54　Ⅰ層における各胸高断面積に対する表面積比（％）

樹種＼胸高断面積(cm²)	100	300	500	700	900
スギ	65	40	35	37	40
ヒノキ	60	50	50	53	58
アカマツ	56	41	37	37	38
カラマツ	70	52	49	49	53

このような現象がおこる原因についてはいろいろ考えられるが、幼齢時代には根系分布が浅くて表層に限られ、林木の成長とともに次第に下層での根系分布が増加して、割合としてⅠ層の分布比が減少するが、胸高断面積500cm²程度に成長すると根系が深部にまで達して分布が各土壌層に分布し、その後林木の成長にしたがって根系の成長速度は表層で大きく下層で小さいような、土壌層による成長速度の差が一層大きくなるためと推察される。

この関係を模式図で示すと図5-19のようになる。

この図で、小径木では全体に成長は旺盛で、表層の根系の成長速度Aと下層のBとは一定の関係で表層と深部へ根系が広がって中径木の状態になるが、中径木以上では全体に林木の成長速度が衰えるとともに、成長条件が良好な表層での成長速度A'と下層の成長速度B'との差は幼齢時代よりも大きくなってA−B＜A'−B'となり、大径木になるとこの差は一層大きくなる。このため中径木で減少したⅠ層の分布比は大径木になると再び表層で大きくなる。根系の選択成長が認められる。

表5-54のⅠ層の表面積分布比から、ほぼこの割合で養・水分の吸収がおこると考えると、幼齢木（胸高断面積100cm²）では総吸収量の半分以上の60〜70％が深さ0〜15cmのⅠ層から吸収され、中径木（500cm²）では35〜50％がこの層から吸収されていると考えることができる。この数字からみると、Ⅰ層が吸収に果たす役割は大きく、その土壌の良否によって吸収量と成長が著しく影響されることが考えられる。

表層の土壌の良否によって林木の成長が影響されやすいのはこのような根系の吸収構造の仕組みによっている。

Ⅰ層における根系表面積の多さの順位は幼齢木ではカラマツ＞スギ＞ヒノキ＞アカマツの順であったが、大径木ではヒノキ＞カラマツ＞スギ＞アカマツとなった。幼齢木ではスギは深根性であるがヒノキよりも分布割合が表層で多く、大径木では根系分布に関する樹種の性質が明瞭となり、浅根性のヒノキ・カラマツが表層部に多くてスギ・アカマツは小さくなった。この点では、幼齢木の根系分布から深根性・浅根性などの根系の分布特性を決めることはできない。

第 5 章　林分調査における地下部の構造の解析

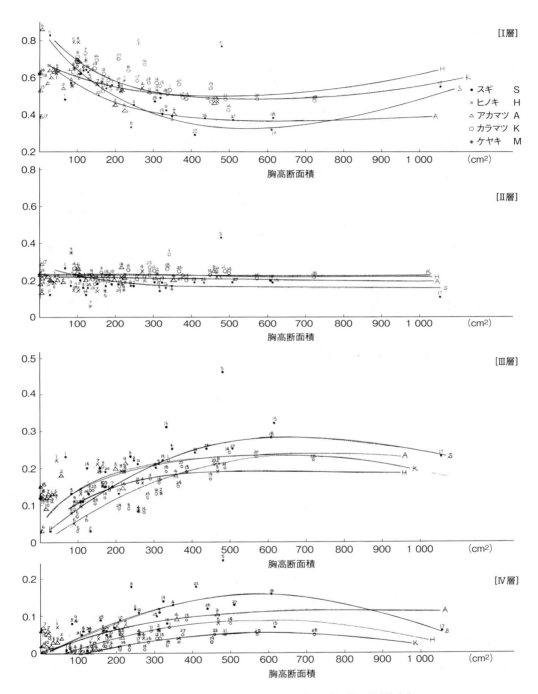

図 5-18(1)　土壌層別全根系表面積比（細根〜根株）(1)

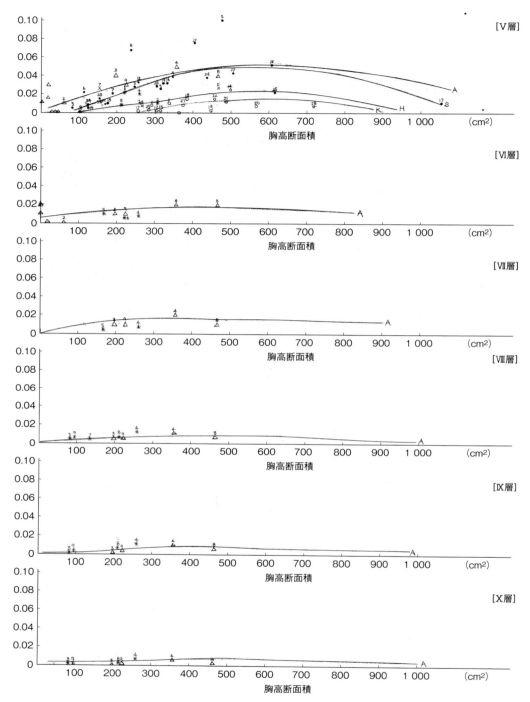

図 5-18(2) 土壌層別全根系表面積比（細根～根株）(2)

第5章　林分調査における地下部の構造の解析

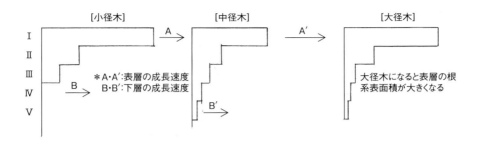

図 5-19　根系の選択成長における根系表面積比の相違を示す模式図

　各樹種の表面積分布比の差は、小径木では胸高断面積 100 cm² では 14％であったが、900 cm² では 20％となり、大径木になると樹種間の差が大きくなる傾向がみられた。これも幼齢時代には各樹種ともに分布特性が類似するが、壮・高齢木ではこれらの性質差が明瞭になることを示している。

　Ⅱ層ではスギは胸高断面積に対してやや減少曲線を示した（図 5-18）が、他の樹種ではほぼ直線的に変化し、その減少率も小さくて林木の大きさによって根系表面積分布比の差はほとんどみられなかった。

　胸高断面積 500 cm² での根系表面積比はヒノキ・カラマツ 22％、アカマツ 20％、スギ 17％で（図 5-18）樹種間に大きな差はなかった。

　Ⅲ層では図 5-18 のように、各樹種ともに胸高断面積—根系表面積比曲線は放物線状の増加を示し、Ⅰ層の減少曲線とはまったく傾向を異にした。

　これは根系表面積分布でも述べたように、小径木と大径木の根系分布差が深部ほど大きいことによるもので、小径木では深部で根系分布がきわめて少なくて、大径木では多いことによっている。

　このような変化曲線の性質の相違は、主として土壌の性質の変化によるもので、深さ 30 cm 程度を境にして急速に根系の生育条件が変化するとともに、根系分布もこれにともなって変化することを示している。すなわち、先に述べた根系の選択成長はこの層を境としておこり、深さ 30 cm 以上とそれ以下では根系の成長がまったく異なることが推察できた。

　Ⅲ層では胸高断面積 500 cm² でスギ 27％、アカマツ 23％、カラマツ 22％、ヒノキ 19％でこの層では浅根性のカラマツ・ヒノキは深根性のスギ・アカマツよりも根系表面積比が小さくなった。

　Ⅳ層以下ではⅢ層とほぼ同様に大径木ほど表面積割合が大きい傾向が認められたが、Ⅴ層以下になると浅根性のヒノキ・カラマツの根系分布がみられなくなり、Ⅵ層以下ではアカマツの分布しかみられなかった。

　以上の関係を径級の異なる林分についてみると表 5-55 のようになり、スギについてみると幼齢の S11 林分のⅠ層の根系表面積比は 83％、13 林分（196 cm²）は 55％、S18 林分（554 cm²）は 30％と径級の増加にともなって減少したが、1 042 cm² の S17 林分では 55％に増加し、根系の土壌層選択成長現象が認められた。

　表層から 30 cm のⅠ・Ⅱ層では、スギは総根系表面積の 50〜96％・ヒノキ 69〜93％・アカマツ 57〜82％・カラマツは 69〜97％が分布し、胸高断面積 500 cm² 程度の中庸の林分では表 5-56 のように、浅根性のヒノキ・カラマツはⅠ・Ⅱ層に総根系表面積の 69％が、アカマツ・スギは 57〜58％が分布し、両者の間に 10％の差があることがわかった。

　以上の根系表面積の垂直分布比から成木では養・水分の総吸収量の 60〜70％が地表から 30 cm の間にあり、Ⅲ層以下の深部では残りの 30〜40％が吸収され、深部では吸収量が少ないことがわかった。

　林木の成長が表層土壌の良否によるところが大きいのは、養・水分吸収に関係する以上のような吸収構造の相違によるものである。

表 5-55 各樹種の調査林分の根系表面積の垂直分布比

樹種	スギ						ヒノキ				
林分	S11	S13	S17	S18	S19	S26	H1	H2	H3	H4	H5
胸高断面積(cm²)	19	196	1 042	554	345	425	42	104	254	274	425
Ⅰ	0.834	0.548	0.554	0.300	0.403	0.384	0.703	0.628	0.531	0.546	0.470
Ⅱ	0.129	0.178	0.113	0.203	0.199	0.197	0.222	0.225	0.216	0.259	0.218
Ⅲ	0.037	0.196	0.232	0.281	0.224	0.258	0.075	0.139	0.193	0.157	0.199
Ⅳ		0.068	0.063	0.164	0.142	0.123		0.008	0.052	0.027	0.086
Ⅴ		0.010	0.027	0.052	0.032	0.038			0.008	0.011	0.027
Ⅵ			0.011								
Ⅰ+Ⅱ	0.963	0.726	0.667	0.503	0.602	0.581	0.925	0.853	0.747	0.805	0.688

樹種	アカマツ					カラマツ					
林分	A1	A2	A3	A4	A8	K6	K10	K11	K13	K20	K28
胸高断面積(cm²)	24	63	198	311	361	92	163	310	367	599	645
Ⅰ	0.607	0.548	0.455	0.411	0.377	0.705	0.620	0.518	0.488	0.486	0.479
Ⅱ	0.209	0.198	0.202	0.201	0.192	0.261	0.236	0.236	0.207	0.216	0.227
Ⅲ	0.135	0.187	0.196	0.184	0.217	0.034	0.124	0.176	0.196	0.238	0.229
Ⅳ	0.036	0.047	0.071	0.073	0.108		0.020	0.062	0.094	0.053	0.058
Ⅴ	0.011	0.015	0.040	0.052	0.047			0.008	0.015	0.007	0.007
Ⅵ	0.002	0.005	0.017	0.024	0.025						
Ⅶ			0.010	0.020	0.015						
Ⅷ			0.006	0.013	0.008						
Ⅸ			0.002	0.011	0.006						
Ⅹ			0.001	0.006	0.003						
Ⅺ				0.005	0.002						
Ⅰ+Ⅱ	0.816	0.746	0.657	0.612	0.569	0.966	0.856	0.754	0.694	0.702	0.706

表 5-56 各樹種のⅠ・Ⅱ層の全根系表面積比

区分＼樹種	スギ	ヒノキ	アカマツ	カラマツ
林分	S26	H5	A8	K13
胸高断面積(cm²)	425	425	361	367
Ⅰ・Ⅱ層の全根系表面積比(%)	58	69	57	69

4. 各樹種の根系表面積の垂直分布

各樹種の代表的な林分について土壌条件と細根表面積の垂直変化をみると図5-20のようになる。

林分によって採取時の土壌水分・空気・炭素・窒素・C/N率・pF価に相当な差があったが、細根表面積分布は各樹種の特性を示し、カラマツ・ヒノキ・ケヤキは表層に分布が集中し、スギは心土で細根表面積分布が多く、アカマツも深部に多くて分布が深さ3mにおよび、モミ（M4）はⅢ・Ⅳ層の深部での分布が多かった。

このような各樹種の吸収構造の特性は先に発表した研究［苅住 1957a、1958b・1959c］からも推察できる。

いま別表22の林分の細根表面積と深さ0～30 cmにおける分布比をみると表5-57のようになり、上記の関係が明瞭に認められた。

5. 本数密度と吸収構造

本数密度による吸収構造の変化を表5-58のよ

第 5 章　林分調査における地下部の構造の解析

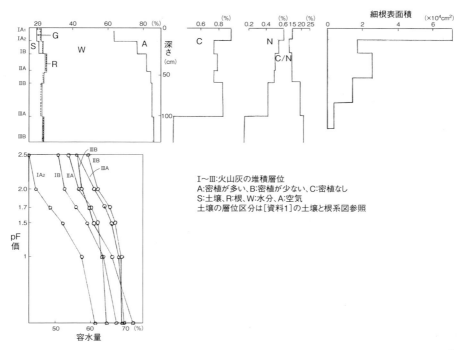

図 5-20(1)　土壌の理化学性と細根表面積　細根表面積の垂直分布［スギ・S9 林分］　*

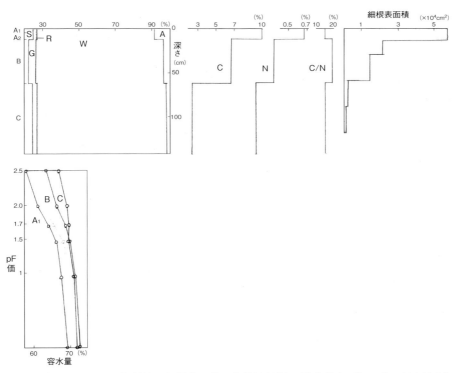

図 5-20(2)　土壌の理化学性と細根表面積　細根表面積の垂直分布［ヒノキ・H4 林分］

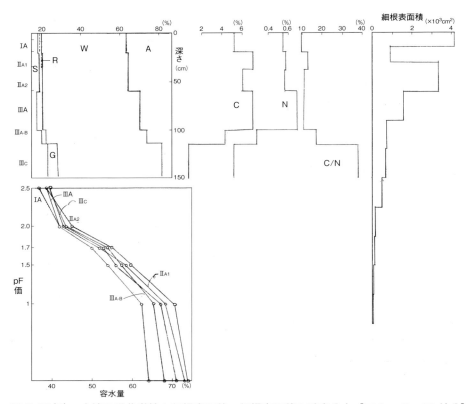

図 5-20(3)　土壌の理化学性と細根表面積　細根表面積の垂直分布　[アカマツ・A8 林分]

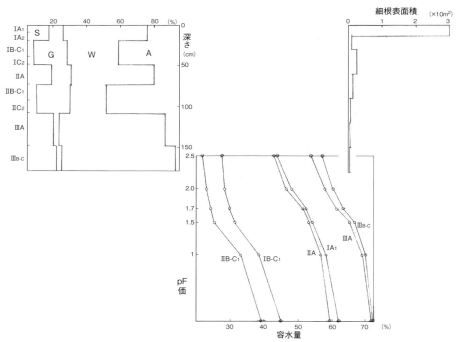

図 5-20(4)　土壌の理化学性と細根表面積　細根表面積の垂直分布　[ケヤキ・M4 林分]

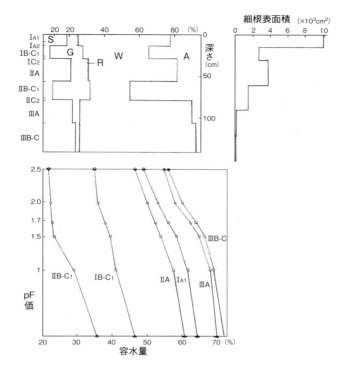

図 5-20(5) 土壌の理化学性と細根表面積 細根表面積の垂直分布 [モミ・M5 林分]

表 5-57 根系表面積とその分布比 (%)

樹種	スギ	ヒノキ	アカマツ	カラマツ	ケヤキ	モミ
林分	S9	H4	A8	K13	M4	M5
根系表面積 (㎡・単木平均値)	21	19	9	15	46	5
深さ 0～30 cm の分布比	64	80	57	69	84	71

うに疎植林分として密度比数 0.45～0.48 の S26・S27 林分、密植林分として密度比数 0.90～1.16 の S8・S22 林分についてみると表 5-58 のようになる。

疎植林分ではⅠ・Ⅱ層の表層の全根系表面積比が 83～85％ であったが、密植林分では 49～50％ で、疎植林分は根系表面積が表層に偏り、密植林分は深部で多くなった。Ⅰ・Ⅱ層における疎植林分と密植林分の根系表面積分布の差は 40％ におよび、密植林分は疎植林分よりも深部に吸収構造が偏っていた。

いま表 5-58 の林分の単木の平均根系表面積の垂直分布を土壌の諸性質との関係で図示すると図 5-21 のようになり、細根表面積においても全根系表面積でみられたと同様の傾向が認められた

表 5-58 スギ疎植林分と密植林分の吸収構造の変化および根系表面積比

区分		疎植林分		密植林分	
林分		S26	S27	S8	S22
本数密度比		0.449	0.475	0.898	1.158
土壌層	Ⅰ	0.384	0.376	0.339	0.295
	Ⅱ	0.197	0.190	0.171	0.195
	Ⅲ	0.258	0.256	0.235	0.247
	Ⅳ	0.123	0.135	0.187	0.187
	Ⅴ	0.038	0.043	0.068	0.076

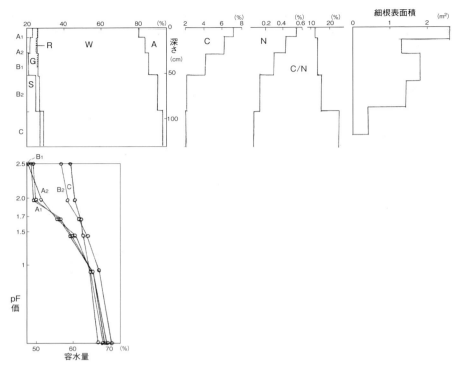

図 5-21(1)　土壌の理化学性と細根表面積　本数密度と細根表面積［スギ・S8・密植林分・密度比数 0.9］

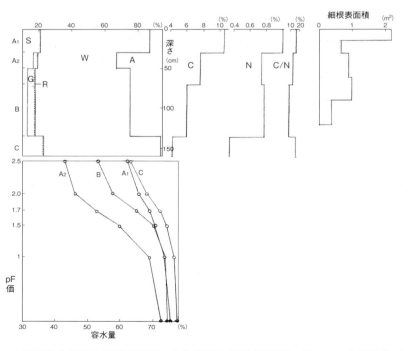

図 5-21(2)　土壌の理化学性と細根表面積　本数密度と細根表面積［スギ・S22・密植林分・密度比数 1.2］

第 5 章 林分調査における地下部の構造の解析

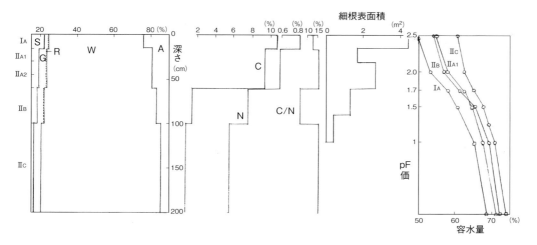

図 5-21(3) 土壌の理化学性と細根表面積　本数密度と細根表面積 [スギ・S26・密植林分・密度比数 1.3]

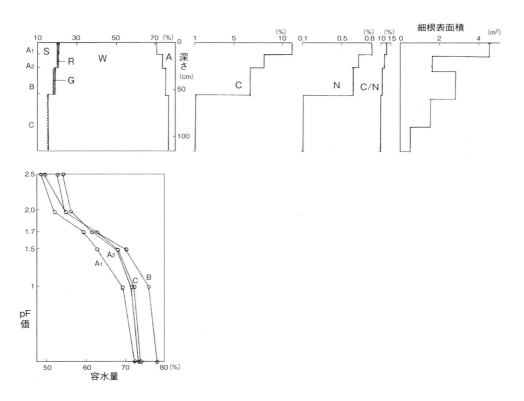

図 5-21(4) 土壌の理化学性と細根表面積　本数密度と細根表面積 [スギ・S27・疎植林分・密度比数 0.5]

(182頁参照)。

以上のことから、同程度の大きさの林木では密植林分が疎植林分よりも吸収構造が下層で大きくなることがわかった。

この原因については明らかでないが、密植による表層の根密度増加のための根系競争や写真9のような根系の回避成長性（根系は根密度が低いほうへ成長する性質）から考えると、密植によって表層での根密度が増加して、根系の干渉作用のために表層での根系成長が制限され、深部での成長が促進されることも考えられる。

同一太さの林木であれば、密植林分のほうが疎植林分よりも深部からの養・水分の吸収が大きい。これらのことから考えると、心土が膨軟（ぼう）で肥沃度が高い土壌では、密植によって下層土を有効に利用することが考えられる。

浅川苗畑におけるスギ幼齢林の根量分布のところでも述べたように、同齢の密植林分は競争密度効果によって、疎植林分よりも個体が小さく、このために根系分布は疎植林分よりも表層に集まり、吸収構造は表層に偏ることとなる。この関係を密植のK26・K23・K25林分と疎植のK24・K22・K27林分についてみると表5-59のように、疎植林分（密度比数0.5〜0.7）では林木が大きくて胸高断面積363〜459 cm²でⅠ・Ⅱ層の根系表面積分布割合は71〜81％であったが、K26・K25・K23の密植林分（密度比数0.9〜1.3）では胸高断面積が141〜273 cm²、Ⅰ・Ⅱ層の根系表面積分布比は84〜88％で、両者の間に7〜13％の差があり、疎植林分ではこの割合に相当する根系表面積がⅢ層以下の各層に分布した。

またB$_A$土壌型の立地（別表6）に設定した18年生のアカマツ林密度試験区の資料では、表5-60のように、密度比数1.24の高密度林分の胸高断面積は18 cm²、密度比数0.88では胸高断面積32 cm²、密度比数0.62では胸高断面積49 cm²で、本数の減少にともなって成長が大きくなった。根系表面積の垂直分布は表5-60のようにⅠ層の比数でみると密植のA10林分は66％、中庸のA11林分で63％、疎植区のA12林分で64％で、A11林分とA12林分の間には1％の差しかなかったがA10林分では2〜3％の増加がみられた。

地表から30 cmの土壌層ではA10林分は88％・A11林分は82％・A12林分は84％で密植林分では、個体重が小さくなるとともに吸収構造は表層に偏る傾向が認められた。この関係を土壌の諸性質とともに図示すると図5-22のようになる。細根の表面積分布についても同様な傾向が認められた。

このように短伐期の密植林分では競争密度効果によって、個体の成長が制限されるために疎植林分よりも、吸収構造が表層部に偏り、表層では過度の養・水分の吸収がおこるために養・水分吸水に対する根系競争と、これにともなうこれらの吸収物質の欠乏がおこることが推察できる。このため小径木の密植短伐期作業の繰返しは、表層土壌の理化学性の悪化をもたらし森林の生産力を低下させることとなる。

6. 土壌型と全根系表面積比の垂直分布

土壌型と全根系表面積の垂直分布比との関係を別表23からスギについて抜き出すと表5-61のようになり、湿性のB$_E$〜Bl_E型土壌ではⅠ層の表層面積分布比が30〜38％であったが、乾性のBl_A・Bl_C・B$_A$型土壌では57〜64％となり、乾性土壌ではⅠ層での根系表面積が大きくなり、Ⅱ層以下では逆に乾燥土壌型の林分は分布比が減少した。

これらのことから心土が膨軟なB$_E$・Bl_E型ないしはBl_D・B$_D$型土壌では深部まで根系が発達してこの部分での養・水分の吸収が大きくなり、残積土の乾燥土壌では心土での根系の発達が阻げられて表層に根系表面積分布が集中し、表層の薄い土壌層から著しい吸収が考えられる。

このため堆積の適潤性土壌の立地では深部の各層が林木の成長を支えるために、一部の土壌条件の変化に成長が影響されることは少なくて吸収の効率はよいが、残積土の乾燥土壌では吸収構造が著しく表層に偏るために、通気は良好であるが乾燥などの一時的な気候変化に吸収が影響されやすく、吸収作用は不安定である。また表層はつねに乾燥しやすいために吸収の能率も低下する。このような吸収構造の相違は土壌条件によっておこるが、この吸収構造はまた土壌の理化学性の変化を通じて次代の林木の成長にも影響を与える。土壌条件と吸収構造の変化と林木の成長との間には密接な因果関係が認められた。

表5-61の林分について土壌の理化学性と細根

第5章　林分調査における地下部の構造の解析

アカメガシワの群落

アカメガシワ群落の中央部の根系は側根が短くて、主根が長いが、群落の周辺部の個体は、群落の外に向かって伸長する

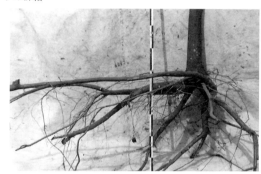
アカメガシワの根系、右側に隣接木がある

イイギリの群落

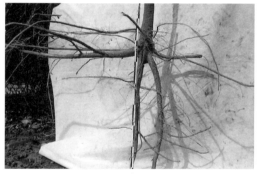
カラスザンショウの根系、右側に隣接木がある

イイギリ群落の中央部と外側の根系

カラマツの根系、右側に隣接木がある

写真9　群落の根の分布
いずれも根系成長に競合による偏りが認められる

表 5-59 本数密度と根系表面積比

区分		疎植林分			密植林分		
林分		K22	K24	K27	K23	K25	K26
林齢（年）		45	52	50	52	52	52
密度比数		0.66	0.538	0.456	1.025	0.895	1.272
胸高断面積(cm^2)		459	410	363	141	273	164
土壌層	I	0.462	0.560	0.499	0.657	0.573	0.692
	II	0.251	0.251	0.235	0.205	0.262	0.189
	III	0.216	0.151	0.203	0.138	0.128	0.105
	IV	0.056	0.037	0.055	—	0.034	0.014
	V	0.015	0.001	0.008	—	0.003	—

表 5-60 アカマツの本数密度と根系表面積比

区分		密植	中庸	疎植
林分		A10	A11	A12
胸高断面積(cm^2)		18	32	49
密度比数		1.243	0.884	0.618
土壌層	I	0.663	0.630	0.641
	II	0.218	0.193	0.201
	III	0.099	0.135	0.125
	IV	0.020	0.036	0.027
	V	—	0.006	0.006

表面積の垂直分布との関係をみると図 5-22 のように、B_E・Bl_E 型土壌から Bl_D・B_D 型、$Bl_D(d)$・Bl_C・B_A と型乾燥土壌型になるほど土壌層深部での理化学性が悪く、これにともなって細根表面積分布は表層に偏る傾向が明らかに認められた。

心土の膨軟な堆積土の適潤土壌から残積土の乾燥土壌に向かって吸収構造が表層に移行する。

またせき悪乾燥林地のアカマツ林（A6 林分）は $Bl_D(d)$ 型土壌の A1 林分に比べて細根表面積分布が著しく表層に偏り、図 5-23 のような細根表面積の分布型と同様の変化を示した。A6 林分と

表 5-61 スギ林分における土壌型と細根表面積の垂直分布比

林分		S18	S5	S4	S19	S6	S7	S24
土壌型		B_E	Bl_E	Bl_D	B_D	Bl_B	Bl_C	B_A
地位指数		23.4	19.3	19.4	20.6	11.3	13.6	11.0
採取時の pF 価		2.2	2.0	2.2	2.1	2.5	3.0	2.8
土壌層	I	0.300	0.38	0.398	0.403	0.643	0.569	0.631
	II	0.203	0.211	0.179	0.199	0.162	0.181	0.167
	III	0.281	0.229	0.251	0.224	0.112	0.154	0.133
	IV	0.164	0.126	0.133	0.142	0.061	0.076	0.064
	V	0.052	0.054	0.039	0.032	0.022	0.020	0.005

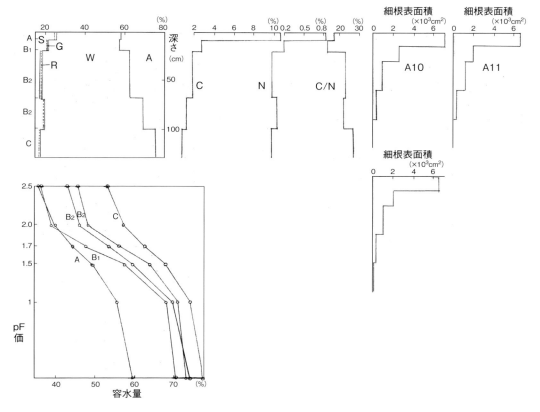

図 5-22　土壌の理化学性と細根表面積　アカマツの本数密度と根系表面積分布

A1 林分の細根表面積比数は表 5-62 の通りである。

　同様な傾向は B_D 型のヒノキ H2 林分と $B_D(d)$ 型の H6 林分についても認められる（図 5-25）。

　土壌条件による吸収構造の変化は乾燥条件だけでなくて過湿条件でもみられ、とくに通気が悪い過湿土壌層では、乾燥の場合と同様に吸収構造が表層に偏る傾向が認められた。この傾向は好気的な根系のカラマツでとくに著しく、表 5-63 のように K16・K17 などの乾燥土壌では I 層の細根量分布割合が 71〜77％で、B_E〜Bl_D 型の 62〜66％に比べて約 10％大きかったが、野辺山国有林の過湿土壌では I 層に細根表面積分布が集中して 81〜86％となり、乾燥土壌よりも表層に吸収構造が偏る傾向が認められた。これは K6・K7・K8 などの過湿土壌では深部の土壌層がほとんど湛水状態になって、過湿で嫌気的な条件になるため、根系の成長が著しく阻害されることによっている。このような立地では林木の成長はきわめて悪くて地位指数は 7〜11 であった。

　以上のように乾燥・湿潤ともに、吸収構造が表層に極端に偏るような条件では、根系の吸収作用の能率が低下してその結果として林木の成長は不良となる。

表 5-62　土壌型の相違と細根表面積比

林分	A1	A6
土壌型	$Bl_D(d)$	E_r
I	0.654	0.898
II	0.178	0.064
III	0.107	0.032
IV	0.033	0.006
V	0.021	—
VI	0.007	—

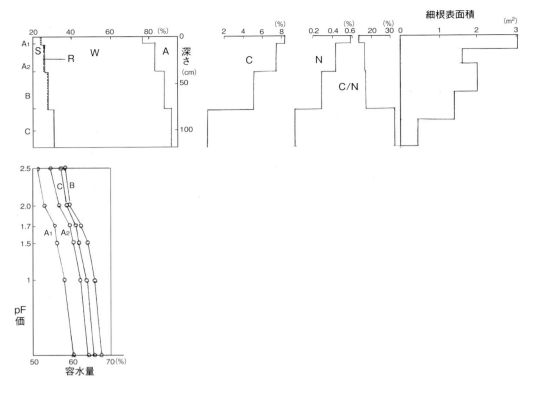

図 5-23(1)　土壌の理化学性と細根表面積 [スギ・S18・B_E 型土壌]

反対に、土壌が深部まで膨軟で理化学性が良好な土壌で、深部にまで根系が十分に発達するような立地では、深部まで吸収構造が発達して、土壌の各階層から養・水分を吸収するために表層が乾燥するような時期にも、深部で十分な吸収をして地上部の成長を支えることができる。これらのことから吸収構造が深部にまで発達することは林木の成長に望ましい状態といえる。

7. 根系表面積の垂直分布と土壌条件

以上のように、根系表面積は表層のⅠ層で最大で、土壌層が深くなって根系の成長条件が悪くなるにしたがって減少する。この関係を各林分の土壌調査資料（別表 6）と各層の細根表面積との関係でみると図 5-26 のようになる。

いま $Bl_D(d)$ 型の S3 林分についてみると図 5-26 のように、土壌層が深くなると採取時の水分量が増加するが、一方では空気量が減少し、下層土は保水力が大きくて、pF 価 2 のときの容水量が 55％であったのに比べてⅡ層では 68％で両者の間に 13％の差があった。また化学性においても炭素・窒素が表層に比べて著しく減少した。

このように土壌層が深くなると土壌の理化学性が変化したが、これにともなって根系表面積も漸減し、Ⅰ層では細根表面積が 3 m² で、全根表面積の 62％であったがⅡ層では 15％、Ⅲ層 14％、Ⅳ層 8％、Ⅴ層 1％で、Ⅳ層以下では根系表面積が急速に減少した。通気と化学性が良好なⅠ・Ⅱ層では全根系表面積の 77％が分布した。

以上のような土壌層の理化学性の変化と細根表面積との関係が一般的であるが、湿地・乾燥条件ではこれにともなって表面積分布が変化した。

8. 土壌層の理化学性が著しく異なる場合

S1 林分と S11 林分はいずれも 8〜9 年生の林分で、成長状態もほぼ似ているが、S1 林分は崩積の B_E 型土壌で、理化学性が表層から下層へ漸変する。S11 林分は小根山国有林の火山灰と火山礫が互層に堆積した立地で、土壌層の理化学性が著しく異なる（別表 6・写真 10）。

第 5 章　林分調査における地下部の構造の解析

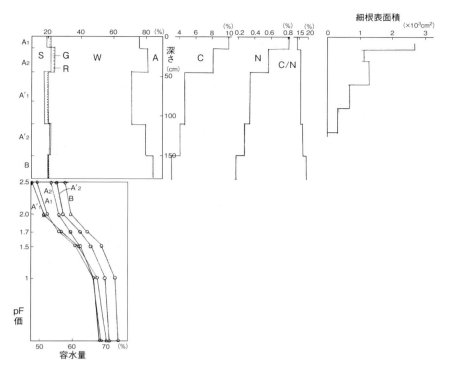

図 5-23(2)　土壌の理化学性と細根表面積 ［スギ・S5・Bl_E 型土壌］

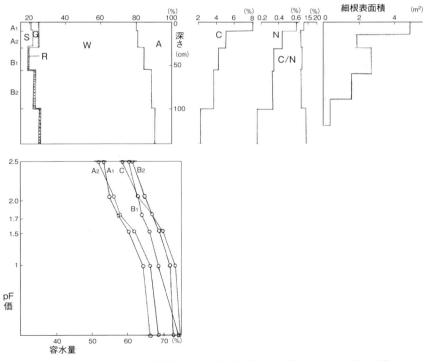

図 5-23(3)　土壌の理化学性と細根表面積 ［スギ・S4・Bl_D 型土壌］

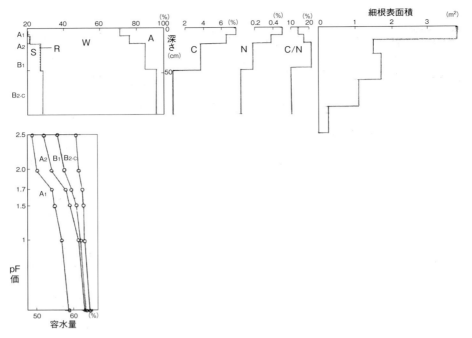

図5-23(4) 土壌の理化学性と細根表面積 [スギ・S19・B_D型土壌]

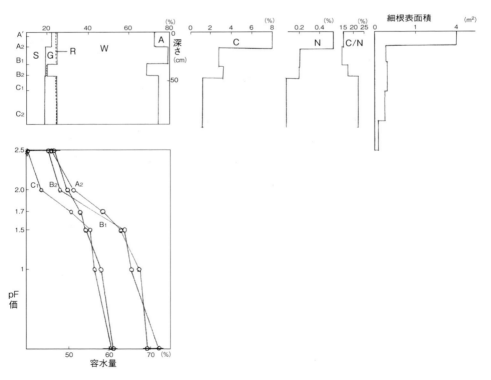

図5-23(5) 土壌の理化学性と細根表面積 [スギ・S6・Bl_B型土壌]

第 5 章　林分調査における地下部の構造の解析

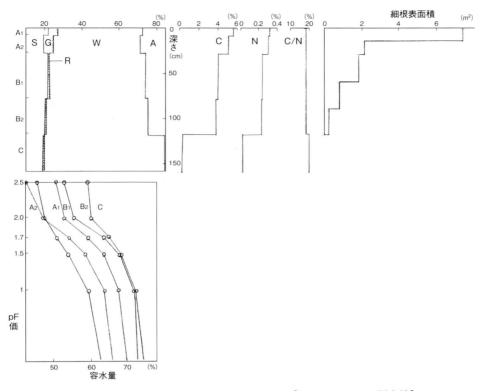

図 5-23(6)　土壌の理化学性と細根表面積 ［スギ・S7・Bl_C 型土壌］

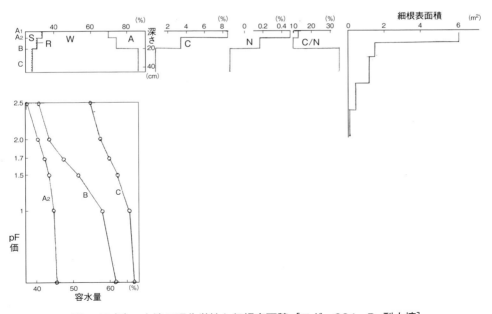

図 5-23(7)　土壌の理化学性と細根表面積 ［スギ・S24・B$_A$ 型土壌］

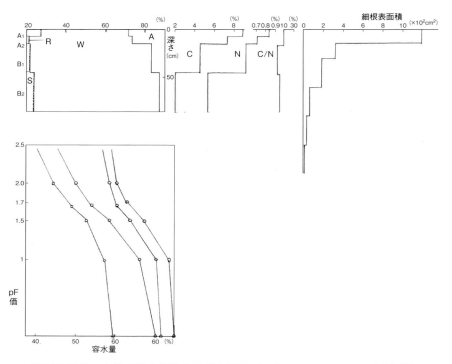

図 5-24(1)　土壌の理化学性と細根表面積 [アカマツ・A1、$B/_D(d)$ 型土壌]

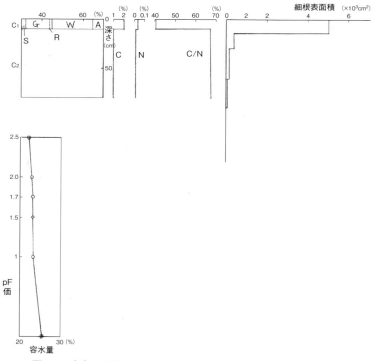

図 5-24(2)　土壌の理化学性と細根表面積 [A6、Er 型土壌]

表 5-63 カラマツの土壌条件と細根表面積の土壌層分布比

林分	K16	K17	K19	K18	K20	K6	K7	K8
土壌型	$Bl_D(d)$	$Bl_D(d)$	Bl_D	B_D	B_E	Bl_E	Bl_F	Bl_D
地位指数	17.4	12.7	20.7	18.4	23.6	6.8	11.0	9.8
I	0.772	0.713	0.658	0.615	0.635	0.814	0.864	0.834
II	0.172	0.140	0.214	0.231	0.171	0.160	0.118	0.151
III	0.048	0.116	0.117	0.137	0.165	0.026	0.018	0.014
IV	0.008	0.028	0.009	0.014	0.022	—	—	0.001
V	—	0.003	0.002	0.003	0.007	—	—	—

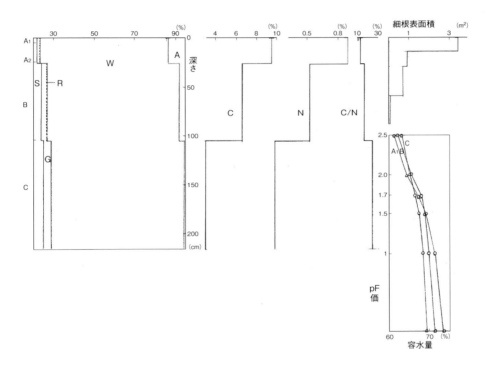

図 5-25(1) 土壌の理化学性と細根表面積 [ヒノキ・H2・B_D型土壌]

いまこの両者の土壌の理化学性と細根表面積との関係をみると図5-27(1)と図5-27(2)のようにS1林分では採取時の水分量・空気量・pF価・炭素・窒素・C/N率の変化は正常で、下層になるほど根系の成長条件は悪化し、これにともなって細根表面積の分布は変化してI層で1.9㎡（52％）、II層1.0㎡（27％）、III層0.8㎡（21％）、IV層0.04㎡（1％）と漸減した。S11林分はII層付近に火山礫層があるために、この層では水分量が少なく

て空気量がきわめて多く、pF価に対する容水量は小さくて保水力に乏しく、炭素・窒素量は小さく、C/N率は大きくて根系の発達にはきわめて不良であった。この立地の細根の表面積分布は表層に偏り、I層は84％・II層12％・III層4％でI層での分布割合はきわめて大きかった。このような立地ではII層以下での根系の発達が制限されるために、I層での分布量が大きくなることが考えられる。このことから下層土の土壌条件が表層の

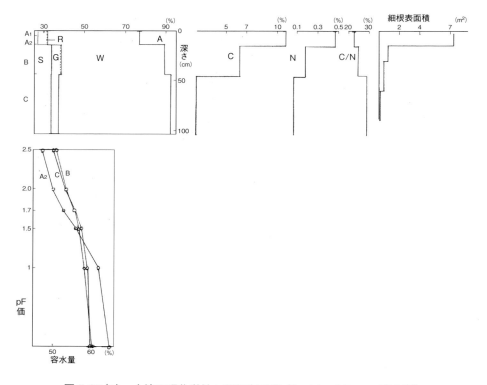

図 5-25(2) 土壌の理化学性と細根表面積 [ヒノキ・H6・B_D型土壌]

根系分布に及ぼす影響は大きいことが推察できる。

この火山礫が互層に堆積する小根山国有林のS12～17林分では、林木の成長にともなって各土壌層の土壌条件差によって成長速度の相違が大きくなり、Ⅲ層の成長条件が良好な土壌層で根系表面積が大きくなって、Ⅱ層との差がしだいに増加した。

この結果は図3-2の通りであるが、このなかから胸高断面積267cm²のS12林分、451cm²のS15林分、1042cm²のS17林分を取り出すと図5-28のようになり、火山礫の堆積で各種の土壌の理化学性が劣悪なⅡ層では細根表面積が著しく減少した。この減少割合は胸高断面積の大きいS17林分で大きい傾向が認められた。いまこの関係を表5-64でみると、小径木のS11林分のⅡ層は12%、Ⅲ層は4%でⅢ層が小さかったが、林木の成長にともなってⅡ層とⅢ層の比数の差は大きくなり、S15林分では20%、S16林分では21%、S17林分は16%となった。

このような根量の分布も、先に述べた根系の選択成長と、各土壌層の土壌の性質の相違にともなう成長速度の違いによるものと考えられる。

土壌層が正常に漸変する立地においても、Ⅱ層の根系表面積が小さくなる傾向が見受けられたが、これはⅡ層における根系がⅠ層へ伸長することと、Ⅲ層付近で根系の分岐が多いことによっている。Ⅱ層の土壌の理化学性の良否は樹木の成長に大きく関係する。

土壌層の理化学性の相違と根系の成長および細根の変化については**写真10・写真11**を参照。

(2) ha当たり根系表面積

単木の平均根系表面積から胸高断面積比推定によって計算したha当たりの根系表面積は**別表22**の通りである。

これを胸高断面積との関係でみると図5-29のように細根・小径根・中径根は各樹種ともに胸高断面積100～200cm²（林齢20～25年）で増加の山を示し、大径木になるとしだいに減少した。こ

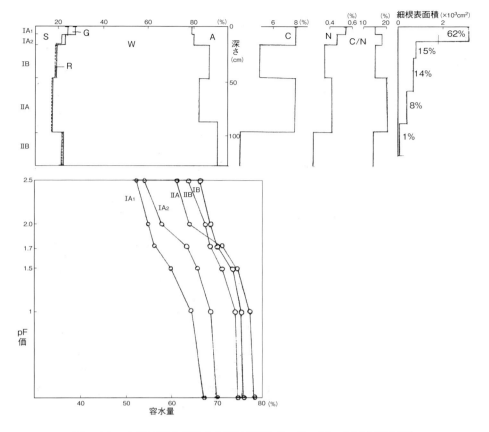

図5-26 土壌の理化学性と細根表面積 ［スギ・S3・Bl_D(d) 型土壌］

の傾向は細根でもっとも著しくて根系区分が大きくなるとこの性質がしだいになくなり、大径根では幼齢時代の増加の山がなくてほとんど放物線に近い増加曲線を示した。

全根系表面積は細根・小径根の表面積がその大部分を占めるために、その増加曲線に類似する。

これは根系の分岐特性と成長にともなう本数の減少の両者の総合的な効果によるもので、林齢20～25年の幼齢木では根系の分岐が多くて細根・小径根が多い割合にha当たりの本数も多いが、高齢の大径木では、単木当たり根系表面積の増加の割合に本数の減少が大きいことによっている。

このような関係が細根～中径根で顕著で、大径根以上の根系で不明瞭なのは、小径木では本数の変化に対して、細根～中径根の表面積増加が大き く、大径木では小径木に比べて単木の大径根～特大根の表面積増加率が大きいことによっている。

1. 林木の成長と根系表面積

単木の根系表面積のところでも触れたが、根系表面積と材積成長との関係をha当たり根系表面積について考えてみる。

いま各樹種の林分収穫表のⅡ等地のha当たり材積の連年成長量の林齢・胸高断面積変化をみると、**表5-65・図5-30**のようになる。各樹種ともに幼齢の20～25年生の胸高断面積200 cm²付近で増加率が最大となり、**図5-29**のha当たり根系表面積との間に高い相関関係がみられた。

この関係は、ha当たり総重量成長量（最近1年間の）についても認められ[*2]、各樹種ともに林齢20～25年で成長量が最大になる傾向があった。

---

*2 この研究における調査木の最近1年間の総生産量は図7-1参照。

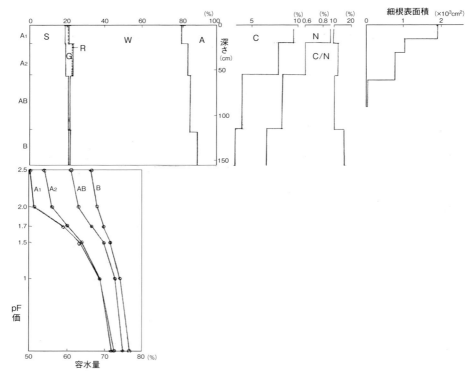

図 5-27(1) 土壌の理化学性と細根表面積 [スギ・S1・Bl_E 型土壌]

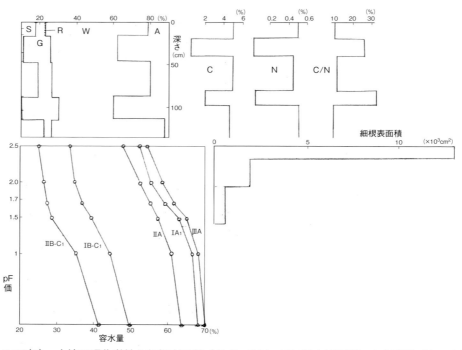

図 5-27(2) 土壌の理化学性と細根表面積 [スギ・S11・Bl_D 型土壌下層に火山礫層がある立地]

第 5 章 林分調査における地下部の構造の解析

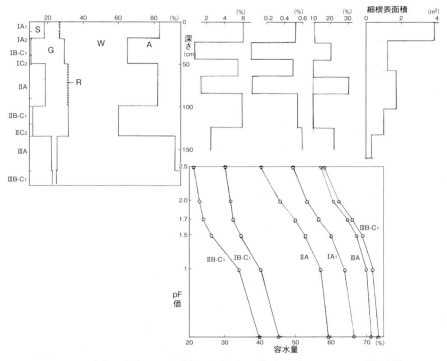

図 5-28(1) 土壌の理化学性と細根表面積 ［スギ・S12・Bl_E 型土壌］

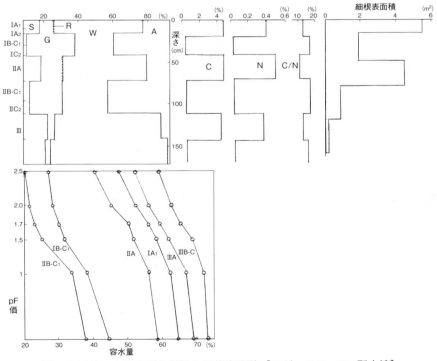

図 5-28(2) 土壌の理化学性と細根表面積 ［スギ・S15・Bl_D 型土壌］

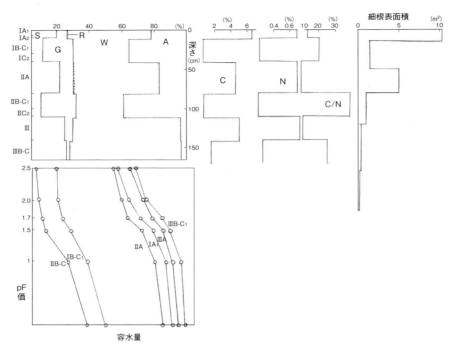

図 5-28(3)　土壌の理化学性と細根表面積 [スギ・S17・Bl_D 型土壌]

表 5-64　小根山国有林の火山礫堆積土壌における根系表面積の土壌層分布比

林分		S11	S12	S13	S15	S16	S17
土壌層	I	0.841	0.488	0.539	0.426	0.474	0.623
	II	0.123	0.143	0.165	0.148	0.107	0.070
	III	0.036	0.208	0.208	0.348	0.318	0.234
	IV	—	0.122	0.08	0.064	0.073	0.047
	V	—	0.039	0.008	0.014	0.028	0.017
	VI	—	—	—	—	—	0.009

この関係は各樹積の成長特性の相違とも関連していて図 5-30 のように材積の連年成長量が最大になる時期が早いアカマツは、根系表面積が最大になる時期が早く、ヒノキは両者ともに遅くて、各樹種の両者の変化曲線の対応はきわめて明瞭であった。

以上の根系表面積と材積の成長量の変化から、若い組織が多い細根・小径根の根系表面積が大きい林齢 20〜25 年頃までは養・水分の吸収が盛んで、成長も急速におこるがそれ以上の林齢では根系表面積の増加率が減少して、これにともなって養・水分の吸収量と成長量が減少することが考えられた。

ha 当たり根系表面積の変化には、本数の変化が大きく関係しているが、単木での根系表面積増加曲線の変化や、ha 当たり根系表面積を計算した本数が不当に少ないこと、また最多密度においても同様な傾向が見えることからしても、幼齢時代に林分の根系表面積が大きくなることは、本数の増加によるものでなくて、単木の根系表面積の増加によるものと推察される。

ha 当たり葉量の変化をみても、図 5-31 のように材積の連年成長量が最大になる林齢が 20〜25 年頃に葉量が一時的に大きくなる時期があり、根系表面積の変化の傾向とも一致した（210 頁参照）。

根系表面積がこの時代に増加する原因は、根系の成長の過程として、若い時代には細根・小径根の分岐・伸長成長が大きくて、これらの割合が根量の大半を占め、大径木になると蓄積部分としての太根部分が根系の主体を占めることによっている。この点では林木の成長は若い根系の表面積増加によって養・水分の吸収量が増加するために葉

第5章　林分調査における地下部の構造の解析

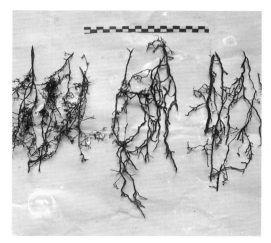

スギ、土性と細根の形状（A：Ⅰ層の細根、B：火山礫層の細根、C：Ⅴ層、火山灰土場の細根）

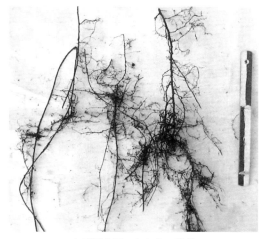

土壌層Ⅰ層のケヤキの細根

スギ林（S11～S17林分）、火山礫層と火山灰層が互層に堆積した、小根山国有林の土壌断面、根系調査用コドラート

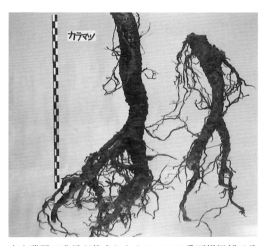

火山礫層で成長が停止したカラマツの垂下根深部で分岐して成長が止まる

写真10　土壌と細根

の同化量が増加し、同化生産物の増加によって材積生産量が変化するといった、根系表面積変化を主体とする一連の成長過程が考えられる。

　各所で述べたように、根系の成長の過程として細根・小径根の表面積の増加がおこることから考えると、若い時代の葉量の一時的な増加や材積の連年成長量の増加は根系表面積の増加に関係するところが大きい。

　この点では根系表面積の変化は、これらの一連の成長変化を支える主な原因とも考えられる。いまこのような考え方に立って根系表面積の変化に

よっておこる成長変化をみると図5-32のようになる。

　まず幼齢時代の細根・小径根の根系表面積の増加によって、養・水分の積極的な吸収が促され、これが葉の同化生産物の増加をひきおこし、葉で生産された同化生産物の一部は幹・枝・葉の成長となり、幹では材積の年成長量が増加する結果となる。根系に還元された同化生産物は幼齢時代には主として細根の成長に利用され、根系表面積の急速な増加を促進するが、高林齢になると太根の蓄積部分の肥大成長に利用される割合が多くな

写真11　土壌の層位の土性を変えたときのヒノキの苗木の根系分布

り、根系表面積成長が衰え、これにつれて養・水分の吸収量も減少して成長量が減少するような関係が考えられる。

　種子が発芽すると、まず主根が発達して地上部を支えるとともに地上部の同化生産に先立って吸収作用がおこる。根系の働きが成長の原動力になっている。根系表面積の変化とこれに関係する吸収量の変化にともなって地上部の成長量が左右されることは十分に考えられる。

　被陰などの障害が葉の物質生産に影響を与える場合には根系成長も制限される。

　各樹種のha当たり根系表面積は幼齢の最大時には表5-66のようにスギ・ヒノキが大きくて30 000～35 000 m²で植栽面積の約3～3.5倍であったが、アカマツ・カラマツは小さくて15 000～20 000 m²であった。

　表面積成長曲線が安定した胸高断面積500 m²では、表5-66のようにヒノキが最大で25 000 m²、スギ15 000 m²でヒノキはもっとも大きく、アカマツは5 000 m²で幼齢最大時の25%に減少した。この点ではヒノキの減少率がもっとも小さく、最大時の80%であった。これは主として本数の減少によるもので、耐陰性が大きいヒノキは本数の

減少が少ないために根密度が大きくなり、本数減少率の大きいアカマツは小さくなるためと考えられる。

　いまその他の樹種も含めて根系表面積の最大値を上げると表5-67・表5-68のようになり、ha当たりスギは4.9 ha・ヒノキ3.1 ha・アカマツ2.9 ha・カラマツ2.3 haであった。その他の樹種についてみると表5-68のように、ケヤキは調査樹種中もっとも大きくて6.1 haにおよび、フサアカシアは4.8 haであった。ケヤキは細根の単位当たり表面積が大きく、フサアカシアは細根量が多いことによっている。ミズナラ・シラカンバ・ヤエガワカンバなどは0.07～0.2 haで前述の樹種に比べて根系表面積が小さかったが、これは根系表面積の大部分を占める細根量が少ないことと、林分の本数密度が小さいことによっている。これと同様な理由でクロマツ・ストローブマツ・テーダマツなどのマツ類およびモミも小さい値を示し、0.2～1.1 haであった。

　主要樹種中ヒノキはスギよりも小さいが（表5-67）、これはヒノキの細根は平均直径が大きく、容積密度数も大きくて単位根量当たり根系表面積が小さいことと、本数密度が小さいことによって

第 5 章 林分調査における地下部の構造の解析

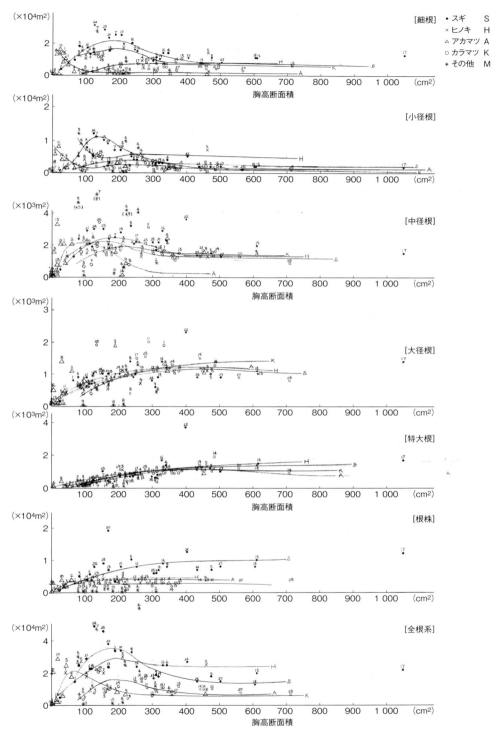

図 5-29 胸高断面積と根系表面積（ha 当たり）

表 5-65　各収穫表における幹材積連年成長量

林齢 (年)	スギ		ヒノキ		アカマツ		カラマツ	
	*胸高断面積 (cm²)	**幹材積連年 成長量(m³)	胸高断面積 (cm²)	幹材積連年 成長量(m³)	胸高断面積 (cm²)	幹材積連年 成長量(m³)	胸高断面積 (cm²)	幹材積連年 成長量(m³)
10	41	—	13	—	15	—	32	—
15	95	16.8	32	—	43	11.6	102	12.2
20	161	19.5	62	—	88	12.6	177	13.6
25	235	19.7	97	7.9	150	11.8	230	10.3
30	317	18.6	131	8.6	222	11.4	287	9.6
35	401	17.7	170	9.1	302	10.6	350	9.4
40	487	16.9	214	9.5	387	9.9	419	9.1
45	577	15.8	257	9.8	475	9.0	495	8.0
50	670	15.2	302	10.0	568	8.2	568	7.6
55	765	14.4	350	10.1	661	7.4	642	7.0
60	860	13.7	398	10.1	755	7.0	716	7.0

*　主林木の胸高断面積(cm²)
**　主副林木合計の幹材積連年成長量
　スギ　：北関東阿武隈地方すぎ林林分収穫表　　Ⅱ等地
　ヒノキ：木曽地方ひのき林林分収穫表　　Ⅱ等地
　アカマツ：磐城地方あかまつ林林分収穫表　　Ⅱ等地
　カラマツ：信州地方からまつ林林分収穫表　　Ⅱ等地
（注）本書における調査木の「最近1年間の総生産量」は図7-1（273頁）参照。

いる。アカマツは一般の成木林では細根量が少ない上に本数密度が小さくて、ha当たり根系表面積はほとんど1ha以下であったが、A10林分のような幼齢過密林分ではha当たり細根量が増加して2.9haとなり、この調査林分資料中では、ヒノキに近い値を示した。この幼齢林の根系表面積の増加は、アカマツの幼齢時の成長傾向と一致する。

2.　根系区分ごとのha当たり根系表面積

以上のha当たり根系表面積を根系区分ごとにみると、別表22のようになる。いまこのなかから2、3の林分についてみると表5-69のようになり、スギS5林分ではha当たり根系表面積1.8haのうち、1haが細根、0.2haが小径根、0.15haが中径根で、根系が太くなると総根系表面積のなかで占める割合は減少した。

いまこれらの関係を全根系表面積に対する比数で示すと別表23のようになる。いまこの表からスギS5林分についてみると表5-70のようになり、細根は全根系表面積の58％、小径根は16％、中径根は9％を占めていた。この各根系区分の表面積が全根系表面積中で占める割合（根系表面積比）は樹種・林齢によって異なる。

これを胸高断面積との関係でみると、図5-33のようになる。各樹種ともに胸高断面積300cm²までの小径木では細根・小径根の割合が大きく、胸高断面積が増加すると、表面積比が漸減する傾向が認められた。この傾向は細根・小径根で明瞭で、中径根では胸高断面積の大小にかかわらずほぼ一定で、大径根・特大根と根系区分が大きくなるにしたがって胸高断面積に対して増加を示し、大径根では放物線状（アカマツ・カラマツ）、特大根はS字型の増加曲線を示した。最大点は胸高断面積が大きいほうに移動した。

これは小径木では先に述べたように根の成長が細根・小径根の分岐と伸長成長の形でおこり、これらの根が総量の大部分を占めるが、成長にともなって大径根の成長割合が大きくなるために、大径木では細根・小径根の表面積割合が減少することによっている。

第5章　林分調査における地下部の構造の解析

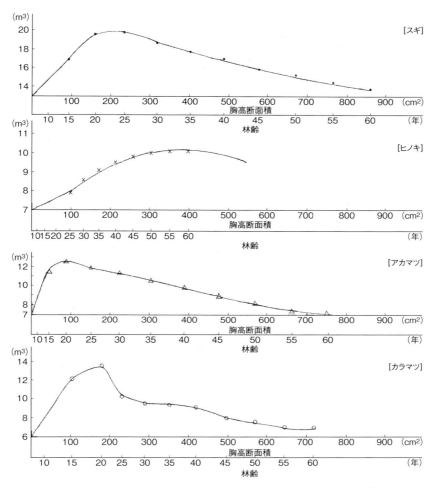

図 5-30　胸高断面積・林齢と幹材積連年成長量（ha 当たり m³）

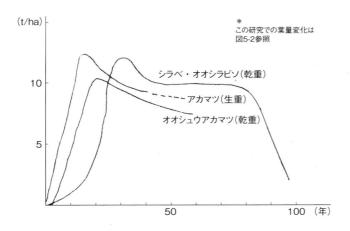

図 5-31　林齢と葉の重量との関係　[四手井、1963]

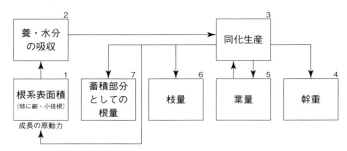

図 5-32　根系表面積と成長との関係を示す模式図

表 5-66　根系表面積成長曲線の幼齢最大時と安定したときの ha 当たり根系表面積

区分	樹種	スギ	ヒノキ	アカマツ	カラマツ
幼齢最大時	根系表面積(m²)	35 000	30 000	20 000	15 000
	胸高断面積(cm²)	180	200	80	170
胸高断面積 500 cm² における根系表面積(m²)		15 000	25 000	5 000	10 000

表 5-67　各樹種の最大根系表面積

樹種	スギ	ヒノキ	アカマツ	カラマツ
林分	S24	H3	A10	K26
土壌型	B_A	B_D	B_A	Bl_C
地位指数	11.0	18.8	11.6	9.6
密度比数	0.7	0.6	1.2	1.3
胸高断面積(cm²)	99	254	18	164
根系表面積(ha)	4.9	3.1	2.9	2.3

　この関係を図5-33から各根系区分についてみると、スギ・ヒノキの細根は胸高断面積20～30cm²では65％であったが、胸高断面積の増加にともなって漸減して500cm²では55％程度となり、両者の間に10％の差があった。カラマツは100cm²で45％、500cm²で40％、アカマツは10～20cm²で60％、500cm²で12％程度で、他の樹種に比べて根系表面積比が著しく減少した。
　これは胸高断面積の増加につれてアカマツの成長割合が大径根で著しく、細根・小径根で小さくなることによっている。
　このように吸収作用と深い関係にある細根表面積の割合が小径木で大きくて、大径木で小さいこ

とは林木の成長速度が幼齢時代に早くて、高齢になると衰えることと平行して理解することができる。
　胸高断面積500cm²における細根の根系表面積比はスギ・ヒノキが50～60％、カラマツ40～45％、アカマツ10～15％でスギ・ヒノキは細根が全根系表面積の約半分を占め、アカマツは10～15％に過ぎなかった。
　小径根も細根と同様に胸高断面積の増加にともなって表面積比が減少するが、その割合は各樹種ともにほぼ等しく、胸高断面積50cm²と500cm²の差は5％程度で細根の場合よりも小さい。胸高断面積500cm²における表面積比はアカマツ38％、ヒノキ30％、カラマツ22％、スギ15％程度で、アカマツの細根は他の樹種に比べてもっとも小さかったが、小径根では他の樹種よりも大きくなった。これはアカマツの根系は細根に比べて他の部分の成長割合が大きいことによっている。
　中径根では細根・小径根でみられた表面積比の減少曲線は胸高断面積に対してほぼ平行となり、径級にかかわらずその割合は一定で、アカマツは22％、カラマツ18％、スギ7％、ヒノキ5％程度となった。

第 5 章　林分調査における地下部の構造の解析

表 5-68　各樹種の ha 当たり根系表面積

樹種 区分	クロマツ	ストローブマツ	テーダマツ	サワラ	ユーカリノキ	ケヤキ	モミ	カナダツガ	フサアカシア	ミズナラ	シラカンバ	ヤエガワカンバ
林分	A13	A14	A17	M1	M3	M4	M5	M6	M7	M8	M9	M10
土壌型	Bl_D	Bl_D	Bl_E	Bl_D	I_m	Bl_D	Bl_D	Bl_D	E_r	Bl_D	Bl_D	Bl_D
胸高断面積(cm²)	23	154	4	137	177	188	156	211	135	167	118	157
根系表面積(ha)	0.3	0.4	0.2	2.7	3.0	6.1	1.1	2.5	4.8	0.2	0.07	0.09

表 5-69　根系区分ごとの ha 当たり根系表面積 (m²)

樹種	林分	細根	小径根	中径根	大径根	特大根	根株	全根系表面積
スギ	S5	10 472	2 882	1 592	1 049	1 299	789	18 083
ヒノキ	H5	14 210	7 189	1 354	1 170	1 387	342	25 652
アカマツ	A8	965	2 213	1 684	1 014	974	344	7 194
カラマツ	K21	4 944	1 520	1 638	1 177	1 059	373	10 711

表 5-70　全根系表面積に対する根系表面積比

樹種	林分	細根	小径根	中径根	大径根	特大根	根株	全根系表面積
スギ	S5	0.579	0.159	0.088	0.058	0.072	0.044	1.000

大径根ではアカマツ・カラマツは胸高断面積 200 cm² まで増加し、ほぼ一定になる。この点、スギ・ヒノキは増加曲線が緩やかで胸高断面積 500 cm² まで S 字型曲線で漸増したのち一定になる。いま胸高断面積 500 cm² における表面積比を見るとアカマツは 15％、カラマツ 12％、スギ 5％、ヒノキは 4％であった。

特大根ではこの傾向は一層顕著になり、各樹種とも S 字型曲線を描いて増加し、アカマツは胸高断面積 350 cm²、カラマツは 500 cm²、スギ・ヒノキは 600 cm² でほぼ最大に達した。

このときの根系表面積はアカマツ 14％、カラマツ 15％、スギ 8％・ヒノキ 5％であった。

胸高断面積 500 cm² における根株の割合はスギ 4.2％、アカマツ 3.5％、カラマツ 3.0％、ヒノキ 1.0％程度で、他の 3 樹種に比べてヒノキは根株の表面積比が小さい。

全体を通じて、根系の分岐特性からアカマツ・カラマツは大径根〜根株の表面積割合が大きくて細根が小さく、スギ・ヒノキは逆に大径根〜根株が小さくて細根の表面積比が大きく、大径根〜特大根が小さい傾向がみられた。

各樹種を通じて組織が若い細根・小径根の表面積割合が大きいことと、その吸収能率が大径根よりも大きいことから考えると養・水分吸収量の大半は細根・小径根から吸収されていると考えることもできる。

いま、各根系区分の根量比と表面積比をみると表 5-71 のように根量比の細根は 0.3〜2.2％、小径根は 2.0〜5.3％であったが、表面積比では細根が 13〜58％、小径根 14〜31％で、細根は重量比の 30〜40 倍、小径根は 6〜7 倍になった。

一方、根量の大部分を占める根株は 45〜61％であったが表面積は 1.3〜4.8％で前者とは逆に根重は表面積の 10〜40 倍となった。

3.　本数密度と ha 当たり細根表面積

本数密度が大きくなると ha 当たり細根表面積は増加する傾向があるが、同一密度比数であっても立地条件によって、細根表面積に大きな相違があるので、図 5-34 のように密度比数に対する細根表面積の分散は大きく、両者の間に高度の相関関係があるとは考えられなかった。

スギ S22 林分の密度比数 1.2 で、細根表面積は 1.2 ha であったが、S24 林分は密度比数 0.7 で、細根表面積は 3.1 ha であり、密度比数が小さい S24 林分のほうが S22 林分よりも細根表面積が

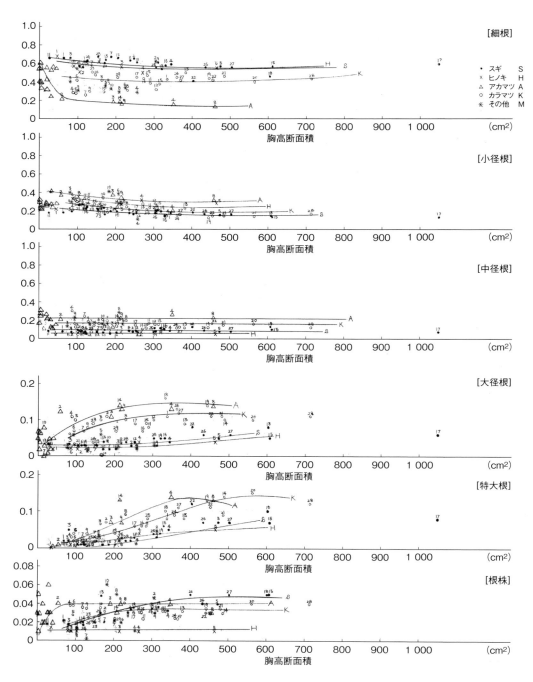

図 5-33 根系表面積比（全根系表面積に対する比数）

表 5-71 根系区分の根量比と根系表面積比

	林分	細根	小径根	中径根	大径根	特大根	根株	合計
根量比	S5	1.5	2.4	5.3	7.8	22.3	60.7	1.00
	H5	2.2	5.3	4.7	10.2	34.1	43.5	1.00
	A8	0.3	2.7	8.2	11.3	26.0	51.5	1.00
	K21	1.0	2.0	8.0	13.2	30.8	45.0	1.00
表面積比	S5	57.9	15.9	8.8	5.8	7.2	4.4	1.00
	H5	55.4	28.0	5.3	4.6	5.4	1.3	1.00
	A8	13.4	30.8	23.4	14.1	13.5	4.8	1.00
	K21	40.1	14.2	15.3	11.0	9.9	3.5	1.00

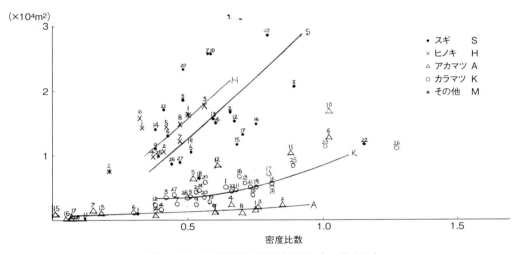

図 5-34 本数密度と細根表面積（ha 当たり）

1.9 ha 大きかった。これは S24 林分が B_A 型の乾燥土壌のためである。一方、S22 林分が高密度にかかわらず、根密度が比較的小さかったのは、立地がやや湿性の B_E 型土壌であることによっていると考えられる。同様なことはヒノキ・アカマツ・カラマツについてみることができる（図 5-34）。

図 5-34 から最多密度における細根表面積を推定すると表 5-72 のようになり、ヒノキは乾燥土壌の最多密度では 5.0 ha・スギ 4.0 ha・アカマツ 1.7 ha・カラマツ 1.2 ha で、ヒノキは他樹種に比べて細根表面積が著しく大きく、アカマツは湿潤土壌を除いてカラマツよりも大きかった。

4. 土壌条件と ha 当たり細根表面積

細根の表面積は土壌条件によって変化する。各

表 5-72 図 5-33 から推定した最多密度時の ha 当たり吸収面積（ha）

樹種\土壌	スギ	ヒノキ	アカマツ	カラマツ
乾燥土壌	4.0	5.0	1.7	1.2
適潤土壌	2.5	2.3	1.0	0.8
湿潤土壌	1.2	2.0	0.4	0.6

種の土壌因子と ha 当たり細根表面積について見る。

a. 土壌型

土壌型と ha 当たり細根表面積の関係は図 5-35 のようになり、各樹種ともに B_A・Bl_B・B_B・Bl_C な

どの乾燥土壌型で大きくて、Bl_E・B_E・Bl_Fなどの湿潤土壌で小さい傾向が認められた。

これは乾燥条件では細根の平均直径が小さく、根長が大きくなって単位重量当たりの根系表面積が増加することと、一方では根量が増加することによっており、両者の積として細根表面積が増加する。

この図から、一般に収穫表のII等地に相当するような適潤立地ではスギ 1.5 ha・ヒノキ 1.7 ha・アカマツ 0.2 ha・カラマツ 0.8 ha 程度になることが推察できた。いまこの図から大まかに土壌型と細根表面積との対応をみると表5-73のようになる。

表5-73のような一般林地ではヒノキの細根表面積がもっとも大きくて、乾燥林地では 2.5～3.5 ha になることが推察され、スギは 2.0～3.0 ha・アカマツ 0.5～2.0ha・カラマツ 1.0～2.0 ha の順となった。

適潤地ではアカマツは 0.1～0.2 ha、カラマツは 0.2～0.5 ha で両者ともに細根表面積は著しく減少した。

これはアカマツ・カラマツのような好気性の根系の樹種は湿性条件で細根の分岐・成長が阻害されやすいためである。またこれらの樹種は過湿条件で細根の枯損がおこりやすいことによっている。

b. 地位指数

地位指数と細根表面積との関係は図5-36のようになる。一般に地位指数が小さくなると細根表面積が増加する傾向があり、図5-36から各樹種の地位指数と細根表面積との関係は表5-74のようにスギでは地位指数 10 で 2.7 ha、20 で 1.7 ha、25 で 0.8 ha で、地位指数が大きい立地では細根

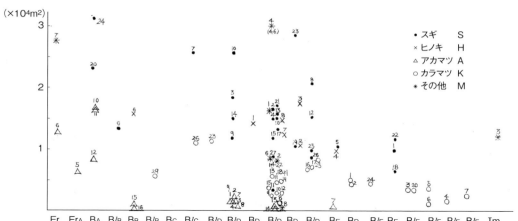

図5-35　土壌型と細根表面積（ha 当たり）

表5-73　中庸の密度（密度比数 0.6～0.7）における 30 年生程度の林地の ha 当たり根系表面積（ha）

	スギ	ヒノキ	アカマツ	カラマツ	土壌型
乾燥土壌	2.0～3.0	2.5～3.5	0.5～2.0	1.0～2.0	Er・B_A・Bl_B B_B・B_C・Bl_C
適潤土壌	1.0～2.0	1.5～2.5	0.2～0.5	0.5～1.0	$Bl_D(d)$・Bl_D Bl_E
湿潤土壌	0.5～1.0	0.5～1.5	0.1～0.2	0.2～0.5	B_E・Bl_E Bl_F

第 5 章　林分調査における地下部の構造の解析

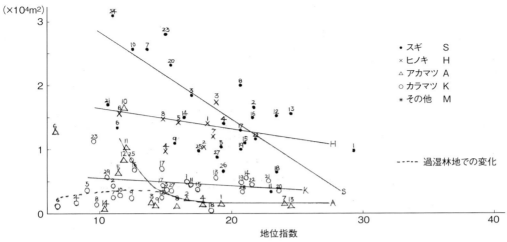

図 5-36　地位指数と細根表面積（ha 当たり）

表面積が減少した。しかし、一般には地位指数が低い立地条件は乾燥林地が多いためで、過湿のために地位指数が小さいような条件では上記の説明とは逆に細根表面積が減少する。

いまこの関係をスギについてみると、S24 林分は B_A 型の乾燥土壌で地位指数は 11.0 であり、S21 林分は黒色火山灰の Bl_D 型の土壌で、その地位指数は 10.6 で、両者の地位指数はほとんど同じであったが、その細根表面積は前者が 3.1 ha、後者が 1.7 ha で両者の間に 1.4 ha の差があった。

同様にカラマツの S23 林分と S8 林分についても表 5-75 のように K4 林分は K29 林分よりも地位指数が小さかったが、細根表面積は K4 林分が 0.2 ha、K29 林分が 0.6 ha で地位指数が小さい K4 林分のほうが小さかった。これは地位指数低下の原因が K4 林分は過湿によるためで K29 林分は乾燥によるためである。

これらのことから細根表面積の変化は地位指数でなくて、その原因となっている土壌の水分条件に関係しているといえる。

図 5-36 で地位指数が小さいところで細根表面積が大きくなる傾向がみられたが、これは乾燥によって地位指数が小さい林分が多いことによっている。カラマツでは過湿による不成績造林地の資料が多いので、これらの関係は他の樹種のようには明らかでなく、むしろ地位指数が小さいところで細根表面積が小さくなるような傾向をもってい

表 5-74　地位指数と ha 当たり細根表面積（ha）

地位指数＼樹種	スギ	ヒノキ	アカマツ	カラマツ
10	2.7	1.6	0.9	0.6
20	1.7	1.4	0.3	0.5
30	0.8	1.2	0.1	0.3

表 5-75　地位指数減少の原因を異にする場合の ha 当たり細根表面積（ha）

区分＼林分	K29	K4
地位指数	10.5	8.2
土壌型	Bl_B	Bl_F
細根表面積	0.6	0.2

る（図 5-36 の点線）。

c. 採取時の pF 価と細根表面積

採取時の pF 価と細根表面積との関係は図 5-37 のようになる。

細根表面積は本数密度・土壌層の状態など各種の因子によって変化する。pF 価と細根表面積の関係においても分散は大きいが、図のように pF 価が大きくなると細根表面積は増加する傾向を示し、とくに pF 価が 2.5 以上になると細根表面積は急速に大きくなる。林木の成長が pF 価 2.5 付近を境にして変化することから合わせて考える

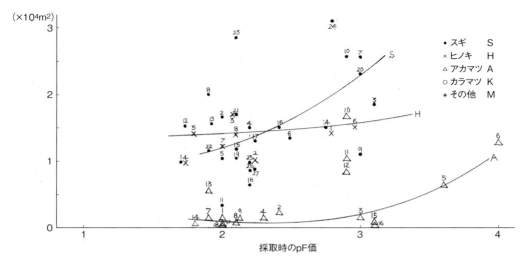

図 5-37　採取時の pF 価と ha 当たり細根表面積

と、林木の吸収に関する生理的な働きが pF 価 2.5 以上になると急激に変化することがわかる。

いま pF 価 2.0・2.5・3.5 のときの ha 当たりの細根表面積の変化を図 5-37 からみると、表 5-76 のようになり、以上のような関係が明瞭に認められた。

　d．透水速度

透水速度と細根表面積との関係は図 5-38 のように透水速度が増加すると細根表面積は漸減する傾向がある。

一般に通気性が悪い土壌よりも、透水速度が大きくて通気性のよい土壌のほうが細根が発達して細根表面積が大きくなることが考えられるが、図 5-38 でみると S24・S7 林分のように B_A 型・B_C 型などの乾燥条件では透水性が悪く、土壌の構造が発達した適潤性の土壌で透水速度が大きくなる傾向があり、土壌の乾湿に比例して細根表面積が

表 5-76　各 pF 価における ha 当たり細根表面積（ha）

pF 価＼樹種	スギ	ヒノキ	アカマツ
2.0	1.5	1.3	0.2
2.5	1.7	1.4	0.3
3.5	3.5	1.8	1.0

変化するので透水速度との関係は、図 5-38 のように透水速度の小さい乾燥土壌で大きくなる傾向がみられる。

しかし透水速度が小さくなる原因には土性が悪い過湿などの各種の条件があり、地位指数の場合と同様に、透水速度に関係する基礎的因子の相互作用によって両者の関係は変化する。

スギの S26 林分は Bl_E 型土壌で、Ⅰ層の透水速度は 51cc/min、ha 当たり細根表面積は 0.9 ha であり、K7 林分は過湿の Bl_F 型土壌で透水速度 40 cc/min、細根表面積 0.7 ha で上述の乾燥を主とする透水速度の減少にともなう細根表面積の増加とは反対の現象であった。

以上のように過湿・極端な乾燥条件では両者ともに透水速度が減少し、細根表面積はこれにともなって多い場合と少ない場合ができたが、一般には適潤土壌は透水性が良好で、細根の発達は前者の乾燥土壌に比べて少なく、その表面積も小さい。

この点では透水速度を根系表面積成長の指標にとるのは適当でない。

　e．C/N 率

土壌の化学性の指標として C/N 率と細根表面積との関係をみると、図 5-39 のように調査林分は C/N 率が 10～15 のものが大部分であった。

この C/N 率の範囲で各樹種の細根表面積は表

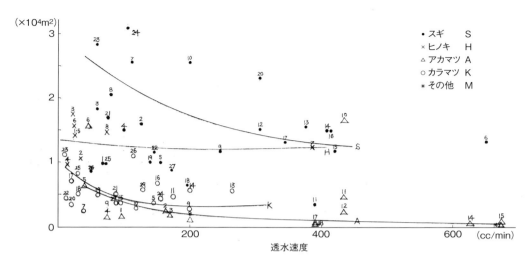

図 5-38　透水速度と細根表面積（ha 当たり）

5-77 のようにヒノキ＞スギ＞カラマツ＞アカマツの順となった。しかし、その分散はきわめて大きくて C/N 率 10〜15 でスギでは 0.6〜3.0 ha に及んだ。

このように C/N 率に対する細根表面積の分散が大きいことから考えると、両者の相関はそれほど大きいものではない。しかし、一般的な傾向としては C/N 率が大きくなると細根表面積が増加する。

いま秋田の B_E・B_D・B_A 土壌型の林分調査地のC/N 率と、ha 当たり細根表面積の関係をみると表 5-78 のように S20 林分は B_A 型の乾燥土壌で成長が悪く、地位指数 15.4、C/N 率は 23 で、ha 当たり細根表面積は 2.3 ha であったが、S21 の適潤性の B_D 土壌型、湿性の S22 林分の B_E 型と乾燥土壌から湿潤土壌に移行するにつれて地位指数は 15.4 から 23.4 に増加し、C/N 率は 23 から 12 に減少した。この変化にともなって、細根表面積は 2.3 ha から 1.2 ha になり C/N 率の減少にともなって細根表面積が減少した。

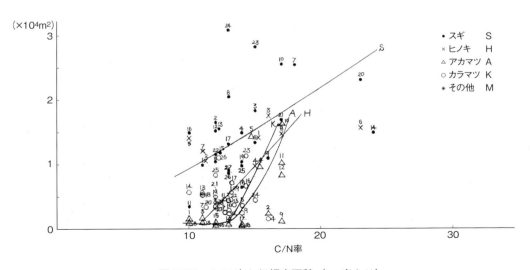

図 5-39　C/N 率と細根表面積（ha 当たり）

表5-77 C/N率10〜15における各樹種のha当たり細根表面積

樹種	スギ	ヒノキ	アカマツ	カラマツ
ha当たり細根表面積(ha)	1.2〜1.7	1.3〜1.8	0.1〜0.3	0.2〜0.7

表5-78 スギ林分のC/N率とha当たり細根表面積

林分	S20	S21	S22
土壌型	B_A	B_D	B_E
C/N率	23	17	12
ha当たり細根表面積(ha)	2.3	1.7	1.2
地位指数	15.4	20.6	23.4

C/N率と細根表面積との関係は、乾燥せき悪林地でC/N率が大きくなり、細根表面積が増加するといった各因子の相互作用の結果である。C/N率が大きくなるような条件では、細根表面積が増加するともいうことができる。

以上のように各土壌因子と根系表面積の間には一応の相関があるが、これらの各因子の間にも密接な関係があるので、その個々の因子が直接根系表面積の増減に関係しているかどうかは明らかでない。

しかし、総合的に乾燥土壌で、通気が良好でせき悪な林地では根系表面積は大きくなる傾向がある。

この傾向は以上のようなせき悪乾燥地では根系の広がりと表面積の増加によって、養・水分の不足を補うための林木の養・水分吸収を補完する適応作用とも考えられる。

細根の吸収表面積が増加すると林木の吸収量は増加する。吸収量は土壌の水分条件・細根の質などによって相違するが、これらの条件が一定であれば、根系の表面積が大きいほど十分な吸収量を支えることができる。過湿・病虫害などで細根量が減少して吸収表面積が減少すると、林木の成長は衰える。林木の健全な成長には一定の細根表面積が必要である。

(3) 吸収構造の崩壊

一般に乾燥条件では吸収構造が表層に偏るが、根系は強度の乾燥には木質化した状態で耐えて、土壌が湿潤になる雨期に木質化した細根から白根を出して成長をする。

このため極端な乾燥条件でない限り、乾燥のために根系が枯死して、吸収構造が壊されるような現象はほとんどおこらず、単位根系面積当たりの吸収能率が低下する程度にとどまるが、過湿で通気不良条件では根系の枯死によって、しばしば吸収構造の崩壊がおこる。

いまこの吸収構造の崩壊の過程を乾燥・適潤・湿性林分について過湿・通気不良条件に弱いカラマツでみると表5-79のようになる。

この表で成長が良好で健全な成長をしているK3林分では、細根表面積が3.3㎡でⅠ層に68％の分布があったが、K23・K26の乾燥土壌林分では細根表面積が増加して4.0〜4.6㎡となり、その分布は極端に表層に偏って71〜74％であった。

この林分の地位指数は9.5〜9.6で成長はきわめて悪く、細根表面積分布も表層に偏ってK3林分に比べると正常な吸収構造とはいえなかったが、細根表面積は4.0〜4.6㎡でK3林分よりも大きく、吸収能率は悪いが一応安定した状態での継続した成長が期待できた。

一方過湿で通気不良のK6・K7・K4林分では下層の細根の枯死によって細根の表面積の分布割合がⅠ層で大きくなり、細根表面積が正常林分の1/3程度に減少して、下層部から吸収構造の崩壊が進んでいることが推察できた。極度の湿度や乾燥は根系の吸収構造の崩壊の原因となる。

この土壌条件の変化にともなう吸収構造の変化と林木の成長との関係をまとめると図5-40のようになる。

一般に乾燥条件では吸収能率の低下はおこるが、過湿条件のようには容易に吸収構造の崩壊と、これにともなう林木の枯死はおこらない。しかし、極度の乾燥が続くと吸収が阻害されて、同化生産量の減少がおこるために、根系の再生産が制限され、吸収阻害と成長不良の悪循環から、次第に吸収構造が崩壊してゆくことが考えられる。この場合には一般に吸収構造は強度の乾燥がおこる表層で小さく下層で大きくなるような形をと

表 5-79　カラマツの立地条件と吸収構造（細根表面積比）

林分	K3	K23	K26	K6	K7	K4
胸高断面積(㎡)	183	141	164	92	128	86
土壌型	Bl_E	$Bl_D(d)$	Bl_C	Bl_F	Bl_F	Bl_F
地位指数	14.8	9.5	9.6	6.8	11.0	8.2
細根表面積(㎡)	3.3	4.0	4.6	1.1	1.5	1.1
Ⅰ	0.679	0.709	0.744	0.814	0.864	0.776
Ⅱ	0.171	0.188	0.145	0.160	0.118	0.131
Ⅲ	0.136	0.103	0.098	0.026	0.018	0.080
Ⅳ	0.014	―	0.013	―	―	0.013
Ⅴ	―	―	―	―	―	―

土壌条件	細根表面積	表層への偏り	材木の成長状態
乾燥	大 →	大 →	吸収能率の低下がおこり、成長は悪いが安定
	小 →	小 →	乾燥が極端な場合には表層の吸収構造が破壊されて枯死する
湿潤・適潤	中 →	中 →	成長良好
過潤	小 →	大 →	吸収能率低下と吸収構造の崩壊がおこり成長不良となって枯死する

図 5-40　吸収構造の崩壊を示す模式図

る。

一方過湿条件では通気不良のために、細根の働きと成長が衰えて、その程度が大きい下層から次第に細根の枯死がおこって吸収構造は表層に偏ったのち、次第に崩壊する。

水分条件が吸収構造の崩壊に及ぼす影響は樹種によって異なり、ヤナギ類・ハンノキなどの耐湿性樹種は、過湿地でも吸収構造の崩壊はおこりにくいが、カラマツのように耐湿性の小さい樹種は上述のような過湿条件によって吸収構造の崩壊が容易におこる。

その他、吸収構造の崩壊は病虫害による根系の被害によってもおこるが、この場合には吸収構造が必ずしも表層に偏るとは限らない。

いま野辺山国有林の過湿によるカラマツ不成績造林地における吸収構造の崩壊の過程を小・中径根の枯死率でみると表 5-80 のようになる。

表 5-80 で過湿条件の Bl_G 型の K7 林分ではⅠ層の小径根中 48％、中径根は 40％が枯死根で、

この割合は各林分ともに土壌が深くなるほど増加した。これは下層土ほど根系の生育条件が悪くなることによっている。

また野辺山国有林の土壌は Bl_D 型でも全体に過湿で成長不良のため枯死率が高いが、とくに Bl_G・Bl_E・Bl_F 型土壌では Bl_D 型土壌よりも枯死率が高い傾向がみられた。

一般林地では根系の枯損量はきわめて少ない。

また表 5-81 から直径 2 ㎜以下の細根 50 g 中の新しい組織の部分と木質化した部分の割合を重量比でみると、過湿の Bl_G・Bl_E・Bl_F 型土壌は Bl_D 型土壌よりも若い組織の根量の割合が小さくて枯死根が多い。これをⅠ層でみると前者は 18～29％であったが、後者は 34～59％で、両者の間に 16～30％の差がみられ、根系の成長条件が良好なⅠ層においても Bl_F 型の過湿土壌では、新しい細根の成長が制限されることがわかった。

このような新しい細根量の減少は吸収量の減少を引きおこし、成長量の減少となって表れる。こ

表 5-80　カラマツ小・中径根の枯死率（%）

調査林分		K7	K9	K10	K5	K6	K11	K12	K13	K8
地位指数		10.6	12.4	11.5	9.0	6.8	16.8	14.5	18.7	9.0
土壌型		Bl_F	Bl_D	Bl_D	Bl_E	Bl_E	B$_D$	Bl_D	Bl_D	Bl_D
小径根	I	48	16	35	27	27	20	25	26	18
	II	51	28	34	42	47	63	30	32	30
	III	60	44	66	51	70	49	71	35	55
	IV	—	40	47	—	61	86	85	37	42
	V	—	75	—	—	—	—	—	—	—
中径根	I	40	23	30	33	57	26	20	24	27
	II	43	39	29	39	41	43	22	20	21
	III	59	43	46	54	55	33	11	14	37
	IV	—	63	54	—	34	58	53	38	53
	V	—	70	—	—	—	47	—	—	—

表 5-81　カラマツ細根中の組織の若い部分の割合（乾重比）

調査林分	K7	K9	K10	K5	K6	K11	K12	K13	K8
地位指数	10.6	12.4	11.5	9.0	6.8	16.8	14.5	18.7	9.0
土壌型	Bl_F	Bl_D	Bl_D	Bl_E	Bl_E	B$_D$	Bl_D	Bl_D	Bl_D
I	22.8	39.7	34.6	28.9	17.9	44.0	44.9	58.9	37.0
II	8.6	12.8	21.3	15.6	16.5	27.2	21.5	46.8	15.6
III	5.0	14.6	25.0	2.8	5.4	21.9	12.3	38	6.0
IV	—	8.0	16.8	—	4.0	11.8	8.7	14.9	9.5
V	—	4.0	3.1	—	—	3.6	5.0	7.3	—

$(f/f+F) \times 100$
f：組織の若い部分の根量、ほとんど当年生の細根量である
F：細根中の木質化した部分の根量

の面でも過湿による吸収構造の悪化と成長不良の原因を知ることができる（表 5-81）。

　この若い細根の割合は土壌層が深くなって、細根の成長条件が悪くなると次第に減少して、IV〜V層では 4〜5％になる。

　以上は長野県野辺山の高冷地の過湿不成績造林地における吸収構造の悪化と崩壊の極端な例であるが、これらのことから、一般林地においても土壌条件が吸収構造に影響して、これが吸収量と同化の能率に関係して、これらの相互作用から林木の成長が変化することが推察できる。

　一方乾燥林分では、過湿地におけるような極端な根系の枯損はおこらないが、根系の成長不良から細根・小径根の木質化が進み、同じ細根量でもその吸収能率は低下する。

　しかし一般に乾燥林地では細根・小径根は活動しない木質化した状態で存在して、雨期のような土壌水分が豊富な時期に、木質化した細根から、急速に白根を分岐して成長する形をとる。

　このような点では、同様に地位指数が低い場合でも過湿条件と乾燥条件では根系の性状はまったく異なる。

　いま過湿条件と乾燥条件の根系の状態をみると写真 12〜15 のようになる。

第 5 章　林分調査における地下部の構造の解析

カラマツ K6 林分。地下部の吸収構造の不良によって成長は悪く、枯損木が多い（野辺山国有林）

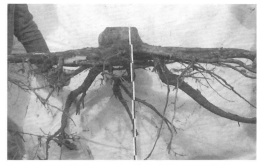

カラマツ K5 林分、No.2。胸高直径 9 cm、樹高 7 m、過湿のため小根が枯死した根系

カラマツ K7 林分。地下水が高く、過湿状態の林地、Bl_G 型土壌

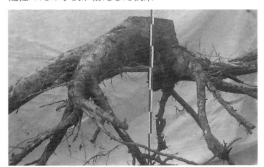

カラマツ K12 林分、No35。過湿のため小根が枯死した根系

写真 12　過湿地のカラマツ林と根系（野辺山国有林）

カラマツ K4 林分、No.22。胸高直径 9 cm、樹高 7 m、根系の最大深さ 65 cm。土壌型 Bl_F

カラマツ K6 林分、No.37。胸高直径 11 cm、樹高 8 m、根系の最大深さ 65 cm。土壌型 Bl_F

カラマツ K7 林分、No.6。胸高直径 14 cm、樹高 12 m、根系の最大深さ 65 cm。土壌型 Bl_F

写真 13　土壌が過湿によって、小根が枯死したカラマツの根系

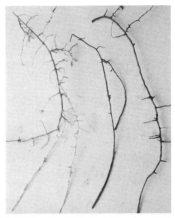

土壌水分と根端。左：適潤性土壌、右：過湿土壌の黒色化した細根

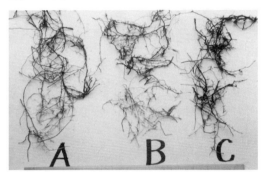

土壌水分とカラマツの細根。A：適潤土壌、B：乾燥土壌、C：過湿土壌

写真14　カラマツの細根と土壌

A14林分、No.2。胸高直径16cm、樹高11m。細根が枯死した根系

写真15　ストローブマツの根系

5　根系の最大深さ

　胸高断面積と主根・斜出根も含めた根系の最大深さの単木平均値との関係をみると図5-41（別表11・12参照）のように、各樹種ともに胸高断面積の増加にともなって根系の最大深さはほぼ放物線状に増加した。とくに幼齢時の胸高断面積100cm²までは最大深さが急速に増加した。

　林木の成長：胸高断面積100cm²と500cm²における根系の最大深さは表5-82のようになり、胸高断面積100cm²に対する根長の増加率は0～100cm²では90～175cm²であったが、100cm²～500cm²では25～45cmで10～100cm²の1/2～1/5であった。

表5-82　根系の最大深さ（cm）

胸高断面積(cm²)	樹種 スギ	ヒノキ	アカマツ	カラマツ
100	120	100	175	90
500	220	150	350	200
	(0.63)	(0.43)	(1.00)	(0.57)

　樹種：根系の最大深さは樹種によって異なり、胸高断面積100cm²ではスギ1.2m・ヒノキ1m・アカマツ1.75m・カラマツ0.9mで、アカマツは幼齢時代から著しく根長が大きかったが、スギ・ヒノキ・カラマツは大きな差がなかった。胸高断面積500cm²ではスギ2.2m・ヒノキ1.5m・アカマツ3.5m・カラマツ2.0mで、根系の成長にともなって樹種の特性が明らかとなり、樹種間の差が一層大きくなった。アカマツは主根が杭状に発達するために、最大深さの平均値は3.5mに達した。調査木中A4林分の調査木NO4胸高直径29cmは最大で、4mに及んだ。

　ヒノキは幼齢時にはスギ・カラマツに類似したがその後の成長量が小さく、スギ・カラマツよりも浅くて、浅根性樹種の特徴を示した。その他の樹種も含めたほぼ同じ太さの林分の根系の最大深さは表5-83のように胸高断面積と土壌条件の相違もあるが杭根性のアカマツ・モミは230～330cmで深根性の特徴を示しヒノキ・カラマツ・ユーカリノキ・シラカンバ・ヤエガワカンバなどは

第 5 章　林分調査における地下部の構造の解析

表 5-83　各樹種の根系の最大深さ

樹種	スギ	ヒノキ	アカマツ	カラマツ	サワラ	ユーカリノキ	ケヤキ	モミ	カナダツガ	フサアカシア	ミズナラ	シラカンバ	ヤエガワカンバ
林分	S10	H3	A3	K29	M2	M3	M4	M5	M6	M7	M8	M9	M10
胸高断面積(㎠)	208	254	198	200	238	177	188	156	211	135	214	96	185
土壌型	$Bl_D(d)$	B_D	$Bl_D(d)$	Bl_B	Bl_D	I_m	Bl_D	Bl_D	E_r	Bl_D	Bl_D	Bl_D	Bl_D
最大深さ(cm)	142	110	227	70	149	60	193	329	151	133	145	80	95

60〜110 cm で浅根性であった。

　この根系の最大深さは心土の深い苗畑土壌・海岸砂地などのものと比べると浅い感じであるが、一般林地では有効土壌層が浅いために根系の最大深さは比較的浅い。一般に根系の最大深さが制限される土壌条件は過湿の通気不良の堅密な粘土質土壌で、やや乾燥の通気が良好で物理的な抵抗が小さい砂質土壌では根系は深部にまで発達する。

　土壌条件：先にも述べたように根系の最大深さは土壌条件によって異なり、湛水・基岩が浅い場合のような物理的・生理的に根系の成長が阻害されるような立地では、根系の最大深さは著しく制限される。いま図 5-41 でほぼ同じ胸高断面積で土壌条件が異なる林分の根系の最大深さの平均値をみると表 5-84 のように心土が深い崩積

の $Bl_E(w)$ 型のスギ S25 林分は 214 cm であったが、それより大径木の S9 林分は表土の浅い残積土の $Bl_E(d)$ 型土壌で 150 cm で、両者の間に 60 cm の成長差があった。同様に Bl_D 型のヒノキ H8 林分と H6 林分の間にも差が認められた。

　カラマツでは Bl_D 型の K11 林分と $Bl_D(d)$ 型で有効土壌層の浅い K25 林分の間に 64 cm の差があった。

　以上は有効土壌層が浅い乾燥土壌の場合であるが、過湿条件でも同様な現象がみられ、Bl_E 型の K3 林分は 184 cm であったが過湿の Bl_G 型土壌の K7 林分は下層土が湛水状態で根系の成長が著しく制限された。

　本数密度：本数密度と根系の最大深さとの関係は表 5-85 のように密度比数が大きい。

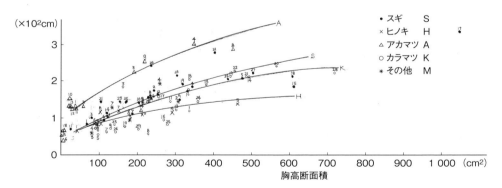

図 5-41　胸高断面積と根系の最大深さ

表 5-84　土壌条件と根系の最大深さ（cm）

樹種	スギ		ヒノキ		カラマツ			
林分	S25	S9	H8	H6	K11	K25	K3	K7
胸高断面積(㎠)	328	337	126	91	310	273	183	128
土壌型	Bl_E	$Bl_D(d)$	Bl_D	B_B	Bl_D	$Bl_D(d)$	Bl_E	Bl_F
根系の最大深さ	214	150	118	87	145	81	184	62

表 5-85　本数密度・土壌型と根系の最大深さ（cm）

樹種	スギ		アカマツ		
林分区分	S22	S26	A10	A11	A12
胸高断面積（cm²）	419	425	18	32	49
土壌型	B_E	Bl_E	B_A	B_A	B_A
密度比数	1.2	0.4	1.2	0.9	0.6
根系の最大深さ	278	205	155	134	134

　S22 林分は最大深さが 278 cm であったが同じ崩積土壌の適潤土壌でも疎植の S26 林分は 205 cm で両者の間に 70 cm の差があった。また類似の立地条件に植栽された A10・A11・A12 林分では A10 林分は A11・A12 林分よりも密植で林木が小さいにかかわらず、根系の最大深さは大きくて 155 cm で、A11・A12 林分より 20 cm 大きかった。
　これらのことから本数密度が大きくなると根系の水平方向への成長が阻害されて、垂直方向への成長が促されることが考えられる。
　根系の最大深さを表す数式とその誤差：胸高直径・樹高の関数として根系の最大深さを①～⑦式（84頁参照）によって計算するとその係数・定数と回帰式の誤差が求まり、これから各樹種の林分内・林分を総合したときの変動係数をみると表 5-86 のようになり、スギでは各式ともに林分内では 3～4％の誤差を示した。この誤差は各林分を含めた場合には根系の最大深さに関係する土壌・密度などの条件が変化するために 15～22％で、林分内の誤差の 5～7 倍になった。この場合⑦式は 7％で、最大深さに関係する項を選択すると、その誤差は他の数式に比べて著しく小さくなった。
　以上の変動係数は各式ともにアカマツ＞カラマツ＞ヒノキ＞スギの順に大きく、アカマツは主根長の発達が著しいがその変動も大きい。カラマツはアカマツに次いで誤差が大きいがこれはカラマツは根系の成長が立地条件に影響されやすいことによっている。
　林分内の調査木の根系の最大深さを④式で胸高断面積の関数として表現され、その回帰係数をみると表 5-87 のようにアカマツ＞カラマツ＞スギ＞ヒノキの順となり、杭根性のアカマツは著しく高い値を示した。

表 5-87　各林分の調査木を合算した場合の計算式④式の回帰係数

区分樹種	林分	調査木本数	回帰係数
スギ	S_T	79	0.19
ヒノキ	H_T	36	0.13
アカマツ	A_T	63	0.48
カラマツ	K_T	51	0.20

表 5-86　根系の最大深さを表す計算式の誤差（％）

樹種	林分	調査木本数	計算式						
			①	②	③	④	⑤	⑥	⑦
スギ	S13	15	3	3	3	4	3	4	3
	S_T	79	21	21	22	19	15	21	7
ヒノキ	H3	6	6	6	6	6	6	5	—
	H_T	36	9	12	10	15	11	16	3
アカマツ	A2	23	15	15	15	15	24	15	14
	A_T	63	—	18	18	13	22	—	7
カラマツ	K1	9	7	8	7	5	5	8	—
	K_T	51	18	18	18	19	23	20	18

第6章
根密度

林分間・単木間の根量調査区分ごとの根量を比較検討する場合、測定根量そのものでは調査土壌体積がそれぞれ異なるので、この量をそのまま用いることはできない。この場合、根量を調査土壌体積当たりとして表現するとこれらの点を改良することができる。また林分内の一部の根密度を知ることによって林分の根量分布の状態を推察することができる。

そこで根量を土壌体積当たりとして表現し、これを根密度という言葉で表した。ここでは根密度を土壌体積 1 ㎥当たり根量（乾重 g）で表現した。

調査林分の根密度は各林分の水平・垂直区分別根量（別表 17）と調査区分の土壌体積から求めた。この結果は別表 19 の通りである。

林分の平均根密度は ha 当たり根量に類似するが、S11～S17 林分のように林分によって土壌層の厚さが異なるものもあるので、ha 当たり根量と根密度とを同じに取り扱うことはできない。

とくに根量の水平分布はその調査区の面積がつねに本数密度によって異なるので、林分の水平的な位置の根量の比数においては、根密度の表し方はきわめて有効である。

そこで、ある部分では根量と重複したところもあるが根密度を用いて根量分布を統一的に解析した。

根密度は林分の大きさ・本数密度・土壌条件によって異なり、同一林分内では土壌層・林木からの水平位置などによって相違する。

根密度は各根系区分について考えられるが、とくに生理生態的に意味があるのは細根の根密度で、なかでも表層の I 層の根密度は養・水分の吸収に関連して重要な意味がある。

細根の根密度は I 層でもっとも大きくて、密植の表土が浅い乾燥林地では、この土壌層の根密度が著しく大きくなって、養・水分の吸収に関して競争がおこり、このため林木の成長が阻害されることが考えられる。

以下各条件における根密度について述べる。

1　根密度の垂直変化

根量の垂直的な変化にともなって、根密度も変化し、土壌層が深くなるにしたがって根密度が小さくなる。根量の場合には I・II 層と III 層の間に調査土壌体積の差による根量分布曲線のひずみができたが、根密度では土壌体積当たりの根量として表示されるので、減少曲線はなめらかになる[*1]。とくに細根～中径根で顕著である。

いま各調査林分の根系区分・垂直・水平区分別根密度表（別表 19）から林木の成長にともなう根密度変化が安定する胸高断面積 500 ㎠程度の調査林分中、代表的な林分である S5・H5・A8・K21 林分について各土壌層の根密度変化を図示すると図 6-1 のようになり、多少の差異があるが、各樹種のいずれの根系区分についても、表層で根密度が大きく下層になるにしたがって一定の傾向で減少した。この根密度の減少傾向は細根・小径根など細い根系ほど漸減曲線がなめらかで、大径根・特大根では根系の分岐性によって根密度の層別漸減曲線が変化する傾向がみられた。とくに II・III 層で大根の分岐が顕著なスギは大径根・特大根の II・III 層における根密度が大きくて、I 層の根密度に対する比数は大径根の II 層で 1.7、III 層 1.6、IV 層 0.8 で、I・II 層で根密度が大きく III・IV 層で小さい浅根型のヒノキ・カラマツとは根密度の分布状態が著しく相違した。

浅根型のヒノキは大径根の根密度比数が II 層で 0.8、III 層で 0.3、特大根は II 層 0.9、III 層 0.1、カラマツは大径根の II 層が 0.9、III 層 0.8、特大根は II 層 0.8、III 層 0.1 で、いずれも大径根の分布は表層に偏る。

アカマツは大径根・特大根ともに表層部で根密度が大きくて、II 層の比数は 0.8、III 層は 0.3 であった。この点ではアカマツは浅根性樹種に類似するが、細根～中径根の根密度分布は XI 層に及び、杭根によって特徴づけられる深根性の特徴がこれらの根系の根密度分布からうかがえた。

細根の I 層の根密度はヒノキの H5 林分がもっ

[*1] S5 林分と H5 林分における根量の垂直分布の図 6-1 (1) と根密度の図 6-1 (2)～(4) を対比参照。

第6章　根密度

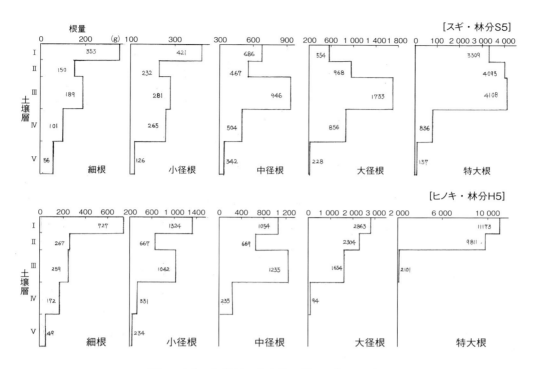

図6-1(1)　各樹種の代表的な林分の根量分布

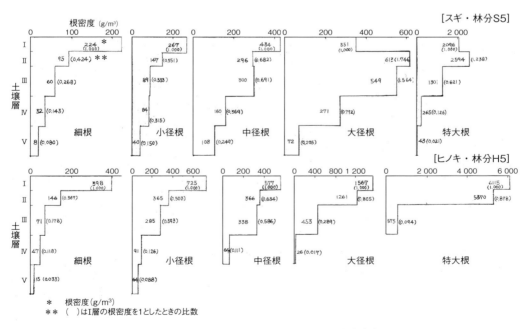

＊　　根密度(g/m³)
＊＊　( )はⅠ層の根密度を1としたときの比数

図6-1(2)　各樹種の代表的な林分の根密度(1)

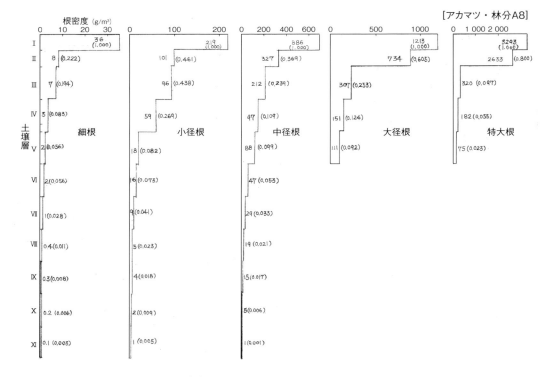

図6-1(3) 各樹種の代表的な林分の根密度(2)

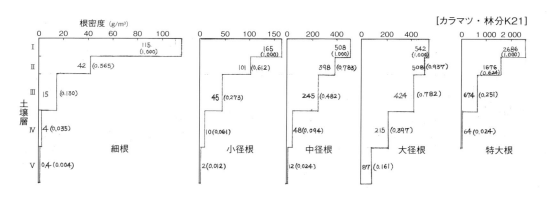

図6-1(4) 各樹種の代表的な林分の根密度(3)

とも大きくて（398[*2]）＞スギ（224）＞カラマツ（115）＞アカマツ（36）でアカマツは林木の大きさの割合にきわめて根密度が小さい。

土壌層による細根の根密度の減少傾向はアカマツがもっとも著しくてⅡ層の比数は0.22、Ⅲ層は0.19で、Ⅺ層まで漸減した。このようにアカマツの細根がⅠ層に偏って分布している特徴は先にも報告しているところであるが、このような特徴は

[*2] 土壌1m³中の根量（g/m³）を根密度とし、以下の本文ではこの単位を省く。

深部にまで主根が発達する杭根性の特徴と合わせてアカマツの根系の著しい特徴で、細根の分布からみた吸収面ではむしろ浅根性の性質をもっているものと考えられる。

アカマツに次いで表層で細根の根密度が大きいのはカラマツとヒノキで、カラマツはⅡ層で0.365、ヒノキは0.367、Ⅲ層で0.130・0.178で、ヒノキは根密度は大きいが、土壌層による減少率は両者ともにほぼ類似していて浅根性の特徴を示した。カラマツは深部では急速に根密度が減少してⅣ層で4[*3]（0.04）となったのに比べてヒノキは47（0.118）で、カラマツよりもヒノキのほうが深部で根系が多く、両者ともに浅根性であるがヒノキのほうが、緻密で湿潤な土壌中でも細根が発達する性質があることがわかった[*4]。

スギ細根のⅠ層に対する比数はⅡ層0.42、Ⅲ層0.27、Ⅳ層0.14で、他の3樹種に比べて細根の分布が深部に多く、太根・細根ともに深根性の特徴を示し、他の樹種に比べて深部に根量分布が多い傾向がみられた。

各樹種を通じて細根は表層への根量の偏りが大きく、土壌層が深くなると根密度が急速に減少するが、小・中径根では深部での根量が増加して減少曲線は緩やかとなる。大径根・特大根は深部での根量分布がなくなって表層部に集まり、細根の漸減分布に対して厚い層状分布をする。

2　林分の成長と根密度

林分の成長にともなって根系区分、垂直・水平の調査区分別の根密度が変化するが、いま各根系区分について土壌層ごとに林分の成長と根密度との関係をみると図6-2のようになる。

いま林木の成長にもっとも関係が深い細根の根密度の変化を土壌層ごとにみると図6-2のようにⅠ層では各樹種ともに胸高直径100～200 cm²の小径木の林分で根密度が大きくなり、表6-1のようにスギは胸高断面積150 cm²で最大で600、ヒノキはスギよりやや小径木の林分で根密度が大きくて50 cm²で500、アカマツは50 cm²で250

表6-1　林の大きさによるⅠ層の細根の根密度の変化とその割合

区分＼樹種	スギ	ヒノキ	アカマツ	カラマツ
幼令樹の最大根密度（g/m²）	600 (150)	500 (50)	250 (50)	—
成長量がほぼ一定になったときの根密度（g/m²）	200 (300)	400 (200)	50 (200)	200
比数	3	1.25	5	—

（　）は胸高断面積（cm²）。

（極端なせき悪・密植林分を除く）でヒノキ・アカマツはスギよりも早い時期にⅠ層の細根の根密度が増加する傾向がみられた。これは、これらの林分の本数密度が高いことと、ヒノキは幼齢時、表層に細根分布が多いなどの根系の分布特性によっている。

カラマツはスギ・ヒノキ・アカマツでみられるような幼齢時代における根密度増加の山がなく、胸高断面積300 cm²付近でやや増加して、200程度になった。その原因はカラマツの根系の分布特性によるものか、調査林分のとり方によるものか（幼齢の密な林分がえられなかった）明らかでない。

このように樹種によって根密度の最大点が多少ずれるが、幼齢時根密度が一時的に増加したのち、胸高断面積300～400 cm²まで漸減してほぼ安定した根密度を示す。600 cm²以上では根密度はやや大きくなり、胸高断面積1 042 cm²のS17林分では400となった。いま根密度がほぼ一定になった胸高断面積500 cm²における値を図6-2からみると表6-1のようにヒノキ（400）＞スギ・カラマツ（200）＞アカマツ40となりヒノキはスギ・カラマツの2倍、アカマツの10倍の根密度を示した。またこの根密度を幼齢最大時の根密度と比較すると表6-1のように、アカマツは最大時の1/5、スギは1/3、ヒノキは1/1.25となりアカマツは根密度の減少率が大きく、ヒノキは小さくて変化が少ない。

[*3]　数値は根密度、（　）はⅠ層の根密度に対する比数を示す。以下同様。
[*4]　ヒノキの根系は好気的な条件で発達が良好であるが、表層では緻密で湿潤な土壌でも根密度が高い。

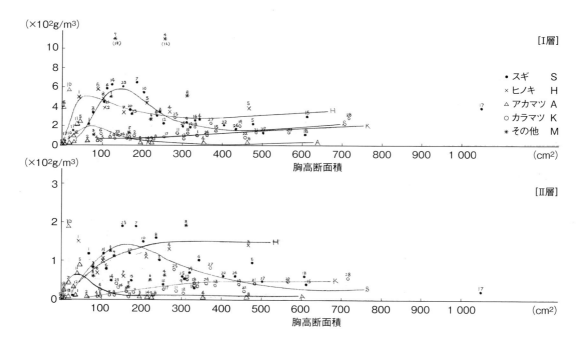

図 6-2 細根の土壌層別根密度

　Ⅰ・Ⅱ層における細根の根密度の増加は林木の成長とも関連しており、一般に通気が良好で肥沃なⅠ層の細根の根密度が高くなる時期には、地上部の成長も旺盛で（図6-2）、両者の間に高い相関が認められた。またこの時期は面積当たり葉量が最大となる時期[*5]よりもやや早く、幼齢時においては同化生産物の多くが細根の成長に利用され、吸収と同化がさかんにおこることによって地上部・地下部ともに成長が促進されて、根密度・葉量が一定になり、吸収と同化の均衡が保たれることが推察できた。このように幼齢時に根密度が大きくなるために、この時期には養・水分の吸収について根系の競合がおこる可能性が十分にあり、とくにせき悪乾燥林地ではこの時代に根系競争が考えられた。

　胸高断面積 300～500 cm²で根密度が減少して一定になるのは、同化生産物の根系への配分が地上部を支持するための大径根・特大根・根株などの肥大成長に利用されて、細根・小径根への配分割合が減少するためにこれらの根系の成長速度が幼齢時代よりも衰えることと、林分の成長にともなう立木本数の減少によっている。

　一方、中径木の林分で減少した根密度が大径木の林分で再び増加する現象は先に説明した（186頁参照）細根の土壌層の選択成長によっており、Ⅱ層以下の各土壌層では林分の成長にともなって、根密度が減少するがⅠ層では増加した。調査林分では林分の平均胸高断面積 645 cm²のカラマツ K28 林分と 1 042 cm²のスギ S17 林分でこの傾向が明瞭であったが、一般林地でも大径木の林分では表層の根密度が著しく高くなる現象はつねに認められる。

　土壌層が深くなるにしたがって根密度の最多点は胸高断面積が大きい方向へ移動する。これをスギでみるとⅠ・Ⅱ層では 150～200 cm²で根密度が最大となり、Ⅲ層 200～250 cm²、Ⅳ層 300 cm²、Ⅴ層 350 cm²となった。これは深い土壌層では小径木の根系分布がしだいにみられなくなるため

[*5] ha 当たり葉量の変化曲線と対比参照（129頁参照）。

である。

Ⅳ・Ⅴ層の下層土では大径木の根密度がそれほど高くなくて、むしろ胸高断面積300〜400cm²の中径木で高いのは、中径木では分岐のさかんな根系の先端部分がこの土壌層付近にあるためで、大径木はその割合にはこの土壌層で根密度が増加せず、立木本数の減少によって根密度がむしろ減少することによっている。

Ⅵ層以下の土壌層では杭根性のアカマツの根密度分布と大径木のスギS17林分の根密度しかみられなくなり、アカマツは胸高断面積の増加にともなって放物線状に増加する傾向を示した。

小径木・中径根では細根とほぼ同様な傾向が認められるが、大径根では胸高断面積の増加に対してほぼ放物線状に根密度が増加した。

この傾向は特大根では一層明瞭で、大径根ではスギ林分は幼齢時代に根密度が大きくなる傾向がみられたが、特大根ではⅠ層においてもこの傾向はまったく認められず、胸高断面積が大きくなるほど根密度が増加する傾向が認められた。

以上の関係を総括すると、根密度は根系の直径が小さくて土壌層が浅いほど、林木の大小にかかわらず一定になり、幼齢時に最大になる傾向を示すが、土壌層が深く、根系分布が深くなると、根密度の最大点が胸高断面積が大きいほうに移動して、最後には放物線状ないしはⅣ・Ⅴ層の特大根のように上側にやや凹型の増加曲線を示すようになる。

3 根密度の分散

根密度の分散は表層の細根で小さくて土壌層が深くなり、根系区分が太くなるほど大きくなる。

いまスギS2林分について各土壌層の変動係数を計算すると表6-2のようになり、Ⅰ層の細根では0.12であったが、土壌層が深くなると漸増して、Ⅳ層では0.82、Ⅴ層では1.5となった。また、各根系区分の分散は表6-2のように各土壌層において中径根以上では著しく大きくなり、細根・小径根は土壌中にほぼ均一に分布するが、中径根以上の根系は分布の偏りが大きかった。

また各樹種のⅠ層の細根の分散は表6-3のようにアカマツ＞カラマツ＞スギ＞ヒノキの順に大

表6-2 根密度の土壌層別変動係数（S2林分）

区分 土壌層	細根	小径根	中径根	大径根	特大根
Ⅰ	0.12	0.18	0.41	0.55	0.74
Ⅱ	0.16	0.25	0.52	0.60	0.95
Ⅲ	0.25	0.31	0.57	0.82	―
Ⅳ	0.82	0.70	0.92	1.95	―
Ⅴ	1.50	1.20	1.70	―	―

表6-3 各樹種のⅠ層の細根の根密度の分散

樹種	スギ	ヒノキ	アカマツ	カラマツ
林分	S2	H2	A2	K2
変動係数	0.12	0.08	0.32	0.20

きく、細密な細根が密生するヒノキは分散がもっとも小さく、疎放なアカマツは根密度の分散が大きくてヒノキの4倍に相当した。

4 各種の条件と根密度

根密度は本数密度・立地条件によって変化する。いま各種の条件とⅠ層の細根の根密度との関係をみると次のようになる。

(1) 本数密度

本数密度とⅠ層の細根の根密度との関係は図6-3のように、各樹種ともに密度比数が大きくなると根密度が増加する。この傾向はアカマツがもっとも著しく高密度のA10・A6林分は400〜600の根密度を示した。スギでは密度比数0.5で250、1.0で450で密度比数が2倍になると、根密度は1.8倍に増加した。図6-3では各樹種ともに分散が大きくてS24・S14・S6・S7・S10・S23・H6・H1・A5などの林分は、密度比数の割合には根密度が高く、S22林分は低い値を示した。これは主として立地条件の影響によるものである。

本数密度が増加すると競争密度効果によって林木の大きさが変化し、これにともなって根密度が変化するので、両者を同一に比較することはできないが、いまほぼ林木の大きさが等しくて本数密度が異なる林分について各土壌層の根密度を比較すると表6-4のようになり、密植のスギS22林分

と疎植林分のS18林分、S8林分とS2林分を比較すると、両者ともに密植林分のほうが疎植林分よりも深部で根密度が大きく、その増加率は表層よりも大きい傾向が認められた。この関係は細根だけでなく大径根についても同様で、働き部分・蓄積部分ともに、密植林分では深部での根密度が大きくなった。各土壌層の根密度の増加は本数の増加によるが、その割合が表層よりも深部で大きいのは本数密度効果によるものと考えられる。すなわち、高密度林分では表層部の根密度が著しく大きくなって根系の干渉[*6]と競争がおこるために表層での成長が制限され、根密度が小さい下層での根系の成長が促進されるためであり、また大径根については上部の物理的な構造変化に対する支持構造の適応作用の結果とも考えられる。高密度林分では表層部での根張りが貧弱で、疎植林分

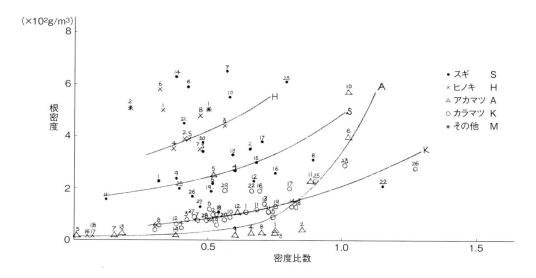

図6-3 本数密度と根密度（細根・I層）

表6-4 本数密度と根密度の垂直変化（スギ・g/m³）

区分	密植林分					疎植林分					密植林分					疎植林分				
林分	S22					S18					S8					S2				
林齢	41					32					29					23				
胸高断面積 (cm²)	419					554					238					249				
密度比数	1.158					0.545					0.898					0.652				
地位指数	21.8					23.4					20.7					21.7				
根系区分＊ ＼ 土壌層	f	s	m	l	L	f	s	m	l	L	f	s	m	l	L	f	s	m	l	L
I	218	251	427	585	1 994	118	165	398	258	2 192	317	490	686	689	2 700	350	374	582	258	1 648
II	66	234	551	615	4 719	62	73	304	440	2 708	160	167	434	499	781	103	166	336	326	805
III	48	147	549	1 081	2 854	44	88	367	645	1 272	124	156	436	829	—	77	127	319	611	270
IV	53	132	415	539	861	30	72	225	276	286	93	181	454	229	—	51	76	174	159	—
V	25	83	181	297	100	12	30	56	88	82	32	140	231	21	—	11	28	94	—	—

＊ 根系区分　f：細根、s：小径根、m：中径根、l：大径根、L：特大根。

[*6] 197頁、**写真9**参照。

では根株付近の肥大成長が大きく、極端な場合には板根状になる現象はしばしば観察される。

このように高密度林分では深部での養・水分の利用が促進されるために、土壌が深い立地では本数密度の増加による影響が少なく、表土が浅い立地では物理的に根系の発達が制限されて、深い土壌層の立地では、深部に発達するべき根系が表層に集中する状態となり、強度の密植林分では根系の競合がおこりやすい状態となる。

(2) 土壌型

本数密度と根密度の関係は図6-3のように分散が大きいが、根密度は土壌条件によって影響されやすいために、土壌型と根密度の間では図6-4のように本数密度の場合よりも高い相関関係がみられた。

各樹種ともに乾燥土壌型の $Er・B_A・Bl_B・Bl_C$ などの乾燥土壌型では根密度が高くなり、スギでは B_A 型のS24林分は900、Bl_C 型のS7林分は650、Bl_B 型のS6林分・$Bl_D(d)$ 型のS14林分は600であったが、Bl_D 型では300〜400、B_E 型では100〜200になり、湿潤土壌型になるほど根密度が小さくなった。

この傾向は他の樹種についてもみられ、ヒノキでは B_B 型のH6林分が600、$Bl_D(d)$ 型のH1林分が500、B_D 型のH2・H3・H5林分が400、B_E 型のH4林分が350で、スギと同様に土壌が湿性になるほど根密度が小さくなった。

またアカマツ B_A 型のA10林分は密植・乾燥土壌の両者の影響で根密度が高くて600に近い値を示した。せき悪乾燥林地（Er）のA6林分は400で、$Bl_D(d)$ 型の30〜40、Bl_D 型の20〜30に比べてきわめて高い根密度を示した。

カラマツについても同様に乾燥性の $Bl_C・Bl_D(d)$ 型土壌では300程度であったが、$Bl_E・Bl_F$ 型土壌では根密度が減少して50〜70程度となり、湿潤・通気不良の林分では細根の根密度が著しく減少した。

以上のように各樹種ともに乾燥土壌で根密度が大きくなり、湿潤土壌では小さくなる傾向が明瞭であったが、その程度はアカマツ＞スギ＞カラマツ＞ヒノキの順に大きく、アカマツの細根の根密度は土壌の水分条件に影響されやすく、ヒノキはこれに比べて影響されにくいことがわかった。

代表的な土壌条件について、細根の樹種別根密度変化をみると、表6-5のように各樹種とも適

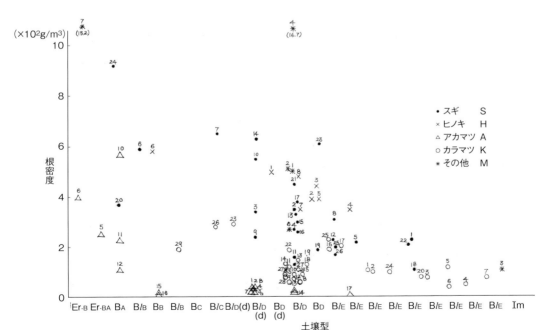

図6-4　土壌型と根密度（細根・Ⅰ層）

表 6-5 土壌型と細根の根密度 （g/m²）

区分	乾燥土壌			適潤土壌			湿潤土壌		
				スギ					
林分	S6	S7	S20	S2	S23	S26	S8	S18	S22
土壌型	Bl_B	Bl_C	B$_A$	Bl_D	B$_D$	Bl_F	Bl_E	B$_E$	B$_E$
I	597	653	377	350	616	171	317	118	218
II	80	193	123	103	196	65	160	62	66
III	35	103	43	77	120	56	124	44	48
IV	25	44	24	51	60	28	93	30	53
V	8	14	5	11	10	10	32	12	25

区分	乾燥土壌	適潤土壌		湿潤土壌
		ヒノキ		
林分	H6	H2	H8	H4
土壌型	B$_D$(d)	B$_D$	Bl_D	B$_E$
I	587	395	487	359
II	71	107	105	134
III	21	56	56	53
IV	2	3	5	9
V	—	—	1	5

区分	乾燥土壌	適潤土壌			湿潤土壌
		アカマツ			
林分	A6	A2	A1	A7	A9
土壌型	Er	Bl_D(d)	Bl_D(d)	Bl_E	Bl_D
I	401	44	47	28	27
II	28	11	13	45	6
III	8	7	4	11	3
IV	1	2	1	6	2
V	—	1	1	4	1
VI	—	0.5	0.3	0.5	0.4
VII	—	—	—	—	0.4
VIII	—	—	—	—	0.1
IX	—	—	—	—	0.1
X	—	—	—	—	0.04
XI	—	—	—	—	+

区分	乾燥土壌				適潤土壌				湿潤土壌			過湿土壌			
						カラマツ									
林分	K16	K17	K23	K24	K21	K22	K27	K14	K27	K2	K20	K28	K4	K5	K6	K7
土壌型	Bl_D(d)	Bl_D(d)	Bl_D(d)	Bl_D(d)	Bl_D	Bl_D	Bl_D	Bl_D	Bl_D	Bl_E	Bl_E	Bl_D	Bl_F	Bl_F	Bl_F	Bl_F
I	198	207	291	105	115	110	93	137	93	106	87	87	54	129	46	84
II	44	41	77	33	42	44	29	53	29	19	23	33	9	29	9	12
III	7	19	24	8	15	12	13	29	13	7	12	15	3	5	0.8	0.9
IV	1	4	—	2	4	3	4	7	4	2	2	1	1	—	—	—
V	—	1	—	+	0.4	1	0.4	3	0.4	—	—	1	—	—	—	—

潤性林分は深土まで根密度が高く、これに比べて乾燥土壌では、表層で根密度が著しく高くて、心土で小さい傾向が認められた。これは一般に$B_A・B_B$型のような乾燥土壌型の立地は根系の発達が可能な表土が浅くて物理的に根系の分布が表層に限られるためである。

土壌条件と根密度の垂直分布の関係は樹種によって異なり、スギは浅根性のヒノキ・カラマツよりも心土で根密度が高く、逆に湿潤土壌でも深い土壌層で高い根密度を示した。乾燥・湿潤土壌ともに深部で根密度が高いのはスギの根系が嫌気的な条件に耐えて成長する特性に原因している。逆にカラマツは過湿土壌では深部の根密度が著しく減少した。これはカラマツの根系の好気的な性質のためで、湿った通気の悪い立地では吸収と成長が阻害されることによっている[*7]。

ヒノキはⅠ層での根密度が下層に比べて著しく高いが、B_E程度の湿潤土壌では深部でも根系の成長があまり阻害されず、嫌気的な条件にも耐えて成長する性質がみられた。

一方、アカマツ・カラマツは乾燥土壌の表層で著しく高い根密度を示し、Ⅰ層でアカマツは適潤性土壌の林分の10倍、カラマツは2倍に近い根密度を示したが、Ⅱ層以下では急速に減少する性質がみられた。

(3) 地位指数

Ⅰ層の細根の根密度と地位指数の関係は図6-5のように各樹種ともに地位指数が大きくなるほど、根密度が減少する傾向を示し、根密度と地位指数の間には高い相関関係が認められた。これは一般に地位指数が小さい立地は乾燥性の表土の浅い土壌で、このような立地では細根の分岐と成長が促進され、また下層土の土壌条件が悪いために物理的に表層に細根が集中することによっている。

乾燥条件とは逆に過湿条件でも地位指数は減少する。この場合には根密度との関係は上記とは反対に、地位指数の減少にともなって根密度も小さくなる。この関係はカラマツで明瞭に認められ、過湿で地位指数が低いK6・K4・K8・K5などの林分はいずれも低い根密度を示した。このような条件を含めて考えると、地位指数と根密度の変化は必ずしも一致しない。

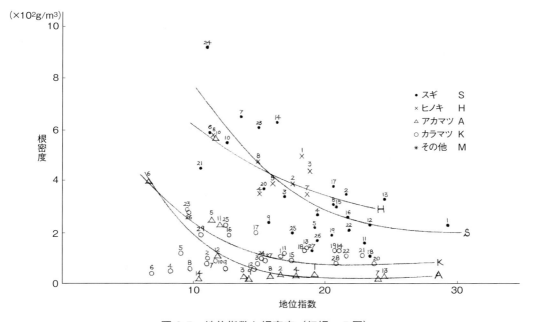

図6-5 地位指数と根密度（細根・Ⅰ層）

[*7] 227頁、**写真12・写真13**、[苅住 1958b、1961、1963a] 参照。

乾燥によって地位指数が低下した林分に注目して図6-5のように根密度と地位指数の関係をみると、両者の関係はおよそ表6-6のようになり、地位指数の変化による根密度の変化率はアカマツがもっとも大きく、地位指数が2倍になると、根密度は約1/8になってスギ・カラマツ・ヒノキの順に小さくなった。

　成長がよい林分は根密度が小さく、悪い林分が大きいことは根系の吸収と同化の能率の相違を示すもので、せき悪乾燥林分では根密度が高くて根系の吸収能力に対する吸収する養・水分の不足から吸収能率が低下することが考えられた。

　乾燥林分における根密度の増加は吸収量の増加に関連するが、吸収能率が低下するために根密度の割合には成長量が増加しない。一方適潤条件では根密度は乾燥林分よりも小さいが養・水分が十分に存在するために吸収効率は良好で、成長量は大きくなる。

　土壌型・地位指数などは立地条件の総括的な表示であるが、いまこの内容を示す土壌の理化学性の各因子について根密度との関係をみると次のようになる。

(4) 採取時の空気量

　I層の細根の根密度と採取時の空気量との関係をみると図6-6のようになり、各樹種ともに採取時の空気量が増加すると、根密度が大きくなる傾向があった。これは適当な水分条件であれば、通気がよいほど根系の成長が良好なことと、乾燥土壌では、一般に根密度と採取時の空気量が大きくなることによっている。

　図6-6で採取時の空気量と根密度が大きいH6・S6・S7・S14・S10・S20・K22・K26などの林分はいずれも乾燥土壌であった。

　四樹種中ヒノキは全体に根密度がもっとも大き

表6-6　地位指数と根密度（細根・I層）（g/m³）

地位指数＼樹種	スギ	ヒノキ	アカマツ	カラマツ
10	600	600	300	250
20	350	400	40	150

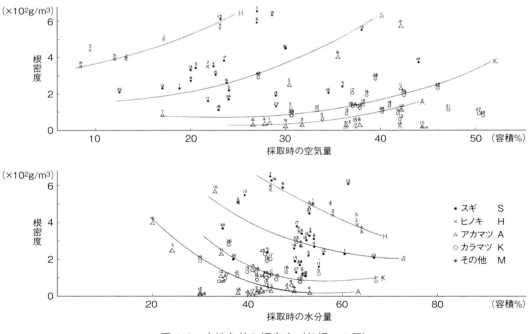

図6-6　土壌条件と根密度（細根・I層）

*8　容積%。

くて空気量が 8.4％[*8] の H4 林分の根密度は 359 であったが、23.1％の H6 林分は 587 であった。またスギの 12.5％の S22 林分は 218、38.1％の S10 林分は 550、アカマツは 26.6％の A4 林分は 38、A12 林分は 42.1％で 112、カラマツ K28 林分は 30.5％で 87、K25 林分は 45.9％で 230 であった。

この関係を採取時の空気量 25％に対する根密度で比較すると、ヒノキは 650、スギ 300、カラマツ 100、アカマツ 30 で、ヒノキは空気量が少ない土壌でも根密度が大きく、カラマツは空気量が多い割合に根密度が小さかった。また図 6-6 からヒノキは採取時の空気量に対する根密度の増加率が他の樹種より大きく、カラマツは小さい傾向が認められた。

採取時の空気量と根密度との関係は分散が大きく、採取時の空気量 25％でみると、スギはその分布幅が 150～650 であった。カラマツ・アカマツについても同様に大きい分散が認められた。この根密度の分散は各種の因子を総合した土壌型・地位指数に対するものよりも大きい。これは根密度の変化が採取時の空気量以外の他の因子に大きく影響されているためである。

(5) 採取時の水分量

採取時の水分量と根密度との関係は図 6-6 のようになり、各樹種ともに水分量が増加すると根密度が減少する傾向が認められた。

これは水分量が増加すると通気が悪くなることと、水分が多い土壌では根系の分岐と成長が阻害されることによっている。先に述べた採取時の空気量が多い乾燥土壌とは逆の関係にある。

いま採取時の水分量 50％における根密度をみると、ヒノキは 550、スギ 300、カラマツ 100、アカマツは 30 でヒノキがもっとも大きい。

採取時の水分量が増加すると根密度が減少するが、この減少率はカラマツ・アカマツがもっとも大きく両樹種ともに採取時の水分量が 40～45％まで根密度が急速に減少した。ヒノキは乾燥林分の H6 林分から湿性の H4 林分まで、ほぼ直線的に変化した。この関係は採取時の空気量と反対である。

採取時の空気量と同様にスギは他の樹種に比べて分散がきわめて大きい。

(6) 非毛管孔隙量

非毛管孔隙量は pF 価が 0～1.7 の孔隙と、最少容気量を含むものである。非毛管孔隙量と根密度との関係は図 6-7 のようにスギ・アカマツは、分散がきわめて大きいが、その平均的な値は非毛管孔隙量が大きくなると、根密度はやや上側に凹形の曲線で増加する傾向が認められた。この傾向は樹種によって異なり表 6-7 のようにヒノキがスギ・アカマツよりも高い値を示した。

ここでヒノキの根密度が非毛管孔隙量に対して変化率が大きいことは、ヒノキの細根の成長が土

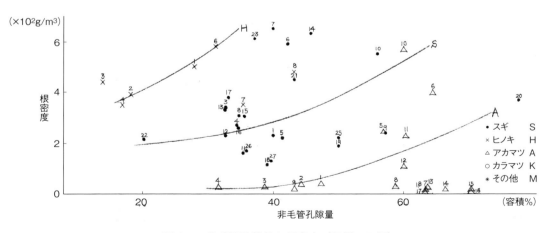

図 6-7 非毛管孔隙量と根密度（細根・Ⅰ層）

表 6-7 各樹種の非毛管孔隙量の変化にともなう根密度の変化率

樹種	スギ	ヒノキ	アカマツ
根密度の変化量	14	25	13

非毛管孔隙量1%に対する根密度の変化量。

壌中の空気量の変化に対して影響されやすいことを示している。また、以上のような傾向は根密度が大きくなる乾燥土壌では非毛管孔隙量が大きくなることにも原因している。各樹種を通じて非毛管孔隙量と根密度がともに、高い林分はいずれも乾燥性の土壌であった。

ヒノキは一般に他の樹種より根密度が高いために10～15％の非毛管孔隙量が小さい立地でも400～600の高い根密度を示した。いま非毛管孔隙量15％における各樹種の根密度をみると表6-8のようにヒノキがもっとも大きく、アカマツはきわめて小さい。これは各樹種の細根の分岐特性によるもので、この数値からヒノキは嫌気的な土壌条件で根系の成長がよい樹種ということはできない。

表 6-8 非毛管孔隙量（15％）における根密度（細根・Ⅰ層）

樹種	スギ	ヒノキ	アカマツ
根密度（g/m³）	220	550	30

(7) 非毛管水量

非毛管水量はpF値0～1.7の孔隙量を表す。この非毛管水量と根密度との関係は図6-8のように分散は大きいが、非毛管水量が増加すると根密度が増加する傾向が認められ、非毛管孔隙量の場合とほぼ一致した。

これは根系の成長が通気と高い相関関係にあり、非毛管水量が大きい立地ほど通気がよくて根系の成長が促進されることによっている。

非毛管水量に対する根密度はヒノキ＞スギ＞アカマツの順に大きくて非毛管水量10％における根密度はヒノキ500、スギ300、アカマツ30であった。アカマツはスギ・ヒノキに比べて非毛管水量に対する根密度の増加率が小さかったが、A6・A5などのせき悪乾燥林分では、非毛管水量が小さい割合に高い根密度を示した。

(8) 細孔隙量

pF値2.7以上の細孔隙量とカラマツの根密度との関係は図6-9のようになり、両者の間には大きな分散があったが、全体に細孔隙量が大きくなると根密度が大きくなる傾向が認められ、平均的には細孔隙量30％で根密度75、40％で175、50％で350となった。

(9) 粗孔隙量

pF値2.7以下の孔隙量と根密度の関係は図6-10のようになり、細孔隙量の場合よりも分散

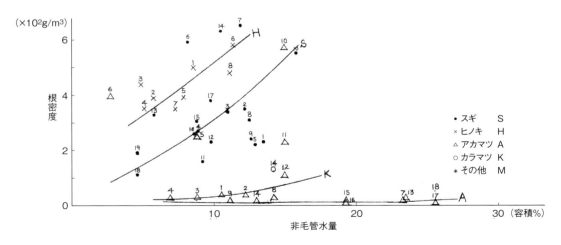

図 6-8 非毛管水量と根密度（細根・Ⅰ層）

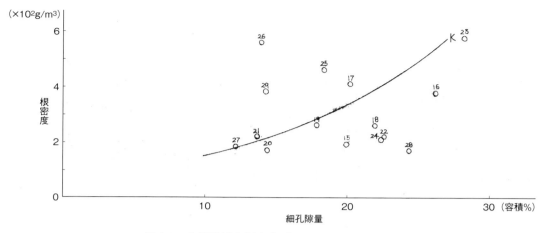

図6-9 細孔隙量と根密度（カラマツ・細根・I層）

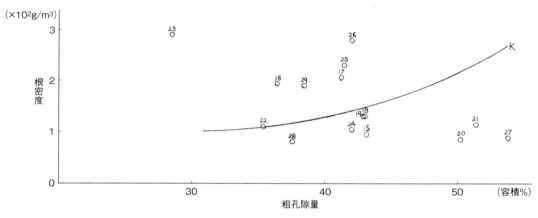

図6-10 粗孔隙量と根密度（カラマツ・細根・I層）

が大きくて、粗孔隙量40％で根密度の分布幅は200/100～300であった。これは粗孔隙量も細孔隙量のほうが根の成長や分布に関係が大きいことを示している。

(10) 最小容気量

図6-11のように最小容気量が大きくなると、根密度は直線ないしはやや上側に凹形の曲線で増加する。最小容気量が大きい立地は一般に空気量が多い乾燥土壌で、このような立地では根密度は高くなる傾向がある。

この傾向はヒノキ・スギ・アカマツ・カラマツの順に著しい（図6-11）。

いまこの関係がもっとも明瞭なヒノキH3林分についてみると表6-9のようになり、各林分とも最小容気量が大きくなると根密度が増加したが、最小容気量1％の増加に対してヒノキは根密度が67、アカマツは22増加し、ヒノキのほうが増加量が大きかった。一方カラマツは最小容気量が大きくなっても根密度はほとんど増加せず、ヒノキと対照的な関係を示した。スギ林分では分散が大きく、S18・S19・S20などの林分は最小容気量の割合に根密度が小さかったが、これはこれらの林分の本数密度比数が小さいためである。

(11) 採取時のpF価

採取時のpF価と根密度との関係は図6-12のように、各樹種ともにpF価が大きくなると根密

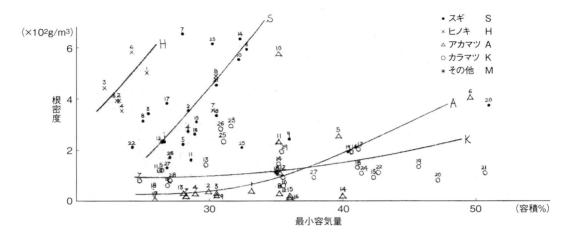

図6-11 最小容気量と根密度（細根・I層）

表6-9 最小容気量と根密度

林分	ヒノキ		アカマツ	
	H3	H6	A1	A6
最小容気量(%)	2.1	4.2	13.1	29.6
根密度(g/m³)	447	587	47	401
最小容気量1%に対する増加量		67		22

度が増加した。両者の関係はスギがもっとも分散が大きくてpF価2.2で分布幅は100〜600であった。

樹種間の関係は表6-10のようにpF価2・3と

もに、ヒノキがもっとも大きくてヒノキ＞スギ＞アカマツの順であったが、pF価に対する根密度の増加比数はアカマツ（5.00）＞スギ（2.25）＞ヒノキ（1.25）で、3樹種中ではアカマツがもっとも大きい。ここで乾燥による根密度の増加率が

表6-10 pF価と根密度（細根・I層）(g/m³)

pF価 \ 樹種	スギ	ヒノキ	アカマツ
2	200	400	30
3	550	600	150
比数	2.25	1.25	5.00

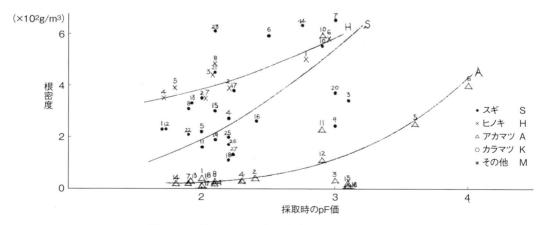

図6-12 採取時のpF価と根密度（細根・I層）

ヒノキよりもスギが大きいことは興味ある現象で、スギの細根の成長はヒノキよりも水分条件によって変化しやすいことが推察できた。

(12) 透水速度

透水速度と根密度との関係は図6-13のようにきわめて複雑で分散が大きいが、一般に透水速度が小さい立地では根密度が大きく、逆に透水速度が大きくて通気がよい立地では小さくなる傾向がみられた。

この透水速度—根密度曲線は上に凹形の減少曲線で、樹種によってその傾向が異なり、ヒノキ・アカマツ・カラマツはスギよりも透水速度が減少すると、根密度が急速に大きくなった。またその変曲点は表6-11のようにアカマツは透水速度60 cc/min までは根密度があまり変化しないが、それ以下では急速に変化する傾向が認められた。また透水速度が 20 cc/min 以下の立地では、各樹種ともに根密度が急速に増加し、根系の成長が著しく変化することがわかった。

以上のような透水速度と根密度との関係は、透水速度が大きくて通気がよい条件で、根の成長がよいといった根の成長条件とは反対であるが、せき悪乾燥林分で根密度は大きくなり、透水速度が減少するといった傾向とは一致する。いま図6-13から透水速度 100 cc/min における根密度をみると、表6-12のようにスギ＞ヒノキ＞カラマツ＞アカマツの順となり、同一透水速度の林地でスギはアカマツの9倍の根密度を示した。

表6-11　透水速度と根密度のグラフの変曲点

樹種	スギ	ヒノキ	アカマツ	カラマツ
透水速度(cc/min)	200	75	60	75

表6-12　透水速度(100cc/min)と根密度(細根・I層)

樹種	スギ	ヒノキ	アカマツ	カラマツ
根密度(g/m³)	450	380	50	100

(13) pH (H$_2$O)

pH は土壌の化学性を示す指標となる。いま pH と根密度との関係をみると図6-14のようになり、各樹種ともに分散がきわめて大きかったが、スギの一部の林分を除いて pH が大きくなると根密度が減少する傾向が認められた。

この関係をヒノキについてみると表6-13のようにせき悪乾燥の H6 林分は pH が 4.3 で H7 林分よりも酸性であったが、根密度もこれにともなって変化して H6 林分は 587、H7 林分は 355 で両者の間には 232 の差がみられた。

また pH5 における各樹種の根密度は表6-14 の通りで、ヒノキ＞スギ＞アカマツ＞カラマツの順になったが、他の因子に比べてその差は小さい。

以上の現象はかなり大まかな傾向であって、各樹種ともに同一 pH があっても根密度の分布幅はきわめて大きく、スギの pH5.4 についてみると、S27 林分の 137 から S7 林分の 653 までの分布がみられた。

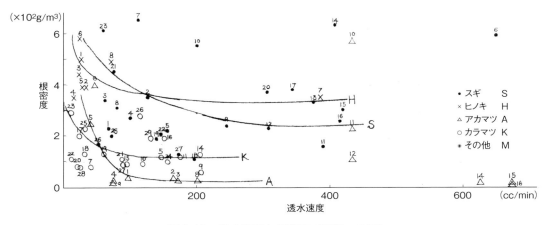

図6-13　透水速度と根密度（細根・I層）

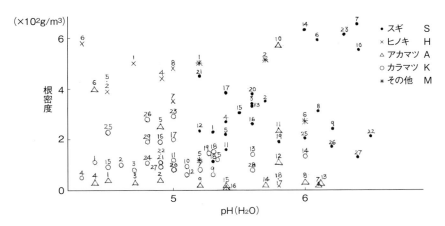

図 6-14　pH（H_2O）と根密度（細根・Ⅰ層）

表 6-13　pH と根密度（ヒノキ・細根・Ⅰ層）

林分	H6	H7
pH	4.3	6.1
根密度（g/m^3）	587	355

表 6-14　pH5 における根密度（細根・Ⅰ層）（g/m^3）

樹種	スギ	ヒノキ	アカマツ	カラマツ
根密度	350	450	250	100

(14) 置換酸度

　置換酸度と根密度の関係は図 6-15 のようになり、各樹種ともに置換酸度が大きくなると、根密度が大きくなる傾向がみられた。

　この傾向はスギがもっとも著しく、置換酸度が異なる S27〜K17 林分についてみると、表 6-15 のように置換酸度に対する根密度の増加率[*9]はスギ（39）＞カラマツ（5）＞ヒノキ（4）で、スギは置換酸度が大きい立地では根密度が著しく増加した。ヒノキは増加率が小さい。

　このことからスギの細根の成長や分布は、ヒノキよりも土壌の化学性に影響されやすいことがわかる。

　アカマツのせき悪乾燥林分の A5・A6 林分では表 6-16 のように置換酸度と根密度が著しく大きくなり、$Bl_D(d)$ 型の A2 林分の置換酸度は 12 で、

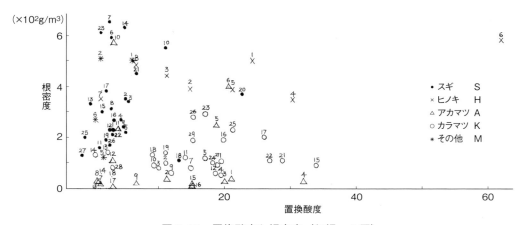

図 6-15　置換酸度と根密度（細根・Ⅰ層）

[*9]　置換酸度（y_1）1 に対する根密度の増加量。

第6章　根密度

表6-15　置換酸度と根密度

樹種	スギ		ヒノキ		カラマツ	
林分	S27	S10	H7	H6	K28	K17
置換酸度	0.5	11.0	1.2	62.0	2.8	26.0
根密度（g/m³）	137	550	355	587	87	207
増加量*	39		4		5	

* 置換酸度1に対する根密度の増加量。

表6-16　アカマツ林分の置換酸度と根密度（細根・Ⅰ層）

林分	A2	A5	A6
土壌型	Bl_D(d)	Er	Er
置換酸度	12	19	21
根密度（g/m³）	44	254	401
A2林分に対する増加率	—	—	40

根密度が44であったが、Er型のA6林分では置換酸度が21で401となり、根密度の増加率は40で表6-15のスギよりも高い値を示した。

(15) 炭素量

炭素量と根密度との関係は図6-16のようになる。各樹種ともに分散がきわめて大きいが、一般に炭素量が増加すると根密度が減少する。

根系の成長は炭素量が大きくて肥沃土が高い立地で良好であるが、根密度は逆に炭素量の少ないせき悪乾燥の立地で大きくなる。これは単に炭素量の減少だけでなく、せき悪乾燥立地としてのその他の環境因子の影響によるもので、理化学性が悪い乾燥立地では細根が表層に集中して分布することによっている。

以上の関係は図6-16のようにヒノキでは明瞭でなかったが、アカマツのせき悪乾燥林分と一般林地とでは、表6-17のように両者の関係が明瞭で、Er型のせき悪乾燥林地のA5・A6林分はBl_D(d)型のA1林分に比べて根密度が著しく大きく、逆に炭素量はA1林分が大きかった。

また各樹種ともに炭素量が8〜10％までは根密度が減少したが、それ以上の立地では根密度の大きな減少は認められなかった。

炭素量10％のときの根密度はヒノキ400＞スギ300＞カラマツ150＞アカマツ30であった。

表6-17　アカマツの炭素量と根密度（細根・Ⅰ層）

林分	A5	A6	A1
炭素量（％）	1.9	1.6	8.8
根密度（g/m³）	254	401	47
土壌型	Er	Er	Bl_D(d)

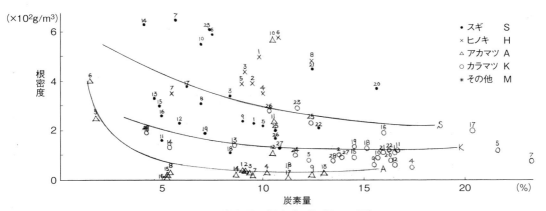

図6-16　炭素量と根密度（細根・Ⅰ層）

(16) 窒素量

窒素量と根密度との関係は図6-17のように炭素の場合とほぼ類似した傾向を示すが、炭素よりも両者の相関は高く、ヒノキは炭素ではほとんど相関関係が認められなかったが、窒素の場合には図6-17のようにH7林分を除いてきわめて高い相関が認められた。

いま窒素量が異なるヒノキH6・H2林分について両者の関係をみると表6-18のようになり、窒素量が増加すると、根密度は減少する傾向がみられた。

これは炭素量のところでも説明したように、窒素量が少ないせき悪乾燥林地では根系分布が表層に偏ることによっている。

この変化の傾向は、スギ・アカマツがヒノキ・カラマツよりも大きく、スギ・アカマツはヒノキ・カラマツに比べて細根の分岐成長が土壌の化学性に影響されやすいことによっている。

ヒノキは窒素量が1.0%までは窒素の増加にともなって根密度が減少したが、スギは0.6%、カラマツは0.7%、アカマツは0.4%程度になるとそれ以上窒素量が増加しても根密度は変化しなかった。

表6-18　ヒノキの窒素量と根密度（細根・I層）

林分	H6	H2
窒素量(%)	0.5	0.9
根密度(g/m³)	587	395

(17) C/N率

土壌の肥沃土を示すC/N率と根密度との関係は図6-18のように、化学性の因子のなかでは両者の間にもっとも高い相関関係が認められた。また両者の関係はほとんど直線的であった。

これはいままで述べてきたように、C/N率が大きいせき悪乾燥林分では、表層の根密度が増加するといった現象と一致する。

いま図6-18からC/N率10と20における各樹種の根密度を推定すると、表6-19のようにアカマツ＞カラマツ＞スギ＞ヒノキの順に根密度が大きかった。ヒノキは他の樹種に比べて炭素・窒素・C/N率ともに増加率が小さくて、化学性の変化に対する成長変化が小さいことが推察できた。

以上、土壌の各因子と根密度の関係について逐一検討してきたが、両者の相関図からもわかるように、土壌型・地位指数のような個々の因子が総合されたものと根密度との相関に比べて、個々の因子との相関は分散がきわめて大きかった。これは根密度が各種の土壌因子の相互関係によって決定されていることによっている。また通気・水分・肥沃度などが林木の成長を促進する方向では根密度が増加せず、せき悪乾燥条件で根密度が増加する傾向にあるのは、このような立地では細根の分岐と成長が促されることと、表土が浅くて根系の発達が制限されて表層に集まることによっている。

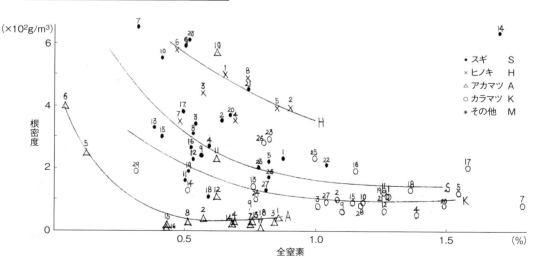

図6-17　全窒素と根密度（細根・I層）

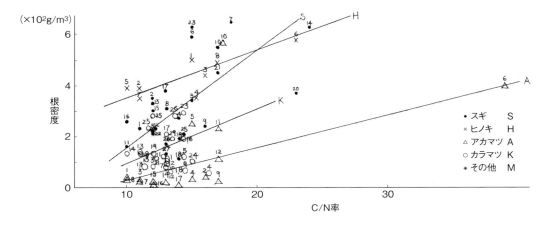

図6-18　C/N率と根密度（細根・I層）

表6-19　C/N率と根密度（細根・I層）（g/m³）

C/N率\樹種	スギ	ヒノキ	アカマツ	カラマツ
10	150	350	30	80
20	550	550	150	300
増加率	3.7	1.6	5.0	3.8

　個々の土壌因子のなかで根密度と比較的高い相関を示すものは、理学性では採取時の空気量・採取時の水分量とpF価、化学性では炭素量・窒素量・C/N率などであった。

　以上のようにせき悪乾燥林分では、根密度が大きくなって根系の吸収表面積が大きくなるが、乾燥による水分不足と細根の組織の木質化のために根系の吸収能率が低下するので、根密度が高い割合に吸収量は増加しない（310頁参照）。

5　林内における根密度の水平変化

　根系区分・土壌層ごとに根株からの距離と根密度との関係を別表19から図示すると図6-19[*10]のようになる。各樹種・土壌層・根系区分ともに根株に近い水平区分1（図6-6）の根密度がもっとも大きく、水平区分が1から3へ根株から遠くなるにしたがって根密度は減少する。その減少率は樹種・根系区分・土壌層・本数密度・土壌条件によって異なる。

(1)　各樹種の根密度の水平変化

　I層の細根についてみると図6-19のようになり、浅川苗畑での実験と同様、浅根性のカラマツ・アカマツは一般にスギ・ヒノキよりも水平区分による減少率が小さくて、水平区分1と3との根密度差は小さかった。いま別表19から類似した中庸の成立条件におけるS5・H5・A4・K22林分のI層における各水平区分の根密度をみると、表6-20のようになり、1から3への減少率を1の根密度に対する比数として示すと、カラマツ（0.82）＞アカマツ（0.72）＞スギ（0.60）＞ヒノキ（0.51）で、カラマツ・アカマツはスギ・ヒノキに比べて、林木からの水平距離による根密度の変化が少なくて、根株からの遠近にかかわらずほぼ等しい根密度を示したが、スギ・ヒノキの根株に近い水平区分3の根密度は隣接木との中央付近の根密度の2倍に近い相違がみられた。カラマツ・アカマツの根系は表層に沿って広くに分布して細根をつける分散型であり、スギ・ヒノキは根株の付近に集まって分布する集中型の性質を示した[*11]。このような傾向は、土壌層が深くなると不明瞭になり、樹種間の水平分布の相違はI層で

---

*10　小径根以上の根密度は図4-3参照。

*11　115頁参照。

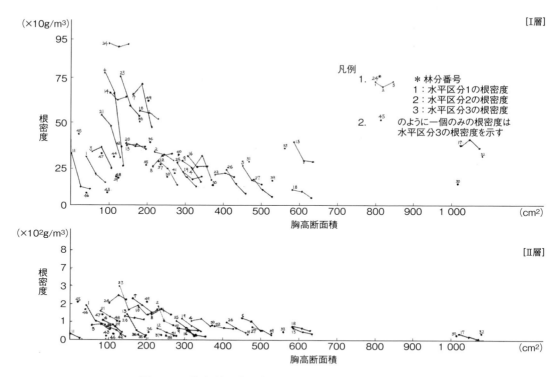

図6-19 胸高断面積と水平区分別根密度（スギ・細根）

表6-20 各樹種の根密度の水平変化（細根・Ⅰ層）

樹種	林分	水平区分		
		1	2	3
スギ	S5	268 (1.00)	232 (0.97)	161 (0.60)
ヒノキ	H5	579 (1.00)	374 (0.65)	298 (0.51)
アカマツ	A4	46 (1.00)	33 (0.72)	33 (0.72)
カラマツ	K22	117 (1.00)	108 (0.92)	96 (0.82)

（ ）は水平区分1に対する比数

もっとも明瞭であった。Ⅲ層以下では各樹種とともに水平区分1の部分で集中的に根密度が高くなる。

(2) 林木の成長と根密度の水平変化

林分の成長による根系の水平分布様式の変化にともなって根密度も変化する。いまスギ・ヒノキ・アカマツについて林分の成長にともなう根密度の水平変化を、水平区分1と3の根密度の比数でみると表6-21のようになり、各樹種ともに林分が大きくなると比数が大きくなって、根株に近い水平区分1の部分と根株から離れた水平区分3の部分との根密度差は小さくなり、林木の成長にともなってもっとも根密度が大きいⅠ層では細根の分布の均一化がおこることがわかった。

(3) 本数密度

一般に林分の本数密度が増加すると、林木間の根系の交錯が大きくなって根密度が増加し、各土壌層で根密度の均一化がおこることが考えられる。いま本数密度が異なる2、3の代表的な林分について、本数密度と根密度の水平変化との関係をみると、表6-22のように、本数密度が増加すると水平区分1と3の間の差がほとんどなくなり、密度比数0.8～1.2の密植林分では両者の比は0.9以上になった。また一方、密度比数が0.4～0.6

表 6-21　林木の大きさと根密度の水平変化
　　　　（細根・Ⅰ層）（g/m²）

樹種＼胸高断面積(cm²)	100～200	200～300	300～500
スギ	(S1)*317－**177 ***0.56	(S3) 340－291 0.86	(S4) 248－189 0.76
ヒノキ	(H2) 442－334 0.76	(H3) 560－382 0.68	(H6) 530－451 0.85
アカマツ	(A2) 54－36 0.67	(A3) 37－33 0.89	(A8) 43－30 0.70

（　）は林分番号。
* 水平区分1の根密度、** 水平区分3の根密度、
*** $\dfrac{\text{水平区分3の根密度}}{\text{水平区分1の根密度}}$ 。

表 6-22　本数密度と根密度の水平変化
　　　　（細根・Ⅰ層）（g/m²）

樹種＼密度比数	0.4～0.6	0.6～0.8	0.8～1.2
スギ	(S5)*268－**161 ***0.60	(S23) 752－537 0.71	(S22) 215－201 0.93
カラマツ	(K27) 99－79 0.8	(K22) 117－96 0.82	(K26) 286－284 0.99

（　）は林分番号。
* 水平区分1の根密度、** 水平区分3の根密度、
*** $\dfrac{\text{水平区分3の根密度}}{\text{水平区分1の根密度}}$ 。

の疎植林分では比数が 0.6～0.8 で、根株に近いところは根密度が大きく、隣接木との中間付近ではその密度の 70％程度になる。

飫肥地方のスギ疎植林分と吉野地方の密植造林地のⅠ層の細根の根密度を比較すると表 6-23 のようになり、疎植の飫肥地方スギ林は比数が 0.51～0.64、密植の吉野地方スギ林は 0.68～0.72 で、吉野地方スギ林のほうが飫肥地方のスギ林よりも根密度の水平的な均一化傾向がみられた。これらのことから疎植林分では林木に近い部分の根密度の割合には林木の中間付近の根密度は小さく、密植林分では水平的な根密度の平均化のために、根株からの距離にかかわらず一様に根密度が高くなることがわかった。この根密度の平均化は本数の増加によって土壌中の根量が増加することと根系の伸長成長が根密度が小さい方向へおこる根系の成長特性（196 頁参照）が根密度の平均化の原因となっている。

(4) 土壌

表土の浅いせき悪乾燥林地では、物理的に根系が発達する空間が制限され、またせき悪乾燥条件によって、細根の成長が促進されるために林分全体の根密度が高くなることは先に説明した（239 頁参照）が、この根密度の増加をスギ林分のⅠ層の細根について水平的に解析すると、表 6-24 のようになる。B_A～Bl_C 型の乾燥土壌林分では、水平区分1と水平区分3の比数が 0.83～1.00、適潤土壌は 0.71～0.76、湿潤土壌は 0.54～0.60 で、乾燥土壌ほど比数が大きくなって、根密度が平均化されることがわかった。スギ以外の樹種についても同様な傾向が認められた（別表 19 参照）。

表 6-23　飫肥地方疎植林分・吉野地方密植林分の根密度の水平変化
　　　　（細根・Ⅰ層）（g/m²）

区分	飫肥地方スギ林			吉野地方スギ林		
林分	S 25	S 26	S 27	S 48	S 50	S 51
密度比数	0.398	0.449	0.475	0.67	0.72	0.71
水平区分1	281*	247	182	282	240	359
水平区分3	151*	111	93	203	163	251
比数**	0.64	0.45	0.51	0.72	0.68	0.7

* 根密度、** $\dfrac{\text{水平区分3の根密度}}{\text{水平区分1の根密度}}$ 。

表 6-24 スギ林の土壌条件と根密度の水平変化(細根・I層)(g/㎡)

区分＼土性	乾燥土壌			適潤土壌			湿潤土壌		
林分	S7	S20	S24	S23	S4	S15	S5	S12	S25
土壌型	Bl_C	B$_A$	B$_A$	Bl_D	Bl_D	Bl_D	Bl_E	Bl_E	Bl_E
水平区分1	653	384	930	752	248	398	268	293	281
水平区分3	474	370	929	537	189	283	161	160	151
比数	0.83	0.96	1.00	0.71	0.76	0.71	0.60	0.55	0.54

(5) 根系区分と根密度

根密度の水平方向への変化傾向は、細根・小径根・中径根などの根系区分によって異なる。

いまスギS5林分の各土壌層について、これらの関係をみると表6-25のようになり、細根から特大根へ根系が太くなるほど、水平変化を示す比数が小さくなり、根系が太くなると根株から離れた水平区分3の部分の根密度が急速に減少した。とくに中径根と特大根の間の比数の差は大きくて、大径根以上の根系は、ほとんど水平区分1のなかに分布するが、中径根以下の根系は水平的に広く分布する。

表6-25 根系区分ごとの根密度の水平変化
(スギ・S5林分)

土壌層＼根系区分	細根	小径根	中径根	大径根	特大根
I	0.60*	0.67	0.41	0.13	+**
II	0.44	0.57	0.48	0.06	+
III	0.26	0.37	0.19	0.01	+
IV	0.21	0.21	0.27	0.03	−
V	+	+	+	+	−

* $\dfrac{\text{水平区分3の根密度}}{\text{水平区分1の根密度}}$、 ** +は水平区分1のみに存在。

この根系区分の相違による根密度のちがいは、中径根以下の細い根系は水平的な広がりが大きくて、広い範囲から養・水分を吸収して樹体内に取り入れる働きをするが、大径根・特大根は根株に近い付近に分布して地上部を支持する働きをするといった機能と対応して考えられる。I層でみられた以上のような各根系区分の比数の変化は、各土壌層において認められたが、とくに大径根以上の根系はIII層以下の深部の水平区分3では、ほとんど根密度分布が認められず、比数は著しく小さくなった。

(6) 各土壌層の根密度の水平変化

いままでの説明はほとんどI層の細根について述べてきたが、土壌層が変化すると根密度の水平的な変化も変ってくる。いま表6-25のS5林分についてみると細根～特大根の各根系区分ともに、土壌層が深くなるほど比数が小さくなり、また水平区分1に根量が集中する傾向が認められた。この傾向はとくにI・II層の深さ0～30cmと30cm以上では明らかな差があり、この深さを境として根系の水平分布様式が変化することがわかった。IV層では大径根の比数は0.03で、この層に存在する大径根量の93%が水平区分1に分布し、V層では細根～大径根の各根系がすべて水平区分1に集中分布し、3には存在しなかった。

6 根密度と根系の競合

以上各種の条件によって根密度が変化することを説明した。これらを総括して林木の成長ともっとも相関関係が深い細根の根密度についてみると、もっとも根密度が高くなるのはせき悪乾燥地の幼齢・密植林分の深さ0～15cmの土壌層で、このようなところでは養・水分の吸収に関して根系の競合がおこることが十分に考えられた。

いま調査林分中の各樹種の細根の最大根密度を挙げると表6-26のようになり、スギ930、ヒノキ630、アカマツ416、カラマツ301であった。一般にはヒノキが高い根密度を示すが、極端なせき悪乾燥地ではスギはヒノキよりも高い根密度を

第 6 章 　 根密度

表 6-26　各樹種の最大根密度（細根）

樹種	林分	林齢	密度比数	土壌型	採取時のpF価	土壌層	水平区分	根密度（g/m²）	胸高断面積(cm²)
スギ	S24	41	0.67	B_A	2.8	I	1	930	99
ヒノキ	H6	28	0.32	B_B	3.0	I	1	630	91
アカマツ	A6	16	1.27	Er	4.0	I	1	416	22
カラマツ	K23	52	1.03	Bl_D(d)	―	I	1	301	141

示した。これらの林分の林齢は 16～52 年までの広い範囲であったが、いずれもせき悪乾燥地で、水平区分 1・垂直区分の I 層であった。

最大根密度の各林分にもっとも共通する環境因子は土壌条件で、土壌の乾燥がとくに細根の根密度に大きな影響を及ぼすことがわかった。

これはせき悪乾燥条件では細根の分岐と成長が促されることと、表土が浅くて根系分布が I 層に制限されることによっている。

7　土壌の諸性質と根密度の垂直変化

林木の成長にもっとも関連している細根の根密度の垂直分布（別表 19）と土壌の理化学性（別表 6）との関係を各種の土壌条件の代表的な林分についてみると図 6-20 のようになる。

このように、樹種・立地条件を通じて細根の根密度の垂直変化は表層で大きく、下層で減少するような分布型をとるが、この図からもわかるように、この根密度の漸減傾向は土壌の各因子の垂直変化とは必ずしも一致しない。これは根系分布が土壌の単一の因子でなくて、水分・通気・肥沃度・重力などの各種の環境因子の相互作用の結果として変化することによっている。次にこれらの個々の土壌因子の垂直変化と細根の根密度との関係を図 6-20 について考えてみる。

(1) 採取時の空気量

採取時の空気量[*12]は土壌の通気性を示す一応の指標となる。一般に空気量は表層で多く、下層で少なくて、根密度の土壌層変化と一致するが、S22 林分のように、やや湿性の土壌では表層の水分量が多くて、空気量が下層よりも小さくなることがあり、このような立地では空気量がきわめて多い乾燥性の S6・S7・H6・A5・K16 林分に比べると表層部での根密度が減少して空気量の多い下層土での根密度が増加する傾向がみられた（図 6-20・S22 林分参照）。

しかし、小根山国有林の S13・S16・H7 林分の II・VI 層のような火山礫の堆積土壌層では空気量は多いが、養・水分量の不足と土性が悪いことが根系の成長阻害因子となるので、空気量の増加に対して根密度が減少し、空気量の変化とは逆の傾向が認められた。

いま S16 林分[*13]についてみると、II 層の火山礫層では空気量が I・III 層よりも多かったが、根密度は下層の III 層よりも小さくなった。IV 層では空気量が再び増加したが、下層土では総根量が減少することと、根系の成長条件が均一化するために、II・III 層のように根密度が逆転する現象はおこらず III 層 73、IV 層 24、V 層 5 と漸減する傾向を示した。

適当な水分量と養分を保持した土壌では、空気量が多いほど根系の成長が良好で、S4・H3・A4・K21 林分のように、空気量の垂直変化が根密度変化と一致するが、養・水分の少ない土壌では逆に空気量が多い土壌層で根密度が小さくなった。

一方、表土が浅いせき悪乾燥林分では表土の空気量がきわめて多いが、堅密な下層土が根系の発達を阻げ、根系の発達が物理的に表層部に限定されるために、表層の根密度は著しく大きくなり、

[*12]　以下、単に空気量という。
[*13]　表 6-27 参照。

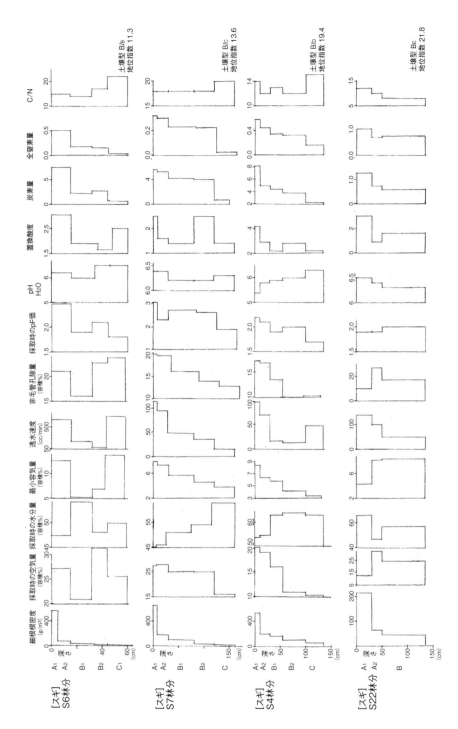

図6-20(1) 土壌の諸性質と根密度の垂直変化(1)

第6章 根密度

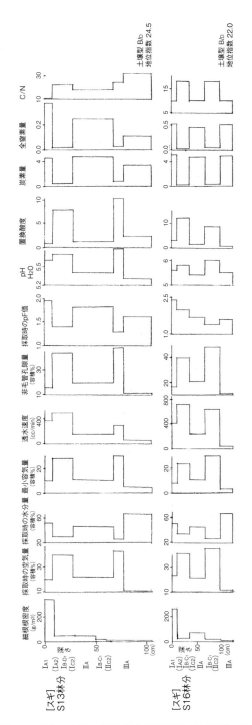

図6-20(2) 土壌の諸性質と根密度の垂直変化(2)

下層は極端に小さくなる。このような立地では土壌の理化学性に関係なく、土壌中に根系が発達できる空間の有無によって根系分布が決定される。

(2) 採取時の水分量

採取時の水分量は空気量とは反対に、表層で少なくて下層で多い傾斜を示し[*14]、表層で大きい根密度の垂直分布とは逆の変化をする。

深部で水分が多い、通気不良の適潤ないしは湿性の土壌では、根系分布が通気がよい表層に集まるために、このような結果が期待されるが、表土が著しく乾燥し、心土で水分量が多い乾燥地においても表層の根密度が大きく、水分の多い心土での根密度が表層の根密度よりも高くなるといった現象は認められなかった。

いま B_A 土壌型のS6林分(Bl_B)の採取時の水分量と根密度との関係をみると表6-28のようになる。水分量が少ない表土で根密度が著しく大きく、水分の多い下層土で根密度が小さくて水分量の増加につれて根密度は急速に減少した。

乾燥土壌のスギS6林分では深さ20～30cmに水分が多い土壌層があったが、この土壌層では根密度の極端な増加はみられなかった。また、K16林分でも深さ20cm以下で水分量が著しく増加したが、根密度は増加しなかった。一方、小根山国有林のS13・S16林分では、火山礫層で水分の減少に平行して根密度の減少がみられたが、これはこの土壌層が水分不足とともに土壌の理化学性が著しく劣悪なことに起因している。

小根山国有林での特殊な例を除いて、一般に乾燥林分においても水分が多い下層土では根密度が小さくなるが、これは下層土が通気と土性不良、土壌が堅密で化学性が悪いことによっている。乾燥林分では通気・肥沃度など土壌の性質がほぼ等しい水平方向に水分が多い凹地などがあると、林分の根系がここに集中する現象がしばしば観察されたが、垂直方向では先に述べたような因子の成長阻害が多いために、根系分布はほとんど表層に限られ、水分の傾斜はむしろ根系の成長を阻害する要因となっていた。

また、わが国の降水量が多くて、砂漠地帯のよ

[*14] 図6-20、採取時の水分量参照。

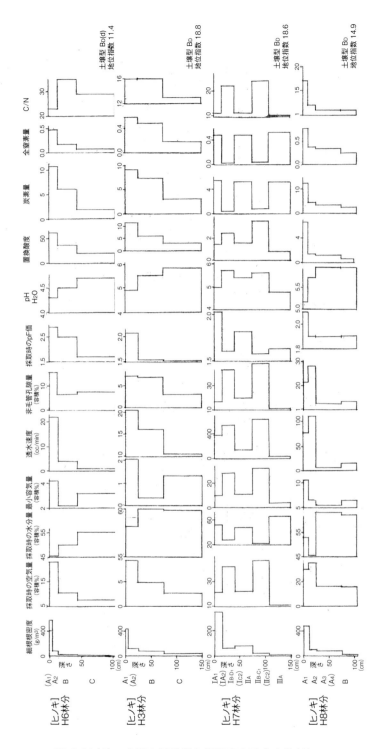

図6-20(3) 土壌の諸性質と根密度の垂直変化(3)

第6章　根密度

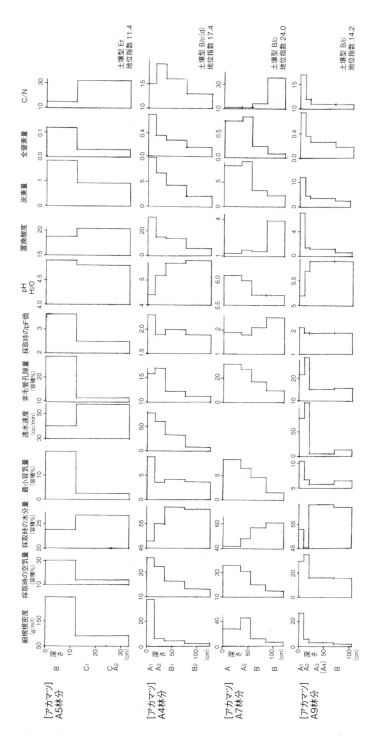

図6-20(4)　土壌の諸性質と根密度の垂直変化(4)

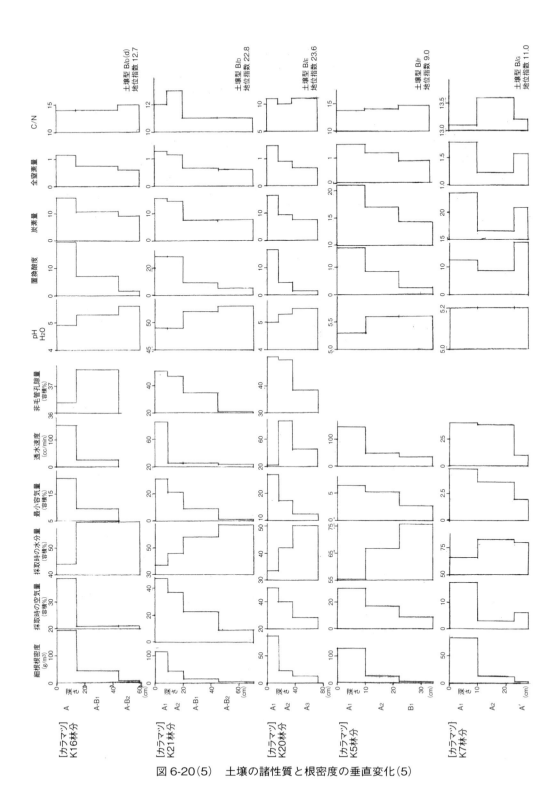

図6-20(5) 土壌の諸性質と根密度の垂直変化(5)

表6-27 スギ（S16林分）の採取時の空気量と根密度

土壌層	採取時の空気量（容積%）	根密度（g/m³）
I	24	268
II	41	31
III	21	73
IV	46	24
V	11	5

表6-28 スギ（S27林分）の採取時の水分量と根密度

土壌層	採取時の水分量（容積%）	根密度（g/m³）
I	50	137
II	54	49
III	56	47
IV	61	26
V	61	10

図6-20参照。

うな極端な乾燥条件でないことも根系の垂直分布に影響している。

この点ではわが国の一般の林地では根系の垂直分布は水分条件よりもむしろ土性と通気性・肥沃度などに影響されているということができる。

(3) 最小容気量

一般に最小容気量は表層で大きくて下層で小さくなり、根密度の垂直変化に類似した傾向をもつが、S22・S13・S16・H7林分のように表層の最小容気量が下層よりも小さくて根密度分布と逆になる場合もある。

S22林分は B_E 型土壌で表層部の水分量が多くて最小容気量が下層に比べて小さく、他の林分に比べて表層での通気条件は不良であった。このような立地ではS6・S7などの乾燥林分に比べて根密度が小さくなるが、根密度の減少の傾向が変るような大きな影響はみられず、下層の最小容気量の大きいところで根密度がやや増加した程度であった。

このような表層の通気不良にかかわらず根密度変化が正常林分（S4林分）と大きな差がないの

は表層では大気と接しているために十分な酸素の供給があり、表土の通気性にかかわらず根系が成長するためと考えられる。

S7・S13・S16林分は下層に火山礫層があるため表層の最小容気量は下層に比べて小さいが、根密度はこの層では大きく、下層の最小容気量が大きい土壌層で根密度が減少し、一般の土壌の場合とは逆な傾向を示した。これは先に述べたようにこの土壌層が火山礫層で土壌の理化学性がきわめて悪いことに原因している。

S6・S7・H6・A5・K16などの乾燥土壌の林分では表層で最小容気量と根密度がともに高い値を示したが、この原因として最小容気量が大きくて通気がよい表層に根系が集中分布したという考えと、根密度が高くなったために土壌の物理性が変化して、最小容気量が大きくなったとも考えられる。

このように根密度とこれに関係する土壌因子との間にはつねに因果関係が考えられるが、最小容気量にはとくにこのような関係が大きく作用している。

(4) 透水速度

土壌の理学性のなかで透水速度は根密度分布ともっとも相関が高くて類似した変化をする。表層では透水速度と根密度ともに大きく、下層では両者ともに減少した。

いまS7林分についてみると図6-20・表6-29のように両者の変化の間には高い相関関係がみられた。

表6-29 透水速度と根密度（スギ・S7林分）

土壌層	透水速度（cc/min）	根密度（g/m³）
I	115	653
II	95	193
III	47	103
IV	35	44
V	15	14

透水速度は土壌中の孔隙の多さと水分の移動性を表し、透水速度が大きい土壌で根密度が高いことは水分の移動が容易な多孔質土壌で根系が十分

に発達することを示している。

以上のように一般の土壌では透水速度が大きいほど根密度が高くなるが、S16林分のような火山礫層では土壌の他の理化学性の悪化とも関連して根密度は著しく小さくなった。

根密度の垂直変化はその立地の各土壌層の相対的な関係によって決まっており、各因子の絶対量によって決まるものではなかった。たとえばS6林分のⅠ層の透水速度は650 cc/min、H6林分の透水速度は22 cc/minで両者の間にはきわめて大きい差があったが、これらの根密度の相違が各林分の根密度の垂直分布に影響する傾向はみられなかった（図6-20参照）。

(5) 非毛管孔隙量

非毛管孔隙量は表層で大きくて下層土では漸減し、根密度と類似した変化を示す。一般に養・水分が十分であると、根の成長は非毛管孔隙量に影響され、非毛管孔隙量の大きい土壌層で根密度が高くなる傾向がある。これをS7林分でみると、表層では11.9％で、下層になるにしたがって減少してⅤ層では9.5％となった。一方、根密度も表6-30のように減少してⅠ層では653であったがⅤ層では14となった。

非毛管孔隙量は10％以下では根密度が減少して9.6％では44、9.5％で14となる。この関係は林分によって異なり、S6林分のように（図6-20）下層土の非毛管孔隙量がⅠ層より大きくても、垂直的な配列順位が変るような根密度の大きな増加はみられなかった。これは各層の根量分布が非毛管孔隙量だけでなく他の土壌の因子に影響されているためである。

表6-30　各土壌層の非毛管孔隙量と根密度（スギ・S7林分）

土壌層	非毛管孔隙量（容積％）	根密度（g/m³）
Ⅰ	11.9	653
Ⅱ	11.8	193
Ⅲ	10.4	103
Ⅳ	9.6	44
Ⅴ	9.5	14

(6) 採取時のpF価

採取時のpF価は林木が吸収しうる水分量を直接表現できる点においては、採取時の水分量よりも根密度と相関が高いと考えられる。いまpF価と根密度との関係をみると図6-20のように一般にpF価・根密度はともに表層で大きくて、下層で小さい傾向を示し、乾燥土壌層が湿った土壌層よりも、根密度が高い傾向がみられた。

土壌層によってpF価の変化傾向が明瞭である。乾燥性のS6林分で両者の関係をみると表6-31のようになり、Ⅰ層のpF価は2.5、Ⅳ層は1.8で表土は下層土よりも著しく乾燥していた。一方根密度は前者が264、後者が16で表層と下層では著しい差があった。

表6-31　採取時のpF価と根密度（スギ・S6林分）

土壌層	pF価	根密度（g/m³）
Ⅰ	2.5	264
Ⅱ	1.9	47
Ⅲ	2.1	19
Ⅳ	1.8	16
Ⅴ	—	—

根系の成長はpF価2.0前後の適潤な土壌で良好で、2.5前後の乾燥土壌で悪いが、根量の垂直分布では逆にpF価が大きい表層の細根の成長がよくて、根密度が大きく下層は悪くなる。これは採取時の水分量のところでも述べたように、表層の土壌は一見乾燥していて根系の成長に不適当にみえるが、根の成長と働きに必要な大気からの十分な酸素の供給と降雨による水分の補給によって表層は根系の発達しやすい状態になること、一般に下層土よりも化学性が良好で栄養に富むこと、下層土は通気が悪くて土壌が堅密で、根系の侵入に対して物理的な抵抗が大きいことなどのために表層の根密度が大きく下層で小さいことなどが考えられる。またⅠ層のpF価は大きくて、土壌は乾燥しているが根の成長は、ある短い時期の水分量に影響されて、梅雨期のような高湿多雨の時期にさかんに成長するために、根密度が増加することも考えられる。

S13・S16・H7林分はいずれもⅡ層・Ⅳ層の火

山礫層でpF価が小さくて、根系が利用可能の水分が多く、また成長と働き必要な空気量も多かったが他の土壌よりも著しく土性が悪くて、化学性が不良のために根系の成長が阻害されて、根密度は下層よりも小さくなった。

一方、A7林分の下層土は保水力が大きい粘土質土壌のために、pF価が表層よりも大きくて2.5であった。このような土壌では植物に利用される水分量が少なくて物理的な水分量が多いために通気不良で根系の成長が悪く、根密度は小さくなる。同じ高いpF価であっても表層部でのpF価と根密度の関係とはまったく性質を異にするもので、表層の乾燥をともなうpF価の変化と下層の水分が多い条件におけるpF価の変化とは根系の成長に及ぼす影響が異なる。

(7) pH（H_2O）

図6-20・表6-32のS4林分で代表されるように、pHは腐植の垂直分布と関連して腐植が多い表層で小さくて、腐植の少ない下層で大きい。根密度は逆に腐植が多い表層で大きく、垂直変化ではpHが小さくなるほど根密度が大きくなる傾向が認められた。

森林土壌では一般に腐植が多い根系の成長に適した土壌は弱酸性になる傾向があり、このような条件で通気と水分が適当に存在するところでは根系の成長が良好で根密度は大きくなる。

表6-32のような5.4～6.3程度のpHでは、根系の成長阻害因子とならないが、根系の成長はこのpHをつくりだしている土壌の環境条件に影響される。たとえば表層のpH5.4と6.3の傾斜をつくりだしている腐植の分布の差が直接根系の成長に影響し、根密度を左右していると考えられる。またいままでの他の土壌因子について述べてきた

表6-32 pHと根密度（スギ・S4林分）

土壌層	pH（H_2O）	根密度（g/m^3）
I	5.4	340
II	5.8	85
III	5.9	44
IV	6.0	26
V	6.3	2

ようにpH・その他の化学性以外の通気・水分条件が根密度の傾斜を大きくするのに役立っている。V層のpHは6.3で根密度は2であるが、この層では窒素・炭素などの無機塩類や腐植の不足とともに過湿・通気不良などの原因が、根系の成長不良の原因となっている。

腐植と無機塩類が不足する土壌条件でpHが大きくなり、根密度が小さくなる現象はS13・S16林分などの火山礫層で明瞭で、表6-33のようにこの土壌層ではpHと根密度の間にまったく逆の関係が認められ、II層のpHは5.8で根密度が31であったが、III層は5.4でpHは小さくなり、根密度は73で大きくなった。根密度の漸減傾向からみると逆の現象がみられた。

表6-33 pHと根密度（スギ・S16林分）

土壌層	pH	根密度（g/m^3）
I	5.4	268
II	5.8	31
III	5.4	73
IV	6	24
V	5.5	5

(8) 置換酸度

根系の成長に好適な条件である腐植と無機塩類が豊富で通気のよい土壌では、置換酸度は1～2であるが、せき悪乾燥・通気不良などの条件では20以上の高い値を示す。

このため置換酸度が小さいほど根密度が高くなるわけであるが、pHその他の土壌因子でみられたように他の因子との相互作用のために一般に根密度の垂直分布は、置換酸度が大きい表層ほど大きくて、根系の成長と置換酸度とは正比例の関係が認められた。いまその極端な例をS6林分についてみると図6-20のように、表土がせき悪乾燥のBl_B型のS6林分は置換酸度が62で、一般林地に比べて著しく高く、根系の成長には必ずしも適した条件ではなかったが、根密度は1 261できわめて大きい値を示した。

S6林分のように置換酸度が大きい土壌層ではこの条件だけでは根系の発達に適さないが、通気や降雨による水分供給・腐植の分布、物理的に根

系が発達しうる条件が表層に制限されているなどの置換酸度以外の条件が根系の成長に関係している。

一方、下層土で極端に土壌の化学性が異なるS13・S16・H7林分では、Ⅱ層の火山礫層が他のⅠ層よりも置換酸度が高く（図6-20）、根密度もこれにともなって減少し、A5・A7林分では下層土で置換酸度の増加にともなって、根密度が減少して前述のS6林分とは逆の関係が認められた。これらの点から垂直分布における置換酸度と根密度との関係を結論することはむずかしいが、一般に表層で置換酸度が高い条件では根密度が増加し、下層では減少することが考えられる。

(9) 炭素量

一般に炭素量は腐植に富む表層で多く、腐植が少ない下層で少ない。根密度は炭素量に対応して変化し、炭素量が多い表層で大きくて、下層で少ない。両者の間には明瞭な相関関係が認められる。いまS4林分について両者の関係をみると図6-20・表6-34のようになり、Ⅰ層では炭素量が8％で根密度が277であったが、下層になると漸減して最深のⅤ層では炭素量2％で15となった。これは有機質が多くて通気のよい土壌の表層部で根系の成長がよいことによっており、両者の関係は他の土壌因子に比べてきわめて高い相関を示した。これはこれらの林分が表層では通気・水分・養分などの根系の成長に都合のよい腐植の分布がすべて表層から下層に向かって減少することによっている。

火山礫層と火山灰層が互層に堆積しているS13・S16・H7林分のように、調査林分によって土壌層の堆積原因の相違から炭素量の多い土壌層

表6-34 炭素量と根密度（スギ・S4林分）

土壌層	炭素量 （％）	根密度 （g/㎥）
Ⅰ	8	277
Ⅱ	5	103
Ⅲ	4	86
Ⅳ	3	51
Ⅴ	2	15

と少ない土壌層が交互に存在しているところでは、根密度分布は炭素量の分布に対応して炭素量の多い土壌層では根密度が大きく、少ない土壌層では小さい傾向が明瞭にみられた。この関係は図6-20でも明らかであるがとくにS16林分についてみると表6-35のように、Ⅰ層では炭素量が5.2％・根密度257であったが、Ⅱ層では0.5％で20となり、Ⅲ層の火山灰層で炭素量が4.8％に増加すると根密度は44となってⅡ層の2倍程度の根密度になった。この炭素量のように土壌の表層・下層において根密度と高い相関を示す因子は少なく、Ⅱ層で根密度と反対の傾向を示す採取時の空気量・最小容気量よりも高い相関関係を示した。

表6-35 火山礫と火山灰土壌の互層の立地における炭素量と根密度（スギ・S16林分）

土壌層	炭素量 （％）	根密度 （g/㎥）
Ⅰ	5.2	257
Ⅱ	0.5	20
Ⅲ	4.8	44
Ⅳ	0.9	―
Ⅴ	5.1	―

(10) 窒素量

図6-20のように窒素量も腐植の多い表層で多くて下層で少ない傾向で、炭素と同様に根密度と高い相関を示した。これは窒素量が少なくて腐植が少ない土壌では根系の成長が悪く、窒素量と根系の成長の間に高い相関があることによっている。

炭素の場合と同様に窒素の場合にも、土壌層の窒素量の相違によって根系の選択分布がみられ、火山礫・火山灰層が互層になっているS13・S16・H7林分では表6-36のように窒素量の多いⅢ層はⅡ層よりも高い根密度を示した。

この窒素に対する土壌層の選択分布は表6-36のようにⅡ層とⅢ層の間では明瞭であったが、Ⅳ・Ⅴ層の間では根量が少なくなることと、他の成長阻害因子が大きくなって環境条件の均一化がおこるために、土壌層によって根密度が逆転するような変化はおこらず、Ⅳ層の根密度は24、Ⅴ

表6-36 窒素量と根密度（スギ・S16林分）

土壌層	窒素量（%）	根密度（g/m³）
I	0.52	268
II	0.03	31
III	0.46	73
IV	0.05	24
V	0.51	5

層は5で窒素量の変化に比例せず、漸減した。

窒素量が下層まで多いB_E型のS18林分と下層に少ないB_A型のS20林分の根密度の垂直分布は表6-37のようにS18林分は深部まで窒素量が多く、これにともなって根密度の減少率も小さかった。S20林分ではI層で根密度が著しく大きくなったが、II層以下では窒素量・根密度ともにI層に比べて大きく減少した。

表6-37 土壌型の異なる林分の窒素量と根密度の垂直分布

林分	S18		S20	
土壌型	B_E		B_A	
土壌層	窒素量(%)	根密度(g/m³)	窒素量(%)	根密度(g/m³)
I	0.59	118	0.67	377
II	0.44	62	0.2	123
III	0.29	44	0.08	43
IV	0.29	30	0.06	24
V	0.01	12	—	5

(11) C/N率

一般にC/N率は肥沃度が高い表層で小さくて心土で大きい傾向をもつ（図6-20）。先にも述べたように根系の成長は炭素・窒素ともに豊富な肥沃度の高い土壌で良好で、根密度が大きくて両者の間にきわめて高い相関がみられたが、土壌の肥沃度を示すC/N率についても同様で、C/N率が小さくて、肥沃度が高い表層では根密度が大きくなり、C/N率が大きい理化学性の悪い下層土では根密度が小さくなって、C/N率と根密度分布の間には根系の成長を通じて密接な関係がみられた。S16林分のように下層で堆積土壌の相違によって、C/N率の変化傾向が逆転するようなところでは、C/N率の相違によって、根密度も変化し

て上層部の根密度よりもC/N率が小さい下層のほうが根密度が高くなる現象が認められた（図6-20）。

以上のように根密度の分布は土壌の各種の理化学性の垂直変化に影響されるが、とくに理学性は透水速度、化学性では炭素量・窒素量・C/N率と高い関係が認められた。各土壌因子と根密度の垂直変化の比較対応を通じて、根密度は原則的には表層から下層へ漸減する性質をもっており、土壌の性質が多少変化してもこの性質は容易に変化しない。

根系の成長に不適当な乾燥や通気不良条件が表土にあっても、根密度の分布は表層で高くて下層で低い傾向を示す。このことは別表19・図6-1で、根密度がいろいろの樹種・林齢・立地条件を通じて表層から漸減する傾向をもつのに反して、各土壌因子は必ずしも根密度変化のようには一定した変化をしないことをみても明らかである。とくに地表層では土壌の理化学性が下層よりも明らかに悪い場合にも根系の成長は下層土よりも良好で根密度は高くなり、土壌以外の影響力が根系の分布を支配していることが考えられた。

これは大気と降雨で、表層の土壌層に接する大気は根の成長に必要な酸素をつねに供給し、降雨は表層に根の成長に必要な水分を補給する。この影響は土壌層が深くなるにしたがって減少する。また落葉・落枝は表層に有機質を供給するため表層の土壌は下層土よりも有機質に富む。このため表層の土壌の理化学性の分析値が根系の成長に適さないようなせき悪乾燥・通気不良などの条件にあっても、以上のような大きな影響力が総合的に作用するために根系の成長は良好で、表層部に集中して分布することになる。

下層土では根系に及ぼす上記のような環境の影響力が漸減して通気不良・養分不足などの条件が支配的な要因となるために、土壌の理化学性の良否が主として根系の分布を左右して、根系の土壌層の選択分布現象がおこり、S13・S16・H7などの林分で代表されるような、土壌の性質の相違によって上層よりも下層の根密度が高くなるといった根密度の逆転現象がおこる。

しかし、このような根密度の逆転現象はS13・S16・H6林分のように火山礫層と火山灰層の互層

配列のように、土壌の理化学性が極端に相違するような場合でないと明瞭にはみられない。多少の理化学性の変化では表層から下層に変化する基本的な根密度の分布特性に打ち消されて、根密度分布の土壌層順位を変えるような現象は現れない。

根密度の垂直変化はこれらの土壌の理化学性の相互作用の結果としておこるわけで、立地によって通気・水分・養分などの各種の条件が組合わさった形で根系の成長を促進し、また阻害して一定の傾向を保っている。

根系の成長とこれらの相互作用の解析が今後の問題として残される。また根密度の増加とこれが林木の成長に及ぼす影響、根密度と根系の競争についても一層の研究が期待される。

8 根株を中心とした傾斜の上下における根密度の相違* 15

平坦面では林木の根系はほぼ平等に四方へ広がって分布するが、傾斜面では重力・土壌条件の相違などで傾斜の上側と下側で根量分布が異なる。

調査法のところでも説明したように*16 水平区分1・2については1が上側①と下側②に区分され、2が上側（①＋④）と下側（②＋③）に区分されており、傾斜の上下の根密度については水平区分1では①と②、水平区分2では（①＋④）と（②＋③）の関係を比較した。

この結果は別表19でも理解できるように樹種・根系区分を通じて傾斜の上側よりも下側のほうが根密度が高い傾向が認められた。

いま別表19から一例としてスギS13林分の傾斜による根密度の相違をみると、表6-38のように、Ⅰ層の細根では上側の根密度は321であったが、下側は428で下側のほうが大きく、小径根・中径根などの各根系区分についても、また各土壌層についても同様な傾向が認められた。

いまこれらの関係を把握するために、傾斜の上側を1としたときの下側の比数を計算すると別表20のようになる。

表6-38 立木の傾斜の上部と下部の根密度（スギ・S2林分・水平区分2）(g/㎡)

	細部		小径根		中径根		大径根		特大根	
	上部	下部	上部	下部	上部	下部	上部	下部	上部	下部
Ⅰ	321	428	338	458	569	612	171	210	—	822
Ⅱ	98	107	167	188	265	308	60	116	43	—
Ⅲ	53	71	113	128	169	203	68	167	—	—
Ⅳ	45	58	64	92	86	131	24	92	—	—
Ⅴ	9	13	21	43	60	137	—	—	—	—

(1) 樹種による相違

別表20からスギ・ヒノキ・アカマツ・カラマツについて上側の根密度に対する下側の比数をみると表6-39のように、各樹種ともに比数が1以上の値を示し、傾斜の上側よりも下側で根密度が高いことがわかった。しかし、この樹種間の差については明らかな有意差が認められなかった。

表6-39 樹種による傾斜の上と下における根密度の分布比（Ⅰ層・水平区分2）

樹種	林分	細根	小径根	中径根	大径根
スギ	S1	1.15	1.18	1.37	1.56
ヒノキ	H1	1.15	1.15	1.29	1.58
アカマツ	A2	1.2	1.19	1.16	2.40
カラマツ	K14	1.18	1.09	1.16	1.41

傾斜の上側を1としたときの下側の比数。

(2) 根系区分

細根・小径根は根系が表層部に均一に分布するが、大径根は地上部の支持作用に関連して地上部の重力分布に対応した根系分布が考えられる。いま表6-39でこの関係をみるとスギは細根の比数が1.15であったのに対して小径根は1.18、中径根1.37、大径根1.56で根系が太くなるほど傾斜下部で根量が多くなることがわかった。またこの関係はヒノキ・アカマツ・カラマツについても同様に認められた。

根系の太さによる比数の変化は図6-21のように細根・小径根はほとんど同じ程度の分布を示したが、中径根・大径根では急速に比数が大きくな

---

*15　77頁参照。
*16　16頁参照。

第6章　根密度

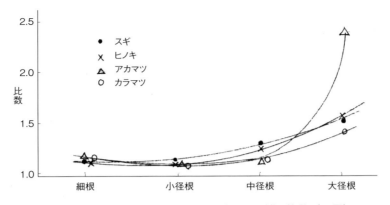

図6-21　根系の太さと傾斜の上側に対する下側の比数（Ⅰ層）

り、中径根以下の根系とそれ以上では傾斜に対する根量分布に大きな相違があることがわかった。

これは細根・小径根は養・水分の吸収の働きのために、林床を平均的に分布する性質によるものである。中径根・大径根では地上部の支持作用のために地上部の重量分布に対応して傾斜の下側で根系の成長が大きくなることが考えられる。

S15林分について地上部の枝・葉の階層別の傾斜の上下における重力分布をみると図6-22のようになる。

またこれから地上部・地下部の傾斜による分布比をみると表6-40のようになった。傾斜25°のS15林分では傾斜上部に総枝葉量の38％、下部に62％が分布し、この割合で傾斜下部に重力がかかることが考えられた。これに対して総根量の分布比は傾斜上側が42％、下側が58％で両者の割合は同じではなかったが、地上部の重力分布と根量分布との間には高い相関関係があり、主として大根が地上部を支える形で傾斜下方に発達することが推察された。表6-40でみられる枝葉量の分布は一般に林地において観察されるところであり、別表20のように地下部重がいずれの林分においても下側に多いことと合わせて考えると傾斜に対する地上部・地下部の重量分布の対応は一般的なものと考えられる。

宮崎［1935］は傾斜の下側に支持根が発達することを認め、これを錨根とよんでいる。また

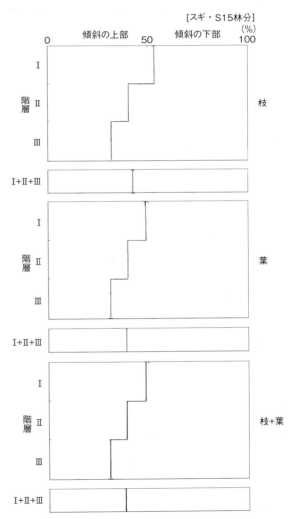

図6-22　傾斜の上と下における枝と葉の重量比

表6-40 傾斜の上下における地上部(枝・葉)と地下部量の分布比(スギ・S15林分・傾斜25°)

部位	区分	傾斜上部(%)	傾斜下部(%)
地上部	枝+葉量	38	62
地下部	総根量	42	58

この研究における調査木の各樹種の根系の形態をみてもこれらの関係は容易に理解できる。

(3) 林木の成長と傾斜の上下における根密度[*17]

林木が成長すると根系の成長にともなってその分布が変化する。傾斜の上下における根量分布差ができることが考えられた。別表20の結果では林木の成長と根量分布を示す。この表から胸高断面積が異なる2、3の林分について、この関係をみると表6-41のようになり、各根系区分について、林木の成長と比数の間に一定の関係があるとはみられなかった。根株の形状では傾斜下方の根張りが大きい。

(4) 土壌層による変化

各土壌層における傾斜の上下の根量比数を45年生のS5林分についてみると表6-42のようになり、各根系区分ともに土壌層が深くなるほど傾斜の下側の根密度が高くなって、下層は上層よりも傾斜の下側に根量分布が偏る傾向が認められた。これは表層では水分・肥沃度などの各種の条件が根系の成長に及ぼす影響が大きいが、下層ではこれらの影響が減少して重力による影響が大きくなることによっている。また、表層では隣接木の根系との交錯が単木の傾斜の上側と下側の分布差を打消しているが、下層ではこのような根系の交錯がないことにもよっている。

(5) 傾斜角度と根密度

上記のような説明を通じて、根系の成長は重力に影響されるので、傾斜角度が大きくなると根量分布も一層傾斜の下側に多くなることが考えられる。

傾斜角度と傾斜の上下における根密度との関係

表6-41 林分の胸高断面積と傾斜の上下における根量分布比(I層)

林分	胸高断面積(cm²)	細根	小径根	中径根	大径根
S1	61	1.15	1.18	1.37	1.56
S2	249	1.33	1.36	1.08	1.23
S5	439	1.19	1.13	1.18	1.38

傾斜の上側を1としたときの下側の比数。

表6-42 土壌層の深さによる傾斜の上下における根密度の相違(S5林分)

土壌層	細根	小径根	中径根	大径根	特大根
I	1.19	1.13	1.18	1.38	―
II	0.98	1.15	1.14	1.33	1.31
III	0.74	1.27	1.09	1.54	3.21
IV	1.07	1.12	1.32	2.13	―
V	1.73	1.59	1.17	1.86	―

を別表20からスギ林分についてみると表6-43のようになり、傾斜角度が大きくなると傾斜の下側の根量が増加する傾向がみられた。

これには次の2つの原因が考えられる。1つは傾斜が急になるほど地上部の重量分布が傾斜の下側に偏り、これに対応して地上部を支持するように傾斜の下側の根系が発達するもので、とくに大径根以上の根系の発達にこの傾向が強く認められる。これは重力配分の相違によっておこる刺激が大径根の肥大成長に影響する支持作用の適応と考えられる。

他は根系の伸長成長に及ぼす重力の影響によるもので、根端の伸長方向が重力の刺激によって傾斜の下側に向くことによっている。先にも述べたように重力が根端の伸長成長に及ぼす影響は根系

表6-43 傾斜角度と根密度の比数(I層)

林分	傾斜角度	細根	小径根	中径根
S3	6	1.07	1.02	1.09
S13	12	1.14	1.13	1.12
S2	20	1.24	1.26	1.18

傾斜上部の根量に対する比数。

[*17] 77頁参照。

の交錯が少ない表層部よりも下層部で明瞭に認められる。

9 根株を中心とした傾斜の左右における根密度

傾斜の上下における場合と同様な考え方で傾斜の上側に向かって右側の根密度を1として左側の根密度の比数を求めると、**別表20**のようになる。この表からもわかるように樹種・林分・根系区分・土壌層などの各条件を通じて傾斜の右と左の間には根量の差は認められなかった。

いまこの表から測定個数がもっとも多いS13林分を取り出すと**表6-44**のようになり、分布が均質なⅠ層の細根・小径根などでは、比数が1前後で両者の根密度の間に有意差は認められなかった。一方下層では比数の差が大きいものもあったが、これらはいずれも分散が大きくて傾斜の左右における根密度の有意差は認められなかった。

表6-44 傾斜の左右における根密度の比数（スギ・S13林分）

根系区分		細根		小径根		中径根		大径根		特大根	
水平区分		2		2		2		2		2	
		①	②	①	②	①	②	①	②	①	②
土壌層	Ⅰ	1.11	1.10	1.17	1.17	1.07	1.05	1.56	0.50	0.26	1.31
	Ⅱ	0.75	1.00	0.79	0.95	1.06	0.85	1.12	0.82	—	*
	Ⅲ	1.00	0.85	1.06	0.83	0.84	0.96	*	0.47	—	—
	Ⅳ	1.71	1.00	1.36	1.17	0.87	0.63	—	—	—	—

* 右側に根量があり左側にない場合、① 傾斜の上側における右と左の根密度の比、② 傾斜の下側における右と左の根密度の比。

第7章
林木の成長と葉量・根量

1 最近1年間の各部分の重量成長量

53頁の方法にしたがって単木の最近1年間の成長量が求められ（別表11）、これから林分の成長量の単木平均値・ha当たり成長量が求められた（別表12・別表13）。

この量は根系や葉の働きを知るうえできわめて重要な役割をもっている。いま各林分の最近1年間のha当たり成長量について考えてみる。この1年間の成長量は、幹は年輪解析によって測定されるが他の部分については現存量比からの測定であるので、現存量に影響されるところが大きい。

別表13から胸高断面積に対して各部分の成長量を図示すると図7-1のようになる。

幹：ha当たり幹の最近1年間の成長量は図7-1のように胸高断面積150〜200㎠の若い林分で大きくて、林分が大きくなると減少した。この傾向は林木の働き部分である葉量・細根量についても明瞭で、葉量・細根量の増加はこの時期における幹重の増加と一致した。これは収穫表における連年成長量の変化傾向と一致するものである（207頁参照）。林分が大きくなると成長量が減少するのは成長率の低下と本数の減少によっている。

いま図7-1から幼齢時の成長量・最大値と成木安定林分における値をみると表7-1のようになり、成木安定林分ではスギ7t[*1]、ヒノキ4t、アカマツ・カラマツ3tの成長量があった。アカマツ・の幼齢林分では成長量が大きくて10tに近い生産を示したが、これはこの時代に本数密度が高くなることと幼齢時の成長がよいことによっている。

ha当たり生産量は本数密度・土壌条件によって影響され、高密度林分のS22林分は17tの生産を示し、図7-1のように平均値から著しい分散（9t）を示した。一方疎植のS9林分（密度比数0.4）は2t程度で、平均値と8tの差があった。

いま立地条件が似ていて本数密度が異なるS22林分S18林分の各部分の単木の年平均成長量の相違をみると表7-2のようになり、各部分ともに密植林分は疎植林分よりも単木の成長量は小さく、とくに葉量では密植による減少率が大きかった。表7-2の密植のS22林分（密度比数1.2）と疎植のS18林分（密度比数0.5）を比較すると、密度比数はS22林分がS18林分の2.12倍であったが、幹は前者の成長量が7.5kgであったのに対してS18林分は11kgで、その比数は69％になった。この比数がもっとも小さくて密度に影響されやすい部分は、葉（43％）＞根（48％）＞枝（67％）＞全重（61％）＞幹（69％）の順で葉・枝は他の部分に比べて密度による影響が大きかった。この林分の比較では、本数密度が2倍になると、全重の成長量は疎植林分の約60％に減少した。

これを密度比数と胸高断面積がほぼ等しく立地条件が異なる林分についてみると、表7-3のように$B_A・Bl_C・Bl_D(d)$型土壌の林分はいずれも最近1年間の成長量が多くてB_A型のS20林分とBl_EのS12林分では3.7tの差があった。

枝：枝の成長量は幹の成長量に一定の係数を乗じた値であるので、その変化傾向は幹にほぼ類似するが、林齢によって係数に多少の傾斜があるので（67頁、表3-36参照）、幹の場合よりも幼齢林では成長量がやや大きい傾向がある。

枝の幼齢最大生産量と成木安定林における生産量は表7-4のようになる。

幼齢時にアカマツの成長量が著しく増加したが、その原因は幹の場合と同じである。

枝においても、幹と同様に高密度林分は生産量が大きくてS22林分では5tに達した。土壌条件と枝の成長量との関係は表7-2のように生産力は適潤立地で大きく、乾燥立地では小さい。

葉：枝の場合と同様に葉量の場合には葉量の現存量に一定の係数を乗じた形で最近1年間の葉量が計算されており、林齢によって係数に多少の変化があるが、ほぼ葉量の変化に類似した。いま図7-1より平均胸高断面積500㎠における林分の生産量をみると、表7-5のようになり、スギの成長量はヒノキ〜カラマツの2倍に近い値となったが、ヒノキ・アカマツ・カラマツは、ほぼ等しい

[*1] 我が国のha当たり年間幹生産量は2〜8t程度といわれる［佐藤ほか1965］。

第7章 林木の成長と葉量・根量

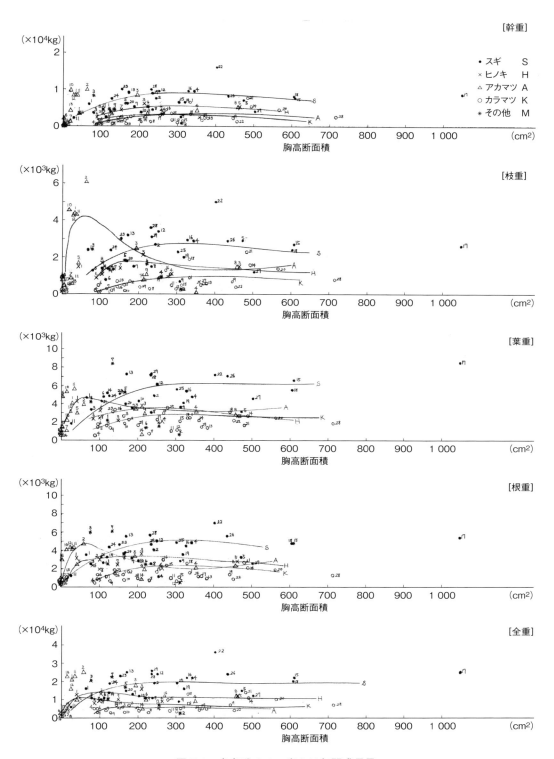

図7-1 各部分のha当たり年間成長量

表7-1 幹の最近1年間のha当たり成長量（t）

	スギ	ヒノキ	アカマツ	カラマツ
幼齢最大時	10	6	10	3
胸高断面積 500 cm²	7	4	3	3

表7-2 本数密度と各部分の成長量（単木平均値）(kg)

区分	密植林分	疎植林分
林分	S22	S18
林齢	41	32
胸高断面積(cm²)	419	554
密度比数	1.158 (2.12)	0.545
地位指数	21.8	23.4
幹	7.5 (0.69)	11
枝	2.2 (0.67)	3.3
葉	3.2 (0.43)	7.4
根	3.1 (0.48)	6.5
全重	16.0 (0.61)	26.1

（ ）は疎植林分に対する比数。

成長量を示した。この関係をその他の林分も含めて比較すると表7-6のようにフサアカシアがもっとも多くて8.4t、モミ・スギ・ユーカリノキは4～5t、カラマツ・ケヤキなどは2t程度であった。

葉量の成長量は葉量のha当たり変化と同様に本数密度による影響は少なくて密度比数が著しく異なるS22林分とS26林分は7t程度で、ほぼ同じ値を示した。

立地条件との関係は表7-3のように適潤土壌型で成長量が大きくてB_A・Bl_Cなどの乾燥土壌型で小さくなった。

根量：根系の年成長量は地上部の成長量をT/R率で除したもので、地上部の成長量の変化に応じてT/R率の割合で変化する。

胸高断面積と根の年間成長量との関係は、図7-1のようになるが、この図から成木安定林分におけるha当たり成長量をみると表7-7のようになる。

地上部と同様に本数密度・立地条件によってha当たり成長量は変化し、高密度林分・地位指数の高い適潤性のの立地では成長量が増加した（表7-2）。

全量：地上部・地下部を含めた全量の1年間のha当たり成長量は図7-1のように各樹種ともに放物線状に増加するが、胸高断面積が150～200cm²の幼齢時代にやや高い値を示す。

その幼齢時代と成木安定林分における成長量は表7-8のようになり、スギは最大時には21tに達したが成木安定林分では19t程度であった。アカマツは幼齢時の成長量と成木時代の成長量の差が大きくて成木安定時の2/3に及んだ。

成木安定林分ではスギ＞ヒノキ＞アカマツ＞カラマツの順となり、スギとカラマツの間にはアカマツの2倍以上の差があった。

表7-3 土壌条件とha当たり林分成長量（t）

林分	S20	S12	S7	S13	S10	S23	S15	S18
胸高断面積(cm²)	265	267	160	196	208	152	451	554
密度比数	0.482	0.672	0.575	0.589	0.585	0.798	0.682	0.545
土壌型	B_A	Bl_E	Bl_C	Bl_D	$Bl_{D(d)}$	B_D	Bl_D	B_E
幹	6.2	9.9	5.1	9.4	4.0	10.2	7.9	8.1
枝	1.9	3.5	1.5	3.3	1.2	3.1	2.8	2.4
葉	4.0	6.3	3.7	7.4	4.4	5.2	6.6	5.5
根	3.8	5.2	3.2	5.6	3.0	4.7	4.8	4.8
系	16.0	24.8	13.6	25.7	12.5	23.1	22.2	21.0

第7章　林木の成長と葉量・根量

表7-4　枝の最近1年間のha当たり成長量（t）

区分＼樹種	スギ	ヒノキ	アカマツ	カラマツ
幼齢最大時	3.0	2.0	4.0	0.4
胸高断面積 500 cm²	2.5	1.5	1.0	0.4

表7-5　葉のha当たり成長量（t）

胸高断面積＼樹種	スギ	ヒノキ	アカマツ	カラマツ
500 cm²	5.0	3.0	3.2	2.5

表7-6　各樹種のha当たり林分成長量（t）

樹種	スギ	ヒノキ	アカマツ	カラマツ	サワラ	ユーカリノキ	ケヤキ	モミ	カナダツガ	フサアカシア
林分	S10	H3	A3	K28	M2	M3	M4	M5	M6	M7
幹	4.0	6.2	8.5	1.4	0.9	8.3	3.3	6.1	5.4	4.6
枝	1.2	2.2	2.6	0.4	0.3	2.5	1.0	1.8	1.6	1.4
葉	4.4	3.8	3.6	1.7	0.7	4.0	1.6	5.2	1.4	8.4
根	3.0	3.8	3.4	1.1	0.6	6.0	1.1	3.7	2.5	6.1
計	12.5	16.0	18.1	4.6	2.5	20.8	7.0	16.8	10.9	20.5

表7-7　根のha当たり成長量（t）

胸高断面積＼樹種	スギ	ヒノキ	アカマツ	カラマツ
500 cm²	4.3	2.5	2.4	1.8

図7-1より。

表7-8　幼齢最大時と安定林分におけるha当たり成長量（全重）（t）

胸高断面積＼樹種	スギ	ヒノキ	アカマツ	カラマツ
幼齢最大値	21	15	15	10
500 cm²	19	13	10	8

　その他の樹種も含めた表7-6ではユーカリノキ・フサアカシアが最大で20 t、ケヤキは7 tであった。

　本数密度比数とha当たり年成長量との関係は図7-2のように、林齢・立地条件の相違があるために、分散は大きいが各樹種ともに本数密度が高くなると、ha当たり年成長量は放物線状に増加し、密度比数0.8以上の林分ではほぼ一定になり、中庸の立地条件の密植林分でスギは25 t、ヒノキ18 t、アカマツ20 t、カラマツ12 t程度になることが推定された。これは各樹種ともに中庸の林分の生産量の約1.3倍に相当する。疎植林分では単木の成長量が増加するが、その量は本数増加によるha当たり成長量の増加には及ばず、最多密度時のha当たり総成長量の約1.3倍程度になり、森林の面積当たり総生産量を最大にするためには密度比数をつねに0.8以上に保つ必要があることが推察できた。

　崩積のB$_E$型土壌・地位指数22、密度比数1.16のS22林分は調査林分中最大の成長量（36 t）を示した。また、この胸高断面積に相当する中庸の立地・中庸の密度の林分成長量の平均値は18 tでS22林分との間には約2倍の差があった。

　立地条件との関係では表7-3のようにB$_A$型・Bl_C型などの乾燥土壌は適潤土壌よりもいずれも成長量が小さくて、Bl_B型のS20林分とBl_E型のS12林分とでは8.8 t、Bl_C型のS7林分とBl_D型のS13林分の間には12 tの差があった。

　透水速度との関係は図7-2のように分散が大きくて、高い相関関係は認められなかったが、透水速度が増加すると成長量が増加する傾向が認められた。

　C/N率との関係は図7-2のようにC/N率の増加にともなって成長量が減少した。3樹種中ヒノキはC/N率の変化に対して成長量が大きく変化せず、アカマツは大きな分散を示した。

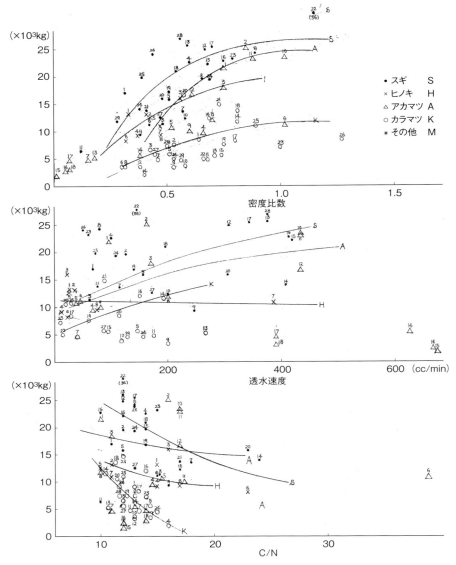

図7-2 各種の条件と ha 当たり年成長量

2 成長量の配分比

成長にともなう各部分の生産量配分比の変化をスギについてみると表7-9のように、幼齢木では枝・葉などの割合が大きくなる傾向がみられたが、胸高断面積 300 ㎠以上では、大きな変化がなくて幹は 38〜39％、枝 12〜13％、葉 27〜28％、根 22〜23％であった。

また胸高断面積[*2] 500 ㎠における各樹種の生産量の配分割合は、表7-10のように幹では総生産量の 31〜40％が配分され、その樹種による順位はカラマツ＞スギ＞ヒノキ＞アカマツとなる。幹の成木林での蓄積割合は大きいが、生産量の配分

[*2] 林分の平均値。

第7章　林木の成長と葉量・根量

表7-9　林木の成長にともなう各部分重の生産量とその割合（スギ・t）

区分＼胸高断面積(cm²)	100	200	300	400	500	700	1 000
幹	5.0 (0.38)	10.0 (0.41)	8.0 (0.39)	7.5 (0.39)	7.0 (0.38)	7.0 (0.38)	7.0 (0.38)
枝	1.0 (0.08)	3.0 (0.13)	2.5 (0.12)	2.5 (0.13)	2.3 (0.12)	2.3 (0.12)	2.2 (0.12)
葉	4.0 (0.31)	6.0 (0.25)	5.5 (0.27)	5.0 (0.25)	5.0 (0.27)	5.0 (0.27)	5.0 (0.28)
根	3.0 (0.23)	5.0 (0.21)	4.5 (0.22)	4.4 (0.23)	4.3 (0.23)	4.2 (0.23)	4.1 (0.22)
全重	13.0 (1.00)	24.0 (1.00)	20.5 (1.00)	19.9 (1.00)	18.6 (1.00)	18.7 (1.00)	18.3 (1.00)

（　）は比数。

表7-10　各樹種の生産量配分比

区分＼樹種	スギ	ヒノキ	アカマツ	カラマツ
幹	0.37	0.36	0.31	0.40
枝	0.13	0.14	0.10	0.05
葉	0.27	0.27	0.34	0.32
根	0.23	0.23	0.25	0.23

胸高断面積　500 cm²。

割合は葉などに比べても比較的小さい。

枝の配分比は5～14％で樹種間の相違が大きく、カラマツが最小でヒノキが最大である。

葉には27～34％が配分され、スギ・ヒノキは27％で、アカマツ・カラマツよりも小さい。

これは着葉期間の相違によるものである。葉は幹に次いで高い値を示した。

根の配分量は23～25％で各樹ともにほぼ同じ割合である。

葉・枝・根の成長量の推定についてはまだ不明の点が多く、今後の研究に待つところが大きい。

3　年平均根長成長量

単木の全根長（別表22）と林齢から年平均根長成長量を計算すると別表26のようになる（以下根長成長量という）。

根長成長量は林齢によって異なるので、各林分を同一に比較することはできないが、ほぼ胸高断面積が等しい樹種について比較すると表7-11のようになり、フサアカシアは調査樹種中最大で805 m、ケヤキは314 m、ユーカリノキは266 mでいずれも大きい成長量を示した[*3]。フサアカシアは林木の成長が早いうえに細根量が多く、ケヤキは細根の直径が細いために重量成長量の割合には成長が大きく、ユーカリは細根が細いことと成長がよいなどのため根長成長量が大きい。

表7-11　各樹種の年平均根長成長量（m）

	スギ	ヒノキ	アカマツ	カラマツ	サクラ	ユーカリノキ	ケヤキ	モミ	カナダツガ	フサアカシア	ミズナラ	シラカンバ	ヤエガワカンバ
林分	S10	H3	A3	K29	M2	M3	M4	M5	M6	M7	M8	M9	M10
根長生長量	118	111	17	48	94	266	314	36	62	805	58	28	56
胸高断面積 (cm²)	208	254	198	200	238	177	188	156	211	135	167	118	157

*3　ハナミズキの稚苗の年根長成長量が51 mになることを報告している［Kozlowski et al. 1948］。

広葉樹のなかでもミズナラ・シラカンバ・ヤエガワカンバなどは 28〜58 m で前者に比べて著しく小さい値を示したが、これは細根量が少ないうえに成長が悪いためである。

針葉樹ではスギが最大で 118 m、ヒノキは 111 m、アカマツは全樹種中最低で、17 m であった。これはアカマツの細根量がきわめて少ないことによっている。同様にモミも根量が少なくて 36 m であった。細根量が多いヒノキの根長成長量がスギよりも小さいのは、ヒノキの成長がスギよりも悪いことによっている。

平均根長成長量は林木の大きさによって異なり、胸高断面積が大きくなると図 7-3 のように単木の成長量がほぼ放物線状の増加を示し、ha 当たり根長は減少曲線をとる。いま単木成長量がほぼ一定になる胸高断面積 500 cm² における平均根長成長量は表 7-12 のようになり、成木安定林分ではスギは約 155 m、ヒノキ 140 m、アカマツ 30 m、カラマツ 70 m 程度の根量が毎年増加した。この成長量は林木が大きくなってもそれほど増加せず、調査林分中最大のスギ S17 林分は胸高断面積が 1 042 cm² であったが、その根長成長量は 150 m で、胸高断面積 500 cm² の成長量とほとんど同じであった。

ha 当たり根長成長量は図 7-3 のように林木の成長にともなって急速に減少する傾向を示す。この減少曲線は樹種によって異なり、スギはヒノキ・アカマツに比べて緩やかであった。これはスギの成長が良好で本数密度も大きいことによっている。

いま胸高断面積 100 cm² と 500 cm² における ha 当たり根長成長量をみると表 7-13 のようになり、もっとも成長量が大きいのはスギで、ヒノキ＞カラマツ＞アカマツの順となった。

図 7-3 のように ha 当たり年平均根長成長量が小径木で大きく、大径木で小さいのは、小径木で

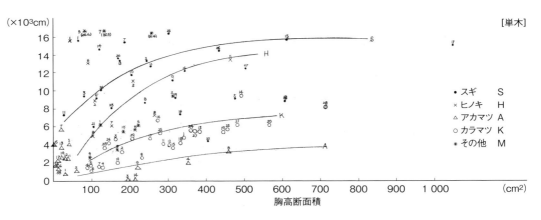
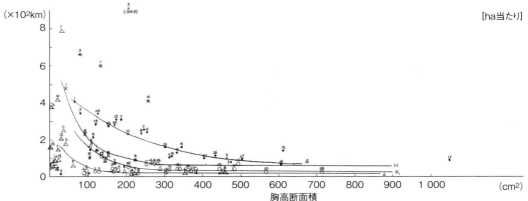

図 7-3　年平均根長成長量

表 7-12 平均根長成長量（m）

樹種	スギ	ヒノキ	アカマツ	カラマツ
平均根長成長量	155	140	33	70

胸高断面積 500 cm² での比較。

表 7-13 胸高断面積 100 cm² と 500 cm² の林分の ha 当たり根長成長量（km）

胸高断面積(cm²) \ 樹種	スギ	ヒノキ	アカマツ	カラマツ
100	350	200	50	150
500	100	60	20	50

は細根・小径木が根量のなかで占める割合が大きいことと、本数が多いことによっている。大径木では細根の分岐と成長速度が衰えて大径根の肥大成長が大きくなることと、本数が減少するために ha 当たり成長量は漸減する。このような傾向は単木の平均根長成長量が幼齢時代に急速に増加することを見ても理解できる。

林木の成長は単木の根長成長量の増加率が大きい幼齢時代で最大になり、ha 当たりでもその根長成長量が増加する幼齢時に最大となる。これは根長成長がさかんな時期には若い根端組織が多くて養・水分の吸収がさかんなことに関連している（林分の連年成長量変化については 207 頁で説明）。

本数密度と根長成長量の関係を林木の大きさがほぼ等しい S22 と S8 林分、S8 と S2 林分についてみると表 7-14 のように、単木平均値では密植林分が疎植林分に比べて小さく、密植の S22 林分は 44 m であったが、疎植林分の S18 林分は 88 m で、S22 林分の 2 倍の成長量を示した。また S8・S2 林分についても同様の傾向が認められた。一方、ha 当たり成長量は S22 林分が 101 km、S18 林分は 66 km で、密植林分が高い値を示した。この関係は S8・S2 林分では疎植の S2 林分が大きく、本数密度によって変化して一定した傾向は認められなかった。これは単木の成長量は密度に影響され易いが ha 当たりでは本数密度によって両者の差が小さくなることによっている。

土壌条件と根長成長量との関係は表 7-15 のように、適潤土壌よりも B_A・Bl_C・$Bl_D(d)$ 型などの乾燥土壌で大きく、胸高断面積がほぼ等しい S20 と S12 林分について比較すると B_A 型の S20 林分の単木の平均成長量は 136 m、S12 林分は 126 m であった。ha 当たりでは前者 283 km、後者が 245 km で、S12 林分は密度比数が大きいにかかわらず ha 当たり根長は乾燥土壌の S20 林分に比べて小さい。他の林分でも同様に適潤土壌よりも乾

表 7-14 本数密度と根長の年平均成長量

区分		密植林分	疎植林分	密植林分	疎植林分
林分		S22	S18	S8	S2
林齢		41	32	29	23
胸高断面積(cm²)		419	554	238	249
密度比数		1.158	0.545	0.898	0.652
地位指数		21.8	23.4	20.7	21.7
年平均根長成長量	単木平均値(m)	44	88	87	134
	ha 当たり(km)	101	66	237	255

表 7-15 土壌条件と年平均根成長量

林分	S20	S12	S7	S13	S10	S23	S15	S18
胸高断面積(cm²)	265	267	160	196	208	152	451	554
密度比数	0.482	0.672	0.575	0.598	0.585	0.798	0.682	0.545
土壌型	B_A	Bl_E	Bl_C	Bl_D	$Bl_D(d)$	B_D	Bl_D	B_E
単木平均値(m)	136	126	154	133	118	82	157	88
ha 当たり(km)	283	245	316	313	234	279	140	66

燥土壌で成長量が大きい傾向が認められた。

4 白根表面積の年平均成長量

前述の根長成長量（別表26）と白根の年平均直径からその年に成長した白根表面積を計算すると別表26のようになる。

この白根表面積の単木とha当たりの年平均成長量を胸高断面積との関係で図示すると図7-4のようになり、ほぼ根長の割合と同様に単木平均値は林木が大きくなると放物線状に増加し、ha当たり成長量は減少した。また単木平均値の増加率は胸高断面積100〜200 cm²の幼齢時に最大で、この時期に白根表面積が急速に増加する傾向が認められた。

ha当たり成長量も幼齢・小径木で大きく、林分が大きくなると成長率と本数の減少によって減少した。

いま両者の成長量がほぼ一定になる胸高断面積500 cm²における単木の成長量は表7-16の通りで、スギ・ヒノキは2.7〜2.9 m²でほぼ等しくアカマツは0.7 m²で4樹種中最低であった。

ha当たり成長量はスギ・ヒノキが大きく、いずれも2 000 m²、アカマツが最小で250 m²、カラマツは500 m²であった。いま別表26の各樹種について単木当たりの成長量をみると表7-17のようフサアカシアが最大で2.9 m²、ケヤキは2.4 m²であった。アカマツ・カラマツ・モミ・シラカンバ・ヤエガワカンバなどは小さくて0.3〜0.8 m²であったが、これは林木の成長が悪いことと細根が少ないことによっている。スギ・ヒノキは2.0〜2.3 m²であった。

本数密度と白根表面積の年平均成長量の関係を別表26の林分についてみると、表7-18のように、密植林分は疎植林分に比べて成長量が小さく、S22林分とS18林分では前者が1.1 m²、後者2.2 m²で2倍の差があった。一方、ha当たり成長量は前者が2 587 m²、後者が1 628 m²で密植林分が著しく大きくなった。

土壌条件と白根表面積の年平均成長量との関係

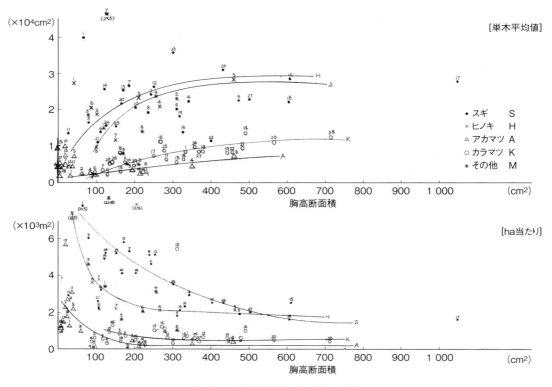

図7-4 白根表面積の年平均成長量

第7章　林木の成長と葉量・根量

を代表的な林分についてみると表7-19のようになり、単木年平均成長量は乾燥土壌では適潤～湿性土壌よりも大きい値がえられた。ha当たりでは本数の相違から以上のような明瞭な相違はみられなかった。

根量・根長・白根表面積のほかに根系体積・根系表面積などについて年平均成長量が考えられるが、この変化はそれぞれ根量・白根表面積に類似する。

表5-65・図5-30（207頁参照）の各樹種の林分収穫表のha当たり幹材積の連年成長量の変化においても、また調査林分の各部分重の最近1年間の成長量の変化（図7-1）においても、樹種によって多少の相違はあるがいずれも胸高断面積200～250 cm²幼齢時代に成長量が最大になり、それ以上の胸高断面積では成長量が減少する傾向がみられたが、ここで取り上げた根長・白根表面積のha当たり年平均成長量も幼齢時に大きく、高齢大径木で減少する傾向が明瞭であった。

根長・白根表面積成長量は養・水分の吸収作用がもっとも旺盛な根系の働き部分の増加をい示すもので、吸収構造の成長量とも対比されるものである。この部分の変化傾向と幹材積ないしは林木の全量の変化傾向は一致し、いずれも幼齢時代に増加することは養・水分の吸収量の増加とこれに関連する葉の同化量の増加によるものと推察される。

ここで根長・白根表面積の成長量の変化は葉量の変化に先立っておこり、変化傾向は葉量より明瞭であった（図7-1・図7-3・図7-4）。

5　林木の働き部分に対する年間成長

林木の生活と成長は根系からの吸収作用と葉の同化作用によっているが、各種の条件におけるこれらの働き部分の生産能率を計算すると次のようになる。

ここでは呼吸による同化生産量の消費は考慮せず、単に働き部分当たりの年間成長量として計算したもので、見かけの生産効率を示すものであるが、林木の成長を解析する1つの手がかりになる

表7-16　平均白根表面積成長量（m²）

	スギ	ヒノキ	アカマツ	カラマツ
単木平均値	2.9	2.7	0.7	1.1
ha当たり	2 000	2 000	250	500

胸高断面積500 cm²での比較。

表7-17　各樹種の白根表面積（単木平均値）（m²）

樹種	スギ	ヒノキ	アカマツ	カラマツ	サワラ	ユーカリノキ	ケヤキ	モミ	カナダツガ	フサアカシア	ミズナラ	シラカンバ	ヤエガワカンバ
林分	S10	H3	A3	K29	M2	M3	M4	M5	M6	M7	M8	M9	M10
白根表面積	2.07	2.33	0.27	0.49	2.28	1.84	2.37	0.81	1.39	2.93	0.53	0.27	0.53

表7-18　本数密度と白根表面積の年平均成長量（m²）

区分	密植林分	疎植林分	密植林分	疎植林分
林分	S22	S18	S8	S2
林齢	41	32	29	23
単木平均値（cm²）	11 378	21 857	19 178	24 328
ha当たり	2 587	1 628	5 199	4 647

表7-19　土壌条件と白根表面積の年平均成長量（m²）

林分	S20	S3	S7	S13	S10	S23	S15	S18
土壌型	B$_A$	Bl_D(d)	Bl_C	Bl_D	Bl_D(d)	B$_D$	Bl_D	B$_E$
単木平均値	2.0	1.6	2.6	2.5	2.1	1.5	2.8	2.2
ha当たり	4 175	6 037	5 364	5 894	4 110	5 257	2 505	1 628

ものと思われる。

呼吸量を考慮したときの生産量と区別するためここでは各因子の単位当たり年間成長量を成長量比という言葉で表し、前者を生産率とした。たとえば細根量当たり年間成長量は細根量－成長量比とし、呼吸量を含めた場合には細根生産率とした。

ここで取り上げた働き部分としての因子は細根量・細根表面積・葉量で、細根表面積などその他の因子については別に詳しく説明した（303 頁参照）。

ここで計算の基礎とした年間生産量は幹・枝・葉・根などの林木全体の年成長量である（別表12）。

(1) 各樹種の年間成長量比

各林分の細根・細根表面積・全根系表面積・葉量などの各因子に対する成長量は別表25のようになる。これらの成長量比は樹種・林齢・立地条件などによって変化し、その幅は大きい。別表25から各樹種の中庸の成長率を示す林分（M2～M10のその他の林分については調査林分が少ないのでそのまま数値を用いる）を挙げると表7-20のようになる。

細根量－成長量比はアカマツが最大で136、ケヤキは最小で3であった。成長量比が大きい樹種はシラカンバ・ミズナラ・モミ・ヤエガワカンバ・カラマツなどで、ヒノキ・サワラ・ケヤキ・フサアカシアなどは小さい値を示した。

主要樹種ではアカマツ（136）＞カラマツ（34）＞スギ（21）＞ヒノキ（11）の順となり、アカマツに比べてヒノキはその1/10以下であった。いま最小のヒノキを1としたときの比数はアカマツ13・カラマツ3・スギ2でアカマツは著しく大きい値を示した。

以上のような各樹種の細根量－成長量比は主として細根量の多さによるもので、細根量が多いヒノキ・スギ・サワラ・ケヤキ・フサアカシアなどの樹種は成長量比が小さく、アカマツ・カラマツ・モミ・シラカンバ・ミズナラなど細根量が少ない樹種は大きくなった。

またアカマツは細根量が少ない割合に成長量が大きく、逆にヒノキは成長量が小さい割合に細根量が多いので、両者の成長量比の差は一層大きくなった。

これらのことから成長量比が大きいアカマツ・カラマツなどの樹種は小さいスギ・ヒノキよりも細根の成長効率が高いといえる。

この関係を細根表面積でみると表7-20のようにアカマツは最大の成長量比を示し、細根表面積1cm²当たり1.25gの成長を示したが最低のヒノキは0.09gであった。調査林分中20以上の値を示す樹種はアカマツ・カラマツ・モミ・ミズナラ・シラカンバ・ヤエガワシラカンバでそれ以下のものはスギ・ヒノキ・サワラ・ユーカリノキ・ケヤキ・カナダツガ・フサアカシアなどで、前者は成長量に比して細根表面積が小さく、後者は大きい。

また全根系表面積に対する成長量比は表7-20のようにアカマツが0.17・モミ0.16で大きく、スギは0.09、ヒノキは0.05であった。全根系表面積の約60％は細根表面積であるので樹種間の順位は細根表面積の場合に類似したが、他の部分

表 7-20 各樹種の成長量比

樹種	スギ	ヒノキ	アカマツ	カラマツ	サワラ	ユーカリノキ	ケヤキ	モミ	カナダツガ	フサアカシア	ミズナラ	シラカンバ	ヤエガワカンバ
林分	S5	H5	A8	K14	M2	M3	M4	M5	M6	M7	M8	M9	M10
細根量－成長量比（g/g）	21	11	136	34	4	31	3	50	15	8	53	68	46
細根表面積－成長量比（g/cm²）	0.15	0.09	1.25	0.21	0.03	0.17	0.17	0.43	0.13	0.07	0.03	0.3	0.21
全根系表面積－成長量比（g/cm²）	0.09	0.05	0.17	0.09	0.02	0.07	0.07	0.16	0.04	0.04	0.08	0.09	0.04
葉量－成長量比（g/g）	1.2	1.0	2.1	4.3	0.7	0.07	5.2	0.9	1.9	2.4	3.1	5.7	5.1

の表面積は計算に加算されるために全根系表面積 − 成長量比は細根表面積 − 成長量比の約 1/2 以下になった。

以上の関係を、スギを 100 としたときの比数で示すと表 7-21 のようになり、細根量 − 成長量比では最大のアカマツは 648、最小のケヤキは 14 であったが、細根表面積の場合には 595 と 10 となり、各樹種ともに細根量のときよりも比数が小さくなった。また全根系表面積では 81 と 5 となり他の樹種でも一様に減少して細根量のときの 1/2 〜 1/3 となり、樹種間の差が小さくなる傾向がみられた。

細根量では根量当たり成長量が樹種によって大きな差があったが、細根表面積から全根系表面積になるにしたがって樹種間の差が小さくなった。これは同一根量であっても根系の分岐特性によって表面積差が異なるためで、根量よりも根系表面積で成長量比が一様化される傾向があることは、各樹種の表面積当たりの成長効率の一様化を示すものできわめて興味が深い。全根系表面積の場合にはアカマツの指数は 81 でスギは細根表面積がとくに少ないが、小径根、中径根などの根系表面積が大きいことによっている。

葉量 − 成長量比は表 7-20 のようにシラカンバ・ヤエガワカンバ・ユーカリノキ・カラマツ・ケヤキなどの落葉広葉樹が大きくて 4.3 〜 5.7 であったが、スギ・ヒノキ・アカマツなどの針葉樹は 1.0 〜 2.1 で前者に比べて小さい値を示した。

これは主として落葉広葉樹では成長量の割合に葉量が少ないことによっており、針葉樹では数年間の葉量の集積のために、葉量が多くて成長量比は小さくなることが考えられる。

各樹種の葉量成長量比の順位を表 7-21 でみるとユーカリノキは 248、シラカンバ 271、ヤエガワカンバは 243、ケヤキ・カラマツは 205 と、いずれもスギの 2 倍以上の値を示した。ヒノキは 48 でカラマツと比較すると葉量当たり成長量はその約 1/5 であった。アカマツはほぼスギと類似した成長量比を示した。

(2) 林木の成長と成長量比

林木の成長と各因子の成長量比との関係を胸高断面積に対して図示すると図 7-5 のようになる。

各成長量比は立地条件に大きく影響されるために分散大きいが、全体の傾向としては各因子・各樹種ともに胸高断面積が増加するとやや減少する傾向がみられた。

細根量 − 成長量比は胸高断面積 100 cm²程度の S3・S6・S21・S23・S7 などの林分で 10 〜 15 の低い値を示したが、いずれも地位指数が低い林分で、中庸の成長の林分では幼齢林で 25 〜 30、高齢林で 20 〜 25 であった。これらの関係を図 7-5 から胸高断面積 100 cm²と 500 cm²における各成長量比でみると表 7-22 のようになる。

図 7-3 で細根量・細根表面積・全根系表面積ともにほぼ直線的に変化し、大径木の林分では各成長量比が減少したが、これは高林齢の大径木の林分では成長量の増加率が、細根量・細根表面積・全根系表面積の増加率よりも小さくなることによっており、幼齢木では根系の物質生産効率が大きいが、大径木では小さくなることを示している。これは高齢の大径木の林分では根系の吸収効率または葉の同化生産能率が低下することと林木

表 7-21 スギを 100 としたときの各樹種の比数

樹種	スギ	ヒノキ	アカマツ	カラマツ	サワラ	ユーカリノキ	ケヤキ	モミ	カナダツガ	フサアカシア	ミズナラ	シラカンバ	ヤエガワカンバ
林分	S5	H5	A8	K14	M2	M3	M4	M5	M6	M7	M8	M9	M10
細根量 − 成長量比 (g/g)	100	52	648	162	19	148	14	238	71	38	252	324	219
細根表面積 − 成長量比 (g/cm²)	100	43	595	100	14	81	10	205	62	33	140	143	100
全根系表面積 − 成長量比 (g/cm²)	100	24	81	43	10	33	5	76	19	19	38	43	19
葉量 − 成長量比 (g/g)	100	48	100	205	33	248	205	43	90	114	148	271	243

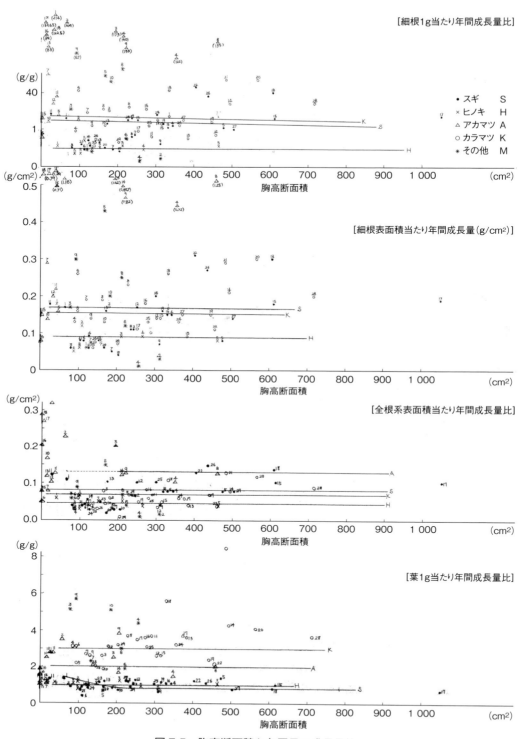

図7-5 胸高断面積と各因子の成長量比

表7-22 胸高断面積100 cm²と500 cm²における成長量比（スギ）

	100 cm²	500 cm²
細根量－成長量比（g/g）	25～30	20～25
細根表面積－成長量比（g/cm²）	0.16～0.17	0.15～0.16
全根系表面積－成長量比（g/cm²）	0.08	0.07
葉量－成長量比（g/g）	1.0～1.5	1.0～1.2

の呼吸量が増加することによっており、幼齢木では組織が若くて吸収・同化効率が大きいことと細根・小径根などの割合が大きいために幼齢木では生産効率が大きくなること（207頁参照）が推察できる。

(3) 土壌条件と成長量比

土壌条件が変化すると各成長量比も変化する。細根量－成長量比と土壌型・地位指数・採取時の水分量・最小容気量との関係は図7-6のようになる。またこの図から両者の関係が明瞭なアカマツについて代表的な林分を取り出すと表7-23のようになり、さらにアカマツについて調査林分中最大値を示すA1林分に対する各林分の比数は表7-24のようになる。

土壌型と細根量－成長量比との関係を図7-6でみると最高の成長量比を示す土壌型は樹種によってややずれがある。

アカマツは$Bl_D(d)$型土壌で50～200の広い幅があったがこの土壌型が最大値を示し、適潤土壌のA1林分は214、A2林分は209であった。一方、適潤性土壌のなかでもやや湿性のA7林分は52、乾燥土壌のA11・A12・A6林分は17～38で、いずれも適潤土壌に比べて低い生産効率を示した。A1林分に対する比数でみると湿潤土壌のA7林分はその1/4、せき悪乾燥土壌のA6林分は1/10以下であった。

細根表面積－成長量比を表7-23でみると湿っ

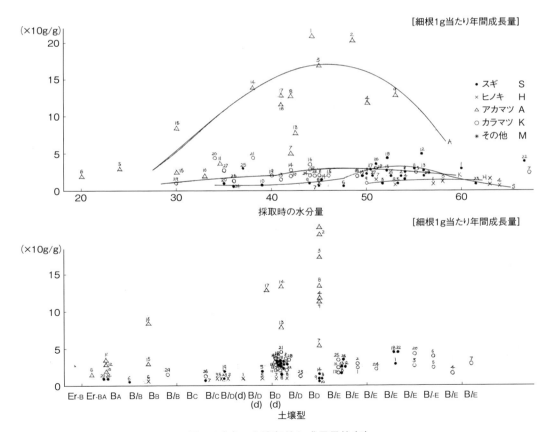

図7-6(1) 土壌条件と成長量比(2)

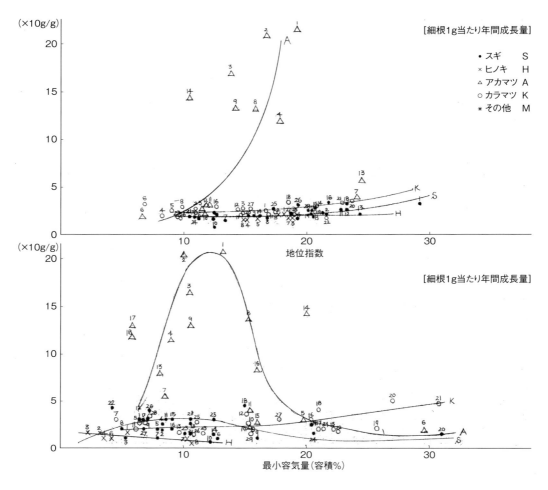
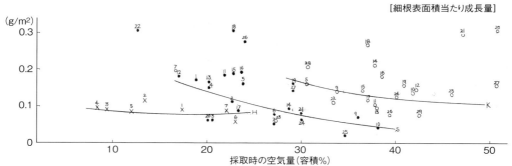

図 7-6(2)　土壌条件と成長量比(2)

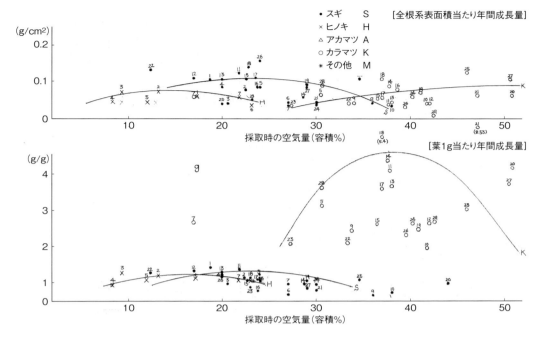

図 7-6(3) 土壌条件と成長量比(3)

た Bl_D 型の A7 林分が 0.30、適潤土壌が 0.72〜1.30、乾燥土壌が 0.09〜0.22、全根系表面積－成長量比は A7 林分が 0.13、適潤土壌が 0.12〜0.32、乾燥土壌は 0.05〜0.13 で、いずれも適潤土壌で成長効率が大きく、湿潤・乾燥土壌で低下した。しかしこの変化は細根量－成長量比で大きくて全根系表面積－成長量比で小さく、調査林分中最大値を示す A1 林分に対する比数（表 7-24）では適潤土壌は 0.57〜1.00、乾燥土壌は 0.07〜0.17、湿性土壌は 0.24 であった。次に細根表面積－成長量比は適潤土壌が 0.55〜1.00、乾燥土壌は 0.07〜0.17、湿性土壌は 0.23 で、細根量－成長量比は A8 林分を除いて、各林分ともに樹種間の差が 1〜2% 大きくなった。これは立地条件によって細根量よりよりも細根表面積が変化しやすいことを示している。

全根系表面積では適潤土壌が 0.38〜1.00、乾燥土壌 0.16〜0.41、湿性土壌が 0.41 となり、乾燥土壌と湿性土壌では他の成長量比の比数よりも大きくなったために、樹種間の差は小さくなった。これは細根量よりも全根系表面積のほうが吸収効率が一定になるものを示すもので、樹種・立地条件を通じて全根系表面積では吸収効率の平均化現象が見受けられた。これは全根系表面積中には土壌条件に影響されにくい小径根以上の根系表面積が含まれることに関係している。

調査林分の採取時の pF 値と細根量－成長量比は適潤土壌の A7 林分が pF 値 1.9 で 52、乾燥土壌の A6〜A11 林分が 2.9〜4.0 で 17〜38、pF 値 1.9 以下の湿潤土壌と 2.9 以上の乾燥土壌はともに成長量比が小さくなった。

採取時の水分量では適潤土壌の 42〜49% で成長量比が高く、乾燥土壌の 20〜23% では成長量比が小さくなった。

また最小容気量は 9〜15% が良好で、15% 以上の乾燥土壌では成長量比は減少した。

C/N 率はせき悪乾燥土壌で大きく A6 林分は 41、細根量－成長量比は 17 で、C/N 率が 20 以上の化学性が悪い林分では細根の成長効率は著しく低下した。

以上、各種の土壌条件と成長量比について述べたが、土壌条件中、成長量比にもっとも大きい関係をもっている因子は水分条件で、乾燥土壌では成長量比は著しく減少し、過湿も通気不良のため

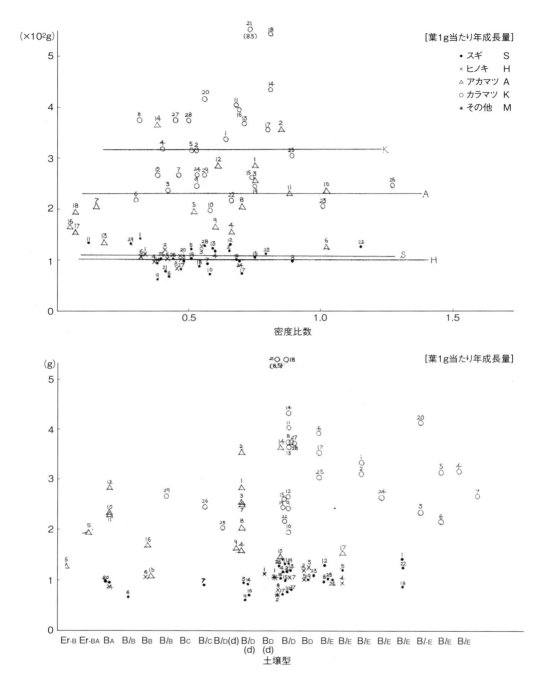

図 7-6(4)　土壌条件と成長量比(5)

表 7-23　土壌条件と各種成長量比（アカマツ）

土壌	湿潤土壌	適潤土壌				乾燥土壌		
林分	A7	A8	A1	A2	A4	A11	A12	A6
土壌型	BI_D	BI_D	$BI_D(d)$	$BI_D(d)$	BI_D	B_A	B_A	Er
地位指数	24	16	19	17	17	7	12	12
採取時のpF価	1.9	2.1	2.0	2.4	2.3	4.0	2.9	2.9
採取時の水分量(%)*	42.3	41.7	44.2	48.3	48.8	19.8	32.5	32.5
最小容気量(%)*	8.2	15.2	13.1	9.9	8.9	29.6	15.2	15.2
C/N率	11	10	10	16	15	17	17	41
細根量－成長量比（g/g）	52	136	214	209	122	38	35	17
細根表面積－成長量比（g/cm²）	0.3	1.25	1.30	1.19	0.72	0.22	0.20	0.09
全根系表面積－成長量比（g/cm²）	0.13	0.17	0.32	0.26	0.12	0.13	0.11	0.05
葉量－成長量比（g/g）	2.5	2.1	2.9	3.5	1.6	2.3	2.8	1.3

＊　容積%。　　＊＊　A7はやや湿ったBI_D型土壌。

表 7-24　A1林分の成長量比に対する比数（アカマツ）

林分	A7	A8	A1	A2	A4	A11	A12	A6
細根量－成長量比（g/g）	0.24	0.64	1.00	0.98	0.57	0.18	0.16	0.08
細根表面積－成長量比（g/cm²）	0.23	0.96	1.00	0.92	0.55	0.17	0.15	0.07
全根系表面積－成長量比（g/cm²）	0.41	0.53	1.00	0.81	0.38	0.41	0.34	0.16
葉量－成長量比（g/g）	0.86	0.72	1.00	1.21	0.55	0.79	0.97	0.45

に成長量比が小さくなることがわかった。これは両者ともに根系の吸収作用が制限されることによる成長不良に原因している。

葉量の成長量比は表7-23のように湿潤土壌のA7林分が2.5、適潤土壌のA8～A4林分は1.6～3.5、乾燥土壌のA11～A6林分は1.3～2.8で適潤土壌でやや大きい値がえられたが、根系成長量比のような大きな相違は認められなかった。A1林分に対する比数ではA7林分は86、A6林分は45でせき悪乾燥林分は適潤地の約1/2程度の生産を示し、根系の吸収機能も低下するとともに葉の生産能率も低下する。

以上の関係をアカマツ以外の樹種についてみると次のようになる。

1. スギ

スギの土壌条件と各種成長量比の関係は図7-6表7-25のようになり、アカマツのような大きな変化はみられなかったが、S22・S18・S26林分のB_E～BI_E型湿潤土壌では細根量－成長量比が大きくて39～44、適潤土壌では23～27、乾燥土壌では9～11で、湿潤土壌が高い成長量比を示した。

この関係をpF価でみるとpF価1.9～2.2で大きく、2.8～3.0の乾燥土壌では成長量比が低下した。採取時の水分量は52～67%で大きく、36～45%では小さい。最小容気量・C/N率では明瞭な相関がみられなかったが、最小容気量は8～9%、C/N率は15%以下で高い成長量比を示した。

細根表面積－成長量比は湿潤土壌で0.28～0.31、適潤土壌で0.15～0.19、乾燥土壌で0.05～0.07、全根系表面積－成長量比は0.13～0.16、0.09～0.11、0.04で、細根量の場合と同様に湿潤土壌で成長量比が大きく乾燥土壌になると減少した。

また樹種間の差はアカマツの場合と同様に細根量－成長量比よりも全根系表面積－成長量比で小さくなった。

以上の土壌条件と根系成長量比の変化から、スギはやや湿性の土壌で根系の成長効率が高くなり、B_E型土壌はB_A型土壌に比べて細根量成長量比では約4倍の差があった。これはスギの根系は湿性条件で成長と働きが大きくて、細根量の割合に成長量が大きいことによっている。この関係は細根表面積・全根系表面積についても同様に認め

表 7-25　土壌条件と各種成長量比（スギ）

土壌型	湿潤土壌			適潤土壌			乾燥土壌		
林分	S22	S18	S26	S4	S17	S19	S7	S20	S24
土壌型	B_E	B_E	Bl_E	Bl_D	Bl_D	B_D	Bl_C	B_A	B_A
地位指数	22	23	19	19	21	21	14	15	11
採取時のpF値	1.9	2.2	2.2	2.2	2.2	2.1	3.0	3.0	2.8
採取時の水分量(%)*	66.5	52.2	51.6	54.1	51.4	50.0	45.0	35.2	36.2
最小容気量(%)*	4.2	15.0	7.0	8.3	6.8	20.4	8.0	31.1	20.6
C/N率	12	14	13	14	13	14	18	23	13
細根量－成長量比（g/g）	44	40	39	23	27	23	9	11	11
細根表面積－成長量比（g/cm²）	0.31	0.30	0.28	0.15	0.19	0.16	0.05	0.07	0.06
全根系表面積－成長量比（g/cm²）	0.13	0.14	0.16	0.09	0.11	0.09	0.04	0.04	0.04
葉量－成長量比（g/g）	1.3	0.9	1.0	1.2	0.7	1.0	0.9	1.0	1.0

* 容積%。

られた。

　葉量成長量比は湿潤土壌で 0.9～1.3、適潤土壌 0.7～1.2、乾燥土壌 0.9～1.0 で湿潤土壌でやや大きい傾向がみられたが、根系のような大きな差は認められなかった。これは葉量よりも細根量やその表面積が立地条件に対応する変化が大きいことを示すものである。

2.　ヒノキ

　ヒノキは表 7-26 のように H4 林分の B_E 型の湿潤土壌では細根量－成長量比は 9、適潤土壌の H2 林分は 15、乾燥土壌の H6 林分は 8 で、湿性・乾燥条件ともに成長量比は低下した。この点ではヒノキは、嫌気的な土壌条件でも根系が発達するスギと異なり、好気的な土壌で根系が発達する樹種で、湿潤土壌では成長量比が減少した。

　この林分の pF 値は H4 林分が 1.7、H2 林分が 2.2、H6 林分が 3.0、採取時の水分量では 60%・63%・45%であった。C/N 率は 15・11・23 で乾燥土壌はとくに C/N 率が大きい。

　細根表面積・全根系表面積－成長量比についても、適潤土壌が最大で細根量の場合と同様の傾向が認められた。

　葉量－成長量比は湿潤土壌 1.0、適潤土壌 1.2、乾燥土壌 1.1 でアカマツ・スギと同様に、根系成長量比のように大きな差は認められなかったが、根系の場合と異なり乾燥土壌が湿潤土壌よりも大きい成長量比を示したことは興味がある。

3.　カラマツ

　カラマツの土壌条件と成長量比の関係は図 7-6・表 7-27 のようになり、Bl_F～Bl_G の湿潤土壌では細根量－成長量比が 20～29、適潤土壌は 35～48、乾燥土壌は 11～13 となり、ヒノキの場合で説明したと同様に適潤土壌で大きな成長量を示し、過湿・乾燥土壌でいずれも小さな値となった。

　細根表面積－成長量比ではこの関係は 0.13～

表 7-26　土壌条件と各種成長量比

土壌	湿潤土壌	適潤土壌	乾燥土壌
林分	H4	H2	H6
土壌型	B_E	B_D	B_B
地位指数	15	18	11
採取時のpF値	1.7	2.2	2.9
採取時の水分量(%)*	64.1	63.1	45.2
最小容気量(%)*	3.4	3.2	4.2
C/N率	15	1	23
細根量－成長量比（g/g）	9	15	8
細根表面積－成長量比（g/cm²）	0.10	0.13	0.05
全根系表面積－成長量比（g/cm²）	0.05	0.07	0.03
葉量－成長量比（g/g）	1.0	1.2	1.1

* 容積%。

0.20、0.21〜0.30、0.06〜0.08となり、全根系表面積－成長量比では0.04〜0.07、0.09〜0.14、0.20〜0.04で、いずれの根系因子についても過湿・乾燥条件で成長量比が小さくなった。

地位指数と成長量比の関係は表7-27のように、過湿土壌では地位指数が8〜11、適潤土壌が21〜24、乾燥土壌が10〜11で、地位指数が大きい適潤土壌では細根量－成長量比が大きくなり、両者の間に高い相関関係が認められた。

採取時の水分量では過湿土壌は55〜67％、適潤土壌は33〜42％、乾燥土壌が30〜50％、最小容気量は4.2〜6.4％、15〜31％、11〜15％で過湿土壌では最小容気量が著しく小さくなり、過湿・通気不良条件が成長量比を小さくしている原因と考えられた。

C/N率は過湿土壌で13〜16、適潤土壌が10〜12、乾燥土壌が13〜14で、適潤土壌でやや小さい。

以上各種の土壌因子と各成長量比の間には高い相関が認められたが、土壌条件のなかではとくに水分と通気条件が高い関係にあることがわかった。

葉量－成長量比は過湿土壌2.7〜3.2で適潤土壌4.2〜8.5、乾燥土壌2.0〜2.7で、適潤土壌ではやや大きく、湿潤・乾燥土壌ともに小さい値がえられた。

以上各樹種について、説明した関係を細根量－成長量比について、採取時の水分量・土壌型・地位指数・最小容気量・全根系表面積－成長量比と採取時の空気量・葉量－成長量比と採取時の空気量などについて図示すると図7-6のようになる。この図から各因子について細根量－成長量比との関係を総合的に説明すると次のようになる。

採取時の水分量では、スギは50〜55％で細根量－成長量比が最大となり、50程度になったが、35〜40％の乾燥条件と60％以上の過湿条件では、これよりも小さくて10程度であった。カラマツはスギに類似するが、40〜50％のやや乾燥条件でも高成長量比を示した。30％以下の乾燥土壌・60％以上の過湿条件では成長量比は低下した。

アカマツは40〜50％で高い値を示し、ヒノキは50〜60％のやや水分の多い土壌でも、比較的高い成長量比を示した。地位指数と成長量比では図7-6のように各樹種ともに地位指数が増加すると成長量比は増加したが、その増加率はアカマツ＞カラマツ＞スギ＞ヒノキの順となった。これは細根の多さによって左右され、細根量が少ないアカマツは大きく、細根量の多いヒノキは小さくなった。

最小容気量ではアカマツが10〜14％・スギ8〜9％・カラマツ20〜30％・ヒノキ4〜5％で成長量比が大きく、ヒノキは好気的な条件で成長が良好な樹種であるが、最小容気量が小さい立地でも、成長量が大きく減少しなかった。

全根系表面積－成長量比と採取時の空気量との関係は図7-6のように、ヒノキは土壌が堅密で、空気量の少ないところでも成長が良好で、空気量が15％（容積％）程度で0.07、スギはヒノキよ

表7-27 土壌条件と各種成長量比（カラマツ）

土壌型	湿性潤土壌			適潤土壌			乾燥土壌		
林分	K4	K5	K7	K21	K20	K14	K23	K26	K29
土壌型	Bl_F	Bl_F	Bl_F	Bl_D	Bl_E	Bl_D	Bl_D(d)	Bl_C	Bl_B
地位指数	8	9	11	23	24	21	10	10	11
採取時の水分量（％）*	56.0	55.3	67.2	37.8	33.7	41.7	49.5	36.4	30.2
最小容気量（％）*	4.2	6.4	4.7	30.7	27.2	15.2	11.6	10.8	15.4
C/N率	16	14	13	12	11	10	14	13	14
細根量－成長量比（g/g）	20	25	29	47	48	35	11	13	13
細根表面積－成長量比（g/cm²）	0.13	0.16	0.20	0.30	0.31	0.21	0.06	0.08	0.08
全根系表面積－成長量比（g/cm²）	0.04	0.07	0.05	0.14	0.12	0.09	0.03	0.04	0.02
葉量－成長量比（g/g）	3.2	3.1	2.7	8.5	4.2	4.3	2.0	2.5	2.7

* 容積％。

りは通気性が良好な立地で生産量が大きく、24%で0.15で、これより空気量が多い立地では生産量が減少した。これは一般に空気が多い立地は乾燥土壌で、空気量が多いことは成長に望ましい条件であるが、空気量と平行的な関係にある乾燥条件のために生産量が低下することによっている。カラマツについても同様で、35～40%でもっとも生産量が大きくて（0.1）それ以下と、それ以上の立地では成長量が低下した。

葉量－成長量比と採取時の土壌中の空気量との関係は図7-6のようになり、ヒノキは空気量14%程度でもっとも生産量が高くて、成長量比は1.2、スギは20%で1.5、カラマツは38%で4.5で、空気量が少なくても多くても生産量が低下した。少ない場合には過湿のために根の十分な呼吸が阻害され、多い場合には上述のように、これにともなう乾燥によって成長が阻害された。

以上の各成長量比は立地条件によって異なり、各樹種の最適条件で最大値をとるので、森林の生産力判定の指標とすることができる。とくに再三述べてきたように、葉量よりも根系成長量比のほうが、立地条件に対する変化が明瞭である。立地条件に直接関係する根系成長率の利用が有効である。

6　葉量と細根量・細根表面積・全根系表面積比

以上説明してきた各成長量比とこれに関係している各因子の間には一定の相関関係が考えられる。

いまこの関係を地上部の働き部分である葉量と地下部の働き部分としての、細根量・細根表面積・全根系表面積との比数で表し、葉量－細根量比、葉量－細根表面積比、葉量－全根系表面積比としてこの変化を林木の成長・立地条件との関係でみると次のようになる。

(1) 林木の成長と葉量－細根量・細根表面積・全根系表面積比

胸高断面積と葉量と細根量・細根表面積・全根系表面積など各根系諸因子比との関係は図7-7のように、各因子ともに林木が成長すると比数が放物線状に増加して、大径木ではほぼ一定になる傾向を示した。これをスギの葉量－細根量比についてみると表7-28のように胸高断面積100 cm²では15であったが胸高断面積の増加にともなって、漸増して300 cm²で21となり、500 cm²では30となった。そののち、胸高断面積が増加してもその割合には比数は増加しなかった。これは幼齢の小径木の林分は葉量に比べて細根量が多く、林木の成長にともなって葉量が増加して、ほぼ一定になるが（図5-2）細根量は幼齢時最大になったのち減少して、ほぼ一定になることによっている（図5-2）。また葉量－細根表面積比、葉量－全根系表面積比についても表7-28のように胸高断面積400～500 cm²まで比数が急増したが、それ以上では増加率が減少してほぼ一定となった。

この関係を材積の連年成長量（207頁参照）および最近1年間の林分の総成長量の変化と合わせて考えてみると、葉量の割合に細根量が多い小径木の時代に、連年成長量および総生産量が大きく、葉量－細根量比の増加率が小さくなると、連年成長量が減少する傾向が認められた。

これらのことから葉における同化生産量の多少は根系からの養・水分の吸収量の多少に関係しており、同一立地条件では葉量が一定であっても細根量の多いほうが成長量が増加する傾向があり、大径木で葉量の増加にかかわらず林木の成長速度が落ちるのは、細根量の増加率が小さくてこれにともなって養・水分の吸収量が増加しないためと考えられる。

地下部で養・水分の十分な吸収がないと葉の同化生産の能率は低下して、成長量が減少することが葉量と根量の変化からも推察される。

また一定環境条件では、葉と細根の量的対応が密接に生産に関係しており、葉ないしは細根の働きの効率には大きな差がないことが推察された。

この傾向は図7-7のようにスギ・アカマツでは比較的明瞭であるが、ヒノキ・カラマツでは増加率が小さくて、小径木と大径木の間に比数の差はほとんどみられなかった。

以上の胸高断面積と葉量－細根量比との関係でみられたと同様の傾向は、葉量－細根表面積比についても認められたが、葉量－全根系表面積比では増加率の樹種間の差が小さくなり、表7-29のように胸高断面積500 cm²における各樹種の比数をみると、葉量－細根量比では最大値のアカマツと

第7章　林木の成長と葉量・根量

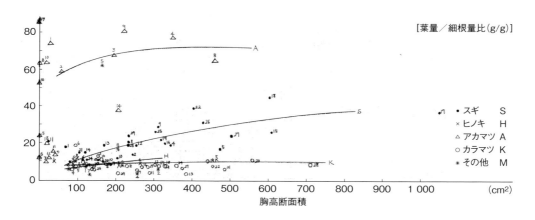

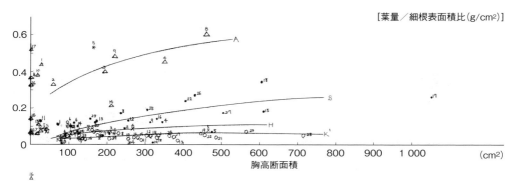

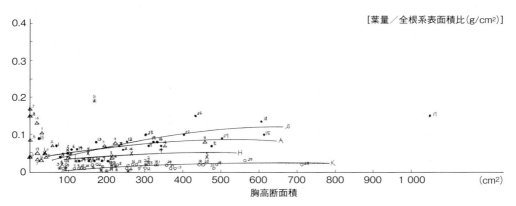

図 7-7　葉量と各因子の割合

最小値ヒノキの割合は 1/6 程度であったが、葉量－全根系表面積比では最大値のスギと最小値のカラマツの割合は 1/3 程度となった。

　この関係は各樹種の同化と吸収部分の量的構造の相違を示すもので、比較的成長が悪いヒノキ・カラマツが成長のよいアカマツ・スギよりも各根系因子において小さい値を示したことは、これら

表 7-28　胸高断面積と葉量－細根量比（スギ）

胸高断面積(cm²)	100	200	300	500	1 000
葉量/細根量比（g/g）	15	18	21	30	38
葉量/細根表面積（g/cm²）	0.10	0.12	0.15	0.21	0.30
葉量/全根系表面積比（g/cm²）	0.05	0.06	0.08	0.11	0.13

の樹種が根量の割合には成長の効率が悪いことを示すものである。

いまスギの葉量－各根系因子比を 1 として各樹種の値を比数で示すと、**表 7-29** のようにヒノキは 0.43〜0.50 で因子間で大きな差はなかったが、アカマツは 0.82〜3.45 で細根表面積比はスギに比べて著しく高い値を示した。これはアカマツは葉量に比べて細根量が少ないことによっている。カラマツは 0.27〜0.33 で、いずれも因子もスギの 1/3 程度であった。

(2) 土壌条件と葉量－各根系因子比

土壌条件が変化すると細根量も変化し、これにともなって細根表面積・全根系表面積が変化するので、葉量－各根系因子比も変化する。

いま土壌条件が異なるスギ S18〜S20 林分について葉量－細根量比を比較すると**表 7-30** のように、地位指数が低いせき悪乾燥林地では細根量が増加するために葉量－各根系因子比はいずれも小さくなる傾向が認められ、葉量－細根量比では適潤の B_E 型土壌が 46、B_D 型が 23、乾燥の B_A 型が 11 で B_E 型と B_A 型土壌の間には 4 倍の差があった。この関係は細根表面積比・全根系表面積比についても認められた。

以上のことから乾燥土壌では葉量－細根量比が小さくなり、細根の吸収能率が各林分ともに同じであると B_A 型土壌では葉の同化能率が増加するわけであるが、地位指数が 15.4 で他の林分より成長が悪いのは細根の多さにかかわらず、細根の木質化と養・水分不足のために吸収能率が著しく低下することによっている。このため先に述べたような細根量の増加にともなう成長量の増加はおこらない。

この点では適潤地と乾燥地における小径木の葉量－根系因子比の減少では環境条件が異なるのでこれが成長に及ぼす影響もまったく異なる。

表 7-30 土壌型と葉量－各根系因子比

林分	S18	S19	S20
土壌型	B_E	B_D	B_A
地位指数	23.4	20.6	15.4
葉量/細根量比 (g/g)	45.74	22.78	10.71
葉量/細根表面積 (g/cm²)	0.3444	0.0136	0.0694
葉量/全根系表面積比 (g/cm²)	0.1607	0.0876	0.0417

せき悪乾燥林地の林木は成長不良のために適潤林地の小径木と部分重に類似の構造を示すが、その能率がまったく異なるので両者の間に成長量差ができることとなる。

以上の関係は樹種・林分を通じて地位指数が高い林分と低い林分の間で一様に認められる。

立地条件による葉量－根系因子比の変化か比較的小さいカラマツについてみると**表 7-31** のように、Bl_D 型の K14 林分は地位指数が 21 で葉量－細根量比が 8 であったが、K6 林分の Bl_F 型土壌では過湿のために細根量が枯死減少して両者の比数は 19 となり、著しい増加を示した。これは好気性のカラマツの細根が過湿条件によって枯損・減少するためで、吸収構造の崩壊を意味している。

(3) 本数密度と葉量－各根系因子比

密度比数と葉量－各根系因子比との関係を図 7-7 からスギの葉量－細根量比についてみると、密植の S22 林分は密度比数 1.2 で、葉量－細根量比は 40 で、平均値に対してやや高い値を示した。胸高断面積がほぼ同じ S26 林分は密度比数が 0.4 で比数 38 であり、葉量－全根系表面積比では両者の関係は逆に S22 林分よりも S26 林分が大きくなる。S22 林分は B_E 土壌型、S26 林分は B_D 土壌型であることなどから考えると、両者の間に本数密度によって葉量－各根系因子比の間に明瞭な差は認められなかった。

またほぼ同じ胸高断面積で密度比数が異なるスギ S29・S8・S28 林分について葉量－各根系因子

表 7-29 胸高断面積 500 cm² における各樹種の比数（図 7-6 より）

胸高断面積	スギ	ヒノキ	アカマツ	カラマツ
葉量－細根量比 (g/g)	30 (1.00)	13 (0.43)	72 (2.40)	10 (0.33)
葉量－細根表面積 (g/cm²)	0.22 (1.00)	0.11 (0.50)	0.76 (3.45)	0.06 (0.27)
葉量－全根系表面積比 (g/cm²)	0.11 (1.00)	0.05 (0.45)	0.09 (0.82)	0.03 (0.27)

（　）はスギを 1.00 としたときの比数。

表 7-31　土壌型と葉量－各根系因子比

林分	K6	K14
土壌型	BI_F	BI_D
地位指数	6.8	21
葉量/細根量比（g/g）	19.03	7398
葉量/細根表面積（g/cm²）	0.1224	0.0486
葉量/全根系表面積比（g/cm²）	0.0353	0.0207

比をみると表7-32のようになり、ここでは密度比数が大きいS8林分が密度比数が小さいS28・S29林分よりも比数が小さくて、S22林分の場合とは反対の傾向がみられた。土壌条件の場合のように本数密度によって葉量－各根系因子比の間に明瞭な相違があるとは考えられなかった。

表 7-32　密度比数と葉量－各根系因子比

林分	S29	S28	S8
胸高断面積（cm²）	117	229	238
土壌型	BI_D	BI_D	BI_E
密度比数	0.287	0.566	0.898
葉量/細根量比（g/g）	20.29	19.75	16.67
葉量/細根表面積（g/cm²）	—	—	0.1192
葉量/全根系表面積比（g/cm²）	—	—	0.0753

7　平均純同化率と平均呼吸率

別表12の各林分の部分量の単木平均値から次式によって平均純同化率と平均呼吸率を推定した。

$\Delta W = aW_L - RW_C$

ΔW：1年当たりの個体乾重成長量

W_L：葉の乾物重量
W_C：非同化部分の総乾重量
a：葉の平均純同化率
R：非同化部分の平均吸収率

以下、葉の平均純同化率を同化率、平均呼吸率を呼吸率という。
この式は

$\Delta W/W_C = a(W_L/W_C) - R$

となり $\Delta W/W_C$ と W_L/W_C との間には直線の回帰が成り立つ。いまこの両者の関係を上記の資料から図示すると図7-8のようになる。この測定値の分散からもわかるように上記の回帰式にしたがって定数（非同化分の呼吸率 R）、係数（同化率 a）を最小二乗法によって計算しても誤差がきわめて大きくて、高い精度で呼吸率や同化率を知ることは困難であった。これは同一樹種でも林齢・本数密度・立地条件などの各種の条件によって呼吸率と同化率に変動があるためで、林分の現存量から正確にこれらの数値を計算するためには林齢・本数密度・立地条件などによって層別化した揃った多くの資料が必要である。

このような意味では以上の資料はきわめて精度が低いが、調査林分の平均値を用いて $\Delta W/W_C$ と W_L/W_C の関係を図示し、中庸の本数密度と立地条件の林分を目安として図7-8のような回帰直線を考えた。このようにしてえられた同化率および呼吸率は表7-33の通りで、同化率はカラマツが4.3でもっとも大きくてスギ（1.4）・ヒノキ（1.3）の3倍以上であり、その大きさの順位はアカマツ＞スギ＞ヒノキとなった。また呼吸率はスギ・アカマツ（0.04）が大きく、ヒノキ・カラマツ（0.02）の2倍の数値を示した。しかし、これらの関係は先にも述べたように現存量測定の精度によって変化し、精度の粗い現存量の推定からえられた平均純同化率・平均呼吸率は四手井ほか［1963］も認めているように、かなり大まかな数字である。表7-34でもアカマツは0.030と0.055とがあり、ほぼ2倍に近い同化率を示しており、同一樹種でも各種の条件によって大きな相違がある。また葉の同化率の計算の計算においても非同化部分の呼吸率を一定としているが、同化率が、環境条件によって変化するように、非同化部分の呼吸率も各種の条件によって変化するわけで、つねに呼吸率を一定にして同化率を決めることはできない。

これらの数値の決定については上述のように揃った多くの資料による現実林分の解析とともに、一方においては呼吸量と同化量測定などの生理的な実験による裏付けが必要である。しかし、林分の成長を解析するための手がかりとして、また相対的な数値としてはこのような資料からえられた数値にも十分な意味がある。表7-33の筆者の測

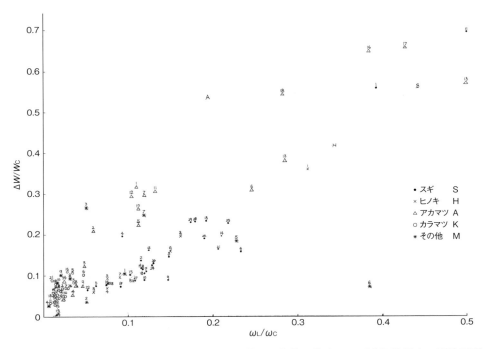

図 7-8(1) スギ・ヒノキ・アカマツ・カラマツの葉の平均純同化率および非同化器官の平均呼吸率

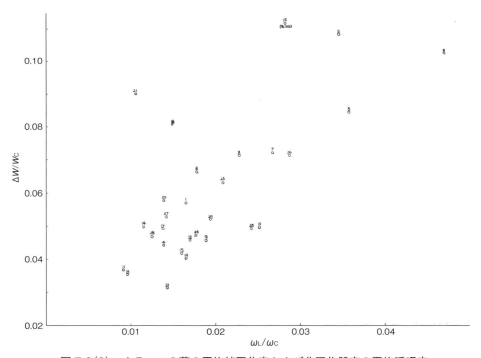

図 7-8(2) カラマツの葉の平均純同化率および非同化器官の平均呼吸率

第7章　林木の成長と葉量・根量

表7-33　各樹種の葉の平均純同化率と非同化部分の平均呼吸率

区分＼樹種	スギ	ヒノキ	アカマツ	カラマツ
葉の平均純同化率 (a)（g/g・年）	1.35	1.26	2.96	4.26
非同化部分の平均呼吸率 (R)（g/g・年）	0.044	0.016	0.044	0.021

表7-34　純同化率と呼吸率の推定値

樹種	葉の平均純同化率（kg/kg・年）	非同化部分の平均呼吸率（kg/kg・年）	測定者
スギ	1.14（1.46〜0.81）	0.023	四手井、他
アカマツ	2.24（3.35〜1.88）	0.03	四手井、他
カラマツ	2.05（2.83〜1.59）	0.055	吉野（苗木）
カラマツ	3.29（4.12〜2.45）	0.027	四手井、他

［四手井ほか 1964］

表7-35　各樹種の平均呼吸率（kg/kg・年）

樹種	スギ	ヒノキ	アカマツ	カラマツ
非同化部分の平均呼吸率（g/g/年）	0.044	0.016	0.044	0.021
林木全体の平均呼吸率（g/g/年）	0.05	0.02	0.05	0.03

定結果と四手井ほかが集めた表7-34の比較においても各樹種の同化率の大きさの順位はカラマツ＞アカマツ＞スギとなり、両者の数値もほぼ一致した。

一方、この計算ではスギの平均呼吸率の0.044（表7-33）に対して表7-34は0.023で両者の間に2倍近い相違があった。このような測定値の大きな相違がなにによっているかは、今後の研究にまつところが大きいが、ここではこの調査からえられた表7-35の非同化部分の呼吸率・林木全体の呼吸率を用いて計算をおこなった。いま表7-35の呼吸率が各種の条件によって変化しないものとして、別表12の林分の現存量測定値から各林分の非同化部分の呼吸量・林木の全呼吸量・総同化生産量と同化率を計算すると別表28・別表29のようになる。

8　総同化生産量・全呼吸とその割合

(1)　単木当たり総同化生産量

林木全体の年呼吸量と年生産量を加えた単木の総同化生産量（以下同化量という）は別表28のようになり、これを林木の大きさとの関係でみると図7-9のようになる。同化量は胸高断面積の増加にともなって、直線ないしはやや上に凹型の曲線で増加する。これをスギについてみると小径木のS1林分では7 kg、大径木のS5林分では31 kg、調査林分中もっとも胸高断面積が大きいS17林分では、単木当たり年間8〜10 kgの同化量があり、胸高断面積500 cm²程度の壮齢木では、30 kgの同化量があった。

この胸高断面積－同化量曲線は胸高断面積－年成長量曲線に似るが、大径木では同化量中の呼吸量の割合が大きくなるので、同化生産量の増加曲線は年成長量の場合よりも呼吸量の傾斜だけ急になる（図7-9）。

同化量は樹種によって異なり、各林齢を通じてスギがもっとも大きく、ついでアカマツ＞カラマツ＞ヒノキの順となった。これを胸高断面積500 cm²の林分について比較すると、スギは32 kg・アカマツ29 kg・カラマツ26 kg・ヒノキ24 kgで樹種を通じて20〜30 kg程度の同化量があった。

(2)　ha当たり同化量

別表28の単木当たり同化量からha当たり同化量を計算すると、別表29のようになる。いま図7-9と同様に胸高断面積に対する同化量の関係を図示すると図7-10のようになり、各樹種とも幼齢時代に高い同化生産量を示し、スギは胸高断面積200 cm²で35 t、アカマツ30 t、ヒノキ・カラマツは20 tとなった。胸高断面積500 cm²程度の成林した安定林分では幼齢林分よりも同化量はやや減少してスギは30 t、アカマツは20 t、

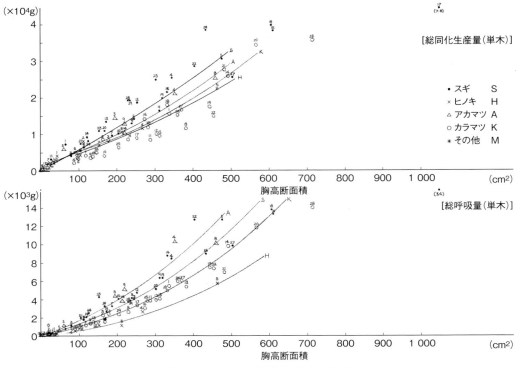

図7-9 林木の総同化生産量と呼吸量

ヒノキは15t、カラマツは13t程度となった。これは各樹種とも幼齢時代葉量・細根量が増加して代謝機能が活発になるとともに、本数密度が大きいことに原因している。4樹種中でスギが他の樹種に比べて高い値を示し、カラマツ・ヒノキはその半分程度であった。

アカマツはA1・A10・A11・A2林分で高い同化量（25～30t）を示したが、これらの林分はいずれも天然更新による高密度林分であり、このような条件ではアカマツは幼齢時の同化能率の増加と相まって、面積当たり同化量が一時的に増加する傾向があることがわかった。成林後は他の樹種よりも本数減少率が大きいために、同化量は他の樹種よりも急速に減少して20t程度となる。

(3) 単木当たり呼吸量

表7-35の林木全体の平均呼吸率を別表12の単木の全重に乗じて、単木当たり呼吸量を算出すると別表28のようになる。この量は単木の全重に比例して変化するわけで、胸高断面積が大きくなって、単木総量が増加するほど呼吸量も増加する。胸高断面積に対する増加曲線は同化量の場合と異なり、上方に凹形で、胸高断面積が大きくなると急速に増加する傾向を示した（図7-8）。

呼吸量はアカマツがもっとも大きくて、胸高断面積500cm²ではアカマツは14kg、スギ11.5kg、カラマツ9.5kg、ヒノキ6.5kgで、最大林分のS17（胸高断面積1040cm²）では34kgであった。また密植のS22林分（密度比較1.2）では13kgで他の林分よりも高い値を示した。

(4) ha当たり呼吸量

ha当たり呼吸量は図7-10のように胸高直径の増加に対して漸増して、胸高断面積が300cm²程度の林分ではほぼ一定となり、500cm²ではスギは13t・アカマツ12t・カラマツ6t・ヒノキ4tでヒノキはスギの1/3以下で、カラマツとともにスギ・アカマツに比べてha当たり呼吸量が小さい。非同化部分の割合が大きい大径木のS17林分や、密植のS22林分では呼吸量が大きくて、前者は

第7章　林木の成長と葉量・根量

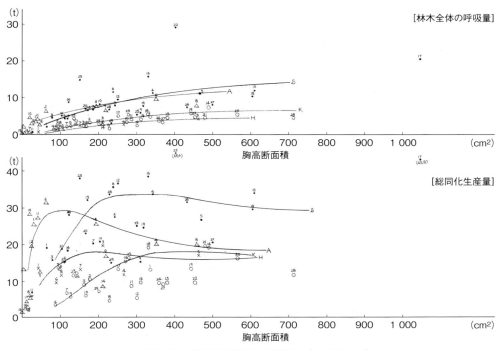

図7-10　総同化生産量と呼吸量（ha当たり）

20 t、後者では 30 t に近い呼吸量があった。このことから、林分の平均胸高直径 23 cm、密度比較 1 の最多密度林分では 25〜30 t の呼吸量が推定できた。大径木の高密度林分では葉量に比べて、非同化部分の量が多いため同化量に対する呼吸量の割合が多くなり、S22 林分では ha 当たり同化量が 65 t、呼吸量が 30 t で、同化量の約 50％近くが呼吸に消費された。

(5) 同化量中の呼吸量の割合

総同化生産最中の呼吸量の割合は別表29・図7-11のようになり、胸高断面積が大きくなるほど、呼吸部分が大きくなるために、同化量中の呼吸量の割合が増加した。これをスギについてみると幼齢（胸高断面積 61 cm²）の S1 林分では、呼吸量が同化量の 11％で残りの 89％が成長量であったが、大径木の S17 林分（胸高断面積 1 040 cm²）では呼吸量が総同化率の 45％、呼吸量が 55％で両林分の間には 34％の差があった。この呼吸量―同化量比の増加の傾向は胸高断面積 400〜500 cm²までは放物線状に増加したが、これ以上の太さでは呼吸量―同化量比はほぼ一定となった。

胸高断面積が 400〜500 cm²以下の幼齢時代には同化量の呼吸による消費に対して蓄積量が大きく、その差は幼齢時代の旺盛な成長となって現われたが、この太さ以上の林木では同化量中の呼吸量の割合が増加するために成長速度は緩やかになった。林木の成長量が若い時代に大きく高林齢で低下する（図7-1 参照）のはこのような関係にもよっている。この呼吸量―同化量比の増加傾向は樹種によって異なり、アカマツ＞カラマツ＞スギ＞ヒノキの順に呼吸で消費される割合が大きく、総同化生産量に対する呼吸の割合がほぼ一定になる胸高断面積 500 cm²で、アカマツは 50％・カラマツ 45％・スギ 43％・ヒノキ 25％で、とくにヒノキは他の 3 樹種に比べて総同化生産量に対する呼吸消費量の割合が小さかった。

幼齢時代には同化量に対して呼吸量は少なく、胸高断面積 100 cm²ではアカマツ 27％、カラマツ 26％、スギ 20％、ヒノキ 10％でアカマツは幼齢木・壮齢木とも呼吸で消費される割合が大きく、ヒノキは 3 樹種中もっとも小さい。

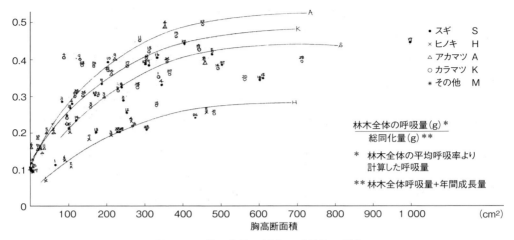

図7-11 総同化量に対する呼吸量の割合

(6) 同化率（葉量－成長量比）*4

表7-35の呼吸率を用いて各林分の同化率を計算すると別表28・図7-12のようになる。

同化率は林齢・立地条件などによって変化するが、この研究における調査林分の範囲ではスギは0.9〜2.1・ヒノキ1.0〜1.5・アカマツ1.5〜3.2・カラマツ2.8〜10.5で、平均的には図7-12のようにカラマツがもっとも大きくて5.0、アカマツ2.5、スギ・ヒノキ1.3程度で、カラマツはスギ・ヒノキの4倍、アカマツは2倍に近い値を示した。これはカラマツ・アカマツは成長量の割合に葉量が少ないことに原因している。四手井ほか［1964］の表7-34の資料でもスギの同化率1.1に対してアカマツは2.0〜2.4、カラマツは3.3で

スギ・アカマツに比べてカラマツは大きい値を示した。いままでに測定された例ではシラカンバ・ダケカンバ・ウダイカンバなどの落葉広葉樹類はいずれも4〜5の大きい値で、カラマツに類似した性質を示した。落葉樹は常緑樹に比べて同化率が大きい。同化率は各種の条件によって変化するが、スギ・ヒノキ・アカマツは分散が小さく、これに比べてカラマツは大きい（図7-12）。これは林分葉量推定の精度にもよるが、環境条件によって同化能率が変化しやすい特性にもよっている。

同化率は各樹種とも胸高断面積に対してほぼ一定で、林木の大きさが変化しても葉の生産能率はあまりにも変化しない。これらのことから大径木における成長速度の減少は、主として林木の成長

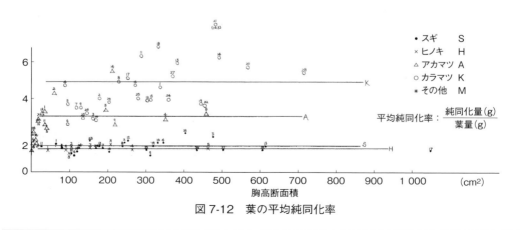

図7-12 葉の平均純同化率

*4 281頁参照。

にともなって非同化部分に対する葉量の割合の減少と、非同化部分の呼吸量の増加による同化生産物の蓄積量の減少によっている。この平均純同化率は葉量当たり年成長量（葉量-成長量比、別表25・図7-5）に対比されるものであるが、前者では非同化部分の呼吸量が同化量に加算されているので、その値は後者よりも大きくなる。また林分の成長にともなって呼吸量が増加するので、大径木になるとその差は一層大きくなる。これらの関係を林齢9年のS1林分～49年のS17林分についてみると表7-36のようになり、胸高断面積が増加するにつれて、同化率と葉量-成長量比の比（平均純同化率/葉量成長量比）は大きくなり、S1林分では1.1、S17林分では1.7で、S1林分では両者の間に0.1の差しかなかったが、S7林分では葉量成長量比が0.7、平均純同化率が1.2、その比は1.7で、両者の間に0.5の差があった。これは林分が大きくなると呼吸量の増加によって葉量当たりの成長量が減少することによっている。

9　各種の条件と平均純同化率

同化率は樹種によって相違するとともに立地条件によって変化し、この傾向は葉量生産率の場合と類似する。いま本数密度・土壌型・地位指数との関係をみると図7-13のようになる。

(1) 本数密度

本数密度は同化率に関係なく、疎植林分でも密植林分でも同化率はほぼ一定であった（図7-12）。これは疎植林分では単木の成長量が増加する一方では葉量も増加しており、密植林分は逆に単木の成長量・葉量ともに減少するためで、両者の量の間に一定の関係が成り立ち、葉の同化の能率には大きな差がないことがわかった。類似し

た立地条件に成立しているスギ林分で、密度比数が異なるS22林分（密度比数1.2）とS5林分（密度比数0.5）を比較すると、S22林分の同化率は2.1、S5林分は1.9で両者の間にはほとんど差がなかった（別表29）。またアカマツ密植林分A10（密度比数1.2）の同化率は2.8、A11（密度比数0.88）は2.6、A12（密度比数0.62）は3.2でスギと同様に、密度と同化率の間には高い相関関係はみられなかった。カラマツ・ヒノキについても密度比数による同化率の変化はみられなかった。

(2) 土壌型

土壌型と同化率との関係は図7-13のようにスギは適潤性～やや湿性のB_F～B_E型土壌で同化率が最大となり（S22林分は2.1）、乾燥性のBl_B型のS6林分と$Bl_D(d)$型のS9林分は0.9で、適潤性の林分と乾燥性の林分では1.0以上の同化率の差がみられた。

アカマツではBl_D型のA1林分は3.3、せき悪乾燥林地のEr型のA6林分は1.5で、両者の間に2.0に近い差がみられた。ヒノキは調査林分中ではB_D型の林分が最大で（H3林分は1.5）、湿性のB_E型（H4林分は1.2）、乾性の$B_D(d)$型では（H6林分は1.2）となり、湿性・乾燥土壌ともに同化率が減少した。この傾向はカラマツでもっとも顕著で、Bl_D～Bl_E土壌型でもっとも大きくて同化率が5以上となった（Bl_DのK14林分は6.2、K20林分は10.5、Bl_EのK20林分は5.7）が、乾燥土壌型のK23林分（$Bl_D(d)$）は2.9、湿性のK6林分（Bl_F）は2.6で乾燥・湿度の立地でともに同化率は低下して両者の間に2.0以上の差があり、最適条件との間に大きな差がみられた。ヒノキは立地条件による同化率の変化が小さくて、土壌の性質によって葉の同化の能率があまり変化せず、この立地条件による同化率の差はスギ・アカマツ・カラマツの順に大きくなり、この順序に葉の同化能率が土壌条件に影響されやすいことがわかった。また樹種によって同化率が最大になる土壌型が異なり、スギ・カラマツはB_E型、アカマツ・ヒノキはBl_D～B_D型土壌で同化率が最大となった。またアカマツ・ヒノキはスギ・カラマツに比べて、乾燥型土壌でも同化率がそれほど低下せず、乾燥性樹種としての特徴を示した。一方、

表7-36　林木の大きさによる葉量成長量比と葉

林分		S1	S3	S2	S4	S5	S17
胸高断面積(㎠)		61	109	249	335	439	1 024
A	葉量成長量比	1.4	1	1.2	1.2	1.2	0.7
B	平均純同化率	1.5	1.3	1.6	1.6	1.9	1.2
	B/A	1.1	1.3	1.3	1.3	1.6	1.7

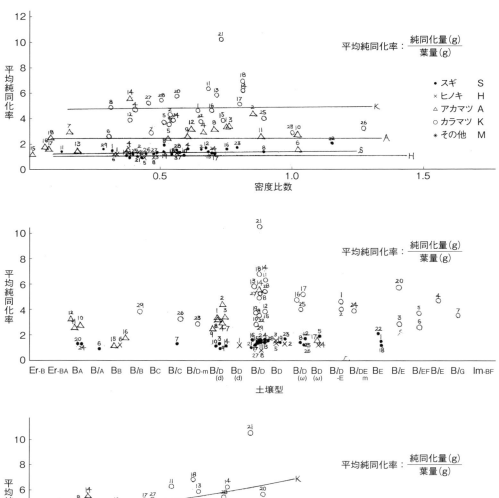

図 7-13　各種条件と葉の平均純同化率

カラマツは Bl_F・Bl_E・Bl_F などの湿潤土壌型では同化率が急速に減少した。これはカラマツの根系の呼吸と物質吸収の特性によるもので、過湿・嫌気的な条件では、他の樹種よりも根系の働きが阻害されることによっている。

(3) 地位指数

地位指数と同化率の関係は図 7-13 のように、各樹種とも地位指数が大きくなると、同化率が大きくなる。この傾向はカラマツが著しくて地位指数 24 で 6、10 では 3 程度で地位指数の減少によって、同化率が著しく低下した。ヒノキは地位指数によってあまり変化せず、地位指数 20 で 0.6、10 で 0.4 であった。地位指数 20 のときの同化率はカラマツ 5.5、アカマツ 3.2、スギ 1.4、ヒノキ 1.3 でカラマツはスギ・ヒノキの 4 倍に近い

同化率を示した。この差は地位指数が高いところで大きく、低いところで小さい。

10　根系生産率

葉の同化率と同様な考え方から細根量ないしは細根表面積、全根系表面積からの養・水分の吸収が年間生産量と高い相関をもつと考えると、これらの関係は次式で示される。

$\Delta W = a(\omega_R) - bW$
$\Delta W/W = a(\omega_f)/W - b$

W：単木の全重
ΔW：1年当たりの固体乾重成長量
ω_R：細根量・細根表面積・全根系表面積など根系因子
a：根系平均生産率
b：全重呼吸量

のような式が成り立つ。根系因子としては上記の他に全根重など各種の因子が考えられるが、ここでは養・水分の吸収にもっとも関係があると思われる細根量（ω_f）、細根表面積（A_f）、全根系表面積（A_R）について考えてみた。表 7-35 の全重平均吸収率（b）を用いて、各因子に対する根系生産率を計算すると別表 28 のようになる。ここで根系生産率中細根量に対する同化量を細根量生産率、細根表面積の場合を細根表面積生産率、全根系表面積を全根系表面積生産率とした。

上記の根系生産率は葉量の場合と同様に、林木の大きさにかかわらずほぼ一定で（図 7-14）、林分間の差は主として立地条件のちがいによるものと考えられた。いま胸高断面積 500 cm²における各樹種の根系生産率をみると、表 7-37 のようになり、細根量 1 g が生産する量は、アカマツがもっとも大きく 235 g、スギは 33 g、カラマツは 42 g で、スギ・カラマツはほぼ類似した値を示した。ヒノキは 13 g で、他の樹種に比べて細根の生産効果はもっとも悪く、アカマツの 1/20 程度であった。これは、アカマツは同化量の割合に細根量が少なく、ヒノキは細根量が多くて、同化量が少ないことによっている。

細根表面積 1 cm²が生産する物質量はアカマツ 1.42 g、カラマツ 0.27 g、スギ 0.23 g、ヒノキ 0.13 g で、アカマツはヒノキの 10 倍の効率を示した。この割合は細根量の 20 倍に比べると半分であって、細根表面積では樹種間の差が小さくなった。これはヒノキよりもアカマツの細根が細くて、乾重当たり表面積が大きいことによっており、成長を支えている養・水分の吸収力が細根表面積に比例するものと考えると、生産に関してアカマツはヒノキの 10 倍、スギ・ヒノキの 6.5 倍の吸収能率をもっていたと考えることができる（別表 28・図 7-15）。

同様に全根系表面積についてみると、その 1 cm²

表 7-37　各樹種の根系生産率

樹種	細根量生産率（g/g）	細根表面積生産率（g/cm²）	全根系表面積生産率（g/cm²）
スギ	33	0.23	0.14
ヒノキ	13	0.13	0.06
アカマツ	235	1.42	0.24
カラマツ	42	0.27	0.10

胸高断面積 500 cm²。

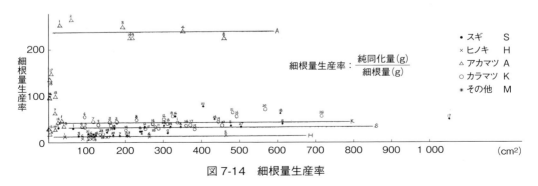

図 7-14　細根量生産率

が生産する同化生産量はスギ 0.14 g、ヒノキ 0.06 g、アカマツ 0.24 g、カラマツ 0.10 g で、細根量生産率・細根表面積生産率の場合と異なり、アカマツ＞スギ＞カラマツ＞ヒノキの順となった。全根系生産率ではスギがカラマツよりも大きい生産効率を示した（表7-31・図7-15）。

以上の根系生産率を根系当たり成長量と比較すると、葉の場合と同様に根系生産率では生産量中に消費された呼吸量が加えられるので、呼吸量の割合が大きい大径木になるほど、両者の差は大きくなってくる。いま細根量生産率、細根表面積生産率、全根系生産率についてみると表7-38のようになり、胸高断面積が小さい S1 林分では細根当たり成長量が 26 に対して細根生産率は 29 で、呼吸量が加算された分だけ、細根生産率が大きくなった。この関係は細根表面積・全根系表面積当たり生産率についても同様に認められた。この両者の差は林分が大きくなるほど大きくなり、S17 林分では根系当たり成長量と細根生産率との間には約2倍近い差がみられた。またこの差は全根系表面積＞細根表面積＞細根量の順に大きくなる傾向が認められた。

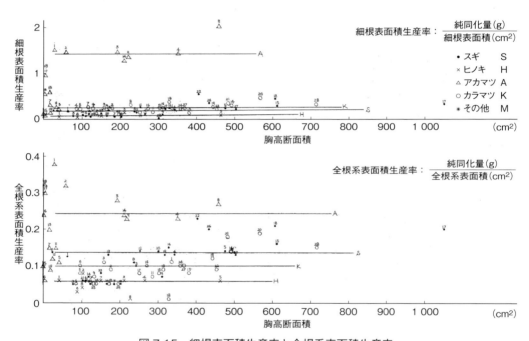

図 7-15　細根表面積生産率と全根系表面積生産率

表 7-38　林分の大きさによる根量当たり成長量＊と根系生産率

林分	S1	S3	S2	S4	S5	S17
胸高断面積（cm^2）	61	109	249	335	439	1 024
根量生産率（g/g）	26.14	10.03	17.58	22.75	21.2	27.35
根量表面積当たり成長量（g/cm^2）	29.4	14	24.7	34.1	36.2	49.5
根量表面積生産率（g/cm^2）	0.17	0.06	0.12	0.15	0.09	0.19
根量表面積当たり成長量（g/cm^2）	0.19	0.09	0.17	0.23	0.26	0.35
全根系表面積当たりの成長量（g/cm^2）	0.11	0.04	0.08	0.09	0.09	0.11
全根系表面積生産率（g/cm^2）	0.13	0.06	0.11	0.13	0.15	0.21

＊　282 頁、根量成長量比参照。

11　各種の条件と根系生産率

葉の同化率同様に根系生産率も各種の環境条件によって変化する。

(1)　本数密度

密度比数と細根量生産率との関係を図示すると図7-16のようになり、同率化の場合と同様、各樹種ともに密度変化によって細根量当たりの生産率が変化する傾向は認められなかった。

スギの高密度林分 S22（密度比数 1.2）の生産率は 78 で他の林分に比べて高い値を示したが、これはこの林分の立地条件がよくて、林地の生産性が高いためで、密度によって生産効率が高くなったとは考えられなかった。またアカマツ高密

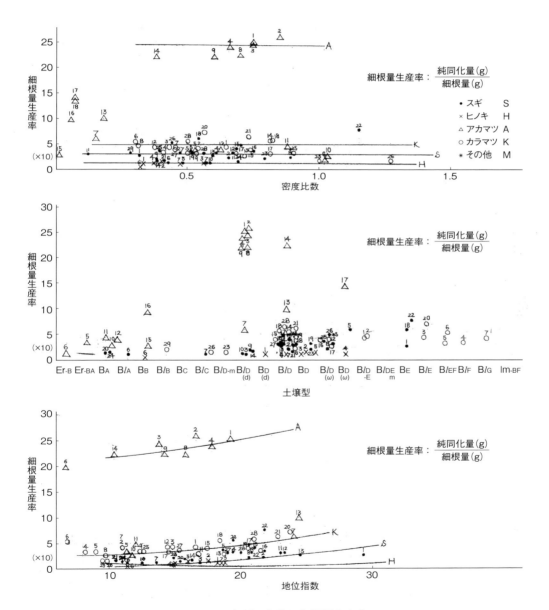

図 7-16　各種の条件と細根量生産率

度林分の A10（密度比数 1.2）は 30 で、アカマツの細根生産率平均値の 235 に比べてきわめて小さく、密度によって細根の生産効率が変化するという傾向も認められなかった。この関係はカラマツ・ヒノキについても同様で、各樹種を通じて密度変化によって細根量の生産効率が変化するとは考えられない。この傾向は細根表面積生産率、全根系表面積生産率についても同様で、いずれも本数密度による生産効率の変化は認められなかった。

(2) 土壌型

葉の同化率と同様に、土壌条件が変化すると根系生産率は著しく変化する。この変化の程度は葉の同化率よりも大きく、これをスギ林分についてみると、同化率の高い Bl_E 型土壌の S22 林分と、もっとも低い Bl_B 型土壌の S6 林分の同化率の比は 2.5 であったが、細根量生産率では 6.0 で、同化率よりも細根量生産率は大きな変化を示した。これは土壌条件によって葉よりも細根量のほうが大きく影響されるためで、生産力の高い適潤な土壌では細根量が少なく、乾燥土壌では細根量が増加するため、両者の生産率差が大きくなることによっている。土壌条件のちがいによる同化率の相違は、土壌条件に影響されやすい根系生産率で考えたほうが、土壌条件と物質生産との関係を適切に理解できる。

土壌型と細根生産率との関係は図 7-16 のようになり、スギは B_E 型土壌がもっとも大きく 78 で、B_D〜$Bl_D(d)$ 型土壌では 30〜40、乾燥性の Bl_B 型土壌では 14 で、乾燥土壌型になるにしたがって細根生産率は減少した。アカマツは土壌条件によって細根生産率が 4 樹種中もっとも影響され、$Bl_D(d)$ 型土壌の A1・A2 林分では細根 1 g 当たり 250〜260 g の生産力を示したが、乾燥せき悪林地の A6（Er 型土壌）林分では 9 で両者の間に 30 倍に近い生産能率のちがいが認められた。カラマツは Bl_D〜Bl_E 型土壌で 60〜70 の生産率を示したが、乾燥・湿潤土壌はともに適潤土壌よりも生産力が低く、Bl_B 型の K29 林分では 21、Bl_F 型の K4 林分では 22 でいずれも最適条件における生産率の 1/3 程度に減少した。これは林分の乾燥土壌（Bl_B）の K29 林分では細根量の増加に比べて成長量が小さく、K14 林分の Bl_F 型の湿潤土壌の林分では多湿のために細根量・同化量ともに減少する。生産量の減少率が細根の減少率より大きいため、細根量生産率が小さくなることによっている。このような乾燥条件とは逆の細根量の減少をともなう細根量生産率の減少は、根の吸収構造の崩壊を意味している。根系の成長と働きに十分な酸素を必要とするカラマツでは、過湿条件によってしばしば以上のような根系の吸収構造の崩壊が起こる。土壌条件と細根生産率との関係は、細根表面積生産率・全根系表面積率についても同様であるが、細根表面積は細根量よりも立地条件に対する影響が大きいので、土壌による生産率差は細根量の場合より大きくなる。

(3) 地位指数

以上の関係を地位指数でみると図 7-16 のように各樹種ともに地位指数が大きくなると、細根量生産率が増加した。スギについてみると地位指数 10 では 10〜15、20 では 50〜60 で、地位指数が 2 倍になると細根量生産率は 4〜5 倍になった。アカマツは地位指数が 10 で 220、地位指数 20 で 250 となり、カラマツは地位指数 10 で 10〜20、20 で 40〜50、ヒノキは 5 と 10 でスギ・カラマツはヒノキ・アカマツよりも地位指数差によって細根量生産率ガ大きく変化した。ヒノキは他の樹種に比べて地位指数による細根生産率の変化の割合が小さく、立地条件によって細根量の生産効率があまり変化しないことがわかった。

以上の細根生産率における関係は細根表面積生産率、全根系表面積生産率についても同様であるが、いま別表 28 から各樹種の代表的な立地条件における根系生産率を抜き出すと、表 7-39 のようになる。

表 7-39 土壌型・地位指数と根系生産率

樹種	林分	土壌型	地位指数	細根量生産率(g/g)	細根表面積生産率(g/cm²)	全根系表面積生産率(g/cm²)
スギ	S22	B_E	21.8	78.4	0.562	0.235
	S4	Bl_D	19.4	34.1	0.226	0.134
	S6	Bl_B	11.3	13.6	0.116	0.066
ヒノキ	H4	B_E	15.0	12.3	0.122	0.062
	H1	$B_D(d)$	18.2	12.7	0.095	0.065
	H6	$B_D(d)$	11.4	8.9	0.062	0.035
アカマツ	A1	$Bl_D(d)$	19.2	251.7	1.517	0.380
	A11	B_A	12.0	45.6	0.268	0.154
	A6	Er	6.6	19.9	0.106	0.064
カラマツ	K20	Bl_C	23.6	72.8	0.473	0.190
	K15	Bl_D	17.4	40.0	0.249	0.095
	K26	Bl_C	9.6	18.6	0.110	0.053

第 8 章

根系の水分吸収

1 根系の平均水分吸収率

根系の表面から吸収された水分は林木の生活と成長に利用されたのち葉・樹体から蒸散する。この関係を示すと、

根からの年間吸水量
　＝（葉・幹からの年間蒸散量）
　　＋（年間の生産量中の水分量）
　　＋（年間の落葉・落枝中の水分量）

となる。

いま蒸散量が葉量に関係し、吸水量が細根量・細根表面積・全根系表面積などの各根系因子と次式のような関係があるものとすると、

$$\Delta W\omega = aR - b(\omega_L)$$

$\Delta W\omega$：年間の成長量中の水分量＋年間の落葉・落枝量中の水分量
R：根系因子
ω_L：全葉量

a：平均水分吸収率（吸水率）
b：葉の平均蒸散率（蒸散率）

となり、この式は同化率の場合と同様に

$$\Delta W\omega/\omega_L = a(R/\omega_L) - b$$

となる。

以下平均水分吸収率を吸水率、水分吸収量を吸収量、細根量当たり吸水量を細根量吸水率、細根表面積当たり吸水量を細根表面積吸水率、全根系表面積当たり吸水量を全根系表面積吸水率・全根系表面積吸水率などの各根系因子当たり吸水量を総括して根系吸水率という。

いま全根系表面積吸水率について $\Delta W\omega/\omega_L$ と aR/ω_L の関係を図示すると図 8-1 のようになる。年間の成長量中の水分量＋年間の落葉・落枝量中の水分量 $\Delta W\omega$ が吸水量（aR）と蒸散量（$b(\omega_L)$）に比べてきわめて小さいために $\Delta W\omega/\omega_L$ の分散が大きくて同化率（294頁、図 7-8 参照）のように、両者の間に高い相関関係が認められず、正確には蒸散率を求めることができなかった。そこで次のような方法で $\Delta W\omega \cdot aR \cdot b(\omega_L)$ に相当する水分量

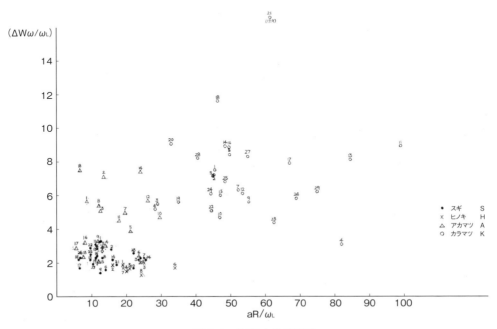

図 8-1　平均水分吸収率

を計算して吸水率・蒸散率を求めた。

1年間の成長量中の水分量は幹・枝・葉など各部分の成長量（**別表12**）にこの部分の平均乾重率から計算した水分率（**表8-1**中の$(1-R)/R$の値）を乗じて各部分ごとに水分量を求めたのち、これを集計した。またその年の落葉量中の水分量は現存林分の葉量から落葉率をスギ・ヒノキ25％、アカマツ50％、カラマツ100％として計算して、これに水分率（**表8-1**）を乗じて計算した。

落枝量はMöllerの計算式［佐藤1955］を用いてその年までの落枝量を計算した（**別表11・図8-2**）のち、林齢で除して年平均落枝量を求め、これに水分率（**表8-1**）を乗じて落枝量中の水分量を算出した。落葉・落枝量中の含水率は絶乾重量の30％とした。

Möllerの落枝量計算式

$$A = 0.3M(1-K)$$

A：これまでに枯れた枝量（g）
M：幹＋枝量（g）
K：樹冠直径（cm）／樹高（cm）

以上の年間成長量中の水分量と落葉・落枝中の水分量を合わせて$\Delta W\omega$とした。

蒸散量$b(\omega_L)$の推定には2、3の方法があるが、現実林分での測定が困難なためいずれも苗木実験での結果から推定したもので、計算方法によってかなりの差がある。この林分蒸散量の推定については今後の研究にまつところが大きい。

いま蒸散係数（1gの物質を生産するに要する水分量、**表8-2**）と蒸散率（葉量当たり蒸散量、**表8-3**）から林分の蒸散量を計算比較すると**別表30**のようになり、いずれの林分でも葉量から計算した蒸散量が大きくてスギ・ヒノキでは2～3倍、アカマツは4～5倍の差があった。しかし、いずれも推定値で正確な測定がないのでどちらが正しいか明らかではない。

この研究では**表8-2**の蒸散係数を用いて林分の蒸散量と吸水量を計算した。

以上のような手続きで計算した単木とha当たりの林分の吸水量は**別表31・別表33**の通りである。またこの吸水量から次式によって吸水と高い相関があると考えられる細根量・細根表面積・全根系表面積・白根表面積・白根と木質化した部分での吸水能率の重みづけをしたときの各部分の表面積などの根系諸因子について吸収率を計算すると**別表32・別表33**のようになる。

表8-1　1年の成長部分の乾重率

樹種	幹	枝	葉	根	備考
スギ	0.32	0.32	0.30	0.26	調査木の辺材部の平均値
ヒノキ	0.40	0.40	0.45	0.30	落葉・落枝については乾重率を0.77とした。
アカマツ	0.33	0.33	0.40	0.29	（乾重×1.30＝落葉時の重さ）
カラマツ	0.35	0.35	0.28	0.27	Y：最近1年間の成長部分の含水量 A：最近1年間の成長量（乾重） R：乾重率（乾重/生重） $Y=A(1-R)/R$

$(1-R)/R$の値

樹種	幹	枝	葉	根	備考
スギ	2.13	2.13	2.33	2.85	落葉・落枝は0.30として計算した。
ヒノキ	1.50	1.50	1.22	2.33	
アカマツ	2.03	2.03	1.50	2.45	
カラマツ	1.86	1.86	2.57	2.70	

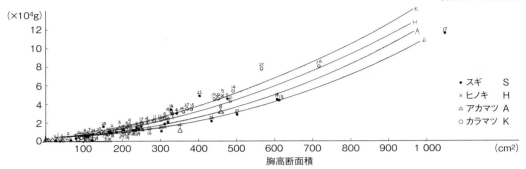

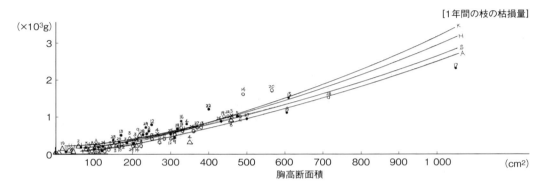

図 8-2 Möller の方法で計算した落枝量

表 8-2 各樹種の蒸散係数

樹種	蒸散係数	文献
スギ	400	[芝本 1952]
	(334～433)	
ヒノキ	350	
	(334～386)	
アカマツ	194	[香山 1942]
カラマツ	225	

ここで、根系吸水率
　　　＝吸水量／吸水に関する根系諸因子
また葉の蒸散率を次式で計算すると別表33のようになる。
　ここで、葉の蒸散率＝蒸散量／葉量

2　吸水量

(1) 吸水量の単木平均値

別表33は各林分の年間吸水量の単木平均値であり、この吸水量は幹・枝・葉などに含まれる年間成長量中の水分量と年間の落葉・落枝中の水分量と年間の蒸散量を加えたもので、このなかのほとんどすべては蒸散量であった。いま別表33から各樹種の代表的な林分についてその割合をみると表8-4のように各樹種とも総吸水量の99％が蒸散量、年間成長量中の水分量は0.5～1％、落葉・落枝中の水分量は0.2～0.5％で・蒸散率が吸水量のほとんどすべてで、これを吸水量として考えても蒸散量の推定方法からみると大きな差はない。この吸水量の計算ではそのほとんどを占める蒸散量が年平均成長量に関係しており、胸高断面積に対する吸水量の変化曲線（図 8-3）の傾向は年成長量のそれと類似して、やや上側に凹形の曲線で胸高断面積の増加につれて吸水量も増加する。これをスギについてみると胸高断面積100 cm²で単木当たり年間2 t、400 cm²で6 t、800 cm²で14 t、1 000 cm²で18 tの蒸散量があった。

　この蒸散量は樹種によって異なり、胸高断面積500 cm²で比較するとスギは8 t・ヒノキ6 t・アカマツ5.5 t・カラマツ3.5 tでスギとカラマツの

第 8 章　根系の水分吸収

表 8-3　スギ・ヒノキ・アカマツ林の推定蒸散量（t/ha/年）

樹種	スギ	ヒノキ	アカマツ	備考
葉量（生）	36.5	30	12	
（乾重）	12.0	11.0	4.40	
ha 当たり蒸散量（林木のみ）	12 270	10 620	8 790	
蒸散量	1 023	965	1 998	蒸散量（t）/葉量（t）（乾重）
乾重率*	0.33	0.50	0.44	

* 生重に調査林分の葉の平均乾重率をかけて蒸散率を計算［佐藤 1958］。

表 8-4　各林分の年間全吸収量の内訳（全吸水量比）

| 林分 | 年成長量中の水分量 | | | | | 落葉中の水分 | 落枝量中の水分 | 蒸散量 | 全吸水量 |
	幹	枝	葉	根	計				
S5	0.0024	0.0007	0.0012	0.0015	0.0058	0.0002	+	0.9940	1.0
H5	0.0018	0.0005	0.0008	0.0015	0.0046	0.0002	0.0001	0.9951	1.0
A4	0.0045	0.0010	0.0024	0.0027	0.0097	0.0005	+	0.9898	1.0
K1	0.0032	0.0010	0.0034	0.0023	0.0099	0.0004	0.0001	0.9896	1.0

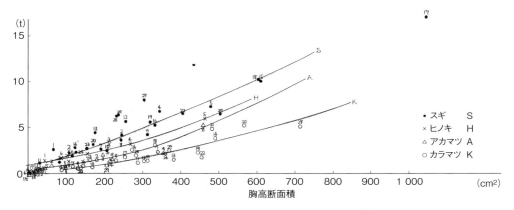

図 8-3　全根系の年間吸水量（単木平均値*1）

間には 2 倍以上の差がある。

S22・S23 などの密植林分や S6・S20・S24 などの残積土の B_A 型乾燥土壌の林分は、S25・S26・S27 などの疎植林分や適潤土壌の林分（S1 林分）に比べて吸水量が少ない。ほぼ胸高断面積が等しい林分で、密度と土壌条件が異なるものについて単木の吸水量を比較すると表 8-5 の通りである。

(2) ha 当たり年間吸水量

単木平均値（別表 33）から ha 当たり年間吸

表 8-5　本数密度と土壌型による年間吸水量（t/年）

| 区分 | 土壌条件 | | 本数密度 | | |
林分	S1	S3	林分	S22	S26
土壌型	Bl_E	$Bl_D(d)$	密度比数	1.16	0.45
吸水量	2.6	1.2	吸水量	6.4	11.8
胸高断面積(cm²)	61	109	胸高断面積(cm²)	419	425

水量を計算すると別表 31・図 8-4 のようになり、胸高断面積 100〜300 cm² の幼齢林では吸水量が増加してスギでは 10 000 t 以上に達した。それ以上

*1　単木とは調査木の平均値である。

の胸高断面積の林分では面積当たり吸水量はほぼ一定して500〜600 cm²では7 000〜8 000 tとなった。アカマツの幼齢密植林分は5 000 tに近い吸水量を示したが、成木林では2 000 t程度に減少した。

一方、ヒノキ・カラマツはスギ・アカマツのように幼齢時の山が明瞭ではなかったが、ヒノキH3林分は胸高断面積250 cm²で6 000 tと調査林分中で最大値をとり、カラマツは150 cm²で2 000 t程度で、高い値を示した。

林分のha当たり吸水量は樹種によって異なり、成木の安定した林分ではスギは7 000〜8 000 t、ヒノキは4 000〜5 000 t、アカマツは2 000〜3 000 t、カラマツは1 000〜2 000 tの吸水量があった。スギの吸水量は4樹種中もっとも多くてヒノキの約2倍、アカマツ・カラマツの5倍以上に達した。

いま林地の年降水量をha当たり15 000〜20 000 tとすると成木の安定した林分ではスギ林は降水量の約40〜47％、ヒノキ林は25〜30％、アカマツは13〜15％、カラマツ林7〜10％が林木に吸収されることになる。一方、吸水量がもっとも多いスギ幼齢林は降水量の50〜67％で、幼齢密植林分ではきわめて大量の水分が吸収されることがわかった。

以上のことから乾燥土壌の密植林分では根系の水分吸収によって土壌水分の不足がおこることが十分に考えられる。幼齢林の根系分布は浅いので、この傾向は土壌の表層部でとくに著しく（255頁参照）、せき悪乾燥林地においては表層部での根系競争と吸水による土壌の理化学性の変化が推察できる。

3　各種の条件とha当たり年間吸水量

ha当たり吸水量は本数密度・立地条件などの環境条件によって変化する。

(1) 本数密度

本数密度と吸水量との関係は図8-5のように、本数密度が増加するとha当たり吸水量は増加するが各樹種とも密度比数0.6〜0.7まで吸水量が急速に増加して、それ以上の密度ではあまり変化せずほぼ一定の吸水量を示した。

この吸水量は樹種によって異なり、図8-5から密度比数1（最多密度）のときの吸水量をみると、スギは10 000〜12 000 t、ヒノキ8 000〜10 000 tアカマツ4 000〜6 000 t、カラマツ2 000〜4 000 tでスギの吸水量がもっとも大きく、カラマツはもっとも少なくてスギの1/3〜5であった。ヒノキはアカマツよりも吸水率が大きくて4 000 t程度の差がある。

高密度林分になると吸水量がほぼ一定する傾向は、この計算の基礎になっている年成長量が高密度林分ではほぼ一定になることによっている。高密度林分では吸水量の大半を占める蒸散量と相関が高い葉量がほぼ一定になることにも関係している。

図8-5でスギ・ヒノキは密度比数に対して吸水量の増加率が大きいが、アカマツ・カラマツは小さくて増加の傾斜は緩やかである。これはアカマツ・カラマツは本数密度が増加してもスギ・ヒノキのようには葉量が増加しないことに原因している。

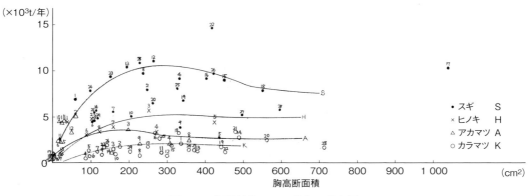

図8-4　各種林分のha当たり吸水量

第8章　根系の水分吸収

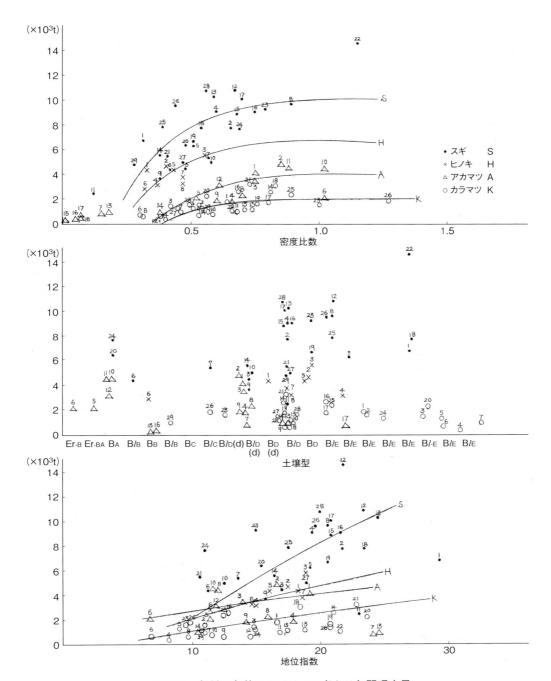

図 8-5　各種の条件における ha 当たり年間吸水量

(2) 土壌型

土壌型と吸水量との関係は図 8-5 のようになる。

スギは崩積の B_E 型土壌（S22）で吸水量がもっとも多くて 15 000 t に近い吸水量を示し、適潤性の BI_D 型土壌では 10 000 t、乾燥性の BI_B 型〜B_A 型土壌では 5 000〜6 000 t の吸水量で、湿潤土壌・乾燥土壌ともに吸水量が減少したが、とくに

乾燥土壌では著しく減少した。

ヒノキはB_D型のH3林分で吸水量がもっとも多く5 000 t程度であったが、B_B型土壌・B_E型土壌ともに吸水量は減少して3 000 t程度であった。しかしヒノキは立地条件差によって吸水量が他の樹種のようには変化しなかった。

カラマツはBl_D〜Bl_E型土壌で吸水量がもっとも多くて3 000 t程度となり、とくに湿性の土壌では乾燥性の土壌よりも吸水量が減少してBl_F型土壌（K4林分）では500 t程度となった。カラマツは通気の悪い多湿土壌では吸水力が著しく阻害され、湿潤土壌よりも乾燥土壌で吸水量の減少率が大きいスギとは著しく性質を異にした。

アカマツはスギ・カラマツとちがって、やや乾燥性の$Bl_D(d)$型土壌で吸水力が大きくて5 000 t程度であったが、せき悪乾燥のA5・A6林分では2 000 t程度となり、A1・A2などの中庸の成長の林分の1/2以下であった。

(3) 地位指数

各樹種ともに地位指数が増加すると吸水量が増加する傾向があり、スギでは地位指数が10では2 000 t程度であったが、地位指数20では8 000〜10 000 tで地位指数10のときの4〜4.5倍となった（図8-5）。

地位指数20のときの各樹種の吸水量はヒノキ5 000 t、アカマツ4 000 t、カラマツ2 000 t程度で、スギ・カラマツは地位指数によって吸水量が著しく変化したが、ヒノキはアカマツ・スギ・カラマツに比べて地位指数による吸水量の分散が小さく、立地条件によって吸水力が影響されにくいことがわかった。

S1・S11林分は地位指数が高い割合に吸水量が少ないが、これは幼齢林分で密度比数が小さい（0.31・0.12）ことによっている。S22・S23・S24林分などの高い吸水量の林分は密度比数が大きく0.7〜1.2であった。アカマツのA10・A11林分の吸水量が大きいのも同様の理由によっている。

4　根系吸水率

根系吸水率表（別表33）から細根量吸水率の変化を林木の大きさとの関係でみると図8-6のようにスギ・ヒノキ・カラマツはほとんど林木の大きさに関係なく吸水率が一定であったが、アカマツはA1・A2林分の幼齢林で細根吸水率が大きくて40 000以上の値を示し、高林齢のA4林分では25 000程度となり、林木が大きくなると細根の吸水能率が低下した。

細根量吸水率の樹種別特性を胸高断面積が500 cm²における細根量吸収率についてみると**表8-6**のようにアカマツは4樹種中吸水率がもっとも大きくて細根1 g当たり年間22 kgの水分を吸収したが、ヒノキはもっとも少なくて4.5 kgでアカマ

表8-6　各樹種の細根量吸水率（胸高断面積500 cm²）

樹種	スギ	ヒノキ	アカマツ	カラマツ
細根量吸水率*	8 500	4 500	22 000	7 000

* 細根1 g当たり年間吸水量（g）、ここでは記載上（kg）で表示した。

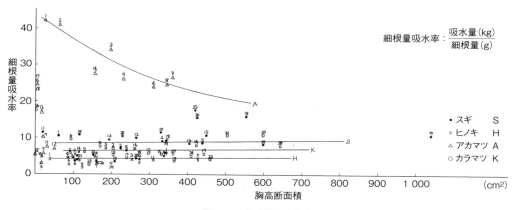

図8-6　細根量吸水率

ツの約 1/5、スギ・カラマツは 7.0～8.5 kg でアカマツの 1/3 であった。

5　各種の条件と細根量吸水率

環境条件が変化すると細根量と吸水量の両者がそれぞれ変化するので、両者の相対的な関係から細根量吸水率が変化する。

(1)　採取時の土壌の pF 価

土壌の水分条件を的確に表現している pF 価と細根吸収率の関係をみると図 8-7 のように、pF 価が大きくなって土壌が乾燥に傾くと、吸収率が漸減して細根の吸収率が著しく悪くなる。これは乾燥土壌では吸水量が減少することと、一方では細根量が増加することによっている。

乾燥条件では細根量が増加して根系の吸水表面積は大きくなるのが、吸水能率は適潤土壌よりも低下するので全体の吸水量は細根量の増加の割合には多くならない

いま図 8-7 から pF 価 2・3・4 における各樹種の吸水率をみると表 8-7 のようになり、適潤条件の pF 価 2 ではアカマツは細根 1 g 当たり年間 40 kg の吸水量があったが、スギは 10 kg・ヒノキは 4 kg で、アカマツはスギの 4 倍、ヒノキの 10 倍の吸水力を示した。pF 価 3 ではアカマツ 20 kg、スギ 5 kg、ヒノキ 2 kg、pF 価 4 ではアカマツ 2 kg、スギ・ヒノキは 1 kg 程度となることが推定され、適潤条件では各樹種の吸水特性が明瞭であるが、pF 価が大きい乾燥土壌になるほど樹種間の細根の吸水能率の差が小さくなって樹種による細根の吸水特性が不明瞭になった。

表 8-7・図 8-7 からもわかるように pF 価の変化に対する細根量吸収率の変化の程度はアカマツがもっとも大きくてスギ＞ヒノキの順となり、アカマツは水分条件によって細根の吸水能率が著しく変化したがヒノキはアカマツ・スギのような変化はみられず、アカマツの吸水率は pF 価 4 のときに pF 価 2 の吸水率の 1/20 に低下したが、ヒノキでは減少率が小さくて 1/4 で、水分条件によって吸水率に大きな変化はなかった。

(2)　地位指数

細根量吸水率と地位指数との関係は表 8-8・図 8-7 のように地位指数が大きくなるほど吸水率が増加する。地位指数 10 ではアカマツは細根 1 g 当たり年間 25 kg の水分を吸収し、カラマツ 6 kg、スギ 4 kg、ヒノキ 1.5 kg であったが地位指数 20 ではアカマツは 40 kg、スギ 10 kg、カラマツ 8 kg、ヒノキ 5 kg で地位指数が 2 倍になると吸水率も 2～3 倍になった。

(3)　土壌型

土壌型と細根の年間吸水量との関係は図 8-7 のようにアカマツはやや乾燥した $Bl_D(d)$ 型土壌で吸水率がもっとも大きく細根 1 g 当たり 40 kg の吸水量を示したが、せき悪乾燥土壌の B_A 型～Er 型土壌では 5～6 kg で $Bl_D(d)$ 型土壌に比べて細根量当たりの吸水能率はその 1/8～9 となった。これは pF 価のところでも述べたように、適潤性土壌では細根量が少ない割合に吸水量が大きいが、Er～Bl_B 型のようなせき悪乾燥林分では細根の分岐と成長が促進されて、細根が多い割合に吸水量が少ないことによっている。土壌条件による吸水率の変化はアカマツがもっとも顕著でスギ・カラマツ・ヒノキの順に小さくなった。この傾向は各種の環境条件についても認められている。

スギは B_E 型土壌で細根量吸水率がもっとも大きくて 18 kg、Bl_D 型土壌では 10 kg、B_A～Bl_C 型ではアカマツと大きな差はなくて 4～5 kg となり、アカマツと同様に乾燥土壌になるほど細根の吸収能率が減少したが、その減少率はアカマツよりも緩やかであった。

カラマツは Bl_E～Bl_D 型土壌の吸水率が大きくて 10 kg であったが、湿性の Bl_F 型土壌では吸水率が 4～6 kg、乾性の $Bl_D(d)$ 型・Bl_C 型・Bl_B 型土壌では 2～3 kg になり、湿性・乾性の土壌型ともに吸水能率が低下した。適潤～やや湿性の土壌型ともに吸水能率が大きくなる傾向はスギに似ているが、過湿土壌ではスギよりも吸収率の減少が大きい。これは過湿条件ではカラマツの細根の代謝機能が阻害されやすいことによっている。

ヒノキは B_D 型土壌で 5 kg、B_B 型で 2.5 kg で、乾燥土壌では吸水率が低下したが、アカマツ・スギ・カラマツにみられるような大きな減少は少な

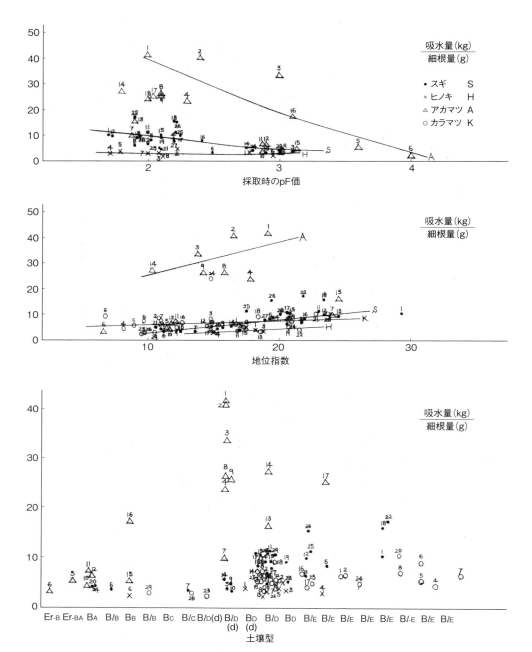

図 8-7 各種の条件と細根量吸水率

く、土壌条件によって吸水機能があまり変化しなかった。

細根表面積吸水率・全根系表面積吸水率などの根系因子についても細根量の場合と同様な考え方ができるが、同じ細根量でも立地条件によって表面積が異なり、また全根系表面積吸水率では細根以外の根系表面積が関係するので、各林分の吸水率の相対的な関係はやや異なる。いまこれらの関係を各々の根系吸水率と林木の太さとの相関においてみると図 8-8 のようになる。

表8-7 pF価と細根量吸水率（×1 000）

樹種＼pF価	2	3	4
アカマツ	40	20	2
スギ	10	5	1
ヒノキ	4	2	1

表8-8 地位指数と細根量吸水率（×1 000）

樹種＼地位指数	10	20
スギ	4.0	10.0
ヒノキ	1.5	5.0
アカマツ	2.5	40.0
カラマツ	6.0	8.0

　細根表面積吸収率の変化は細根量吸水率に類似してアカマツは胸高断面積の増加にともなって吸水率が減少した。幼齢のA1・A2林分では細根表面積1 cm²当たりの吸水量が240 gであったが大径木のA4林分では140 gに低下した。一方、スギ・カラマツ・ヒノキは林木の大きさに関係なく吸水率がほぼ一定で、胸高断面積500 cm²ではスギは60 g、カラマツは40 g、ヒノキは30 g程度の吸水量を示し、その順位はほとんど細根量に類似した。これは細根量と細根表面積が平均的にはほぼ類似していることによっている。

　全根系表面積吸水率ではこれらの関係がやや変化し、細根表面積に比べて小・中径根など細根以外の根系の部分の表面積の割合が少ないスギ・ヒノキなどでは全根系表面積吸水率が大きくなり、細根表面積の割合に小・中・大径根の表面積が大きいアカマツは全根系表面積吸水率が減少した。これを胸高断面積500 cm²でみると、スギの吸水率はもっとも大きくて全根系表面積1 cm²当たり年間吸水量は50 g、アカマツ35 g、ヒノキとカラマツは20 gで、これを細根表面積吸水率と比較するとアカマツは105 g、スギ・ヒノキ10 g、カラマツ20 gの減少となり、細根の割合が少ない疎放性根系のアカマツ・カラマツでは吸水率の減少が大きい傾向がみられた。

　細根量吸水率は細根量の多少がその吸水率に大きく関係するために、吸水量に比べて細根量がき

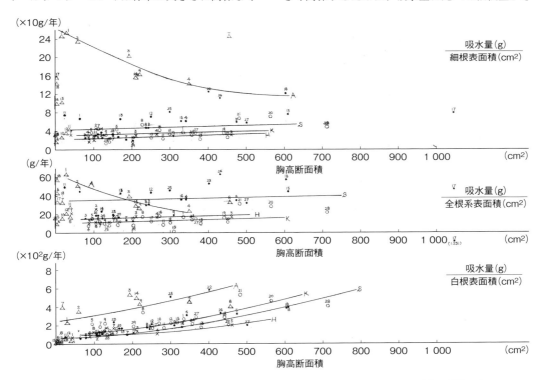

図8-8　細根表面積・全根系表面積・白根表面積吸水率［吸水量／全根系表面積］／年

わめて少ないアカマツは高い吸水率を示したが、全根系表面積では細根以外の部分の表面積が細根による吸水特性に関係するために各樹種の吸水率差は小さくなった。

6　白根表面積吸水率

各林分の年平均根長成長量（別表33）からその年に存在して吸水作用していた白根の表面積の積算量を計算すると別表26のようになる。いまこの白根表面積から主として吸水がおこなわれたと考えて、この表面積に対する吸水率（白根表面積吸水率）を計算すると別表33のようになる。

ここで胸高断面積と白根吸水率との関係をみると、林木が大きくなるにしたがって吸水率が上側に凹形の曲線で大きくなる傾向（図8-8）が認められた。これはいままでの細根量吸水率・細根表面積吸水率・全根系表面積吸水率ではみられなかった現象である。

白根表面積の最近1年間の成長量は平均成長量に比べて幼齢時代に大きく、高齢の大径木では小さくなる傾向が考えられる。この成長量を用いて吸水率を計算すると図8-8の吸水率増加曲線は一層傾斜が大きくなり、大径木では吸水率が一層大きくなる。実際にこの曲線が示すように、林木が大きくなると白根面積の吸水能率が大きくなるかどうかは今後の研究によるところが大きいが、白根の吸水力が林木が大きくなるにつれてある程度は大きくなったとしても表8-9のように同一林木の白根の吸水能率が蒸散率の増加によって数倍になる（スギでは6倍）とは考えられず、木質化した部分からの吸水が考えられた。

各樹種の白根表面積の吸水特性を表8-9からみると、その吸水率は小径木～大径木を通じてア

カマツが大きくて胸高断面積100 cm²では300であったが500 cm²では600で、スギ・ヒノキの約2倍に近い値を示した。これはいままでに述べてきた根系吸収率についても同様であるが、アカマツの細根量がスギ・ヒノキに比べてきわめて少ないことに原因している。この白根表面積の計算では根毛表面積による修正が必要で、根毛が認められたアカマツの吸水表面積はその測定結果（表3-54）から根毛の存在によって白根表面積が1.4倍になるものとして計算した（74・75頁参照）。

7　白根と木質化した部分の吸水能率のちがいを加味したときの木質化した部分の表面積と白根表面積吸水率

上記の吸水率はいずれも細根量・細根表面積・全根系表面積・白根表面積などから一定の吸水量が一様に吸収されたと考えた場合の吸水率であるが、若い組織である白根と木質化した部分とでは吸水の能率が異なり、それぞれの部分からの吸水量もその吸水率に応じて異なる。そこで白根と木質化した根の吸水効率の相違を知るために次の実験をおこなった。

実験：白根と木質化した部分の吸水量の測定
資料：大子産1年生スギ・実験期間：1965年7月～8月

スギ1年生の苗木数100本のなかから苗長およそ12 cm、根元直径2.5 mm程度で地上部・地下部ともに正常な生育をしているもの20本を選び、根系が複雑であると白根切断面を封じるなどの処理が困難なので、余分な細根と白根を取り除いたのち、1本ずつ200 ccの三角コルベンにいれて水耕をおこなった。設定後2週間ほどして白根が伸長してその基部が木質化しはじめた頃を見はからって、吸水量の測定をおこなった。まずそのままの状態で蒸散量を重さで毎日測定し、5日間繰り返して1日間の平均蒸散量を計算した。次に白根の先端のもっとも組織の若い部分を切断したのち切断面からの吸水を防ぐために切り口を接着剤で封じ、切断根は別に紙上にその長さを写して根長を測定し、また直径をマイクロメーターで測定したのち乾燥重量を測定した。

次に白根のなかで褐色がかってやや木質化した

表8-9　胸高断面積と白根表面積吸水率　(g/cm²)
(×10²)

胸高断面積(cm²)	100	300	500	800
スギ	100	120	250	600
ヒノキ	100	110	200	400
アカマツ	300	400	600	900
カラマツ	150	180	400	700

図8-8より。

部分を切り取り、同様な方法で蒸散量と根長・根の直径・乾重などを測定した。この測定の結果から白根の先端の部分が平均1日間に吸収した水分量、やや古くなった白根からの吸水量、完全に木質化した部分からの吸水量が各々の部分の根重・根系表面積に対応して計算された。

その資料重および各部分からの吸水量は**表8-10**のようになり、根重1g当たり1日間の吸水量は白根で180g、やや木質化した部分で22g、完全に木質化した部分で17gで、白根の先端部からやや木質化した部分になると急速に吸収力が低下し、約1/8程度になった。この吸水量は先端の白根に比べるときわめて少ないが、木質化した根も吸水作用があり、この部分の表面積が大きい林木ではこの部分の吸水量が大きな比重を占めることが考えられた。この関係を白根先端部分の吸水量を1としたときの比数で示すとやや古くなった白根は0.12、木質化した根は0.09となる。次に根系の吸水量をその表面積当たりに換算すると先端の白根は1cm²当たり0.613g、古くなった白根は0.090g、木質化した部分は0.077gでその先端の白根に対する比数は1.00、0.15、0.13となり、重さを基準とした場合よりも木質化した部分の吸水率が大きくなる傾向がみられた。この実験の結果、木質化した根の吸水率は白根の13％程度であることがわかった。木質化している全根系表面積に0.13を乗じて白根表面積の吸水率に相当する吸水表面積に換算した。

木質化した根系表面積を白根表面積の吸水率に換算して重みづけしたときの総吸水表面積に対する白根表面積の割合は**別表32**・**図8-9**のようになり、胸高断面積の増加にともなって白根表面積比は減少した。これを**別表32**のなかの代表的な林分についてみると**表8-11**のようになり、胸高断面積61cm²のS1林分では吸水量の84％が白根表面積から吸収されたが、S17林分（胸高断面積1042cm²）では36％となり、両者の間に約50％の差があった。胸高断面積300〜400cm²の林木でみると吸水量の約50％が白根から吸水され、残りの50％が木質化した根系から吸水されたこととなり、林分が大きくなって木質化した部分が増加するほど木質化した部分からの吸水量が多くなった。

次にこの表面積の割合で吸水したときの吸水量を計算すると、**表8-12**のようにS1林分については単木の総吸水量2.6tのうち84％の2.2tが白根表面積から吸水され、残りの0.4tが木質化した部分から吸水されたことになる。

表8-10 スギ苗木の根の部位による吸水率

水耕実験に用いた苗木の部分重												
樹種	苗長	根元直径	葉	軸	地上重	白根①	白根②	木質化した細い根	主根	地下部重	全重	T/R率
スギ	(cm)	(mm)	(g)	(g)	(g)	(g)	(g)	(g)	(g)	(g)	(g)	
	12.47	2.44	0.458	1.7237	2.1817	0.00572	0.02717	0.03206	0.04928	0.11423	2.29593	1.9099

実験時期：1965年7月〜8月。
n＝15の平均値（乾重）、1年生・大子産。

根系の各部分の吸水とその割合				
	白根①	白根②	木質化した根	計
1日間の吸水量(g)	1.03	0.60	1.39	3.02
根重(g)	0.00572	0.02717	0.08134	0.11423
根の表面積(cm²)	168	664	1806	2638
根重当たり1日間の吸水量(g/g)	180	22	17	26
白根①を1としたときの比数	1.00	0.12	0.09	―
表面積当たり1日間の吸水量(g/cm²)	0.613	0.09	0.077	0.114
白根①を1としたときの比数	1.00	0.15	0.13	―

3日間測定の平均値、n＝15。
①白根の先端部分、②古い白根、やや木質化した部分。

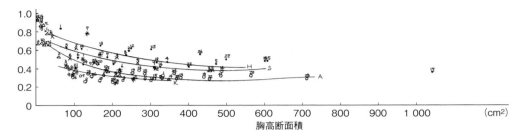

図8-9 胸高断面積と吸収能率の重みづけをおこなったときの総吸収表面積に対する白根表面積の割合

表8-11 吸水能率の重みづけをしたときの白根表面積の吸水比（スギ）

林分	胸高断面積(cm²)	白根表面積比
S1	61	0.84
S13	196	0.65
S4	335	0.47
S5	439	0.45
S16	406	0.42
S17	1042	0.36

いま、この白根表面積の割合で吸水したとすると木質化した部分が多い大径木ではこの部分からの吸水量が増加し、大径木のS17林分では単木当たり白根からの吸水量は6tであったのに対して、木質化した根系からの吸水量は11tで木質化した部分は白根の吸水量の約2倍に近い吸水量を示した。この吸水量を白根表面積・吸収能率の重みづけをしたときの木質化した部分の根系表面積を除いて各々の吸水率を計算すると別表32のようになる。

この吸水率と胸高断面積の関係は図8-10のようになり、各樹種ともに林木が大きくなると吸水率が増加する傾向がみられた。この関係をスギについてみると表8-13のように吸水率の重みづけをした白根表面積吸水率・木質化した根系表面積

表8-12 白根と木質化した根量の変化からの年吸水量（スギ・単木）

林分	S1	S13	S4	S5	S17
胸高断面積(cm²)	61	196	335	439	1042
白根からの吸水量(t)	2.2	2.9	3.2	3.3	6.1
木質化した部分からの吸水量(t)	0.4	1.5	3.7	4.0	10.9
総吸水量(t)	2.6	4.4	6.9	7.3	17.0

吸水率ともに胸高断面積が200cm²程度までは急速に増加した。この曲線はほぼ放物線状となる（図8-10)。これは樹種によって異なり、スギ＞カラマツ＞ヒノキの順に増加率が大きくて胸高断面積500cm²でスギ180、カラマツ100、ヒノキ60、アカマツ140であった。アカマツは他の3樹種とちがって胸高断面積が大きくなると吸水率がやや減少して100cm²では180であったが500cm²では140となり、他の樹種とはちがった吸水特性を示した。

以上各種の根系吸水率について説明してきたがこれらを総括して各々の因子間の関係を考えてみる。

8 各樹種の根系吸水率

根系吸水率計算の基礎となっている各根系因子の間には一定の関係があるが、この関係は各樹種の根系の特性によって異なる。たとえば同一根重であっても細根の根系分岐が密なヒノキは根系表面積が大きくなり、疎放なアカマツは小さくなる。このため取り上げる根系因子によって吸水率の相対的な関係が変わってくる。

別表32・別表33から主要樹種の代表的な林分の根系吸水率を抜き出して比較すると表8-14のようになる。各樹種の関係をスギを1としたときの比数でみると細根量吸水率・細根表面積吸水率・白根表面積吸収率はアカマツがもっとも大きくてスギ＞カラマツ＞ヒノキの順で各因子とも同じ順位を示し、細根量が少ない割に吸水量が多いアカマツが各吸水率ともにもっとも大きく細根量がきわめて多いヒノキは小さい値を示した。しかしその差は根系因子によって異なり、細根量吸水

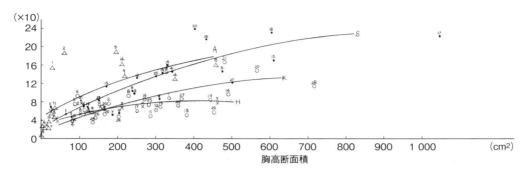

図 8-10 吸水量の重みづけをしたときの白根の吸水率

表 8-13 胸高断面積と白根表面積・木質化した根系表面積吸水率（別表 32 表より）

林分	胸高断面積 (cm²)	吸水率の重みづけした	
		白根表面積吸水率	木質化根系表面積吸水率
S1	61	55	7
S13	196	114	15
S4	335	146	19
S5	439	146	19
S27	599	123	16
S17	1 042	223	30

面積ではどの樹種もほぼ似た吸水能率を示す傾向があることがわかった。

全根系表面積吸水率・吸水能率の重みづけをした白根表面積吸水率ではその大きさの順位が前者と異なりスギ＞アカマツ＞カラマツ＞ヒノキの順となり、全根系表面積吸水率ではアカマツはスギの約 70％になった。またヒノキ・カラマツは前者に比べてその比数が小さいが、これはこれらの樹種の細根が少ない割合に太根が多いことによっている。

率＞細根表面積吸水率＞白根表面積吸水率で、根量よりも吸水能率に関係が深い根系表面積になるほど樹種間の吸水率の差は小さくなった。白根表

9 立地条件と根系吸水率

各根系因子当たり吸水量は立地条件によって変化することが考えられるが、いまスギ林分につい

表 8-14 各樹種の根系吸水率

樹種	林分	胸高断面積 (cm²)	細根吸水率 (g/g)	細根表面積吸水率 (g/cm²)	全根系表面積吸水率 (g/cm²)	白根表面積吸水率 (g/cm²)	吸水率の重みづけした	
							白根表面積吸水率 (g/cm²)	木質化根系表面積吸水率 (g/cm²)
スギ	S5	439	8.5	60	35	323	146	19
ヒノキ	H5	427	4.0	31	17	205	80	11
アカマツ	A4	311	24.0	142	23	450	131	17
カラマツ	K1	343	6.3	38	17	274	88	11
スギを 1 としたときの各樹種の比数								
スギ	S5	—	1.00	1.00	1.00	1.00	1.00	1.00
ヒノキ	H5	—	0.47	0.52	0.49	0.63	0.55	0.58
アカマツ	A4	—	2.82	2.37	0.66	1.39	0.90	0.89
カラマツ	K1	—	0.74	0.63	0.49	0.85	0.60	0.58

て乾燥土壌型から湿潤土壌型までの代表的な林分の根系吸水率をみると表8-15のようになり、各根系因子ともにpF価が大きく地位指数の小さい乾燥土壌型で吸水率が小さくなるが、その変化率は根系因子によって異なり、S6のBl_B型土壌を1としたときの比数でみると地位指数23のB$_E$型のS18林分の細根量吸水率は4.15でBl_B型の約4倍の吸水率であったが、細根表面積吸水率＞重みづけした白根表面積吸水率＞全根系表面積吸水率＞白根表面積吸水率の順に減少して白根表面積吸水率では2.8倍となった。立地条件の変化にともなう吸水率の変化傾向も樹種間でみられたと同様に根量吸水率よりも表面積吸水率のほうが立地間の差が小さくなる傾向がみられた。これは同一樹種でも立地条件によって根系表面積が変わるためである。

10　林分の成長と根系吸水率

スギ林分について各根系因子と胸高断面積との関係をみると表8-16のように細根量吸水率・細根表面積吸水率・全根系表面積吸水率は林木の大きさに関係なく一定の値をとり、林分間の順位もほぼ類似する。白根表面積吸水率と吸水の重みづけした白根表面積吸水率・木質化した根系表面積吸水率では林木が大きくなるほど吸水率が大きくなる傾向があり、小径木のS1林分と大径木のS17林分の間には3〜4倍の差があった。これは大径木では吸水量の割合には白根の量が増加しないためで、大径木での蒸散量の増加にともなって白根での吸水が促されることがわかる。この吸水は根系の積極的な吸水ではなく蒸散にともなって起こる道管内の負圧による吸水と考えられる。またこのような傾向が木質化した根系についてもみられることは、木質化した根系表面からの吸水も上部の蒸散に影響されることを示している。

以上のような点から根系の吸収構造を表す指標としては細根量・細根表面積吸水率などよりも吸水率の重みづけをした白根表面積吸水率・木質化した部分の根系吸水率が最適であるが、計算に手間がかかるのでこれに代わるものとして全根系表面積吸水率を用いることが考えられる。いま全根系表面積分布に対応して根系の各部から吸水がおこったものとして各土壌層からの吸水量を計算すると次のようになる。

表8-15　立地条件と根系吸水率（スギ）

林分	土壌型	地位指数	pF価	細根量吸水率 (g/cm³)	細根表面積吸水率 (g/cm²)	全根系表面積吸水率 (g/cm²)	白根表面積吸水率 (g/cm²)	吸水率の重味づけした 白根表面積吸水率 (g/cm²)	木質化根系表面積吸水率 (g/cm²)
S6	Bl_B	11.3	2.5	3.9	34	19	138	72	9
S7	Bl_C	13.6	3.0	3.7	21	14	102	53	7
S4	Bl_D	19.4	2.2	9.2	61	36	311	146	19
S26	Bl_E	19.4	2.2	15.6	112	63	334	215	28
S22	B$_E$	21.8	1.9	17.5	126	53	584	238	31
S18	B$_E$	23.4	2.2	16.2	122	57	383	230	30
Bl_Bを1.00としたときの各土壌型の比数									
S6	—	1.00	—	1.00	1.00	1.00	1.00	1.00	1.00
S7	—	1.20	—	0.95	0.62	0.74	0.74	0.74	0.78
S4	—	1.72	—	2.36	1.79	1.89	2.25	2.03	2.11
S26	—	1.73	—	4.00	3.29	3.32	2.25	2.99	3.11
S22	—	1.93	—	4.49	3.71	2.79	4.23	3.31	3.44
S18	—	2.07	—	4.15	3.59	3.00	2.78	3.19	3.33

表 8-16　胸高断面積と根系吸水率（スギ）

林分	胸高断面積 (cm²)	細根吸水率 (g/g)	細根表面積吸水率 (g/cm²)	全根系表面積吸水率 (g/cm²)	白根表面積吸水率 (g/cm²)	吸水率の重みづけした 白根表面積吸水率 (g/cm²)	吸水率の重みづけした 木質化根系表面積吸水率 (g/cm²)
S1	61	10.5	68	45	65	55	7
S13	196	9.4	66	43	175	114	15
S4	335	9.2	61	36	311	146	19
S5	439	8.5	60	35	323	146	19
S27	599	8.1	58	32	206	123	16
S17	1042	11.0	78	46	619	223	30

S1 林分を 1.00 としたときの各林分の比数

林分							
S1	1.00	1.00	1.00	1.00	1.00	1.00	1.00
S13	3.21	0.90	0.97	0.96	2.69	2.07	2.14
S4	5.49	0.88	0.90	0.80	4.78	2.65	2.71
S5	7.20	0.81	0.88	0.78	4.97	2.65	2.71
S27	9.82	0.77	0.85	0.71	3.17	2.24	2.29
S17	17.08	1.05	1.15	1.02	9.52	4.05	4.29

11　根系の吸収構造からみた各土壌層の年間吸水量

　胸高断面積と ha 当たり年間吸水量（別表31、図 8-4）から各林分収穫表の II 等地の 10 年・20 年・30 年・40 年・50 年における ha 当たり吸水量を計算し、これに全根系表面積に比例して吸水があると考えて土壌層別の胸高断面積－全根系表面積比曲線（別表21、図 5-18）から推定した収穫表の林分別の土壌層別分布割合（別表27）を乗じて各土壌層からの年間吸水量を計算すると表 8-17 のようになる。

　各林分とも幼齢林では吸水量が増加するが、胸高断面積－ha 当たり吸水量曲線（図 8-4）が安定した 50 年生の林分についてみると最多吸水量を示すスギは I 層で 3 208 t、ヒノキ 2 521 t、カラマツ 915 t、アカマツ 961 t が吸水され表層部からの吸水は 4 樹種中カラマツがもっとも少ない結果となった。またヒノキはスギよりも表層での細根の分布量が多いが、吸水量は 700 t 程度少ない。

　II 層では I 層と同様な傾向がみられ、吸水量はスギ 1 283 t ＞ヒノキ 1 156 t ＞アカマツ 517 t ＞カラマツ 424 t の順となった。II 層では樹種間の差が小さくなり、I 層では最大吸水量を示すスギと最小のカラマツでは 2 300 t の差があったが、II 層では両者の差は 800 t であった。

　III 層ではスギ 2 326 t ＞ヒノキ 934 t ＞アカマツ 623 t ＞カラマツ 413 t の順で樹種間の差は再び大きくなり、スギとカラマツの差は深さ 30～60 cm の III 層で吸水量が他の樹種よりも急速に大きくなる。

　IV 層ではスギ 962 t ＞ヒノキ 394 t ＞アカマツ 313 t ＞カラマツ 91 t となり、浅根性のカラマツは IV 層で吸水量が著しく減少する。樹種間の差は小さくなりスギとカラマツでは 900 t 程度となった。

　V 層ではスギ 241 t ＞アカマツ 133 t ＞ヒノキ 45 t ＞カラマツ 7 t で樹種による根系の分布特性によって吸水量の差が明らかとなった。浅根性のヒノキ・カラマツはこの土壌層では吸水量がきわめて少なくなった。

　VI 層以下ではスギ・ヒノキ・カラマツの吸水量はなくなり、アカマツの吸水量だけが計算されそ

の量は100t以上になった。

　この50年生の林分の表層30cm（Ⅰ・Ⅱ層）の間で吸収された水分量はスギ4 500t＞ヒノキ3 700t＞アカマツ1 500t＞カラマツ1 300tでこの層からのスギ林分の吸水量はアカマツ・カラマツの3～4倍になった。この各樹種の吸水量がその成長に必要な水分量だと考えるとスギは表層部でかなり多量の水分量が存在する立地でないと十分な成長が期待できないことがわかる。この点カラマツ・アカマツは水分量の少ない立地でもかなりの成長を期待できる。

　もっとも吸水量の多いスギのⅠ・Ⅱ層からの吸水量は年降水率を1 500mmとしたときの水分量の約1/3に相当する。一方吸水による表層部土壌中の多量の水分の根系内への移動は表層での土壌の物理性の変化を促進している。

　土壌層別吸水量を林齢別にみると、各樹種ともに幼齢時においては根系分布が表層に集まるために表層部での吸水量は林齢の割合には大きく、成長の早いスギは10年生でⅠ層の吸水量が3 245tに達し、50年生の3 208t以上の吸水量を示した。アカマツは10年生で984t、50年生で961tでスギと同様10年生林分は50年生の林分以上の吸水を示した。成長が遅いヒノキ・カラマツは20年でほぼ吸水量が一定となった。

　一方、幼齢林ではⅡ・Ⅲ層と深部になると吸水量が著しく減少するので、成木林との吸水量差は一層大きくなる。スギについてみると10年生林分のⅢ層の吸水量は318tであったが50年生林分では2 326tで約2 000tの差があり、Ⅳ層では71tと1 296tで約1 200tの差があった。このような関係は各樹種ともに認められ、幼齢林では表層部の吸水量が深部に比べて著しく大きいことがわかった。このような吸水量分布のために、密植の幼齢林ではⅠ層における吸水量が著しく大きくなり、根系分布から吸水土壌層が表層に限られるので、乾燥条件では吸水量の不足がおこることが十分に考えられる。一方、大径木では浅い土壌層だけでなく深部にも多量の吸水量があり、垂直的な吸水範囲が大きくて、各土壌層からの吸水が考えられるので、表層部での水分不足がおこったとしても深部での吸水が推察できる。この点幼齢小径木の成長は大径木より浅い土壌層における土壌の理化学性に影響されやすいといえる。とくに浅根性のヒノキ・カラマツではこの傾向が強い。アカマツは幼齢時代から深部に侵入した根系が吸水を支えるために表土の乾燥による影響は少なく、この吸収構造の特性がアカマツの耐乾性を高めていることが考えられる。

　ha当たり吸水量が最大となる林齢は20～30年生の若い時代にあることを説明したが、(313頁参照)、この傾向は各土壌層においても認められ、スギ林分ではⅠ・Ⅱ層では20年生林分の吸収量が最大で5 132t・1 822t、Ⅲ・Ⅳ層では30年生で2 699t・1 398tとなり、深い土壌層になるほど吸水量最多点が高林齢の方向へ移動した。これは林木の成長特性と根系の分布特性によるもので、幼齢の成長旺盛時に吸水量が増加する特性と、林木が成長して根系の発達が深部で大きくなるにしたがって深部での吸水最多点が移動することによっている。

　根系の垂直方向への発達には物理的な限界があり、一度根系が発達した後では根端の成長速度が表層で大きくなる土壌の選択成長性のために林木が十分大きくなると表層部での吸水量の割合は深部よりも大きくなる。

　根系表面積分布は主として土壌の通気条件に左右され、下層土では利用できる水分量は多いが根系の働きに必要な呼吸のための酸素が少なく、反対に働きの阻害因子であるCO_2が増加する。このため表土がつねに適潤で利用できる水分量が十分に存在する場合には根系の吸水能率は下層土よりも大きくなり、**表8-17**の表層の吸水量は増加する。一方乾燥条件では表土の吸水量は低下し、下層土での吸収量が増加する。しかし下層土では吸収表面積が少なくて林木の十分な成長に必要な水分を補給することは困難であって成長量の低下がおこる。崩積土壌で下層まで根系が発達している場合には下層土からの吸水によって表層における水分不足が補われるために表土の乾燥の割合には成長は衰えない。しかし、林木の成長に最適な条件は根系表面積が大きい表層の土壌がつねに適潤な場合である。

表 8-17　各林分の土壌層別吸水量（ha 当たり・t/年）

樹種		スギ					ヒノキ				
林齢（年）		10	20	30	40	50	10	20	30	40	50
胸高断面積（cm²）		52	204	404	620	853	18	79	166	272	384
土壌層	I	3 245	5 132	3 625	2 916	3 208	573	1 571	3 055	2 735	2 521
	II	1 116	1 822	1 542	1 296	1 283	179	545	1 150	1 125	1 156
	III	318	1 822	2 699	2 252	2 326	27	190	600	810	934
	IV	71	867	1 398	1 296	962	1	59	175	300	394
	V	＋	207	376	340	241	＋	5	20	30	45
計		4 750	9 850	9 640	8 100	8 020	780	2 370	5 000	5 000	5 050

樹種		アカマツ					カラマツ				
林齢（年）		10	20	30	40	50	10	20	30	40	50
胸高断面積（cm²）		17	112	282	493	724	41	225	265	534	724
土壌層	I	984	1 775	1 269	991	961	359	1 229	1 008	912	915
	II	323	718	631	539	517	100	436	428	429	424
	III	112	512	655	595	623	1	248	361	417	413
	IV	20	154	254	295	313	＋	59	86	103	91
	V	6	62	112	134	133	＋	8	17	19	7
	VI	1	16	42	48	45	－	－	－	－	－
	VII	1	16	6	35	21	－	－	－	－	－
	VIII	1	10	21	16	16	－	－	－	－	－
	IX	1	10	21	16	16	－	－	－	－	－
	X	1	7	9	11	5	－	－	－	－	－
計		1 450	3 280	3 020	2 680	2 650	460	1 980	1 900	1 880	1 850

別表 27・31 より。

12　葉の蒸散率

　310頁の蒸散率の考え方にしたがって葉量当たり蒸散量を計算すると別表33のようになり、これを胸高断面積との関係で図示すると図8-11のようになる。

　この図から蒸散率は各樹種とも幼齢木でやや増加傾向があるがほぼ一定で、カラマツが700、アカマツ500、スギ400、ヒノキ350で葉量の少ないカラマツがもっとも大きくてヒノキの2倍の蒸散率を示した。これを先に佐藤［1958］が計算した蒸散率（表8-3）と比較するとその蒸散率はスギ1 023、ヒノキ965、アカマツ1 998で蒸散係数から計算した蒸散率の2～4倍に相当し、両者の間に著しい相違があった。この相違は先にも述べたように両者の計算方法ないし測定方法の相違によるもので今後の研究にまつところが大きいが、両者ともにアカマツ＞スギ＞ヒノキの順で、アカマツは蒸散率がスギよりも大きく、ヒノキは最低であった。蒸散率と材木の成長との関係はその計算の基礎になっている蒸散量の計算が蒸散係数によっているために当然密接な関係が予想されるわけで、その傾向は葉量－成長率（図7-5）の変化に類似する。すなわち蒸散率は葉量－成長量率に蒸散係数を乗じたもので、各種の条件における蒸散率の変化の傾向も葉量－成長量率に類似する。

　しかし、蒸散係数が樹種によって異なるため各樹種の生産量率と蒸散率の相対的な関係は異な

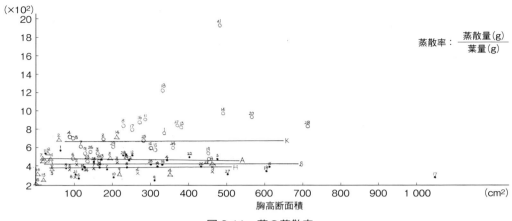

図 8-11 葉の蒸散率

り、両者ともに最大値を示すカラマツを1としたときの比数は前者ではアカマツ 0.70、スギ・ヒノキ 0.03 であったが、後者ではアカマツ 0.71、スギ 0.50、ヒノキ 0.57 で蒸散率は生産量率よりも樹種間の差が著しく減少した。

蒸散率の分散を図 8-11 でみるとカラマツがもっとも大きくて分布幅は 500〜1 200 であった。ついでアカマツ＞スギ＞ヒノキの順となり、ヒノキは 4 樹種中もっとも分算が小さい。これは葉量測定の誤差によるものか立地条件・本数密度のちがいによるものか明らかではないが、いまこれらの因子と蒸散率との関係をみると次のようになる。

本数密度と蒸散率の関係は図 8-12 のようになり、各樹種ともに本数密度が増加すると蒸散率がやや増加する傾向がみられたが、明瞭ではなかった。図 8-12 での蒸散率の分散は著しく大きいがこれは主として立地条件差によるもので地位指数との関係では図 8-12 のように小さくなる。

地位指数と蒸散率との関係は図 8-12 のように地位指数が大きくなると蒸散率も増加する傾向が明瞭である。

この関係を各樹種について地位指数 10 と 20 のときの蒸散率をみると表 8-18 のようになり、スギは地位指数 10 のときの蒸散率が 250 であったが、20 では 450 でその増加率は 1.8 であった。この増加率はカラマツ 1.64、アカマツ 1.15、ヒノキ 1.09 となりスギ・カラマツが大きくアカマツ・ヒノキは小さい。

アカマツは蒸散率の分散が大きくて以上の関係は明瞭ではなかった。アカマツは乾燥条件によって蒸散率が変化しない樹種のようであるが、地位指数 6.6、E_r 型のせき悪乾燥土壌の A6 林分は蒸散率が著しく小さくて 249 であった。

ヒノキは蒸散率が小さいが立地条件による変化も小さい。B_B 型の乾燥土壌の H6 林分と適潤性の B_D 型の H3 林分では地位指数差は 7.4 であったが、蒸散率の差はわずかに 66 であった。

以上のように葉の蒸散率は立地条件によって左右され、地位指数が小さい乾燥・過湿条件では蒸散率が小さくなり適潤条件で大きくなるが、これは前者では水分不足・通気不良などの原因で根系から十分な給水ができないことによっており、後者では根系からの十分な吸水が蒸散率を大きくしていることが推察できた。

13 根系断面積の推定

根株の基部における根系断面積は養・水分の通道組織として地上部の動きや量に対応して考えられる。

そこで根株上部の断面積・根系断面積の測定をおこなったが、根系断面積はほとんどの水平根が図 8-13 のように上下に偏厚成長をしていて根系断面の長径・短径の測定では正確に根系断面積を知ることはできない。

この測定根系断面積を補正するために根系断面積を実測して計算値との割合を求め（根系断面積

第8章　根系の水分吸収

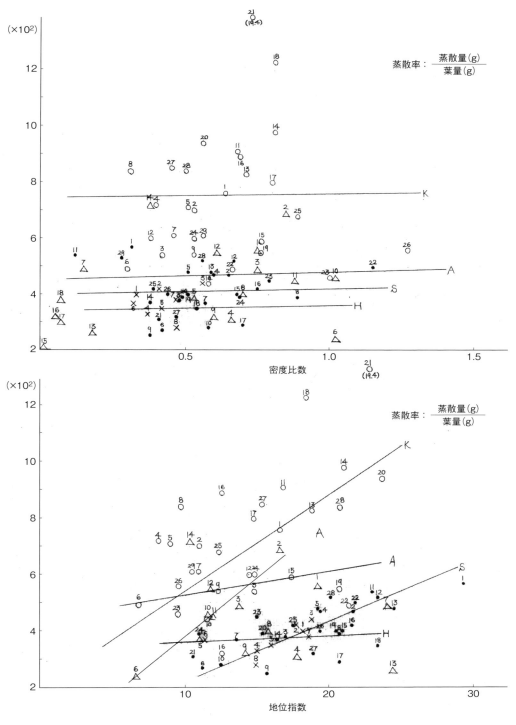

図8-12　各種の条件と葉量蒸散率

表 8-18 地位指数と葉の蒸散率（g／g）

地位指数 \ 樹種	スギ	ヒノキ	アカマツ	カラマツ
10	250	350	520	550
20	450	380	600	900
地位指数10に対する比数	1.80	1.09	1.15	1.64

比）これを計算値に乗じて根系断面積に近い値に補正した。

この根系断面積比は根系の偏厚度によって異なり、偏厚度は樹種・林木の大きさ・立地条件・本数密度などによって異なる。

いま根系の偏厚度と各種の条件における根系断面積比および根株断面積と根系断面積の関係をみると次のようになる。

(1) 根系断面積と根系の偏厚度

根系の偏厚度を次のように表すと、その変化によって根系断面積が変化することが考えられる。

$$根系偏厚度 = \frac{\sqrt{ab}}{(a+b)/2}$$

a：長径
b：短径

いま $(a+b)/2$ を直径とする円面積に対して（この円面積を1とする）$a \cdot b$ を直径とする楕円面積の比（円楕円面積比）を計算・図示すると図8-13のようになり、偏厚が大きくなると（すなわち偏厚度値が小さくなると）円楕円面積比はやや凹型の曲線で減少した。

この図で長径：短径 = 6.7：3.3 ≒ 2：1のとき偏厚度 0.94 であり、このとき実際の根系断面積は長径と短径の平均値を直径とする円面積の約88％となった。

ヒノキ・カラマツなどの浅根性樹種は深根性樹種よりも偏厚が大きくなるために断面積比は小さくなる。

そこで各林分の調査木の胸高断面積・根株断面積・根株の根系断面積の測定をおこなった。根株の根系断面積測定は図8-14のように根株にもっとも近い分岐根の基部の直径を測定した。各部分の断面積はその形状が不整であるので長径と短径を測定してその平均直径から円面積として計算したが、とくに根系断面積の大部分を占める水平根の形状は偏厚成長によって図8-14のように著しく偏寄するのでこの方法では根系断面積の実際の面積より過大に測定することになる。

いま水平根の偏厚成長が著しい野辺山のカラマツについて両者の関係をみると表8-19のようになり、合計値ではプラニメーターで正確に測定した

長径 (a)	5	6	6.7	7	8	9
短径 (b)	5	4	3.3	3	2	1
長短比 (b/a)	1.00	1.50	2.03	2.33	4.00	9.00
偏厚度 $\frac{\sqrt{ab}}{\frac{a+b}{2}}$	1.000	0.980	0.940	0.917	0.800	0.600
円楕円面積比 $\left(\frac{\pi ab}{\pi\left(\frac{a+b}{2}\right)^2}\right)$	1.000	0.960	0.884	0.840	0.640	0.360

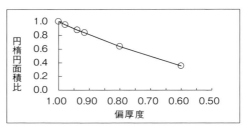

図 8-13 根系偏厚度と円楕円面積比

図 8-14 根株の模式図

第8章　根系の水分吸収

表8-19　実際の根系表面積と計算値（野辺山・カラマツ）

根系区分番号	プラニメーターで測定した断面積（A）(cm²)	直径と短径の平均から計算した断面積（B）(cm²)	A/B
1	124	152	0.816
2	106	119	0.819
3	75	83	0.904
4	61	72	0.847
5	60	62	0.968
6	53	57	0.930
7	44	47	0.936
8	44	47	0.936
9	40	44	0.909
10	32	35	0.914
11	27	29	0.931
12	21	22	0.955
計	687	769	0.893
平均	57	64	—

断面積は687cm²、長径と短径の平均直径から計算したものは769cm²で両者の間に82cm²の差があった。これは正確な面積の12％に相当し、真の面積は長径と短径から計算した面積の89％であった。

先にみたように長径：短径＝2：1のときの円面積に対する楕円面積は約88％であり、今回の野辺山のカラマツの水平根は全体としては長径：短径＝2：1の比率とみなすことができよう。

(2)　各種の条件における根系断面積比

この根系断面積比は根系の偏厚状態によって変化し、樹種・林木の大きさ・本数密度・土壌条件など各種の条件に影響される。比数が小さいほど偏厚の程度が大きい。

樹種：図8-15で胸高断面積500cm²における根系断面積比をみると表8-20のようにヒノキ・カラマツなどの浅根性樹種は根系断面積比が小さくて91～92％で深根性のアカマツ・スギは96～97％であったが、この相違は浅根性樹種が根系の偏厚が大きくて深根性樹種は小さいことによっている。

林木の成長：根系断面積比は林木が大きくなると小さくなる傾向がある。いま胸高断面積と根系断面積との関係をみると図8-15のように胸高断面積が小さい幼齢時代には偏厚成長が不明瞭で根系断面積比はほとんど1に近い値をとるが、胸高断面積が大きくなると偏厚は次第に減少し、200～300cm²になると根系断面積比が急速に減少する。この曲線は大径木になると緩やかになる。

これは壮齢時代には地上部重が急速に増加し、その支持力も急速に増加することに関連しており、地上部重の増加にともなって根系の偏厚成長が急速に促進されることがわかった。いま図8-15から幼齢時の変曲点と大径木の変曲点をみると表8-21のようにカラマツは根系表面積比が急速に変化して胸高断面積150cm²で99％であったが700cm²では89％になった。これは、カラマツは他の樹種よりも根系の偏厚成長が早い時期に急速に起こることを示している。

杭根性のアカマツは根系断面積比の変化が緩やかで、偏厚成長が緩やかにおこることがわかった。

本数密度：本数密度による根系断面積比の変化を密植林分のS22・S8林分、疎植林分のS26・S27林分でみると図8-15のように密植林分は根系断面積比が大きくて1に近い値を示し、疎植林分は低い値を示した。

これは本数密度によって根系（とくに水平根）の成長が異なるためで、密植林分はいわゆる根張りが小さくて垂下根が発達するために根系の偏厚度が小さく、疎植林分では根張りが良好で外力の

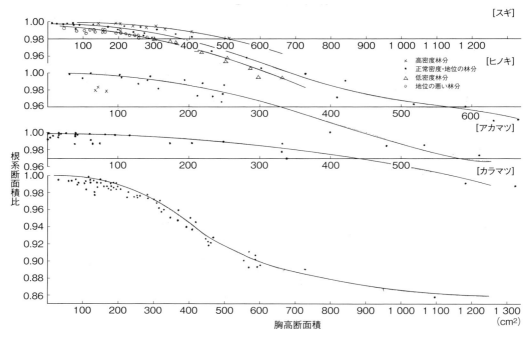

図 8-15　胸高断面積と根系断面積比

表 8-20　胸高断面積 500 cm²における各樹種の根系断面積比（％）

樹種	根系断面積比
スギ	97
ヒノキ	92
アカマツ	96
カラマツ	91

影響が大きいために根系の偏厚が大きいことによっている。いま密植の S22 林分とほぼ同じ胸高断面積の S26 林分とを比較すると表 8-22 のようになり、密植の S22 林分が疎植の S26 林分より根系断面積比がやや大きい傾向がみられる。

このため偏厚が大きい疎植林分は根系の支持力が大きくて、容易に風倒などの被害にかからないが、偏厚が小さい密植林分では支持力が小さいために倒伏しやすい。

土壌条件：根系断面積比は土壌条件によっても影響される。いまスギ林分について $B_B \cdot Bl_D(d)$ 型などの乾燥土壌と中庸の立地条件における林分の根系断面積比を比較すると図 8-15 のように両者の間に明らかな相違が認められ、せき悪乾燥林分は心土が深い適潤性の土壌の林分よりも一般に根系断面積比が小さい傾向が認められた。

これは表土の浅いせき悪乾燥林分では水平根が浅い土壌層に発達して地上部を支える形になるため外力の影響が大きくて水平根は偏厚しやすく、心土の深い適潤土壌では垂下根が発達して地上部を支えるために偏厚が小さいことによっている。

垂下根と水平根：土壌表層部に発達する直径 5 cm 程度の水平根と同程度の太さの垂下根 10 本程度を取り出して各々の根系断面積をプラニメーターで測定し（A）、一方根系断面の短径と長径の平均値を直径とする円面積を計算し、これを根系断面積（B）として両者の比（A/B）は表 8-23 のようになる。各樹種ともに水平根は偏厚が大きいために垂下根よりも両者の比は小さく 0.8〜0.9 であったが、垂下根は偏厚が小さいためにほとんど 1 に近い値を示した。

水平根では樹種の根系の特性による相違が著しくて浅根性のヒノキ・カラマツは 0.83 程度であったが深根性のスギは 0.87、杭根が発達するアカマツは 0.91 でもっとも大きい面積比を示した。広葉樹中根株が塊状でこれから多数の大径根が分岐

表 8-21　根系断面積比が急速に変化をする林木の大きさ

区分 樹種	小径木のときの変曲点 胸高断面積(cm^2)	大径木のときの変曲点 胸高断面積(cm^2)
スギ	300 (99)	900 (91)
ヒノキ	250 (98)	550 (91)
アカマツ	300 (98)	―
カラマツ	150 (99)	700 (89)

( ) は根系断面積比。

表 8-22　密植林分 (S22) と疎植林分 (S26) の根系断面積比、スギ

林分 調査木	密植林分 (S22) 1.158*	疎植林分 (S26) 0.449
1	0.97	0.95
2	0.99	0.98
3	1.00	0.96
4	0.98	0.96
5	0.99	0.98

* 本数密度比数。

する型のミズナラ・シラカンバ・フサアカシアは0.92〜0.95の高い面積比を示した。

土壌層別の根系断面積比：スギ5個林分の根系について根系の断面積比を深さ0〜30cm、30〜60cmについて長短の直径より計算すると表 8-24のようになり、各林分ともにⅠ・Ⅱ層の断面積比が大きくてS4林分では0.921、Ⅲ層では0.993であった。これは表層の水平根が図 8-14のように上下方向に肥厚して板根状になることによっており水平根の上下方向における条件の相違によるものと考えられる。一方、深部では偏厚が小さいがこれは根系の周囲の条件が均一なことによっている。

根系が偏厚する原因についてはいろいろ考えられるが、過湿地・表土の浅いせき悪林地でこの傾向が著しく、また浅根性樹種でこの性質が明瞭なことなどからすると、根系の偏厚は地上部の重力に対する適応作用で、地上部の重力の刺激によって根株付近の水平根が上下に肥厚して板状になることによっている。表土が浅い立地・浅根性樹種では水平根に加わるこの刺激が大きく、したがって偏厚も大きい。根株付近では水平根の基部に「あて材」が発達する。

根系の偏厚は普通上部に大きく下部で小さいがこれは下方では土壌による成長阻害が大きいことと重力による刺激が上部で大きいことによっている。

(3) 根株断面積と根系断面積

地上部の働きと重さを支えている根系の断面積と根株断面積・胸高断面積などとの間には養・水分の吸収・支持作用に関して生物学的な一定の法則性が考えられる。そこで養・水分が集中する根株にもっとも近い部分の根系断面積と根株断面積の関係を検討した。

実測した根系断面積と根株断面積の関係は図 8-16のようになり、両者の間に各樹種とも直線の関係のあることがわかった。この関係は樹種によって異なるが、いまこの図から根株断面積500 cm^2における根系断面積をみると表 8-25のようになり、スギは530 cm^2・アカマツは520 cm^2、カラマツは580 cm^2、ヒノキは640 cm^2でいずれも根株断面積より根系断面積のほうが大きくなった。

いま根系における吸収物質の通道作用が両者の断面積に比例するものと考えると根株付近では通道組織の面積が大きくなるために吸収・生産物質の流れが緩やかになり、根株では吸収・生産物質の貯蔵と移動の調整作用があることが考えられた。

両断面積の対比において通道能率がほとんどない心材部分の存在ないしは古い辺材部における通道能率の低下などが考えられるが、心材が存在しない幼齢木においても同様の関係が認められ、また両断面積は位置的にきわめて近い部分で組織が類似しており、両者の片材部の通道能率に大きな差が考えられないことなどからすると、上述のように根株およびこれに近い根系部分の流動調節と

表 8-23 水平根と垂下根の偏厚による断面積の相違

樹種	測定根数	根系区分	平均直径	A/B*の平均
スギ	10	水平根	9.7	0.8721
	7	垂下根	8.6	0.9845
ヒノキ	8	水平根	10.0	0.8253
	9	垂下根	9.6	0.9742
アカマツ	10	水平根	9.1	0.9051
	12	垂下根	10.5	0.9951
カラマツ	11	水平根	8.4	0.8342
	13	垂下根	9.2	0.9842
サワラ	7	水平根	9.0	0.8012
	6	垂下根	8.5	0.9563
ユーカリノキ	5	水平根	7.7	0.8700
	5	垂下根	5.0	0.9646
ケヤキ	7	水平根	8.5	0.8551
	7	垂下根	8.0	0.9724
カナダツガ	5	水平根	10.0	0.8721
	5	垂下根	8.2	0.9653
フサアカシヤ	5	水平根	7.5	0.9215
	5	垂下根	8.0	0.9845
モミ	5	水平根	8.5	0.8500
	5	垂下根	9.2	0.9875
ミズナラ	7	水平根	9.5	0.9532
	7	垂下根	7.2	0.9867
シラカンバ	10	水平根	8.0	0.9624
	10	垂下根	7.3	0.9932

* A/B は 332 頁参照。

表 8-24 土壌層別の根系断面積比

林分	土壌層	平均直径 (cm)	根系断面積比	測定本数
S12	I・II*	7.8	0.972	12
	III**	3.8	0.982	13
S 4	I・II	9.6	0.921	11
	III	3.9	0.993	16
S15	I・II	5.7	0.983	20
	III	3.7	0.989	5
S16	I・II	9.0	0.972	15
	III	5.1	0.995	16
S18	I・II	10.4	0.989	8
	III	4.7	0.987	11

* I・II層：0〜30 cm。
** III層：30〜60 cm。

表 8-25 根株断面積 500 cm²における根系断面積

樹種 \ 区分	根系断面積 (cm²)
スギ	530
ヒノキ	640
アカマツ	520
カラマツ	580

物質貯蔵根の作用を十分に考えることができる。また根株付近の組織の肥大は根の支持力にも関係するものと考えられる。

第 8 章　根系の水分吸収

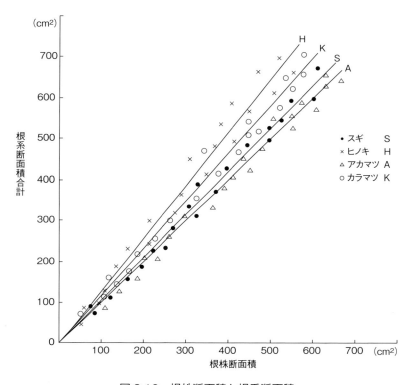

図 8-16　根株断面積と根系断面積

第9章
林木の各部分の窒素・リン酸・カリウム・
カルシウムの現存量

林木の各部分に含まれる無機塩類（窒素、リン酸、カリウム、カルシウム）を算出するために各部分から分析資料をとって窒素はケルダール法、リン酸は湿式灰化によるモリブデン青の光電光度計による比色法、カリウム・カルシウムは炎光分析法によって分析をおこなった。しかし、分析資料のとり方によって無機塩類の含有率に変動があるので既往の分析値も含めてスギ・ヒノキ・アカマツ・カラマツの林齢・部分・土壌層別の乾重当たり無機塩類含有率を推定しこれに調査木の部分重をかけて無機塩類量を計算した（**別表24**）。これらの値の変動係数は部分によっても異なるが抽出による誤差なども含めると0.1～0.2となった。調査地の資料については付近の林野土壌調査報告書を参考とされたい。

1 単位乾重当たり無機塩類量

(1) 窒素（N）

葉：窒素は各樹種とも葉にもっとも多い。なかでもカラマツは多くて10年生の若い葉ではカラマツが2.2%でアカマツ1.4%、スギ1.4%、ヒノキ1.1%の順となりヒノキはもっとも少ない。この傾向は林齢が高くなっても認められ、50年生ではカラマツの1.8%に対してアカマツは1.2%、スギは1.0%、ヒノキは0.9%で各樹種とも平行的に減少した。

枝：葉についで窒素が多い部分は枝であるが、この樹種別順位は10年生でスギ0.35%＞カラマツ0.32%＞アカマツ0.15%＞ヒノキ0.13%でスギがもっとも多くてヒノキは少ない。これはスギの枝はヒノキよりも成長が良好で柔組織部分が多く、ヒノキは古い組織が多いことに原因している。枝の窒素含有率も林齢の増加とともに減少してスギ50年生では0.25%となった。

幹：幹は10年生でカラマツ（0.11%）＞スギ（0.10%）＞アカマツ（0.05%）＞ヒノキ（0.04%）の順となり、カラマツ・スギは両者ともにほぼ0.10%であった。この含有率は葉のほぼ1/10～1/15、枝の1/3～1/4に相当する。

幹の窒素含有率も林齢の増加とともに減少し、スギの50年生では0.07%となり、枝とほぼ同様の減少率を示した。葉ではこの林齢による減少率は小さくて10年生に対する50年生の比数は0.7であった。これは葉では幼齢木でも高齢木でもそれほど組織の構成に相違がないが、枝や幹では古い組織の集積があることによっている。

窒素含有率がもっとも小さいヒノキの幹は50年生で0.01%でスギの14%であった。両者の10年のときの比は40%で、ヒノキの幹は林齢によってスギよりも窒素量が減少した。これは林齢による幹の成長速度がスギで大きくてヒノキで小さいことによっている。50年生アカマツの幹は0.02%、カラマツは0.06%であった。

根：根系の窒素含有率は各樹種ともに細根がもっとも大きく、根系が太くなるほど減少して根株で最小になる傾向がみられた。これを10年生のスギについてみると細根は0.74%、小径根0.44%、中径根0.35%、大径根0.15%、特大根0.09%、根株は0.06%で細根の10%以下になった。これは細根では木質化した組織が少なくて若い組織が多いが根株では心材部の割合が多いことによっている。

各樹種・各根系区分ともに土壌層が深くなると成長が悪くなるために窒素含有量は減少する。10年生のスギではI層の細根が0.74%、II層0.60%、III層0.55%、IV層0.37%、V層0.35%で土壌層が深くなると次第に減少してV層はI層の約50%になった。この関係は小径根・中径根・大径根についても認められ、I層の大径根では0.15%、II層0.14%、III層0.11%、IV層0.09%、V層0.07%と細根の場合と同様に窒素含有率が減少した。

(2) リン酸（P_2O_5）

葉：リン酸も窒素と同様に葉・細根などの若い組織に多く、枝・幹・根株では著しく減少し、とくに高林齢になるときわめて少なくなる。葉ではヒノキがもっとも多くて0.30%、アカマツ0.25%、スギ0.23%でカラマツはもっとも少なくて0.18%であった。

枝：枝はスギ10年生で0.08%、ヒノキ・アカマツ0.09%、カラマツ0.05%でヒノキ・アカマツが多い傾向が認められ、各樹種ともに葉の約1/3であった。この割合は窒素の場合と同様に林齢による減少の割合が葉よりも大きくて50年では10年の1/10程度になった。

幹：幹中のリン酸含有率は10年生でスギ・ヒノキ0.05％、アカマツ0.07％、カラマツ0.03％でアカマツがもっとも多い。50年生ではアカマツ0.03％、スギ0.02％、ヒノキ・カラマツ0.01％となった。

根：根系では細根にもっとも多く、スギⅠ層についてみると、細根0.17％、小径根0.08％、中径根0.06％、大径根0.05％、特大根0.03％、根株0.01％で根株は細根の1/17で根系の太さによる減少率は窒素よりも大きい。また、土壌層によって含有率が変化してスギⅤ層は0.04％でⅠ層の1/4程度となり、この点でも窒素より含有率が大きい傾向が認められた。

これらのことからリン酸は窒素よりも成長によって変化する傾向が大きく、成長が悪い部位では著しく含有率が低下するといえる。

樹種別ではⅠ層の細根でみるとスギが0.17％、ヒノキ0.18％、アカマツ0.25％、カラマツ0.20％でアカマツ＞カラマツ＞ヒノキ＞スギの順となった。

(3) カリウム（K_2O）

幹・枝・葉：カリウムは窒素・リン酸と異なり、幹・枝では林齢が増加するとやや増加する傾向が認められた。また根系についてもスギ・アカマツ・カラマツでは大径根がもっとも少なく、特大根になるとやや増加した。

カリウムの増加は心材部の形成と関係があり、幹の成長にともなって心材部が多くなるにしたがってその含有率も高くなる。しかし、若い組織では一般に含有率が高くてスギの葉についてみると10年生で0.75％、50年生では0.55％で古い葉が減少した。この点では窒素・リン酸などと同様の傾向が認められた。

根：この関係は根系についても同様で細根から大径根までは根系が太くなるほど含有率が減少し、心材ができない部分では若い組織が多いほどカリウムの含有率は高くなることがわかった。

土壌層による含有率変化ではスギ細根のⅠ層は0.43％、Ⅱ層0.30％、Ⅲ層0.26％、Ⅳ層0.20％、Ⅴ層0.17％で土壌層が深くなると漸減する傾向がみられ、特大根までの各部分について同様な傾向が認められた。

10年生の林木について各樹種のカリウムの含有率を比較するとスギは0.75％、ヒノキ0.94％、アカマツ0.50％、カラマツ0.85％でヒノキがもっとも大きくてアカマツは少ない。

幹ではスギ・カラマツ0.11％、ヒノキ・アカマツ0.13％で葉のような変化はなく、かなり安定した分布を示した。

細根の含有率はスギ0.43％、ヒノキ0.42％、アカマツ0.45％、カラマツ0.33％でアカマツの細根にカリウムが多い傾向がみられた。

(4) カルシウム（CaO）

葉：カルシウムの含有率はスギの葉にもっとも多く、10年生のスギでは1.60％、ヒノキ1.30％、アカマツ0.40％、カラマツ0.45％でスギの葉はアカマツの4倍の含有率を示した。

枝：枝の含有率は他の無機塩類に比べてかなり多く、スギでは1.10％で葉の約70％、アカマツでは葉よりも多い含有率を示した。

幹：幹では各樹種ともに林齢の増加にともなって増加し、スギでは10年生で0.20％であったが50年生では0.27％で7％の増加が認められた。ヒノキでは10年生で0.07％、50年生で0.10％となり、カラマツはこれらの樹種中もっとも少なくて10年で0.05％、50年で0.07％であった。カルシウムは幹においてはカリウムとほぼ同様な傾向を示した。

根：根系におけるカルシウム量は各樹種ともにⅠ層の細根にもっとも多くて根の直径が太くなるにしたがって、また土壌層が深くなるにしたがって減少する。Ⅰ層の細根におけるカルシウム量はスギ0.92％、ヒノキ0.50％、アカマツ0.45％、カラマツ0.33％で根系においても葉と同様スギがもっとも多い傾向がみられた。

いま上述の無機塩類の部位別・土壌層別変化を別表24から各樹種の40年生林分についてみると図9-1のようになる。各部分における含有率は各無機塩類ともに葉で大きくて幹・根株で減少し、根系が細くなると再び増加して細根で大きくなる傾向が明瞭であった。一般に葉は細根よりも含有率が大きいが、とくに窒素ではこの傾向が明瞭であった。リン酸は根端に比較的多くて葉に比べて大きな差がなかった。

スギ細根の単位量当たり無機塩類含有率は図

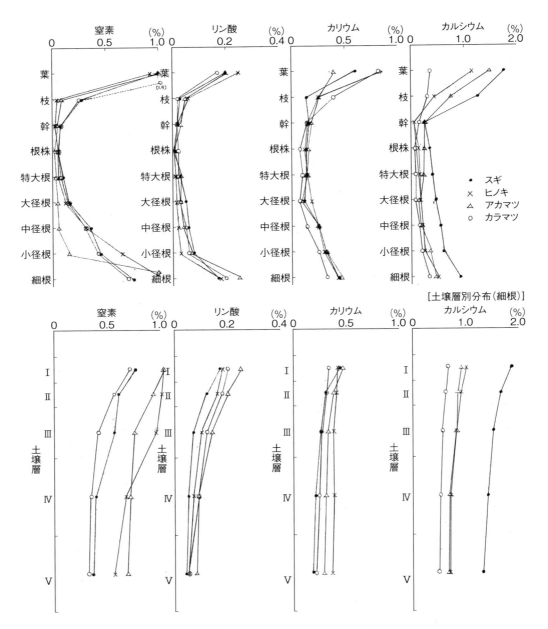

図9-1 林木の各部分の土壌層別無機塩類含有率（乾重当たり%）

9-1のように土壌層が深くなるほど減少したが、これは下層土では細根の成長が悪くて若い組織が少ないことによっている。ここでもとくに窒素の減少が目立った。

また各樹種の含有率は図9-1のように変化の傾向は類似したがその量は各部位・土壌層によって相違が認められた。

別表24の単位当たり無機塩類含有率を各平均部分重（別表11・別表17）にかける（根系については根系区分・土壌層ごとに計算した合計）と別表24のような無機塩類の単木平均値がえられる。またこれから胸高断面積比推定によってha

当たり無機塩類量が計算できる。

いま各無機塩類について各林分の単木平均値とha当たり無機塩類量の変化をみると次のようになる。

2 窒素

(1) 単木平均値

1. 地上部

窒素（N）量の単木平均値は別表24のようにスギは胸高断面積61cm²の9年生林分で78g（S1林分）、23年生で176g（S2林分）、34年生で310g（S4林分）、45年生で350g（S5林分）、49年生で1094g（S17林分）で林齢が増加すると窒素の単木当たり平均値は上側に凹形の曲線で急速に増加した。

この傾向は単木平均量の変化に類似している。これをほぼ同じ平均胸高断面積の各樹種についてみるとスギS5林分（439cm²）では353g、ヒノキH5林分（427cm²）は247g、アカマツA8林分（361cm²）は157g、カラマツK19林分（442cm²）は269gで、胸高断面積差を考慮してもスギがもっとも多くてヒノキ・アカマツ・カラマツの順となった。

林木の各部分中では葉での蓄積量が多くてスギ胸高断面積300〜500cm²の成木林分では100〜150gの現存量があった。

同様な林分でカラマツの葉は35〜50g、アカマツは80〜100g、ヒノキは100〜150gでカラマツがもっとも少ないがこれは主として葉量が少ないことによっている。

2. 地下部

地下部では上記の大きさの林分でスギは50g、ヒノキ70g、アカマツ9g、カラマツ37g程度の現存量が計算され、アカマツは窒素含有率が多い細根量が著しく少ないために地下部の窒素現存量が他の樹種に比べてきわめて少なく、もっとも多いヒノキの約1/9であった。

(2) ha当たり現存量

上記の窒素の単木平均値から林木の各部分のha当たりの現存量を計算すると別表24・図9-2のようになる。この図を中心にして各部分の窒素量の変化をみると次のようになる。

1. 地上部

幹：胸高断面積100cm²以下の林分では各樹種ともに幹の割合が少ないため幹でのha当たり窒素量は少なくて20〜30kgであるが、胸高断面積が増加すると放物線状に増加して、胸高断面積が200cm²以上のスギ・カラマツ林分では50kg以上となった（図9-2）。

この量は樹種によって異なり、一般にスギ＞カラマツ＞アカマツ＞ヒノキの順で、スギでは胸高断面積200cm²で60kg、300cm²で80kg、600cm²で100kg程度となり、胸高断面積200〜300cm²で増加率がやや小さくなるような放物線状の増加を示した。胸高断面積500cm²以上の林分では100kg以上の現存量が推定できた。

図9-2のなかでS23・S16・S22・S17林分が高い値を示し、S22林分では300kgに近い値を示したが、これらの林分は本数密度が高い林分で、S22林分の密度比数は1.2、S23林分は0.8、S8林分は0.9、S16林分は0.8、S17林分では0.7で、一般の林分に比べていずれも高い密度を示した。

普通に施業した一般の林分では密度比数が0.5〜0.6で、このような林分では成林後幹にほぼ80〜100kgの窒素の蓄積量が考えられる。

いま密度比数1の場合についてこの割合で計算すると、胸高断面積400〜500cm²の中庸の立地で200〜250kgの蓄積量があるものと思われる。逆に密度比数が小さい林分では現存量が少なくて密度比数0.38のS9林分では48kgであった。

カラマツの幹のha当たり窒素量はスギよりもやや少なくて本数密度・地位が中庸の成木林では60〜70kgであった。一方密度が高い成長良好な林分では胸高断面積500cm²程度で、100kg程度の林分（K14・K20・K21・K22など）もみられた。

アカマツはカラマツよりha当たり窒素量が少なく、調査林分中もっとも蓄積が大きいA8林分の窒素量は32kgであった。この林分は密度比数0.66、地位指数17.4であるので中庸の成長と密度の林分と考えられ、図9-2からみると一般林地では多くても50kg程度と推定された。

ヒノキの幹に蓄積する窒素量は4樹種中もっとも少なく、そのなかでもっとも多いH3林分でも20kgに満たなかった。これは乾重が多い割合に

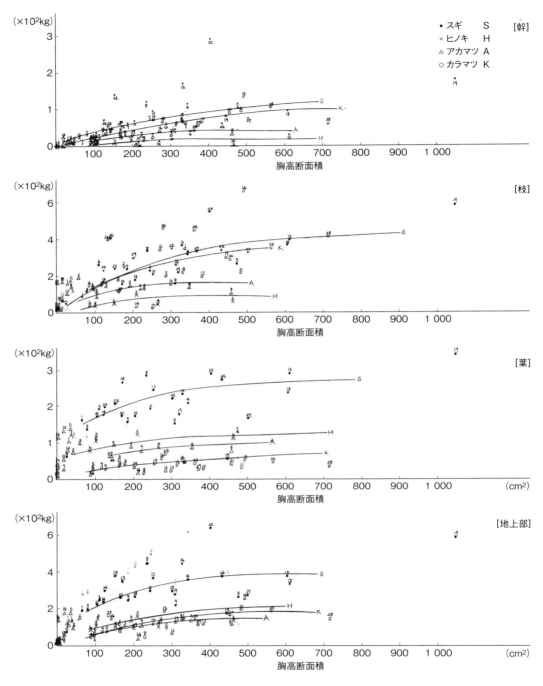

図 9-2(1)　窒素現存量（ha 当たり）(1)

第9章　林木の各部分の窒素・リン酸・カリウム・カルシウムの現存量

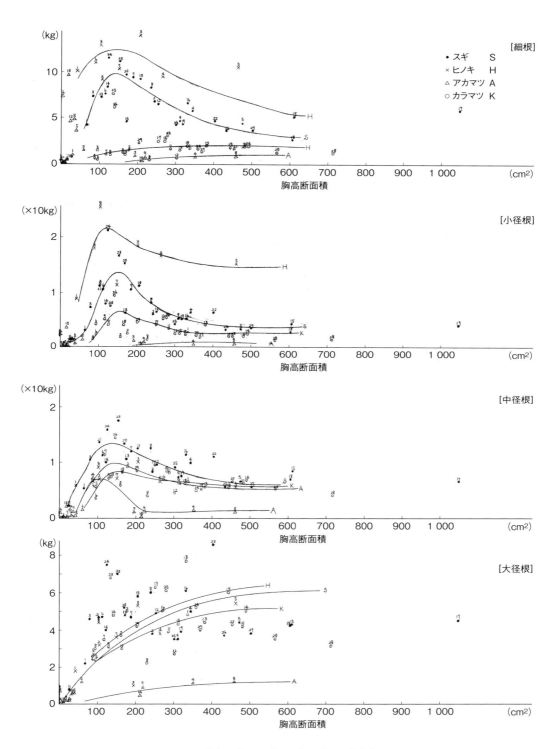

図 9-2(2)　窒素現存量（ha 当たり）(2)

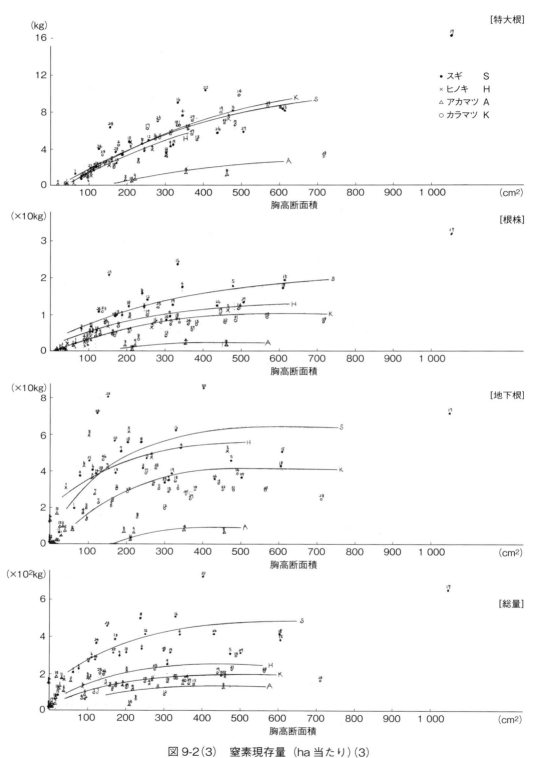

図 9-2(3)　窒素現存量（ha 当たり）(3)

乾重当たり窒素含有率が小さいためである。

　枝：枝の窒素量は図9-2のように分散が大きくてスギ・カラマツの間にはほとんど差が認められず両者ともにアカマツ・ヒノキよりも高い蓄積量を示した。

　スギは胸高断面積500 ㎠で30〜40 kg、多い林分（S22・S17林分）で50〜60 kgであった。

　カラマツも胸高断面積500 ㎠で30〜40 kgで、多いものではK14林分が60 kgであったが、これは枝が他の林分に比べて多い上に本数密度が高いことによっている。

　アカマツは胸高断面積500 ㎠で10 kg程度となり、ヒノキは7〜8 kg程度で他の樹種に比べて窒素量がもっとも少ない。

　高密度林分では蓄積量が大きくて密度比数1.2のS22林分は55 kgで胸高断面積が等しい中庸密度の林分の35 kgに比べて高い値を示した。しかし、この割合は幹（S22林分は280 kg、平均値90 kg）に比べると小さく、密度が大きくなると枝の枯損によって割合としては窒素量はあまり増加しなかった。

　葉：葉のha当たり増加曲線は幹と異なり（図9-2）、胸高断面積200〜250 ㎠で一定になるような緩やかな放物線状の増加を示したが、これは小径木の林分で葉量がほぼ一定になることによっている。また幼齢木の葉の窒素含有率が高齢木よりも大きいことにもよっている。

　スギは胸高断面積300 ㎠程度で250 kgとなり、その後ほぼ一定して大きな増加はなくて600 ㎠で270 kgに達した。S8・S22・S26・S15・S17林分など密度比数が大きい林分では葉量が多いために300 kgに近い値を示した。この量は幹の現存量の約3倍に相当する。

　ヒノキは幼齢時に葉量が多いために各林分ともにほぼ等しい量で、胸高断面積91 ㎠のH6林分で78 kg、427 ㎠のH5林分で100 kgで両者の間に20 kgの増加しかみられなかった。最大量はH3林分の124 kgであった。胸高断面積の増加にともなって蓄積量が増加したがスギのような大きな変動はなかった。

　アカマツはスギ・ヒノキよりも少ないが、カラマツよりも大きくて胸高断面積500 ㎠で70 kg程度であった。幼齢の密度比数の大きい林分では現存量が大きくて胸高断面積20〜30 ㎠の高密度林分のA10・A11林分（密度比数1.2・0.9）では120 kgの現存量を示した。

　岡山地方のせき悪林地でも若いA6林分は高密度（密度比数1.3）のため100 kg以上の高い窒素量で、胸高断面積361 ㎠の大径木のA8林分（密度比数0.7）の73 kgよりも高い値を示した。

　以上のようにアカマツの幼齢高密度林分では窒素が大径木の林分よりも大きくなる傾向があるが、これは幼齢・密植林分で葉量が著しく増加することと、幼齢林では窒素含有率が高いことによっている。

　葉の窒素含有率の樹種間の差は図9-1のように明瞭であるが、これは含有率よりも葉量の差によって、胸高断面積500 ㎠でスギは250 kg、ヒノキ120 kg、アカマツ100 kg、カラマツ60 kg程度であった。

　胸高断面に対する幹・枝・葉を加えた地上部のha当たり窒素の変化はその大部分を占める葉の窒素の変化に類似して、緩やかな放物線で増加して胸高断面積200 ㎠程度でほぼ一定に達した（図9-2）。この傾向はスギがもっとも明瞭で、ヒノキ・カラマツ・アカマツの増加曲線は一層緩やかであった。

　各樹種の胸高断面積500 ㎠における窒素量をみるとスギ400 kg、ヒノキ150 kg、アカマツ・カラマツ120 kgとなり、スギは他の樹種と比較して著しく窒素量が多い。これは主としてスギの葉量が多いことと含有率が高いことによっている。ヒノキは葉量は多いが含有率が小さいのでha当たり総量はスギよりも少なくなった。

　各樹種ともに高密度林分では高い窒素量を示し、S22林分は600 kg以上に達した。またA10・A11林分は一般の林分の数倍の値を示した。

2. 地下部

　細根：細根のha当たり窒素は一般に胸高断面積150〜200 ㎠の若い林分で山になるような曲線で変化して林が大きくなると漸減した。この傾向はスギ・ヒノキでは明瞭でアカマツ・カラマツでは明らかでなかった。これはアカマツ・カラマツの細根が幼齢時においても疎放で根量が少ないことによっている。

　アカマツはスギ・ヒノキよりも早い時期（胸高

断面積 50 cm²) に窒素量最大の山が現れた。これはこの時期に本数密度が高くなることによっている。また A10・A6・A11・A12・A5 林分などで高い値を示したが、これらの林分はいずれも高密度林分ないしはせき悪乾燥林分で細根量が多いことによっている。

カラマツはスギのように幼齢時の明瞭な増加の山がなくてほぼ放物線状に増加したが、比較的高い値を示す K25・K17・K16 などの林分はいずれも胸高断面積 200〜300 cm² の小径木の林分であり、最大値を示した K23・K26 林分（乾燥土壌）は 150 cm² であった。幼齢最大時の平均的な値ではスギ 10 kg、ヒノキ 12 kg、アカマツ・カラマツ 2 kg 程度であったが、各々の最大値はスギ 12 kg、ヒノキ 14 kg、アカマツ 10 kg、カラマツ 8 kg であった。

これは ha 当たり細根量が小径木の林分で多くて大径木で減少する傾向（132頁参照）と一致するものであるが、同じ細根でも幼齢木の細根は窒素含有率が大きいので、この傾向は一層明瞭となる。

このように幼齢時代、吸収作用に関係が深い細根の窒素量が増加することは、この時代に根系の働きが活発になっていることを意味しており、この時代に林分の成長がさかんなことを合わせて考えると、幼齢時の旺盛な成長は細根の働きに支えられているとも考えられる。

同様の傾向は小径根・中径根についても認められた（図9-2）。これは細根の場合と同様に小径木では小径根・中径根量が多いことによっている。

スギの小径根では小径根の胸高断面積 150 cm² で 12 kg（最大値 21 kg）に達し、300 cm² で 5 kg、500 cm² で 4 kg 程度になった。

他の樹種についても同様の傾向が認められたが、小径根では細根で明らかでなかったカラマツの幼齢時の増加傾向が明瞭にみられた。これは先にも述べたようにカラマツの細根の着き方が疎放であるのに比べて小径根の分岐が比較的多いことによっている。

小径根の ha 当たり窒素は胸高断面積 150〜200 cm² の小径根では細根よりも多くてヒノキ 22 kg、スギ 15 kg、カラマツ 6 kg、アカマツ 1 kg であっ

たが、スギ・カラマツは胸高断面積の増加による減少率は大きくて 500 cm² ではヒノキ 15 kg、スギ 3 kg、カラマツ 1 kg となった。これはヒノキは大径木でも小径根が多く、スギ・カラマツは根径の分岐が少ないという特性によっている。中径根の窒素は胸高断面積 500 cm² でスギは 6 kg、ヒノキ・カラマツは 5 kg、アカマツは 1 kg 程度であった。細根・小径根に比べて根量の割合に窒素量が少ないのは含有率が小さいためである。

大径根・特大根・根株など大径根以上の根系では図9-2のように胸高断面積が大きくなると窒素の蓄積量が放物線状に増加し、中径根以下の根系で認められた幼齢時における窒素量の増加傾向はみられず、中径根以下とそれ以上の根系ではその変化の傾向をまったく異にした。この傾向は主として根量変化に類似するもので、幼齢林では中径根以下の根系の発達が良好であるが、林木の成長にともなって大径根以上の根系の成長が大きくなることによっている。

大径根は立地条件・本数密度などによる分散が大きいが、大径根〜根株のなかでは根株が胸高断面積ともっとも相関が高くて分散は小さくなった。

上述のような林分の大きさの増加にともなう大径根以上の根系の窒素量の増加傾向はこの部分が無機塩類の蓄積部分としての特徴をもっていることを示すものである。

胸高断面積 500 cm² における大径根・特大根・根株の窒素量は図9-2・表9-1のようになり、各樹種の根系の分岐・成長特性によってその多さの順位が変わったがスギ・ヒノキ・カラマツはほぼ類似した多さを示し、これに比べてアカマツはかなり小さい値を示した。

地下部の総窒素の変化は上記の各部分の変化を総合した形で表れる。この関係をスギでみると細

表9-1　胸高断面積 500 cm² における根の窒素
(kg / ha)

根系区分＼樹種	スギ	ヒノキ	アカマツ	カラマツ
大径根	5.8	6.3	1.1	5.2
特大根	7.8	7.0	2.2	8.2
根株	17.0	10.0	2.5	8.5

根〜中径根の影響が大きいために胸高断面積150〜200 cm²でほぼ一定（アカマツは50 cm²）となり、それ以上林木が大きくなっても ha 当たり窒素の現存量はほとんど増加しない。

地上部の窒素の動き（図9-1）と比較すると、地上部に比べて地下部はやや早い時期に窒素量が一定になる傾向がみられた。これは細根の窒素量の増加が早い時期にあり、その増加の山が大きいためである。この点では細根の窒素量が地下部の総窒素量に及ぼす影響は地上部における葉よりも大きいといえる。

ha 当たり窒素量はスギがもっとも多くて胸高断面積500 cm²で57 kg、ヒノキ55 kg、カラマツ35 kg、アカマツ10 kg程度であった。地上部ではアカマツはカラマツよりも大きかったが地下部ではアカマツはカラマツの1/3以下となった。この主な原因はアカマツの細根量がきわめて少ないことによっている。

地下部の窒素量分布は地上部に比べて変動がきわめて大きい（図9-2参照）が、これは地上部では細根量が土壌条件によって変動するためである。このことから地下部では土地条件によって根系の働きも容易に変化することが考えられる。地上部と同様に地下部の窒素量も本数密度によって異なり、高密度林分のS22林分は85 kgで最大値を示した。このことから推察すると最多密度林分ではha当たり窒素量が70〜80 kgに達するものと推察できる。

以上の地下部の窒素量は伐採によって土壌に還元されるもので、この調査林分の資料から40〜50年生林分でスギは40〜50 kg、ヒノキ50〜60 kg、アカマツ10 kg、カラマツ30 kg程度が土壌中に残るものと考えられる。（378頁参照）

3. 総量

ha当たり窒素の総量は図9-2のように胸高断面積500 cm²でスギ400〜500 kg、ヒノキ200 kg、アカマツ100 kg、カラマツ200 kg程度でスギとヒノキ・カラマツ・アカマツの間に大きな差が認められた。これは主としてスギでは窒素含有率が大きい葉量が多いことによっている。

胸高断面積に対する窒素量の変化傾向は量が多い地上部の変化傾向に影響されて地下部でみられたような若い時代の増加の山はなくなり、胸高断面積200〜300 cm²まで放物線状に増加し、その後増加率が急速に小さくなる傾向が各樹種間で認められた。

密度比数がもっとも大きいS22林分および密度比数が大きく高林齢で成長良好なS17林分ではほぼ700 kgの現存量が計算された。

(3) 現存量の部分比

以上のような各部分量を総量を1とした場合の比数でみると別表24のようになる。

幹：幹に蓄積される窒素量は全体の10〜20％で、幼齢林では葉の割合が大きくて幹は小さい傾向がみられる。スギについてみると9年生のS1林分・8年生のS11林分では9％と6％であった。この割合は林齢とともに増加して45年生のS5林分では34％の蓄積があった。また密植林分のS22林分では40％の窒素が幹に存在した。ヒノキはスギ・カラマツ・アカマツに比べて幹に少なくて48年生H5林分で8％しかなく、もっとも多いH3林分でも10％であった。

アカマツは38年生のA4林分で29％、35年生のA8林分では26％であった。カラマツは51年生のK1林分で37％、31年生で32％、45年生ではほぼ40％程度であったが、野辺山国有林の不成積造林地では幹の窒素含有量比が小さくて47〜48年生林分でも25〜30％で、とくに成長が悪いK6林分では16％であった。スギにおいても成長不良林分では幹の窒素量比が小さくなった。これは成長不良の林木では幹の割合が小さくて枝や葉の割合が相対的に増加することによっている。この関係は幼齢木の場合に類似する。

枝：枝の窒素量の部分重比はスギでは4〜8％で、林分が大きくなるほど増加するが幹ほど顕著ではない。最高の比数はS15林分の11％であった。

ヒノキの枝の窒素の割合は3〜6％で一般にスギよりも少なかったが、これは枝の窒素含有率が小さいためである。一方、アカマツは枝に比較的多くの窒素が分布しており、10％以上の分布を示す林分が多くみられた。

カラマツは一般に枝中の窒素量が多く、総量の14〜15％の分布がみられ、もっとも成績がよいK28林分では24％の存在を示した。

葉：窒素量は林木の部分中葉にもっとも多く、スギでは総量の60％以上を占める林分がほとんどであった。若い林分ではとくに葉での割合が多くて S1 林分では 78％、S11 林分では 81％で林木の大半の窒素量が葉に存在した。しかし、この割合は密植林分では小さくなり、S22 林分では 40％に過ぎなかった。これは成林した密植林分では幹の蓄積量が多くなるために相対的に葉の割合が減少することによっている。

地位指数でみると成長が劣悪な S6 林分は 66％でほぼ胸高断面積が等しい S3 林分に比べてやや多い傾向が認められたが、これは S6 林分の葉量が多いことによるものである。

(4) 地上部と地下部の割合

各林分の地上部と地下部の窒素量の割合を別表 24 でみるとスギでは総量の約 80～90％が地上部に分布しており、地下部には残りの 10～20％が分布していた。この割合は両部分の重量比（T/R 率）よりも大きい値をとり、4～9 であった。

根系の窒素量のなかでは細根が占める割合が大きいが全体としては小さい値を示した。

ヒノキは比較的地下部に多く、地上部では 70～80％で、窒素量の T/R 率は 3.5～4.0 となった。これは、ヒノキは窒素の含有率が高い細根量が多いことによっている。

アカマツはスギ・ヒノキに比べて地上部に窒素の分布が偏り、地上部の割合が 90～95％で T/R 率が 9～25 となるような林分が多くみられた。

カラマツはヒノキに類似して地上部で比較的分布が少なくて 70～80％であった。この地上部の割合は本数密度が大きくなると大きくなり（S22 林分）、せき悪林地では小さくなる傾向があった。これはせき悪乾燥林地では窒素含有率の多い細根が増加することによっている（実際にはこのような立地では単位細根量当たり窒素量が小さくなるのでその割合はこれよりも小さくなると考えられる）。

(5) 地下部の各部分比

総窒素量中で細根が占める割合はスギ 1～3％、ヒノキ 5～7％、アカマツ 1～5％、カラマツ 1～2％で、スギ・カラマツは比較的変動が少なかったが、アカマツでは A4 林分の 0.006％から A6 林分の 0.049％、まで広い幅での変化がみられた。

各樹種とも一般に幼齢林および地位指数が小さい林分で細根量比が大きい傾向がみられたが、前者は全量に対して細根量の占める割合が大きく、後者は地位指数が小さいところで細根量が増加することによっている。

小径根はスギ 1～2％、ヒノキ 5～8％、アカマツ 0.6～2％、カラマツ 3～4％で 4 樹種中ヒノキが多い傾向がみられた。この割合も細根と同様に幼齢林および地位指数が小さい乾燥立地で大きくなった。

中径根はスギ 2～4％、ヒノキ 3～5％、アカマツ 1％、カラマツ 3～7％で立地条件が悪い林分で多い傾向がみられた（K4・K7 林分）。

大径根はスギ 1～2％、ヒノキ 1～3％、アカマツ 0.5～1％、カラマツ 2～3％でアカマツは他の樹種に比べて小さい。

中径根以下の根系では林分が小さいほど窒素量の割合が大きく、大径根以上の部分では胸高断面積が大きくなるほど割合が増加する傾向が明瞭となり、立地条件差による分散は小さくなった。

特大根に含まれる窒素の割合はスギ・ヒノキ・カラマツは 3～4％、アカマツは 0.5～1％程度でスギ・ヒノキ・カラマツに比べて小さい値を示した。これはアカマツの窒素含有率が根株付近で小さいことによっている。

林木の成長に対する窒素量比の変化の傾向は胸高断面積の増加にともなって放物線状に増加した。根株の窒素量は土壌条件に影響されにくいために変動の幅は小さい。

(6) 土壌層別分布

次に以上のような窒素現存量の土壌層別分布（無機塩類の垂直分布平均値は別表 24）を総量を 1 としたときの土壌層別の割合で考えてみる。

無機塩類の現存量の垂直分布はほぼ根量の垂直分布に似るが、同じ細根であっても土壌層によって無機塩類の含有率が異なるので、その垂直分布は根量の垂直分布と相当のずれがある（別表 24）。

スギ・ヒノキ・アカマツ・カラマツの窒素の垂直分布比は別表 24 の通りで、スギでは胸高断面

積400 cm²以上の成林した安定林分でⅠ層に40〜50％、Ⅱ層に25〜30％、Ⅲ層に10〜15％、Ⅳ層に5〜10％、Ⅴ層に1〜2％の分布がみられた。

ヒノキではⅠ層に50〜60％で、多いものは75％及んだ。Ⅱ層の割合は25〜30％、Ⅲ層は10〜15％、Ⅳ層1〜2％、Ⅴ層に0.5％程度で、全体にスギよりも表層部に窒素量の分布が多い。

アカマツはⅠ層に50〜60％、Ⅱ層に20〜30％、Ⅲ層10〜15％、Ⅳ層1〜2％、Ⅴ層2〜3％で、林が大きなA4林分でⅪ層にまで窒素の分布が認められた。カラマツはⅠ層に40〜50％、Ⅱ層30〜35％、Ⅲ層10〜20％、Ⅳ層に2〜3％の分布が認められ、スギよりも表層部に窒素の分布割合が多い。

この窒素の垂直分布比は根量の場合と同様に幼齢林は他の林分に比べて比数が大きくて、9年生のS1林分は51％、8年生のS11林分は80％の分布が認められた。この傾向はヒノキ・アカマツ・カラマツなどの樹種についても同様で、幼齢時には窒素の分布割合が表層部に多く、次第に減少して成木になるとほぼ一定になる傾向がみられた。これをスギについてみると9年生のS1林分はⅠ層の割合が51％であったが、34年生のS4林分では44％となり、45年生のS5林分では40％となった。

ヒノキは10年生のH1林分が69％、28年生のH3林分が52％、48年生のH5林分が49％で、スギと同様に胸高断面積の増加にともなって垂直分布割合が漸減する傾向が認められた。

各樹種ともせき悪乾燥条件では根量の増加にともなって窒素量が増加する傾向があり、地位指数が小さいS6・S7・S24林分はこれとほぼ同じ大きさの林分に比べて窒素量が表層部に多い傾向がみられた。一方、密度比数が大きくて土壌層が深いS8林分ではⅠ層に42％、Ⅱ層に26％、Ⅲ層に17％、Ⅳ層11％、Ⅴ層4％で、正常な林分に比較して深部に分布量が多い。アカマツについて密度比数1.24のA10林分は、これよりも直径が大きいA11林分に比べてⅠ層の窒素分布比が小さくて深部で多い傾向がみられた。

3 リン酸

(1) 単木平均値
1. 地上部

リン酸（P_2O_5）の単木当たり現存量は別表24のようになる。地上部・地下部を合わせた総量はスギ幼齢木の胸高断面積60 cm²程度の林木で16 g、最大の調査林分S17林分（49年生・胸高断面積1 042 cm²）では233 gで、胸高断面積の増加にしたがってやや上側に凹形の増加曲線を示した。これは窒素とともに重量の単木平均値の増加曲線に類似する。幹のリン酸現存量は45年生（S5林分）で34 g、枝2 g、葉30 g程度で窒素の場合と同様動き部分としての葉にもっとも多くの分布がみられた。

ヒノキH4林分（38年生・胸高断面積275 cm²）では幹17 g、枝8 g、葉24 gで地上部は49 gであった。スギS19林分（32年生・胸高断面積346 cm²）の地上部は45 gであるので、スギに比べるとやや多い。

アカマツは幹・枝に多く、A4林分（38年生・胸高断面積311 cm²）で幹に43 g、枝に8 gの蓄積があり、これよりも直径が大きいスギS17林分よりも大きい。

総量ではA4林分は74 gでこの林木の大きさに相当するスギS25林分の65 g、ヒノキH4林分の55 gに比べてこれよりも大きい蓄積を示した。一方アカマツの葉にはリン酸は少なく、S25林分の40 g、H4林分の24 gに比べて、A4林分は14 g程度の蓄積しかみられなかった。

カラマツは以上の林分とほぼ同じ大きさのK1林分（51年生・胸高断面積343 cm²）で幹に13 g、枝3 g、葉5 g、総量29 gで、幹・枝ともにS25林分より少なく、ヒノキ・アカマツよりもかなり小さい。葉についても同様で、4樹種中もっとも少ないアカマツに比べてその約1/3程度の分布しかみられなかった。またK1林分のリン酸の総量は29 gで、もっとも少ないヒノキH4林分の約1/2であった。これらの点からみるとカラマツは必ずしもリン酸が多い樹種とはいえない。

2. 地下部

リン酸は根系のなかでは集中的に分布する根端

を多量に含む細根に多く分布する。細根の根量が他の部分に比べて少ない大径木では大径根・特大根よりも小さい値をとることもあるが、根量に比べると細根量中のリン酸はかなり多く、地下部におけるリン酸量のなかで大きな割合を占める。これをスギ成木安定林分のS5林分についてみると細根は0.98g、小径根0.65g、中径根1.24g、大径根1.13g、特大根1.70g、根株3.40gで根株は細根の3.5倍であった。根量では40倍以上の差があった。しかし、きわめて細根量が少ないアカマツは0.17gで、スギS5林分の1/16以下であった。ヒノキは2.14g（H5林分）、カラマツは0.65g（K1林分）で他の樹種に比べてヒノキの細根に蓄積するリン酸量がもっとも多い。これはそのリン酸含有率が高い上に、根量が他樹種に比べて著しく多いことによっている。またヒノキは小径根・中径根など各部分ともにリン酸の蓄積量が多く、地下部合計でスギは9g（S5林分）、ヒノキ14g（H5林分）、アカマツ（A4林分）、カラマツ（K1林分）8gで、スギ・アカマツ・カラマツはほぼ等しい蓄積量を示したが、ヒノキはこれらの樹種に比べて高い値を示した。

(2) ha当たり現存量
1. 地上部
　胸高断面積に対するha当たりリン酸量を図示すると図9-3のようになる。

　幹：幹では窒素の場合と同様に胸高断面積が200cm²程度までは林が大きくなるにしたがって増加し、それ以上の林分ではスギ20～25kg、ヒノキ15～20kg、アカマツ30kg、カラマツ10kg程度となる。幹のリン酸量は本数密度によって変化して密度比数が1以上のS22林分は37kgの現存量があった。アカマツ林でも、本数密度比数1.24の密植林分（A10林分）の幹のha当たりリン酸量は35kgで、同齢の本数密度比数0.62の疎植林分（A12林分）に比べて1.7倍であった。両者の本数密度比数の割合は2.3である。本数密度が大きくなると、林分のリン酸量は増加するが、A10林分とA12林分のリン酸量をみると、本数の増加の割合ほどにはリン酸量は増加していない。

　枝：枝のリン酸のha当たり蓄積量は変動が大きくて同じ胸高断面積の林木でも数倍の差があった。これは幹における変動よりも大きく、本数密度・立地条件による枝量の変化が大きいことと枝量そのものの分散が大きいためである。枝ではアカマツ・ヒノキの蓄積量がもっとも多くて成林した林分で7～8kg、スギは4～5kg、カラマツはもっとも少なくて2～2.5kgであった。

　アカマツで幼齢時代に枝にリン酸の含有量が多い（A10・A1・A11・A2林分では10kg以上）のは幼齢時代に幹量に比べて枝量の割合が多く、またアカマツ枝中の単位乾重当たりリン酸量が多いことに原因している。また一般にアカマツ・ヒノキの枝中のリン酸量が多いのは乾重当たりリン酸含有率が大きいことにもよるが、アカマツは陽性で林分が疎開していて枝張りが大きく、ヒノキは耐陰性が大きいために着枝量が多いことによっている。

　カラマツは比較的枝量は多いが単位当たりリン酸含有率が少ないためha当たり蓄積量は少なくて胸高断面積500cm²で2.5kg程度であった。

　葉：葉に含まれるリン酸量はスギがもっとも大きくて胸高断面積400cm²以上の林分では40kg以上になる。幹の場合と同様に高密度のS22・S8林分はいずれも58kg・51kgであった。林分の成長にともなうリン酸量の変化は胸高断面積200cm²程度までは急速に増加するがそれ以上の林分では増加率が小さくなり、最大胸高断面積のS17林分（胸高断面積1 042cm²）は69kgであった。

　スギについで葉にリン酸量が多いのはヒノキで、調査林分中もっとも大きいH3林分では25kg程度の蓄積量を示した。しかしヒノキは幼齢時代の葉量が多くてH1林分（10年生）・H2林分（18年生）林分では30kg以上の蓄積量があった。

　またアカマツについてもこの傾向が顕著で、胸高断面積50cm²以下の胸高断面積で葉のリン酸が最大となり、約20kg程度となったのち成林後はその約1/2の10kg程度に減少した。このような傾向は窒素についても認められた。これは幼齢の成長旺盛な時期に面積当たり葉量が一時的に増加することによっており、これに関連して葉の無機塩類量も増加するが、幼齢林では無機塩類含有率が大きいので以上の傾向は一層明瞭になる。

　カラマツは葉の単位当たりリン酸含有率が小さい上に葉量が少なくて、ha当たりリン酸量は胸

第9章 林木の各部分の窒素・リン酸・カリウム・カルシウムの現存量

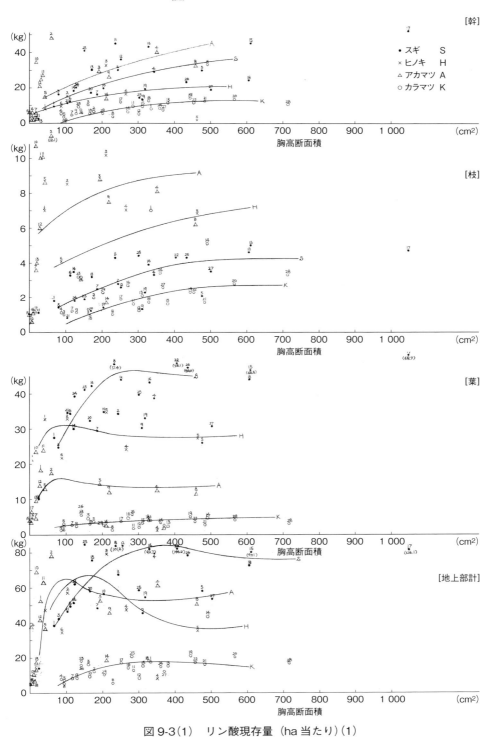

図9-3(1) リン酸現存量(ha当たり)(1)

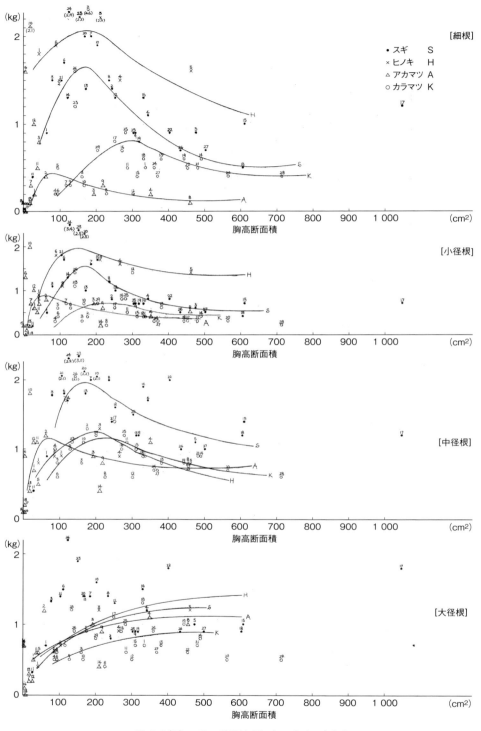

図 9-3(2)　リン酸現存量（ha 当たり）(2)

第9章 林木の各部分の窒素・リン酸・カリウム・カルシウムの現存量

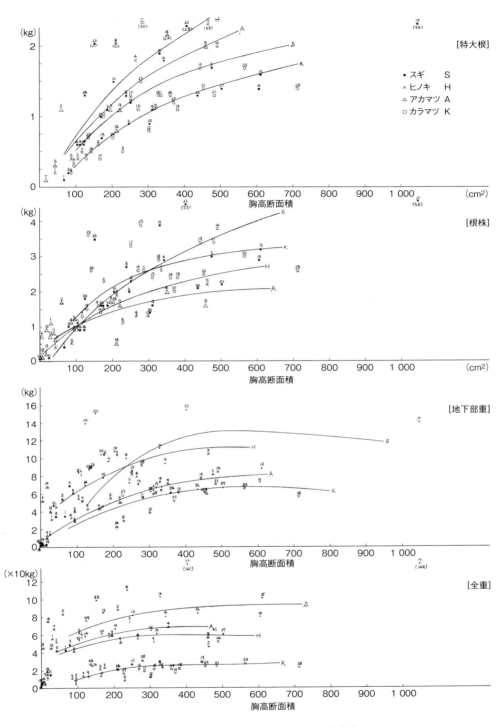

図9-3(3) リン酸現存量（ha当たり）(3)

高断面積 500 cm²で 2〜3 kg で、スギの 1/25、ヒノキの 1/10、アカマツの 1/5 程度であった。

林分が大きくなっても著しいリン酸量の増加はみられずほぼ一様に変化した。幼齢林分での増加の山がみられなかったが、これはカラマツが落葉性で葉量の集積がないことと陽性樹種で幼齢時本数密度が増加すると葉量が減少する性質のためと推察される。

地上部：地上部のリン酸量をみるとスギがもっとも多くて胸高断面積 400〜500 cm²の成林安定した林分は 80〜100 kg、高密度の S8 林分は 101 kg、S22 林分は 146 kg、高林齢の成長良好な S17 林分は 126 kg で、最多本数密度では 100 kg 以上の蓄積が考えられた。

アカマツはスギに次いでリン酸量が多く、成林安定した林分で 50〜60 kg の蓄積が認められたが、幼齢時代にはリン酸量が多くて高密度林分の A10 林分では 69 kg に達した。またアカマツで明瞭にみられる幼齢時代に最多量に達する傾向は枝・葉におけるリン酸量の変化の影響が大きい。

ヒノキはアカマツに次ぐ蓄積量を示し、成林後の蓄積は 50 kg 程度と推定されたが、H3 林分では 80 kg 程度の存在が認められており、最多密度の場合にはスギと同様 100 kg 以上になることが予想された。

カラマツは他の樹種に比べて各林分のリン酸量の分散が小さくて 15〜20 kg の林分がほとんどであった。ただ K14 林分が 40 kg 以上の蓄積を示したのはこの林分の本数密度が大きくて（密度比数 0.80）幹・枝のリン酸蓄積量が多いことに原因している。

2. 地下部

細根・小径根：細根〜中径根は各樹種とも窒素の場合と同様に成長が旺盛な幼齢時代にリン酸量が多い。この傾向は細根・小径根で顕著で、スギでは胸高断面積 150〜200 cm²の S24・S23 林分の細根はそれぞれ 2.4 kg・2.2 kg であったが 500 cm²ではその約 1/4 の 0.6 kg に減少し、ヒノキでは約 1/2 になった。また地上部ではこの傾向が明瞭でなかったカラマツでも細根〜中径根では幼齢時の増加の山が明瞭に認められ、細根では胸高断面積 300 cm²付近で 0.8 kg 程度となり、600 cm²では 0.4 kg に減少した。最大時には 0.9 kg に達した。

これはリン酸含有率が大きい若い根端組織が多い表層部での細根が多いためである。

窒素のところでも述べたように根系の働きに直接関係するリン酸量がこの時代に増加することは、この時代に林分の地下部の活力が増加して旺盛な吸収と成長がおこることに関連するものである。

窒素・リン酸などの根の成長と働きに重要な役割を果たす無機塩類が林齢 20〜25 年の若い時代に地下部の細根・小径根などの吸収の働きのもっとも大きい部分で増加することはこの時代に林分の地下部で旺盛な活力の高まりを示すもので、地上部の働き部分である葉よりもこの傾向が著しいことは窒素のところでも述べたように地下部の働きが林木の成長に一次的に関係していることを示す点においてきわめて重要な現象と考えられる（214 頁参照）。

幼齢時代の成長は地下部での細根・小径根の活力の高まりによるところが大きい。

成林後における細根のリン酸量はヒノキ 1.6 kg、スギ 0.6 kg、カラマツ 0.5 kg、アカマツは 0.2 kg 程度で、ヒノキがもっとも大きくアカマツが少ない。カラマツのリン酸量がスギに近い値を示すことはカラマツは細根にリン酸が集中分布する傾向が他の樹種よりも大きくて、単位当たり含有率が大きくなることによっている。

小径根の成林後の蓄積はスギ 0.7 kg、ヒノキ 1.3 kg、アカマツ 0.5 kg、カラマツ 0.3 kg で樹種間の差は細根の場合よりも小さい。

中径根：中径根の ha 当たりリン酸蓄積量は成林後の林分でスギ 1.0〜1.2 kg でもっとも多く、ヒノキ・アカマツ・カラマツは 0.8〜1.0 kg でスギとヒノキ・アカマツ・カラマツの間には明瞭な蓄積量の差が認められた。

大径根：大径根は細根〜中径根と異なり窒素の場合と同様に放物線状に増加して胸高断面積 500 cm²でスギ 0.9〜1.0 kg、ヒノキ・アカマツ 1.0〜1.2 kg、カラマツ 0.7〜0.8 kg 程度の蓄積がみられた。

特大根・根株：特大根・根株では細根〜中径根でみられた幼齢時代のリン酸最多曲線の山がなくなり、胸高断面積が増加するとリン酸の現存量は放物線状に増加する傾向が明瞭にみられた。

スギ特大根では胸高断面積 300 cm²程度まで急速

に増加して約 1.2 kg 程度となり、500〜600 cm²付近では 1.2〜1.3 kg 程度であった。

アカマツはスギよりも多くて 2 kg 以上の現存量を示したが、これはアカマツの主根量が多いことに原因している。

カラマツはスギとほぼ等しく 1.2〜1.3 kg 程度の現存量を示した。

根株のリン酸現存量は成林後 2〜3 kg 程度となり、スギ・ヒノキ・カラマツに比べてアカマツは少ない。これは主としてアカマツの本数が他の樹種に比べて少ないことによっている。

地下部：地下部の全リン酸量は胸高断面積に対して放物線状に変化するが、細根〜中径根の影響で小径木でのリン酸量の増加率が大きく大径木では細根〜中径根の減少傾向と大径根〜根株の増加傾向が相殺されるために胸高断面積 200 cm²付近に変曲点をもつような緩やかな放物線上の増加を示した。胸高断面積 500 cm²でヒノキは 9〜10 kg、スギは 8〜9 kg、アカマツ・カラマツは 6〜7 kg 程度の値を示し、地下部の総リン酸量としてはスギがもっとも大きくてヒノキ＞アカマツ＞カラマツの順となった。

3. 総量

ha 当たり林分の総リン酸量の変化は図 9-3 のように胸高断面積に対して放物線状に増加して胸高断面積 200 cm²程度でほぼ一定量に達した。

この傾向はスギが著しく、カラマツは緩やかな放物線を描いて増加した。いま胸高断面積 500 cm²の林分における ha 当たりリン酸量はスギ 100〜120 kg、ヒノキ 40〜60 kg、アカマツ 60〜70 kg、カラマツ 20〜30 kg でカラマツのリン酸現存量は小さい。スギのリン酸量が多いのは葉でのリン酸量が多いことによっている。

S22・S17 林分の現存量がみると最多密度では 150〜160 kg になることが考えられた。

(3) 現存量の部分比

窒素と同様にリン酸の総量を 1 としたときの各部分のリン酸量の比は別表 24 のようになる。

1. 地上部

幹：幹の ha 当たりリン酸量は林木が大きくなるほどその割合が増加する。スギ S1 林分（9 年生）・S11 林分（8 年生）は 23％と 16％で、ヒノキ H1 林分（10 年生）は 15％でいずれも低い値を示したが、林木が大きくなるにしたがって漸増して S5 林分（45 年生）では 45％、H4 林分では 30％でスギでは総量の 1/2 に近い量が幹にあった。

また密度比数が大きい大径木では幹重の割合が増加するためにリン酸量も増加して 52％が認められた。

ヒノキは幹におけるリン酸の分布比が他の樹種に比べると小さくて成林安定した林分でも 40％に満たなかったが逆にアカマツは分布割合も大きくて A4 林分では 59％に達した。

カラマツはスギに比べてやや多くて K14 林分では 65％に近い分布を示した。

枝：枝におけるリン酸の割合はスギ 3〜4％、ヒノキ 10〜15％、アカマツ 10〜15％、カラマツ 8〜10％程度でヒノキ・アカマツは枝で大きい傾向がみられた。

葉：葉ではスギ 45％、ヒノキ 50〜60％、アカマツ 20〜30％、カラマツ 20〜30％で、スギ・ヒノキは葉のリン酸の分布割合が大きい。

地上部：地上部におけるリン酸の分布割合はスギ・ヒノキは 85〜90％、アカマツ 90〜95％、カラマツ 65〜70％でアカマツは他の樹種より地上部における分布割合が多い。

2. 地下部

細根・小径根・中径根：細根のリン酸の割合は単位当たり含有率が大きいために大きく、成林安定した林分でも根株・特大根に次いで高い割合を占め、胸高断面積 500 cm²の林木でスギ 1〜2％、ヒノキ 3〜4％、アカマツ 0.3％、カラマツ 2〜3％程度でヒノキ・カラマツはスギ・アカマツよりも細根における分布比が大きくてアカマツはもっとも小さい。これは窒素の場合と同様にアカマツの細根量が他の樹種に比べてきわめて少ないことによっている。

林木の大きさに対する根系のリン酸量比の変化をスギ細根についてみると表 9-2 のようになる。

特大根・根株などの蓄積部分では幼齢林で小さくて胸高断面積の増加にともなって放物線状に増加する傾向を示した。

いま成木安定林分におけるリン酸の割合をみると表 9-3 のようになる。細根〜第径根を通じてヒノキ・カラマツは比数が大きい。

表9-2 林木の大きさと細根のリン酸量（スギ）

林分	S1	S2	S4	S5	S17
胸高断面積(cm²)	61	249	335	439	1 042
総リン酸量に対する比数(%)	2.1	1.8	1.4	1.3	0.9

表9-3 各根径部分のリン酸の分布割合（総リン酸量を1とした場合の比数%）

区分 \ 林分	スギ S5	ヒノキ H5	アカマツ A4	カラマツ K1
胸高断面積(cm²)	439	427	311	343
細根	1.3	2.7	0.2	2.2
小径根	0.9	2.4	0.6	1.8
中径根	1.6	1.4	1.6	3.8
第径根	1.5	2.0	1.6	3.0
特大根	2.5	5.6	3.6	5.4
根株	4.5	3.8	2.9	10.8
計	12.3	17.9	10.5	27.0

地下部：地上部の総量のところでも述べたように地下部におけるリン酸量比はスギ10～15％、ヒノキ15～20％、アカマツ8～10％、カラマツ25～30％で、カラマツでは30％以上の割合の林分が多数みられ、他の樹種に比べてカラマツは地下部にリン酸の割合が高いがスギ・ヒノキ・アカマツなどは根量比の20～25％よりも小さかった。カラマツの根系でリン酸の割合が大きいのは根系の各部分において蓄積割合が高いことによるが、とくに根株での割合が大きいことによっている。表9-3の根株でスギは4.5％、ヒノキ3.8％、アカマツ2.9％であったのに対してカラマツは10.8％であった。

(4) 土壌層別分布

総リン酸量に対する土壌層分布量の割合は各樹種とも成林安定した林分でⅠ層に50～60％、Ⅱ層に20～30％、Ⅲ層10～15％、Ⅳ層3～5％、Ⅴ層0.5～1％の分布が認められたが、ヒノキ・カラマツはスギ・アカマツに比べてやや表層部に多い傾向がみられ、スギS5林分のⅠ層の47％に対してヒノキは52％（H5林分）、アカマツ46％（A4林分）、カラマツは50％（K1林分）であった。

アカマツの細根のリン酸量は他の樹種に比べて表層に多いが、太根の分布が下層に多いので総分布量としては表層部での割合は小さくなる。

リン酸の土壌層分布は素の含有率が表層で大きくて下層部で小さい傾向をもつために、その土壌層別分布比では根量の垂直分布よりも多くなった。また幼齢林およびせき悪乾燥林地でリン酸の分布割合がⅠ・Ⅱ層に多いが、このような林分では根量分布が表層に偏ることによっている。

表層の細根のリン酸含有率は下層に比べて著しく多いので根量の場合よりも一層表層部に偏った形になる。

胸高断面積に対するリン酸量の土壌層別比の変化をスギS1林分～S5林分についてみると表9-4のようになり、Ⅰ層では胸高断面積の増加にともなって比数が漸減し、Ⅲ層以下では増加する傾向がみられ、この変化曲線は根量の傾向に類似した。

表9-4 林分の大きさとリン酸量の土壌層分布（総量を1としたときの比数）

土壌層 \ 林分	S1	S2	S4	S5
胸高断面積(cm²)	61	249	335	439
Ⅰ	0.574	0.526	0.503	0.466
Ⅱ	0.287	0.261	0.283	0.327
Ⅲ	0.132	0.157	0.143	0.147
Ⅳ	0.008	0.045	0.059	0.045
Ⅴ	−	0.011	0.012	0.014

Ⅰ・Ⅱ層の分布割合は小径木のS1林分が86％、大径木のS5林分は79％で小径根・大径根を通じて80％以上のリン酸量が表層から30cmの間に分布した。

4 カリウム

(1) 単木平均値

カリウム（K₂O）の現存量の単木平均値は別表24のようになる。これから各樹種の幼齢林と成木林の代表的な林分についてみると表9-5のように幼齢成木林を通じてヒノキがもっとも多く、スギ＞アカマツ＞カラマツの順となった。またこの量は林木が大きくなると急速に増加し、これをスギについてみると表9-6のように胸高断面積に対してやや上側に凹形の曲線で増加した。このような

表9-5 幼齢林と成木林のカリウムの単木平均値(g)

区分		樹種	スギ	ヒノキ	アカマツ	カラマツ
幼齢林	林分		S1	H1	A2	K5
	胸高断面積(cm²)		61	42	63	90
	カリウム(g)		49	53	41	55
成木林	林分		S5	H5	A8	K19
	胸高断面積(cm²)		439	427	361	442
	カリウム(g)		428	1 011	338	434

別表24 より。

表9-6 胸高断面積とカリウムの総量(g)

林分	S1	S3	S4	S5	S17
胸高断面積(cm²)	61	109	335	439	1 042
カリウム	49	51	303	427	1 205

表9-7 地上部・地下部の各部分のカリウム量(g)(単木平均値)

樹種	スギ	ヒノキ	アカマツ	カラマツ
林分	S5	H5	A8	K19
胸高断面積(cm²)	439	427	361	442
幹	258.05	297.09	207.07	295.62
枝	16.91	58.95	41.47	61.01
葉	82.35	135.51	30.03	33.13
地上部計	357.31	491.55	278.57	389.76
細根	2.75	5.99	0.42	1.26
小径根	3.46	9.35	2.82	1.55
中径根	5.03	5.95	6.84	3.42
大径根	3.93	12.18	3.85	5.10
特大根	10.51	26.92	13.94	12.73
根株	44.26	35.44	31.41	19.96
地下部計	69.94	95.83	59.28	44.02
合計	427.25	587.38	337.85	438.78

傾向は各無機塩類についてみられるものである。

1. 地上部

大径木の地上部の各部分のカリウム量は表9-7のようになる。

幹：この表でアカマツのA8林分の平均胸高断面積は他の樹種に比べてやや小さいが、幹の単木平均のカリウム量は207～297gに及び、ヒノキ・カラマツは296～297gでスギ・アカマツよりも大きい。

この関係は窒素の場合とはまったく異なるもので窒素量ではスギ120g、ヒノキ18g、アカマツ41g、カラマツ111gで、スギ・カラマツはヒノキ・アカマツよりも著しく大きくてスギとヒノキの間には6倍の差があった。これは主として各樹種の幹のカリウムの含有率に大きな差がないことと心材の量の多少によっており、窒素は成長の良否と辺材の多少に関係している。心材部の大きいヒノキは窒素量は少なくてカリウムの量が多くなった。

枝：枝は表9-7のようにカラマツ＞ヒノキ＞アカマツ＞スギの順になり、その樹種間の差は幹の場合よりも大きい。これは枝量の相違によるもので、枝量の多いカラマツ＞ヒノキ＞アカマツ＞スギの順に変化した。スギは他の樹種に比べて枝量がきわめて少ないためカリウムの量はヒノキなどの約1/3以下であった。

葉：スギの葉の最大値はS17林分の314gであった。平均的には50～100gが多い。ヒノキはH5林分が136gであった。

地上部：地上部の調査木の平均値は、表9-7のように同程度の断面積でヒノキは492g、スギ357g、アカマツ279g、カラマツ390gであった。同種内でも値の分散が大きい。

2. 地下部

細根：表9-7で細根はスギ2.8g、ヒノキ6.0g、アカマツ0.4g、カラマツ1.3gで、ヒノキ＞スギ＞カラマツ＞アカマツの順になった。樹種による値の変動は大きい。

地下部：地下部の量はスギ70g、ヒノキ96g、アカマツ59g、カラマツ44gで、カラマツはヒノキの1/2以下であった。

3. 総量

地上部と地下部を加えた総量は表9-7のようにスギ427g、ヒノキ587g、アカマツ338g、カラマツ439gとなった。樹種間の多さはヒノキ＞スギ＞カラマツ＞アカマツの順となった。

(2) ha当たりの現存量

カリウムのha当たりの現存量は別表24・図9-4のようになる。

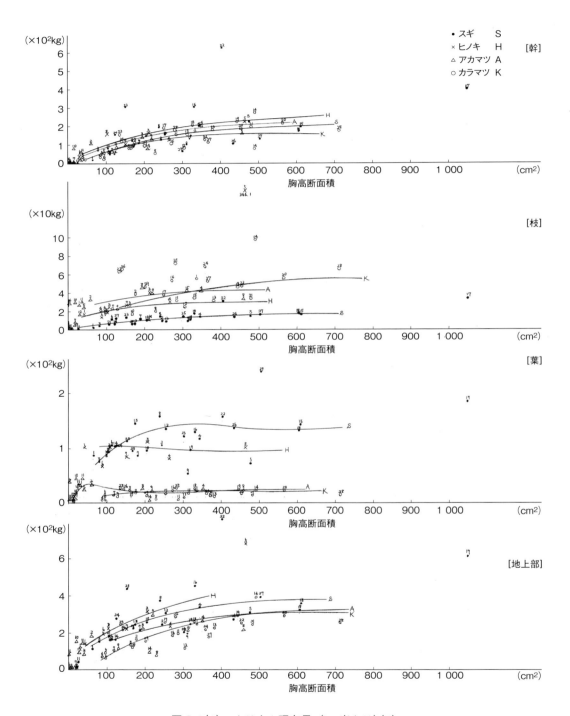

図 9-4(1) カリウム現存量（ha 当たり）(1)

第9章 林木の各部分の窒素・リン酸・カリウム・カルシウムの現存量

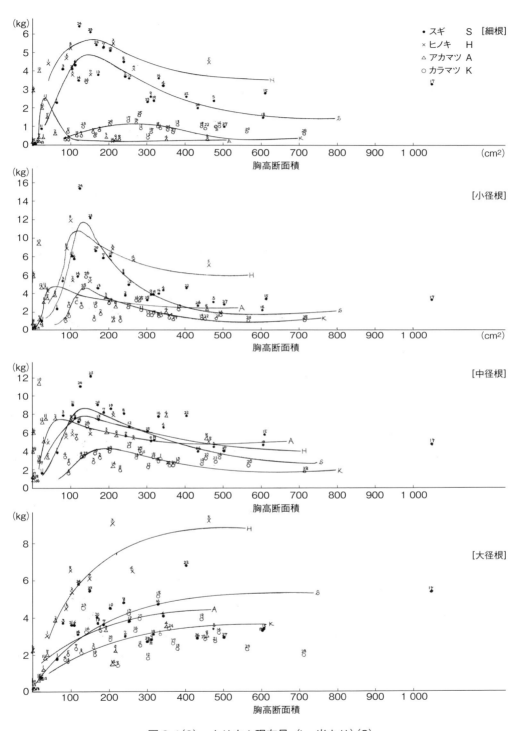

図 9-4(2) カリウム現存量（ha 当たり）(2)

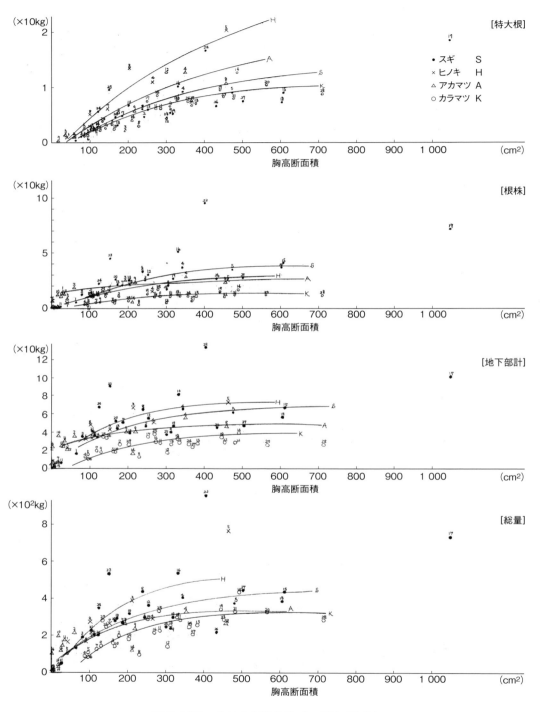

図 9-4(3) カリウム現存量（ha 当たり）(3)

1. 地上部
幹：幹の ha 当たりのカリウム量は胸高断面積に対して放物線状に増加して胸高断面積 500 ㎠で 150〜250 kg であったが、ヒノキ・アカマツはスギ・カラマツよりもやや多い傾向がみられた。しかし、密度比数が大きい S23・S22 林分はかなり多量の蓄積が認められ、309 kg と 629 kg の現存量があった。また高林齢の成長が良好な S17 林分では 395 kg であった。

枝：枝のカリウム量はカラマツが他の樹種に比べて多く、胸高断面積 500 ㎠の林分では約 60 kg、アカマツ 40 kg、ヒノキは 30 kg 程度、スギはこれらの樹種に比べて著しく少なくて 20 kg 程度であった。スギの現存量の分散はスギがもっとも小さくてカラマツは大きい。

葉：葉ではスギがもっとも多くて成木の安定した林分で 140〜150 kg 程度の現存量があり、胸高断面積の増加によっても大きな増加はみられずほぼ一定の蓄積がみられた。

ヒノキは幼齢林ではスギよりも多くてスギ S1 林分（10 年生）は 103 kg であった。

アカマツは大きい林に比べて幼齢林で蓄積量が多く密度が高い A6・A11 林分では 40 kg 以上となった。しかし、成林後は減少して胸高断面積 238 ㎠の A8 林分では 24 kg 程度の現存量しかみられなかった。幼齢林でカリウム量が増加する傾向はその他の樹種についてもみられた。

カラマツは葉量が少ないために窒素・リン酸同様に少なくて各林分ともに 20 kg 程度の蓄積しかなかった。

地上部：地上部のカリウムの現存量は幹・枝の量の変化に影響されて放物線状に増加して胸高断面積 500 ㎠でヒノキ 450 kg、スギ 400 kg、アカマツ・カラマツ 250 kg 程度と推定された。

地上部のカリウム量は幹・枝・葉などにおける現存量が相殺されて葉でみられたような樹種間の大きな差はなかったが、順位としては上記のようにスギ＞ヒノキ＞アカマツ＞カラマツの順位となった。堤［1987］の 70 年生の秋田スギ林では地上部は 441 kg / ha とある。

2. 地下部
窒素・リン酸の場合と同様に細根〜中径根では胸高断面積 100〜200 ㎠の幼齢時代に現存量最多の山が現れる。この山は胸高断面積の増加にともなって次第に減少して胸高断面積 300 ㎠程度ではぼ一定の値を示す。

細根：細根では幼齢最多時期にはスギ 6 kg、ヒノキ 5.5 kg、カラマツ 1.5 kg、アカマツ 0.8 kg に達した。アカマツ・カラマツはスギ・ヒノキに比べて少ない。

小径根：小径根でもこの傾向はきわめて明瞭で S24 林分（胸高断面積 109 ㎠）では 15 kg 以上に達したが 300 ㎠以上では 4 kg 以上の現存量を示す林分はみられなかった。この傾向は大径根になるとややくずれて蓄積部分としての傾向が現れ、特大根・根株では逆に胸高断面積に対して放物線状に増加した。

幼齢林でカリウムの蓄積が多いのはこの時代にカリウムの含有量が高い細根が多いこととその分布が単位あたりカリウム含有量の高い表層に偏ることに原因している。この幼齢時における細根〜中径根のカリウム量増加の傾向は窒素・リン酸と同様にこの時代の地下部の活力の高まりを示すもので、この時代の旺盛な成長に関係している。

地下部：地下部におけるカリウムの総量はスギ・ヒノキ 60 kg、アカマツ 50 kg、カラマツ 30 kg でスギ・ヒノキの現存量がもっとも大きかったが、これはこれらの樹種の細根のカリウムが多いためである。

3. 総量
地上部・地下部を合わせた ha 当たりカリウムの現存量は胸高断面積の増加にともなって放物線状に増加して胸高断面積 500 ㎠ではヒノキ 700 kg、スギ 400 kg、アカマツ・カラマツ 300 kg 程度となり、最多密度ではスギは 1 t 程度になることが推察された。（図 9-4）。

いまスギ S22 林分についてみるとその窒素量は 318 kg、リン酸は 162 kg であり、カリウムは 953 kg でカリウムは窒素の約 3 倍、リン酸の 6 倍であった。

(3) 現存量の部分重比
1. 地上部
総量に対するカリウムの各部分の比数は別表 24 のようになり、スギ・ヒノキ・アカマツでは地上部に 80〜85％、地下部に 15〜20％の分布

がみられたがカラマツはやや多くて85～90%であった。これはカラマツはカリウムの蓄積が幹に大きいためで、カラマツ林分では幹に50～60%の現存量が一般的にみられた。比較的幹における蓄積割合が少ないスギでは40～50%であった。

葉におけるカリウムの分布比はスギ30～35%、ヒノキ30～40%、アカマツ20～25%、カラマツ10～15%でカラマツは葉での割合が小さくて幹に多い傾向が明瞭であった。

いまS5～K19林分の各部分のカリウムの割合をみると表9-8のようになり、胸高断面積360～440 cm²程度の林木で、幹に51～68%、枝に4～14%、葉に8～9%があった。幹における各樹種のカリウムの割合は枝・葉よりも分散が小さくてヒノキは最小で51%、カラマツは最大で68%であった。この表でもカラマツが幹に蓄積割合が多い。これは、カラマツは葉量が少なくて相対的に幹での割合が増加することによっている。枝ではカラマツの割合が大きくて14%でアカマツ＞ヒノキ＞スギの順となり、スギは4%であった。

葉はヒノキが最大で23%、カラマツは最小で8%で両者の間に3倍の差があった。葉ではアカマツの割合も小さくて9%であった。スギは19%でスギ・ヒノキの割合が大きいがこれは主として葉量の相違によっている。

表9-8で地上部におけるカリウムの割合はカラマツ90%＞スギ・ヒノキ84%＞アカマツ83%

表9-8 総量に対する各部分のカリウムの比数

樹種	スギ	ヒノキ	アカマツ	カラマツ
林分	S5	H5	A8	K19
胸高断面積(cm²)	439	427	361	442
幹	0.603	0.506	0.641	0.681
枝	0.040	0.100	0.123	0.141
葉	0.193	0.231	0.089	0.076
地上部計	0.836	0.837	0.825	0.898
細根	0.006	0.010	0.001	0.003
小径根	0.008	0.016	0.008	0.004
中径根	0.012	0.010	0.020	0.088
大径根	0.009	0.021	0.011	0.012
特大根	0.025	0.046	0.041	0.029
根株	0.104	0.060	0.093	0.046
地下部計	0.164	0.163	0.174	0.102

でスギ・ヒノキ・アカマツは類似したがカラマツは90%で高い値を示した。これはカリウムの割合が幹・枝でとくに多いことによっている。

2. 地下部

表9-8における細根の割合はヒノキ1.0%、スギ0.6%、カラマツ0.3%、アカマツ0.1%で根量の順に割合が変化し、最大のヒノキと最小のアカマツは10倍の差があった。この差は根系が大きくなるほど減少して根株ではスギが最大で10%、カラマツが最小で5%で2倍の差となった。これは細根量が樹種の特性によって著しく異なり、大径根・根株では小さいことによっている。

小径根は0.4～1.6%、中径根0.8～2.0%、大径根0.9～2.1%、特大根3～5%、根株5～10%で根系区分が大きくなるにしたがって比数は漸増した。

地下部全体の割合はアカマツ17%、スギ16%、カラマツ10%でアカマツ・スギ・ヒノキに比べてカラマツはかなり小さかったがこれは特大根・根株での割合がとくに小さいためである。

(4) 土壌層別分布

各樹種ともに成木林ではⅠ層に地下部のカリウム総量の50～60%、Ⅱ層に30～40%、Ⅲ層に10%、Ⅳ層に3%、Ⅴ層に1%程度の分布を示し、カリウムの80%以上の深さ0～30 cmの階層に分布した（別表24）。

この割合は樹種・樹齢によって異なり、ヒノキ・カラマツはⅠ・Ⅱ層に分布割合が多く、スギ・アカマツは深部に多い傾向がみられたが、幼齢林では表層での割合が多くて総量に対する土壌層の分布比はヒノキ（H1林分）ではⅠ層は67%、Ⅱ層は29%でⅠ・Ⅱ層中に総量の96%が分布した。せき悪乾燥の立地条件では地位指数が低いS6・S7林分は62%・57%、H6林分は70%で表層に細根分布が偏るために、他のほぼ同じ大きさの林木に比べて表層での割合が大きい。

5 カルシウム

カルシウム（CaO）は以上挙げた無機塩類中単位当たり含有率がもっとも大きくてスギの葉では乾重当たり1.80%、Ⅰ層の細根では0.92%の存在がみられた。

第9章　林木の各部分の窒素・リン酸・カリウム・カルシウムの現存量

(1) 単木平均値
1. 地上部

別表24からS5～K19林分の地上部・地下部の各部分のカルシウムの単木平均値をみると表9-9のようになる。

幹のカルシウム量はスギS5林分で464g、カラマツ129gでスギはカラマツの4倍に近い量があった。一般に幹の無機塩類量は差が小さいがこのように大きな相違がみられるのは各樹種の幹における単位カルシウム量の相違が大きいことによっている。

枝でもスギが大きくて157g、カラマツは53gであった。カラマツは枝の量が多い割合にカルシウム量は少ない。

葉では以上のような傾向が一層明瞭となり、最大のスギは270gであったがアカマツ・カラマツは少なくて15～19gで、両者の間に15倍以上の差があった。これはスギ・ヒノキの葉量がアカマツ・カラマツよりも著しく多いこととその含有率が高いことによっている。スギとヒノキの葉量の差は小さいがカルシウム量はそのほぼ2倍に近い値を示した。

地上部の総量ではスギは891gでカラマツの4倍以上、ヒノキ・アカマツの2倍であった。ヒノキ。アカマツはともに453gで同じカルシウム量であったが、アカマツは幹に、ヒノキは葉に多くて、両樹種ともに部分によって含有量が著しく異なる。

2. 地下部

別表24のように地下部についても同様の傾向があり地下部の総量ではスギは204g、カラマツは38gで両者の間に5倍近い差がみられた。とくにカラマツの根株のカルシウム量は少なくてスギの119gに対して16gであった。

3. 総量

別表24でスギのカルシウムの総量は1kgにおよんだがヒノキ・アカマツは544～547g、カラマツは235gでスギの約1/4であった。

以上のカルシウムの部分量は林木が大きくなると増加するが、細根・小径根・中径根・葉などの働き部分は幼齢時代に増加率が大きい型で放物線状に増加し、太根・幹などの蓄積部分は上側に凹形の増加曲線を示した。この関係をスギS1～S17林分の単木平均値についてみると表9-10のようになる。

表9-10　胸高断面積とカルシウム量（単木平均値）　スギ（g）

区分＼林分	S1	S3	S4	S5	S17
胸高断面積(cm²)	61	109	335	439	1 042
カルシウム量	112	128	786	1 095	3 243

(2) ha当たり現存量

各林分のha当たり現存量と林分の大きさによるその量の変化は別表24・図9-5のようになる。

1. 地上部

胸高断面積に対するha当たり現存量は図9-5のように各部分重の増加曲線に類似して幹・枝・葉ともに放物線状に増加する。

この傾向は葉は幹・枝と異なりかなり早い時期（胸高断面積150～200cm²）で一定になる傾向が認められた。これはha当たりの葉量がこの時期に増加して以後あまり増加しないことによっている。地上部・地下部の各部分のha当たり総量を大径木の林分であるS5～K19林分についてみると表9-11のようになる。

2. 地下部

他の無機塩類の場合と同様に細根・小径根は胸

表9-9　各部分のカルシウム量（単木平均値）（g）

樹種	スギ	ヒノキ	アカマツ	カラマツ
林分	S5	H5	A8	K19
胸高断面積(cm²)	439	427	361	442
幹	464	186	318	129
枝	157	102	116	53
葉	270	165	19	15
地上部計	891	453	453	197
細根	7	7	0.5	1
小径根	7	7	3	1
中径根	13	5	6	4
大径根	16	12	7	6
特大根	42	28	22	10
根株	119	35	52	16
地下部計	204	94	91	38
総量	1 095	547	544	235

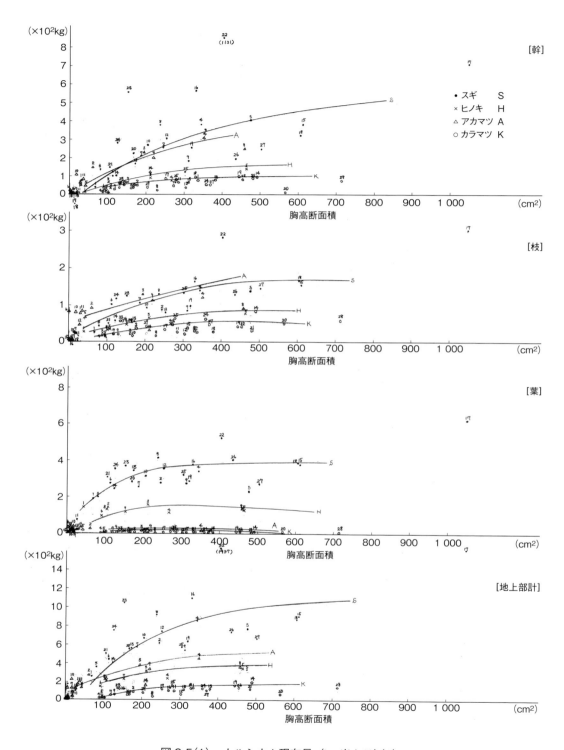

図 9-5(1)　カルシウム現存量（ha 当たり）(1)

第9章 林木の各部分の窒素・リン酸・カリウム・カルシウムの現存量

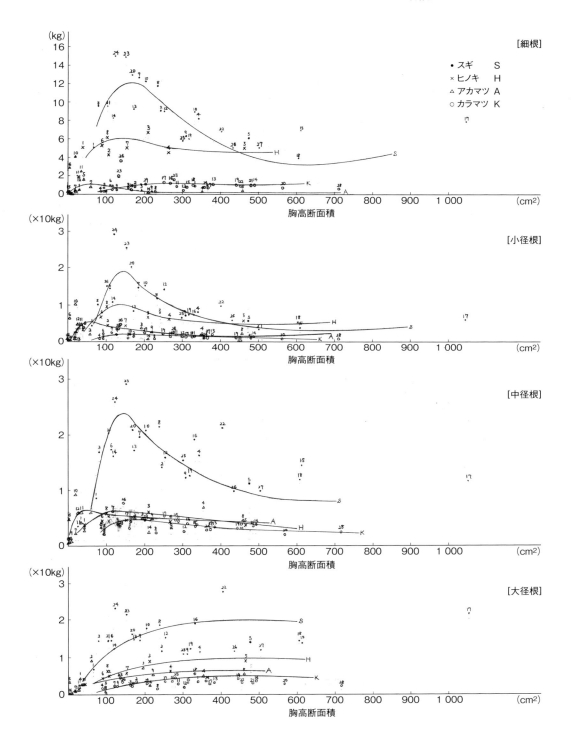

図9-5(2) カルシウム現存量（ha当たり）(2)

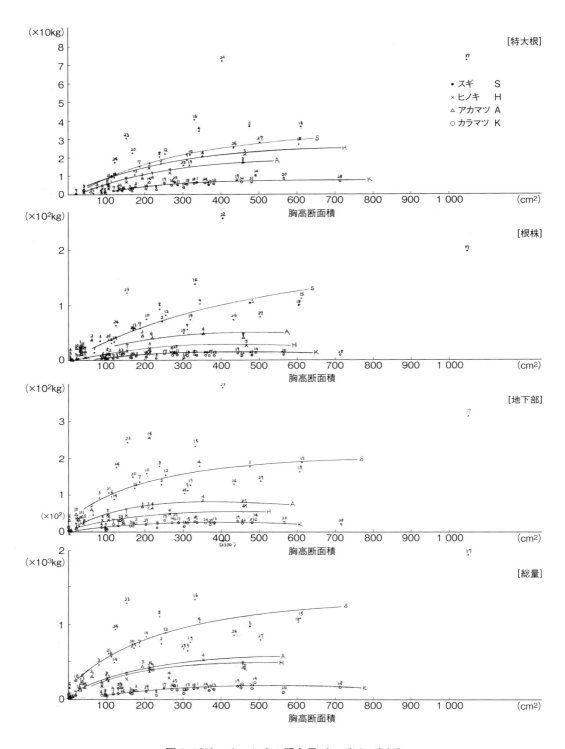

図 9-5(3)　カルシウム現存量（ha 当たり）(3)

表9-11 各林分のha当たりカルシウム量（kg）

樹種 林分区分	スギ S5	ヒノキ H5	アカマツ A8	カラマツ K19
幹	406	140	248	99
枝	137	77	91	41
葉	236	124	15	11
地上部計	779	341	354	151
細根	6	5	0.4	1
小径根	6	6	2	1
中径根	11	3	5	3
大径根	14	9	5	4
特大根	37	21	18	8
根株	104	27	41	12
地下部計	178	71	71.4	29
総量	957	412	425	180

高断面積100～200cm²の幼齢林でカルシウムが多くてスギ細根は15 kgの現存量を示したが、胸高断面積の増加にともなって減少して500cm²では5 kg程度となった。ヒノキは幼齢林増加の傾向が明瞭でなくて最大現存量は6 kg、成長した林分で4 kg程度であった。カラマツは細根におけるカルシウム現存量がきわめて少なくてほとんどの林分が2 kg以下であった。

小径根ではスギ7 kg、ヒノキ6 kg、アカマツ2 kg、カラマツ2 kg程度でスギがもっとも多かったが細根のような明瞭な樹種間の相違はみられなかった。

中径根はスギがきわめて多くて15～20 kgであったがヒノキ・アカマツ・カラマツなどの樹種は4～5 kgで両者の間にはほぼ3～4倍の差があった。

大径根はスギ150～200 kg、ヒノキ100 kg、アカマツ50 kg、カラマツ40 kg程度の蓄積があった。また特大根はスギ30 kg、ヒノキ20 kg、アカマツ20 kg、カラマツ10 kg、根株ではスギ100 kg、ヒノキ20 kg、アカマツ40 kg、カラマツ10 kg程度で各部分を通じてスギが多くてカラマツのカルシウム現存量は少ない。地下部の総量ではスギは150 kg、ヒノキ75 kg、アカマツ75 kg、カラマツ25 kg程度があった（表9-11）。

3. 総量

地上部・地下部を合わせたha当たりカルシウム総量は図9-5のようにスギ成木林では約1 000 kg、アカマツ、ヒノキ500 kg、カラマツ150 kg程度でカラマツはスギの1/7に過ぎなかった。この量は本数密度に大きく影響されてS22林分は2 t以上の現存量を示した。

(3) 現存量の部分比
1. 地上部

幹：以上述べてきたカルシウムの分布を各部分の比数でみると別表24のようにスギは幹に総量の35～40％、ヒノキは30～35％、アカマツは50～60％、カラマツは45～50％があり、アカマツは他の樹種に比べて幹での割合がもっとも大きい傾向がみられた。

枝：枝はスギ10～15％、ヒノキ20％、アカマツ25％、カラマツは30％で、アカマツ・カラマツはスギ・ヒノキに比べて枝でのカルシウム量が大きい。

葉：葉ではスギ30～35％、ヒノキ30％、アカマツ12％、カラマツ6％で、スギ・ヒノキはカラマツの5～6倍の存在がみられた。

各部分におけるカルシウムの割合をS5～K19林分についてみると表9-12のようになる。

地上部：地上部にS5林分は81％、H5・A8林

表9-12 カルシウムの各部分比（総量に対する比数）

樹種 林分区分	スギ S5	ヒノキ H5	アカマツ A8	カラマツ K19
幹	0.425	0.339	0.585	0.550
枝	0.143	0.189	0.214	0.227
葉	0.246	0.300	0.035	0.062
地上部計	0.814	0.828	0.833	0.839
細根	0.006	0.031	0.001	0.006
小径根	0.006	0.039	0.006	0.006
中径根	0.012	0.025	0.011	0.017
大径根	0.014	0.024	0.012	0.023
特大根	0.039	0.018	0.041	0.043
根株	0.109	0.037	0.096	0.066
地下部計	0.186	0.174	0.167	0.161

分は83％、K19林分は84％でいずれの林分もほぼ同様の割合を示した。

2. 地下部

細根〜根株：地下部では細根は0.1〜3.1％で細根量の多いヒノキが最大、アカマツは細小であった。根系が太くなるとスギ・アカマツなどの割合が増加して根株ではスギ11％、ヒノキ4％、アカマツ10％、カラマツ7％となった。地下部では他の無機塩類に比べて根株での割合が大きくてスギは10％、ヒノキ7％、アカマツ10％、カラマツ6％程度の分布があった。

林木の大きさとこれらの割合との関係は他の部分重・無機塩類の場合と同様であるがカルシウムは窒素・リン酸よりも材部での割合が大きいのでその変化曲線は幹・太根・根株などの蓄積部分重に影響された。

(4) 土壌層別分布

カルシウム総量の土壌層分布比をS5〜K19林分でみると表9-13のようになり浅根性ヒノキ・カラマツはⅠ層での分布割合が多くて50％以上であった。表層から30cmのⅠ・Ⅱ層にはスギ82％、ヒノキ89％、アカマツ70％、カラマツ86％が分布し、杭根が深部に発達するアカマツは他の樹種に比べて深部での割合が大きくて表層での割合が小さい。

カルシウムは大径根以上の蓄積部分に多いので窒素・リン酸と異なりその分布は根株に近いところに多くなる。

以上は各種無機塩類の現存量であるがその林齢までの枯損量があるので実際に林木が用いた無機塩類量は現存量よりも多い。根系はこれらの無機塩類を土壌層の各部分から吸収し、還元している。

根系は枯損腐朽によって土壌の理学性を改良するとともに無機塩類の集中と分散の働きをして、土壌の理化学性を改良する。

この意味での林木の根系の土壌耕転作用は大きく、根系の働きによって林地では土壌の生産力は向上する。

6 各部分の現存量の割合

各無機塩類の含有率は林木の部分によって異なるのでその分布比もそれぞれ異なる（別表24）。いまこの関係をスギS5林分についてみると表9-14のように幹の重量比は全重の67％であったが窒素では含有率が小さいために幹に含まれる窒素量の割合は小さくて34％、カルシウム43％、リン酸45％、カリウム60％であった。無機塩類量がいずれも重量比よりも小さいのは幹中の含有率が地上部の平均値よりも小さいことによっている。

葉ではこの関係は反対に重量比では6％であったが窒素は42％、リン酸39％、カリウム19％、カルシウム25％で無機塩類の割合が重量比よりも大きくなった。またその順位は窒素＞リン酸＞カルシウム＞カリウムの順で葉の働きにもっとも関係がある窒素・リン酸の割合が著しく多い。同様な関係は地下部においてもみられ、細根・小径根・中径根では窒素・リン酸などの無機塩類の分

表9-13 カルシウムの土壌層別分布比

樹種	スギ	ヒノキ	アカマツ	カラマツ
林分	S5	H5	A8	K19
土壌層 Ⅰ	0.417	0.518	0.393	0.517
Ⅱ	0.407	0.372	0.313	0.341
Ⅲ	0.121	0.089	0.247	0.115
Ⅳ	0.04	0.016	0.027	0.026
Ⅴ	0.015	0.005	0.013	0.001
Ⅵ以下	—	—	0.007	—

別表24より。

表9-14 スギS5林分における各無機塩類の分布量とその割合

区分	重量	窒素	リン酸	カリウム	カルシウム
幹	0.673	0.341	0.451	0.603	0.425
枝	0.047	0.086	0.032	0.040	0.143
葉	0.059	0.424	0.394	0.193	0.246
地上部計	0.781	0.851	0.877	0.836	0.814
細根	0.003	0.015	0.013	0.006	0.006
小径根	0.005	0.014	0.009	0.008	0.006
中径根	0.012	0.022	0.016	0.012	0.012
大径根	0.017	0.014	0.015	0.009	0.014
特大根	0.049	0.026	0.025	0.025	0.039
根株	0.133	0.058	0.045	0.104	0.109
地下部計	0.219	0.149	0.123	0.164	0.186

布割合が増加して大径根以上の部分ではいずれも重量比よりも小さくなった。とくに窒素・リン酸などの働き部分に関係している無機塩類の割合はカリウム・カルシウムよりも減少する傾向が明瞭に認められた。

次に各因子について総量に対する地下部の分布割合をみると表9-15のようになる。スギは全量の22％が地下部にあり、窒素は15％で重量比よりも地下部での割合が小さい。このように各樹種についてみるとスギは重量＞カルシウム＞カリウム＞窒素＞リン酸の順に地下部の比数が変化し、窒素・リン酸の分布は地上部に比べて地下部では小さい。これは窒素・リン酸などは若い組織に多くてスギでは葉に集中的に分布する傾向があるためである。

表9-15 各因子の総量に対する地下部の割合

樹種	林分	重量	窒素	リン酸	カリウム	カルシウム
スギ	S5	0.219	0.149	0.123	0.164	0.186
ヒノキ	H5	0.232	0.297	0.179	0.163	0.172
アカマツ	A8	0.202	0.056	0.107	0.174	0.167
カラマツ	K19	0.189	0.165	0.264	0.102	0.161

ヒノキは窒素＞重量＞リン酸＞カルシウム＞カリウムの順でスギとは逆に窒素・リン酸が地下部で多いが、これはヒノキの細根割合が多いことに原因している。

アカマツは重量＞カリウム＞カルシウム＞リン酸＞窒素の順で順位はスギに類似するが窒素の割合は著しく小さくて6％であった。これはアカマツは窒素を多く含む細根量がきわめて少ないためである。

カラマツはリン酸＞重量＞窒素＞カルシウム＞カリウムの順でリン酸は重量比よりも大きい割合を示したが、これはリン酸が細根で多いためである。

以上のように各部分量と無機塩類の含有率の相違によって各因子の地下部の重量・各無機塩類の割合が変化し、ヒノキの窒素・カラマツのリン酸のように地上部の重量比よりも大きいものもあったが、一般に根の無機塩類は地上部の重量比数よりも小さい。

これは地上部では葉に集積する無機塩類が著しく多いことによっている。地下部では細根は無機塩類量が多いが根量が少ないために全体としての根系の無機塩類量は地上部よりも少ない。

この関係は樹種によって異なり、カラマツはリン酸が根系に多くて林木の全リン酸量の26％を示した。

7 根量・根系表面積・根長・根系体積・各種無機塩類など諸因子の垂直分布

以上の諸因子の垂直分布比はこの計算の基礎になっている各種因子の組み合わせが異なるのでそれぞれ相違がある。以上の各因子の土壌層分布比を一表にまとめると別表24のようになる。

いまスギS2林分についてこの関係をみると表9-16のようになり、根量比ではⅠ層が44％、Ⅱ層38％、Ⅲ層13％などであったが表面積比はⅠ層46％、Ⅱ層17％、Ⅲ層22％で両者の間には大きな差があった。このような相違は根長・根系体積・窒素・リン酸・カリウム・カルシウムなどの諸因子についても同様に認められた。

pF価とⅠ層における各因子の比数：この関係をスギ林分のⅠ層について、各因子の総量に対する割合を比数で、採取時のpF価との関係でみると図9-6のようになる。pF価2前後の中庸の

表9-16 諸因子の土壌層分布比（スギ・S2林分）

土壌層	根量	表面積	根長	体積	窒素	リン酸	カリウム	カルシウム
Ⅰ	0.443	0.455	0.511	0.444	0.447	0.526	0.488	0.464
Ⅱ	0.376	0.170	0.135	0.371	0.274	0.216	0.353	0.360
Ⅲ	0.127	0.220	0.190	0.129	0.186	0.157	0.114	0.125
Ⅳ	0.042	0.127	0.123	0.045	0.066	0.045	0.035	0.041
Ⅴ	0.012	0.028	0.021	0.011	0.027	0.011	0.010	0.010

* 各因子の地下部の総量に対する比数。

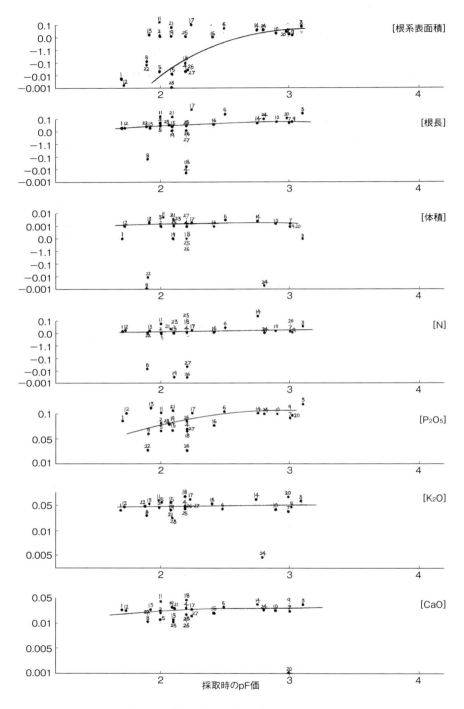

図 9-6　採取時の pF 価と各因子の I 層の比数

土壌水分の林分において、根系表面積・根長・体積・窒素・リン酸・カリウム・カルシウムともにほとんどの林分が根量の垂直分布比よりもやや大きい傾向が認められた。

これらの比数の大きさの順位をこの図のなかで代表的な位置を示す S2 林分の表 9-16 についてみるとその大きさは、リン酸＞根長＞カリウム＞カルシウム＞表面積＞体積・根量の順に変化し、リン酸と根量の間には 9％の差があった。これはリン酸の含有率が細根で大きくて細根の垂直分布が表層に偏るためである。根量の垂直分布は大径根以上の分布に影響され、これらの根量は細根に比べて比較的深部に多いために表層での比数が細根の分布に左右される無機塩類・根系表面積・根長などよりも小さくなった。

とくにリン酸の分布が他の因子よりI層で大きいのはリン酸の含有率が細根で大きいことによっている。他の無機塩類も一般に細根の分布に影響されやすいために根量よりも表層で多くなる傾向がある。また根長・根系表面積はその大部分を細根が占めるために、細根の分布に影響されて表層に偏る。根系体積は大根の分布に影響されるので根量分布に大きな差は認められない。

次に S5～S21 林分について I 層の根量分布比をみると表 9-17 のようになり、因子よって相違があるが、各因子と根量との比数の差はカラマツ＞ヒノキ＞スギ＞アカマツの根系の分布が浅い樹種の順に変化する傾向が認められた。これは、この因子に関係が深い細根の分布特性によっている。

土壌条件と各因子の土壌層別分布比との関係を図 9-6 でみると根系表面積・根長・リン酸・窒素などの諸因子は pF 価が増加すると I 層での比数が増加する傾向がみられ、pF 価 2.3 以上ではすべての因子についてほとんどの林分が根量比よりも大きくなり、とくに pF 価 2.5 以上では急速に増加した。適潤性土壌では逆に減少する林分が多くなった。これを代表的な林分についてみると表 9-18 のようになる。

スギでは湿潤土壌・適潤土壌・乾燥土壌の順に I 層の根量比が大きくなり、根重比と根長比の差も土壌の乾燥にともなって増加し、両者の差は湿潤土壌では 3～4％であったが、適潤土壌は 5～15％、乾燥土壌は 10～15％となった。これは乾燥土壌では細根量が増加するとともに分布が表層に偏ることによっている。

カラマツでは I 層の根量比は過湿土壌・乾燥土壌ともに適潤土壌よりも大きくて過湿土壌では 56～59％、適潤土壌では 42～43％、乾燥土壌は 24～25％、適潤土壌は 18～27％、乾燥土壌では 17～29％で過湿土壌・乾燥土壌ともに適潤土壌よりも I 層の分布が大きくなった。これはカラマツは細根の成長が過湿・通気不良条件で著しく阻害されて細根分布が表層に偏り、また乾燥土壌でも表土が浅くて深土での細根の発達が妨げられて表層に集まることによっている。

表 9-17 各樹種のI層の分布比（総量に対するI層の比数）

樹種	林分	根量	根系表面積	根長	体積	窒素	リン酸	カリウム	カルシウム
スギ	S5	0.399	0.380	0.450	0.400	0.399	0.466	0.453	0.417
ヒノキ	H5	0.471	0.470	0.524	0.469	0.485	0.515	0.506	0.518
アカマツ	A8	0.380	0.377	0.393	0.383	0.447	0.468	0.401	0.393
カラマツ	K21	0.437	0.481	0.597	0.438	0.458	0.476	0.484	0.468

表 9-18　土壌の水分条件とI層における各因子の比数（%）

樹	土壌	林分	土壌型	根量	根系表面積	根長	根系体積	窒素	リン酸	カリウム	カルシウム
スギ	湿潤土壌	S5	Bl_E	40	38	45	40	40	47	45	42
		S8	Bl_E	45	34	36	45	42	51	48	46
		S12	Bl_E	47	47	50	47	51	58	52	50
	適潤土壌	S3	$Bl_{D(d)}$	48	57	63	48	54	60	53	51
		S13	Bl_D	52	55	56	53	56	64	58	55
		S23	B_D	51	51	56	51	51	59	53	52
	乾燥土壌	S24	B_A	56	63	68	56	61	67	61	59
		S6	Bl_B	57	64	72	58	62	68	62	60
		S7	Bl_C	54	57	61	54	56	63	57	56
カラマツ	湿潤土壌	K6	Bl_F	56	71	80	57	63	65	61	61
		K7	Bl_F	59	73	84	60	66	69	65	64
	適潤土壌	K18	Bl_D	43	51	61	43	47	53	48	47
		K11	Bl_D	42	52	69	42	45	63	47	45
	乾燥土壌	K23	$Bl_{D(d)}$	53	66	71	53	60	62	58	58
		K29	Bl_B	53	71	82	53	61	65	51	59
		K26	Bl_C	55	69	75	55	60	63	59	58

第10章
森林の生産量の循環

主要樹種の林分の各部分・各因子の現存量を検討してきたが、一定の林齢までの森林の総生産量と自然枯死・間伐・主伐などによる物質の移動にともなう生産量の循環について試算と考察をおこなった。最近、地球温暖化の研究のために森林の生体バイオマスの炭素ストック量計算方法がもちいられている［国立環境研究所ほか 2011］。

1 各林齢における ha 当たり乾重の総生産量

第5章で各調査林分の各部分の現存量について述べたが、これらの調査林分は地位・本数密度が異なり、調査林分数も少なくて部分重推定の精度もあまりよくない。また副林木の生産量を推定することなどに難点があるので、この森林の総生産量の試算については第5章の現存量によらず、各樹種の収穫表（10頁参照）のⅡ等地の主・副林木の幹材積成長量を基礎にして、計算をおこなった。

このため調査林分の現存量から推定した各林齢の現存量と収穫表から求めた現存量（いずれも主林木のみ）を40年生の林分について比較すると表 10-1 のような差が認められた。

部分重比は図 5-4 から読み取ったがその精度の相違によって、林木の各部分の細部については多少の変動があった。

各樹種の林分収穫表のⅡ等地の値から林齢10・20・30・40・50年の各年における主林木重・副林木重の積算量と各年の落葉・落枝の積算量を加えた地上部・地下部の総物質生産量を計算すると別表 42 のようになる。

この計算で主林木重は各樹種の収穫表の ha 当たり主林木材積に幹の見かけの容積密度数（別表 35）を乗じて算出し、この幹重を基にして図 5-4 の胸高断面積と各部分重比から求めた各胸高断面積における各部分の割合（別表 39）を乗じて枝・葉・細根〜根株などの各部分重を算出した。

計算の基礎になった主林木の幹中の算出に用いた幹の見かけの容積密度数は別表 3 の調査林分の平均材積と平均幹重からえられたもので別表 3 のようになり、胸高断面積との関係でみると図 10-1 のようになる。この図から収穫表の各林齢

表 10-1 調査林分の現存量平均値収穫表Ⅱ等地の材積から計算した現存量（林齢40年・胸高断面積 cm²・t /ha）

区分＼樹種	スギ	ヒノキ	アカマツ	カラマツ	備考
胸高断面積	487	214	387	419	図 5-2 より推定
調査林分平均値	220	120	210	170	別表 42
収穫表Ⅱ等地の現存量	193	140	134	115	—
収穫表Ⅱ等地調査の現存量/林分平均	0.88	1.17	0.64	0.68	—

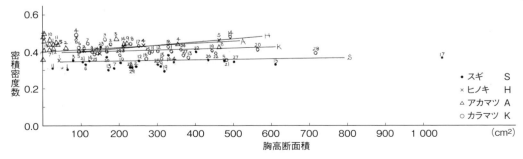

図 10-1 調査木の材積と重量測定からえられた容積密度数

第10章　森林の生産量の循環

の平均胸高断面積に相当する容積密度数を読みとり、この数値（別表36）を用いた。容積密度数算出の基礎になっている材積は皮付材積で樹幹解析の計算の結果によるものでやや大きな値がえられた傾向があり、その結果幹の見かけの容積密度数はやや低い値がえられた。

林地より持ち出す生産量は主・副林木ともに幹重の75％とした。副林木重は収穫表のha当たり副林木幹材積から主林木の場合と同様の手法で総量を求めたのち各胸高断面積における各部分中を算出した（別表39）。

落枝量はMöllerの式を用いて計算した（311頁、別表38・図8-2参照）のち胸高断面積－積算落枝量図（図8-2）から収穫表の各林齢に相当する単木の落枝量を読みとり、これに胸高断面積比を乗じてha当たり落枝量を求めた。

一定林齢における主林木の積算葉量は次のようにして計算した。

主林木の10・20・30・40・50年の各林齢におけるha当たり葉量（別表34）から毎年のha当たり容量の積算量を計算し、各樹種の着葉年数からスギ・ヒノキはその年の葉量の25％、アカマツは50％が落葉するもの（落葉率）として、葉量の積算量に落葉率を乗じて各年の落葉量とした。

10年までの積算落葉量＝10年までの年葉量[*1]の加算量×落葉率となり、これを式で示すと

$$\sum_{n=1}^{10} y_f = \left(\sum_{n=1}^{10} y_{10}/10 - y_{10}/2\right) \times R_L = 5y_{10}R_L$$

となる。ここで葉量は10年ごとのものを用いその間は直線的に毎年1/10ずつ増加したものと考えた。

20年までの積算落葉量＝10年までの積算落葉量＋（10年から20年までの葉量の加算量×落葉率）で

$$\sum_{n=1}^{20} y_f = \{5y_{10} + 10y_{10} + 5(y_{20} - y_{20})\} \times R_L$$

30年のときの積算落葉量は

$$\begin{aligned}\sum_{n=1}^{30} y_f &= \{5y_{10} + 10y_{10} + 5(y_{20} - y_{10}) \\ &\quad + 10y_{20} + 5(y_{30} - y_{20})\} \times R_L \\ &= \{15y_{10} + 10y_{20} + 5(y_{20} - y_{10}) \\ &\quad + 5(y_{30} - y_{20})\} \times R_L\end{aligned}$$

以下同様に10年ごとの葉量を基にして積算落葉量の計算をおこなった。

ここで

y_f＝毎年の落葉量

$\sum_{n=1}^{10} y_f$＝林齢10までの積算落葉量

y_{10}＝林齢10年のときの葉量

y_{20}＝林齢20年のときの葉量

R_L＝落葉率は落葉量/着葉量

（スギ・ヒノキ0.25、アカマツは0.5として計算）

で、副林木の落枝・落葉量は積算主林木重に枝量・葉量の比数（別表39）を乗じたものとした。

積算落葉量は毎年の落葉量の集積であるので林齢が高くなるにしたがって図10-2のようにやや上側に凹形の曲線で増加して、その総量は40年生林分でスギ110t、ヒノキ・アカマツ98t、カラマツ84tでいずれの樹種も100tに近い積算落葉量が見込まれた。

また積算落葉量のその林齢の葉量に対する比数ではスギの10年では1倍、20年では3倍、30年で6倍、40年で8倍、50年では10倍（別表37）となり、50年のスギ林分の積算落葉量はその現存量の10倍に達した。この関係を各樹種の40年生林分についてみると表10-2のようになり、スギ・ヒノキの8〜9倍に比べてアカマツ・カラマツは24〜37倍で大きい値を示した。これは両樹種の落葉率が大きいことによっている。

この積算落葉量を林分の総生産量[*2]に対する比数でみると表10-3のように林齢の増加にともなってやや増加したが、10〜50年で24〜26％でほぼ総生産量の1/4に相当した。

[*1] ここではその年の中間における葉量の積算量とした。成長終期の葉量を用いると上の式は $\sum_{n=1}^{10} y_f = 5.5y10R_L$ となる。

[*2] その林齢までに森林が生産した物質の総量（別表42参照）。

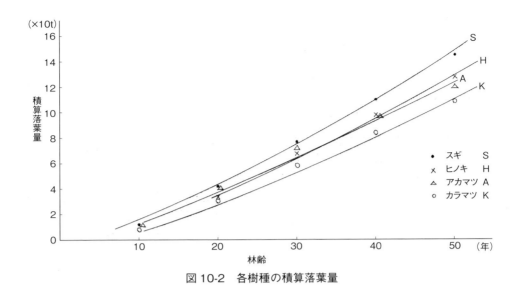

図 10-2 各樹種の積算落葉量

表 10-2 各樹種の葉・枝の現存量を1としたときの積算落葉・落枝量の比数（40 年生）（%）

区分	スギ	ヒノキ	アカマツ	カラマツ
落葉量の比数	8	9	24	37
落枝量の比数	7	4	5	5

表 10-3 スギ総生産量に対する積算落葉量の割合（t/ha）

林齢（年） 区分	10	20	30	40	50
総生産量	52	180	309	429	567
積算落葉量	12	43	77	110	145
総生産量に対する積算落葉量の比数	0.24	0.24	0.25	0.26	0.26

また各樹種の 40 年における比数では**表 10-4**のように 25～31％で、4 樹種中スギはやや小さくて 25％、ヒノキは 31％で高い値を示した。

以上のことから樹種によって多少の相違があるが総生産量の 1/3～1/4 が落葉として林地に還元されていることがわかった。

主・副林木の葉量および積算落葉量を加えた総葉量は 40 年生林分で**表 10-5**のようにカラマツの 89 t ～スギの 135 t で、その総生産量に対する割合は 30～37％であった。スギ・アカマツ・カラマツは 30～31％で総生産量のほぼ 30％が葉として生産されたことになる。現存量が多いスギと少ないカラマツの葉量の総生産量がほぼ同じ割合を示すことは林木の生産における葉の働きがそれほど大きな差がないことを示すものとして興味が深い。ヒノキはこれらの樹種より比数がやや大きくて 37％であった。

この総生産量に対する葉量の割合は林齢によっ

表 10-4 総生産量に対する積算葉量の割合（40 年生）（t/ha）

樹種 区分	スギ	ヒノキ	アカマツ	カラマツ
総生産量	439	313	347	293
積算落葉量	110	98	98	85
積算落葉量/総生産量	0.25	0.31	0.28	0.29

表 10-5 林木の総生産量と葉量（40 年生）（t/ha）

樹種 区分	スギ	ヒノキ	アカマツ	カラマツ
総生産量	439	313	347	293
葉量	135	115	109	89
総生産量に対する葉量の比数	0.31	0.37	0.31	0.30

第10章　森林の生産量の循環

て異なり、これを樹種別にみると表10-6のようにスギ・カラマツは林齢が増加すると葉量の割合が減少してスギは10～50年で42～31%、カラマツは35～31%となったが、ヒノキ・アカマツは変化せず、ヒノキは36～37%、アカマツは31～33%であった。各樹種ともに30年以上の林分ではほとんど変化せず、スギは31～32%、ヒノキ36～38%、アカマツ31～33%、カラマツ30～31%であった。

表10-6　各林齢における総生産量中の葉量（%）

樹種＼林齢（年）	10	20	30	40	50
スギ	42	35	32	31	31
ヒノキ	—	36	38	37	36
アカマツ	25	31	33	31	32
カラマツ	35	28	30	30	31

40年生林分における枝の積算枯損量の現存量に対する比数は表10-2のようにヒノキ4、アカマツ・カラマツ5、スギ7で現存量の4～7倍の落枝量があった。主・副林木の枝量、落枝量も含めた枝の総生産量は別表42のようになるが、これを40年生林分についてみると表10-7のように40年生までに総生産量の12～16%が生産されたこととなった。

表10-7　各樹種の枝量（40年生）（t／ha）

区分＼樹種	スギ	ヒノキ	アカマツ	カラマツ
枝量	51	49	49	40
総生産量に対する比数	0.12	0.16	0.14	0.14

このように林地に還元される落葉・落枝量が多いために総生産量に対する幹の割合は現存林分の割合より著しく減少して、各樹種の40年生林分における割合は表10-8のようにスギでは現存林分中の幹が占める割合は66%であったが、落葉・落枝量も含めた総生産量では43%となり、現存林分の場合に比べて各樹種ともに著しく小さい値を示した。

表10-8　総生産量中の幹の割合と現存林分における幹の割合（40年生）

区分＼樹種	スギ	ヒノキ	アカマツ	カラマツ
総生産量中の幹の割合	0.43	0.33	0.41	0.43
現存林分中の幹の割合	0.66	0.59	0.69	0.72

幹が総生産量中で占める割合はカラマツ＞スギ＞アカマツ＞ヒノキの順となり、カラマツは他の部分に比べて幹への蓄積割合が大きく、ヒノキには小さい結果がえられた。各林齢における幹の総生産量に対する割合は表10-9のように各樹種ともに林齢が増加すると幹重の割合が大きくなる傾向がみられたが、とくにアカマツはこの傾向が著しく、スギ・カラマツは林齢は20年以上では幹の割合は林齢を通じてあまり変わらず、スギ・カラマツは40～43%、ヒノキは30～36%、アカマツ39～46%であった。

表10-9　各林齢における総生産量中の幹の割合

樹種＼林齢（年）	10	20	30	40	50
スギ	0.21	0.37	0.41	0.43	0.43
ヒノキ	—	0.23	0.30	0.33	0.36
アカマツ	0.15	0.33	0.39	0.41	—
カラマツ	0.23	0.43	0.43	0.43	0.43

以上葉・枝・幹の総生産量についてみてきたが、これらを総合した地上部全体の総生産量は表10-10の通りで、40年生林分でスギは372 t、ヒノキ268 t、アカマツ300 t、カラマツ256 tであった。この量は地下部も含めた総生産量の85～87%に相当する。

ここで地上部の総生産量は著しく大きい値をとったのは落葉・落枝量と対応する根系の枯損量を考えていないためで、落葉・落枝量に対応する一定の割合の根の枯損量を考慮するとこの割合はもっと小さいものとなる（387頁参照）。

根量（主林木＋副林木の根量）と総生産量に

表10-10 各樹種の地上部の総生産量（t/ha）

樹種＼林齢（年）	10	20	30	40	50
スギ	44(86)	152(84)	262(86)	372(85)	482(85)
ヒノキ	—	119(85)	190(85)	268(86)	354(86)
アカマツ	65(91)	145(87)	225(87)	300(87)	—
カラマツ	28(88)	106(86)	184(87)	256(87)	327(88)

( )は総生産量に対する比数（%）。

対する比数は表10-11のように各樹種ともに林齢の増加にともなって急速に増加して40年生林分では根量は37～67tとなり、総生産量の13～15%を占めた。またこの割合はスギ・ヒノキ・カラマツでは林齢が大きくなると、やや減少する傾向が見受けられた。現存量では根量の総量に対する比数は20～25%であるが、落葉・落枝量も含めた総生産量に対する根量の生産量割合は13～15%で両者の間に5～10%の差がみられた。また林齢とともに比数が減少する傾向があるのは地上部では毎年落葉・落枝量の増加量があり、地下部ではこのような毎年の根量枯損量が考慮されていないためで、現存量の地下部重比に応じて地下部にも成長がおこり、地上部の脱落量に対応してこの割合で根系の枯損量があったと考えると、その生産根量は総生産量の5～10%程度多くなるものと考えられる（387頁参照）。

表10-11 総生産量中の根量とその割合（t/ha）・（%）

樹種＼林齢（年）	10	20	30	40	50
スギ	7(14)	28(16)	47(14)	67(15)	85(15)
ヒノキ	—	22(16)	33(15)	45(14)	60(14)
アカマツ	7(9)	22(13)	35(14)	46(14)	—
カラマツ	4(12)	18(15)	28(13)	37(13)	46(12)

根量を構成する細根～根株の各部分についても樹種別の相違があるが、いま林齢40年における各根系区分の生産量比をみると表10-12のようになり、ヒノキは細根・小径根の割合がとくに多く、細根ではスギ・アカマツ・カラマツが0.2～0.3%であったのに比べてヒノキは0.7%、小径根は0.4～0.6%に対して1.5%で、各々3～4倍の差を示した、中径根は樹種間の差が小さくて0.1%～0.2%となったが、大径根はヒノキ・アカマツ・カラマツが大きくて1.7%であったのに比べてスギは1.4%となり、特大根はこれらの樹種が3.2%～3.4%であったのに対してスギは2.9%であった。根株は逆にスギが大きくて9%の蓄積量を示したのに対してヒノキ・カラマツは5.6～6.6%で、スギは大径根・特大根への同化生産物の集積が少なくて根株に多い。

表10-12 各根系区分ごとの総生産量比（40年生）

樹種＼根系区分	細根	小径根	中径根	大径根	特大根	根株
スギ	0.003	0.006	0.012	0.014	0.029	0.087
ヒノキ	0.007	0.015	0.014	0.017	0.032	0.059
アカマツ	0.002	0.004	0.014	0.017	0.032	0.066
カラマツ	0.002	0.004	0.013	0.017	0.034	0.056

これらの根量の変化をスギ林分について林齢との関係でみると表10-13のように細根～大径根の各根系では林齢が増加するとその総生産量比が減少し、10年と50年では約3倍の差があったが特大根以上の根系では逆に林齢が増加するとその生産量割合が増加した。これらの関係は現存量の場合に類似する。

以上の地上部・地下部の各部分重の総生産量を

表10-13 各林齢における総生産量に対する各根系区分比数（スギ）

樹種＼林齢（年）	10	20	30	40	50
細根	0.009	0.007	0.004	0.003	0.003
小径根	0.018	0.013	0.007	0.006	0.005
中径根	0.036	0.025	0.016	0.012	0.011
大径根	0.024	0.020	0.016	0.014	0.012
特大根	0.005	0.015	0.025	0.029	0.032
根株	0.050	0.076	0.086	0.087	0.087

第 10 章　森林の生産量の循環

合わせた林木の総生産量は表 10-14・図 10-3 のように 40 年生林分ではスギ（439 t）＞アカマツ（347 t）＞ヒノキ（313 t）＞カラマツ（293 t）でスギがもっとも大きく、スギの総生産量に対する比数はヒノキ 0.71、アカマツ 0.79、カラマツ 0.67 で総生産量はスギ＞アカマツ＞ヒノキ＞カラマツの順に変化した。

表 10-14　各樹種の林齢別総生産量（t／ha）

樹種＼林齢（年）	10	20	30	40	50
スギ	52 (1.00)	180 (1.00)	309 (1.00)	439 (1.00)	567 (1.00)
ヒノキ	—	140 (0.78)	224 (0.72)	313 (0.71)	414 (0.73)
アカマツ	72 (1.38)	168 (0.93)	261 (0.84)	347 (0.79)	392 (0.69)
カラマツ	31 (0.60)	124 (0.69)	212 (0.69)	293 (0.67)	373 (0.66)

（　）はスギに対する比数。

林齢と総生産量との関係は図 10-3 のようになる。各樹種ともに放物線状に増加したがスギとアカマツ・ヒノキ・カラマツの間には著しい相違が認められた。これはスギが他の樹種よりも成長が早くて本数密度が高いことによっている。

別表 42 から各樹種の ha 当たり年平均生産量を計算すると表 10-15 のようになり、収穫表のⅡ等地に相当する林分では 20 年以上はほぼ生産量が一定で、スギは 9〜11 t、ヒノキは 7〜8 t、アカマツは 8〜9 t、カラマツは 6〜7 t で 40 年生林分ではスギ 11 t、ヒノキ・アカマツ 8 t、カラマツ 7 t となった。

表 10-15　各樹種の平均生産量（t／ha）

樹種＼林齢（年）	10	20	30	40	50
スギ	5	9	10	11	11
ヒノキ	—	7	7	8	8
アカマツ	7	8	9	8	8
カラマツ	3	6	7	7	7

2　無機塩類の ha 当たり総生産量

以上の乾重総生産量の場合と同様に窒素・リン酸・カリウム・カルシウムの各無機塩類にいて総生産量を計算し、その樹種別・林齢別変化をみた。

この無機塩類の総量は各部分の乾重生産量（別表 42）にそれぞれの無機塩類の乾重比（別表 24）を乗じたものであるが、この計算では窒素・リン酸については落葉・落枝量についてのみ無機塩類含有率の減少を見込んで、生体を乾燥した場合の含有率の 60％ として計算をおこなった。

その結果、別表 43 のような無機塩類量とその

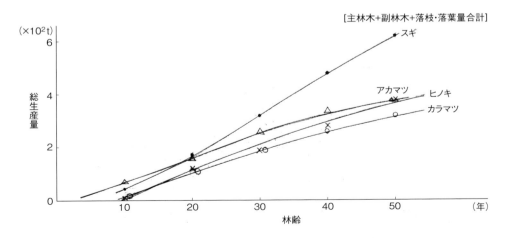

図 10-3　各林齢における総生産量（ha 当たり）

部分重比がえられた。部分重配分表とこの表からもわかるように、各部分によって含有率が著しく異なるためにその量の分布は乾重生産量とはまったく相違した。

次に各無機塩類についてこれらの関係をみると以下のようになる。

(1) 窒素

各樹種・各部分の窒素の林齢別分布量とその比数は別表43のようになるが、この表から40年生林分における値を抜き出して各樹種について比較すると表10-16のようになる。

窒素の総生産量はスギがもっとも大きくてha当たり1 304 kgの生産量があったが、カラマツは1 245 kg、ヒノキは810 kg、アカマツは958 kgでヒノキが最小であった。カラマツはスギに次いで大きい値を示したが、これは窒素含有率が大きい葉の積算量が多いことによっている。ヒノキは他樹種に比べて成長が遅く、無機塩類量算出の基礎になっている乾重生産量が少ないことと、各部分の窒素含有率が小さいことによっている。

窒素の各部分の配分比は表10-16のように各樹種ともに葉で大きくて、総生産量の76〜91%であった。この割合は乾重比の30〜37%に比べるとその約2〜3倍に相当する。窒素含有率の樹種別順位はアカマツ＞ヒノキ＞カラマツ＞スギでカラマツ・スギは葉以外の部分にもかなり多くの窒素があることがわかった。

幹では1.3〜11.4%で樹種によって分布量が著しく相違した。これは幹の乾重生産量は葉量よりも樹種の成長特性に左右されやすいことと、成長が悪い樹種では幹の窒素含有率が小さくなることによっている。これらのことから成長がよくて乾重生産量と含有率が高いスギは11%であったが、成長が悪いヒノキは1%であった。

幹に蓄積する窒素の割合は葉の5〜10%できわめて少なく、伐採によって幹の全量が林地の外に持ち出されるとしても、窒素の総生産量からするとほとんど大部分の窒素量が林内に残ることが推察できた。

枝は2〜8%でスギ・カラマツが多く、ヒノキ・アカマツは少ない。とくにヒノキは少なくて2%であった。

表10-16 各樹種の窒素量の分布比と総量（40年生）（kg／ha）

区分		樹種	スギ	ヒノキ	アカマツ	カラマツ
地上部		幹	0.114	0.013	0.044	0.082
		枝	0.076	0.019	0.030	0.063
		葉	0.755	0.870	0.910	0.824
		計	0.945	0.902	0.984	0.969
地下部		細根	0.005	0.025	0.006	0.002
		小径根	0.007	0.035	0.002	0.003
		中径根	0.011	0.014	0.002	0.008
		大径根	0.006	0.007	0.002	0.004
		特大根	0.008	0.006	0.002	0.006
		根株	0.018	0.011	0.002	0.008
		計	0.055	0.098	0.016	0.031
合計			1.000	1.000	1.000	1.000
窒素の総生産量*			1 304	810	958	1 245

* 生産量はha当たりkg。

以上の幹・枝・葉の総生産量を加算した地上部に存在する窒素量の割合は総量の90〜98%で、ほとんど大部分の窒素が地上部に分布した。この割合は乾重比の70〜75%に比べると大きい値である。

地下部では根量が少ない割合に細根は含有量が多くて比数では0.2〜0.5%が分布した。ここでもスギは細根量が多くて含有率が高いために比数が大きくて0.5%であったが、カラマツは少なくて0.2%であった。

小径根は0.2〜3.5%で小径根量が多いヒノキの割合が大きくて3.5%であったが、他の樹種は0.2〜0.7%であった。

中径根は0.2〜1.4%、大径根は0.2〜0.7%、特大根は0.2〜0.8%で、大径根以上ではほぼ類似した比数を示した。これは大径根になると根量は増加するが、一方では含有率が減少することによっている。これらの樹種中アカマツは小径根〜根株まで0.2%で他の樹種に比べて最低であった。

根株における窒素量比は0.2〜1.8%でスギが最大であった。

地下部の窒素分布比はスギ5.5％、ヒノキ9.8％、アカマツ1.6％、カラマツ3.1％で、スギは大きい値を示したが、細根量が少ない上に窒素含有率が少ないアカマツは最小であった。

総生産量の林齢別分布量は表10-17のように林齢の増加にともなって放物線状に増加し、とくに林齢10〜20年の間で著しく増加した。これはこの時期に林木の生長が旺盛で、窒素含有率が高い幹の若い組織や葉・細根などが増加することによっている。

表10-17 各樹種の林齢と窒素量 （kg／ha）

樹種＼林齢（年）	10	20	30	40	50
スギ	287	734	1 031	1 304	1 526
ヒノキ	—	490	667	810	987
アカマツ	231	545	795	958	—
カラマツ	202	593	973	1 245	1 519

(2) リン酸

40年生林分のリン酸の ha 当たり総生産量は、表10-18のようにヒノキ（245 kg）＞ヒノキ（243 kg）＞アカマツ（201 kg）＞カラマツ（132 kg）でヒノキ・スギは大きくてカラマツの約2倍であった。

リン酸の各部分への配分比は葉に総量の66〜77％があり、ヒノキ＞スギ＞カラマツ＞アカマツの順に変化した。

幹の比数は9〜20％でアカマツ＞カラマツ＞スギ＞ヒノキの順となり、アカマツとヒノキでは2倍以上の差があった。

枝は4.5〜9.1％で、ヒノキ・アカマツはスギ・ヒノキの2倍近い割合を示した。

地上部の合計ではアカマツ・ヒノキ・スギは95％、カラマツは94％で4樹種ともに95％が地上部に存在し、5％が地下部にあった。

地下部ではリン酸の含有率が高い細根に多くて根量少ない割合に大きい値をとり、0.6〜1.3％であった。ヒノキがとくに多く、他の樹種は5〜7％である。

小径根は0.4〜1.1％、中径根は0.6〜1.0％、大径根0.5〜0.7％、特大根0.8〜1.3％、根株0.7〜

表10-18 各樹種のリン酸量の分布比と総量（40年生）

区分	樹種	スギ	ヒノキ	アカマツ	カラマツ
地上部	幹	0.153	0.085	0.203	0.193
	枝	0.045	0.091	0.086	0.046
	葉	0.750	0.774	0.663	0.697
	計	0.948	0.950	0.952	0.936
地下部	細根	0.005	0.013	0.006	0.007
	小径根	0.005	0.011	0.004	0.005
	中径根	0.010	0.006	0.007	0.010
	大径根	0.007	0.005	0.007	0.006
	特大根	0.009	0.008	0.013	0.011
	根株	0.016	0.007	0.011	0.025
	計	0.052	0.050	0.048	0.064
合計		1.000	1.000	1.000	1.000
総リン酸生産量*		243	245	201	132

* 生産量は ha 当たり kg。

2.5％で根系が大きくなって根量が増加すると、その比数は大きくなった。しかし根量の割合には細根〜小径根の比数は大きい。これは根端に近い若い組織ほどリン酸含有率が大きいためである。

地下部の総リン酸量は 5〜6％で地上部に比べて小さい値を示した。

総生産量の林齢による変化は表10-19のように各樹種ともに林齢20年までに急速に増加して30年でほぼ一定になり、スギ・ヒノキ・アカマツは ha 当たり200 kg程度となった。カラマツのリン酸量は、他の樹種にくらべて各林齢ともに少ない。

表10-19 各林齢におけるリン酸の総生産量

樹種＼林齢（年）	10	20	30	40	50
スギ	54	147	201	243	376
ヒノキ	—	151	208	245	260
アカマツ	65	158	201	210	—
カラマツ	20	37	109	132	145

(3) カリウム

40年生林分におけるカリウムの総生産量とその各部分の比数は**表10-20**のようになる。総生産量はヒノキが最大で1 331 kg、アカマツは最小で844 kgであった。

表10-20 各樹種のカリウム量の分布比と総量

区分		樹種 スギ	ヒノキ	アカマツ	カラマツ
地上部	幹	0.213	0.118	0.253	0.180
	枝	0.054	0.091	0.151	0.142
	葉	0.661	0.735	0.515	0.646
	計	0.928	0.944	0.919	0.968
地下部	細根	0.003	0.006	0.003	0.002
	小径根	0.005	0.010	0.004	0.002
	中径根	0.008	0.007	0.012	0.004
	大径根	0.005	0.007	0.006	0.003
	特大根	0.010	0.009	0.017	0.008
	根株	0.041	0.017	0.039	0.013
	計	0.072	0.056	0.081	0.032
合計		1.000	1.000	1.000	1.000
カリウム総生産量*		1 227	1 331	844	1 129

* 生産量はha当たりkg。

カリウムの蓄積割合は幹・枝に比較的多くて幹では窒素が0.4～1.1%、リン酸が9～20%であったのに比べてカリウムは12～25%であった。枝についても同様な傾向が認められた。一方、葉ではカリウムの割合が少なくて窒素が76～91%、リン酸66～75%に対してカリウムは65～74%であった。

同様な傾向は地下部においてもみられ、細根では窒素・リン酸比が高く、窒素は0.2～2.5%、リン酸は0.5～1.3%であったのに比べてカリウムは0.2～0.6%で小さく、大径根・特大根根株では比数が大きい。

これはカリウムが葉・細根などの働き部分に対して幹・枝・大径根などの蓄積部分で単位あたり含有率が高いことによっている。

地上部には総生産量の92～97%があった。この比数は窒素の90～98%、リン酸の94～95%に比べてほぼ類似した値であった。これは地上部の各部分での割合が相殺されることによっている。

窒素・リン酸・カリウムなどそれぞれ各部分によって分布の割合が異なるが、地上部・地下部ではこれらの割合が一定になり、無機塩類の種類・樹種を通じてあまり変化しないことは地上部と地下部の成長と働きの相対性を示す点において興味がある。

各林齢におけるカリウムの総生産量は**表10-21**のようになり10年では139～202 kg、20年では299～628 kg、30年では653～993 kg、40年では844～1 331 kgとなった。

表10-21 各林齢におけるカリウム総生産量 (kg/ha)

樹種 \ 林齢（年）	10	20	30	40	50
スギ	202	590	920	1 227	1 521
ヒノキ	—	628	993	1 331	1 694
アカマツ	190	441	653	844	—
カラマツ	139	299	803	1 129	1 435

(4) カルシウム

林齢40年におけるカルシウムの総生産量とその部分比は**表10-22**のようになり、ha当たり総生産量はスギ3 735 kg、ヒノキ1 692 kg、アカマツ799 kg、カラマツ577 kgでスギはカルシウムの蓄積量がきわめて多く、ヒノキの2倍、アカマツの5倍、カラマツの7倍に近い多さを示した。

地上部には総カルシウム量の90～96%、地下部には4～10%が分布した。

各樹種のカルシウム量の林分による変化は**表10-23**のようになり、放物線状の増加を示し、他の無機塩類と類似した変化を示した。

(5) 各無機塩類の年平均生産量

別表42の各林齢におけるha当たり無機塩類生産量からha当たり年平均生産量を計算すると**表10-24**のようになり、20年生以上の林分では各樹種・無機塩類ともにほぼ一定の生産量を示し、スギでは窒素の年平均生産量は31～37 kg、リン酸は6～8 kg、カリウムは30～31 kg、カルシ

表10-22 各樹種のカルシウム量の分布比（40年生）

区分		樹種	スギ	ヒノキ	アカマツ	カラマツ
地上部		幹	0.130	0.056	0.256	0.132
		枝	0.169	0.121	0.340	0.236
		葉	0.635	0.782	0.296	0.579
		計	0.934	0.959	0.901	0.947
地下部		細根	0.003	0.006	0.003	0.003
		小径根	0.003	0.006	0.005	0.003
		中径根	0.006	0.004	0.008	0.009
		大径根	0.006	0.005	0.008	0.006
		特大根	0.012	0.007	0.017	0.012
		根株	0.036	0.013	0.058	0.020
		計	0.066	0.041	0.099	0.053
合計			1.000	1.000	1.000	1.000
カルシウム総生産量*			3 735	1 692	799	577

* 生産量は ha 当たり kg。

表10-23 各林齢におけるカルシウムの総生産量（kg／ha）

樹種	林齢（年） 10	20	30	40
スギ	534	1 562	2 600	3 735
ヒノキ	—	831	1 283	1 692
アカマツ	305	560	799	1 061
カラマツ	81	238	422	577

表10-24 各無機塩類の年平均生産量（kg／ha）

樹種	区分	林齢（年） 10	20	30	40	50
スギ	窒素	29	37	34	33	31
	リン酸	5	7	7	6	8
	カリウム	20	30	31	31	30
	カルシウム	53	78	87	93	99
ヒノキ	窒素	—	25	22	20	20
	リン酸	—	8	7	6	5
	カリウム	—	31	33	33	34
	カルシウム	—	42	43	42	40
アカマツ	窒素	23	27	27	24	—
	リン酸	7	8	7	5	—
	カリウム	19	22	22	22	—
	カルシウム	31	28	27	27	—
カラマツ	窒素	20	30	32	31	30
	リン酸	2	3	4	3	3
	カリウム	14	15	27	28	29
	カルシウム	8	12	14	14	15

ウムは78～99kgであった。

窒素・リン酸など林木の若い組織に多い塩類は成長が旺盛な20～30年でやや大きくなる傾向があり、スギの窒素では10年で29kg、20年で37kg、30年で34kg、40年で33kg、50年で31kg、20年が最大の生産量を示した。

(6) 各無機塩類量の相互関係（窒素量に対する各無機塩類の比数）

各林齢における窒素の生産量に対する他の無機塩類生産量の比数は表10-25のようになる。スギではリン酸は0.19～0.20、カリウムは0.80～0.93、カルシウムは2.13～2.86でカルシウムの割合は他のものに比べて著しく高い値を示した。カラマツはこの比数が小さくて0.40～0.46であった。一方カリウムはカルシウムのような大きな差はなかった。

3 物質循環率

以上収穫表のⅡ等地に相当する乾重生産量と無機塩類量が林齢ごとに計算されたが、この量から各林齢における物質循環率を計算した。

物質循環率は森林の総生産量に対する林内に還元される量との比で示される。ここで林外に持ち出す量を主・副林木の乾重の75％として循環率を計算すると**別表42**のようになり、この表から乾重と各無機塩類の循環率をみると**表10-26**のようになる。また乾重の総生産量と林地に還元される量および循環率の変化を林齢別にみると**図10-4**のようになる。

この変化をスギについてみると総生産量は林齢の増加にしたがってほぼ直線的に増加して50年生林分で567tに達した。林地に残る量も総生産

表 10-25 窒素に対する各無機塩類の比数（窒素に対する比数）

樹種	区分	10	20	30	40	50
スギ	窒素	1.00	1.00	1.00	1.00	1.00
	リン酸	0.19	0.20	0.19	0.19	0.25
	カリウム	0.70	0.80	0.89	0.93	1.00
	カルシウム	1.86	2.13	2.52	2.86	5.25
ヒノキ	窒素	—	1.00	1.00	1.00	1.00
	リン酸	—	0.31	0.31	0.30	0.26
	カリウム	—	1.28	1.49	1.64	1.72
	カルシウム	—	1.70	1.92	2.09	2.01
アカマツ	窒素	1.00	1.00	1.00	1.00	—
	リン酸	0.28	0.29	0.25	0.22	—
	カリウム	0.82	0.81	0.82	0.88	—
	カルシウム	1.32	1.03	1.01	1.11	—
カラマツ	窒素	1.00	1.00	1.00	1.00	1.00
	リン酸	0.10	0.11	0.11	0.11	0.10
	カリウム	0.69	0.50	0.83	0.91	0.94
	カルシウム	0.40	0.40	0.43	0.46	0.49

表 10-26 乾重と無機塩類量の循環率

樹種	区分	10	20	30	40	50
スギ	乾重	0.84	0.72	0.68	0.68	0.68
	窒素	0.97	0.93	0.92	0.90	0.91
	リン酸	0.92	0.86	0.85	0.88	0.90
	カリウム	0.95	0.89	0.86	0.84	0.82
	カルシウム	0.97	0.93	0.90	0.90	0.90
ヒノキ	乾重	—	0.82	0.77	0.74	0.73
	窒素	—	0.98	0.98	0.99	0.98
	リン酸	—	0.93	0.92	0.93	0.95
	カリウム	—	0.94	0.92	0.91	0.89
	カルシウム	—	0.97	0.96	0.95	0.94
アカマツ	乾重	0.89	0.75	0.71	0.69	0.65
	窒素	0.98	0.96	0.97	0.99	—
	リン酸	0.91	0.77	0.81	0.84	—
	カリウム	0.94	0.86	0.83	0.81	—
	カルシウム	0.96	0.86	0.80	0.76	—
カラマツ	乾重	0.82	0.67	0.67	0.67	0.67
	窒素	0.97	0.93	0.93	0.93	0.95
	リン酸	0.91	0.82	0.81	0.85	0.91
	カリウム	0.94	0.82	0.87	0.86	0.86
	カルシウム	0.96	0.91	0.90	0.90	0.88

第10章　森林の生産量の循環

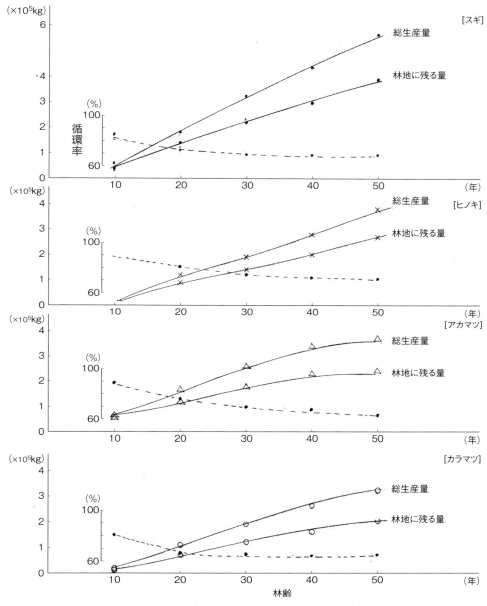

図 10-4　総生産量と林地に残る量およびその割合

量とほぼ類似した傾向で増加して50年で385 tになった。主伐と間伐によって林外に持ち出された量は181 tで、循環率は68%となった。各樹種ともにスギと同様に総生産量の増加にともなってこれと同じ傾向で還元量が図 10-4 のように増加した。

40年生林分における乾重生産量の循環率はスギ68%、ヒノキ75%、アカマツ69%、カラマツ67%でヒノキがもっとも大きく、スギ・アカマツ・カラマツはほぼ等しくて67～69%であった。ヒノキの循環率が大きいのは葉・枝量の生産量が多いことによっている。

表 10-26・図 10-4 のように林地へ還元される生産量は林齢の増加にともなって減少し、スギは

循環率が10年から50年で8%、アカマツは10～40年で20%、カラマツは10～50年で15%が減少した。

これは林齢の増加にともなって落葉・落枝量などの還元量の割合が増加することによっている。

以上の循環率の変化曲線は各樹種ともに10～20年の林分の成長が旺盛な時期に急速に減少して30～50年では減少の速度は漸減した。幼齢時に林地に残るものの割合が大きいのは林地に還元される葉・枝・根などの割合に林外に持ち出される幹の量が少ないことによっている。

表10-26で各無機塩類の循環率は樹種・林齢を通じてきわめて大きく、スギ10～50年生についてみると窒素は92～97%、リン酸は90～93%、カリウムは82～96%、カルシウムは90～97%でほとんど90%以上であった。乾重の循環率の68～85%に比べると10～20%大きい。これはこれらの無機塩類が葉・細根などの働き部分で多く、これらの部分はほとんど林地に還元され、無機塩類量が少ない幹が林外に持ち出されることによっている。

無機塩類中幹に蓄積が多いカリウム・カルシウムは働き部分に多い窒素・リン酸よりも循環率が小さくなる傾向があるが、その差は小さくて判然とした差はなかった（表10-26）。

表10-26の循環率を各樹種についてみると乾重・無機塩類を通じてヒノキは高い循環率を示したが、これは先にも述べたようにヒノキの落葉・落枝量が多いことによっている。

各無機塩類循環率の林齢による変化は乾重の場合と同様に各樹種ともに幼齢木で大きく高齢木で減少した。これをスギ窒素についてみると表10-26のように10年で97%であったが50年では92%で5%の差があり、リン酸は10年93%、50年90%で3%、カリウムは13%、カルシウムは7%の差があった。これは乾重の循環率の減少に平行するものであるが、いずれも乾重の16%よりも小さく、無機塩類は高林齢になっても循環率が減少しないことがわかった。これは無機塩類の分布が葉・枝・細根などの働き部分に偏っていることによっている。この関係は無機塩類間においても認められ、働き部分に蓄積が多い窒素・リン酸は減少率が小さく5～3%であったが、カリウム・カルシウムは大きくて13～7%であった。

表10-26から40年生林分でみると樹種を通じて総森林生産量の25～35%が林外に持ち出され、窒素は1～8%、リン酸は6～13%、カリウムは11～19%、カルシウムは6～23%で、無機塩類はきわめてわずかの量しか林外へ持ち出されず、ほとんど大部分が林地に還元されることがわかった。

いま各樹種について比較的循環率が小さいものを上げるとスギではカリウムで84%、ヒノキではすべて90%以上で最小はカリウムで91%、アカマツはカルシウムで77%、カラマツはリン酸で86%であった。

次に塘［1962］の研究からいままでに試算された各樹種と畑地における循環率を上げると表10-27の通りで、これをこの研究から試算した表10-26と比較すると各樹種・各無機塩類ともに表10-26のほうが著しく高い結果がえられた。今後の研究にまたれる。

両者の数値の差は無機塩類含有率の相違・試算方法の相違などによるものと思われるが、この研究では総無機塩類量の90%が、表10-27では80%が林地に還元されたこととなり、農作物などに比べると吸収無機塩類量のきわめて多くが林地に還元されていることがわかった。

表10-27 森林の養分循環率（%）

樹種	N	P₂O₃	K₂O	研究者
スギ	74	88	51	塘
アカマツ	69	65	73	
欧州アカマツ	78	77	65	Dengler
欧州ブナ	80	77	67	
林木	80	80	73	Baker
農作物	25	20	71	

［塘 1962］

図10-4からすると、森林施業を繰り返すことによっておこる無機塩類の不足は考えられず、根系の発達・腐朽にともなう土壌の通気条件の改良や有機物の分解によって林地の有効無機塩類量の増加によって、林地の生産力の向上が推察された。

4 根の枯損量（推定）を考えたときの生産量と物質循環率

根系の枯損量を知ることはきわめて困難で、今後の研究にまつところが大きいが、いま現存林分における根量の割合で毎年の同化生産物が地下部に分配されたと考えると、一定の林齢における地下部の総生産量はその林齢における地上部の総生産量（主・副林木の地上部重＋積算落葉・落枝量）に根量比を乗じたものになる。

この量は落葉・落枝量に対応した根量を含むもので、別表42の根量よりもこの分だけ大きくなる。

別表42のように林齢が大きくなると総生産量中の根量比が漸減するといった傾向はなくなる。

このような考え方からスギ林分（別表42）について試算すると表10-28のようになる。ここで根量比は図5-4から10年は24％、20〜50年は23％として計算した。

表10-28について40年生林分でみると根系の枯損を考えないときには地下部重はha当たり67 tで総生産量の15％であったが、根系の枯損量を考慮して根量率を23％としたときには地下部重は117 tとなり、50 tの増加があった。この量がここで考えた根系の枯損積算量に相当する。

この根系の枯損量はこれを含めた総生産量の10％に相当する。

このため林地に残る生産量も増加して乾物循環率は71％となり、根系の枯損を考慮しないときの循環率68％に比べて3％増加した。

上記の根系枯損率を加味する考え方は各無機塩類についても適用され、40年生スギ林分の資料（別表42から窒素について計算すると表10-29のように根系の枯損量を加味したときには地下部の窒素量は53 kg増加して125 kgとなり、総生産量に対する比数は6％から9％に増加した。この53 kgの増加量は枯損量を含む総生産量の4％に相

表10-29 根系の枯損率を考えたときの窒素循環率（スギ・40年・kg/ha）

区分	根系の枯損率を	
	考えない場合	考えた場合
地上部	1 232.7 (0.94)	1 232.7 (0.91)
地下部	71.2 (0.06)	124.6 (0.09)
合計	1 303.9 (1.00)	1 357.3 (1.00)
林地より持ち出す量	119.9 (0.09)	119.9 (0.09)
林地に残る量	1 184.0 (0.91)	1 237.4 (0.91)

表10-28 根系の枯損率を現存量の割合で考えた場合の物質循環率（スギ・ha当たり・kg）

林齢（年） 土壌層	10		20		30		40		50	
地上部	44 239* (0.858)	44 239** (0.760)	152 450 (0.844)	152 450 (0.770)	261 915 (0.857)	261 915 (0.770)	372 461 (0.849)	372 461 (0.770)	481 618 (0.850)	481 618 (0.770)
地下部	7 313 (0.142)	13 970 (0.240)	28 000 (0.156)	45 537 (0.230)	47 347 (0.143)	83 870 (0.230)	66 760 (0.151)	116 860 (0.230)	85 133 (0.150)	119 626 (0.230)
合計	51 552 (1.000)	58 209 (1.000)	180 450 (1.000)	197 987 (1.000)	309 288 (1.000)	345 785 (1.000)	439 221 (1.000)	489 321 (1.000)	566 751 (1.000)	601 244 (1.000)
林地より持ち出す量	7 998 (0.135)	7 998 (0.137)	50 031 (0.277)	50 031 (0.253)	96 154 (0.311)	96 154 (0.278)	139 902 (0.319)	139 902 (0.286)	181 365 (0.320)	181 365 (0.302)
林地に残る量	43 554 (0.845)	50 211 (0.863)	139 419 (0.723)	147 956 (0.747)	213 134 (0.689)	249 631 (0.722)	299 319 (0.681)	349 419 (0.714)	385 386 (0.680)	419 879 (0.698)

* 根系の枯損量を含まない場合。
** 根系の枯損量を含む場合。

当する。乾重では総生産量に対して10％の増加であったが、窒素では4％で前者よりも小さい値がえられた。これは根系では窒素含有率が地上部よりも小さいことによっている。

根系の枯損率を含めた場合の窒素の循環率は91％で枯損率を考えない場合と同じであった。これは窒素の総生産量に対して林地より持ち出す量が少ないためである。他の無機塩類についても同様のことがいえる。

5 森林の伐採にともなう地下部の各土壌層への物質の集積

森林の伐採や成長にともなって地上部・地下部への同化生産物質の集積がおこる。地上部の還元量は地表面上部に集積して腐植層を形成し、地下部の根系はそのままの状態で腐朽して土壌層中に大小多数の孔隙をつくり、各種の物質を集積する。

主・副林木合計の根量（別表42）に根量の胸高断面積－土壌層分布比数（別表18・図5-9）から収穫表のⅡ等地の各林齢に応じて作成した。別表40のようになる。つぎに各土壌層別・根系区分別根量の各々に別表40の土壌層別・根系区分別の無機塩類乾重率を乗じて各土壌層における無機塩類量を算出すると、別表46のようになる。

(1) 根量

林齢ごとに各土壌層に集積する主・副林木合計の根量は別表44のようになるが、この中から伐期を40年としたときの各林分の各土壌層への集積根量をみると表10-30のようになり、Ⅰ層ではスギ（28 t）＞ヒノキ（28 t）＞アカマツ（18 t）＞カラマツ（16 t）で、カラマツがもっとも少なくてスギとの間に12 tの差があった。Ⅲ層では主根の成長が旺盛なアカマツの集積量が増加してアカマツ（11 t）＞スギ（8 t）＞カラマツ（6 t）＞ヒノキ（4 t）となり浅根性のカラマツ・ヒノキの集積量は深根性のアカマツ・スギよりも少なくなる。この傾向はⅤ層で一層明瞭になった。杭根性のアカマツはスギ・ヒノキ・カラマツの根量の集積がほとんど存在しないⅥ層以下の土壌層にも集積があり、その集積は深さ3 m以上の

表10-30 40年生の林分における根量の土壌層別集積量（kg / ha）

土壌層	スギ	ヒノキ	アカマツ	カラマツ
Ⅰ	27 931	22 580	17 761	15 813
Ⅱ	26 566	17 715	13 954	13 401
Ⅲ	8 151	3 767	11 079	5 543
Ⅳ	3 023	526	1 823	1 377
Ⅴ	1 090	140	1 127	424
Ⅵ	—	—	294	—
Ⅶ	—	—	178	—
Ⅷ	—	—	109	—
Ⅸ	—	—	87	—
Ⅹ	—	—	30	—
Ⅺ	—	—	—	—
計	66 761	44 728	46 465	36 558

Ⅺ層に及んだ。

生長量の大きいスギ林分は表層・深部ともに根量の集積量が多く、ヒノキは浅根性のため表層のⅠ・Ⅱ層に多いがⅢ層以下では少なく、アカマツは他の樹種よりも表層では少ないが深部に多く、カラマツは全体に集積量が少なくてその分布は表層部に偏るといった特徴を示した。これらの樹種の根量の集積特性に対応して、土壌中の孔隙量と無機塩類量が増加する。この土壌層別集積量は林分の大きさによって異なり、この関係をスギ林分についてみると表10-31のようにⅠ層では10年

表10-31 各林齢における根量の土壌層分布（kg / ha）

土壌層＼林齢	10	20	30	40	50
Ⅰ	3 685	14 114	19 412	27 931	38 200
Ⅱ	2 484	9 391	17 957	26 566	30 062
Ⅲ	1 044	2 765	7 032	8 151	9 455
Ⅳ	99	1 326	2 106	3 023	4 822
Ⅴ	1	405	866	1 090	1 948
Ⅵ	—	—	—	—	646
計	7 313	28 001	47 373	66 761	85 133

別表43より作成。

で4t、20年で14t、30年で19t、40年で28t、50年で38tで林齢が大きくなるほど集積量が増加した。Ⅱ・Ⅲ層と深い土壌層になると10年生林分では集積根量が急速に減少してⅣ層では99kgでⅠ層の40分の1程度になった。一方50年生林分ではⅣ層は5tでⅠ層の7分の1程度であった。

このため幼齢木の伐採を繰り返すと根系は表層だけに集積して深部への根量の集積はほとんどおこらない。一方深部の根量は土壌層が根系の発達に適さないために表10-31のように林分の成長の割合には増加せず、林分の成長によって本数が減少することもあって40年からha当たり根量が減少する傾向がみられた。これらの現象からすると、40年以上の林齢になると10年から40年までの根量増加の割合では集積根量が増加せず、大径木になるとむしろ根株・特大根などの根量増加によって表層部での集積量が増加する傾向が認められた。この集積根の土壌層分布の樹種別・年齢別の特性は、根系がつくる土壌孔隙量および無機塩類量の集積特性にも関係するもので、以下に述べるこれらの因子についても上記のような特性をみることができる。

(2) 根系が腐朽したときにできる土壌孔隙量

主・副林木の伐採後、根系が腐朽するとそのあとに腐植の集積と孔隙ができる。このこ孔隙量は土壌の通気性を高め、物理性を改良して森林の生産力を高める。根系が全植生の腐朽根系のなかに発達して、堅密な心土にまで発達する減少はしばしば観察できる。別表44の土壌層別、根系区分別、根量分布表と別表21の容積密度数の平均的な値から根系体積を計算すると別表45のようになる。この表から各樹種の林齢40年のときの土壌層別の主・副林木合計の根系体積を計算すると、表10-32のようになる。スギはⅠ層で67㎥、ヒノキは47㎥、アカマツは42㎥、カラマツは38㎥の根系体積があった。0～30cmのⅠ・Ⅱ層ではスギは129㎥、ヒノキは83㎥、アカマツ74㎥、カラマツは70㎥の体積分布があった。このⅠ・Ⅱ層に分布する根系体積は全根系体積のスギは80%、ヒノキ89%、アカマツ68%、カラマツ80%でアカマツを除く他の樹種はその根系体積の

表10-32 40年生の林分における主副林木の根系体積の土壌層別集積量（㎥/ha）

土壌層\樹種	スギ	ヒノキ	アカマツ	カラマツ
Ⅰ	66.726 (0.42)	47.083 (0.51)	41.917 (0.38)	37.931 (0.44)
Ⅱ	62.999 (0.38)	35.515 (0.38)	32.405 (0.30)	31.945 (0.36)
Ⅲ	20.297 (0.13)	8.749 (0.09)	26.003 (0.24)	13.626 (0.15)
Ⅳ	7.781 (0.05)	1.440 (0.02)	4.529 (0.04)	3.401 (0.04)
Ⅴ	2.800 (0.02)	0.390 (+)	2.789 (0.03)	1.057 (0.01)
Ⅵ	―	―	0.790 (0.01)	―
Ⅶ	―	―	0.482 (+)	―
Ⅷ	―	―	0.289 (+)	―
Ⅸ	―	―	0.230 (+)	―
Ⅹ	―	―	0.082 (+)	―
Ⅺ	―	―	0.040 (+)	―
計	160 603 (1.00)	93 177 (1.00)	109 556 (1.00)	87 960 (1.00)

別表45より作成。

約80%以上が表層のⅠ・Ⅱ層に集中分布した。

この根系がつくる孔隙の内容をスギ40年生林分についてみると、表10-33のようにⅠ層では直径2mm以下の孔隙が1.6㎥、2～5mmの孔隙が2㎥、5～20mmが3.4㎥、20～50mmが2.3㎥、50mm以上が12㎥、根株は45㎥の孔隙ができることとなる。特大根・根株などの大きな孔隙は表層部に限られるが、細根・小径根がつくる孔隙は土壌層の深部にも多く、深部ではこれらの根系によって多数の細かい孔隙ができる。深部の堅密な土壌層においてもこれらの根系がつくった細かい孔隙をみることができる。

根系分布が深部に多い深根・多岐性のスギは深部に多数の小さな孔隙をつくり、深根・杭根性の

表10-33 各土壌層の総根系体積（スギ）（ha当たり・×1 000 cm³）

林齢	40年						
土壌層	細根	小径根	中径根	大径根	特大根	根株	計
I	1 598	2 048	3 386	2254	12 084	45 356	66 726
II	523	1 016	2 247	3620	10 237	45 356	62 999
III	1 114	1 803	4 636	6080	6 664	—	20 297
IV	772	1 277	2 568	2224	940	—	7 781
VI	238	504	1 040	654	364	—	2 800
計	4 245	6 648	13 877	14832	30 289	90 712	160 603

アカマツは主根が深部に達する大きな杭状の孔隙をつくる。浅根性のヒノキ・カラマツは深部よりも表層に多くの孔隙を残す。

根系がこのような形で森林土壌を耕耘したとすると深根・多岐性のスギはヒノキ・カラマツよりも土壌の物理性を改良する効果が大きい。一方アカマツは幼齢時においても、堅密な土壌に杭根が発達するので小径木の密植林地で十分深土の物理性を変える効果がある。疎植の大径木では杭状の孔隙が散在する形となり、スギとは異なった孔隙分布を示す（**写真20**参照）。

孔隙量の林齢別の変化をスギについてみると**表10-34**のようにI層の10年生林分では9 m³、20年では35 m³、30年では67 m³、40年67 m³、50年92 m³で、林齢とともに漸増する傾向があった。20年までの間では増加率が大きくて、各土壌層ともに4倍に近い増加率を示した。30～40年では増加率は減少して1.5～2.0倍になる。

(3) 各土壌層への無機塩類の集積量
1. 窒素

40年生林分における各樹種の窒素の土壌層別集積量を比較すると**表10-35**のようになる。

I層ではヒノキは43.7 kgで窒素の集積量が多く、スギ（29.0 kg）＞カラマツ（17.7 kg）＞アカマツ（7.3 kg）の順で、アカマツはヒノキの1/6程度であった。ヒノキはI層で窒素量の集積が多いのはこの土壌層に細根の分布量が多いことによっている。

アカマツは窒素含有率が高い細根量が少ないために他の樹種に比べて集積量が少ない。

写真16 スギ、S15林分、腐朽した根系の中に発達するスギの根系

II層ではスギ（22.3 kg）＞ヒノキ（22.2 kg）＞カラマツ（12.4 kg）＞アカマツ（2.7 kg）の順となる。

いま各樹種を40年で伐採すると植栽後からの枯損・間伐による土壌層への集積量・主林木の残存量を合わせて表層から30 cmのI・II層に集

第10章　森林の生産量の循環

表10-34　各林齢における根系体積の土壌層分布（スギ）（ha当たり・×1 000 cm³）

土壌層＼林齢（年）	10	20	30	40	50
I	9 428	347 535	46 782	66 726	91 701
II	6 133	22 632	42 698	62 999	71 114
III	2 676	7 193	17 520	20 297	23 435
IV	274	3 507	5 370	7 781	11 752
V	4	1 075	2 237	2 800	4 831
VI	—	—	—	—	1 564
計	18 515	69 142	114 607	160 603	204 397

別表40より作成。

表10-35　40年生林分における各樹種の窒素(N)の土壌層別集積量（kg/ha）

土壌層	スギ	ヒノキ	アカマツ	カラマツ
I	29.0 (0.42)	43.7 (0.54)	7.3 (0.49)	17.7 (0.46)
II	22.3 (0.31)	22.2 (0.28)	2.7 (0.18)	12.4 (0.32)
III	13.1 (0.18)	11.1 (0.14)	2.6 (0.18)	7.1 (0.18)
IV	5.2 (0.07)	2.2 (0.03)	0.9 (0.06)	1.3 (0.03)
V	1.5 (0.02)	0.6 (0.01)	0.4 (0.03)	0.3 (0.01)
VI	—	—	0.3 (0.02)	—
VII	—	—	0.2 (0.01)	—
VIII	—	—	0.1 (0.01)	—
IX	—	—	0.1 (0.01)	—
X	—	—	0.1 (0.01)	—
計	71.1 (1.00)	79.8 (1.00)	14.7 (1.00)	38.8 (1.00)

積する窒素量はスギ51.3 kg、ヒノキ65.9 kg、アカマツ10.0 kg、カラマツ30.1 kgとなる。この量は各樹種ともに総集積量のスギは73％、ヒノキ82％、アカマツ67％、カラマツ78％で浅根性のヒノキは総窒素量の82％が表層に分布し、深根性のアカマツは67％があったが、いずれもその窒素量の大部分が表層部に集積した。表層における窒素量の分布割合が根量のそれよりも小さい値をとるのは、窒素量の少ない大径根以上の根量がその大部分を占めるためである。

地下部の各土壌層への集積量は林齢によって異なる。この関係をスギについてみると表10-36のように各土壌層とも林齢が大きくなると窒素の集積量が増加する傾向があり、I層では10年で9.2 kgであったが、20年で23.9 kg、30年で24.1 kg、40年29.0 kgとなり、50年では44.8 kgとなった。この傾向は土壌層によって異なり、III層以下の土壌層では10年生までの幼齢林は根系からの窒素量の集積がほとんどなく、IV層では0.3 kgで

表10-36　各林齢における窒素量の土壌層分布（スギ）（kg/ha）

土壌層＼林齢（年）	10	20	30	40	50
I	9.2	23.9	24.1	29.0	44.8
II	4.5	10.6	15.7	22.3	23.0
III	2.5	6.5	11.4	13.1	14.4
IV	0.3	2.9	3.3	5.2	4.8
V	+	0.7	1.2	1.5	1.9
VI	—	—	—	—	0.6
計	16.5	44.6	55.7	71.1	89.5

あった。50年生の林分では深部で窒素の集積がみられるが、その量は表層に比べるときわめて少なくてⅣ層で4.8 kg、Ⅴ層で1.9 kg、Ⅵ層で0.6 kgであった。

2. リン酸

40年生林分における樹種別のリン酸の各土壌層集積量は表10-37のようにヒノキ（7.3 kg）＞スギ（6.1 kg）＞アカマツ（4.8 kg）＞カラマツ（4.3 kg）で細根の多いヒノキが多く、カラマツは少なかった。この順位は窒素の場合と異なり、スギ・ヒノキでは窒素量の約20％以下になったが、アカマツは窒素量の70％、カラマツは25％で両者の差は窒素よりも小さくなった。

Ⅱ層では各樹種ともにⅠ層の50％程度となり、最大のスギ（3.8 kg）と最小のアカマツ（2.4 kg）の差は1.4 kgで樹種間の差はⅠ層よりも小さい。

Ⅲ層以下では深根性のスギ・アカマツのリン酸集積量が大きく、Ⅳ層ではこの傾向がとくに明瞭

で、スギの0.6 kg＞アカマツ0.5 kgに対して浅根性のヒノキ・カラマツはいずれも0.2 kgであった。

Ⅰ・Ⅱ層における総量に対する集積量の割合はスギ77％、ヒノキ87％、アカマツ74％、カラマツ85％で浅根性のヒノキ・カラマツは量および比率の面でも浅い土壌層で大きくて浅根性の特徴を示した。

各土壌層におけるリン酸集積量の林齢ごとの変化をスギでみると表10-38のようにⅠ・Ⅱ層で10年では2.7 kg、20年では7.0 kg、30年7.6 kg、40年は9.9 kg、50年13.4 kgで林齢にともなってリン酸量の著しい増加がみられた。深部のⅣ層ではこの傾向はやや異なり、10年で0.3 kg、20年で0.36 kg、30年で0.44 kg、40年で0.64 kg、50年で0.68 kgで、10年と20年との間には大きな差があったが、30年以降では林齢の間の差は表層よりも小さく、40年以上ではほとんどリン酸の集積量の増加がみられなかった。

表10-37 40年生林分における各樹種のリン酸の土壌層別集積量（kg/ha）

土壌層	スギ	ヒノキ	アカマツ	カラマツ
Ⅰ	6.1 (0.47)	7.3 (0.58)	4.8 (0.50)	4.3 (0.52)
Ⅱ	3.8 (0.30)	3.6 (0.29)	2.4 (0.24)	2.7 (0.33)
Ⅲ	2.0 (0.16)	1.3 (0.10)	1.8 (0.18)	1.0 (0.12)
Ⅳ	0.6 (0.05)	0.2 (0.02)	0.5 (0.05)	0.2 (0.02)
Ⅴ	0.2 (0.02)	0.1 (0.01)	0.2 (0.02)	0.1 (0.01)
Ⅵ	—	—	0.1 (0.01)	—
Ⅶ	—	—	+	—
Ⅷ	—	—	+	—
Ⅸ	—	—	+	—
Ⅹ	—	—	+	—
計	12.7 (1.00)	12.5 (1.00)	9.8 (1.00)	8.3 (1.00)

表10-38 各林齢におけるリン酸量の土壌層分布（スギ）（kg/ha）

林齢（年） 土壌層	10	20	30	40	50
Ⅰ	1.925	5.113	4.883	6.116	9.513
Ⅱ	0.777	1.930	2.769	3.810	3.876
Ⅲ	0.357	0.968	1.713	2.005	2.179
Ⅳ	0.031	0.355	0.439	0.641	0.676
Ⅴ	0.001	0.077	0.146	0.171	0.259
Ⅵ	—	—	—	—	0.073
計	3.091	8.443	9.950	12.743	16.576

3. カリウム

40年生林分の各樹種のカリウムの土壌層別集積量は表10-39の通りで、その総量はスギ88 kg、ヒノキ74 kg、アカマツ68 kg、カラマツ35 kgでスギがもっとも大きかった。

この関係は各土壌層についてもみられるが、表層部では深部よりも集積量の差が小さくなる傾向がみられた。いまⅠ層について最大量のスギとカラマツを比較するとその割合は2.4であったが、Ⅳ層では4.1、Ⅴ層では5.0となった。これは表層部では無機塩類含有率が高い細根量の均一化が

表10-39 40年生林分における各樹種のカリウムの土壌層別集積量と比数（kg/ha）

土壌層	スギ	ヒノキ	アカマツ	カラマツ
I	40.6 (0.46)	40.3 (0.55)	28.5 (0.42)	16.7 (0.48)
II	33.4 (0.38)	25.6 (0.34)	19.6 (0.29)	12.5 (0.36)
III	9.6 (0.11)	6.8 (0.09)	15.4 (0.23)	4.5 (0.13)
IV	3.3 (0.04)	1.3 (0.02)	2.2 (0.03)	0.8 (0.02)
V	1.0 (0.01)	0.3 (+)	1.2 (0.02)	0.2 (0.01)
VI	—	—	0.4 (0.01)	—
VII	—	—	0.2 (+)	—
VIII	—	—	0.1 (+)	—
IX	—	—	0.1 (+)	—
X	—	—	+	—
計	87.9 (1.00)	74.3 (1.00)	67.7 (1.00)	34.7 (1.00)

表10-40 各林齢におけるカリウム量の土壌層分布（スギ）（kg/ha）

土壌層 \ 林齢（年）	10	20	30	40	50
I	7.58	24.26	3.002	40.64	57.22
II	4.05	13.19	22.90	33.36	38.27
III	1.74	4.34	8.32	9.55	10.59
IV	0.14	1.73	2.09	3.29	3.66
V	0.01	0.47	0.81	1.03	1.46
VI	—	—	—	—	0.48
計	13.52	43.99	64.14	87.87	111.68

おこるためである。

　各林木の総量に対する土壌層別分布量の比数としては深さ0～30cmのI・II層の間にスギは84％、ヒノキは89％、アカマツは71％、カラマツは84％があり、細根が表層部に多いヒノキがもっとも大きく、アカマツは細根量に比べて含有率が高い大根量の分布割合が深部で大きい。とくにVI層以下ではアカマツ以外の樹種は分布がみられなかった。

　カリウムの各土壌層における林齢別分布量は表10-40のように10年では8kg、50年では57kgで、50年では10年の7倍に近い分布量があった。IV層以下では幼齢林における分布量が急速に減少するためにこの割合は大きくなり、V層では10倍以上となった。30年以上の林分ではほぼ土壌層の全体に根系分布が広がるため表層部、下層部での差は小さくなった。

4. カルシウム

　40年生林分におけるカルシウムの土壌層集積量とその比数は表10-41のようにha当たり集積量はI層ではスギ109kgがもっとも大きくてカラマツ14kgはスギの約1/7程度であった。細根量が多いヒノキは39kgでスギの約40％であったが、これはスギの根系におけるカルシウム含有率がヒノキよりも高いことと、カルシウムの蓄積が大根にも多いことによっている。

　III層になるとスギ・ヒノキ・カラマツは根量の減少にともなって急速に減少して、II層の1/2～1/3となったが、アカマツは減少率が小さくてII層の80％程度になった。これはアカマツの根量分布が主根の状態に影響されて深くまで大根が分布することによっている。

　V層では浅根性のヒノキ・カラマツのカルシウムの集積量は0.3kgとなり少なくなった。この土壌層ではスギは3.8kgの分布があり、両者の間には10倍以上の差があった。

　土壌層分布比ではI層にヒノキは総カルシウム量の56％＞カラマツ47％＞スギ43％＞アカマツ41％が分布しており、各樹種ともに40％以上がI層に集まり、I・II層の間には70％以上の分布がみられた。とくにヒノキは表層部に分布が偏り、カルシウム量の90％が分布した。

　スギ林分のカルシウムの各土壌層における分布量の林齢別分布は表10-42のようになった。

表 10-41　40年生林分における各樹種のカルシウム（CaO）の土壌層別集積量（kg / ha）

土壌層	スギ	ヒノキ	アカマツ	カラマツ
I	108.5 (0.43)	39.4 (0.56)	4.14 (0.41)	14.2 (0.47)
II	96.8 (0.39)	23.9 (0.34)	31.2 (0.30)	10.7 (0.35)
III	29.7 (0.12)	5.9 (0.08)	25.2 (0.24)	4.4 (0.14)
IV	10.7 (0.04)	1.2 (0.02)	3.1 (0.03)	0.9 (0.03)
V	3.8 (0.02)	0.3 (+)	1.6 (0.02)	0.3 (0.01)
VI	—	—	0.4 (+)	—
VII	—	—	0.3 (+)	—
VIII	—	—	0.1 (+)	—
IX	—	—	0.1 (+)	—
X	—	—	+	—
計	249.5 (1.00)	70.7 (1.00)	103.4 (1.00)	30.5 (1.00)

表 10-42　各林齢におけるカルシウム量の土壌層分布（スギ）（kg / ha）

林齢（年）\土壌層	10	20	30	40	50
I	18.39	61.95	77.99	108.51	152.35
II	10.55	36.30	66.07	96.80	33.93
III	4.20	11.44	25.64	29.71	33.93
IV	0.42	5.15	7.24	10.73	13.98
V	0.01	1.58	3.11	3.83	6.16
VI	—	—	—	—	—
計	33.57	116.42	180.05	249.58	317.17

6　根系分布と土壌の理化学性

　以上のような根量分布にしたがって腐植および無機塩類量の集積は表層部に集中しておこるために、表層の土壌の理化学性は深部よりも著しく変化する。またこのように変化した土壌条件は表土における根系の成長を促進する。このため根系の影響は表層では対数的な増加を示す。一方この相互作用は土壌層が深くなるにしたがって急速に弱まる。根系の垂直的な変化・根量の垂直分布と土壌の理化学性の垂直変化との間には密接な相関関係が成り立つ。

　これらの関係は土壌の理化学性と細根の表面積との関係図でも明らかなであるが、スギ S8 林分について細根の根密度と土壌の理化学性との関係と示すと図 10-5 のようになる。細根の根密度変化は採取時の空気量・最小容気量・透水速度・非毛管孔隙量の変化と関係した。これは根系が土壌層につくる孔隙量の垂直分布に置き換えて考えることもできる。

　また pH・置換酸度・炭素量・全窒素量・C/N 率などの土壌の化学性の変化も根密度の変化に対応しており、根系による腐植の分布とも一致した。

　先にも述べたように、土壌の諸性質は根系の分布を決定づけるとともに根系の発達に影響されており、両者の間には高度の相関関係が認められた。土壌の理化学性の垂直的な変化は根系の影響だけではなく、表層に堆積する腐植にもよる。根系の腐植と孔隙形成作用からみたところでは現在の土壌の諸性質の垂直変化は過去の根系の分布と発達の結果を表現しており、根系成長はこれを助長する方向に働いている。

　土壌層の深部にまで多くの孔隙を残す大径木の密植造林や深根性のスギ・アカマツ・ナラ類などその他の広葉樹の造林は林地土壌の理化学性を改良する効果が大きい。浅根性のヒノキ・カラマツ・トウヒ類は表層に多量の腐植を集積することになる。ヒノキ林では表層の根系がマット状に発達する現象がみられる。表層では根系の粗腐植の堆積によって土壌の理化学性の悪化がおこり、根系の発達を阻害する原因となることもある。

第10章　森林の生産量の循環

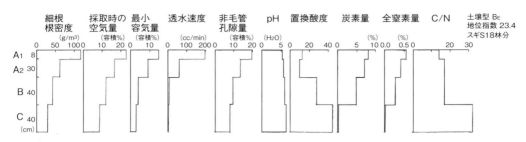

図10-5　細根の根密度と土壌の理化学性

第11章
根系の形態と分布

本章については先に文献［苅住 1957］で詳細に報告しているので主要樹種の調査木の根系の形態と分布の記述を主としたことを先に断っておく。

根系の各種の働きを十分に理解するためには量と形態面での解析が重要である。同じ根量であってもその形態が相違することによってその働きは著しく異なる。

根系の形態は樹種の遺伝性・土壌条件を主とする環境条件と密度などの各種の条件によって左右される（資料1）。

1　各樹種の根系の形態の特徴

樹木の根系の形態は主根が肥大成長して棒状となる杭根型、発達した数本の短い垂下根とその支根が根系の形態を特徴づける心根型、水平根の発達が著しい平根型の3つの型に大きく区分できる。またこれを細かく形態型に細区分すると図11-1のようになる。調査木の根系の形態を通覧して各樹種の成木の根系の特徴からこれを上記の型にしたがって区分すると表11-1のようになる。

スギの根系は深くにまで発達する数本の太い垂下根と斜出根によって特徴づけられ、その根系の形態型は心根型のII～III型に属する。写真17・写真18はその代表的なもので、数本の太い垂下根が「かなえ」状に根株を支える形に発達する。このため根系の支持力が大きくて風倒などの被害にかかりにくい。また垂下根が深部まで発達するので深部における養・水分吸収力も大きい。

このような形態はスギの根系が酸素量の少ない嫌気的な条件に耐えて十分に吸収の働きをし、成長する生理的特性によっている。

表11-1　根系の形態区分

根系の形態型	根系型細区分	樹種
杭根型	I	アカマツ、クロマツ、ストローブマツ、テーダマツ
	IV	—
	VIII	ストローブマツ
心根型	II	スギ・カラマツ
	III	スギ・カラマツ・ヒノキ
	VI	ミズナラ、シラカンバ、カラマツ
	VII	ケヤキ、カナダズカ、ヤエガワカンバ、ミズナラ、フサアカシア
平根型	V	ヒノキ、サワラ、ユーカリノキ、ケヤキ

ヒノキの根系は写真19のように土壌の表層に発達する太い水平根と表層に密に発達する細根～小径根によって特徴づけられる。平根型のV型ないしは心根型のIII・VI型に属するが、一般林地では表土が浅い尾根に近い立地などに植えられるために根系の形態は平板状で平根型のV型が多い。

斜出根・垂下根は堅密で通気不良の土壌層で成長が止まって浅い形をとる。水平根は多数の細・小径根に分岐するので表層での根系はきわめて複雑である。このような根系の特性はヒノキの根系が多岐性で、好気的な性質のために通気の悪い心土での発達が悪いことによっている。

アカマツは代表的な杭根性の樹種（杭根型のI型）で写真20のように主根が杭根状に発達して心土に達して地上部を支える形をとる。水平根は本数が少ないが明瞭で、地表に沿って横走して遠くに達する。また水平根の基部から杭根状の垂下根が発達する。

カラマツは写真21のように数本の斜出根と短い垂下根によって特徴づけられ、心根型の形態をとりIII～VI型に属するが立地条件によって変化しやすく、一般には平根型のV型となる。

調査樹種中杭根型にはアカマツの他にクロマツ（I型）・ストローブマツ（VIII型）・テーダマツ（I型）などのマツ類、心根型にはスギ・カラマツの他にケヤキ（V～VIII型）・カナダツガ（VII型）・フサアカシア（VII型）・ミズナラ（VI・VII型）・シラカンバ（VI型）・ヤエガワカンバ（VII

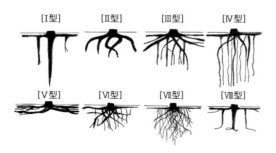

図11-1　各種の根系型

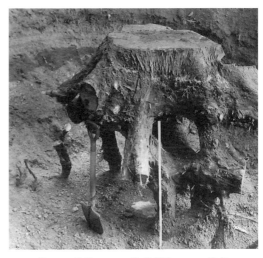

1 スギ、S17 林分、No.7、胸高直径 48 cm、樹高 25 m、林齢 49 年、根系の最大深さ 3.4 m、土壌型 Bl_D。

2 スギ、S17 林分、No.7、胸高直径 48 cm、樹高 25 m、林齢 49 年、根系の最大深さ 3.4 m、土壌型 Bl_D。

3 スギ、S17 林分、No.9、胸高直径 41 cm、樹高 23 m、林齢 49 年、根系の最大深さ 3.4 m、土壌型 Bl_D。

4 スギ、S13 林分、No.9、胸高直径 19 cm、樹高 13 m、林齢 17 年、根系の最大深さ 1.6 m、土壌型 Bl_D。

写真 17　スギの根系

型)、平根型にはサワラ（V 型)・ユーカリノキ（V 型）などの樹種が挙げられる（写真 22)。

　これらの樹種の根系型は大きくみると遺伝的な樹種の特性としての形態型が理解できる。林齢・立地条件などによって変化するので個々については同一形態型をとるものもある。杭根性のI型のアカマツでも過湿または堅密な土壌の分布によって有効土壌層が浅い場合には、主根の成長が停止または枯損してV～Ⅷ型となる場合もある。

2　林木の成長にともなう形態変化

　根系の形態は稚苗から成木まで生長にともなって変化する。調査木の根系の形態を林齢との関係で、その時代の特徴をみると図 11-2 のようになる。

　各樹種とも発芽初期には主根が発達するが成長につれて側根の分岐が多くなり、樹種の特徴を示

1　スギ、S5 林分、No.25、胸高直径 25 cm、樹高 19 m、林齢 45 年、傾斜下方に太い斜出根が発達する、土壌型 Bl_D。

2　スギ、S5 林分、No.1、胸高直径 28 cm、樹高 17 m、林齢 29 年、土壌型 Bl_D。

3　スギ、S5 林分、No.25、胸高直径 25 cm、樹高 19 m、林齢 45 年、傾斜下方に太い斜出根が発達する、土壌型 Bl_D。

4　スギ、S5 林分、No.1、胸高直径 28 cm、樹高 17 m、林齢 29 年、土壌型 Bl_D。

写真 18　スギの根系

す形となる。樹種別にみると次のようになる。

　スギ：スギは主根からの側根の分岐が多くて 1 年で複雑な形態となる。とくに床替えや植付作業によって根系が切断されると、分岐が複雑になって塊状となる。5～7 年では大根・中径根が明瞭となり、また主根の成長が止まって数本の斜出根となる。斜出根・垂下根の伸長・肥大成長が促されてほぼ成木における根系の形態が形成される。

　10～20 年ではこの形態は一層明瞭となる。主根は伸長成長よりも肥大成長がさかんになる。根株付近での大根の発達が目立つようになる。30～40 年では地上部重の増加にともなって水平根の肥大成長がさかんになり、根株付近の水平根の基部は楕円または板根状になる。

第11章　根系の形態と分布

1　ヒノキ、H4林分、No.3、傾斜の下方に大径根が発達する。

2　ヒノキ、H5林分、No.1、大径根の形態。

3　ヒノキ、H6林分、No.5、細根は密生する。

4　ヒノキ、H5林分、No.1、根株付近の分岐が多い。

写真19　ヒノキの根系

ヒノキ：ヒノキの根系は発芽初期から主根の成長がスギよりも悪くてスギよりも早い時期に側根の分岐がさかんになり、床替え作業によって一層分岐が促進されて根系は塊状となる。

3～5年生で地上部を支持する垂下根・斜出根などの大根が明瞭となり、ほぼ根系の形態が整う。10～20年では深部への垂下根・斜出根の成長が衰えて平根型の根系の特徴を示すようになる。この時代には中径根以下の根系の分岐がさかんで、細根部分は複雑に交錯する。

30～40年では垂下根の肥大成長はほとんど停止し、水平根の発達が著しくて平根性の特徴が一層明瞭になる。表層における中径根以下の根系の分岐が著しいために地表層には根系の網状の層ができる。

アカマツ：アカマツは幼齢時代より垂下根の発達が目立ち、1年で深さ1m以上に達する。側根の分岐と発達は地表層でとくに顕著である。床替え作業や植栽時の主根切断によっても主根の性質は失われず、伸長・肥大して杭状となる。

1　アカマツ、A4林分、No.4、胸高直径29cm、樹高19m、根系の最大深さ4.0m、土壌型 $Bl_D(d)$。

2　アカマツ、A4林分、No.5、胸高直径20cm、樹高17m、根系の最大深さ4.0m、土壌型 $Bl_D(d)$。

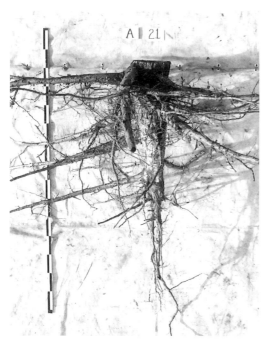

3　アカマツ、A2林分、No.21、胸高直径12cm、樹高9m、根系の最大深さ1.8m、土壌型 $Bl_D(d)$。

4　アカマツ、A8林分、No.2、胸高直径28cm、樹高16m、根系の最大深さ3.0m、土壌型 Bl_D。

写真20　アカマツの根系

第11章　根系の形態と分布

1　幼齢木のカラマツの根系、樹高7m、根系の最大深さ1.3m。推定樹齢50年、火山礫堆積土。

2　カラマツ、K14林分、No.2、胸高直径28cm、樹高18m、林齢33年、土壌型 Bl_D。

3　カラマツ、K29林分、No.27、胸高直径16cm、樹高12m、林齢53年、土壌型 Bl_B。

写真21　カラマツの根系

30～40年では杭状の主根はきわめて明瞭となる。斜出根・垂下根は少なくて分岐は疎である。水平根は一般に本数が少ないが表層に沿って放射状に発達して他の樹種とは異なった特徴を示す。またこの時代には水平根の基部から発達した垂下根が棒状を呈するようになる。この性質は他の樹種でも多少認められるがマツ・モミ類はこの傾向が著しい。

カラマツ：カラマツの根系は幼齢時代から疎放で肥大して杭状となる。立地条件が悪い場合、また植栽時の根系の切断の影響によって主根の発達は著しく影響されて10年生のスギの形態に似た形をとることが多い。この杭状の主根は10年以上になると成長が衰えて、斜出根・垂下根が根系の形態を特徴づける。

30年頃になると主根と斜出根・垂下根の区分は不明瞭となり、数本の太い根系が地上部を支える形となる。またこの時代には水平根が発達して平根性根系型の特徴を示すようになる。また大径木になると水平根から分岐した垂下根が目立つようになる。

太い根系の形態はスギに似るが、一般に分岐が疎放で外力に対する抵抗性は小さい。根系の分岐の性質はマツ類に類似する。

3　立地条件と根系の形態

土壌層が深い適潤・崩積型の土壌では根系は十分に発達して樹種の特性を示すが、$Er\text{-}B_B$土壌型のような表土の浅い乾燥した立地では各樹種ともに深部での根系の成長を制限されて表層での発達が著しくなるために平根型となる。I型のアカマツはVIII型に、III型のスギはVI型に、III型のカラマツはV型に近い形態をとる。

またストローブマツ、サワラのように下層土に根系の成長を侵害するような堅密な土壌層があると根系の自然な発達は侵害されて平板状となることが多い。このような現象は乾燥・堅密な土壌層だけではなくて過湿条件によってもおこり、通気不良の過湿条件で根系の成長が阻害されやすい。カラマツはとくにこの傾向が著しく、地下水位の高い野辺山国有林ではほとんどの根系が深部で枯死して平根型となった（**写真12参照**）。

1　フサアカシアの根系、M7林分、No.A5、胸高直径17 cm、樹高8 m、林齢53年、根系の最大深さ1.5 m、土壌型 Er。

2　サワラの根系、M2林分、No.2、胸高直径21 cm、樹高16 m、根系の最大深さ1.5 m、土壌型 Bl_d。

3　浅い乾燥土壌におけるフサアカシアの根系。M7林分、No.A5、胸高直径17 cm、樹高8 m、林齢53年、土壌型 Er。

4　ケヤキの根系、M4林分、No.5、胸高直径26 cm、樹高24 m、根系の最大深さ2.5 m、土壌型 Bl_D。

写真22　ケヤキの根系

　小根山国有林のように下層土が火山礫と火山灰の相互に堆積した土壌層の場合には各樹種とも土壌の理化学性が悪いⅡ・Ⅳ層で根系の成長が悪く、理化学性がよいⅠ・Ⅲ層で良好な発達を示した（**資料1**）。

　この傾向は中径根以下の根系で著しく、大径根以上の根系分布はほとんど土壌の理化学性の変化に影響されなかった。これは、細根は吸収部分として養・水分の分布に反応して成長・分布し、大径根は地上部の支持部分ないしは養・水分を運ぶ部分としてその先端にある根量の吸収量に相当した太さをもつためである。これらの関係は根量分布をみてもきわめて明瞭である。

　以上のような根系の発達に対する立地条件の影響は樹種によって異なり、アカマツは変化性が少なく、表土の浅いせき悪乾燥林地でも十分な主根の発達が認められ、湿った立地でも主根が発達して大きな形態変化はなかった。またヒノキも多少の立地条件差によって形態が大きく変化することはなかったが、**写真19-3**のように土壌層が深くまで軟らかで通気がよい土壌では平根性のヒノキでも垂下根が深部にまで発達することがわかった。

　一方スギはヒノキよりも形態の変化が明瞭で、表土の浅いせき悪乾燥林地や著しい過湿土壌では平根型の形態となる。

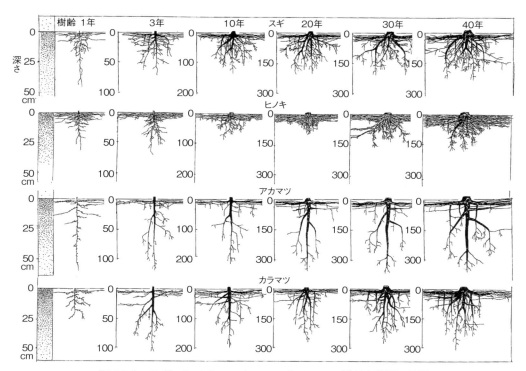

図11-2 スギ・ヒノキ・アカマツ・カラマツの樹齢と根系の形態

カラマツの根系は4樹種中土壌条件による変化がもっとも大きく、心土が堅密な乾燥立地および過湿地などの有効土壌層が浅いところでは根系は著しく平板状となる（**写真21-3**）。スギでは形態変化がおこらないような立地でもカラマツは容易に形態が変化した。一方根系の成長阻害因子が少ない通気が良好な立地では太い垂下根・斜出根が深部にまで発達した（**写真21-2**）。このような現象はカラマツの根系の成長が通気・水分条件などの立地条件に影響されやすいことによる。

4 本数密度

密植林分では水平根よりも垂下根が発達する。この関係を密植林分のS22林分（密度比数1.2）と疎植林分のS25〜27林分（密度比数0.4〜0.5）の根系の形態で比較すると密植のS22林分では疎植のS25〜27林分に比べて全体に根系が貧弱であった。

一方、疎植の飫肥地方のスギの根系は水平根の肥大成長が大きくて極端なものは根株の周辺では板根状になる傾向がみられた。あて材ができる。

この現象は本数密度による根系の成長に及ぼす干渉作用が水平方向におこることを示すものである。また風・雪などによる外力が根系の支持作用に及ぼす力学的な影響は疎植林分では大きく、密植林分では小さくて、この刺激が根株部付近での水平根の肥大成長に関係していることが考えられる。このため疎植林分の根系は根張りが発達して容易に風倒などの被害にかからないが、密植林分では水平根の発達が貧弱なために外力によって倒状しやすい。

また同様な意味において林縁木の水平根の根張りは林内木よりも大きい（412項参照）。

根系は以上のような各種の環境条件に影響されて種々の形態をとる。この変化は量的に把握できないような現象についても認められ、根系の形態変化から立地条件・林木の成長に関係する問題を推察できる。

このため根量調査に平行して土壌条件と根系の形態の詳細な観察と記載が必要である。

第12章
根系の支持作用

樹木は地上部重が大きくなり、風・雪など外力の影響も大きい。これらの樹木の重力を根系が支えている。このため、根系の組織は強靭で、広がりと分岐が多く、土壌と密接に結びついている。根系強度が大きくないと樹木は倒伏する。

この根系の支持作用は根の組織と根系の形態から考えることができる。根系に作用する力は地上部にかかる力の方向に働く牽引力と反対方向にかかる屈曲抵抗力に区分される。普通、樹木は根株を中心柱として、四方に側根を張って地上部を支えている。側根は長く、樹冠の長さの数倍に達する。地上部にかかる力は樹冠に側面からかかる風圧が大きい。地上部の重力や積雪などの重さも樹木の支持力に関係する。積雪などにより、地上部の重力に偏りが生じると、樹木はバランスを失って倒伏する。傾斜地では、枝が下方に発達して傾斜の下側に荷重がかかる。

台風などによる倒伏は樹冠の側面に受ける風圧による。地上部に風圧モーメントがかかると、その力は幹の下部で最大となり、これが根系の支持力をこえると、樹木は倒伏する。地上部にかかる力に対して、もっとも大きい抵抗力を示すのは風圧側に発達した側根である。風圧モーメントが側根の牽引力を越えると、樹木は倒伏する。風圧の反対方向の側根に屈曲抵抗があるが、この力は反対側にかかる牽引力に比較して小さい。

地上部に風圧モーメントがかかったとき、最初に切断されるのは風圧の方向側に発達する側根である。倒伏の実験では風圧方向に荷重をかけると、まずその反対方向の側根（直径3～4cm）が切断する。切断の音を聞くことができる。側根は根株を中心柱としてどの方向にも分布しており、どの方向からの風圧にも対応している。側根の分布に偏りがある樹木は倒伏の危険性が大きい。四方に発達した水平根が地上部を支えているといってよい。

根株付近に太い垂下根（杭根）が発達する。マツ属やモミ属では明瞭である。この垂下根は四方からの風圧に対して、強い屈曲抵抗力を示す。このため、杭根が深部まで発達した樹木は倒伏に対する抵抗力が大きい。

二次木部が発達した太根は支持作用が大きく、一次木部が根の組織の中心を埋める細根～中径根は牽引力が大きい。Hilf［1927］、Busgen［1931］は根株の近くに発達するこれらの太根を支持根よび水平に発達する太い側根を地上部を支えるための牽引根だとしている。根株付近から垂下する太い柱状の根を杭根とよんでいる。このように根株附近の太根は地上部を支持する上で有効な働きを示すが、細根の牽引力が果たす役割も大きい。

水平根からも、小・中径の垂下根が分岐する。この根系は水平根を固定する働きが大きい。水平根から発達する垂下根が多いほど、水平根の牽引力、屈曲抵抗力は大きくなる。

図12-1は地上部に外力が加わった場合の地下部での抵抗を示す模式図である。地上部が片方から風圧を受けると、その方向の側根に図のような牽引力がはたらき、逆に反対側の側根には屈曲抵抗力を生じる。根株付近の太い垂下根（杭根）は牽引力と屈曲抵抗力が働く。水平根から分岐する垂下根は、水平根を固定する働きが大きい。深部で分岐した根は土壌との摩擦力を大きくして、根

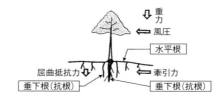

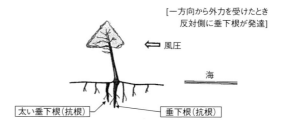

図12-1　外力と根系の支持力を示す模式図

の支持力を大きくする。

このような根の〈力のバランス〉によって、地上部は風圧や重力に耐えて立っている。樹種によって根系の形態は異なり、支持力も相違する（資料1参照）。根系の支持力は水平根の広がりが大きく、太い垂下根が深く、根系の分岐が多いほど大きくなる。

このため表層に発達する水平根の組織は強力なけん引力と屈曲抵抗に耐えるほど強くなければならないし、垂下根は水平根と違った強力な屈曲抵抗をもつように十分に根系が下層土まで発達する必要がある。また根系の各部分は強い機械的組織を必要とする。

1 根の構造と支持力

先に佐藤［1930］はスギの根系の組織学的な研究において、根の中心部を埋める一次木部が牽引力に強い抵抗を示すことをみている。地上部の幹や枝は中心部を髄が埋めるため、外力によって折れやすい。

根の組織の周辺に分布するじん皮繊維も根の切断抵抗を大きくしている。ケヤキ・エノキ・ムクノキなど、ハルニレなどニレ科樹木のように強いじん皮繊維が発達する樹種は外力に対する抵抗性が大きい。

根株に近い水平根は外力を受けると組織が肥厚して、上下に長い楕円形、あるいは板状となる。ヒルギ類でみられる板根は地上部の支持作用と関係するものと考えられる。このような根株・水平根の形態も根の支持力を大きくしている。

根株付近に発達する組織にあて材がある。針葉樹の〈圧縮あて材〉と広葉樹の〈引張りあて材〉がある。従来、重力に関係するものと考えられてきたが、原田ほか［2002］はあて材の原因は重力に関係しないとしている。文献を引用すると、「あて材の形成は屈地性その他の成長特性に基づく指向性運動に関連するものとして、理解されている」とある。

海岸に成立する樹木はつねに海風を受けて、幹は陸地方向に傾き、樹冠も陸地方向になびいている。根系は陸地方向に発達し、根株に近い大径の側根から、垂下根を出す。垂下根は肥大して、杭状とな

る。支持根と言われているものである。陸側に支持根が発達する現象は明らかであるが、その発根と生長のメカニズムは明らかでない（図12-1）。

2 樹種と支持力

樹種によって、根系の形態、構造や緊縛力が異なり、支持力も異なる。

1959（昭和34）年の台風第7号（伊勢湾台風）によって群馬県小根山国有林の各種樹木が大きな風倒被害を受けたが、この被害を樹種別にみると表12-1のように垂下根・斜出根の発達が悪くて浅い根系のヒノキ・サワラ・カラマツ・ストローブマツ・ドイツトウヒなどはいずれも高い倒伏率を示したが、大きな垂下根・斜出根が深部にまで発達する深根性のスギ・アカマツ・クロマツ・モミ・テーダマツなどの倒伏率は小さかった。ヒノキに次いで倒伏率が大きいストローブマツは他のマツ類と異なり垂下根の発達が貧弱な上に根系が全体に疎放で細根・小径根と土壌との結合力が小さいため、著しい被害を受けた（写真24-2）。

被害が大きかったストローブマツ林でも、水平根が発達した林縁木は倒伏を免れた（写真24-3）。各樹種とも林縁木の根系は林内のものより発達していて、根系強度が大きい。小根山国有林で被害が大きかったのは、風が谷から吹き上げてきたことによっている。風力が樹木の下方からかかると、根系強度は減少する。小根山での樹木の倒

表12-1 1959（昭和34）年の台風第7号による小根山国有林の風倒被害

樹種	植栽年度	造林面積(ha)	倒伏率(本数%)
スギ	1937（昭12）	1.88	4
ヒノキ	1931（昭 6）	0.40	57
サワラ	1925（大14）	0.44	22
カラマツ	1896（明29）	0.20	23
アカマツ	1904（明37）	0.70	3
クロマツ	1904（明37）	0.35	3
モミ	1906（明39）	0.43	2
ストローブマツ	1968（昭43）	0.10	44
ドイツトウヒ	1931（昭 6）	0.05	27
テーダマツ	1938（昭13）	0.10	2

伏は谷からの風の吹き上げによっている。根系強度は下方からの作用に対して弱い。

ストローブマツの垂下根は堅密な通気不良の土壌では発達がきわめて悪く、目黒の林業試験場実験林内に植栽したものでも垂下根の成長が堅密な下層土で止まって根系の形態は著しい平板状となった。小根山国有林では火山礫層で同様な傾向がみられた。

カラマツは倒伏が多いといわれているが、これはカラマツの小・中径根は組織が弱くて切断しやすく、細根・小径根の分岐が疎で土壌との結びつきが小さくてけん引力が小さい上に根系の形態は疎放で分布が浅いことによっている。とくに有効土壌が浅い立地や過湿で通気性が悪い立地では根系分布が表層に限られるために風倒の被害にかかりやすい。過湿林分が多い野辺山国有林では下層土が過湿のために深部への根系の発達が悪く、また細根～中径根など土壌と密に結びついている根系の枯損によって土壌と剥離して容易に倒伏する。ポドゾル土壌ではばん鉄の層の上部に浅く根系を張ったものでの観察（黒姫山国有林）や浅い火山礫層の上部に根系を板状に張った樹木は外力によって倒伏しやすい。

一方、心土まで通気が良好で理化学的に根系の発達を阻害する要因がない土壌では垂下根・斜出根が深い心土にまで発達して根系は強い支持力を示す。

1959年の台風で浅間山麓のカラマツ造林地が大きい被害を受けたが、その大部分は「根倒れ」によるもので、とくに浅間火山の噴出堆積による火山礫層の上部に浅く根系を張ったものはほとんど被害を受けた。

写真21-2はこの地域の表土が深い土壌中に十分に根系を張った状態を示すもので、このような立地ではほとんど倒伏の被害にかからなかった。このようなカラマツの根系の形態は先に述べた野辺山の過湿林布と対比される（写真21-3）。立地条件によってカラマツの根系の形態が変化しやすく、根系の発達の相違によって地上部の支持力が異なることを示すものである。

ヒノキはカラマツに次いで浅根型の形態を示すが、根系が強じんで分岐が細かく複雑なために土壌保持力が大きいので、湿地や表土が浅い立地のカラマツのように容易には倒伏しないが、スギ・アカマツに比べると全体に根系の分布が浅く、倒伏の危険性は大きい。表12-1の小根山国有林の風倒被害ではヒノキは倒伏率が57％でストローブマツの44％よりも高い値を示した。これはこの国有林の土壌中に存在する火山礫層がヒノキの根系の発達を阻害して、根系の平板化を促進していることによっている。

ヒノキは斜出根・垂下根が強大でなく、細根～中径根の分岐が細密なので根系を含めて表土が板状に剥離する形で倒伏がおこる。写真19-1～写真19-4は表土が浅土壌で表層に板状に発達するヒノキの根系で、このような立地では根系は塊状ないしは板状の状態で倒伏しやすい。

スギは普通心土に達する数本の太い垂下根と斜出根によって支えられるために外力に対する抵抗が大きくて容易に倒伏しない。表12-1の倒伏例でもスギは杭根性のマツ類・モミに次いで倒伏率が小さくて4％であった。これはヒノキの1/14、カラマツの1/6である。

先に述べたように地上部の支持機構には水平根のけん引力・屈曲抵抗・土壌保持力などの働きがあるが、太い垂下根・斜出根の屈曲抵抗は以上の水平根の働きよりも倒伏に対して大きい抵抗力を示す。この点では太い根系が深部に発達する樹種ほど支持力が大きい。

このためスギは「根倒れ」になることは少なくて幹折れの被害にかかりやすい。しかし、表土が浅い立地や過湿土壌では根系の発達が平板状になって倒伏する。

アカマツは太い杭状の垂下根が根株の下部と水平根の基部に発達するために外力に対する抵抗力は大きく、幹折れなどの被害はみられるが「根倒れ」になることは少ない。表12-1の倒伏率は3％でクロマツ・テーダマツ・モミなどの杭根性樹種とともにいずれも低い倒伏率を示した。これは主として根株の下部と水平根の基部に発達した数本の垂下根の屈曲抵抗が大きいことによっている。

写真23は台風によって道路の土留めが崩壊したために露出したテーダマツの杭根であるが、このように巨大な主根が発達するので外力にきわめて強い抵抗力を示した。またテーダマツ・クロマツ・モミなどの根系の形態はいずれも太い垂下根

海岸砂地の土留めの崩壊によって露出した肥大した主根。太い主根が地上部を支える。胸高直径21cm、樹高23m、林齢21年

写真23　台風によって倒伏したテーダマツの根系

が顕著であった。これらの樹種は根系強度が大きい。

　マツ属の根系は主根の成長特性が著しいために植栽時の強度の根切り、根系を曲げて植栽する、虫害などのために主根の成長が阻害される。苗木や幼齢木では主根を切っても新しい主根が再生・発達する。A17林分のテーダマツは倒伏の被害を受けなかったもので、いずれも明瞭な垂下根の発達が認められた。

　その他の樹種ではユーカリノキは垂下根の発達が悪く、とくに湿潤な土壌条件では下部の根系が枯損して外力に対する抵抗が減少するために倒伏するものが多く観察された。

　フサアカシアは写真22-1のように杭根があるが、アカマツにように長大でないので倒伏しやすい。とくに心土が堅密で表土が浅い林地では根系分布が表層に偏るために倒伏の被害にかかりやすい（写真22-2）。

　シラカンバ・ダケカンバ・ヤエガワカンバなどの樹種は根系の分岐が複雑で、多くの垂下根が発達し、根系の組織が強いために根系の支持力が大きくて容易に倒伏しない。

　モミ・クロマツ・テーダマツはアカマツに類似して根株の下部に長大な垂下根が、また水平根から多数の垂下根が発達して地上部を支える形をとる。このためこれらの樹種は外力に対して強い抵抗力を示す。

　サワラは写真22-3のようにヒノキに類似して根系の分岐が多くて、全体に分布が浅いために外力に対する抵抗力が弱い。

　これらを総合して、根系が強じんで容易に切断せず、土壌との結合力が大きく、垂下根が深部に発達する樹種ほど支持力が大きい。すなわち、一般にいう深根性樹種ほど支持力が大きいといえる。この点ケヤキは根系が浅いが外力に対して強い抵抗力を示すのはその組織が強いことと土壌との結合力が大きいためである。

　ケヤキは写真22-4のように垂下根と太い水平根が発達し、とくに水平根の細根が強く土壌と結合するために根系の支持力は大きい。また根系の組織が強靱で容易に切断しないことも支持力を高めている。

　カナダツガは多数の斜出根と垂下根に分岐するが一般に根系が浅く、組織が弱くて細根が少ないために根と土壌との結合力が弱くてモミなどに比べると倒伏の危険性が大きい。

　以上の関係は樹種間だけでなくて同種内においてもみられ、同一樹種でも立地条件・成長の相違によって異なり、下層土が堅密で表土が薄い立地や過湿地ではいずれの樹種も垂下根の発達が阻害さる。同一林分内でも優勢木の根系は長大な垂下根が発達して劣勢木の浅根型のものよりも外力に強い抵抗力を示す。

　本数密度が増加すると枝下高が高くなるために

1 倒伏前の林相、胸高直径 29 cm、樹高 19 m、林齢 43 年。

2 林縁木を残して、林内の樹木は倒伏した。林内の樹木は根張りが悪い。

3 林縁木の根系、林縁木の根系は側根と垂下根の発達がよい。

写真 24　1959 年の台風第 7 号によって被害を受けたストローブマツ林

重量分布が上部に偏って外力による影響が大きくなり、一方では水平根の発達が悪くなるために単木としての支持力は小さくなる。このため林縁木が伐採または台風などで倒伏すると林内木は容易に倒伏する。このような現象はしばしば観察されるところで、密植林分ほどこの傾向が著しい。

先に述べたように昭和 34 年の台風第 7 号で倒伏の被害を受けた小根山国有林のストローブマツ林の倒伏に強い抵抗力を示した林縁木と容易に倒伏した林内木との関係は両者の根系の発達の相違によるもので、つねに外力の影響を受けている林縁木の根系の発達が林内木に比べて良好なことによっている。また同一林分内でも根系の成長が悪い劣勢木は倒伏率が大きい（**写真 24-1・写真 24-2**）。

運材作業では根株の支持力が利用される。このため多くの根株の支持力が測定されてきた。根株の支持力は根系の支持力である。中村［1966］が根株の太さと支持力との関係をとりまとめたところでは、**図 12-2** のようにアカマツは他の樹種に比べて強度が大きく、根株直径 40 cm ではアカマツ 9 t、カラマツ 6 t、スギ・ヒノキ 5.5 t の張力を要した。杭根で深根のアカマツは支持力が大きい。

各種の林分について根株の直径と根系強度との関係は**図 12-3・表 12-3** のようになった。

両者の関係式は $Y = aX^b$ となる（Y：根系強度 [t]、X：根株直径 [cm]）。この式から根株直径 40 cm の根系強度を計算すると、**表 12-3** のようになる。イチイガシが最大で約 30 t、スズカケノキは約 7.0 t であった。根系強度は、樹種・立地・本数密度など環境条件によって異なる。

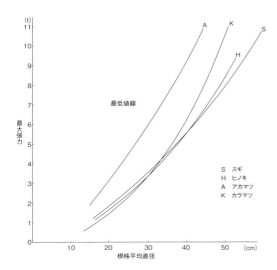

図 12-2　根株の太さと強度　[中村 1966]

表 12-2　各樹種の根株直径（cm）と根系強度（t）

樹種	a	b	文献
スギ	−2.2573	2.013	上田（1969）
スギ	−1.2747	1.388	中村（1966）
スギ	−1.8068	1.585	中村（1966）
スギ	−1.3617	1.509	苅住（1990）
スギ	−0.9005	1.311	冨永（1972）
ヒノキ	−2.2301	2.020	上田（1969）
ヒノキ	−1.8061	1.732	中村（1966）
ヒノキ	−1.3195	1.538	苅住（1990）
ヒノキ	−0.6978	1.229	冨永（1972）
ヒノキ	−3.0481	2.710	藤林（1950）
アカマツ	−2.1351	1.997	上田（1969）
アカマツ	−1.2967	1.459	中村（1966）
クロマツ	−1.4593	1.771	苅住（1990）
カラマツ	−2.2171	2.023	上田（1969）
カラマツ	−2.4143	2.222	中村（1966）
サワラ	−2.1351	1.997	上田（1969）
ネズコ	−2.1565	2.035	上田（1969）
モミ	−2.0859	2.012	上田（1969）
ツガ	−2.0675	2.017	上田（1969）
メタセコイア	−1.3694	1.489	苅住（1990）
ケヤキ	−1.9341	1.989	上田（1969）
ケヤキ	−1.7239	1.631	苅住（1990）
ブナ	−1.8875	1.974	上田（1969）
ブナ	−1.1763	1.358	中村（1966）
ブナ	−1.8214	1.937	苅住（1990）
シラカシ	−1.7488	1.913	上田（1969）
イチイガシ	−1.2924	1.727	苅住（1990）
カツラ	−2.0497	2.021	上田（1969）
ホオノキ	−2.0497	2.021	上田（1969）
オニグルミ	−2.0497	2.021	上田（1969）
シオジ	−2.0241	2.027	上田（1969）
ハリギリ	−2.0675	2.017	上田（1969）
タブノキ	−2.0675	2.017	上田（1969）
クリ	−2.0859	2.012	上田（1969）

$Y=aX^b$ 式で、Y：根系の支持力（t）、X：根株直径（cm）。

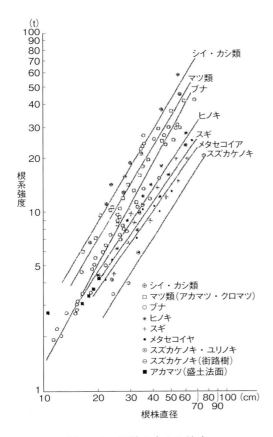

図 12-3　根株の太さと強度

表12-3 表12-2の式から計算した根株直径40cmのときの各樹種の根系強度（t）

種名	根系強度
イチイガシ	29.8
アカマツ	23.9
シラカシ	20.7
ブナ	19.0
ケヤキ	17.9
シオジ	16.7
ヒノキ	15.6
カツラ	15.4
ツガ	14.6
ハリギリ	14.6
カラマツ	14.0
モミ	13.7
クリ	13.7
ネズコ	12.7
サワラ	11.6
スギ	11.4
メタセコイア	10.4
スズカケノキ	7.0
ハンテンボク	7.0

第13章
根系の物質貯蔵

苗木の植栽・萌芽更新・下刈り・育苗などの各種の育林技術の施行時期や方法について根系の貯蔵物質の多少・季節変化などが重要な意味をもっている。

苗木の植栽、萌芽更新における伐採などの技術の施行は根系に貯蔵物質が多い時期が望ましく、下刈りの時期は逆に地下部に貯蔵物質が少ないときが望ましい。いままで苗木の植栽は時期的に新葉が開かない前がよいとされているが、これは単に開葉による蒸散量の増加が苗木の活着に悪影響を与えるだけでなく、開葉にともなう根の貯蔵物質の消費によって根の再生産が阻害され、活着率やその後の成長に悪影響を与えることにも原因している。

また広葉樹類の萌芽更新を目的とする伐採は一般に根系と同化生産物の貯蔵が多い10〜11月以降の成長休止期がよいといわれている。また柴田［1950］は下刈り作業に関連してササ・ススキ類について根茎のデンプンの季節変化を調査し、その最低時期の7月頃が下刈り作業の最適期であると述べている。このように根の貯蔵物質の移動変化は各種の林業技術と深い関連をもっているが、多くの樹木についてこの季節変化を細かく調査した例は少ない。そこで林業試験場実験林内（東京・目黒）の常緑・落葉の針葉樹・広葉樹の根系についてデンプンの季節変化を観察し、その萌芽性との関連を考察した。さきに田口［1939］はデンプン、脂肪について化学分析結果と定性表示法を比較検討し、両者の変化がほぼ一致することを認めている。ここでは主としてデンプンの貯蔵についてのべる。

三善［1959］は常緑広葉樹と落葉広葉樹の萌芽率が伐採時期によって著しく異なり、これが、根の貯蔵物質に関係していることを示唆している（図13-1）。

落葉広葉樹は春から夏にかけて開葉や地上部の成長に貯蔵物質の消費量と地下部への蓄積作用が盛んで、この時期に地上部を切ると、根の貯蔵物質欠乏から、根株は枯死する。生存しても翌年の発根と成長が悪い。コナラ、クヌギ、ケヤキなど落葉広葉樹は、前年の秋、落葉後、地上部を伐採するのがよい。また、移植は成長休止期に行われる。

常緑広葉樹は年中物質が生産・貯蔵される傾向がある。このため、夏季に伐採しても萌芽力は衰えない。常緑広葉樹の移植は梅雨から夏季に行われる。

1　根の貯蔵デンプンの観察

樹木の根では、デンプンは周皮、二次師部、二次木部、放射組織などに多く蓄えられる。

資料：林業試験場実験林内の成木について地表に分布する太さ約1cm程度の根系を長さ1〜2cm採取して、二次師部のデンプンの多さを観察した。およそ2週間おきに資料を採取して測定を繰り返した、資料は同一林木の根系を用いた。

測定法：資料は二次師部と二次木部のデンプンの多さをヨウ素反応によって、定性的に判定した。

表示の方法：各物質についてその多さを次の方法で表示した。

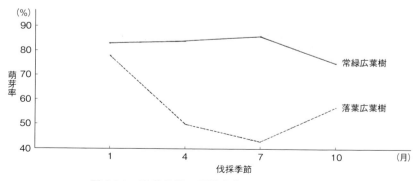

図13-1　貯蔵物質の季節変化の類型［三善 1959］

デンプンの多さの判定の区分：
① きわめて少ない
② 少ない
③ 中庸
④ 多い
⑤ きわめて多い

2 観察の結果と考察

デンプンの多さの変化は樹種によって異なるが、季節変化は秋から冬に多くなるものと、春から夏に多くなる型に分かれる。いま落葉広葉樹・常緑広葉樹・針葉樹について根のデンプンの季節変化をみると次のようになる。

(1) デンプンの季節変化
1. 落葉広葉樹

イチョウ（図 13-2）：図のように2・6・11月にデンプンが増加した。開葉期の4月に減少している。開葉前に根のデンプンが増加し、開葉期に減少し、光合成がさかんな6・7月と落葉期にデンプンが増加している。

ケヤキ（図 13-3）：冬期にデンプンが少なく、3・4月の開葉期、6・8月の成長期、10・11月の落葉期にデンプンが多い。イチョウに比べて根のデンプンはイチョウに比べて少ない。

ミズキ（図 13-4）：デンプンは3～4月頃と秋10～12月に増加する。春の山よりも秋の山が大きい。6月～9月の夏の山は低い。

コナラ（図 13-5）：春3・4月の山が小さく、秋10～12月の山が大きい。夏季は小さい山が変

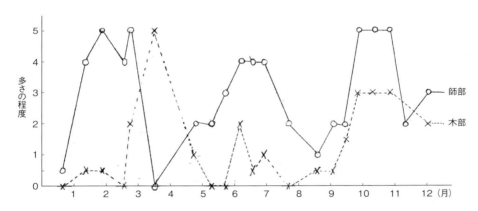

図 13-2　イチョウの師部と木部のデンプンの季節変化

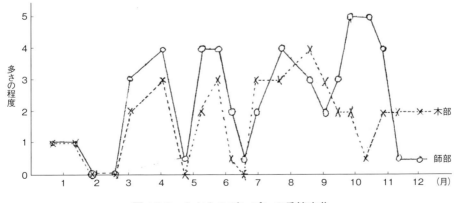

図 13-3　ケヤキのデンプンの季節変化

化する。落葉広葉樹は、秋のデンプン貯蔵量が多い傾向がある。

2. 常緑広葉樹

イチイガシ（図13-6）：春季の山が小さく、6～8月の下記のデンプン量が多い。冬季は少ない。

サンゴジュ（図13-7）：3～6月までの、デンプン貯蔵量が多く、7月以降の量が少ない。とくに9月～2月までの冬季は著しく少ない。

シキミ（図13-8）：3・4月の春の蓄積量の山は小さく、5～9月の夏のデンプン蓄積量が著しく多い。9月以降の蓄積量は著しく少ない。夏山型である。

3. 針葉樹

スギ（図13-9）：10～3月の冬季に小さな山がみられる。5～8月の夏季には大きな山がみられる。この夏山型は常緑樹の特徴である。

カラマツ（図13-10）：10～1月の冬季にデンプンが多い。夏季に増加の山があるが、変化が多い。冬季にデンプンが多いのは、落葉樹の特徴を示している。

(2) 地上部の障害と根のデンプンの変化

9月下旬、ニセアカシアが台風の被害を受けて、地上部が折損した。この時期における根のデンプン量は一時的に著しく減少した。地上部の被害に関係するものと考えられる。

その後デンプン量は著しく増加した。地上部に被害を受けると、根のデンプンが減少することは理解できるが、その後の増加については不明である（図13-11）。

根の二次師部に含まれるデンプンの多さの季節変化をみると、落葉樹、針葉樹ともに、落葉樹は

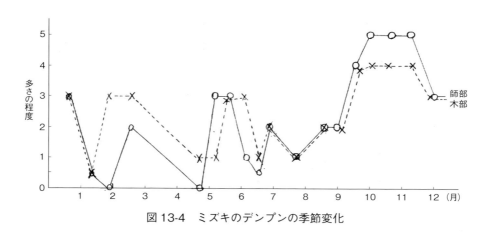

図13-4 ミズキのデンプンの季節変化

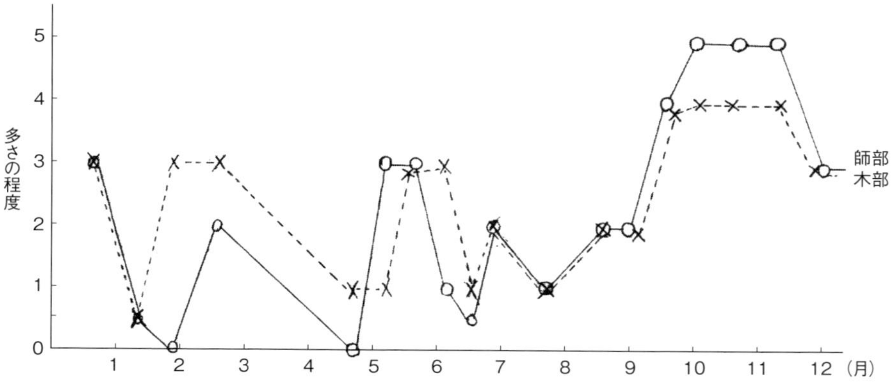

図13-5 コナラのデンプンの季節変化

第 13 章　根系の物質貯蔵

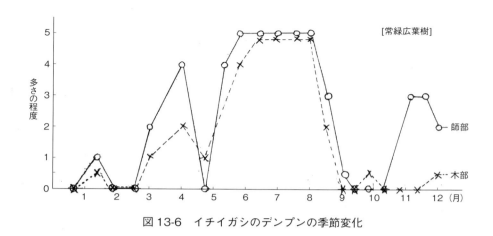

図 13-6　イチイガシのデンプンの季節変化

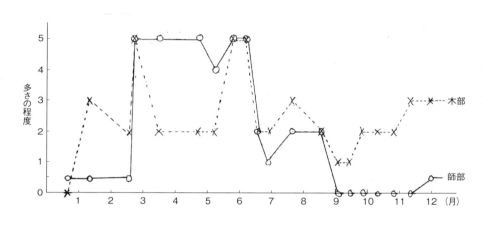

図 13-7　サンゴジュのデンプンの季節変化

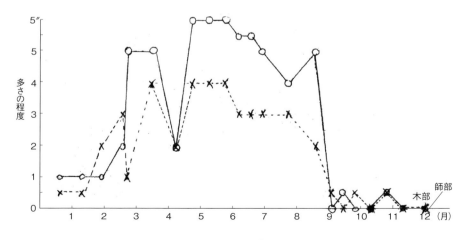

図 13-8　シミキのデンプンの季節変化

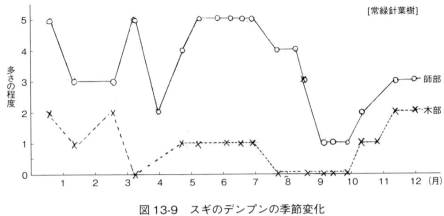

図 13-9　スギのデンプンの季節変化

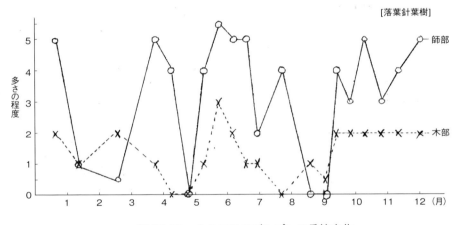

図 13-10　カラマツのデンプンの季節変化

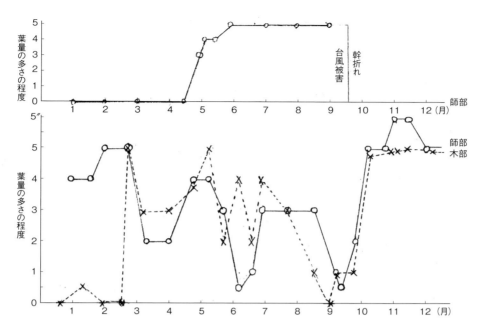

図 13-11　台風被害を受けたニセアカシアのデンプンの変化
（葉量の多さの程度を6段階に区分した。開葉が見られない（0）、認められる（1）、少ない（2）、中程度（3）、多い（4）、きわめて多い（5））

冬季にデンプンが多くなり、常緑樹は夏季に多くなる傾向があることがわかった。これは、三善［1959］の両者の萌芽率の相違（**図 13-1**）とも関係していると考えられる。

以上に挙げられたデンプンの季節変化図をみると、変動が大きい。これは、デンプンの多さが5段階区分で表現されていることと、資料数が少ないことによるものと考えられる。また、測定資料が測定ごとに相違することも関係している。同じ根で、回数多く、定量的に測定すれば、精度が高い値がえられるものと考えられる。

樹種によって異なるがデンプンは、二次師部に多く、二次木部に少ない傾向がある。両部分の移動が考えられるが、量的には木部が多い。同一樹種でもデンプンの多さの変動が大きいが、資料の採取方法に関係するものと考えられる。ここでは、測定が容易なデンプンについて述べたが、その他の物質の移動と貯蔵についても、測定、研究が必要である。

第14章
森林の根量と機能
──まとめにかえて

森林の地上部・地下部の各部分の現存量と成長量の測定およびこれをとりまく各種の環境条件の調査から森林の生産の解析をおこない林業技術との関係を検討した。

この研究ではとくに未知の問題が多い地下部について根系の機構と機能の解析に重点をおき、根量・根長・根系表面積・根系体積・根密度・形態などの根系の諸因子を通じて生産構造・吸収構造と林木の生産との関係を明らかにした。また根系の働きのなかの重要な分野である支持作用・物質貯蔵作用についても研究をおこない、吸収作用・支持作用・物質貯蔵作用の根系全般の働きについて解析をおこなった。

林業の立場からは各樹種の上記の特性を明らかにするとともに本数密度・土壌条件など各種の条件における林木の生産の検討を通じて、適地適木・保育・林地の生産力維持など各種の林業技術の基礎的知識を提供した。

物質生産と地球温暖化に関係する、森林の炭素固定作用についても考察した。

1 研究の進め方と調査林分

先に筆者は各種樹木の根系の形態を調査してこれを類型化し、各々の根系分布（とくに垂直分布）の特性を明らかにした［苅住 1957a］。この研究では上記の研究を発展させて、とくに主要樹種を中心としてその量的解析に焦点をしぼった。

このためスギ・ヒノキ・アカマツ・カラマツを主とする 126 林分を各地で選んで、その林分の林況と環境条件を明らかにするとともに林分内から数本の精密調査木を選んで地上部・地下部の各部分重を測定した。

地上部については幹・枝・葉、地下部は細根・小径根・中径根・大径根・特大根・根株の各部分重を測定し、また樹幹解析から最近 1 年間の成長量を測定・算出して林分の現存量と成長量から葉・細根などの働き部分の機能と成長量の変化、根系表面積で表示する吸収構造と森林の生産との関連を明らかにした。このため林地における現存量の測定に平行して根系の直径・容積密度数・根毛・根系の各部位による吸収能率の相違などの測定をおこなった。

各種の条件における林地の生産と吸収構造を明らかにするために林齢・立地条件などが異なる調査林分が選ばれ、主要樹種との比較のために 9 種類のその他の林分が調査された。

根系の働きを定性的な側面からも明らかにするために調査木の根系の形態を細かく観察した。支持作用を根系の形態から考察した。

根系の機能については根系の支持作用および貯蔵作用については林業試験場内の 107 種類の樹木の根系のデンプン・糖・脂肪の季節変化を調査し、根系の物質の働きを観察した。第 13 章ではとくにデンプンの動きに注目した。

2 調査林分における現存量測定法

林分の現存量測定においては一定精度における有効な測定方法の確立が必要であるが、第 3 章ではこの問題について詳細な検討をおこなった。

葉量・枝量・細根・小径根・中径根量の推定は一部の抽出資料から葉と枝、または細根と小径根、細根・小径根と中径根に区分してこの割合から各々の部分重を推定する方法が適当で、葉は直径 1 cm 以下の小枝を含む資料重 1 kg をとれば危険率 5 %、総量の 10 % の誤差で葉量と小枝量を推定できることがわかった。この資料重は樹種によって異なり、ケヤキは 1.4 kg、アカマツ 1.2 kg、カラマツ 1.2 kg、スギ 1.0 kg、ヒノキ 0.8 kg で、葉のつき方がまばらな樹種ほど分散が大きくて資料重は大きくなった。

根系の測定は根株・特大根・大径根は測定誤差が大きいために全量測定が必要であるが、中径根は細根・小径根・中径根を含む根量 300 g から中径根の割合を求めて総量を推定すればよく、細根と小径根は目標精度では 110 g の資料から両者を推定すればよいことがわかった。この資料重は葉の場合と同様に根系の分布様式によって異なり、分布が疎なアカマツ・カラマツなどは大きく、アカマツ 160 g、カラマツ 140 g、ケヤキ 120 g、スギ 110 g、ヒノキ 90 g の資料重が必要であった。

測定根量は土壌を含むのでこれを除く必要があるが、土壌を含む根量に対する根量比（根量率）はスギ細根で 79 %、小径根 82 %、中径根 94 %、大径根 99.5 % で、根系区分が大きくなるほど付着

第14章　森林の根量と機能——まとめにかえて

土壌量は減少した。

この根量率は樹種・土性・土壌水分によって変化し、根毛がある分岐の細かい樹種・埴質土壌・水分が多い土壌は付着土壌量が多くて根量率が小さくなった。

次に測定根量から乾重を計算する必要があるが葉では300〜400g、枝は500〜600g、大径根・特大根は800〜1 000g、中径根は200〜300g、小径根は100〜200g、細根は20〜30gの資料重で目標精度をえることができた。

根量率・乾重率については一般の単純な誤差の推定によるよりも比推定によると著しく精度を高めることができた。この根量の測定では誤差率10%を目安として測定資料をとった。

一般に含水量は細根でもっとも大きく、根株付近で小さい。乾重率はスギ細根は25〜30%、根株は45%程度となった。この乾重率は樹種・立地条件によって変化する。とくに地位指数との間には明瞭な相関関係が認められた。

土壌中の養・水分が根系表面から樹体内に吸収されるものと考えると、根系表面積と吸収量との間には高い相関関係がえられる。

この根系表面積は根系の平均直径と容積密度数から計算した。根系は太さによって区分してあるので、各根系区分の平均直径にはそれほど大きな相異はないが、細根・特大根は各種の条件によって変化した。細根ではヒノキは大きくて0.11cmであったがスギ・カラマツは小さくて0.08〜0.09cmであった。これは吸収根の太さや分岐性・土壌条件などに関連している。

根の容積密度数は根系表面積を計算するに必要な因子である。この値は乾重率と相関が高くてスギ細根は0.28、小径根0.38、中径根0.40、大径根0.41、特大根0.43となり、根系区分が大きくなるほど大きくなった。

この値は一般に成長が良好な樹種・地位指数が大きい立地ほど小さい。また表層の根系は心土よりも小さい。

以上のような各因子から根長が計算された。細根1g当たりカラマツは6.8m、スギ6.2m、アカマツ5.5m、ヒノキ3.9mとなった。根長は土壌条件によって異なり、BD_E型の湿潤土壌ではスギのⅠ・Ⅱ層の細根が4.9mであったが乾燥土壌では5.7〜8.0mに及んだ。

単位根量当たり根系表面積はアカマツ178cm²、カラマツ166cm²、スギ149cm²、ヒノキ125cm²、小径根は22〜33cm²、中径根5〜10cm²、大径根は2〜7cm²となった。根長と同様に乾燥土壌では根系表面積は大きくなり、スギのⅠ・Ⅱ層の細根では湿潤土壌は148〜149cm²であったが、乾燥土壌では169〜186cm²となった。このような現象は乾燥条件に対する吸収面での適応作用とも考えられる。

ヒノキ・スギ・カラマツには根毛が観察できなかったがアカマツ・クロマツ・トウヒなどでは根毛が認められ、その密度・長さ・直径などの測定から白根表面積が根毛の存在によって1.4倍程度になることがわかった。

根量の測定は調査木1本当たり面積を調査単位とするブロック法を用いたが、この方法では隣接木とほとんど根系の交錯がない大径根以上の根系は調査木の真の根量を推定できるが、中径根以下の根系は隣接木との交錯があるために正確に調査木の根量を知ることはできない。そこでこの交錯量を知るためにS28林分で全量測定法とブロック法の比較をおこなったところ両者の間に明らかな回帰係数の差が認められ、調査林分中の大径木と小径木の間では中径根19〜20%、小径根39〜48%、細根44〜49%の根量の相殺が認められた。一方、両者の林分平均値の間にはほとんど差はなかった。

このため林分内では大径木の根量がやや少なく、小径木が多く測定されることになるが林分の総量推定には支障ない。林分内の調査木の胸高断面積に対する根量の回帰係数は細径・小径根・中径根で小さくて根系が大きくなると次第に大きくなるが、これは、小径木は大根に比べて細根・小径根が多いことと、上記のような根量の相殺があることによっている。

単木の根量分布は傾斜の上下によって異なり、一般に傾斜下部が多くて上側を1としたとき1.1〜3.0の比数をとり、根系が大きいほど、また傾斜が大きいほど傾斜下部における根量が増加した。一方、傾斜の左右では差はなかった。このため細根〜中径根については傾斜の左右に区分した1/2ブロック法の適用が考えられた。この方法

は全量法に比べて細根〜中径根の根量推定精度が10％程度減少したが、調査の労力はその60％程度となった。

根量調査の工程は樹種・立地条件・林木の大きさによって異なるが、胸高直径24cmの調査木について上記の方法で調査をおこなうと1本当たり男人夫20人を必要とした。

林分の各部分の総量をなるべく高い精度で推定する必要から各部分量・成長量など21項目について計算した。用いた式は次の7式である。

① $y = a + b \log D + c \log H$
② $y = a + b \log D$
③ $y = a + b \log(D^2 H)$
④ $y = a + b(\pi D^2/4)$
⑤ $\log y = \log a + b \log(D^2 H)$
⑥ $y = a + bV$
⑦ $y = a_0 + a_1 D + a_2 H + a_3 D^2 + a_4 DH + a_5 H^2 + a_6 D^3 + a_7 D^2 H + a_8 DH^2 + a_9 H^3$

上記の式から一定精度で y の推定に必要な項と係数・定数を決定した（**表3-54 参照**）。

林分内調査木および調査木を合算した場合について計算をおこない、もっとも精度が高い数式が各部について決定された。その結果、多項式の利用が有効であることがわかったが、電子計算機の利用が必要であり、計算に手数がかかることがわかった。この点では簡単な式の利用が望まれるが①〜⑥式中比較的容易に利用できるのは④式の $y = a + b(\pi D^2/4)$ で、各部分重を胸高断面積を独立変数とする一次式で表せる。この場合にも枝・葉などは分散が大きく、根では大径根・特大根は細根・小径根よりも大きくなった。

⑤式の両対数式は相対成長式として一般に用いられているが、各部分重について同一式を用いることには理論的な矛盾が含まれ、またこの式は必ずしも精度が高くないので、対数変換などの手数から比較的精度が高く計算が簡便な④式の利用が考えられた。

以上の計算式の誤差から全重の精度を平均値の10％・危険率5％で推定するに必要な測定本数を計算すると調査本数は5〜8本となる。

3　根系分布の解析

第4章から第6章においては苗畑に設定した幼齢林および一般調査林分について根系分布を各方面から検討した。

一般林地では条件が複雑なことと、孤立状態における根系分布を知ることができないので、浅川苗畑で主要樹種の植栽密度を変えて根量の水平・垂直分布を細かく調査した。その結果、水平的にはアカマツ・カラマツは分散型でありスギ・ヒノキは集中型で、垂直的にはカラマツ・ヒノキは浅根型、スギ・アカマツは深根型であることがわかった。この調査から水平・垂直の根密度数変化曲線を解析するために片対数式および Gram-Chalier の級数式が用いられた。片対数式では根密度が急速に変化する深さないしは距離までは直線で表現でき、この係数によって根量変化の相異を表すことができたが、緩曲線部分は表現できなかった。この部分を正確に示すには Gram-Chalier の級数式の利用が適当で、根密度の比数を用いて計算すると水平分布では分散型のアカマツ・カラマツは積率を示す μ の値が大きく、垂直分布では深根性樹種が大きくなった。

この苗畑試験において本数密度と地上部・地下部の成長について、競争密度効果は地上部よりも大きくて、密度が増加すると T/R 率がやや上側に凹形の曲線で増加し、最低密度区では3.5であったが最高密度区では4.4となった。これらの関係は林分調査においても認められた。

第5章では調査林分の各部分重の単木および ha 当たり現存量とその比数について検討し、地下部については水平・垂直分布を明らかにした。

ha 当たり現存量は樹種・本数密度・立地条件によって多少の相違があるが、林分の平均胸高断面積500cm²の林分で ha 当たり約200 t の総現存量があった。このうち幹は100〜120 t、枝はアカマツ・カラマツ・ヒノキが多くて15 t、スギは10 t、葉量はスギ20 t・ヒノキ5 t・カラマツ3 t 程度でこの量は先に四手井がまとめた各種の報告とほぼ一致した。

地下部の ha 当たり根量は40〜60 t で樹種によって大きな相違はなかったが、細根・小径根の

第14章 森林の根量と機能――まとめにかえて

ような細かい部分では樹種によって異なり、細根はヒノキ1t・スギ0.7t・アカマツ0.1t・カラマツ0.2〜0.3tでヒノキ・スギの細根量はアカマツ・カラマツよりも著しく大きかった。

胸高断面積に対する各部分重の変化曲線は地上部では幹・地下部では大径根〜根株の蓄積部分はほぼ放射線状に増加したが、葉・細根などの働き部分重は林齢20〜25年の幼齢林で最大となり、林齢が高くなると、働き部分の蓄積は減少してほぼ一定となった。この関係をスギについてみると、葉では幼齢林で25tにまで達したのち高齢林では20t程度になって安定し、細根では1.5t程度になったのち1t程度に減少した。このように地上部・地下部の働き部分重が幼齢時代に一時的に増加する現象は、とくに本数密度の増加によるものではなく、林木の成長特性によるもので、幹材積の連年成長量の増加・最近1年のha当り成長量の変化傾向と一致し、幼齢時には細根量・葉量の増加にともなって呼吸量・同化量が増加して林木の活力が高まることが働き部分の量的変化から推察できた。

ここで、葉量変化よりも細根の変化の時期が早く、変化の山も明瞭なことは幼齢時の旺盛な成長のおもな原因が細根量の増加にともなう吸収量の増加によることを示す上においてきわめて興味ある現象である。

これは主として根系の成長特性によっており、幼齢時には根系の分岐と伸長成長が盛んで、地下部に転流する同化生産物の大部分が根端成長に用いられるが、大径木になると支持作用など物理的な根系の働きの増加に対応して大径根以上の根系での肥大成長が大きくなることによっている。

この現象は根量に計算の基礎をおく根長・根系表面積、窒素・リン酸などの無機塩類についてもみられ、根量よりも一層明瞭に根系の吸収作用の増加を指標した。

先にも述べたように地上部の葉量と地下部の細根量がほぼ一定の割合で変化し、成木安定林分では両者の量もほぼ一定になることは、吸収と同化作用の均衡が一定になり、面積当たり生産量が一定になることを意味するものとして興味がある。

林分の面積当たり生産量は本数密度に影響されるが、最多本数密度では成木安定林分で葉量はスギ30t、ヒノキ20t、アカマツ7t、カラマツ4t程度、細根量はスギ1.4t、ヒノキ2.5t、アカマツ0.1t、カラマツ0.4t程度になるものと推定された。

現存量の全重量に対する各部分の割合は林木の大きさによって異なり、葉・細根などの働き部分は、林木が大きくなると次第にその割合が減少したが、幹・大径根以上の根系では増加して高林齢では両者ともにほぼ一定になった。スギの葉量比は胸高断面積100cm²では18〜20％であったが、500cm²では減少して10％程度となり、細根の比数は1.5％から0.5％に減少した。これは先にも述べたように葉量・細根量は林木の成長にともなって幹・根株などのようには生産量の蓄積がおこらないことによっている。

胸高断面積500cm²における各樹種の各部分の比数は表14-1の通りで、幹は64〜73％でカラマツが大きく、枝は5〜8％でアカマツが大きい。葉は2〜6％でカラマツが小さくてスギ・ヒノキが大きい。

地下部では細根は0.1〜0.5％でアカマツが最小でヒノキが最大であった。同様に小径根はカラマツ0.3％、ヒノキ1.2％、中径根はヒノキ・カラマツ1.1％、アカマツ1.7％、大径根はスギ1.7〜2.8％、特大根はスギ4.9％、ヒノキ7.9％、根株はヒノキ10.1％、スギ13.3％で、各部分の比数は樹種によって変化した。しかし、地上部・地下部の割合は各樹種ともほぼ一定で地上部の比数は77〜81％でヒノキは小さく、カラマツは大きい傾向がみられた。

この比数は一般にT/R率で示されるが、各種の条件におけるT/R率の変化をみると小径木よりも大径木はT/R率がやや大きくなる傾向があり、これをスギでみると胸高断面積100cm²では3.1であったが1000cm²では3.6となり、胸高断面積の増加にともなって直線的に変化した。他の樹種についても同様な傾向が認められた。

密度比数が増加するとT/R率は大きくなり、密度比数が0.5から1.0になるとT/R率は3.2から4.3になった。密度が大きくなると地下部の成長割合が減少して幹の割合が大きくなった。このことからすると密植によって同化生産物の幹への配分比を大きくすることは材利用の点からすれば

表 14-1 成木安定林分における部分重比（％）

樹種	スギ	ヒノキ	アカマツ	カラマツ
林分	S5	H5	A8	K19
幹	67.3	63.5	68.2	73.4
枝	4.7	7.7	7.9	6.1
葉	5.9	5.6	3.7	1.6
地上部計	78.1	76.8	79.8	81.1
細根	0.3	0.5	0.1	0.2
小径根	0.5	1.2	0.5	0.3
中径根	1.2	1.1	1.7	1.1
大径根	1.7	2.4	2.3	2.8
特大根	4.9	7.9	5.2	5.7
根株	13.3	10.1	10.4	8.8
地下部計	21.9	23.2	20.2	18.9

胸高断面積 500 cm²。

有効と考えられる。

T/R 率は土壌条件によっても異なり、乾燥土壌では細根・小径根量が増加して T/R 率は小さくなった。乾燥土壌の疎植林分では T/R 率は 3 程度になるが湿潤・密植林分では 4 程度になる。しかし、単木の分散などを遠慮するとおおよその林木の T/R 率は幼・高齢木を含めて 3.5 程度と考えてよい。

ここで興味があることは以上のように各種の条件によって T/R 率が変化しても一年生の稚苗〜高齢木を通じて T/R 率が 3〜3.5 の値をとることで、林木の同化生産量がほぼこの割合で地上部・地下部に配分され、それぞれの蓄積部分と働き部分にほぼ一定の割合で配分されることであり、これらの関係は林木の成長を吸収と同化の面で支えている地上部・地下部の生物学的均衡とも考えられる。

乾燥土壌で細根・小径根量が増加するのは養・水分の吸収に関する一種の適応とも考えられる。いまスギ林分についてみると B_A 型土壌では全量中の細根の割合は 1.1％であったが、B/l_E 型では 0.6％で、0.5％の差があった。乾燥土壌では細根量が増加するが土壌中の水分の不足・細根の木質化などによって根量のようには吸収量と生産量は増加していない。

根量の垂直分布は表層部に多く、4 樹種を通じて I 層には 39〜76％、I・II 層には 80〜90％が分布し、根量の大部分が表層から 30 cm の土壌層の範囲内にあった。I 層の根量比は胸高断面積 500 cm² の林分でスギ 40％、ヒノキ 42％、アカマツ 37％、カラマツ 50％でアカマツは深根性、カラマツは浅根性の特徴を示した。

この根量分布は密植林分では競争密度効果によって下層で多くなり、表土が浅いせき悪乾燥林分・過湿林分では表層に限られた。

細根の土壌層分布比は I 層でスギ 38％、ヒノキ 52％、アカマツ 45％、カラマツ 55％で総根量よりも表層に多く、とくに好気性の根系のヒノキ・カラマツは分布が表層に著しく偏った。

I 層の細根量比は幼齢・小径木で大きくて、スギでは胸高断面積 19 cm² の林分で 83％、99 cm² で 63％、554 cm² で 34％となり、林分が大きくなるにつれて漸減したが、調査林分中最大の 1 042 cm² では 60％となって再び増加した。これは林木の成長にともなう根系の土壌層の選択成長の性質を示すもので、幼・壮齢時代には根系の成長が各方向へ旺盛で十分に深部に達するが、それ以降の成長では土壌層の理化学性に著しく影響されて細根の成長条件がもっとも良好な表層での成長速度が大きくなり、深部での速度が減退するために一定の林齢まで減少した細根量比が高齢木で再び増加するものである。深部の根量は一定量に達すると成長条件が悪いためにその後あまり増加しない。

一般林地において高齢木では一度下層に侵入した根系が再び表層で発達する現象はしばしば観察される。

根系区分ごとの平均直径とその密度比数から計算した根長は胸高断面積 400 cm² 程度の単木でスギは 4 km・ヒノキ 6 km・アカマツ 1 km・カラマツ 3 km となり、ヒノキはもっとも長くてスギ＞カラマツ＞アカマツの順となった。ヒノキは根系の分岐が多いので一本当たり根長は比較的短くて樹高 11 m の林木で平均 6〜7 m であったが、アカマツは総根長の割合に単一根系の長さは長くて樹高 12 m の林木で平均 14〜15 m であった。その他の樹種では細根が細くて根量が多いケヤキが大きくて胸高断面積 188 cm² の林木で 1 本当たり 17 km に及んだ。

胸高断面積 400〜500 cm² の ha 当たり根長は中庸密度の林分ではスギ・ヒノキは 3 500 km、アカマツは 1 000 km、カラマツは 1 500 km 程度となる。

根系表面積は養・水分の吸収に関係する直接的

な因子であるが、単木の根系表面積は胸高断面積 500 cm²でスギ 22 m²、ヒノキ 35 m²、アカマツ 9 m²、カラマツ 15 m²となり、ヒノキはもっとも根系表面積が大きくてアカマツは小さい。

ha 当たり根系表面積は成木安定林分のほぼ一定になったところでスギは 1.5 ha・ヒノキ 2.5 ha・アカマツ 0.5 ha・カラマツ 1.0 ha となり、ヒノキは他の樹種に比べて著しく大きく、アカマツは小さい。これは、ヒノキは吸収表面積の大部分を占める細根が多く、アカマツは少ないことによっている。

林木の大きさに対する根系表面積の変化曲線は林齢 20～25 年生で最大となり、スギは 3.5 ha、ヒノキは 3 ha、アカマツ 2 ha、カラマツ 1.5 ha で、根量よりも著しい増加傾向がみられた。この根系表面積の増加は養・水分の吸収量の増加を通じて直接林木の成長に影響しているものと推察できた。

ha 当たり根系表面積は本数密度・立地条件によって異なり表 14-2 のように乾燥・最多密度でスギは 4 ha、ヒノキ 5 ha、アカマツ 1.7 ha、カラマツ 1.2 ha となり、湿潤・最多密度条件でスギ 1.2 ha、ヒノキ 2.0 ha、アカマツ 0.4 ha、カラマツ 0.6 ha となった。

表 14-2 図 5-33 から推定した最多密度時の ha 当たり根系表面積（ha）

土壌＼樹種	スギ	ヒノキ	アカマツ	カラマツ
乾燥土壌	4.0	5.0	1.7	1.2
適潤土壌	2.5	2.3	1.0	0.8
湿潤土壌	1.2	2.0	0.4	0.6

全根系表面積を構成する各部分の割合は細根が最大で、スギでは細根が 58％、小径根が 16％を占め、両者で全根系表面積の 74％を占めた。他の樹種も同様であるが、とくに細根・小径根が多いヒノキはその表面積が 83％を占めた。

総根量では大径根以上の蓄積部分がその大部分であったが、根系表面積では細根・小径根が大部分で根の働きに対応した変化を示し、この点でも林木の吸収作用を指標するには根量よりも根系表面積が適当であることがわかった。

胸高断面積 500 cm²程度の林分における根系表面積の垂直分布は表 14-3 のようになり、ほぼこの割合で各土壌層からの養・水分の吸収がおこることが考えられる。スギは表層から 30 cm の土壌層で総吸収量のほぼ 59％、ヒノキは 69％、アカマツは 57％、カラマツは 73％ が吸収され、スギ・アカマツはヒノキ・カラマツよりも吸収構造が下層に偏ることがわかった。

この根系表面積が指標する吸収構造は表土の浅い残積土のせき悪乾燥地や過湿地では表層に偏って、Ⅰ・Ⅱ層での割合はいずれも 80～90％に達した。また過湿地や、通気が悪い下層土では細根の枯死による吸収構造の崩壊が認められた。

表 14-3 根系表面積の垂直分布比（％）

樹種	スギ	ヒノキ	アカマツ	カラマツ
林分	S5	H5	A8	K21
胸高断面図（cm²）	439	427	361	506
土壌型	Bl_E	B$_D$	Bl_D	Bl_D
Ⅰ	38.0	47.0	37.7	48.1
Ⅱ	21.1	21.8	19.2	25.0
Ⅲ	22.9	19.9	21.7	20.5
Ⅳ	12.6	8.6	10.8	5.2
Ⅴ	5.4	2.7	4.7	1.2
Ⅵ層以下	—	—	5.9	—

地下部の構造の解析において、一定土壌体積当たり根量としての根密度の考え方は有効な手がかりとなる。根密度の考えを取り入れることによって調査土壌体積がそれぞれ異なる部分の根量についても、これを同じウエイトで比較検討することが可能であり、林床の一部の根密度測定から林分の根量分布を知ることができる。

林木の生産に関係が深い細根について、その分布がもっとも多い Ⅰ 層の根密度（g/m³）は成木安定林分でスギ・カラマツ 200、ヒノキ 400、アカマツ 40、幼齢最大時にはスギ・ヒノキ 600、アカマツ 200、カラマツ 100 程度となった。

密植・乾燥林分では細根の根密度は増加するがスギ・ヒノキ 1000、アカマツ 400、カラマツ 300 以上になることはきわめて少なく、このような高い根密度林分では一般には表土の浅い乾燥土壌で、このような立地では生産の低下と根系の競争が考えられた。

細根のⅠ層の根密度は閉鎖した成木林ではほぼ一定になるが、これは ha 当たり細根量のところでも述べたように地上部の同化生産の担い手である葉量と地下部の養・水分吸収の主体をなす細根量が一定の均衡を保つことを示すもので、とくに腐植と無機塩類に富むⅠ層の根密度でこれらの対応が明らかであることは、表層の一定の細根量が森林の生産を支えていることを意味するものである。

　林分内における根密度は幼齢時には根株の周囲で高いが、林分の成長にともなって根株から離れた隣接木の中間付近の根密度が高まり、通常の林分では林齢20～25年で水平区分による差がほとんどなくなる。

　この林分の成長にともなう根密度の平均化は先ず表層でおこって次第に深部に達するが、Ⅲ層以下では根系の交錯は著しく少なくなる。またこの傾向は細根・小径根で著しく、大根以上ではほとんどみられない。

　この林分内における根密度の平均化傾向は高密度林分や表土が浅い乾燥林分で顕著である。

4　森林の生産と根系の働き

　第7章および第8章では林木の生産と葉・根の働きについて解析した。

　現存量測定資料から計算した林分の ha 当たり生産量は幼齢最大時にはスギ21 t、ヒノキ・アカマツ15 t、カラマツ10 t に及び成木安定林分ではスギ19 t、ヒノキ13 t、アカマツ10 t、カラマツ8 t であった。

　一般にわが国の森林の生産量は8～20 t といわれている。上記の値はほぼこれに類似しており、スギ林がもっとも大きい生産量を示すことがわかった。Ovington［1955］によると農業生産量は4～5 t でこれに比べてこれらの森林の生産は著しく高い値を示す。

　呼吸量も含めた同化生産量はスギ30 t、アカマツ20 t、ヒノキ15 t、カラマツ13 t と推定された。

　森林の生産量は密度と土壌条件によって異なり、スギ41年生、密度比数1.2・Bl_E型土壌で36 t の生産量を示した。

　葉量と根系表面積は林木の生産に関係する因子であるが、両者の比 g /㎡はスギ0.11、ヒノキ0.5、アカマツ0.09、カラマツ0.03 となりスギでは根系表面積1 c㎡は0.11 g の葉量を支えていることとなり、ヒノキは根系表面積の割合に葉量が少なく、アカマツは反対であった。乾燥土壌では葉量に比べて根系表面積の増加が著しくて、地位指数15のスギB_A型土壌では0.04となり、地位指数23のB_E型土壌では0.16となった。

　葉の平均純同化率はスギ1.35、ヒノキ1.26、アカマツ2.96、カラマツ4.26でアカマツ・カラマツは高い同化率を示した。

　非同化部分の平均呼吸率はスギ・アカマツ0.04、ヒノキ0.16、カラマツ0.02となった。

　平均純同化率および平均呼吸率は林齢によって大きな変化はみられなかった。同化率は立地条件によって異なり、カラマツではBl_D～Bl_E型土壌では5以上となったが乾燥の$Bl_D(d)$型林分・過湿のBl_F型林分では2～3となった。これは乾燥と過湿に原因する通気不良によって吸収が阻られて同化の能率が減少することを示している。

　以上の平均呼吸率から呼吸量を計算して収穫表のⅡ等地の各林齢における ha 当たり見かけの総同化量と呼吸および各部分への配分量とその割合をみると**表 14-4** のようになり、各樹種ともに林齢30年以上では見かけの同化量がほぼ一定になった。各樹種の30～50年生林分の同化量はスギ32～33 t、ヒノキ12～15 t、アカマツ16～18 t、カラマツ10～11 t でスギは他の樹種に比べて著しく高い値を示した。Polster［1950］が各種の林分で同化量を計算したところでは**表 14-5** の通りで、これらの樹種よりもスギは高い同化量を示した。

　この同化量の各部分への配分割合は**表 14-4** のように林齢によって変化し、スギ10年生林分では幹に同化量の29% が、枝に11%、葉に23%、根に14%、呼吸に23% が配分されたが、50年生では幹23%、枝8%、葉18%、根15%、呼吸36%で幹・枝・葉への配分比は減少し、呼吸に消費される割合は増加した。このような傾向は他の樹種についても同様に認められる。

　林齢30年以上では各樹種ともに配分比がほぼ一定になるが、これを**表 14-4** についてみると

表14-4　各林齢における同化量の配分とその割合

( )は同化量に対する比数

樹種	スギ					ヒノキ				
林齢* 区分	10	20	30	40	50	10	20	30	40	50
胸高断面積* (cm²)	41	161	317	487	670	14	62	131	214	302
幹 (t/ha)	2.5 (0.29)	7.0 (0.28)	8.5 (0.26)	7.5 (0.23)	7.5 (0.23)	1.0 (0.26)	1.5 (0.19)	3.5 (0.29)	5.0 (0.34)	4.0 (0.29)
枝 (t/ha)	1.0 (0.11)	2.1 (0.09)	2.8 (0.09)	2.6 (0.08)	2.5 (0.08)	0.5 (0.14)	0.8 (0.10)	1.4 (0.11)	1.7 (0.12)	1.5 (0.11)
葉 (t/ha)	2.0 (0.23)	4.5 (0.19)	5.8 (0.18)	6.0 (0.18)	6.0 (0.18)	1.0 (0.27)	2.0 (0.26)	2.5 (0.20)	2.5 (0.17)	2.4 (0.18)
根 (t/ha)	1.2 (0.14)	4.0 (0.17)	5.0 (0.16)	5.0 (0.15)	5.0 (0.15)	0.7 (0.19)	2.5 (0.32)	3.0 (0.24)	3.0 (0.20)	2.7 (0.20)
呼吸 (t/ha)	2.0 (0.23)	6.5 (0.27)	10.0 (0.31)	11.5 (0.36)	12.0 (0.36)	0.5 (0.14)	2.5 (0.13)	2.0 (0.16)	2.5 (0.17)	3.0 (0.22)
同化量** (t/ha)	8.7 (1.00)	24.1 (1.00)	32.1 (1.00)	32.6 (1.00)	33.0 (1.00)	3.7 (1.00)	7.8 (1.00)	12.4 (1.00)	14.7 (1.00)	13.6 (1.00)

樹種	アカマツ					カラマツ				
林齢 区分	10	20	30	40	50	10	20	30	40	50
胸高断面積 (cm²)	15	88	222	387	568	32	177	287	419	568
幹 (t/ha)	2.0 (0.29)	3.5 (0.25)	3.0 (0.19)	4.0 (0.23)	4.0 (0.22)	1.0 (0.22)	2.0 (0.23)	2.0 (0.20)	2.0 (0.19)	2.0 (0.19)
枝 (t/ha)	0.6 (0.08)	1.0 (0.07)	1.2 (0.08)	1.0 (0.06)	1.0 (0.06)	0.5 (0.11)	0.7 (0.08)	0.5 (0.05)	0.5 (0.05)	0.5 (005)
葉 (t/ha)	1.5 (0.21)	3.0 (0.21)	3.0 (0.19)	3.0 (0.17)	3.0 (0.17)	1.0 (0.22)	2.1 (0.24)	2.0 (0.20)	2.0 (0.19)	2.0 (0.19)
根 (t/ha)	1.0 (0.14)	2.5 (0.18)	2.0 (0.13)	2.0 (0.11)	2.0 (0.11)	0.5 (0.11)	1.5 (0.17)	1.5 (0.15)	1.3 (0.13)	1.2 (0.11)
呼吸 (t/ha)	2.0 (0.28)	4.0 (0.29)	6.5 (0.41)	7.5 (0.43)	8.0 (0.44)	1.5 (0.34)	2.5 (0.28)	4.0 (0.40)	4.5 (0.44)	5.0 (0.46)
同化量	7.1 (1.00)	14.0 (1.00)	15.7 (1.00)	17.5 (1.00)	18.0 (1.00)	4.5 (1.00)	8.8 (1.00)	10.0 (1.00)	10.3 (1.00)	10.7 (1.00)

*　収穫Ⅱ等地の値で、この量は図7-1・図7-10よりの概数。
**　見かけの同化量。

表14-5 各樹種の同化量（t／ha・年）

樹種	同化量
ダグラスファー	19
ブナ	14
トウヒ	11
カラマツ	11
カバ	9
ナラ	6
マツ	5

［Polster 1950］

スギは幹23〜26%、枝8〜9%、葉18%、根15〜16%、呼吸量31〜36%。ヒノキは幹29〜34%、枝11〜12%、葉17〜20%、根20〜24%、呼吸量16〜22%。アカマツは幹19〜23%、枝6〜8%、葉17〜19%、根11〜13%、呼吸量41〜44%。カラマツは幹19〜20%、枝5%、葉19〜20%、根11〜15%、呼吸量40〜46%となり樹種によって相違があるがわれわれの利用の対象である幹には総生産量の20〜25%が分布し、根には10〜20%が配分されることになった。

葉と同様に根系についても根系当たり生産量（根系生産率）が考えられる。これを根系表面積についてみるとスギは根系表面積1cm²当たりの生産量は0.14g、ヒノキ0.06g、アカマツ0.24g、カラマツ0.10gで、アカマツは根系の生産能率が大きく、スギ・カラマツ・ヒノキの順となった。この根系表面積生産率は林分の大きさによってはあまり変化しない。土壌条件との関係をスギについてみるとB_E型で0.235g、Bl_D型で0.134g、Bl_B型で0.066gとなり、乾燥土壌では根系の生産能率は著しく低下しB_E型立地の1/4になった。

葉・根系の同化生産率と同様に水分吸収量についてもその能率を計算することができる。

いま各樹種の蒸散係数からha当たりの年間吸水量を計算すると中庸の成木安定林分ではスギはha／年当たり7 000〜8 000 t、ヒノキは4 000〜5 000 t、アカマツは2 000〜3 000 t、カラマツは1 000〜2000 tとなった。林齢20〜25年の幼齢林ではもっとも多くてスギでは15 000〜20 000 tに達した。この吸水量は土壌条件によって変化し、B_E型土壌では15 000 t、Bl_D型で10 000 t、Bl_B型は5 000〜6 000 tで、適潤土壌で多くて乾燥土壌では減少した。ヒノキ・カラマツ・アカマツの乾燥林分では1 000〜3 000 tになる。

この吸水量と根量から細根量吸収率を計算すると細根1g・ha当たり年間吸水量は成木安定林分でスギ8.5 kg、ヒノキ4.5 kg、アカマツ22 kg、カラマツ7 kgとなり、アカマツはもっとも大きい吸水能率を示し、ヒノキは小さい。乾燥土壌では減少してスギB_E型では18 kg、Bl_D型は10 kgであったがB_A〜Bl_C型では4〜5 kgとなった。適潤土壌の根系の吸水能率は乾燥土壌の4倍に及んだ。

次に以上の吸水量が根系表面積比によって各土壌層から吸収されるものとするとその量は表14-6のようになり、スギ20年生林分では年間の総吸水量9 850 tのうちⅠ層から5 100 t、Ⅱ層からは1 800 tが吸収され、Ⅰ・Ⅱ層で6 900 tが吸収された。この量は総吸収量の70%に相当する。ヒノキは4 200 t、アカマツは1 900 t、カラマツは1 700 tである。スギの6 900 tは年降水量を2 000 mmとした場合の約1/5に相当し、多量の水が林地の深さ30 cmまでの表層から吸収されており、この深さでの水分量が林木の成長にきわめて重要な役割をもっていることが推察された。

表14-6 各収穫表のⅡ等地の林分の各土壌層の吸収量（t・ha／年）

区分＼樹種	スギ	ヒノキ	アカマツ	カラマツ
林齢	20	30	30	20
胸高断面積（cm²）	204	166	282	225
Ⅰ	5 132	3 055	1 269	1 229
Ⅱ	1 822	1 150	631	436
Ⅲ	1 822	600	655	248
Ⅳ	867	175	254	59
Ⅴ	207	20	112	8
Ⅵ以下	—	—	99	—
計	9 850	5 000	3 020	1 980

また表土の浅い立地や過湿地で吸収構造が表層に偏るところでは表層の水分条件・通気条件の変化から根系の吸収能率が変化しやすく、成長に悪影響を与えることが考えられた。

細根・小径根で吸収された養・水分は中径根・大径根としだいに集中されて根株に達するが、こ

の根株付近の根系の断面積合計は林木のいずれの通道部分よりも大きく、根株付近では吸収物質の流れが緩やかとなり、根株はその流れの調節と一時的な貯蔵作用をすることがわかった。一般に根系断面積合計は根株断面積の1.1～1.2倍になる。

5 生産物質の循環

各林分の現存量測定資料にもとづいて、その無機塩類の現存量とその分布を明らかにした。一方、各樹種の収穫表からそのⅡ等地に相当する林分の落葉・落枝量も含めた総生産量を収穫表の林齢（10年）ごとに計算し、森林の総生産量とその行方を明らかにした。

40年生の林分の総生産量は乾重でスギは439 t、ヒノキ313 t、アカマツ347 t、カラマツ293 t（いずれも40年生）でその地下部における割合はスギは総量の15%、ヒノキ・アカマツ14%、カラマツ13%となった。いま40年生の林分について乾重・無機塩類量の地上部・地下部の総生産量は表14-7のように各無機塩類は乾重に比べて地下部では地上部に比べて著しく少なくなった。これは地上部ではその生産量の大部分を占める葉量の無機塩類含有率が高いことによっている。

この地下部の物質の総生産量は根量分布比にしたがって各土壌層に分布し、伐採によって各土壌層に還元される。その各層に還元される乾重および無機塩類量の比数は表14-8の通りで各物質の大部分が表層から30 cmの間に還元された。地表部は地上に毎年集積する落葉・落枝による物質の還元と地中に集積する根量によって土壌の性質は著しく改良される。

表14-8 スギ40年生林分の各土壌層に還元される物質の土壌層別比数（S5林分より）

区分 土壌層	乾重	窒素	リン酸	カリウム	カルシウム
Ⅰ	0.399	0.399	0.466	0.453	0.417
Ⅱ	0.409	0.348	0.327	0.406	0.407
Ⅲ	0.130	0.167	0.148	0.098	0.121
Ⅳ	0.046	0.064	0.045	0.032	0.040
Ⅴ	0.016	0.022	0.014	0.011	0.015

根系による物質の還元とともに根系の腐朽によって各土壌層の孔隙量も変化する。根系の腐朽によってできる孔隙量を根量とその密度比数から計算すると表14-9のように各樹種の40年生林分ではスギはⅠ・Ⅱ層に130 m³、ヒノキ83 m³、アカマツ74 m³、カラマツ70 m³の孔隙ができた。この孔隙の大部分は大根～根株で林内に塊状で分

表14-7 地上部・地下部のha当たり総生産量（40年生林分）

区分	樹種		スギ	ヒノキ	アカマツ	カラマツ
乾重(t)		地上部	372 (0.82)	268 (0.86)	300 (0.87)	256 (0.87)
		地下部	67 (0.15)	45 (0.14)	46 (0.13)	37 (0.13)
		計	439 (1.00)	313 (1.00)	346 (1.00)	293 (1.00)
窒素(kg)		地上部	1 233 (0.95)	730 (0.90)	943 (0.98)	1 206 (0.97)
		地下部	71 (0.05)	80 (0.10)	15 (0.02)	39 (0.03)
		計	1 304 (1.00)	810 (1.00)	958 (1.00)	1 245 (1.00)
リン酸(kg)		地上部	230 (0.95)	233 (0.95)	200 (0.95)	123 (0.94)
		地下部	13 (0.05)	12 (0.05)	10 (0.05)	8 (0.06)
		計	243 (1.00)	245 (1.00)	210 (1.00)	131 (1.00)
カリウム(kg)		地上部	1 139 (0.93)	1 257 (0.94)	776 (0.92)	1 093 (0.97)
		地下部	88 (0.07)	74 (0.06)	68 (0.08)	36 (0.03)
		計	1 227 (1.00)	1 331 (1.00)	844 (1.00)	1 129 (1.00)
カルシウム(kg)		地上部	3 486 (0.93)	1 622 (0.96)	958 (0.90)	546 (0.95)
		地下部	249 (0.07)	70 (0.04)	103 (0.10)	31 (0.05)
		計	3 735 (1.00)	1 692 (1.00)	1 061 (1.00)	577 (1.00)

表14-9 根系の腐朽によってできる孔隙量（40年生）（m³/ha）

土壌層＼樹種	スギ	ヒノキ	アカマツ	カラマツ
I	67	47	42	38
II	63	36	32	32
III	20	9	26	14
IV	8	1	5	3
V	3	0.4	3	1
VI以下	—	—	2	—
計	161	93	110	88

布するが、全長数1 000 kmに及ぶ細根は直径2 mm以下の小孔隙を土壌層中に残すので、土壌の理学性は著しく改良される。とくに地表部に細根が多いので根系の腐朽によって表層土壌の理化学性の変化は大きい。

根系はこの改良された土壌層に集中分布することとなり、両者の相互作用によって森林の生産が高められる。地上部重に比べて根量および無機塩類量は少ないが、その土壌の耕耘と施肥効果は大きく、林地の生産力の向上に寄与する。

以上の物質総生産量から計算した物質循環率は表14-10のように乾重では67～75％であったが無機塩類では80～90％で吸収無機塩類の大部分が林地に還元された。この循環率は林齢が高くなるほど減少し、乾重ではスギ10年で85％であったが50年では68％になった。

表14-10 各樹種の物質循環率（40年生）

区分＼樹種	スギ	ヒノキ	アカマツ	カラマツ
乾重	0.681	0.749	0.692	0.674
窒素	0.901	0.990	0.997	0.939
リン酸	0.885	0.936	0.848	0.855
カリウム	0.840	0.911	0.812	0.865
カルシウム	0.903	0.958	0.769	0.901

以上の循環率は農耕地の20～30％に比べるときわめて大きく、根系の物理的な耕耘作用による吸収物質の有効化作用などを考えると、幹だけの林外持出しは森林の物質量の不足をきたすものとは考えられない。むしろ根系の耕耘作用によって林地の生産力は向上するものと考えられる。

以上は根系の枯損量を含まない場合であるが、毎年の同化生産物がT/R率の割合で配分されたと考えると、葉・枝の集積量に対しても枯損量が考えられるわけで、この量を根量比23％として計算するとスギ40年生林分で根系の枯損量を含まない場合の根量は67 tであったが、根の枯損量を入れると117 tとなり50 tの増加があった。これは枯損量を含まない場合の根量の75％に相当し、総生産量の増加率は10％になる。この場合の乾重の循環率は68％が71％となった。無機塩類量の循環率はほとんど変化しなかった。

6 　根系の形態と支持作用

根系の形態はこれを特徴づける太根の発達状態によって主根が棒状に発達する杭根型、根株から分岐する数本の太い斜出根によって特徴づけられる心根型、地表に沿って水平的に発達する側根によって特徴づけられる平根型の3つの型に区分される。この型はまた8つの類型に区分される（398頁、図11-1参照）。

調査木のうち主要樹種ではアカマツが杭根型、スギは心根型、ヒノキ・カラマツは平根型である。

先に報告したようにこの類型は立地条件によって異なるが、いずれの場合においてもその樹種の遺伝的な特性を示す。ここでは各調査林分の各種の条件における根系の形態の観察から各樹種の根系の特性が明らかにされた。

根系の形態は細根の分布が示す吸収構造よりも支持構造を表現しており、各種の事例から杭根性樹種がもっとも外力に対して抵抗力が大きく、平根性樹種は小さいことがわかった。

根系の形態は各種の条件によって異なり、本数密度が増加すると側根の発達が貧弱になって垂下根の発達がやや促される傾向があったが、全体に太根の発達が貧弱で外力に対して抵抗力が弱くなった。これは本数密度が大きくなるとT/R率が大きくなることにも関連している。

表土が浅い立地では一般に平根型になることが観察されたが、極端なせき悪乾燥林分でも天然性のアカマツは十分に杭根が発達した。土壌条件による影響は樹種によって異なる。

一方、杭根性のテーダマツは植栽時の取扱い不良のために根系の形態が著しく不良になり、著しい風倒の被害を受けた。

以上のような根系の形態と倒伏率の関係、また抜根機による根系のけん引力との関係においても根系の形態と支持作用の間には高い相関関係があることがわかった。各種の樹木の引張り試験の結果、根株直径と根系強度について推定式が作成された（414頁、表12-2参照）。

7　根系の物質貯蔵作用

107種類の樹木の根系中のデンプン・糖・脂肪の季節変化を顕微化学的に観察した。その結果針葉樹は貯蔵物質がきわめて少なくて、その分布は薄い皮部に集まるが、その量は少ない。広葉樹は一般に木部にも蓄積が多いため貯蔵量が多く、地上部伐採後これらの物質が萌芽の発生と成長に利用されることが考えられた。

貯蔵物質の季節変化は針葉樹・広葉樹を通じて落葉樹と常緑樹で異なり、デンプンは落葉樹の貯蔵量最多の時期が秋10～11月にある秋山型であるのに比べて常緑樹は5～6月頃増加する春山型であった。

糖は落葉樹は成長期に多く、常緑樹は秋期に増加した。冬期の糖の増加は落葉樹で著しくて常緑樹では明瞭ではなかった。

脂肪はデンプンに類似して変化したが一般にその変化の幅は小さい。

常緑樹と落葉樹の貯蔵物質の季節変化の相違はその落葉時期の相違、デンプン・糖・脂肪の間の変換特性の相違なども考えられるが、常緑樹では葉における物質貯蔵の働きが大きくて根系の物質貯蔵との間にずれができることが考えられた。

8　林業と森林保全への寄与

以上各種の条件における林地の生産量の測定と根の機構と機能の解析を通じて林業生産の面から次のことが考えられる。

適地適木：根系の発達の特性に応じて樹種と立地を選択する必要がある。スギは深部で吸収構造が大きく、深根性のため表土の浅い立地では生産が著しく阻害される。この点ヒノキ・カラマツは浅根性であるので浅い表土でもスギのようには生産が低下しない。一方アカマツの主根は深部にまで発達するが、水平根は地表層に沿って広がりが大きく、この水平根の吸収が成長を支えるので浅い立地でも他の浅根性樹種と同様にそれほど成長量が低下しない。

このことは、これらの吸収構造が表層に偏っている樹種が浅い立地に適しているということではなくて、浅い立地でもあまり生産が落ちないということである。

とくにカラマツは浅根性樹種であるが、表土が深い土壌では根系は心土に達して良好な成長をする。この点ヒノキは浅い立地でも深根性のスギのようには成長は低下しない。

倒伏：外力に対し強い支持力を示すものは心根性ないしは杭根性のスギ・マツ類で、この危険があるところではカラマツ・ヒノキの植栽を避ける必要がある。マツ類は主根が明瞭で幼時の上長成長はその取扱いに影響されるため、植栽に当たっては極端な根切りや鳥足状に主根を曲げて植栽するなどのことは避けなければならない。とくに倒伏の危険があるところで表土が浅い立地では播種造林または天然更新によって自然の根系の状態で成林させることが望まれる。

特殊な立地条件への造林：せき悪乾燥地などの造林や挿木苗の造林において植栽後数年間成長が著しく悪い現象がみられるが、これは立地条件が悪いために植栽後の根系の成長が十分ではないので、このような立地では植栽初期の根系の成長を促進させるために植穴付近の土壌の改良・耕耘・施肥などの作業が必要である。これらの作業が期待できない場合には最初から立地に適応した根系の発達をはかるために前述の播種造林や天然更新作業が望まれる。

植付け作業：この研究のなかで再三説明しているように根系の吸収表面積・根量分布からみても根系の吸収作用は深さ0～30cmの表層部にある。この土壌層は根の働きに必要な酸素と成長に必要な無機塩類に富むためで、この層に苗木の根系が広がるように植え付けることが望ましく、深植えは根系の働きからみて有効とは考えられない。しかし、浅植えに過ぎると表土の水分・温度の変化

が大きく、また支持力が不安定なために根系が常に動揺して成長が阻害される。

林地施肥：物質循環率からみると森林施業において幹だけの持出しでは腐植や無機塩類量の欠乏はほとんどおこらないが、現在の森林生産力を維持するだけでなく、これを高めるために（せき悪地などでは）施肥が必要となる場合がある。とくに表土や有機物の浸食が考えられるところでは施肥の考慮を要する。有機質に乏しい海岸砂地での植栽には、有機質や施肥が地上部・地下部の成長促進に効果がある。海岸砂地や乾燥せき悪地ではポット苗での植栽が有効である。

海岸砂上への植栽においてポットの土壌と外部砂土との間に理化学性の差が大きいと、根系はポット苗土壌に止まって、側根の発達が阻害される。いわゆる、ルーピングの状態となる。

林分内においては根系の交錯があり、根密度の平均化がおこるので単木を目標に施肥をすることはきわめて困難である。各樹種とも林齢7〜8年では相当量の根系が交錯しており、20〜25年では林床の各部分の根密度は平均化してくる。単木の側根の長さは樹高の1.5倍に及ぶものもあるので、林分の1カ所における施肥の効果はそれは中心とする数本の林木に及ぶ。

吸収作用が旺盛な細根の垂直分布はⅠ・Ⅱ層がもっとも多いのでこの土壌層以下に施肥をすることは有効でない。

植栽密度：高密度林分ではT/R率がやや大きくなり、幹への同化生産量の配分割合が増加することから考えると幹の利用を目的とする林業において密植は同化生産量を有効に利用する点において望ましい。一方、密植林分では根張りが貧弱になって、外力による倒伏の危険があるのでこれらの点に考慮して施業することが望まれる。

密植林分では表層の根密度が著しく高くなるために養・水分の不足と根系の競争がおこりやすい。とくに表土が浅いせき悪乾燥林地ではこの傾向が強い。このため密植によって面積生産を上げるためには表層土壌の養・水分の不足がおこらないような立地の選択や施肥などの技術の適用が望まれる。

密植の場合には競争密度効果によって単木の成長は制限される。林分の根系の垂直分布は単木の分布様式によっており、同一林齢では密植林分は疎植林分よりも径級が小さくてその根系分布は表層に偏ることとなる。このため密植林分では表層土壌の強度の利用と根系の粗腐植の集積がおこるので小径木利用の密植造林の連続施業は望ましくない。

地力の増進：根系の土壌の理化学性改良効果が大きいことは先に述べたが、根系による土壌の耕耘と腐植の集積作用はなるべく心土に及ぶことが望ましく、心土の諸物質が通気の改良や腐植の推積とこれにともなう微生物の働きによって有効に利用されることが林地の生産力を向上させることとなる。

このため根系分布が表層に偏る小径木の短伐期作業、とくに密植の短伐期作業は根系が深部にまで発達する長伐期の大径木利用のための作業よりも林地生産力を高める効果は少ない。

根系の林地生産力改良効果を考えた場合には小径木利用と大径木利用の両作業を交互におこなうことが有効である。

とくに表土が浅いせき悪乾燥林地では長伐期作業が有効である。

地力の保護：前述のように森林の物質循環率はきわめて高くて計算上では林業の作業によって地力を消耗することは考えられないが、一般林地は傾斜面で常に腐植と表土の流乏があり、とくに伐採・搬出の諸作業に当たって著しい表土の撹乱がある。

本書のなかで再三述べているように吸収構造の大半は表土にあり、この土壌層が森林の生産を支える役割は大きい。このためにこの土壌層が林業の諸作業によって著しく撹乱され、浸食によって流乏すると林地の生産力は極度に低下することとなる。林地生産力保護の立場から表土の浸食・流乏にはとくに注意すべきである。

一方表層に密に分布する根系は表土を緊縛して浸食による表土の流乏を防ぐ効果が大きい。とくに細根・小径根の強度が強くて分岐が細かな広葉樹の根系は林地の表面侵食を防止する効果が大きい。

防災：以上は林地保護の面からの森林の効用であるが、浸食・崩壊など防災面においても林木の根系の影響が考えられる。表層土壌の浸食防止に

は土壌緊縛力が大きいケヤキ、ムクノキなどの植栽が考えられる。

　降水が土壌中に浸透する場合、腐朽した根系の孔隙や現在成立している林木の根系の表面に沿って心土に達する。このため根系の表面には酸化鉄や水によって運ばれた細かい粘土粒子の集積がしばしば観察される。この現象は生産面では先に述べたように通気と水分の流通をよくする点において林木の成長に良好な影響を与えるが、密植の小径木の場合のように根系分布が浅い表土壌層に密集して表土と心土の間に分離層を形成するとその間に降水が蓄積されて林地の崩壊や表層地滑りなどの原因となる。

　この点で、上記の危険が考えられるところでは根系分布が均一にならないように密植を避けた根系型の異なる樹種の混交林の造成をおこなうことなどが考えられた。

　また根系の分岐が複雑で靱皮組織が発達して強度が大きくて土壌緊縛力が大きい広葉樹は針葉樹よりも防災的効果が大きい。

萌芽更新・下刈り作業：これらの作業の実施に当たっては根系な貯蔵物質（とくに貯蔵デンプン）の季節変化を考慮して作業をすることが望まれる。

　貯蔵デンプンの消長が春山型の常緑広葉樹の場合では、萌芽を目的とするときは成長初期における伐採が、秋山型の落葉広葉樹では秋期における伐採が考えられ、下刈り作業では前者は秋期における伐採、後者は成長期における伐採が考えられる。

植栽時期：落葉樹は根の活力が高くなる秋〜早春にかけて植栽移植がよく、常緑樹は高温・多雨の夏期が根系の活力が大きくなって活着がよい。

文献

相見霊三：細胞生理実験法（1953）

Boysen-Jensen, P.: *Die Stoffproduktion der Pflanzen*, Jena (1932).

Busgen, M. and E. Munch: *The Structure and life of forest trees* (trans. by Thomson), J. Wiley and Sons, New York (1931).

Efroymson, M.: Multiple regression analysis, in Ralston, A., et al.: *Mathematical Merthods for Digitial Computers* 17, (Ralston, A. and Wilf, H., Eds.), J.Wiley and Sons, New York (1960).

遠藤保太郎：桑樹実験（1933）

藤林誠ほか：林業技術シリーズ、8（1950）

古川忠：林分の幹に含まれる養分元素について、日林講、71（1961）

────：林木の苗木に蓄積されるカルシウムの量と生育について、日林講、74（1963a）

────：広葉樹の幹に蓄積する無機元素（N・P・K・Ca）の分布について、日林講、74（1963b）

────：関東地区民間苗畑産スギ・ヒノキの苗木に含まれる無機養分元素について、日林誌、45（1963c）

────：林木の幹に蓄積する無機養分元素の研究、日林誌、46（1964）

────：カラマツ落葉病に関する研究、林誌研報、178（1965）

原田浩ほか：木材の構造、文永堂出版社（2002）

橋本与良：瘠悪林地とその改良、林野庁（1956）

畑村又好ほか（共訳）：スネデカー統計的法（1964）

Hilf, H.: *Wurzelstudien an Waldbaumen*, Schaper Hannover (1927).（有村訳：森林樹木の根の研究、東京営林局（1933）

Huxley, J. S.: *Problem of relative growth*, Methuen & Co. Ltd., London, (1932).

石部修：樹木内貯蔵澱粉及び脂肪の季節的変化、生態学研究、2（1963）

石川栄助：新統計学、槙書店（1974）

兼次忠蔵：南部赤松の根系、日林誌、15（1933）

苅住昇：樹木の根の形態と分布、林試研報、94（1957a）

────：根の働きと根系、山林、881（1957b）

────：林木の根の構造と成長、山脈、11（1960）

────：高等植物の根の分泌物質生態学的考察、日林誌、44（1962）

────：根の呼吸から見た野辺山のカラマツの成長、長野林友（1963a）

────：本数密度と根の成長、山林、946（1963b）

────：林木の根の長さ、山脈、10（1963c）

────：テーダマツの幼令林の倒伏の原因とその対策──ある風倒被害の調査から、林業改良普及叢書、19（1963d）

────：育苗・育林技術の基礎としての林木の根の働きと成長、林業研究解説シリーズ、3、林業科学技術振興所（1963e）

Karizumi, N., : The mechanixm and function of tree root in the processofforest production I, Method of investigation and estimation of the root biomass, 林試研報、259（1974）

────：樹木根系図説、誠文堂新光社（1979）

────：最新 樹木根系図説、誠文堂新光社（2010）

苅住昇ほか：林木の根系に関する文献、日林誌、40（1958a）

────：苗木の成長に及ぼす土壌空気中の酸素濃度の影響、日林講、68（1958b）

────：林分の地下部に構造に関する研究（1）スギ林について、日林講、68（1958c）

────：土壌中のCO_2分布について、日林講、69（1959a）

────：スギ林の地下部の構造に関する研究（Ⅱ）、特に根密度について、日林講、69（1959b）

────：スギ林の地下部の構造に関する研究（Ⅲ）、日林誌、41（1959c）

────：スギ林の地下部の構造に関する研究（Ⅳ）、日林講、70（1960a）

────：林木の根の呼吸について、日林講、70（1960b）

────：カラマツ林の地下部の構造に関する研究、日林講、71（1961）

────：クロマツ稚苗の根系の成長と本数密度、日林講、74（1963）

香山信男：主要造林樹種の幼苗時に於ける蒸散作用、日林誌、24（1942）

木梨謙吉：推計学を基とした測樹学、朝倉書店（1954）

吉良竜夫：芦田譲治 等編、生態系の自然構造とその生産力、現代生物学講座 5 生物と環境、共立出版（1958）

────：植物生態学（2）、（生態学大系）、古今書院（1960）

Kozlowski, T. et al.: Growth of roots and root hairs of pine and hardwood seedlings in the Piedmont, Journal of Forestry, 46(10), (1948)

Kramer, J. and Kozlowski: *Physiology of trees*, McGraw-Hill Book Co., (1960).

眞下育久：森林土壌の理学的性質とスギ・ヒノキの成長に関する研究、林野土壌調査報告、11（1960）

増山元三郎：実験公式の求め方、竹内書店（1962）

────：少数例のまとめ方（改稿版）、竹内書店（1964）

三村英彦：満州樹種の冬期貯蔵澱粉及び脂肪の季節的変化、植物及び動物、5（1937）

宮崎榊：森林樹木の根に関する研究、日林誌、17（1935）

────：四国森林植生と土壌形態との関係に就いて、

興林会 (1942)

三善正市:カシ・シイの中心郷土地帯における常緑広葉樹林の林分構成・成長・更新ならびに施業に関する研究、98、宮崎大学演習林報告 (1959)

Monsi, M. und T. Saeki: Uber die Lichtfaktor in den Pflanzenresellshaften und seine Bedeutung fur die Stoffproduktion, *Journal of Japanese Botany*, 14 (1953).

武藤憲由:山林、892 (1958)

中村英碩:集材機索道用根株アンカーの強さ、最近の林業技術、10 (1966)

―――:林業機械の効果的作業技術、林試研報、225 (1969)

中山伊知郎編集:統計学辞典(増補版)、東洋経済新報社 (1980)

西沢正久ほか:林分解析に関する研究、林試研報、141 (1962)

―――:森林測定法、地球出版 (1965)

農林水産技術会議:電子計算機に農林水産試験研究への利用について (1965)

温室効果ガスインベントリオフィス(GIO)編、環境省地球環境局総務課低炭素社会推進室監修:日本国温室効果ガスインベントリ報告書、独立行政法人 国立環境研究所 地球環境研究センター (2011)

Ovington, J. D.: From weights and productivity of tree species grown in close stands, *New Phytologist*, Wiley, 55 (1955).

Polster, H.: Die Physiologischen Grundlagen der Stofferzeugung im Walde, 1950. (高原未基:枝打の基礎と実際、地球出版 (1961))

林業試験場・土壌調査部:林地土壌生産力研究成果報告書、秩父地域、林野共済会 (1963)

―――:林地土壌生産力研究成果報告書、天竜地域 (1964)

林業試験場・径営部:立木材積表調整法解説書 (1956)

林野庁・林業試験場:国有林野土壌調査方法書 (1957)

坂口勝美:間伐の本質に関する研究、林試研報、131 (1961)

―――:間伐とその考え方、わかりやすい林業解説シリーズ 5、林業科学技術振興所 (1964)

坂村徹:植物生理学(上・下)、裳華房 (1950)

佐藤大七郎:林木の生長の物質的基礎、育林学新説 中村教授還暦記念論集、朝倉書店 (1955)

―――:森林の蒸散量、科学、(28) 4 (1958)

佐藤大七郎ほか:林木生長論資料(1)、立木密度のちがう若いアカマツ林、東大演報、48 (1955)

―――:林分生長論資料(2)、いろいろなツヨサの間伐をした北海道のストローブマツ林、東大演報、52 (1956)

―――:林分生長論資料(4)、わかいヒノキの人工林における葉の量と生長量の関係、東大演報、54 (1958)

―――:林分生長論資料(5)、上層間伐をおこなったケヤキ人工林における葉の量と生長量、東大演報、55 (1959)

佐藤敬二:杉の根の発達に関する解剖学的研究、東大演報 (1930)

佐藤敬二ほか:造林学、朝倉書店 (1965)

佐藤良一郎:数理統計学、培月館 (1949)

芝本武夫:スギ・ヒノキ・アカマツの栄養並に森林土壌の肥沃度に関する研究、林野庁 (1952)

―――:林木の葉分析に関する研究、日林誌、43 (1961)

柴田信男:スギ林とその環境、佐藤弥太郎、スギの研究、養賢堂 (1950)

四手井綱英(編):アカマツ林の造成(基礎と実際)、地球出版 (1963)

四手井綱英ほか:森林の生産力に関する研究(第 1 報、北海道主要針葉樹林について)、四大学合同調査 (1960)

―――:アカマツの生育におよぼす摘葉の影響、日林誌 45(3), 5, (1963)

―――:森林の生産力に関する研究(第 II 報、信州産カラマツ林について)、四大学合同調査 (1964a)

森林土壌研究会:森林土壌の調べ方とその性質、林野弘済会 (1993)

森林立地調査法編集委員会:森林立地調査法、博友社 (1999)

田口亮平:桑樹の枝條並に根に於ける水分及び貯藏物質含有量の季節的變化に就て、九州大・農・学芸雑誌、8 (1939)

冨永貢:伐根アンカーの強度、機械化林業、223 (1972)

津村善郎:標本調査法、岩波書店 (1956)

津村善郎ほか:標本調査法、岩波書店 (1986)

塘隆男:わが国主要造林樹種の栄養および施肥に関する基礎的研究、林試研報、137 (1962)

堤利夫:森林の物質循環、東京大学出版会 (1987)

上田実ほか:集材架線用アンカー(根株)の強さ試験、日林講、80 (1969)

山本和蔵ほか:あかまつの根部林積に就いての調査、林試集報、15 (1925)

吉岡邦二:泥炭地樹木の根の偏厚と癒合に就いて、生態学研究、3 (1937)

[略称]
日林講:日本林学会大会講演集
日林誌:日本林学会誌
林試研報:林業試験所研究報告

別表および資料篇について（巻末 CD-ROM 収録）

　本文で引用・参照した調査データや集計・計算結果を**別表**とし別途収録し、以下に一覧として示す。また、本文で直接引用・参照していないものの、著者が整理を行った樹木の根系―土壌の状況、生理的・生態的・形態的な特徴についての知見を3つの**資料**に分けて収録した。

別表・資料の別	番号	題名
別表	1	調査林分の位置
	2	調査林分一覧
	3	全量法とブロック法の部分重推定回帰式の定数・係数の差の検定
	4	根重と根長、表面積
	5	調査林分のA層の土壌の理化学性
	6	調査林分の土壌の理化学性
	7	カラマツの細根・小径根・中径根の乾重測定資料重の誤差
	8	浅川苗畑と調査林分における幼齢木の樹種別乾重率
	9	林分の各部分の平均乾重率
	10	浅川苗畑における幼齢木の植栽密度と根量分布
	11	調査木の部分重と成長量
	12	調査木の部分重（単木平均値）
	13	調査木の部分重（ha 当たり）
	14	最多密度における部分重（ha 当たり）
	15	調査木の部分重全重比（全重を1とした場合の部分重の比数）
	16	調査木の部分重比（地上部重・地下部重に対する各部分の比数）
	17	根量の水平・垂直分布（単木平均値）
	18	各根系区分ごとの根量の垂直分布比
	19	各林分の水平区分・垂直区分別根密度
	20	調査木を中心とした傾斜の上下・左右における根密度
	21	各林分の土壌層別・根系区分別平均直径・根系断面積・根長・根系表面積
	22	根長・根系体積・根系表面積（単木平均値・ha 当たりと比数）
	23	根量・根長・根系体積・根系表面積の垂直分布（単木平均値と比数）
	24	無機塩類の含有量（単木平均値と比数）
	25	林分の成長解析要因
	26	根長・白根表面積の年平均成長量
	27	各林分の土壌層別の全根系表面積比
	28	単木の呼吸量・葉の同化率・根系生産率
	29	呼吸量と同化量
	30	葉量から計算した蒸散量と年間生産量から計算した蒸散量
	31	根系の吸水量

別表および資料篇について

別表・資料の別	番号	題名
	32	木質化した根と白根の吸水率
	33	根系の吸水量とその能率（単木）と蒸散率
	34	主林木重
	35	調査木の材積と重量測定から得られた容積密度数
	36	副林木重
	37	各林齢までの積算落葉量（ha当たり）
	38	Möllerの式から計算した各林分の枝の枯損量
	39	収穫表の林齢別部分重比
	40	収穫表の各林齢における根量の土壌層分布比
	41	各林齢までの根系区分別要素（主副林分合計・ha当たり）
	42	林分における総生産量（ha当たり）
	43	無機塩類の総生産量とその割合
	44	各土壌層に集積する根量
	45	各土壌層の総根系体積
	46	各土壌層に集積するNの量
	47	各土壌層に集積するP_2O_5の量
	48	各土壌層に集積するK_2Oの量
	49	各土壌層に集積するCaOの量
資料	1	調査地の土壌と根系 土壌と根系分布との関係を図示しており、一見して両者の関係が理解できる。根系図は根系調査時の根系の形態をスケッチしたものである。なお土壌の記載は森林土壌調査会『森林土壌の調べ方とその性質』（林野弘済会、1993年）によった。
	2	樹種の特性一覧 多くの樹木の生理・生態的特性を各種の文献から抜き出したもの。樹木の生理・生態的特長については、各種の報告がある（**資料2**の脚注参照）。著者によって樹種の特性が異なるので、そのまま記載することとした。実験によって確かめられればよいが、多くの樹種にわたるので困難である。 移植の難易などの項目があるが、ポットの利用など植栽技術の変化によって、移植困難な樹種も、容易に植栽できるものもある。樹木の特性表は、群落生態学的な観察から作成されたもので、この表の利用については、この点、考慮する必要がある。
	3	柳田由蔵『森林樹木の稚苗図説』からの稚苗の根の記載一覧 柳田由蔵が1927〜1942年まで「林学会誌」に著した、樹木の稚苗の形態、特徴のうち、540種の稚苗の根の性状を一覧にした。検索・活用に便利である。

あとがき

　稿を閉じるにあたり、森林の地下部の研究の足どりと背景を振り返ってみたい。

　森林が国土の66％を占め、山林の森林率が70％を占めるわが国は、先進国の中では有数の森林国である。古くから建築用材や生活器材にも木材が大量に利用されてきた。住居、神社、仏閣の建築材料のほとんどは木材であった。このため各地で林業が盛んにおこなわれ、木材を利用性に応じて、造林、伐採、運搬、利用するための産業と技術が発達した。とくに城郭、堂塔の建築技術は世界に卓越している。わが国の文化は森林と木材の文化ということができる。

　各地域には有名林業地ができ、農業とともに林業は山村の経済を支える重要な柱となった。育林の面でも、造林地が拡大し、利用技術とともに目的にあった良質の木材を生産するために育林のための土地の選び方、良材を得るための育種、植栽や間伐などの育林技術が発達した。奈良県の吉野林業などは有名である。明治以降、林業教育もさかんにおこなわれ、各地で林学の講座が設けられ、森林の造成、利用のための技術の開発と研究がされた。戦後、戦災都市の復興のために、山林の伐採とともに造林が実施され、造林面積は急速に増加、わが国の森林面積2 500万haの約40％の1 000万haは人工造林地になった。

　近時、安価な外材の輸入や鉄・セメントを主とする建築資材の変化から、木材利用は低迷し、造林面積は増加していない。森林造成の目的も木材生産から環境保全に推移している。最近ペルーのリマ市で開かれた地球温暖化防止のための国際会議COP20でも二酸化炭素排出量削減のための森林の造成が問題となっている。

　森林資源を造成し、木材を有効に利用するためにも、また森林の環境保全機能を期待するためにも、森林のバイオマス研究が重要な時代となってきた。とくに地球規模での環境保全で森林が果たす役割は大きいため、森林の環境保全機能を知るためには、森林のバイオマスと物質吸収・同化生産などの働きを把握する研究が必要となってきた。ただ、これらの森林研究の課題のなかで、その地下部の分布構造や働きについては不明のことが多く、資料も少ない。筆者は1951年以来数十年にわたり、森林の地下部の構造と、物質吸収、支持、物質貯蔵機能などに注目して、研究を進めて来た。

　本書の特徴は従来、研究資料が少なかった、森林の地下部の構造を地上部を含めて定量的に解析したことにある。土壌を主とした立地条件や、これに関係した根の機構や機能を知ることは育林上必要な課題であったが、樹木の根は地中にあって、観察が容易でないこともあって、不明のことが多くあった。

　筆者は特に根の問題に執着したが、ここで、わが国での根の研究について二、三の知見を述べる。

　最初に「根系図」を書き、その根系の形状を、移植を目的として分かりやすく説明したのは、江戸時代の農業の教科書ともいえる『農業全書』（1697年）を著した宮﨑安貞である。『全書』に描かれた「マツの根系図」はわが国最初の根系図である。世界の古い農書にもこのような根系図は見られない。その他、『全書』には根の形状・性質に関する記述が多い。

　『全書』の序文は、儒者であり生物学者であった貝原益軒によるものである。安貞も益軒も福岡の黒田藩の武士であり知己であった。益軒は中国の医業、農業などの技術や歴史・文化に明るく、実学者であった安貞に中国の農業技術を教授した。序文には明の除光啓の『農政全書』（1639年）なども参考にしたとある。両者の間には約60年の差があり、書名は類似しているが、唐の農書を参考にしたとあり、内容は異なるものである。

　樹木の根についてみると、『農業全書』が出版される前の1694年、益軒が出版した『花譜』には柑橘の移植にあたって、「細根を切ることなかれ」などといった詳細な根系の記述がみられる。『花譜』には根系図はないが、こうした記述から

も『全書』の根系図の作成と記述に益軒が助力したことは明らかである。

著者はわが国における「根の研究」のルーツは益軒ではないかと思っている。この時代、植物とその栽培に詳しかったのは益軒をおいて他にいない。付言すれば、益軒の名著『大和本草』（1709年）は日本史上最高の生物学書であり、農学書であった。普通、観察されない根の記述も益軒の知識の中にあったとしても、不思議ではない。

『花譜』の参考文献の筆頭には賈思勰の『斎民要術』（532年）があり、61の考用書目（参考文献）が挙げられている。ことからすると、益軒の『花譜』や安貞の『農業全書』の根は『斎民要術』あたりにあることが推察される。益軒が中国文化に詳しい儒者であったことによるものであろう。『花譜』の総論の筆頭に「栽樹」とあり、「斎民要術に曰く」とある。「凡樹をうつすに、根の鬚をそこなうべからず」「樹を移すに時無し、樹に知らしむなかれ」とある。この言葉は移植の本質を語っている。総論の筆頭に移植における根の扱いを記述したところに、益軒の植物栽培の思想を読むことができる。根研究の第一人者に益軒をあげる所以である。

明治以降、土壌と林木の根との関係に注目していたのは林業試験場の寺崎渡で、1914年に、当時目黒の林業試験場内で土壌とスギとアカマツの根系の関係を調査している。後年（1927年）寺崎は「森林樹木の根及根系の研究に関する文献紹介」を『林学会雑誌』に発表している。これは、海外の樹木の根の研究を解説したもので、造林学の研究者に大きな刺激を与え、近代の根研究の端緒を開いた。

寺崎渡の後を継いだ生態学者河田杰は英国人アーネストサトウの息子であり植物学者武田久吉との関係でイギリスに留学し、イギリス式群落分類法による『森林生態学講義』を養賢堂から出版した（1932年）。この中には、群馬県小根山国有林で土壌と根系との関係を知るために、バイセクト法による根系調査をおこなった記述がある。半定量的ではあるが、土壌断面から根系分布を観察した記録としては初めて記述である。

その後、森林土穣の研究者宮崎榊は「四国森林植生と土壌形態との関係に就いて」（1942年）の中で、スギ、ヒノキ、アカマツなどについての土壌と根系との関係を詳述している。この根系図と写真は一見に値する。また、「菌根と根系分布との関係」に触れているのは興味深い。この根系図は『農業全書』に次ぐものである。

宮崎の序文によると1928年から山林局で植生調査事業をおこなったとある。国有林の植生調査事業の一環として、土壌や根系調査がされたようである。後に国有林、民有林の土壌調査事業をおこなった大政正隆の「林野土壌調査報告1」（1951年）によると、土壌調査が企画実行されたのは1947年である。国有林の植生調査事業はあとで完成された土壌調査事業の先駆をなすものであった。

戦前からの植生調査事業の中では各種の環境調査が、また戦後には土壌調査事業が大掛かりにおこなわれ、多くの研究が取りまとめられて造林事業に貢献した。戦前、これらの研究を行政面で支援したのは、当時の山林局の早尾丑麿で、宮崎の「根系に関する研究」も、大政の「土壌に関する研究」も、この両研究事業の狭間でおこなわれたものである。この土壌と植生の研究は、現森林総合研究所の森林生態研究に道を開いたものである。

さて、根系に関する研究についてみる。著者が根の研究に手をつけた1951年当時、根系研究の目的は移植や合理的な木材生産にあった。根系の特性や土壌との関係が研究の対象とされた。このため、寺崎渡から宮崎榊にいたるまで、林地における根の研究は定性的な言葉での説明に終わっている。

森林の木材利用から地球温暖化防止に対する研究が注目されてきたのは近年のことである。森林のバイオマスに関する大掛かりで精度が高い調査・研究がおこなわれたのはJIBP（Japanese Committee for the International Biological Program, 1977）による研究で、水俣のコジイ林、一関のアカマツ林などの地上部・地下部のバイオマスが、大学、試験場などの研究者を集めて測定された。筆者も根量の調査に参加した。この研究は地球上の生物生産力を把握する目的でおこなわれたが、

あとがき

この研究はこれに次いで発生した、地球温暖化防止に関する森林分野での研究に重要な基礎資料と研究者を提供した。

地球の温暖化防止に関係する森林の炭素固定力に関する研究が各国でおこなわれていることは前述した。このためには、森林の現存量と働きを生理的、生態的に知る必要がある。最も重要なのは森林の地上部、地下部の現存量を時間系列で正確に把握することにある。落葉、落枝など過去の生産物も含まれる。測定困難であるが、根の枯損量も含まれる。森林でも木材の収穫表に代わって、総バイオマス推定のための生産量表が必要となってくる。

地球上の炭素量の増加はエネルギー消費や他の産業にも関係するが、森林の炭素固定機能はプラス面で評価され、COP20（2014年）では世界の森林面積を増やす重要性が討議された。森林の地下部の量は総量の20～25％を占めているが、残念ながら研究資料は少ない。

ちなみに、筆者が推定した50年生、スギ林の普通の森林のha当たり年間の地上部、地下部を合わせた総炭素固定量は200t程度である。この値は、今までの値よりも大きいが、参考になるものと考えている。

本書のもととなった研究は、著者が在籍していた、森林総合研究所の前身である、東京目黒の林業試験場時代に調査し、まとめられたものである。大きい樹木の根を掘り出し、高い精度でバイオマスやその分布を調査することは労力を伴う困難な研究である。筆者は寺崎渡、河田杰につながる栗田勲の指導で、根系に関する研究をおこなったが、当時、試験場内には外国産も含めて多くの樹木があり、調査を手伝ってくれる人もいて、多くの資料を集めることができた。当時の営林署でも調査に助力をいただいた。また、適地適木調査やカラマツの造林地調査などのプロジェクトがあり、資料の収集に役立った。多くの資料を比較的容易に集められる研究環境にあったことは幸運で、おおいに感謝している。

本書は資料が膨大で、資料の取りまとめ時からの研究の進歩などで、記述に不足と誤りのあるところもあるが、文献の照合など完全を期するためには、まだ相当の時間を要することや、著者の高齢なども考慮して、多くの人のご協力を得て取りまとめ、出版することとした。この点ご寛恕いただいて、この資料が、諸先生方のお役に立てれば幸いである。

筆者の研究にあたって、樹木の根の研究を勧められた恩師栗田勲博士、植生研究室の寺田正男主任研究官、寺尾節二技官ら研究室の皆さん、調査地の営林署、調査に協力いただいた日本大学農獣医学部林学科、資料の整理をお願いした東京理科大学の皆さんに厚く感謝申し上げる。

2015年1月

〈CD-ROM ご利用にあたっての推奨環境〉

■ OS
　Windows Vista(R)　Service Pack2（SP2）
　Windows(R) 7　Service Pack1（SP1）
　Windows(R) 8
■ CPU
　Intel Pentium(R) III　1.3 GHz 以上
■ メモリ
　1 GB の RAM（32 ビット）、2 GB の RAM（64 ビット）
■ ハードディスクの空き容量
　3.0 GB の空き容量
■ ディスプレイ
　グラフィック ハードウェア アクセラレータには、
　DirectX 10 対応グラフィック カードと 1024 × 576 の解像度が必要

著者略歴

苅住 昇（かりずみ・のぼる）

1927年、松山生まれ。1948年、愛媛農林専門学校（現愛媛大学）農学部卒。農林省林業試験場植生研究室に勤務。森林植生と樹木の根系の生態学的研究に従事する。1955年、農学博士。初代樹木医会会長（現在は名誉顧問）、林学会賞受賞。"木の根の博士"として世界の第一人者であり、森林生態・造園・造林学の権威。
著書にわが国随一の根の図鑑的存在として広く活用されている『樹木根系図説』（誠文堂新光社、1979年、新版2010年）など。ほか論文多数。

森林の根系特性と構造
バイオマス算定に向けた基礎解析

2015年1月30日　第1刷発行

著　者　苅住　昇

発行者　坪内文生

発行所　鹿島出版会
〒104-0028　東京都中央区八重洲2-5-14
電話 03-6202-5200　振替 00160-2-180883

印刷	壮光舎印刷
製本	牧製本
装丁	石田秀樹
DTP	エムツークリエイト
図版制作	ホリエテクニカル

© Noboru KARIZUMI 2015, Printed in Japan
ISBN 978-4-306-09439-0 C3045

落丁・乱丁本はお取り替えいたします。
本書の無断複製（コピー）は著作権法上での例外を除き禁じられています。また、代行業者等に依頼してスキャンやデジタル化することは、たとえ個人や家庭内の利用を目的とする場合でも著作権法違反です。

本書の内容に関するご意見・ご感想は下記までお寄せ下さい。
URL：http://www.kajima-publishing.co.jp/
e-mail：info@kajima-publishing.co.jp